MATLAB R2022a 完全自学一本通

刘浩 韩晶 编著

電子工業出版社
Publishing House of Electronics Industry
北京•BEIJING

内 容 简 介

本书面向 MATLAB 的初、中级读者，在介绍 MATLAB R2022a 集成环境的基础上，对 MATLAB 使用中常用的知识和工具进行了详细的介绍。书中各章均提供了大量有针对性的示例，可供读者进行实战练习。

根据内容的侧重点不同，全书分为 4 部分，共 20 章：第 1～5 章为基础部分，第 6～11 章为数学应用部分，第 12～16 章为工程应用部分，第 17～20 章为高级应用部分。为了使读者能够更好地操作 MATLAB，本书中示例的命令已记录在 M 文件及其他相关文件中，读者可以将相关的目录设置为工作目录，直接使用 M 文件进行操作，以便快速掌握 MATLAB 的使用方法。

本书结构严谨、内容全面、图文并茂、示例丰富，既适合信号处理、通信工程、自动控制、机械电子、自动化、电力电气等专业的本科生、研究生、教师和科研工作人员学习使用，又可以作为广大 MATLAB 爱好者的自学用书。

图书在版编目（CIP）数据

MATLAB R2022a 完全自学一本通 / 刘浩，韩晶编著. —北京：电子工业出版社，2022.12

ISBN 978-7-121-44590-3

Ⅰ. ①M… Ⅱ. ①刘… ②韩… Ⅲ. ①Matlab 软件 Ⅳ. ①TP317

中国版本图书馆 CIP 数据核字（2022）第 223710 号

责任编辑：赵英华　　特约编辑：田学清
印　　刷：三河市良远印务有限公司
装　　订：三河市良远印务有限公司
出版发行：电子工业出版社
　　　　　北京市海淀区万寿路 173 信箱　　邮编：100036
开　　本：787×1092　1/16　印张：38　字数：912 千字
版　　次：2022 年 12 月第 1 版
印　　次：2024 年 4 月第 7 次印刷
定　　价：99.00 元

凡所购买电子工业出版社图书有缺损问题，请向购买书店调换。若书店售缺，请与本社发行部联系，联系及邮购电话：（010）88254888，88258888。

质量投诉请发邮件至 zlts@phei.com.cn，盗版侵权举报请发邮件至 dbqq@phei.com.cn。

本书咨询联系方式：（010）88254161～88254167 转 1897。

MATLAB R2022a 是 2022 年最新发行的 MATLAB 版本，为数据分析与处理提供了强大的工具。目前，MATLAB 已经在很多领域取得了成功应用。这些领域的成功应用表明，MATLAB 所代表的数据分析与处理手段在科学、工程等方面将发挥重要的作用。

本书针对 MATLAB 在部分与数学高度相关领域内的应用，引导读者掌握 MATLAB 的应用。

1. 本书特点

由浅入深，循序渐进：本书以初、中级读者为对象，从 MATLAB 的基础知识讲起，辅以 MATLAB 在工程中的应用案例，帮助读者尽快掌握利用 MATLAB 进行科学计算及工程分析的技能。

步骤详尽，内容新颖：本书结合作者多年的 MATLAB 使用经验与实际工程应用案例，对 MATLAB 软件的使用方法与技巧进行详细讲解。本书内容新颖，在讲解过程中辅以相应的图片，使读者在阅读时一目了然，从而快速掌握书中所讲内容。

示例典型，轻松易学：学习实际工程应用案例的具体操作是掌握 MATLAB 最好的方式。本书通过应用案例，透彻、详尽地讲解了 MATLAB 在各方面的应用。

2. 本书内容

本书分为 4 部分，共 20 章，在介绍 MATLAB 集成环境的基础上，对 MATLAB 使用中常用的知识和工具进行了详细的介绍。书中各章均提供了大量有针对性的示例，可供读者进行实战练习。

（1）第 1～5 章为基础部分，包括 MATLAB 概述、基础知识、数组与矩阵、程序设计及数据可视化。

第 1 章：MATLAB 概述　　　　**第 2 章**：基础知识
第 3 章：数组与矩阵　　　　**第 4 章**：程序设计
第 5 章：数据可视化

（2）第 6～10 章为数学应用部分，包括数值计算、符号计算、概率统计、数学建模基础、智能算法、偏微分方程。

第 6 章：数值计算　　　　**第 7 章**：符号计算
第 8 章：概率统计　　　　**第 9 章**：数学建模基础
第 10 章：智能算法　　　　**第 11 章**：偏微分方程

（3）第 12～16 章为工程应用部分，包括优化工具、句柄图形对象、Simulink 仿真基础及应用、Stateflow 应用初步。

第 12 章：优化工具　　**第 13 章**：句柄图形对象
第 14 章：Simulink 仿真基础　　**第 15 章**：Simulink 仿真的应用
第 16 章：Stateflow 应用初步

（4）第 17～20 章为高级应用部分，包括图形用户界面、文件 I/O 操作、编译器和外部接口。

第 17 章：图形用户界面　　**第 18 章**：文件 I/O 操作
第 19 章：编译器　　**第 20 章**：外部接口

本书附赠资源可从“算法仿真”公众号下载阅读。

3．读者对象

本书适合 MALTAB 初学者和期望提高 MATLAB 数据分析及 Simulink 建模仿真工程应用能力的读者阅读，具体说明如下。

★ 初学 MATLAB 的技术人员　　★ 广大科研工作人员
★ 高校相关专业的教师和在校生　　★ 相关培训机构的教师和学员
★ 参加工作实习的“菜鸟”　　★ MATLAB 爱好者

4．本书作者

本书由刘浩、韩晶编著，周楠、沈再阳等为本书的编写校对、程序测试、视频制作等提供了很多帮助，在此表示衷心的感谢。虽然在本书的编著过程中力求叙述准确、完善，但由于作者水平有限，书中欠妥之处在所难免，希望广大读者能够及时指出，共同促进本书质量的提高。读者可关注“算法仿真”公众号获取相关帮助，该公众号会不定期提供关于 MATLAB 方面的技术资料。

最后，希望本书能为读者的学习和工作提供帮助。

读 者 服 务

为了方便解决本书的疑难问题，读者在学习过程中遇到与本书有关的技术问题时，可以发邮件到邮箱 caxart@126.com，或者访问“算法仿真在线”公众号并留言，我们会尽快针对相应问题进行解答，并竭诚为您服务。

资源下载方法：关注“有艺”公众号，在“有艺学堂”的“资源下载”中获取下载链接。如果遇到无法下载的情况，则可以通过以下 3 种方式与我们取得联系。

1．关注“有艺”公众号，通过“读者反馈”功能提交相关信息。

2．请发邮件至 art@phei.com.cn，邮件标题命名方式：资源下载+书名。

3．读者服务热线：（010）88254161～88254167 转 1897。

第 1 部分

第 2 部分

第 4 部分

第 1 部分

第 1 章 MATLAB 概述

知识要点

MATLAB R2022a 是 MathWorks 公司发布的最新版的集算法开发、数据可视化、数据分析及数值计算于一体的高级计算语言和交互式环境。本章介绍 MATLAB 的特性、界面功能及如何对界面的各部分进行操作。

学习要求

知识点	学习目标			
	了解	理解	应用	实践
MATLAB 产品及其特点	√			
MATLAB 的目录结构	√			
MATLAB 的工作环境			√	√
MATLAB 文件管理		√	√	√
MATLAB 帮助系统		√		√

1.1 MATLAB 简介

1.1.1 MathWorks 及其产品概述

MathWorks 公司创立于 1984 年，总部位于美国马萨诸塞州纳蒂克，是为工程师和科学家提供数学计算软件的领先供应商，旗下产品包括 MATLAB 产品家族、Simulink 产品家族及 PolySpace 产品家族。

MATLAB 是 Matrix Laboratory（矩阵实验室）的简称，是一种用于算法开发、数据可视化、数据分析及数值计算的高级计算语言和交互式环境。MATLAB 的应用范围非常广，包括信号和图像处理、通信、控制系统设计、测试和测量、财务建模和分析，以及计算生物学等众多应用领域。MATLAB 附加的工具箱扩展了其使用环境，以解决这些应用领域内特定类型的问题。

Simulink 是一个用于对动态系统进行多域建模和模型设计的平台。它提供了一个交互式图形环境及一个自定义模块库，并可针对特定应用加以扩展，可应用于控制系统设计、信号处理和通信及图像处理等众多领域。

1.1.2 MATLAB 与其他数学软件

除 MATLAB 外，其他广泛应用的数学软件还有很多，著名的有 Mathematica 和 Maple。

Mathematica 是一个综合的数学软件环境，具有数值计算、符号推导、数据可视化和编程等多种功能，在符号计算领域有很高的知名度。整个 Mathematica 软件分为两大部分：Kemel 和 FrontEnd。Kemel 是软件的计算中心，而 FrontEnd 则负责与用户交流，两者有一定的独立性。Mathematica 的表达式含义十分丰富，几乎包含一切要处理的对象。

Maple 是当今世界上较优秀的几款数学软件之一。它以友好的使用环境、强大的符号处理、精确的数值计算、灵活的图形显示、高效的编程功能为越来越多的教师、学生和科研人员所喜爱，并成为他们进行数学处理的首选工具之一。由于 Maple 软件原是为符号计算而设计的，因此其在数值计算与绘图方面的运算速度要比 MATLAB 慢。

MATLAB 作为和 Mathematica、Maple 并列的三大数学软件之一，其强项就是强大的矩阵计算及仿真能力。MathWorks 公司每次在发布 MATLAB 的同时，会发布仿真工具 Simulink。

在欧美国家，很多大公司在将产品投入实际使用之前都会进行仿真试验，主要使用的仿真软件就是 Simulink。MATLAB 提供了自己的编译器，全面兼容 C++及 FORTRAN 两大语言。因此，MATLAB 成为工程师、科研人员最喜欢的语言、工具之一。

1.1.3　MATLAB 的主要特点

MATLAB 以其良好的开放性和运行的可靠性，已经成为国际控制界公认的标准计算软件。在国际上 30 多个数学类科技应用软件中，MATLAB 在数值计算方面独占鳌头。

（1）计算功能强大。

（2）绘图非常方便。在 FORTRAN 和 C 语言里，绘图都很不容易，但在 MATLAB 里，数据的可视化非常简单。而且，MATLAB 还具有较强的编辑图形界面的能力。

（3）功能强大的工具箱是 MATLAB 的特色。MATLAB 包含两部分：核心部分和各种可选的工具箱。核心部分有数百个核心内部函数。MATLAB 的工具箱又分为两类：功能性工具箱和学科性工具箱。

功能性工具箱主要用来扩充其符号计算功能、图示建模仿真功能、文字处理功能及与硬件实时交互功能。功能性工具箱用于多种学科。

学科性工具箱的专业性比较强，都是由该领域内学术水平很高的专家编写的，因此用户无须编写自己学科范围内的基础程序，即可直接进行高、精、尖方面的研究。

除内部函数外，MATLAB 的所有核心文件和工具箱文件都是可读可写的源文件，用户可通过对源文件进行修改及加入自己的文件构成新的工具箱。

（4）帮助功能完整。MATLAB 自带的帮助功能是非常强大的帮助手册。

1.1.4　MATLAB 系统的组成

MATLAB 系统由 MATLAB 开发环境、MATLAB 数学函数库、MATLAB 语言、MATLAB 图形处理系统和 MATLAB 应用程序接口（API）五大部分构成。

1．MATLAB 开发环境

MATLAB 开发环境是一套方便用户使用 MATLAB 函数和文件的工具集，其中许多工具都是图形化用户接口。MATLAB 是一个集成化的工作区，可以让用户输入、输出数据，并提供了 M 文件的集成编译和调试环境。MATLAB 包括 MATLAB 命令行窗口、M 文件编辑和调试器、MATLAB 工作区和在线帮助文档等。

2．MATLAB 数学函数库

MATLAB 数学函数库包括大量的计算算法，从基本运算（如加法）到复杂算法（如矩阵求逆、贝塞尔函数、快速傅里叶变换等），体现了其强大的数学计算功能。

3．MATLAB 语言

MATLAB 语言是一个高级的基于矩阵/数组的语言，包括程序流控制、函数、脚本、数据结构、输入/输出、工具箱和面向对象编程等特色。用户既可以用它来快速编写简单的程序，又可以用它来编写庞大复杂的程序。

4．MATLAB 图形处理系统

图形处理系统使得 MATLAB 能方便地图形化显示向量和矩阵，而且能对图形添加标注及进行打印。MATLAB 包括功能强大的二维及三维图形函数、图像处理函数和动画显示函数等。

5．MATLAB 应用程序接口

MATLAB 应用程序接口可以使其方便地调用 C 和 FORTRAN 程序，以及在其与其他应用程序间建立客户/服务器关系。

1.1.5 MATLAB 应用程序简介

应用程序（也称工具箱）是 MATLAB 的重要部分，是 MATLAB 强大功能得以实现的载体和手段，是对 MATLAB 基本功能的重要扩充。

○ 提示

MATLAB 会不定时更新应用程序，读者可到 MathWorks 的官方网站中了解 MATLAB 应用程序的最新动态。

应用程序又可以分为功能性应用程序和学科性应用程序。功能性应用程序用来扩充 MATLAB 的符号计算、可视化建模仿真，以及与硬件实时交互等功能，能用于多种学科；学科性应用程序是专业性比较强的应用程序，控制工具箱、信号处理与通信工具箱等都属于此类应用程序。

在 MATLAB R2022a 版本中，展开的应用程序如图 1-1 所示。下面对科学计算中常用的应用程序所包含的主要内容进行简单介绍。

1．样条工具箱

- 分段多项式和 B 样条。
- 样条的构造。
- 曲线拟合及平滑。
- 函数微积分。

2．优化工具箱

- 线性规划和二次规划。
- 求函数的最大值和最小值。
- 多目标优化。
- 约束条件下的优化。
- 非线性方程求解。

3．偏微分方程工具箱

- 二维偏微分方程的图形处理。
- 几何表示。
- 自适应曲面绘制。
- 有限元方法。

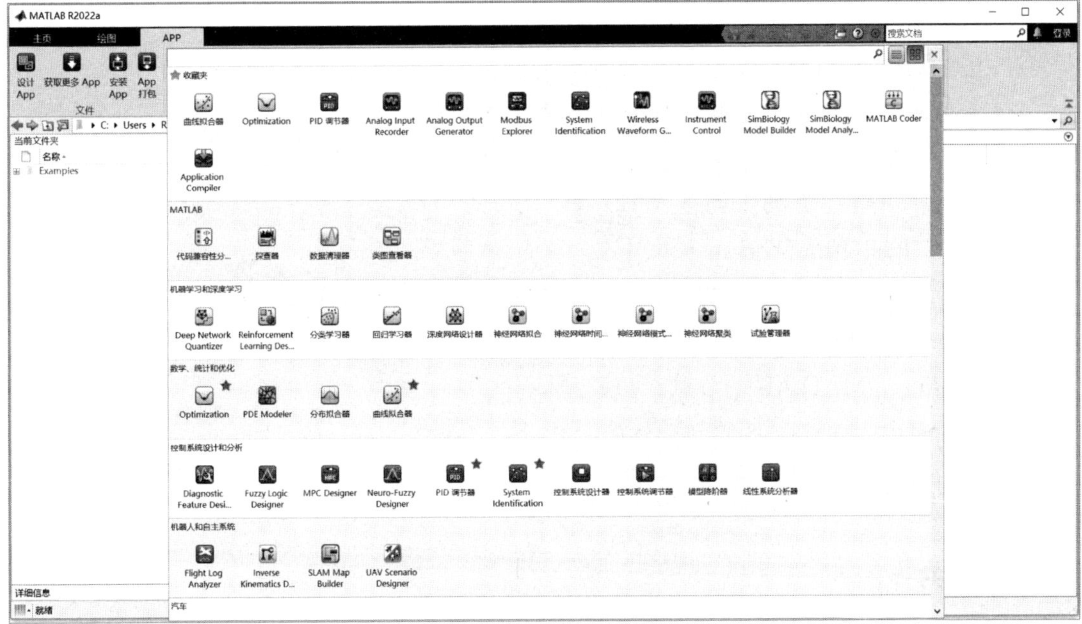

图 1-1　展开的应用程序

1.2　目录结构

当用户在计算机上成功安装 MATLAB R2022a 后，在用户自定义的安装目录下便包含一系列的文件和文件夹，如图 1-2 所示。

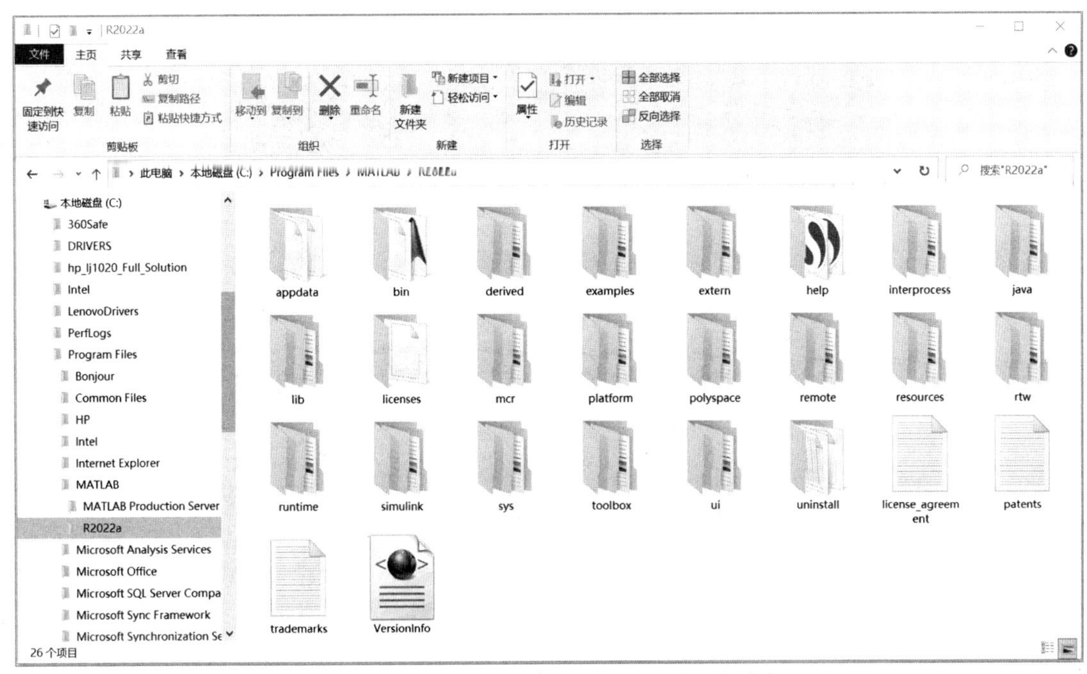

图 1-2　MATLAB 安装目录下的文件和文件夹

下面重点介绍其中部分文件和文件夹的用途。

- \bin\win32：MATLAB 系统中可执行的相关文件。
- \extern：创建 MATLAB 的外部程序接口的工具。
- \help：MATLAB 帮助文件。
- \java：MATLAB 的 Java 支持程序。
- \rtw：Real-Time Workshop 软件包。
- \simulink：Simulink 软件包，用于动态系统的建模、仿真与分析。
- \sys：MATLAB 需要的工具和操作系统库。
- \toolbox：MATLAB 的各种应用程序。
- \uninstall：MATLAB 的卸载程序。
- \patents.txt：软件申请的专利内容。

1.3 工作环境

可以双击桌面上的 MATLAB 快捷图标，也可以在 MATLAB 安装目录的 bin 文件夹下双击 MATLAB.exe 图标，启动 MATLAB R2022a，出现启动界面，如图 1-3 所示。启动后，弹出 MATLAB 的用户界面。

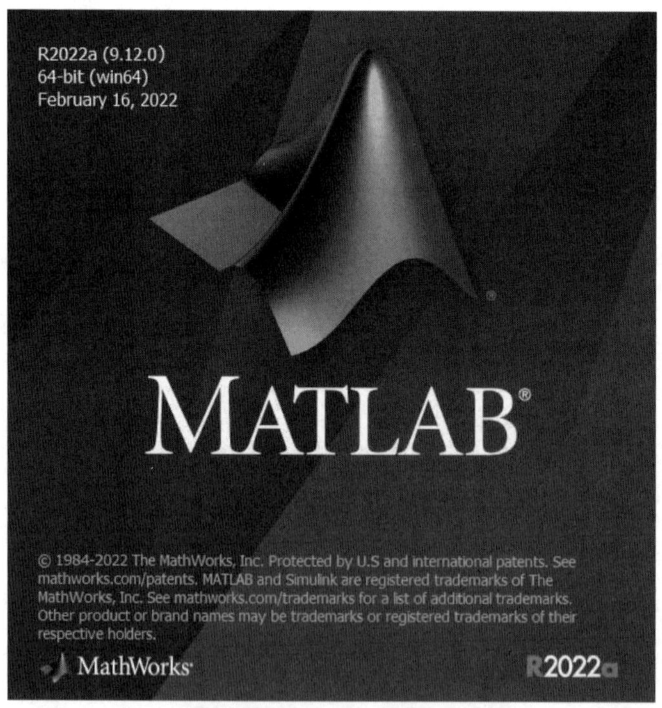

图 1-3 MATLAB 启动界面

MATLAB R2022a 主界面即用户工作环境，包括选项卡、组、按钮和各个不同用途的窗口，如图 1-4 所示。本节主要介绍 MATLAB 各交互界面的功能及其操作。

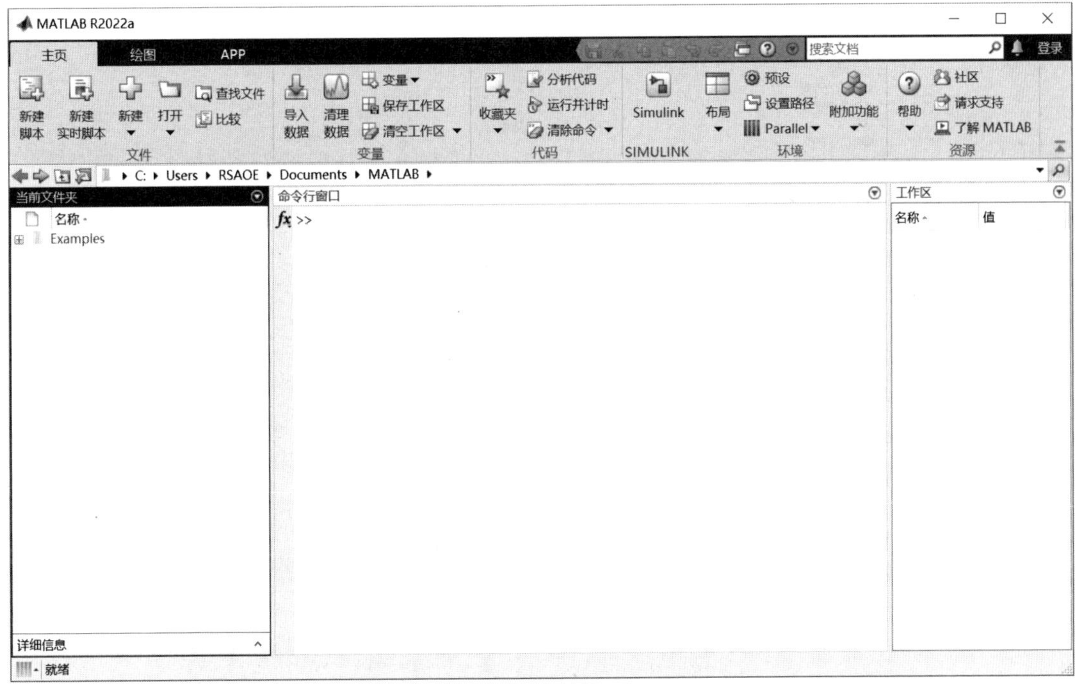

图 1-4　MATLAB R2022a 主界面

1.3.1　选项卡/组

MATLAB 中包含“主页”“绘图”“APP”（应用程序）3 个选项卡。其中，“绘图”选项卡提供数据的绘图功能；而“APP”选项卡则提供各应用程序的入口；“主页”选项卡下包括“文件”“变量”“代码”“SIMULINK”“环境”“资源”6 个组，提供的部分功能如下。

- 新建：用于建立新的.m 文件、图形、模型和图形用户界面。
- 新建脚本：用于建立新的.m 脚本文件。
- 打开：用于打开 MATLAB 的.m 文件、.fig 文件、.mat 文件、.mdl 文件、.cdr 文件等，也可通过快捷键 Ctrl+O 来实现此项操作。
- 导入数据：用于从其他文件中导入数据，单击后弹出对话框，从中可选择导入文件的路径和位置。
- 保存工作区：用于把工作区的数据存放到相应的路径文件中。
- 布局：提供工作界面上各个组件的显示选项，并提供预设的布局。
- 预设：用于设置 MATLAB 界面窗口的属性，默认为命令行窗口属性。单击 预设 按钮，弹出如图 1-5 所示的对话框。
- 设置路径：设置工作路径。
- 帮助：打开帮助文件或其他帮助形式。

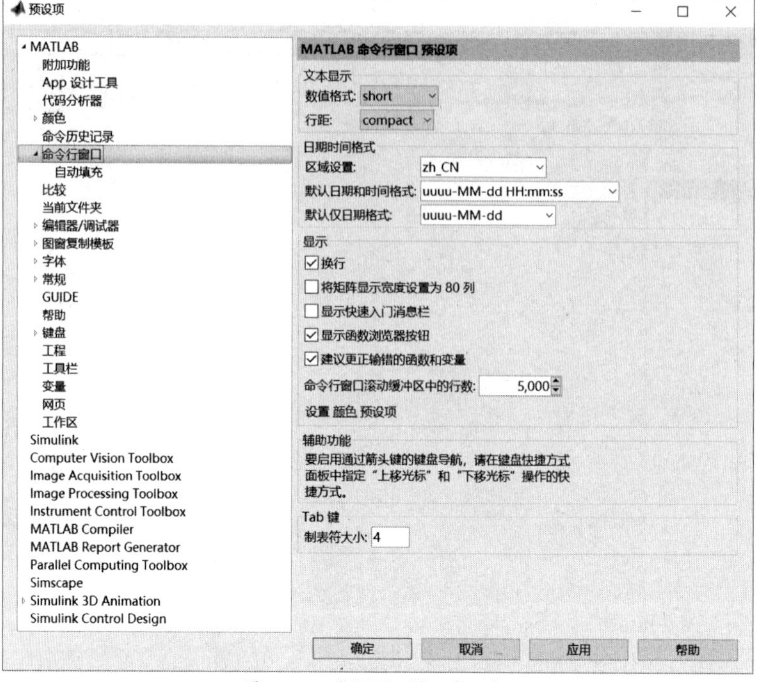

图 1-5 “预设项”对话框

1.3.2 命令行窗口

命令行窗口是 MATLAB 最重要的窗口，通过该窗口可以输入各种指令、函数、表达式等，所有的命令输入都是在命令行窗口内完成的，如图 1-6 所示。

```
命令行窗口
>> A = [10 5 79 4 2;1 0 66 8 2;4 6 1 1 1];
>> B = [9 5 3 4 2;1 0 4 -23 2;4 6 -1 1 0];
>> x = 20;
>> C = [2 1];
ApB= A+B
ApB =
    19    10    82     8     4
     2     0    70   -15     4
     8    12     0     2     1
>> AmB= A-B
AmB =
     1     0    76     0     0
     0     0    62    31     0
     0     0     2     0     1
fx >> ApBpX= A+B+x
```

图 1-6 命令行窗口

> **○ 注意**
>
> “>>”是运算提示符，表示 MATLAB 处于准备状态，等待用户输入指令进行计算。当在运算提示符后输入命令，并按 Enter 键确认后，MATLAB 会给出计算结果，并再次进入准备状态。本书中，凡是程序代码前有“>>”运算提示符的均表示在命令行窗口中输入。

单击命令行窗口右上角的下三角形图标并选择“取消停靠”选项，可以使命令行窗口脱离 MATLAB 主界面而成为一个独立的窗口；同理，单击独立的命令行窗口右上角的下三角形图标并选择“停靠”选项，可使命令行窗口再次合并到 MATLAB 主界面中。

1.3.3　工作区窗口

工作区窗口显示当前内存中所有的 MATLAB 变量的变量名、数据结构、字节数及数据类型等信息，如图 1-7 右侧区域所示，位于命令行窗口的右侧。不同的变量类型分别对应不同的变量名图标。

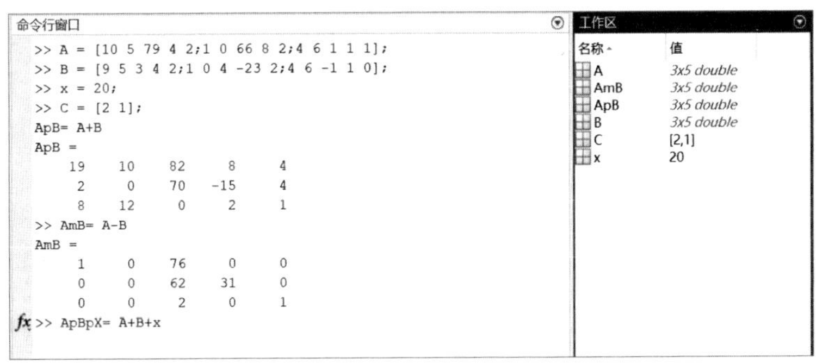

图 1-7　工作区窗口

用户可以选中已有变量，单击鼠标右键对其进行各种操作。此外，主界面的“主页”选项卡下的“变量”组中也有相应的命令供用户使用。

- 新建变量：向工作区中添加新的变量。
- 导入数据：向工作区中导入数据文件。
- 保存工作区：保存工作区中的变量。
- 清空工作区：删除工作区中的变量。

1.4　通用命令

通用命令是 MATLAB 中经常使用的一组命令，可以用来管理目录、命令、函数、变量、工作区、文件和窗口。为了更好地使用 MATLAB，用户需要熟练掌握和理解这些命令。下面对这些命令进行介绍。

1．常用命令

常用命令及其说明如表 1-1 所示。

表 1-1　常用命令及其说明

命　令	命令说明	命　令	命令说明
cd	显示或改变当前文件夹	load	加载指定文件的变量
dir	显示当前文件夹或指定目录下的文件	diary	日志文件命令
clc	清除命令行窗口中的所有显示内容	!	调用 DOS 命令
home	将光标移至命令行窗口的左上角	exit	退出 MATLAB
clf	清除图形窗口	quit	退出 MATLAB
type	显示文件内容	pack	收集内存碎片

续表

命　令	命令说明	命　令	命令说明
clear	清理内存变量	hold	图形保持开关
echo	命令行窗口信息显示开关	path	显示搜索目录
disp	显示变量或文字内容	save	保存内存变量到指定文件

2. 输入内容的编辑

在命令行窗口中，为了便于对输入的内容进行编辑，MATLAB 提供了一些控制光标位置和进行简单编辑的常用编辑键与组合键，掌握这些可以在输入命令的过程中起到事半功倍的效果。表 1-2 列出了一些常用键盘按键及其说明。

表 1-2　常用键盘按键及其说明

键盘按键	说　明	键盘按键	说　明
↑	Ctrl+P，调用上一行	Home	Ctrl+A，光标置于当前行开头
↓	Ctrl+N，调用下一行	End	Ctrl+E，光标置于当前行末尾
←	Ctrl+B，光标左移一个字符	Esc	Ctrl+U，清除当前输入行
→	Ctrl+F，光标右移一个字符	Delete	Ctrl+D，删除光标处的字符
Ctrl+←	Ctrl+L，光标左移一个单词	BackSpace	Ctrl+H，删除光标前的字符
Ctrl+→	Ctrl+R，光标右移一个单词	Alt+BackSpace	恢复上一次删除

3. 标点

在 MATLAB 语言中，一些标点符号也被赋予了特殊的意义或代表一定的运算，具体内容如表 1-3 所示。

表 1-3　MATLAB 语言中的标点及其说明

标　点	说　明	标　点	说　明
:	冒号，具有多种应用功能	%	百分号，注释标记
;	分号，区分行及取消运行结果显示	!	叹号，调用操作系统运算
,	逗号，区分列及作为函数参数分隔符	=	等号，赋值标记
()	圆括号，指定运算的优先级	'	单引号，字符串的标识符
[]	方括号，定义矩阵	.	小数点及对象域访问
{}	花括号，构造元胞数组	…	续行符号

1.5　文件管理

1.5.1　当前文件夹窗口

当前文件夹窗口可以显示或改变当前文件夹，还可以显示当前文件夹下的文件，以及提供文件搜索功能。与命令行窗口类似，该窗口也可以成为一个独立的窗口。如图 1-8 所示，当前文件夹窗口位于命令行窗口的左侧。

```
>> A = [10 5 79 4 2;1 0 66 8 2;4 6 1 1 1];
>> B = [9 5 3 4 2;1 0 4 -23 2;4 6 -1 1 0];
>> x = 20;
>> C = [2 1];
ApB= A+B
ApB =
    19    10    82     8     4
     2     0    70   -15     4
     8    12     0     2     1
```

图 1-8　当前文件夹窗口

1.5.2　搜索路径及其设置

MATLAB 提供了专门的路径搜索器来搜索存储在内存中的 M 文件和其他相关文件。MATLAB 自带文件的存放路径都默认包含在搜索路径中，在 MATLAB 安装目录的“toolbox”文件夹中，包含了所有此类目录和文件。

例如，在 MATLAB 运算提示符后输入一个字符串“polyfit”后，MATLAB 进行的路径搜索步骤如下。

（1）检查 polyfit 是不是 MATLAB 工作区内的变量名，如果不是，则执行下一步。

（2）检查 polyfit 是不是一个内置函数，如果不是，则执行下一步。

（3）检查当前文件夹下是否存在一个名为 polyfit.m 的文件，如果不存在，则执行下一步。

（4）按顺序检查在所有 MATLAB 搜索路径中是否存在 polyfit.m 文件。

（5）如果仍然没有找到 polyfit，那么 MATLAB 会给出一条错误提示信息。

○ 提示

根据上述步骤可以推知，凡是不在搜索路径中的内容（文件和文件夹），都不能被 MATLAB 搜索到；当某一文件夹的父文件夹在搜索路径中而其本身不在搜索路径中时，此文件夹并不会被搜索到。

一般情况下，MATLAB 系统的函数（包括工具箱函数）都在系统默认的搜索路径中，但是用户设计的函数如果没有被保存到搜索路径下，则很容易造成 MATLAB 误认为该函数不存在。这时，只要把程序所在的目录扩展成 MATLAB 的搜索路径即可。

下面介绍 MATLAB 搜索路径的查看和设置方法。

1. 查看 MATLAB 的搜索路径

单击 MATLAB 主界面的“主页”选项卡下“环境”组中的“设置路径”按钮，或者在命令行窗口中输入“pathtool”命令，打开如图 1-9 所示的“设置路径”对话框。

该对话框分为左右两部分，左侧几个按钮用来添加目录到搜索路径，还可从当前的搜索路径中移除选择的目录；右侧列表框列出了已经被 MATLAB 添加到搜索路径的目录。

此外，在命令行窗口中输入命令：

```
>> path
```

MATLAB 将会把所有的搜索路径列出来：

```
        MATLABPATH
    C:\Users\DING\Documents\MATLAB
```

```
        C:\Program Files\MATLAB\R2022a\toolbox\matlab\addon_enable_disable_
management\matlab
        C:\Program Files\MATLAB\R2022a\toolbox\matlab\addon_updates\matlab
        C:\Program Files\MATLAB\R2022a\toolbox\matlab\addons
        C:\Program Files\MATLAB\R2022a\toolbox\matlab\addons\cef
        C:\Program Files\MATLAB\R2022a\toolbox\matlab\addons\fileexchange
        C:\Program Files\MATLAB\R2022a\toolbox\matlab\addons\supportpackages
        ...
```

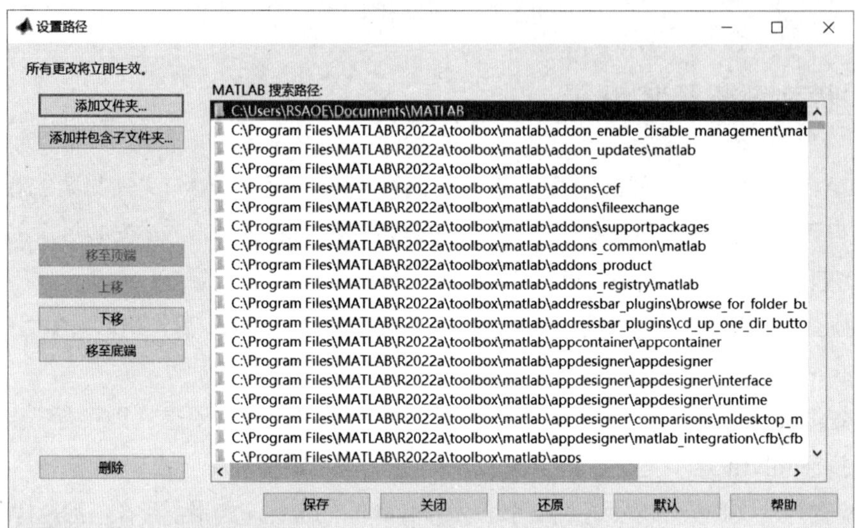

图 1-9　“设置路径”对话框

2. 设置 MATLAB 的搜索路径

MATLAB 提供了 3 种方法来设置搜索路径。

（1）在命令行窗口中输入：

```
edit path
```

也可以通过单击 MATLAB 主界面的“主页”选项卡下“环境”组中的“设置路径”按钮，或者在命令行窗口中输入“pathtool”命令，打开“设置路径”对话框，通过该对话框编辑搜索路径。

（2）在命令行窗口中输入：

```
path(path, 'path')          % 'path'是待添加的目录的路径
```

（3）在命令行窗口中输入：

```
addpath 'path' -begin      % 'path'是待添加的目录的路径，将新目录添加到搜索路径的开始
addpath 'path' -end        % 'path'是待添加的目录的路径，将新目录添加到搜索路径的末端
```

1.6　帮助系统

帮助文档是应用软件的重要组成部分，文档编制的质量直接关系应用软件的记录、控制、维护、交流等一系列工作。

1.6.1　纯文本帮助

对于 MATLAB 中的各个函数，不管是内建函数、M 文件函数，还是 MEX 文件函数等，一般都有 M 文件的使用帮助和函数功能说明，各个工具箱在通常情况下也具有一个与工具箱名称相同的 M 文件来说明工具箱的构成内容。

在 MATLAB 命令行窗口中，可以通过一些命令来获取这些纯文本的帮助信息。这些命令包括 help、lookfor、which、doc、get、type 等。

（1）help 命令的常用调用方式为：

```
help FUN
```

执行该命令可以查询到 FUN 函数的使用信息。例如，要了解 sin 函数的使用方法，可以在命令行窗口中输入如下代码：

```
>> help sin
```

显示如下信息：

```
sin - 参数的正弦，以弧度为单位
    此 MATLAB 函数 返回 X 的元素的正弦。sin 函数按元素处理数组。该函数同时接受实数和复数
    输入。 对于 X 的实数值，sin(X) 返回区间 [-1, 1] 内的实数值。 对于 X 的复数
    值，sin(X) 返回复数值。

    Y = sin(X)
    输入参数
        X - 输入角（以弧度为单位）
    ......
```

通过 help sin 命令显示的帮助文档介绍了 sin 函数的主要功能、调用格式及相关函数的链接。

（2）lookfor 命令的常用调用方式为：

```
lookfor topic
lookfor topic -all
```

执行该命令可以按照指定的关键字查找所有相关的 M 文件。例如：

```
>> lookfor inverse
betaincinv               - Inverse incomplete beta function.
gammaincinv              - Inverse incomplete gamma function.
ipermute                 - Inverse permute array dimensions.
ifft                     - Inverse discrete Fourier transform.
ifft2                    - Two-dimensional inverse discrete Fourier transform.
  ......
```

1.6.2　演示帮助

通过演示（Demos）帮助，用户可以更加直观、快速地学习 MATLAB 中许多实用的知识。可以通过以下两种方式打开演示帮助。

（1）单击 MATLAB 主界面右上方工具栏中的“帮助”按钮。

（2）在命令行窗口中输入：

```
>> demos
```

无论采用上述何种方式，执行命令后都会弹出帮助窗口，如图 1-10 所示。

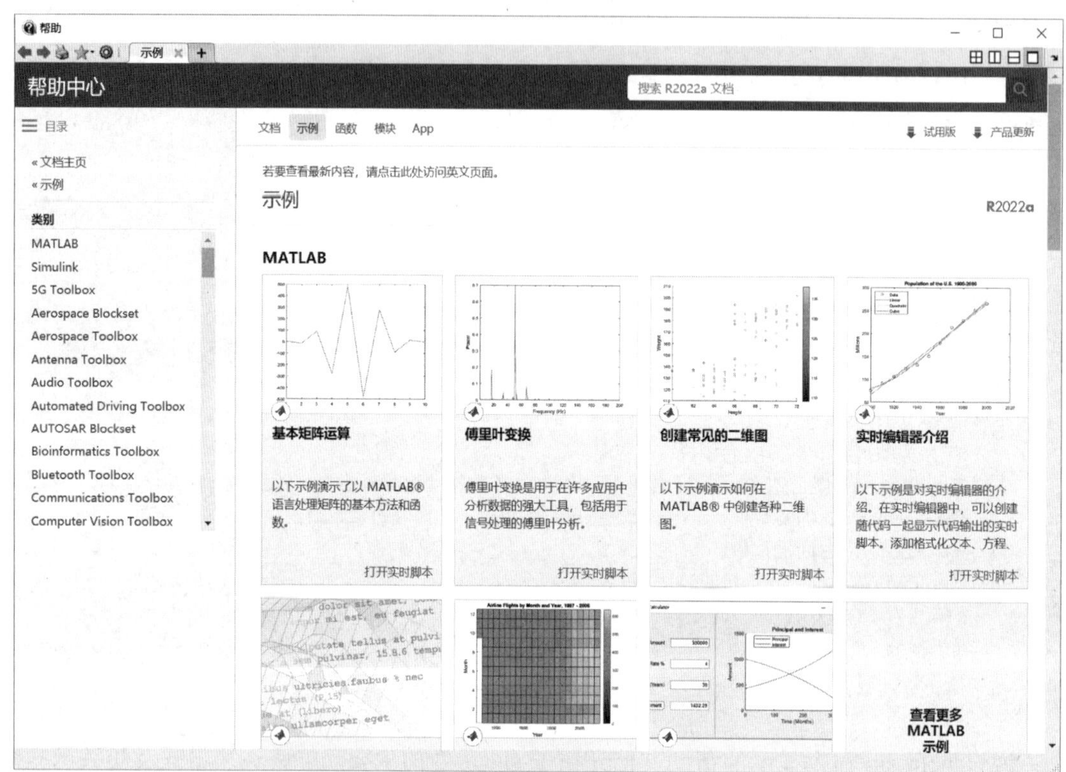

图 1-10　帮助窗口

1.6.3　帮助导航浏览器

帮助导航浏览器是 MATLAB 专门提供的一个独立的帮助子系统。该子系统包含的所有帮助文件都存储在 MATLAB 安装目录的 help 子目录下。采用以下两种命令可以打开帮助导航浏览器：

```
helpbrowser
```

或

```
doc
```

1.7　示例展示

下面以一个简单的示例向读者展示如何使用 MATLAB 进行简单的数值计算。

（1）双击桌面上的 MATLAB 启动按钮，稍等片刻即可进入 MATLAB 工作环境界面。

（2）在命令行窗口中输入：

```
>> w=1/6*pi
```

按 Enter 键，可以在工作区窗口中看到变量 w，大小为 0.5236。命令行窗口中显示：

```
w =
    0.5236
```

（3）在命令行窗口中输入：

```
>> y= sin(w*2/3)
```

按 Enter 键，可以在工作区窗口中看到变量 y，大小为 0.3420。命令行窗口中显示：

```
y =
    0.3420
```

（4）在命令行窗口中输入：

```
>> z=sin(2*w)
```

按 Enter 键，可以在工作区窗口中看到变量 z，大小为 0.8660。命令行窗口中显示：

```
z =
    0.8660
```

○ 提示

当命令后面有分号（半角符号格式）时，按 Enter 键后，在命令行窗口中不显示运算结果；如果无分号，则在命令行窗口中显示运算结果。若希望先输入多条语句，然后同时执行它们，则在输入下一条命令时，要在按住 Shift 键的同时按 Enter 键，进行换行输入。例如，比较使用“;”和不使用“;”的区别。

在命令行窗口中依次输入命令并显示输出结果：

```
>> x=rand(2,3);
>> y=rand(2,3)
y =
    0.3786    0.5328    0.9390
    0.8116    0.3507    0.8759
>> A=sin(x)
A =
    0.3016    0.4889    0.7137
    0.4869    0.7295    0.6007
>> B=sin(2*y)
B =
    0.6869    0.8751    0.9532
    0.9986    0.6453    0.9836
```

1.8　本章小结

本章介绍了 MATLAB 的基本内容，主要包括 MATLAB 简介、工作环境和帮助系统。这些内容是使用 MATLAB 进行工作的基础，需要熟悉，但不建议花费太多的时间进行专门的学习，只需简单浏览即可，待到以后学习和使用时，可以根据需要进行学习。

第 2 章
基础知识

知识要点

MATLAB 是一个大型运算平台，参与运算的对象有数据流、信号流、逻辑关系等。如同计算器一样，在 MATLAB 中，数学表达式的计算是直截了当的。但要了解这个大型计算器的使用方法并合理使用它，就先要了解一些它的基础知识。本章是整个 MATLAB 学习的基础，主要内容包括 MATLAB 软件平台上的各种数据类型、矩阵的基本操作、运算符及字符串处理等。

学习要求

知识点	学习目标			
	了解	理解	应用	实践
数据类型			√	
创建各类型数据			√	√
各类型数据的操作			√	√
运算符		√		√
字符串处理函数	√			√

2.1　数据类型

MATLAB 中的数据类型主要包括数值类型、逻辑类型、字符类型、函数句柄、结构体和元胞数组类型。这 6 种基本的数据类型都是按照数组形式来存储和操作的。

MATLAB 中还有两种用于高级交叉编程的数据类型，分别是用户自定义的面向对象的用户类类型和 Java 类类型，在此统称为 map 容器类型。

2.1.1　数值类型

基本的数值类型主要有整数、单精度浮点数和双精度浮点数，如表 2-1 所示。

表 2-1　数值类型数据的分类

数据格式	示　例	说　明
int8，uint8 int16，uint16 int32，uint32 int64，uint64	int32(820)	有符号和无符号的整数类型 相同数值的整数类型比浮点数类型占用更小的内存 除 int64 和 uint64 类型外的所有整数类型都可以进行数学运算
single	single(128.1)	单精度浮点数类型 相同数值的单精度浮点数类型比双精度浮点数类型占用更小的内存 单精度浮点数类型的精度及能够表示的数值范围比双精度浮点数类型低（小）
double	double(333.77) double(1.000-1.000i)	双精度浮点数类型，MATLAB 中默认的数值类型

MATLAB 中数值类型的数据包括有符号和无符号整数、单精度浮点数和双精度浮点数。在未加说明与特殊定义时，MATLAB 对所有数值均按照双精度浮点数类型进行存储和操作。

在需要时，可以指定系统按照整数类型或单精度浮点数类型对指定的数字或数组进行存储、运算等。相对于双精度浮点数类型，整数类型与单精度浮点数类型的优点在于节省变量占用的内存空间（当然，要在满足精度要求的前提下）。

○ 提示

MATLAB 会自动进行内存空间的使用和回收，而不像 C 语言，必须由使用者一一指定。这些功能使得 MATLAB 易学易用，使用者可专心致力于编写程序。

1．整数类型

MATLAB 中提供了 8 种内置的整数类型，这 8 种整数类型的存储占用位数、能表示的数值范围和转换函数均不相同，如表 2-2 所示。

不同的整数类型所占用的位数不同，因此能够表示的数值范围也不同。在实际应用中，应根据实际需要合理选择合适的整数类型。

由于 MATLAB 中数值的默认存储类型是双精度浮点数类型，因此，在将变量设置为整数类型时，需要使用相应的转换函数，将双精度浮点数类型转换为指定的整数类型。

表 2-2　MATLAB 中的整数类型

整数类型	数值范围	转换函数
有符号 8 位整数	-2^{7}～$2^{7}-1$	int8
无符号 8 位整数	0～$2^{8}-1$	uint8
有符号 16 位整数	-2^{15}～$2^{15}-1$	int16
无符号 16 位整数	0～$2^{16}-1$	uint16
有符号 32 位整数	-2^{31}～$2^{31}-1$	int32
无符号 32 位整数	0～$2^{32}-1$	uint32
有符号 64 位整数	-2^{63}～$2^{63}-1$	int64
无符号 64 位整数	0～$2^{64}-1$	uint64

在转换过程中，MATLAB 默认将待转换数值转换为与之最接近的整数值，若小数部分为 0.5，则转换后的结果为与该浮点数最接近的两个整数中绝对值较大的一个。

另外，这些转换函数还可以将其他数据类型转换为指定的数据类型。在不超出数值范围的情况下，任意两个整数类型之间也可以通过转换函数进行相互转换。同时，由于不同的整数类型能够表示的数值范围不同，因此，当运算结果超出相应的整数类型能够表示的数值范围时，就会出现错误，运算结果被置为该整数类型能够表示的最大值或最小值。

MATLAB 中还包含了几类使用不同运算法则的取整函数，也可以把浮点数转换成整数。这些取整函数及相应的转换方式如表 2-3 所示。

表 2-3　MATLAB 中的取整函数及相应的转换方式

函　数	运算法则	示　例
floor(x)	向下取整	floor (1.2)=1 floor (2.5)=2 floor (−2.5)= −3
ceil(x)	向上取整	ceil (1.2)=2 ceil (2.5)=3 ceil (−2.5)=−2
round(x)	取最接近的整数 如果小数部分是 0.5，则向绝对值大的方向取整	round (1.2)=1 round (2.5)=3 round (−2.5)=−3
fix(x)	向 0 取整	fix(1.2)=1 fix(2.5)=2 fix(−2.5)= −2

2. 浮点数类型

MATLAB 中提供了单精度浮点数类型和双精度浮点数类型，其在存储占用位数、能够表示的数值范围、数值精度各方面均不相同，具体如表 2-4 所示。

由表 2-4 可知，单精度浮点数类型的占用位数少，因此占用内存小，但能够表示的数值范围和数值精度都比双精度浮点数类型小（低）。

由于 MATLAB 中的默认数值类型为双精度浮点数类型，因此与创建整数类型数值一样，也可以通过转换函数来实现单精度浮点数类型数值的创建。

表 2-4　MATLAB 中的浮点数类型

浮点数类型	存储占用位数	各数位的意义	数 值 范 围	转换函数
单精度	32	0～22 位表示小数部分 23～30 位表示指数部分 31 位表示符号（0 正 1 负）	-3.40282e+038～-1.17549e-038 1.17549e-038～3.40282e+038	single
双精度	64	0～51 位表示小数部分 52～62 位表示指数部分 63 位表示符号（0 正 1 负）	-1.79769e+308～-2.22507e-308 2.22507e-308～1.79769e+308	double

双精度浮点数在参与运算时，返回值的类型依赖于参与运算的其他数据的类型。当参与运算的其他数据为逻辑类型、字符类型时，返回值为双精度浮点数类型；当参与运算的其他数据为整数类型时，返回值为相应的整数类型；当参与运算的其他数据为单精度浮点数类型时，返回值为相应的单精度浮点数类型。

○ 提示

在 MATLAB 中，单精度浮点数类型不能与整数类型进行算术运算。

例 2-1：浮点数参与的运算。

在命令行窗口中输入命令，并依次显示输出结果。

在命令行窗口中输入：

```
>> a=uint32(120);
>> b=single(22.809);
>> c=73.226;
>> ab=a*b
```

输出结果：

```
错误使用  *
整数只能与同类的整数或双精度标量值组合使用。
```

在命令行窗口中输入：

```
>> ac=a*c
```

输出结果：

```
ac =
  uint32
   8787
```

在命令行窗口中输入：

```
>> bc=b*c
```

输出结果：

```
bc =
  single
   1.6702e+003
```

在命令行窗口中输入：

```
>> str='hello'
```

输出结果：

```
str =
    'hello'
```

在命令行窗口中输入：

```
>> newstr=str-44.3
```

输出结果：

```
newstr =
   59.7000   56.7000   63.7000   63.7000   66.7000
```

在命令行窗口中输入：

```
>> whos
```

输出结果：

```
    Name            Size            Bytes  Class         Attributes
    a               1x1             4      uint32
    ac              1x1             4      uint32
    b               1x1             4      single
    bc              1x1             4      single
    c               1x1             8      double
    newstr          1x5             40     double
    str             1x5             10     char
```

由于浮点数只占用一定的存储位数，其中只有有限位分别用来存储指数部分和小数部分，因此，浮点数类型能够表示的实际数值是有限且离散的，任何两个相邻的浮点数之间都有微小间隙，而处在间隙中的数值只能用这两个相邻的浮点数中的一个来表示。MATLAB 中提供了 eps 函数，可以获取一个数值和最接近该数值的浮点数之间的间隙。

例 2-2：浮点数的精度。

在命令行窗口中输入：

```
>> format long
>> eps(3)
```

输出结果：

```
ans =
    4.440892098500626e-016
```

在命令行窗口中输入：

```
>> eps(single(3))
```

输出结果：

```
ans =
  single
   2.3841858e-007
```

3. 复数

复数包括实部和虚部两部分。MATLAB 中默认使用字符 i 或 j 作为虚部标志。在创建复数时，可以直接按照复数形式进行输入或使用 complex 函数。MATLAB 库函数中关于复数的相关函数如表 2-5 所示。

表 2-5　MATLAB 库函数中关于复数的相关函数

函　数	说　明	函　数	说　明
real(z)	返回复数 z 的实部	imag(z)	返回复数 z 的虚部
abs(z)	返回复数 z 的模	angle(z)	返回复数 z 的辐角
conj(z)	返回复数 z 的共轭复数	complex(a,b)	以 a 为实部、b 为虚部创建复数

4．无穷量和非数值量

MATLAB 中使用 Inf 和-Inf 分别代表正无穷量和负无穷量，NaN 表示非数值量。正、负无穷量一般是由于运算溢出导致超出双精度浮点数类型能表示的数值范围而产生的；而非数值量则是由于 0/0 或 Inf/Inf 类型的非正常运算而产生的，这两种 NaN 彼此是不相等的。

除了异常运算结果，MATLAB 还提供了特定函数 Inf 和 NaN 来创建指定数值类型的无穷量与非数值量，生成结果默认为双精度浮点数类型。还有一种特殊的指数类型的数据，叫作非数，通常表示运算得到的数值结果超出了运算范围。非数的实部用 NaN 表示，虚部用 Inf 表示。

例 2-3：无穷量及非数值量的产生。

在命令行窗口中输入：

```
>> a = 0 / 0
>> b = log( 0 )
>> c = Inf - Inf
```

输出结果：

```
a =
   NaN
b =
  -Inf
c =
   NaN
```

2.1.2　逻辑类型

逻辑类型数据是指布尔类型数据，包括真（true）、假（false）两种数值，用于表达数据之间的逻辑关系。除了传统的数学运算，MATLAB 还支持关系运算和逻辑运算。这些运算的目的是给出真/假命题的逻辑值，就是“真”或“假”。

作为所有关系表达式和逻辑表达式的输入，MATLAB 把任何非零数值都当作真，把零当作假。所有关系表达式和逻辑表达式的输出：对于真，输出为 1；对于假，输出为 0。

逻辑类型数据在进行运算时需要用到关系运算符和逻辑运算符。MATLAB 中的关系运算符如表 2-6 所示。

表 2-6　MATLAB 中的关系运算符

关系运算符	说　明	关系运算符	说　明
<	小于	>=	大于或等于

续表

关系运算符	说　明	关系运算符	说　明
<=	小于或等于	==	等于
>	大于	~=	不等于

MATLAB 中的关系运算符能用来比较两个同样大小的数组，或者用来比较一个数组和一个标量。在后一种情况中，标量和数组中的每个元素相比较，结果与数组大小一样。

例 2-4：判断两个数组中的元素是否相等。

在命令行窗口中输入：

```
>> A = 1 : 9
>> B = 10 - A
```

输出结果：

```
A =
     1     2     3     4     5     6     7     8     9
B =
     9     8     7     6     5     4     3     2     1
```

在命令行窗口中输入：

```
>> TrueorFalse = ( A == B )          %判断 A 与 B 中的元素是否相等
```

输出结果：

```
TrueorFalse =
  1×9 logical 数组
   0   0   0   0   1   0   0   0   0
```

〇 提示

"="和"=="在 MATLAB 中的意义是不同的。"=="是对等号两边的两个变量进行比较，当它们相等时返回 1，不相等时返回 0；而"="则被用来将运算结果赋给一个变量。

逻辑运算符提供了一种组合或否定关系表达式，如表 2-7 所示。

表 2-7　逻辑运算符

逻辑运算符	说　明
&	与
|	或
~	非

例 2-5：判断数组中的元素是否在某个范围内。

在命令行窗口中输入：

```
>> A = 1 : 9;
>> TrueorFalse = ( A > 2 ) & ( A < 6 )          %判断 A 中元素是否在 2～6 内
```

输出结果：

```
TrueorFalse =
  1×9 logical 数组
   0   0   1   1   1   0   0   0   0
```

除了上述关系运算符与逻辑运算符，MATLAB 还提供了大量其他关系函数与逻辑函数。

（1）xor(x, y)指令的功能为异或运算，x 和 y 同为零（假）或非零（真）时返回 0，否则返回 1。

（2）any(x)指令的功能为判断 x 是否为零向量或零矩阵（向量或矩阵中的元素全部为零），如果是非零向量或非零矩阵，则返回 1；否则返回 0。

除此之外，MATLAB 还提供了大量的函数，在运算过程中用来测试特殊值或条件是否存在，并返回相应的表示结果的逻辑值，如表 2-8 所示。

表 2-8 测试函数

函数名称	函数功能	函数名称	函数功能
isfinite	元素有限，返回真值	isnan	元素为不定值，返回真值
isempty	参量为空，返回真值	isreal	参量无虚部，返回真值
isglobal	参量是一个全局变量，返回真值	isspace	元素为空格字符，返回真值
ishold	当前绘图保持状态是“ON”，返回真值	isstr	参量为一个字符串，返回真值
isieee	计算机执行 IEEE 算术运算，返回真值	isstudent	MATLAB 为学生版，返回真值
isinf	元素无穷大，返回真值	isunix	计算机为 UNIX 系统，返回真值
isletter	元素为字母，返回真值	—	—

2.1.3 字符类型

在 MATLAB 中，将文本当作特征字符串或简单地当作字符串。字符串能够显示在屏幕上，也可以用来构成一些命令，这些命令在其他的命令中用于求值或被执行。

在 MATLAB 中，可能会遇到对字符和字符串的操作。一个字符串是存储在一个行向量中的文本，这个行向量中的每个元素代表一个字符。实际上，元素中存放的是字符的内部代码，即 ASCII 码。

当在屏幕上显示字符变量的值时，显示出来的是文本，而不是 ASCII 码。由于字符串是以向量的形式存储的，因此可以通过下标对字符串中的任何一个元素进行访问。对于字符矩阵，也可以通过下标索引进行访问，但是矩阵的每行字符数必须相同。

字符串一般是 ASCII 码的数值数组，作为字符串表达式进行显示。

例 2-6：字符串属性示例。

在命令行窗口中输入：

```
>> clear    %清除工作区中的数据
>> String ='Every good boy does fun.';
>> size(String)
```

输出结果：

```
ans =
     1    24
```

在命令行窗口中输入：

```
>> whos
```

输出结果：

```
Name        Size          Bytes      Class      Attributes
ans         1x2              16  double
String      1x24             48  char
```

一个字符串是由单引号引起来的简单文本。字符串中的每个字符都是数组中的一个元素，字符串存储要求每个字符占 8 字节，如同 MATLAB 的其他变量。

因为 ASCII 码字符只要求占 1 字节，所以这种存储要求是浪费空间的，所分配的 $\frac{7}{8}$ 的存储空间无用。然而，对字符串保持同样的数据结构可以简化 MATLAB 的内部数据结构。MATLAB 中给出的字符串操作并不是 MATLAB 的基本特点，但这种表达是方便和可接受的。

为了了解字符串的 ASCII 码表达，只需对字符串执行一些算术运算。最简单和计算上最有效的方法是取数组的绝对值。

例 2-7：字符串的 ASCII 码表达。

在命令行窗口中输入：

```
>> String ='Every good boy does fun.';
>> U=abs (String)
```

输出结果：

```
U =
  列 1 至 14
   69   118   101   114   121    32   103   111   111   100    32    98   111   121
  列 15 至 24
   32   100   111   101   115    32   102   117   110    46
```

在命令行窗口中输入：

```
>> U=U+0
```

输出结果：

```
U =
  列 1 至 14
   69   118   101   114   121    32   103   111   111   100    32    98   111   121
  列 15 至 24
   32   100   111   101   115    32   102   117   110    46
```

在本例中，给字符串加零并没有改变它的 ASCII 码表达。因为字符串是数值数组，所以可以用 MATLAB 中所有可利用的数组操作工具对其进行操作。

例 2-8：字符串数组的索引示例。

在命令行窗口中输入：

```
>> String ='Every good boy does fun.';
>> U =String(7:10)
```

输出结果：

```
U =
    'good'
```

在命令行窗口中输入：

```
>> U =String(10: 1:7)
```

输出结果：

```
U =
   'doog'
```

在本例中，字符串像数组一样进行编址。这里元素 7～10 包含单词 good。

字符串中的单引号是由两个连续的单引号来表示的。

例 2-9：字符串中的单引号。

在命令行窗口中输入：

```
>> String ='It''s not the manual!'
```

输出结果：

```
String =
   'It's not the manual!'
```

字符串的连接可以通过直接将字符串数组连接起来来实现。

例 2-10：字符串的连接。

在命令行窗口中输入：

```
>> U ='Hello,';
>> V =' world!';
>> W = [U V]
```

输出结果：

```
W =
   'Hello, world!'
```

2.1.4　函数句柄

在 MATLAB 平台中，对函数的调用方法分为直接调用法和间接调用法。

- 对于直接调用法，被调用的函数通常被称为子函数。但是子函数只能被与其 M 文件同名的主函数或 M 文件中的其他函数调用，一个文件中只能有一个主函数。
- 使用函数句柄对函数进行调用可以避免上述问题。函数句柄提供了一种间接调用函数的方法。创建函数句柄需要用到操作符@。对于 MATLAB 函数库提供的各种 M 文件中的函数和使用者自主编写的程序的内部函数，都可以创建函数句柄，从而可以通过函数句柄来实现对这些函数的间接调用。

创建函数句柄的一般句法格式为：

```
Function_Handle = @Function_Filename;
```

其中各参数的含义如下。

- Function_Filename 是函数对应的 M 文件的名称或 MATLAB 内部函数的名称。
- @是句柄创建操作符。
- Function_Handle 变量保存了这一函数句柄，并在后续的运算中作为数据流进行传递。

例如，F_Handle = @cos 就创建了 MATLAB 内部函数 cos 的句柄，并将其保存在 F_Handle 变量中，在后续的运算过程中可以通过 F_Handle(x)来实现 cos(x)的功能。

在通过函数句柄调用函数时，也需要指定函数的输入参数。例如，可以通过 F_Handle(arg1, arg2,…,argn)这样的调用格式来调用具有多个输入参数的函数。

对于那些没有输入参数的函数，在使用函数句柄调用时，在函数句柄变量之后的圆括号中不填写变量名即可，即 F_Handle()。

例 2-11：函数句柄的创建与调用。

在命令行窗口中输入：

```
>> F_Handle = @cos
```

输出结果：

```
F_Handle =
  包含以下值的 function_handle:
    @cos
```

在命令行窗口中输入：

```
>> x = 0 : 0.25 * pi : 2 * pi;
>> F_Handle( x )                    %通过函数句柄调用函数
```

输出结果：

```
ans =
  1.0000  0.7071  0.0000  -0.7071  -1.0000  -0.7071 -0.0000  0.7071  1.0000
```

MATLAB 库函数中提供了大量关于函数句柄的操作函数，将函数句柄的功能与其他数据类型联系起来，扩展了函数句柄的应用。函数句柄的简单操作函数如表 2-9 所示。

表 2-9　函数句柄的简单操作函数

函 数 名 称	函 数 功 能
functions(funhandle)	返回一个结构体，存储函数的名称、类型（simple 或 overloaded），以及函数 M 文件的位置
func2str(funhandle)	将函数句柄转换为函数名称字符串
str2func(str)	将字符串代表的函数转换为函数句柄
save filename.mat funhandle	将函数句柄保存在*.mat 文件中
load filename.mat funhandle	把*.mat 文件中存储的函数句柄加载到工作区
isa(var, 'function_handle')	检测变量 var 是否是函数句柄
isequal(funhandlea, funhandleb)	检测两个函数句柄是否对应同一个函数

例 2-12：函数句柄的基本操作。

在命令行窗口中输入：

```
>> F_Handlea=@exp
```

输出结果：

```
F_Handlea =
  包含以下值的 function_handle:
    @exp
```

在命令行窗口中输入：

```
>> F_Handleb=@log
```

输出结果：

```
F_Handleb =
  包含以下值的 function_handle:
    @log
```

在命令行窗口中输入：

```
>> functions(F_Handlea )
```

输出结果：

```
ans =
  包含以下字段的 struct:
    function: 'exp'
        type: 'simple'
        file: ''
```

在命令行窗口中输入：

```
>> isa(F_Handlea, 'function_handle')       %判断 F_Handlea 是否是函数句柄
```

输出结果：

```
ans =
  logical
   1
```

在命令行窗口中输入：

```
>> isequal(F_Handlea, F_Handleb)           %判断两个函数句柄是否对应同一个函数
```

输出结果：

```
ans =
  logical
   0
```

2.1.5　结构体类型

MATLAB 中的结构体与 C 语言中的结构体类似，一个结构体可以通过字段存储多个不同类型的数据。因此，结构体相当于一个数据容器，把多个相关联的不同类型的数据封装在一个结构体对象中。

如图 2-1 所示，结构体 Student 中有 4 个字段：姓名字段 Name 中存储了一个字符串类型的数据；年级字段 Grade 中存储了一个浮点类型数值；科目字段 Subject 中存储了一个一维字符串数组；成绩字段 Result 中存储了一个一维数组。

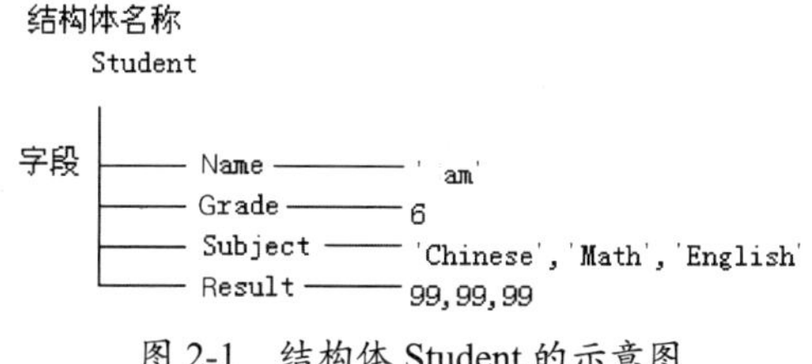

图 2-1　结构体 Student 的示意图

一个结构体中可以有多个字段，每个字段又可以存储不同类型的数据，通过这种方式就

把多个不同类型的数据组织在一个结构体对象中了。

创建结构体对象的方法有两种，即可以直接通过赋值语句给结构体的字段赋值，也可以使用结构体创建函数 struct。两种方法的具体操作步骤如下。

（1）通过字段赋值创建结构体。在对结构体的字段进行赋值时，赋值表达式的变量名使用“结构体名称.字段名称”的形式书写，对同一个结构体可以进行多个字段的赋值。

例 2-13：通过字段赋值创建结构体。

在命令行窗口中输入：

```
>> Student.Name='Sam';
>> Student.Grade=6;
>> Student.Subject={'Chinese','Math','English'};
>> Student.Result={99,99,99};
>> Student
```

输出结果：

```
Student =
  包含以下字段的 struct:
       Name: 'Sam'
      Grade: 6
    Subject: {'Chinese'  'Math'  'English'}
     Result: {[99]  [99]  [99]}
```

在命令行窗口中输入：

```
>> whos
```

输出结果：

```
  Name          Size            Bytes  Class          Attributes
  Student       1x1              1370    struct
```

在本例中，先通过对 4 个字段进行赋值，创建了结构体对象 Student；然后用 whos 函数分析出 Student 是一个 1×1 的结构体数组。

○ 注意

在进行字段赋值操作时，对于没有明确赋值的字段，MATLAB 默认赋值为空数组。通过圆括号索引进行字段赋值，还可以创建任意尺寸的结构体数组。需要注意的是，同一个结构体数组中的所有结构体对象具有相同的字段组合。

（2）利用 struct 函数创建结构体。

struct 函数的语法形式为：

```
StrArray = struct('field1', var1, 'field2', var2,…,'fieldn', varn)
```

上述语句可以创建结构体对象 StrArray，并将其 n 个字段分别赋值为 var1,var2,⋯, varn。

例 2-14：利用 struct 函数创建结构体。

在命令行窗口中输入：

```
>> Schedule(2)=struct('Day','Thursday','Time','15:00','Number',18)
```

输出结果：

```
Schedule =
```

```
  包含以下字段的 1×2 struct 数组:
    Day
    Time
    Number
```

在命令行窗口中输入：

```
>> Schedule(1)      %结构体第一个元素没有赋值，因此所有字段均为空数组
```

输出结果：

```
ans =
  包含以下字段的 struct:
       Day: []
      Time: []
    Number: []
```

在命令行窗口中输入：

```
>> ScheduleArray=repmat(struct('Day','Thursday','Time',...   %...表示续行
     '15:00','Number',18),1,2)
```

输出结果：

```
ScheduleArray =
  包含以下字段的 1×2 struct 数组:
    Day
    Time
    Number
```

在命令行窗口中输入：

```
>> ScheduleArray(1)       %1×2 的结构体数组的两个元素完全相同
```

输出结果：

```
ans =
  包含以下字段的 struct:
     Day: 'Thursday'
     Time: '15:00'
    Number: 18
```

在命令行窗口中输入：

```
>> ScheduleArray(2)
```

输出结果：

```
ans =
  包含以下字段的 struct:
       Day: 'Thursday'
      Time: '15:00'
    Number: 18
```

在命令行窗口中输入：

```
>> newArray=struct('Day',{'Thursday','Friday'},'Time',{'15:00','9:00'},...
     'Number',{18,6})
```

输出结果：

```
newArray =
```

```
  包含以下字段的 1×2 struct 数组:
    Day
    Time
    Number
```

在命令行窗口中输入：

```
>> newArray(1)
```

输出结果：

```
ans =
  包含以下字段的 struct:
       Day: 'Thursday'
      Time: '15:00'
    Number: 18
```

在命令行窗口中输入：

```
>> newArray(2)
```

输出结果：

```
ans =
  包含以下字段的 struct:
         Day: 'Friday'
         Time: '9:00'
     Number: 6
```

2.1.6 数组类型

在 MATLAB 中进行运算的所有类型数据都是按照数组及矩阵的形式进行存储和运算的，二者在 MATLAB 中的基本运算性质不同，数组强调元素对元素的运算，而矩阵则采用线性代数的运算方式。本节主要介绍数组类型，关于矩阵的详细运算语法在第 3 章中讲解。

数组的属性及数组之间的逻辑关系是编写程序时非常重要的两个方面。在 MATLAB 平台上，数组的定义是广义的，数组的元素可以是任意数据类型，如可以是数值、字符串、指针等。

利用数组的构建方法可以直接对变量进行赋值。

例 2-15：通过对变量进行赋值来创建数组。

在命令行窗口中输入：

```
>> Array = [1 2 3 4 5 6]
```

输出结果：

```
Array =
     1     2     3     4     5     6
```

在 MATLAB 中，可以使用冒号“:”来代表一系列数值，有时也使用它来定义数组，其句法格式如下：

```
Array = i : k
```

上述代码创建从 i 开始、步长为 1、到 k 结束的数字序列，即 i,i+1,i+2,…,k。如果 i>k，那么 MATLAB 会返回一个空矩阵。数字 i 和 k 不必是整数，该序列的最后一个数小于或等于 k。

```
Array = i : j : k
```

上述代码创建从 i 开始、步长为 j、到 k 结束的数字序列，即 i,i+j,i+2j,…,k。如果 j= 0，则返回一个空矩阵。数字 i、j 和 k 不必是整数，该序列的最后一个数小于或等于 k。

还有一些预定义函数也可以用来创建线性序列和逻辑序列。

```
Array = linspace(a,b,100)
```

上述代码在区间[a, b]上创建一个含有 100 个元素的向量，这 100 个元素把整个区间线性分割。

```
Array = linspace(a,b,n)
```

上述代码在区间[a, b]上创建一个含有 n 个元素的向量。这个命令和冒号表示形式相近，但是它直接定义了数据的个数。

例 2-16：创建等差数列。

在命令行窗口中输入：

```
>> Array_a=0:5
>> Array_b=linspace(0,5,6)
```

输出结果：

```
Array_a =
     0     1     2     3     4     5
Array_b =
     0     1     2     3     4     5
```

当数组的元素个数为 0 时，就称为空数组。空数组是特殊的数组，不含有任何元素。空数组主要用于逻辑运算、数组声明、数组的清空等。

例 2-17：创建空数组。

在命令行窗口中输入：

```
>> Array_Empty=[]
```

输出结果：

```
Array_Empty =
    []
```

2.1.7　元胞数组类型

1．概述

元胞（Cell）数组是一种无所不包的广义矩阵。组成元胞数组的每个元素称为一个单元。每个单元可以包括一个任意数组，如数值数组、字符串数组、结构体数组或另外一个元胞数组，因而每个单元可以具有不同的尺寸和内存占用空间。

○ 注意

与一般的数值数组一样，元胞数组的维数不受限制，可以为一维、二维或多维。

MATLAB 中使用元胞数组的目的在于，它可以把不同类型的数据归并到一个数组中。

○ 注意

元胞数组的创建有两种方法：使用赋值语句创建元胞数组和利用 cell 函数创建空元胞数组。

（1）使用赋值语句创建元胞数组。与一般数组不同的是，元胞数组使用花括号“{}”来创建，使用逗号“,”或空格来分隔每个单元，使用分号“;”来分行。

例 2-18：创建元胞数组。

在命令行窗口中输入：

```
>> clear
>> C = {'x',[1;3;6];10,pi}
>> whos C
```

程序运行结果如下：

```
C =
  2×2 cell 数组
    {'x' }    {3×1 double}
    {[10]}    {[  3.1416]}
  Name      Size            Bytes  Class    Attributes
  C         2x2               458  cell
```

（2）利用 cell 函数创建空元胞数组。

cell 函数的调用格式如下：

```
cellName = cell (m,n)
```

该函数创建一个 m×n 的空元胞数组，每个单元均为空矩阵。

例 2-19：创建空元胞数组。

在命令行窗口中输入：

```
>> clear
>> a = cell(2,2)
>> b = cell(1)
>> whos
```

程序运行结果如下：

```
a =
  2×2 cell 数组
    {0×0 double}    {0×0 double}
    {0×0 double}    {0×0 double}
b =
  1×1 cell 数组
    {0×0 double}
  Name      Size            Bytes  Class    Attributes
  a         2x2                32  cell
  b         1x1                 8  cell
```

与一般的数值数组一样，元胞数组的内存空间也是动态分配的。因此，使用 cell 函数创建空元胞数组的主要目的是为该元胞数组预先分配连续的存储空间，以节约内存，提高执行效率。

2．元胞数组的寻访

在元胞数组中，单元和单元中的内容是两个不同范畴的东西，因此，寻访单元和单元中的内容是两种不同的操作。MATLAB 为上述两种操作设计了相对应的操作对象：单元外标识（Cell Indexing）和单元内编址（Content Addressing）。

对于元胞数组 C，C(m,n)指的是元胞数组中第 m 行第 n 列的单元，而 C{m,n}指的是元胞数组中第 m 行第 n 列单元中的内容。

例 2-20：元胞数组的寻访。

在命令行窗口中依次输入以下命令：

```
>> clear
>> C = {3,[4 7;6 6;80 9],'string';sin(pi/8),3>10,'code'}
>> unitVal_1 = C(2,2)
>> class(unitVal_1)
>> unitVal_2 = C{2,2}
>> class(unitVal_2)
```

得到的结果如下：

```
C =
  2×3 cell 数组
    {[     3]}    {3×2 double}    {'string'}
    {[0.3827]}    {[       0]}    {'code'  }
unitVal_1 =
  1×1 cell 数组
    {[0]}
ans =
    'cell'
unitVal_2 =
  logical
   0
ans =
    'logical'
```

3．元胞数组的操作

元胞数组的操作包括合并/删除元胞数组中的指定单元、改变元胞数组的形状等。

（1）元胞数组的合并。

例 2-21：元胞数组的合并。

在命令行窗口中依次输入以下命令：

```
>> clear
>> a{1,1}='cellclass';
>> a{1,2}=[1 2 2];
>> a{2,1}=['a','b','c'];
>> a{2,2}=[9 5 6];
>> a
>> b = {'Jan'}
```

```
>> c = {a b}
```

得到的结果如下：

```
a =
  2×2 cell 数组
    {'cellclass'}    {1×3 double}
    {'abc'      }    {1×3 double}
b =
  1×1 cell 数组
    {'Jan'}
c =
  1×2 cell 数组
    {2×2 cell}    {1×1 cell}
```

（2）元胞数组中指定单元的删除。

如果要删除元胞数组中某个指定单元，则只需将空矩阵赋给该单元，即：

```
C{ m,n} = []
```

例 2-22：有一个元胞数组 C，删除其中的某个单元。

在命令行窗口中输入下列命令：

```
>> clear
>> C = {ones(3),'Hello, World',zeros(5),[20,4,6]}
>> C{1,4} = []
```

得到的结果如下：

```
C =
  1×4 cell 数组
    {3×3 double}    {'Hello, World'}    {5×5 double}    {1×3 double}
C =
  1×4 cell 数组
    {3×3 double}    {'Hello, World'}    {5×5 double}    {0×0 double}
```

（3）使用 reshape 函数改变元胞数组的形状。

reshape 函数的调用格式为：

```
trimC = reshape (C, M, N)
```

该函数将元胞数组 C 改变成一个具有 M 行 N 列的新元胞数组。

例 2-23：将例 2-22 中的元胞数组 C(1×4)改变成 newC(4×1)。

在命令行窗口中输入：

```
>> newC = reshape(C,4,1)
```

得到的结果如下：

```
newC =
  4×1 cell 数组
    {3×3 double    }
    {'Hello, World'}
    {5×5 double    }
    {0×0 double    }
```

2.1.8　map 容器类型

1．map 容器类型及 map 类概述

map 的本意是映射，就是将一个量映射为另一个量。例如，将一个字符串映射为一个数值，此时该字符串就是 map 的键（key），数值就是 map 的数据（value）。因此，可以将 map 容器理解为一种快速查找数据结构的键。

对一个 map 元素进行寻访的索引称为“键”。一个键可以是以下任何一种数据类型。

- 1×*N* 的字符串。
- 单精度或双精度实数标量。
- 有符号或无符号标量整数。

这些键和其对应的数据存储在 map 中。map 的每个条目都包括唯一的键和相对应的数据。map 中存储的数据可以是任何类型的，包括数值类型、字符或字符串类型、结构体类型、元胞数组类型或其他 map。

一个 map 是 MATLAB 类的一个对象。map 类的所有对象都具有 3 种属性，如表 2-10 所示。用户不能直接对这些属性进行修改，但可以通过作用于 map 类的函数进行修改。

表 2-10　map 类的属性

属　性	说　明	默认值
Count	无符号 64 位整数，表示 map 对象中存储的 key/value 对的总数	0
KeyType	字符串，表示 map 对象中包括的 key 的类型	char
ValueType	字符串，表示 map 对象中包括的数据类型	any

map 类的属性的查看方法为 map 名＋小数点“.”＋map 的属性名。例如，为了查看 mapW 对象包括的数据类型，需要使用 mapW.ValueType 命令。

2．创建 map 对象

map 是一个 map 类中的对象，由 MATLAB 中名为“容器”的一个包来定义，可以通过构造函数来创建，创建方法如下：

```
mapObj = containers.Map({key1,key2,…},{val1,val2,…})
```

当键和值是字符串时，需要对上述语法稍做变更，即：

```
mapObj = containers.Map({'key1','key2',…},{val1,val2,…})
```

例 2-24：创建一个名为 schedulemap 的 map 对象来存储如表 2-11 所示的课程表。

表 2-11　课程表

星期一	星期二	星期三	星期四	星期五
数学	语文	历史	地理	生物

创建过程如下：

```
>> clear
>> schedulemap =
```

```
containers.Map({'Monday','Tuesday','Wednesday','Thursday',...
     'Friday'},{'Maths','Chinese','History','Geography','Biology'})
```

得到的结果如下：

```
schedulemap =
  Map - 属性:
        Count: 5
      KeyType: char
    ValueType: char
```

此外，map 对象的创建可以分为两个步骤：首先创建一个空 map 对象；然后使用 keys()和 values()方法对其内容进行补充。空 map 对象的创建方法如下：

```
newMap = containers.Map()
```

得到的结果如下：

```
newMap =
  Map - 属性:
        Count: 0
      KeyType: char
    ValueType: any
```

3. 查看/读取 map 对象

（1）查看 map 对象。

map 对象中的每个条目都包括两部分：一个唯一的键及其对应的值。可以通过 keys 函数查看 map 对象中包含的所有键，通过 values 函数查看所有的值。

例 2-25：查看例 2-24 中创建的 map 对象。

在命令行窗口中依次输入：

```
>> keys(schedulemap)
>> values(schedulemap)
```

得到的结果如下：

```
ans =
  1×5 cell 数组
    {'Friday'}    {'Monday'}    {'Thursday'}    {'Tuesday'}    {'Wednesday'}
ans =
  1×5 cell 数组
    {'Biology'}    {'Maths'}    {'Geography'}    {'Chinese'}    {'History'}
```

（2）读取 map 对象。

在创建好一个 map 对象后，用户可以对其进行数据的寻访。寻访指定键（keyName）所对应的值（valueName）使用的格式如下：

```
valueName = mapName(keyName)
```

当键名是一个字符串时，需要使用单引号将其引起来。

例 2-26：通过使用键名访问例 2-24 中创建的 schedulemap 对象中的内容。

在命令行窗口中输入：

```
>> course = schedulemap('Wednesday')
```

得到的结果如下：

```
course =
    'History'
```

如果需要对多个键进行访问，则可以使用 values 函数。例如：

```
>> values(schedulemap,{'Monday','Thursday'})
```

得到的结果如下：

```
ans =
  1×2 cell 数组
    {'Maths'}    {'Geography'}
```

○ 提示

在对多个键进行访问时，不能像在其他数据类型中那样使用冒号“:”，因为这将导致错误的产生。例如，输入：

```
>> schedulemap('Monday':'Thursday')
```

弹出如下错误提示信息：

```
警告：冒号操作数必须为实数标量。
```

4．编辑 map 对象

（1）从 map 对象中删除 key/value 对。

用户可以使用 remove 函数从 map 对象中删除 key/value 对。该函数的调用格式为：

```
remove('mapName', 'keyName')
```

在上述代码中，mapName 和 keyName 分别为 map 对象的名称及需要删除的键名。执行该命令后，MATLAB 系统会删除指定的键名及其对应的值。

例 2-27：删除 schedulemap 对象中的“Thursday”及其对应的科目。

在命令行窗口中依次输入：

```
>> schedulemap = containers.Map({'Monday','Tuesday','Wednesday','Thursday',...
     'Friday'},{'Maths','Chinese','History','Geography','Biology'})
>> newMap = containers.Map()
>> remove(schedulemap,'Thursday')
>> keys(schedulemap)
>> values(schedulemap)
```

得到的结果如下：

```
schedulemap =
  Map - 属性:
        Count: 5
      KeyType: char
    ValueType: char
newMap =
  Map - 属性:
        Count: 0
      KeyType: char
    ValueType: any
ans =
  Map - 属性:
```

```
        Count: 4
      KeyType: char
    ValueType: char
ans =
  1×4 cell 数组
    {'Friday'}    {'Monday'}    {'Tuesday'}    {'Wednesday'}
ans =
  1×4 cell 数组
    {'Biology'}    {'Maths'}    {'Chinese'}    {'History'}
```

（2）添加 key/value 对。

当用户向一个 map 对象中写入新元素的值时，需要提供键名，而且该键的类型必须和 map 中的其他键一致。该操作的调用格式为：

```
existingMapObj(newKeyName)= newValue
```

例 2-28：为 schedulemap 对象添加“Saturday”及其对应的科目“Public elective course”。

在命令行窗口中依次输入：

```
>> schedulemap('Saturday') = 'Public elective course'
>> keys(schedulemap)
>> values(schedulemap)
```

得到的结果如下：

```
schedulemap =
  Map - 属性:
        Count: 5
      KeyType: char
    ValueType: char
ans =
  1×5 cell 数组
    {'Friday'}    {'Monday'}    {'Saturday'}    {'Tuesday'}    {'Wednesday'}
ans =
  1×5 cell 数组
    {'Biology'}   {'Maths'}   {'Public elective course'}   {'Chinese'}   {'History'}
```

（3）修改 key。

如果需要在保持值不变的情况下对键名进行更改，则首先要删除键名及其对应的值，然后添加一个有正确键名的新条目。

例 2-29：根据例 2-28 中的 schedulemap 对象的结果，修改“Saturday”及其对应的科目“Public elective course”为“Sunday”及其对应的科目“MBA”。

在命令行窗口中依次输入：

```
>> remove(schedulemap,'Saturday');
>> schedulemap('Sunday') = 'MBA';
>> keys(schedulemap)
>> values(schedulemap)
```

程序运行结果如下：

```
ans =
  1×5 cell 数组
```

```
    {'Friday'}    {'Monday'}    {'Sunday'}    {'Tuesday'}    {'Wednesday'}
ans =
  1×5 cell 数组
    {'Biology'}    {'Maths'}    {'MBA'}    {'Chinese'}    {'History'}
```

（4）修改 value。

通过赋值操作覆盖原有的值，即可对 map 对象中的值进行修改。

例 2-30：修改“Monday”的科目为“English”。

在命令行窗口中依次输入：

```
>> schedulemap('Monday')
>> schedulemap('Monday') = 'English';
>> keys(schedulemap)
>> values(schedulemap)
```

程序运行结果如下：

```
ans =
    'Maths'
ans =
  1×5 cell 数组
    {'Friday'}    {'Monday'}    {'Sunday'}    {'Tuesday'}    {'Wednesday'}
ans =
  1×5 cell 数组
    {'Biology'}    {'English'}    {'MBA'}    {'Chinese'}    {'History'}
```

2.2　矩阵的基本操作

2.2.1　矩阵和数组的概念及其区别

矩阵的基本操作主要有矩阵的构造、矩阵大小及结构的改变、矩阵下标引用、矩阵信息的获取等。对于这些操作，MATLAB 中都有固定的指令或库函数与之对应。

在数学上，定义由 $m \times n$ 个数 $a_{ij}(i=1,2,\cdots,m;\ j=1,2,\cdots,n)$ 排成的 m 行 n 列的数表

$$\boldsymbol{A}=\begin{bmatrix} a_{11} & a_{12} & \cdots & a_{1n} \\ a_{21} & a_{22} & \cdots & a_{2n} \\ \vdots & \vdots & \ddots & \vdots \\ a_{m1} & a_{m2} & \cdots & a_{mn} \end{bmatrix}$$

为 m 行 n 列矩阵，并用大写黑体字母表示。

只有一行的矩阵

$$\boldsymbol{A}=\begin{pmatrix} a_1 & a_2 & \cdots & a_n \end{pmatrix}$$

称为行向量。

同理，只有一列的矩阵

$$\boldsymbol{A}=\begin{pmatrix}a_1\\a_2\\\vdots\\a_n\end{pmatrix}$$

称为列向量。

矩阵最早来自方程组的系数及常数所构成的方阵，这一概念由 19 世纪英国数学家凯利首先提出。数组是在程序设计中，为了处理方便，把具有相同类型的若干变量有序组织起来的一种形式。这些按序排列的同类数据元素的集合称为数组。

在 MATLAB 中，一个数组可以分解为多个数组元素，这些数组元素可以是基本数据类型或结构体类型。因此，按数组元素类型的不同，数组又可分为数值数组、字符数组、元胞数组、结构数组等。

由此可见，矩阵和数组在 MATLAB 中存在很多区别，主要体现在以下几方面。

- 矩阵是数学上的概念，而数组则是计算机程序设计领域的概念。
- 作为一种变换或映射运算符的体现，矩阵运算有着明确而严格的数学规则；而数组的运算法则是 MATLAB 软件定义的，目的是使数据管理方便、操作简单、命令形式自然、执行计算有效。

两者间的联系主要体现在：在 MATLAB 中，矩阵是以数组的形式存在的。因此，一维数组相当于向量，二维数组相当于矩阵，即矩阵是数组的子集。

2.2.2 矩阵的构造

矩阵的构造方式有两种：一种与元胞数组相似，可以对变量直接进行赋值；另一种是使用 MATLAB 中提供的构造特殊矩阵的函数，如表 2-12 所示。

表 2-12 构造特殊矩阵的函数

函数名称	函数功能
ones(n)	构建一个 n×n 的 1 矩阵（矩阵的元素全部是 1）
ones(m , n ,⋯, p)	构建一个 m×n×⋯×p 的 1 矩阵
ones(size(A))	构建一个和矩阵 A 同样大小的 1 矩阵
zeros(n)	构建一个 n×n 的 0 矩阵（输出矩阵的元素全部是 0）
zeros(m , n ,⋯, p)	构建一个 m×n×⋯×p 的 0 矩阵
zeros(size(A))	构建一个和矩阵 A 同样大小的 0 矩阵
eye(n)	构建一个 n×n 的单位矩阵
eye(m, n)	构建一个 m×n 的单位矩阵
eye(size(A))	构建一个和矩阵 A 同样大小的单位矩阵
magic(n)	构建一个 n×n 的矩阵，其每行、每列的元素之和都相等
rand(n)	构建一个 n×n 的矩阵，其元素为 0～1 均匀分布的随机数
rand(m , n ,⋯, p)	构建一个 m×n×⋯×p 的矩阵，其元素为 0～1 均匀分布的随机数
randn (n)	构建一个 n×n 的矩阵，其元素为零均值、单位方差的正态分布随机数
randn (m , n ,⋯, p)	构建一个 m×n×⋯×p 的矩阵，其元素为零均值、单位方差的正态分布随机数

续表

函 数 名 称	函 数 功 能
diag(x)	构建一个 n 维方阵，其主对角线元素值取自向量 x，其余元素的值都为 0
diag(A , k)	构建一个由矩阵 A 的第 k 条对角线的元素组成的列向量 k= 0 为主对角线，k< 0 为下第 k 条对角线，k> 0 为上第 k 条对角线
diag(x , k)	构建一个(n+|k|)维的矩阵，其第 k 条对角线元素取自向量 x，其余元素都为 0（关于参数 k，参考上个命令）
triu(A)	构建一个和 A 大小相同的上三角矩阵。该矩阵的主对角线上的元素为 A 中相应的元素，其余元素都为 0
triu(A , k)	构建一个和 A 大小相同的上三角矩阵。该矩阵的第 k 条对角线及其以上的元素为 A 中相应的元素，其余元素都为 0
tril(A)	构建一个和 A 大小相同的下三角矩阵。该矩阵的主对角线上的元素为 A 中相应的元素，其余元素都为 0
tril(A, k)	构建一个和 A 大小相同的下三角矩阵。该矩阵的第 k 条对角线及其以下的元素为 A 中相应的元素，其余元素都为 0

1．建立简单矩阵

简单矩阵的建立采用矩阵构造符号——方括号“[]”，将矩阵元素置于方括号内，同行元素之间用空格或逗号隔开，行与行之间用分号“;”隔开，格式如下：

```
matrixName = [element11,element12,element13;element21,element22,element23]
matrixName = [element11 element12 element13;element21 element22 element23]
```

例 2-31：简单矩阵构造示例。

分别构造一个二维矩阵、一个行向量、一个列向量。在命令行窗口中依次输入：

```
>> A = [2,3,5;3,6,10]      % 使用逗号和分号构造二维矩阵
>> B = [2 3 5;3 6 10]      % 使用空格和分号构造二维矩阵
>> V1 = [8,59,60,33]       % 构造行向量
>> V2 = [5;8;3;4;9]        % 构造列向量
```

程序运行过程中的输出如下：

```
A =
     2     3     5
     3     6    10
B =
     2     3     5
     3     6    10
V1 =
     8    59    60    33
V2 =
    5
    8
    3
    4
    9
```

2．建立特殊矩阵

特殊矩阵是指非零元素或零元素的分布有一定规律的矩阵。常见的特殊矩阵有对称矩

阵、三角矩阵和对角矩阵等。

例 2-32：特殊矩阵构造示例。

在命令行窗口中输入：

```
>> OnesMatrix = ones( 2 )
>> ZerosMatrix = zeros( 2 )
>> Identity = eye( 2 )
>> Identity23 = eye( 2, 3 )
>> Identity32 = eye( 3, 2 )
```

输出结果：

```
OnesMatrix =
     1     1
     1     1
ZerosMatrix =
     0     0
     0     0
Identity =
     1     0
     0     1
Identity23 =
     1     0     0
     0     1     0
Identity32 =
     1     0
     0     1
     0     0
```

继续在命令行窗口中输入：

```
>> Random = rand( 2, 3 )
>> Array = Random( :, 2 )
>> Diagelement = diag( Random )
>> Diagmatrix = diag( diag( Random ) )
>> Dmatrix_array = diag( Array )
>> UpperTriangular = triu( Random )
>> LowerTriangular = tril( Random )
```

输出结果：

```
Random =
    0.1626    0.4984    0.3404
    0.1190    0.9597    0.5853
Array =
    0.4984
    0.9597
Diagelement =
    0.1626
    0.9597
Diagmatrix =
    0.1626         0
         0    0.9597
Dmatrix_array =
```

```
    0.4984         0
         0    0.9597
UpperTriangular =
    0.1626    0.4984    0.3404
         0    0.9597    0.5853
LowerTriangular =
    0.1626         0         0
    0.1190    0.9597         0
```

3. 向量、标量和空矩阵

通常情况下，矩阵包含 *m* 行 *n* 列，即 $m \times n$。当 *m* 和 *n* 取一些特殊值时，得到的矩阵具有一些特殊的性质。

（1）向量。

当 $m=1$ 或 $n=1$ 时，即 $1 \times n$ 或 $m \times 1$，建立的矩阵称为向量。例如，在命令行窗口中输入：

```
>> clear
>> a = [1 2 3 4 5 6]
>> b = [1;2;3;4;5;6]
>> whos          % 调用 whos 函数查看变量 a、b 的相关信息
```

得到结果：

```
a =     1     2     3     4     5     6
b =
     1
     2
     3
     4
     5
     6
Name          Size              Bytes    Class     Attributes
  a           1x6               48       double
  b           6x1               48       double
```

（2）标量。

当 $m=n=1$ 时，建立的矩阵称为标量。任意以 1×1 的矩阵形式表示的单个实数、复数都是标量。

例 2-33：在 MATLAB 中，标量有两种表示方法。

在命令行窗口中依次输入：

```
>> x = 10+2i                % 将复数 10+2i 赋值给变量 x
>> shape = size(x)          % 查询变量 x 的形状信息
>> y = [10+2i]              % 将复数 10+2i 构成的矩阵赋值给变量 y
>> shape = size(y)          % 查询变量 y 的形状信息
>> x==y                     % 判断变量 x 和 y 是否相等，“1”表示相等，“0”表示不相等
```

得到结果：

```
x =
  10.0000 + 2.0000i
shape =
     1     1
```

```
y =
  10.0000 + 2.0000i
shape =
     1     1
ans =
  logical
   1
```

通过上述示例可知，单个实数或复数在 MATLAB 中都是以矩阵的形式存储的；在 MATLAB 中，单个数据或由单个数据构造的矩阵都是标量。

（3）空矩阵。

当 $m=n=0$ 或 $m=0$，或者 $n=0$ 时，即 0×0、0×n、m×0，创建的矩阵称为空矩阵。空矩阵可以通过赋值语句建立。例如：

```
>> x = []                    % 建立一个空矩阵
>> whos x                    % 调用 whos 函数查看变量 x 的相关信息
```

得到结果：

```
x =
    []
  Name        Size              Bytes    Class     Attributes
  x           0x0               0        double
```

如果要建立一个 0 矩阵，则可以输入：

```
>> z = [0 0 0;0 0 0]         % 建立一个 2 行 3 列的 0 矩阵
>> whos z                    % 调用 whos 函数查看变量 z 的相关信息
```

得到结果：

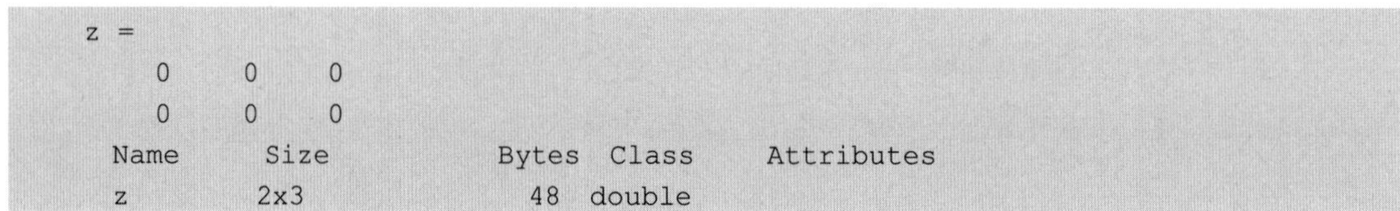

```
z =
     0     0     0
     0     0     0
  Name       Size            Bytes  Class     Attributes
  z         2x3                48   double
```

空矩阵和 0 矩阵的本质区别在于：空矩阵内没有任何元素，因此不占用任何存储空间；而 0 矩阵则表示该矩阵中的所有元素全部为 0，需要占用一定的存储空间。

2.2.3 矩阵大小及结构的改变

根据运算时的不同情况和需要，矩阵大小及结构的改变方式主要有旋转矩阵、改变矩阵维度、删除矩阵元素等。MATLAB 中提供的旋转矩阵与改变矩阵维度的函数如表 2-13 所示。

表 2-13 旋转矩阵与改变矩阵维度的函数

函数名称	函数功能
fliplr(A)	对矩阵每一行均进行逆序排列
flipud(A)	对矩阵每一列均进行逆序排列
flipdim(A, dim)	生成一个在 dim 维矩阵 A 内的元素交换位置的多维矩阵
rot90(A)	生成一个由矩阵 A 逆时针旋转 90° 得到的新矩阵

续表

函数名称	函数功能
rot90(A, k)	生成一个由矩阵 A 逆时针旋转 k×90° 得到的新矩阵
reshape(A , m , n, …, p)	生成一个 m×n×…×p 维的矩阵，其元素以线性索引的顺序从矩阵 A 中取得 如果矩阵 A 中没有 m×n×…×p 个元素，那么将返回一条错误提示信息
repmat(A,[m n…p])	创建一个和矩阵 A 有相同元素的 m×n×…×p 块的多维矩阵
shiftdim(A , n)	矩阵的列移动 n 步。n 为正数，矩阵向左移；n 为负数，矩阵向右移
squeeze(A)	返回没有空维的矩阵 A
cat(dim,A, B)	将矩阵 A 和 B 组合成一个 dim 维的多维矩阵
permute(A, order)	根据向量 order 改变矩阵 A 中的维数顺序
ipermute(A, order)	进行命令 permute 的逆变换
sort(A)	对一维或二维矩阵进行升序排序，并返回排序后的矩阵 当 A 为二维矩阵时，对矩阵的每一列分别进行排序
sort(A, dim)	按指定的方向对矩阵进行升序排序，并返回排序后的矩阵。当 dim=1 时，对矩阵的每一列进行排序；当 dim=2 时，对矩阵的每一行进行排序
sort(A, dim, mode)	当 mode 为'ascend'时，进行升序排序；当 mode 为'descend'时，进行降序排序
[B, IX] = sort(A,…)	IX 为排序后元素在原矩阵中的行位置或列位置的索引

例 2-34：矩阵的旋转与维度的改变。

在命令行窗口中输入：

```
>> Randoma = randn( 1,4 )                    %生成随机的 1×4 矩阵
>> Randomb = randn( 2 )                      %生成随机的 2×2 矩阵
>> Randoma = reshape( Randoma, 2, 2 )        %将 1×4 矩阵变为 2×2 矩阵
>> Randoma = fliplr( Randoma )               %将 2×2 矩阵每行逆序排列
>> Randoma = rot90( Randoma )                %将 2×2 矩阵逆时针旋转 90°
>> Randomc = cat( 2, Randoma, Randomb )      %将两个 2×2 矩阵组合为一个 2×4 矩阵
```

输出结果：

```
Randoma =
    0.6715   -1.2075    0.7172    1.6302
Randomb =
    0.4889    0.7269
    1.0347   -0.3034
Randoma =
    0.6715    0.7172
   -1.2075    1.6302
Randoma =
    0.7172    0.6715
    1.6302   -1.2075
Randoma =
    0.6715   -1.2075
    0.7172    1.6302
Randomc =
    0.6715   -1.2075    0.4889    0.7269
    0.7172    1.6302    1.0347   -0.3034
```

2.2.4 矩阵下标引用

在 MATLAB 中，普通二维数组元素的数字索引分为双下标索引和单下标索引。双下标索引是通过一个二元数组对来对应元素在矩阵中的行、列位置的，如 ***A***(2,3)表示矩阵 ***A*** 中第 2 行第 3 列的元素。

单下标索引的方式采用列元素优先的原则，先对 *m* 行 *n* 列的矩阵按列排序进行重组，成为一维数组，再取新的一维数组中的元素位置对应的值作为元素在原矩阵中的单下标。

例如，对于 4×4 的矩阵，***A***(7)表示矩阵 ***A*** 中第 3 行第 2 列的元素，而 ***A***(13)表示矩阵 ***A*** 中第 1 行第 4 列的元素。

1．通过矩阵下标访问单个矩阵元素

常用的矩阵索引表达式如表 2-14 所示。

表 2-14　常用的矩阵索引表达式

矩阵索引表达式	函 数 功 能
A (l)	将二维矩阵 A 重组为一维数组，返回数组中的第一个元素
A (: , j)	返回二维矩阵 A 中第 j 列列向量
A(i , :)	返回二维矩阵 A 中第 i 行行向量
A (: , j : k)	返回由二维矩阵 A 中的第 j 列到第 k 列列向量组成的子矩阵
A (i : k , :)	返回由二维矩阵 A 中的第 i 行到第 k 行行向量组成的子矩阵
A (i : k , j : l)	返回由二维矩阵 A 中的第 i 行到第 k 行行向量和第 j 列到第 l 列列向量的交集组成的子矩阵
A (:)	将矩阵 A 中的每一列合并成一个长的列向量
A(j : k)	返回一个行向量，其元素为 A (:)中的第 j 个元素到第 k 个元素
A([j_1 j_2 …])	返回一个行向量，其元素为 A (:)中的第 j_1, j_2,…个元素
A(:,[j_1 j_2…])	返回矩阵 A 中的第 j_1 列、第 j_2 列……的列向量
A([i_1 i_2 …] , :)	返回矩阵 A 中的第 i_1 行、第 i_2 行……的行向量
A([i_1 i_2…] , [j_1 j_2 …])	返回矩阵 A 中第 i_1 行、第 i_2 行……和第 j_1 列、第 j_2 列……的元素

例 2-35：矩阵下标引用示例。

在命令行窗口中输入：

```
>> Matrix = magic( 6 )
>> Submatrix = Matrix( 2:3, 3:6 )
>> Array = Matrix( [7:10 26:31] )
```

输出结果：

```
Matrix =
    35     1     6    26    19    24
     3    32     7    21    23    25
    31     9     2    22    27    20
     8    28    33    17    10    15
    30     5    34    12    14    16
     4    36    29    13    18    11
Submatrix =
     7    21    23    25
```

```
     2    22    27    20
  Array =
     1    32     9    28    23    27    10    14    18    24
```

2. 线性引用矩阵元素

矩阵中某一元素的单下标索引值和双下标索引值可以通过 MATLAB 内部函数进行转换，句法形式为：

```
IND = sub2ind(siz, i, j)
```

上述代码的功能为将双下标索引值转换为单下标索引值，其中，siz 是一个包含两个元素的数组，代表转换矩阵的行列数，一般可以直接用 size(A)表示；i 与 j 分别是双下标索引中的行、列值；IND 是转换后的单下标索引值。

```
[I J] = ind2sub(siz, ind)
```

上述代码的功能为将单下标索引值转换为双下标索引值，各变量意义同上。

例 2-36：矩阵元素单、双下标索引值转换示例。

在命令行窗口中输入：

```
>> Matrix = magic( 3 );
>> IND = sub2ind( size( Matrix ), 2,3)
>> [I J]= ind2sub( size( Matrix ), 7)
```

输出结果：

```
IND =
     8
I =
     1
J =
     3
```

3. 访问多个矩阵元素

设 A=magic(4)，如果需要计算第 4 列元素的和，则按照前面介绍的方法可以用以下表达式来实现：

$$A(1,4)+A(2,4)+A(3,4)+A(4,4)$$

在下标表达式中，可以用冒号来表示矩阵的多个元素。例如，A(1:k,j)表示矩阵第 j 列的前 k 个元素。利用冒号，计算第 4 列元素的和可以用较简洁的式子，代码设置如下：

```
sum(A(1:4, 4))
```

还有更简洁的表达方式，因为冒号本身可以表示一列或一行的所有元素，所以上式还可以写为：

```
sum(A(:,4))
```

在 MATLAB 中，提供了一个关键字 end，用于表示该维中的最后一个元素，因此上式还可以改写成：

```
sum(A(:,end))
```

实际上，还可以用冒号来表示非相邻的多个元素。例如，在命令行窗口中输入以下语句：

```
>> A=1:10
>> B=A(1:3:10)
```

由此得到如下输出结果：

```
A =
     1     2     3     4     5     6     7     8     9    10
B =
     1     4     7    10
```

2.2.5 矩阵信息的获取

矩阵信息主要包括矩阵结构、矩阵大小、矩阵维度、矩阵的数据类型及矩阵占用的内存等。

1. 矩阵结构

矩阵的结构是指矩阵子元素的排列方式。MATLAB 提供了各种测试函数，如表 2-15 所示。

表 2-15 矩阵结构测试函数

函数名称	函数功能
isempty(A)	检测矩阵是否为空
isscalar(A)	检测矩阵是否是单元素的标量矩阵
isvector(A)	检测矩阵是否是只具有一行或一列元素的一维向量
issparse(A)	检测矩阵是否是稀疏矩阵

这类函数的返回值是逻辑类型的数据。返回值为“1”，表示该矩阵是某一特定类型的矩阵；返回值为“0”，表示该矩阵不是该特定类型的矩阵。

例 2-37：矩阵结构测试函数的使用方法示例。

利用 zeros 函数生成一个 4×4、元素全为 0 的矩阵 A，并判断矩阵 A 的数据结构。首先在命令行窗口中输入以下代码并得到相应的输出结果：

```
>> A = zeros(4,4)
A =
     0     0     0     0
     0     0     0     0
     0     0     0     0
     0     0     0     0
```

再利用表 2-15 中的各个函数判断矩阵 A 的数据结构，依次输入的代码和结果分别如下：

```
>> isempty(A)          % 判断矩阵 A 是否为空矩阵
ans =
  logical
     0
>> isscalar(A)         % 判断矩阵 A 是否为标量
ans =
  logical
     0
>> isvector(A)         % 判断矩阵 A 是否为向量
ans =
```

```
  logical
    0
>> issparse(A)        % 判断矩阵 A 是否为稀疏矩阵
ans =
  logical
    0
```

2. 矩阵大小

矩阵的形状信息反映了矩阵的大小，通常又包括以下几方面的内容。

- 矩阵的维数。
- 矩阵各维（如最长维、用户指定的维）的长度。
- 矩阵元素的个数。

针对上述 3 方面的信息，MATLAB 提供了 4 个函数，分别用于获取矩阵形状的相关信息，如表 2-16 所示。

表 2-16　矩阵形状信息获取函数

函　数	调 用 格 式	描　述
ndims	n=ndims(X)	获取矩阵的维数
size	[m,n]=size(X)	获取矩阵各维的长度
length	n=length(X)	获取矩阵最长维的长度
numel	n=numel(X)	获取矩阵元素的个数

例 2-38：矩阵形状信息获取函数的使用示例。

下面利用 eye 函数建立一个 5×3 的矩阵，输入的程序代码和得到的结果如下：

```
>> A = eye(5,3)
A =
    1     0     0
    0     1     0
    0     0     1
    0     0     0
    0     0     0
```

下面利用 ndims 函数获取矩阵 A 的维数信息：

```
>> ndims(A)
ans =
    2
```

利用 length 函数获取矩阵 A 最长维的长度：

```
>> length(A)
ans =
    5
```

利用 size 函数获取矩阵 A 各维的长度：

```
>> [m,n] = size(A)
m =
    5
n =
    3
```

```
>> d = size(A)
d =
     5     3
>> e1 = size(A,1)
e1 =
     5
>> e2 = size(A,2)
e2 =
     3
```

由上述 size 函数的应用可知：①size 函数的返回值可以是分开显示的单个实数变量，也可以是一个行向量；②在 size 函数的输入参数中增加维度参数可以获取指定维度的长度，其中“1”表示行，“2”表示列。

使用 numel 函数可以获取矩阵 A 中元素的个数。例如，在命令行窗口中输入：

```
>> f = numel(A)
```

得到的结果如下：

```
f =
    15
```

例 2-39：数值与矩阵的算术运算示例。

在命令行窗口中输入：

```
>> A = []; B = 1:4; C = [1:4; 5:8];
>> S1= size(A), S2= size(B), S3= length(B)
>> S4= size(C), S5= length(C), S6= numel(C)
```

输出结果：

```
S1 =
    0     0
S2 =
    1     4
S3 =
   4
S4 =
    2     4
S5 =
    4
S6 =
    8
```

3. 矩阵维度

对于空矩阵、标量矩阵、一维矩阵和二维矩阵，MATLAB 都将其作为普通二维数组对待。需要特别注意的是，用[]产生的空矩阵作为二维矩阵，但是在高维矩阵中也有空矩阵的概念，此时空矩阵具有多个维度。

MATLAB 中提供了 ndims 函数来计算矩阵维度。

例 2-40：计算矩阵维度示例。

在命令行窗口中输入：

```
>> A = []; B = 5; C = 1:3;
>> D = magic(2);
>> E(:,:,2) = [1 2; 3 4];
>> Ndims = [ndims(A) ndims(B) ndims(C) ndims(D) ndims(E)]
```

输出结果：

```
Ndims =
     2     2     2     2     3
```

4．矩阵的数据类型

矩阵作为 MATLAB 的内部数据存储和运算结构，其元素可以是各种各样的数据类型，对应不同数据类型的元素，可以是数值、字符串、元胞、结构体等。MATLAB 中提供了一系列关于数据类型的测试函数，如表 2-17 所示。

表 2-17　矩阵数据类型测试函数

函 数 名 称	函 数 功 能	函 数 名 称	函 数 功 能
isnumeric	检测矩阵元素是否为数值型变量	ischar	检测矩阵元素是否为字符型变量
isreal	检测矩阵元素是否为实数数值型变量	isstruct	检测矩阵元素是否为结构体型变量
isfloat	检测矩阵元素是否为浮点数数值型变量	iscell	检测矩阵元素是否为元胞型变量
isinteger	检测矩阵元素是否为整数型变量	iscellstr	检测矩阵元素是否为结构体的元胞型变量
islogical	检测矩阵元素是否为逻辑型变量	—	—

这类函数的返回值也是逻辑类型的数据。返回值为“1”表示是某一特定的数据类型，返回值为“0”表示不是该特定的数据类型。

例 2-41：矩阵元素的数据类型的判断示例。

在命令行窗口中依次输入：

```
>> A = [2 3;10 7]
>> isnumeric(A)
>> isfloat(A)
>> islogical(A)
```

得到的结果为：

```
A =
     2     3
    10     7
ans =
  logical
     1
ans =
  logical
     1
ans =
  logical
     0
```

建立一个字符串矩阵 B 并进行判断，程序代码如下：

```
>> B = ['MATLAB';'course']
>> isstruct(B)
```

```
>> ischar(B)
```

得到的结果为：

```
B =
  2×6 char 数组
    'MATLAB'
    'course'
ans =
  logical
   0
ans =
  logical
   1
```

例 2-42：数据类型判断示例。

在命令行窗口中输入：

```
>> Mat = magic(2);
>> TrueorFalse = [isnumeric(Mat) isinteger(Mat) isreal(Mat) isfloat(Mat)]
```

输出结果：

```
TrueorFalse =
  1×4 logical 数组
    1    0    1    1
```

例 2-43：将矩阵 A 中的实数和复数分开为一个具有实数与复数的矩阵示例。

在命令行窗口中输入：

```
>> clear all
>> A=[2 6.5 3i 3.5 6 4+2i];          %定义一个具有实数和复数的矩阵
>> real_array=[];                    %定义存储实数和复数的矩阵目前为空矩阵
>> complex_array=[];
>> for i=1:length(A)
     if isreal(A(i))==1              %判断矩阵元素是否为实数
         real_array=[real_array A(i)];
     else
         complex_array=[complex_array A(i)];
     end
end
>> real_array                        %输出实数元素
>> complex_array                     %输出复数元素
```

输出结果：

```
real_array =
    2.0000    6.5000    3.5000    6.0000
complex_array =
    0.0000 + 3.0000i   4.0000 + 2.0000i
```

5. 矩阵占用的内存

了解矩阵的内存占用情况对于优化 MATLAB 代码性能是十分重要的。用户可以通过 whos 命令查看当前工作区中指定变量的所有信息，包括变量名、矩阵大小、内存占用和数据类型等。

例 2-44：查看矩阵占用的内存示例。

在命令行窗口中输入：

```
>> clear all
>> Matrix = rand(2)
```

输出结果：

```
Matrix =
    0.2551    0.6991
    0.5060    0.8909
```

在命令行窗口中输入：

```
>> whos Matrix
```

输出结果：

```
  Name          Size             Bytes  Class     Attributes
  Matrix        2x2                 32  double
```

2.2.6　矩阵的保存和加载

设有矩阵 $\boldsymbol{A}=\begin{bmatrix}1 & 2 & 3\\4 & 5 & 6\\7 & 8 & 9\end{bmatrix}$，现希望将元素 1 修改成-1，并将 5、6、8、9 这几个矩阵元素以 0 替代，之后在原始矩阵的最后添加一行，使得新的矩阵 $\boldsymbol{A}$ 满足某方面的使用要求。因此，首先要通过一定的途径让 MATLAB 找到元素“1”及元素区域“5、6、8、9”，然后对这些矩阵元素的值进行修改，最后增加一行。上述几方面构成了矩阵元素的基本操作。

本节首先介绍矩阵在 MATLAB 中的存储方式，然后介绍矩阵元素的寻址方法，最后介绍矩阵元素的赋值及扩展与删除。重点在于让读者理解 MATLAB 存储矩阵的方法，进而掌握矩阵元素的寻址方法。

1．矩阵在 MATLAB 中的存储方式

设有矩阵 $\boldsymbol{A}=\begin{bmatrix}1 & 0 & -1\\2 & 4 & 9\\-5 & 3 & 0\end{bmatrix}$，用户可以通过在 MATLAB 的命令行窗口中直接输入矩阵元素来创建此矩阵：

```
>> A = [1 0 -1;2 4 9;-5 3 0]
```

命令行窗口输出如下信息：

```
A =
     1     0    -1
     2     4     9
    -5     3     0
```

事实上，MATLAB 并不是按照其命令行输出的格式将矩阵存储在内存空间中的。我们可以把内存空间想象成一列网格：

MATLAB 将矩阵元素按列优先排列的原则依次放置在相应的格子内，因此，可以将其看成一个长列向量，即

1	2	-5	0	4	3	-1	9	0

例如，矩阵第 2 行第 2 列的元素“4”实际上位于存储空间第 5 个格子的位置上。因此，MATLAB 采用了两种矩阵元素寻址方法：①矩阵下标寻址；②线性寻址。

2．矩阵元素的寻址方法

1）矩阵下标寻址

在 MATLAB 中，使用 A(i,j)来表示一个矩阵 A 从左上角数起第 i 行、第 j 列的元素，这就是矩阵下标寻址方法。这种方法和线性代数中矩阵元素的引用方法一致，通俗易懂。以下分别介绍利用矩阵下标寻址方法访问矩阵中的单个元素和元素区域。

（1）单个矩阵元素的访问。

当使用双下标访问二维矩阵中的某个元素时，必须同时指定该元素所在的行号和列号，调用格式为：

```
A(numRow,numColumn)
```

其中，numRow 和 numColumn 分别代表行号和列号。

例 2-45：单个矩阵元素的访问示例。

利用 rand 函数创建一个 4×3 的 0～1 均匀分布的随机数矩阵 A 并访问其中的元素。在命令行窗口中依次输入：

```
>> A = rand(4,3)
>> x = A(2,2)
>> y = A(4,3)
```

得到的结果为：

```
A =
    0.7537    0.0540    0.1299
    0.3804    0.5308    0.5688
    0.5678    0.7792    0.4694
    0.0759    0.9340    0.0119
x =
    0.5308
y =
    0.0119
```

（2）矩阵元素区域的访问。

访问矩阵的多个元素可以是某一行、某一列或其中的部分元素，也可以是矩阵中的某一块区域。在 MATLAB 中，元素区域的访问需要用冒号“:”来表示矩阵中的多个元素，具体的访问格式如下。

- A(1:m,n)：表示访问第 n 列的第一个元素至第 m 个元素。
- A(m,:)：表示访问第 m 行的所有元素。

- A(i:j,m:n)：表示访问从第 i 行至第 j 行、从第 m 列至第 n 列的矩阵区域。
- A(i:inc1:j,m:inc2:n)：表示访问从第 i 行至第 j 行、行间隔为 inc1，从第 m 列至第 n 列、列间隔为 inc2 的非相邻的多个矩阵元素。

例 2-46：矩阵元素区域的访问示例。利用 randn 函数创建一个 10×8 的 0～1 正态分布随机矩阵 X 并进行访问。

在命令行窗口中依次输入：

```
>> X = randn(10,8)
>> A = X(2,:)
>> B = X(3:8,2:6)
```

得到的结果为：

```
X =
    0.2939    1.3703    1.0933   -0.2256   -1.0616   -0.1774    0.2157   -0.4390
   -0.7873   -1.7115    1.1093    1.1174    2.3505   -0.1961   -1.1658   -1.7947
    0.8884   -0.1022   -0.8637   -1.0891   -0.6156    1.4193    1.1480    0.8404
   -1.1471   -0.2414    0.0774    0.0326    0.7481    0.2916    0.1049   -0.8880
   -1.0689    0.3192   -1.2141    0.5525   -0.1924    0.1978    0.7223    0.1001
   -0.8095    0.3129   -1.1135    1.1006    0.8886    1.5877    2.5855   -0.5445
   -2.9443   -0.8649   -0.0068    1.5442   -0.7648   -0.8045   -0.6669    0.3035
    1.4384   -0.0301    1.5326    0.0859   -1.4023    0.6966    0.1873   -0.6003
    0.3252   -0.1649   -0.7697   -1.4916   -1.4224    0.8351   -0.0825    0.4900
   -0.7549    0.6277    0.3714   -0.7423    0.4882   -0.2437   -1.9330    0.7394
A =
   -0.7873   -1.7115    1.1093    1.1174    2.3505   -0.1961   -1.1658   -1.7947
B =
   -0.1022   -0.8637   -1.0891   -0.6156    1.4193
   -0.2414    0.0774    0.0326    0.7481    0.2916
    0.3192   -1.2141    0.5525   -0.1924    0.1978
    0.3129   -1.1135    1.1006    0.8886    1.5877
   -0.8649   -0.0068    1.5442   -0.7648   -0.8045
   -0.0301    1.5326    0.0859   -1.4023    0.6966
```

2）线性寻址

线性寻址的原理来自 MATLAB 将矩阵元素存储在内存空间的存储方法。与矩阵下标寻址相比，线性寻址只需单一下标即可实现矩阵中任意位置元素的访问。线性寻址的下标是通过矩阵的双下标换算得到的。

一般，设 A 是一个 $m \times n$ 的矩阵，位于第 i 行、第 j 列的元素 $A(i,j)$ 的单一下标为 $A((j\ \ 1)\cdot m+i)$。

例 2-47：线性寻址示例。建立 3 阶希尔伯特矩阵 A，并进行线性寻址访问。

在命令行窗口中依次输入：

```
>> A = hilb(3)
>> A(2,3)               % 采用矩阵下标寻址的方法访问第 2 行第 3 列的元素
>> A(8)
```

得到的结果如下：

```
A =
    1.0000    0.5000    0.3333
    0.5000    0.3333    0.2500
```

```
    0.3333    0.2500    0.2000
ans =
    0.2500
ans =
    0.2500
```

3．矩阵元素的赋值

MATLAB 使用赋值语句对矩阵元素进行赋值，基本语法如下。

- A(i,j) = value：等号左侧为矩阵中的某个元素，等号右侧为值。
- A = []：删除矩阵中的所有元素。

例 2-48：矩阵元素的赋值示例。

利用 magic 函数建立一个 4 阶的魔方矩阵 M，并进行复制操作。在命令行窗口中依次输入：

```
>> M = magic(4)
>> M(2,1)=-2
>> M(3:4,3:4)=0
>> M = []
>> whos M            % 调用 whos 函数查看矩阵 M 的详细信息
```

得到的结果为：

```
M =
    16     2     3    13
     5    11    10     8
     9     7     6    12
     4    14    15     1
M =
    16     2     3    13
    -2    11    10     8
     9     7     6    12
     4    14    15     1
M =
    16     2     3    13
    -2    11    10     8
     9     7     0     0
     4    14     0     0
M =
     []
  Name      Size            Bytes  Class     Attributes
  M         0x0             0      double
```

4．矩阵元素的扩展与删除

增加或删除矩阵元素最常用的方法是使用赋值语句。

例 2-49：对于矩阵 $\boldsymbol{A}=\begin{bmatrix}1 & 1\\ 2 & 2\end{bmatrix}$，如果现在要增加一行，则应在命令行窗口中输入：

```
>> A = [1 1;2 2]
>> A(3,:) = 3                    % 整行赋值
>> A(4,1) = 4; A(4,2) = 5        % 使用单个矩阵元素赋值的方法增加新元素
>> A(2,:) = []                   % 使用空矩阵 [] 删除矩阵中的整行或整列
```

得到的结果为：

```
A =
     1     1
     2     2
A =
     1     1
     2     2
     3     3
A =
     1     1
     2     2
     3     3
     4     5
A =
     1     1
     3     3
     4     5
```

此外，MATLAB 还提供了多个函数用来进行矩阵合并操作，从而实现将多个矩阵合并成一个矩阵，如表 2-18 所示。

表 2-18　矩阵合并函数

函　　数	基本调用格式	描　　述
cat	cat(DIM,A,B)	在 DIM 指定的维度上合并矩阵 A 和 B。DIM=1 表示按行（竖直方向）合并，DIM=2 表示按列（水平方向）合并
horzcat	horzcat(A,B)	在水平方向上合并矩阵 A 和 B
vertcat	vertcat(A,B)	在竖直方向上合并矩阵 A 和 B
repmat	B = repmat(A,M,N)	通过复制 M×N 个矩阵 A 来构造新的矩阵 B
blkdiag	Y = blkdiag(A,B,...,*N*)	用已知的 A、B 等多个矩阵构造块对角化矩阵 Y，其中 $Y=\begin{bmatrix} A & 0 & \cdots & 0 \\ 0 & B & \cdots & 0 \\ 0 & 0 & \cdots & N \end{bmatrix}$

例 2-50：矩阵合并函数示例。

（1）设有矩阵 $\boldsymbol{A}=\begin{bmatrix} 2 & 0 & -1 \\ 1 & 3 & 2 \end{bmatrix}$、$\boldsymbol{B}=\begin{bmatrix} 1 & 7 & -1 \\ 4 & 2 & 3 \\ 2 & 0 & 1 \end{bmatrix}$、$\boldsymbol{C}=\begin{bmatrix} 1 & 0 & 1 & 0 \\ -1 & 2 & 0 & 1 \end{bmatrix}$，利用 cat 函数分别对矩阵 ***A***、***B*** 及矩阵 ***A***、***C*** 进行合并操作，函数中的输入参数 DIM 分别取 DIM=1 及 DIM=2。

在命令行窗口中首先输入：

```
>> A = [2 0 -1;1 3 2];
>> B = [1 7 -1;4 2 3;2 0 1];
>> C = [1 0 1 0;-1 2 0 1];
```

由以上代码得到矩阵 ***A***、***B***、***C***。然后使用 cat 函数对矩阵 ***A***、***B*** 进行合并操作：

```
>> MAB1 = cat(1,A,B)      % 将矩阵 A、B 按行合并
```

得到结果：

```
MAB1 =
     2     0    -1
```

```
    1    3    2
    1    7   -1
    4    2    3
    2    0    1
```

如果合并错误，如：

```
>> MAB2 = cat(2,A,B)     % 将矩阵 A、B 按列合并
>> MAC1 = cat(1,A,C)     % 将矩阵 A、C 按行合并
```

则得到结果：

```
错误使用 cat
要串联的数组的维度不一致。
```

使用 cat 函数对矩阵 ***A***、***C*** 进行合并操作，输入如下：

```
>> MAC2 = cat(2,A,C)      % 将矩阵 A、C 按列合并
```

得到结果：

```
MAC2 =
     2    0   -1    1    0    1    0
     1    3    2   -1    2    0    1
```

为了探究矩阵 ***A***、***B*** 按列合并及矩阵 ***A***、***C*** 按行合并发生错误的原因，将合并后的矩阵列出来：

$$[\boldsymbol{A}\quad \boldsymbol{B}]=\begin{bmatrix}2 & 0 & -1 & 1 & 7 & -1\\ 1 & 3 & 2 & 4 & 2 & 3\\ & & & 2 & 0 & 1\end{bmatrix},\quad \begin{bmatrix}\boldsymbol{A}\\ \boldsymbol{C}\end{bmatrix}=\begin{bmatrix}2 & 0 & -1 & \\ 1 & 3 & 2 & \\ & & & \\ 1 & 0 & 1 & 0\\ -1 & 2 & 0 & 1\end{bmatrix}$$

可以看出，由于两个矩阵在某个维度上的长度不一致，从而导致新的矩阵出现残缺。

因此，cat 及其相关的函数在将两个矩阵按某个维度进行合并操作时，原始的两个矩阵要在某一个维度上具有相同的长度，否则 MATLAB 在进行计算时就会发生错误。

（2）使用 blkdiag 函数构造块对角化矩阵。例如，在命令行窗口中输入：

```
>> A = [1 1;2 2];B=[3 3;4 4];C=[5 5;6 6];
>> Y = blkdiag(A,B,C)
```

得到结果：

```
Y =
     1    1    0    0    0    0
     2    2    0    0    0    0
     0    0    3    3    0    0
     0    0    4    4    0    0
     0    0    0    0    5    5
     0    0    0    0    6    6
```

2.3　运算符

MATLAB 中的运算符分为算术运算符、关系运算符和逻辑运算符。这 3 种运算符可以分别使用，也可以在同一运算式中出现。当在同一运算式中同时出现两种或两种以上的运算符时，运算的优先级排列如下：算术运算符的优先级最高，其次是关系运算符，级别最低的是逻辑运算符。

2.3.1　算术运算符

MATLAB 中的算术运算符有加、减、乘、除、点乘、点除等，其运算法则如表 2-19 所示。

表 2-19　算术运算符及其运算法则

运算符	运 算 法 则	运算符	运 算 法 则
A+B	A 与 B 相加（A、B 为数值或矩阵）	A − B	A 与 B 相减（A、B 为数值或矩阵）
A * B	A 与 B 相乘（A、B 为数值或矩阵）	A.* B	A 与 B 的相应元素相乘（A、B 为相同维度的矩阵）
A / B	A 与 B 相除（A、B 为数值或矩阵）	A./ B	A 与 B 的相应元素相除（A、B 为相同维度的矩阵）
A ^ B	A 的 B 次幂（A、B 为数值或矩阵）	A.^ B	A 的每个元素的 B 次幂（A 为矩阵，B 为数值）

例 2-51：数值与矩阵的算术运算示例。

在命令行窗口中输入：

```
>> A = eye( 2 ), B = ones( 2 )
>> C = A * B                    %A 与 B 两个矩阵相乘
>> D = A .* B                   %A 与 B 两个矩阵的每个元素分别相乘
```

输出结果：

```
A =
     1     0
     0     1
B =
     1     1
     1     1
C =
     1     1
     1     1
D =
     1     0
     0     1
```

MATLAB 平台上还提供了大量的运算函数，其中常用的如表 2-20 所示。

表 2-20　MATLAB 中常用的运算函数

函　　数	运 算 法 则	函　　数	运 算 法 则
exp(x)	以 e 为底数的 x 次幂	mod(a,b)	a 与 b 相除取余数
log(x)	以 e 为底数对 x 取对数	min(a,b)	返回 a 与 b 中较小的数值
log10(x)	以 10 为底数对 x 取对数	max(a,b)	返回 a 与 b 中较大的数值

续表

函　数	运算法则	函　数	运算法则
sqrt(x)	x 的平方根	mean(x)	找出 x 阵列的平均值
sin(x)	x 的正弦函数（以弧度为单位）	median(x)	找出 x 阵列的中位数
cos(x)	x 的余弦函数（以弧度为单位）	sum(x)	计算 x 阵列的总和值
tan(x)	x 的正切函数（以弧度为单位）	prod(x)	计算 x 阵列的连乘值
asin(x)	x 的反正弦函数（以弧度为单位）	cumsum(x)	计算 x 阵列的累积总和值
acos(x)	x 的反余弦函数（以弧度为单位）	cumprod(x)	计算 x 阵列的累积连乘值
atan(x)	x 的反正切函数（以弧度为单位）	sign(x)	返回值：x <0 时为-1，x =0 时为 0，x >0 时为 1
sind(x)	x 的正弦函数（以度为单位）	rem(x,y)	返回 x/y 的余数
cosd(x)	x 的余弦函数（以度为单位）	diff(x)	x 向量的差分
tand(x)	x 的正切函数（以度为单位）	sort(x)	对 x 向量进行排序
asind(x)	x 的反正弦函数（以度为单位）	fft(x)	x 向量的离散傅里叶变换
acosd(x)	x 的反余弦函数（以度为单位）	rank(x)	x 矩阵的秩
atand(x)	x 的反正切函数（以度为单位）	—	—

2.3.2 关系运算符

MATLAB 中的关系运算符有 6 个，具体可参见表 2-6。

关系运算符可以用来对两个数值、两个数组、两个矩阵或两个字符串等数据类型进行比较，也可以进行不同数据类型的两个数据之间的比较，比较的方式根据所比较的两个数据类型的不同而不同。例如，在对矩阵和一个标量进行比较时，需要将矩阵中的每个元素与标量进行比较。

关系运算符通过比较对应的元素产生一个仅包含 1 和 0 的数值或矩阵，其元素代表的意义如下。

- 返回值为 1，比较结果为真。
- 返回值为 0，比较结果为假。

例 2-52：关系运算符的运用。

在命令行窗口中输入：

```
>> A=1:9, B=10-A
```

输出结果：

```
A =
     1     2     3     4     5     6     7     8     9
B =
     9     8     7     6     5     4     3     2     1
```

在命令行窗口中输入：

```
>> TrueorFalse = ( A>4 )
```

输出结果：

```
TrueorFalse =
  1×9 logical 数组
```

```
    0    0    0    0    1    1    1    1    1
```

在命令行窗口中输入：

```
>> TrueorFalse = ( A<=B )
```

输出结果：

```
TrueorFalse =
  1×9 logical 数组
    1    1    1    1    1    0    0    0    0
```

例 2-53：关系运算符的运算。

在命令行窗口中输入：

```
>> C=5:-1:0;
>> C=C+(C==0)*eps
```

输出结果：

```
C =
    5.0000    4.0000    3.0000    2.0000    1.0000    0.0000
```

○ 提示

例 2-53 利用特殊的 MATLAB 数 eps 代替一个数组中的零元素，eps 近似为 2.2e−16。这种特殊的表达式在避免 0 作为分母时是很有用的。

2.3.3　逻辑运算符

逻辑运算符提供了一种组合或否定关系表达式。MATLAB 中的逻辑运算符可参见表 2-7。

例 2-54：逻辑运算符的运用。

在命令行窗口中输入：

```
>> A=1:9
>> TrueorFalse = ~( A>4 )
```

输出结果：

```
TrueorFalse =
  1×9 logical 数组
    1    1    1    1    0    0    0    0    0
```

在命令行窗口中输入：

```
>> TrueorFalse =(A>2)&(A<6)
```

输出结果：

```
TrueorFalse =
  1×9 logical 数组
    0    0    1    1    1    0    0    0    0
```

与关系运算符一样，逻辑运算符也可以进行矩阵与数值之间的比较，比较的方式为将矩阵的每个元素都与数值进行比较，比较结果为一个相同维数的矩阵，新生成矩阵中的每个元素都代表原来矩阵中相同位置上的元素与该数值的逻辑运算结果。

在使用逻辑运算符比较两个相同维数的矩阵时，是按元素来比较的，其比较结果是一个包含 1 和 0 的矩阵。元素 0 表示逻辑为假，元素 1 表示逻辑为真。

A & B 返回一个与 A 和 B 维数相同的矩阵。在这个矩阵中，当 A 和 B 对应的元素都非零时，对应项为 1；当有一个为零时，对应项为 0。

A|B 返回一个与 A 和 B 维数相同的矩阵。在这个矩阵中，A 和 B 对应的元素只要有一个非零，则对应项为 1；当两个矩阵均为零时，对应项为 0。

~A 返回一个与 A 维数相同的矩阵。在这个矩阵中，当 A 中的对应项是零时，对应项为 1；当 A 中的对应项非零时，对应项为 0。

除了上面的逻辑运算符，MATLAB 中还提供了各种逻辑函数，其中基本的逻辑函数如表 2-21 所示。

表 2-21　MATLAB 中基本的逻辑函数

函　　数	运 算 法 则
xor(x,y)	异或运算。当 x 与 y 不同时，返回 1；当 x 与 y 相同时，返回 0
any(x)	如果在一个向量 x 中有任何非零元素，则返回 1；否则返回 0 如果矩阵 x 中的某列有非零元素，则返回 1；否则返回 0
all(x)	如果在一个向量 x 中的所有元素非零，则返回 1；否则返回 0 如果矩阵 x 中的某列的所有元素非零，则返回 1；否则返回 0

2.3.4　运算优先级

前面提到，在一个表达式中，算术运算符的优先级最高，其次是关系运算符，最后是逻辑运算符。需要时，可以通过加括号来改变运算顺序。MATLAB 中具体的运算优先级排列如表 2-22 所示。

表 2-22　MATLAB 中具体的运算优先级排列

优　先　级	运 算 法 则
1	括号：()
2	转置和乘幂：'、^、.^
3	一元加、减运算和逻辑非：+、−、~
4	乘、除、点乘、点除：*、/、.*、./
5	冒号运算：:
6	关系运算：>、>=、<、<=、==、~=
7	逐个元素的逻辑与：&
8	逐个元素的逻辑或：|
9	捷径逻辑与：&&
10	捷径逻辑或：||

○ 提示

在表达式的书写中，建议采用括号分级的方式明确运算的先后顺序，避免因优先级混乱而使运算错误。

2.4　字符串处理函数

MATLAB 中提供了大量的字符串处理函数，如表 2-23 所示。

表 2-23　字符串处理函数

处理函数	功　能	处理函数	功　能
eval(string)	作为一个 MATLAB 命令求字符串的值	isspace	空格字符存在时返回真值
blanks(n)	返回一个具有 n 个空格的字符串	isstr	输入一个字符串，返回真值
deblank	去掉字符串中末尾的空格	iasterr	返回上一个产生 MATLAB 错误的字符串
feval	求由字符串给定的函数值	strcmp	字符串相同，返回真值
findstr	从一个字符串内找出字符串	strrep	用一个字符串替换另一个字符串
isletter	字母存在时返回真值	strtok	在一个字符串里找出第一个标记

2.4.1　字符串或字符串数组的构造

字符串或字符串数组的构造可以通过直接给变量赋值来实现，具体表达式中字符串的内容需要写在单引号内。如果字符串的内容包含单引号，那么以两个重复的单引号来表示。

在构造多行字符串时，若字符串的内容写在[]内，则多行字符串的长度必须相同；若字符串的内容写在{}内，则多行字符串的长度可以不同。

例 2-55：直接赋值构造字符串示例。

在命令行窗口中输入：

```
>> Str_a='How are you?'
>> Str_b='I don''t know.'
>> Str_c = strcat( Str_a, Str_b)
```

输出结果：

```
Str_a =
    'How are you?'
Str_b =
    'I don't know.'
Str_c =
    'How are you?I don't know.'
```

在命令行窗口中输入：

```
>> Str_mat = ['July';'August';'September';]
```

输出结果：

```
错误使用 vertcat
要串联的数组的维度不一致。
```

在命令行窗口中输入：

```
>> Str_mat1 = ['U r a man.'; 'I'm a pen.'],
>> Str_mat2 = {'July';'August';'September';}
```

输出结果：

```
Str_mat1 =
  2×10 char 数组
    'U r a man.'
    'I'm a pen.'
Str_mat2 =
  3×1 cell 数组
    {'July'     }
    {'August'   }
    {'September'}
```

MATLAB 中还提供了 strvcat 和 char 函数用于纵向连接多个字符串。在使用 strvcat 函数连接多行字符串时，每行字符串的长度不要求相等，所有非最长字符串的右边会自动补偿空格，使得每行字符串的长度相同。char 函数与 strvcat 函数类似，不过当多行字符串中有空字符串时，strvcat 函数会自动忽略，而 char 函数则会把空字符串也用空格补偿后连接。

例 2-56：构造字符串示例。

在命令行窗口中输入：

```
>> A='top';  B=''; C='Bottom';
>> sABC=strvcat(A,B,C)
>> cABC=char(A,B,C)
>> size=[size(sABC); size(cABC)]
```

输出结果：

```
sABC =
  2×6 char 数组
    'top   '
    'Bottom'
cABC =
  3×6 char 数组
    'top   '
    '      '
    'Bottom'
size =
     2     6
     3     6
```

2.4.2 字符串比较

两个字符串之间的关系可以通过关系运算符来比较，也可以使用 strcmp 函数来比较两个字符串是否相同。

例 2-57：比较字符串示例。

在命令行窗口中输入：

```
>> A = (' Hello ' == ' Word ')
```

输出结果：

```
对于此运算，数组的大小不兼容。
```

在命令行窗口中输入：

```
>> A = (' Hello ' == ' World ')
```

```
>> B = (' Hello ' == ' Hello '),
>> C = strcmp(' Hello  ', ' World ')
>> D = strcmp(' Hello ', ' Hello ')
```

输出结果：

```
A =
  1×7 logical 数组
     1     0     0     0     1     0     1
B =
  1×7 logical 数组
     1     1     1     1     1     1     1
C =
  logical
     0
D =
  logical
     1
```

○ 提示

在使用关系运算符进行比较时，会对字符串的每个字符进行比较，返回值是一个与字符串长度相同的数组，因此被比较的两个字符串的长度必须相同；而 strcmp 函数则根据两个字符串相同与否，返回值为数值 0 或 1。

2.4.3　字符串查找和替换

字符串的查找与搜索可以通过 findstr 函数来实现。

例 2-58：按下标值查找字符串示例。

在命令行窗口中输入：

```
>> String ='Peter Piper picked a peck of pickled peppers. ' ;
>> findstr(String,' ')          %搜索字符串内的空格位置
```

输出结果：

```
ans =
     6    12    19    21    26    29    37    46
```

在命令行窗口中输入：

```
>> findstr(String,'p')          %搜索字母 p
```

输出结果：

```
ans =
     9    13    22    30    38    40    41
```

在命令行窗口中输入：

```
>> findstr(String, 'cow')        %搜索单词 cow
```

输出结果：

```
ans =
     []
```

在命令行窗口中输入：

```
>> findstr(String,'pick')          %搜索单词pick
```

输出结果：

```
ans =
    13    30
```

○ 提示

findstr 函数对字母的大小写是敏感的。另外，findstr 函数对字符串矩阵不起作用，因此，对字符串矩阵的搜索只能通过循环索引矩阵内的元素实现。

字符串的替换可以通过对字符串数组中相应的元素进行直接赋值来实现，也可以使用 strrep 函数来实现。

例 2-59：替换字符串示例。

在命令行窗口中输入：

```
>> String =' Peter Piper picked a peck of pickled peppers. ' ;
>> String(1:12) =' Helen Smith'
```

输出结果：

```
String =
    ' Helen Smith picked a peck of pickled peppers. '
```

在命令行窗口中输入：

```
>> String = strrep( String, ' Helen Smith', ' Sabrina Crame')
```

输出结果：

```
String =
    ' Sabrina Crame picked a peck of pickled peppers. '
```

○ 提示

直接赋值方法并不能使两个不同长度的字符串相互替换，而使用 strrep 函数则可以替换两个任意长度的字符串。与 findstr 函数类似，strrep 函数也对字符串矩阵不起作用。

2.4.4 字符串和数值的转换

MATLAB 中还提供了大量字符串类型与数值类型之间的转换函数，如表 2-24 所示。

表 2-24 字符串类型与数值类型转换函数

函数名称	函数功能	函数名称	函数功能
abs	字符转换成 ASCII 码	num2str	数字转换成字符串
dec2hex	十进制数转换成十六进制字符串	setstr	ASCII 码转换成字符串
fprintf	把格式化的文本写到文件中或屏幕上	sprintf	用格式控制数字转换成字符串
hex2dec	十六进制字符串转换成十进制数	sscanf	用格式控制字符串转换成数字
hex2num	十六进制字符串转换成 IEEE 浮点数	str2mat	字符串转换成一个文本矩阵
int2str	整数转换成字符串	str2num	字符串转换成数字
lower	字符串转换成小写形式	upper	字符串转换成大写形式

例 2-60：将数值嵌入字符串中示例。

在命令行窗口中输入：

```
>> rad=2.5;
>> area=pi*rad ^2;
>> string =[' A circle of radius ' num2str(rad) ' has an area of '...
        num2str(area)  ' . ' ] ;
>> disp(string)
```

输出结果：

```
A circle of radius 2.5 has an area of 19.635.
```

2.5　本章小结

本章介绍了 MATLAB 的基础知识及一些基本编程的句法形式和函数的使用方法，对 MATLAB 中的数据类型、矩阵的基本操作、运算符和字符串处理函数分别进行了举例说明，其中，矩阵、函数句柄和结构体等内容后续还有更详细的介绍。本章的重点是对数值、字符串等的各种操作及相互之间的转换，读者还应熟练掌握各个运算符的运算法则及优先级。

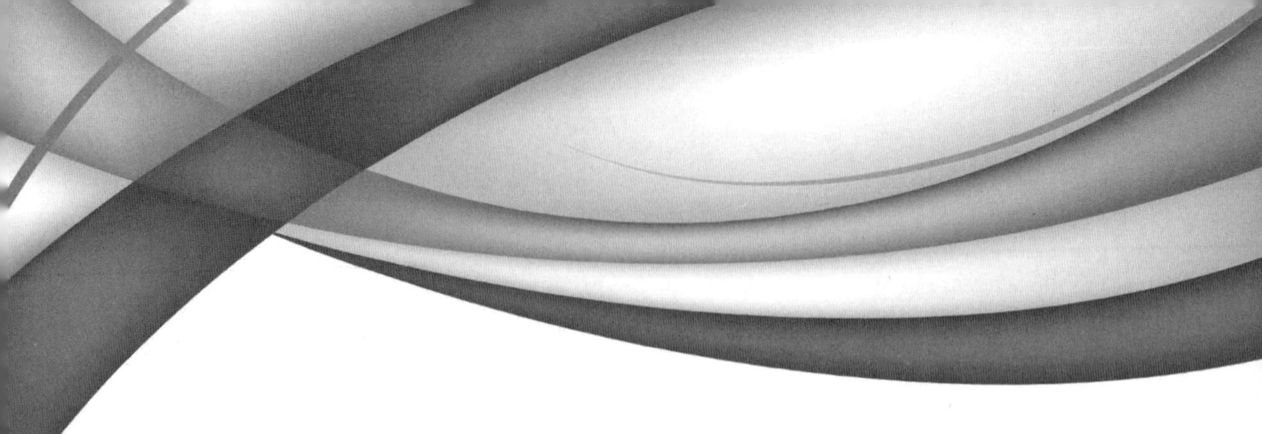

第 3 章

数组与矩阵

知识要点

MATLAB 中的所有数据都按照数组的形式进行存储和运算，数组的属性及数组之间的逻辑关系是编写程序时非常重要的两方面。在 MATLAB 平台上，数组的定义是广义的，数组元素可以为任意数据类型，如数值、字符串等。矩阵是特殊的数组，在很多工程领域，都会遇到矩阵分析和线性方程组的求解等问题。本章的主要内容是对矩阵和数组进行深入讲解，并讲解关于矩阵和数组的复杂运算的应用。

学习要求

知识点	学习目标			
	了解	理解	应用	实践
数组的创建			√	
数组的常见运算		√		√
矩阵的创建			√	√
矩阵及矩阵元素的常见运算		√		√
稀疏矩阵	√			√

3.1　数组运算

数组运算是 MATLAB 计算的基础。由于 MATLAB 面向对象的特性，这种数值数组成为 MATLAB 最重要的一种内置数据结构，而数组运算就是定义这种数据结构的方法。本节系统地列出具备数组运算能力的函数名称，为兼顾一般性，以二维数组的运算为例，读者可推广至多维数组和多维矩阵的运算。

下面介绍在 MATLAB 中如何创建数组，以及数组的常用操作等，包括数组的算术运算、关系运算和逻辑运算。

3.1.1　数组的创建和操作

在 MATLAB 中，一般使用方括号“[ ]”、逗号“,”、空格和分号“;”来创建数组，数组中同一行的元素使用逗号或空格分隔，不同行之间用分号分隔。

例 3-1：创建空数组、行向量、列向量示例。

在命令行窗口中依次输入：

```
>> clear all
>> A=[]
>> B=[6 5 4 3 2 1]
>> C=[6,5,4,3,2,1]
>> D=[6;5;4;3;2;1]
>> E=B'  %转置
```

输出结果：

```
A =
    []
B =
    6     5     4     3     2     1
C =
    6     5     4     3     2     1
D =
     6
     5
     4
     3
     2
     1
E =
     6
     5
     4
     3
     2
     1
```

例 3-2：访问数组示例。

在命令行窗口中依次输入：

```
>> clear all
>> A=[6 5 4 3 2 1]
>> a1=A(1)                  %访问数组中的第 1 个元素
>> a2=A(1:3)                %访问数组中的第 1、2、3 个元素
>> a3=A(3:end)              %访问数组中的第 3 个到最后一个元素
>> a4=A(end:-1:1)           %数组元素反序输出
>> a5=A([1 6])              %访问数组中的第 1 个及第 6 个元素
```

输出结果：

```
A =
     6     5     4     3     2     1
a1 =
     6
a2 =
     6     5     4
a3 =
     4     3     2     1
a4 =
     1     2     3     4     5     6
a5 =
     6     1
```

例 3-3：子数组的赋值示例。

在命令行窗口中依次输入：

```
>> clear all
>> A=[6 5 4 3 2 1]
>> A(3) = 0
>> A([1 4])=[1 1]
```

输出结果：

```
A =
     6     5     4     3     2     1
A =
     6     5     0     3     2     1
A =
     1     5     0     1     2     1
```

在 MATLAB 中，还可以通过其他各种方式创建数组，具体如下所示。

1. 通过冒号创建一维数组

在 MATLAB 中，通过冒号创建一维数组的代码如下：

```
X=A:step:B
```

其中，A 是创建一维数组的第一个变量，step 是每次递增或递减的数值，直到最后一个元素和 B 的差的绝对值小于或等于 step 的绝对值。

例 3-4：通过冒号创建一维数组示例。

在命令行窗口中依次输入：

```
>> clear all
```

```
>> A=2:6
>> B=2.1:1.5:6
>> C=2.1:-1.5:-6
>> D=2.1:-1.5:6
```

输出结果：

```
A =
     2     3     4     5     6
B =
   2.1000    3.6000    5.1000
C =
   2.1000    0.6000   -0.9000   -2.4000   -3.9000   -5.4000
D =
  空的 1×0 double 行向量
```

2. 通过 logspace 函数创建一维数组

在 MATLAB 中，常用 logspace 函数创建一维数组。该函数的调用方式如下。

- y= logspace(a,b)：创建行向量 y，第一个元素为 10^a，最后一个元素为 10^b，形成含有 50 个元素的等比数列。
- y = logspace(a,b,n)：创建行向量 y，第一个元素为 10^a，最后一个元素为 10^b，形成含有 n 个元素的等比数列。

例 3-5：通过 logspace 函数创建一维数组示例。

在命令行窗口中依次输入：

```
>> clear all
>> format short;
>> A=logspace(1,2,20)
>> B=logspace(1,2,10)
```

输出结果：

```
A =
  列 1 至 8
   10.0000   11.2884   12.7427   14.3845   16.2370   18.3298   20.6914   23.3572
  列 9 至 16
   26.3665   29.7635   33.5982   37.9269   42.8133   48.3293   54.5559   61.5848
  列 17 至 20
   69.5193   78.4760   88.5867  100.0000
B =
  列 1 至 8
   10.0000   12.9155   16.6810   21.5443   27.8256   35.9381   46.4159   59.9484
  列 9 至 10
   77.4264  100.0000
```

3. 通过 linspace 函数创建一维数组

在 MATLAB 中，常用 linspace 函数创建一维数组。该函数的调用方式如下。

- y= linspace (a,b)：创建行向量 y，第一个元素为 a，最后一个元素为 b，形成含有 100 个元素的线性间隔向量。
- y = linspace (a,b,n)：创建行向量 y，第一个元素为 a，最后一个元素为 b，形成含有

n 个元素的线性间隔向量。

例 3-6：通过 linspace 函数创建一维数组示例。

在命令行窗口中依次输入：

```
>> clear all
>> format short;
>> A = linspace(1,100)
>> B = linspace(1,36,12)
>> C= linspace(1,36,1)
```

输出结果：

```
A =
列 1 至 15
    1     2     3     4     5     6     7     8     9    10    11    12    13    14    15
  列 16 至 30
   16    17    18    19    20    21    22    23    24    25    26    27    28    29    30
  列 31 至 45
   31    32    33    34    35    36    37    38    39    40    41    42    43    44    45
  列 46 至 60
   46    47    48    49    50    51    52    53    54    55    56    57    58    59    60
  列 61 至 75
   61    62    63    64    65    66    67    68    69    70    71    72    73    74    75
  列 76 至 90
   76    77    78    79    80    81    82    83    84    85    86    87    88    89    90
  列 91 至 100
   91    92    93    94    95    96    97    98    99   100
B =
  列 1 至 9
   1.0000    4.1818    7.3636   10.5455   13.7273   16.9091   20.0909   23.2727   26.4545
  列 10 至 12
  29.6364   32.8182   36.0000
C =
   36
```

3.1.2 数组的常见运算

1. 数组的算术运算

数组的运算是从数组的单个元素出发，针对每个元素进行的运算。在 MATLAB 中，一维数组的算术运算包括加、减、乘、左除、右除和乘方。

数组的加减运算：通过格式 A+B 或 A−B 可实现数组的加减运算。但是运算法则要求数组 A 和 B 的维数相同。

> ○ 提示
>
> 如果两个数组的维数不相同，则将给出错误提示信息。

例 3-7：数组的加减运算示例。

在命令行窗口中依次输入：

```
>> clear all
```

```
>> A=[1 5 6 8 9 6]
>> B=[9 85 6 2 4 0]
>> C=[1 1 1 1 1]
>> D=A+B                   %加法
>> E=A-B                   %减法
>> F=A*2
>> G=A+3                   %数组与常数的加法
>> H=A-C
```

输出结果：

```
A =
     1     5     6     8     9     6
B =
     9    85     6     2     4     0
C =
     1     1     1     1     1
D =
    10    90    12    10    13     6
E =
    -8   -80     0     6     5     6
F =
     2    10    12    16    18    12
G =
     4     8     9    11    12     9
矩阵维度必须一致。
```

数组的乘除运算：通过格式“.*”或“./”可实现数组的乘除运算。但是运算法则要求数组 A 和 B 的维数相同。

乘法：数组 A 和 B 的维数相同，运算为数组对应元素相乘，计算结果与 A 和 B 是相同维数的数组。

除法：数组 A 和 B 的维数相同，运算为数组对应元素相除，计算结果与 A 和 B 是相同维数的数组。

右除和左除的关系：A./B=B.\A，其中 A 是被除数，B 是除数。

○ 提示

如果两个数组的维数不相同，则将给出错误提示信息。

例 3-8：数组的乘法运算示例。

在命令行窗口中依次输入：

```
>> clear all
>> A=[1 5 6 8 9 6]
>> B=[9 5 6 2 4 0]
>> C=A.* B          %数组的点乘
>> D=A * 3          %数组与常数的乘法
```

输出结果：

```
A =
     1     5     6     8     9     6
B =
```

```
     9     5     6     2     4     0
C =
     9    25    36    16    36     0
D =
     3    15    18    24    27    18
```

例 3-9：数组的除法运算示例。

在命令行窗口中依次输入：

```
>> clear all
>> A=[1 5 6 8 9 6]
>> B=[9 5 6 2 4 0]
>> C=A.\B       %数组和数组的左除
>> D=A./B       %数组和数组的右除
>> E=A./3       %数组与常数的除法
>> F=A/3
```

输出结果：

```
A =
     1     5     6     8     9     6
B =
     9     5     6     2     4     0
C =
    9.0000    1.0000    1.0000    0.2500    0.4444         0
D =
    0.1111    1.0000    1.0000    4.0000    2.2500       Inf
E =
    0.3333    1.6667    2.0000    2.6667    3.0000    2.0000
F =
    0.3333    1.6667    2.0000    2.6667    3.0000    2.0000
```

通过乘方格式“.^”实现数组的乘方运算。数组的乘方运算包括数组间的乘方运算、数组与某个具体数值的乘方运算，以及常数与数组的乘方运算。

例 3-10：数组的乘方运算示例。

在命令行窗口中依次输入：

```
>> clear all
>> A=[1 5 6 8 9 6]
>> B=[9 5 6 2 4 0]
>> C=A.^B             %数组的乘方
>> D=A.^3             %数组与某个具体数值的乘方
>> E=3.^A             %常数与数组的乘方
```

输出结果：

```
A =
     1     5     6     8     9     6
B =
     9     5     6     2     4     0
C =
     1        3125       46656          64        6561           1
D =
     1   125   216   512   729   216
E =
```

```
        3          243          729         6561         19683          729
```

通过使用函数 dot 可实现数组的点积运算，但是运算法则要求数组 A 和 B 的维数相同，其调用格式如下。

- C= dot(A,B)。
- C = dot(A,B,dim)。

例 3-11：数组的点积运算示例。

在命令行窗口中依次输入：

```
>> clear all
>> A=[1 5 6 8 9 6]
>> B=[9 5 6 2 4 0]
>> C=dot(A,B)              %数组的点积
>> D=sum(A.*B)             %数组元素的乘积之和
```

输出结果：

```
A =
     1     5     6     8     9     6
B =
     9     5     6     2     4     0
C =
   122
D =
   122
```

2. 数组的关系运算

在 MATLAB 中，提供了 6 种数组关系运算符，即<（小于）、<=（小于或等于）、>（大于）、>=（大于或等于）、==（恒等于）、~=（不等于）。

关系运算的运算法则如下。

- 当两个比较量是标量时，直接比较两个数的大小。若关系成立，则返回的结果为 1；否则为 0。
- 当两个比较量是维数相等的数组时，逐 比较两个数组相同位置的元素，并给出比较结果。最终的关系运算结果是一个与参与比较的数组维数相同的数组，其组成元素为 0 或 1。

例 3-12：数组的关系运算示例。

在命令行窗口中依次输入：

```
>> clear all
>> A=[1 5 6 8 9 6]
>> B=[9 5 6 2 4 0]
>> C=A<6            %数组与常数比较，小于
>> D=A>=6           %数组与常数比较，大于或等于
>> E=A<B            %数组与数组比较，小于
>> F=A==B           %数组与数组比较，恒等于
```

输出结果：

```
A =
```

```
     1     5     6     8     9     6
B =
     9     5     6     2     4     0
C =
  1×6 logical 数组
     1     1     0     0     0     0
D =
  1×6 logical 数组
     0     0     1     1     1     1
E =
  1×6 logical 数组
     1     0     0     0     0     0
F =
  1×6 logical 数组
     0     1     1     0     0     0
```

3. 数组的逻辑运算

在 MATLAB 中，提供了 3 种数组逻辑运算符，即&（与）、|（或）和~（非）。逻辑运算的运算法则如下。

- 如果是非零元素，则为真，用 1 表示；如果是零元素，则为假，用 0 表示。
- 当两个比较量是维数相同的数组时，逐一比较两个数组相同位置上的元素，并给出比较结果。最终的逻辑运算结果是一个与参与比较的数组维数相同的数组，其组成元素为 0 或 1。
- 在进行与运算（a&b）时，a、b 全为非零，则为真，运算结果为 1。在进行或运算（a|b）时，只要 a、b 有一个为非零，则运算结果为 1。在进行非运算（~a）时，若 a 为 0，则运算结果为 1；若 a 为非零，则运算结果为 0。

例 3-13：数组的逻辑运算示例。

在命令行窗口中依次输入：

```
>> clear all
>> A=[1 5 6 8 9 6]
>> B=[9 5 6 2 4 0]
>> C=A&B            %与运算
>> D=A|B            %或运算
>> E=~B             %非运算
```

输出结果：

```
A =
     1     5     6     8     9     6
B =
     9     5     6     2     4     0
C =
  1×6 logical 数组
     1     1     1     1     1     0
D =
  1×6 logical 数组
     1     1     1     1     1     1
E =
```

```
  1×6 logical 数组
    0    0    0    0    0    1
```

3.2 矩阵操作

3.2.1 创建矩阵

除了在之前章节中提到的零矩阵、单位矩阵和全 1 矩阵等特殊矩阵，MATLAB 中还有一些指令用于生成试验矩阵。表 3-1 给出了 MATLAB 中其他特殊矩阵的指令集。

表 3-1　MATLAB 中其他特殊矩阵的指令集

函数名称	表示意义
compan(p)	生成一个特征多项式为 p 的二维矩阵
hadamard(k)	返回一个阶数为 n=2k 的 Hadamard（哈达玛）矩阵，只有当 n 能被 4 整除时，Hadamard 矩阵才存在
hankel(x)	返回一个由向量 x 定义的 Hankel（汉克尔）矩阵。该矩阵是一个对称矩阵，其元素为 $h_{ij}=x_{i+j-a}$，第 1 列为向量 x，反三角以下的元素为 0
hankel(x,y)	返回一个 $m\times n$ 的 Hankel 矩阵，第 1 列为向量 x，最后一行为向量 y
magic(n)	返回一个 n×n 的魔方矩阵
pascal(n)	返回一个 n×n 的 Pascal（帕斯卡）矩阵
rosser	给出 Rosser 矩阵，这是一个经典对称特征测试问题，其大小为 8×8
vander(x)	返回一个 Vandermonde（范德蒙）矩阵，其元素为 $v_{i,j}=x_i^{n-j}$，n 为向量 x 的长度
wilkinson(n)	返回一个 n×n 的 Wilkinson 特征值测试矩阵

1. 希尔伯特矩阵

希尔伯特（Hilbert）矩阵也称 H 阵，其元素为 $H_{ij}=1/(i+j-1)$。由于它是一个条件数差的矩阵，所以将它作为试验矩阵。

关于希尔伯特矩阵的指令函数如下。

- hilb(n)：用于生成一个 n×n 的希尔伯特矩阵。
- invhilb(n)：用于生成一个 n×n 的希尔伯特矩阵的逆矩阵（整数矩阵）。

例 3-14：希尔伯特矩阵生成示例。

在命令行窗口中输入：

```
>> A=hilb(3)
```

输出结果：

```
A =
    1.0000    0.5000    0.3333
    0.5000    0.3333    0.2500
    0.3333    0.2500    0.2000
```

在命令行窗口中输入：

```
>> B=invhilb(3)
```

输出结果：

```
B =
     9   -36    30
   -36   192  -180
    30  -180   180
```

从结果中可以看出，希尔伯特矩阵和它的逆矩阵都是对称矩阵。

2．托普利兹矩阵

另外一个比较重要的矩阵为托普利兹（Toeplitz）矩阵，由两个向量定义，即一个行向量和一个列向量。对称的托普利兹矩阵由单一向量来定义。

关于托普利兹矩阵的指令函数如下。

- toeplitz(k,r)：用于生成非对称的托普利兹矩阵，第 1 列为 k，第 1 行为 r，其余元素都等于其左上角元素。
- toeplitz(c)：用于用向量 c 生成一个对称的托普利兹矩阵。

例 3-15：托普利兹矩阵生成示例。

在命令行窗口中输入：

```
>> C=toeplitz(2:5,2:2:8)
```

输出结果：

```
C =
     2     4     6     8
     3     2     4     6
     4     3     2     4
     5     4     3     2
```

3．0～1 均匀分布的随机矩阵

在 MATLAB 中，常用 rand 函数产生 0～1 均匀分布的随机矩阵，其调用格式如下。

- r = rand(n)：产生维数为 n×n 的 0～1 均匀分布的随机矩阵。
- r = rand(m,n)：产生维数为 m×n 的 0～1 均匀分布的随机矩阵。
- r = rand(m,n,p,...)：产生维数为 m×n×p×…的 0～1 均匀分布的随机矩阵。
- r = rand(size(A))：产生维数为 m×n×p（与矩阵 A 的维数相同）的 0～1 均匀分布的随机矩阵。

例 3-16：创建 0～1 均匀分布的随机矩阵示例。

在命令行窗口中依次输入：

```
>> clear all
>> B=rand(3)
>> C=rand([3,4])
>> D=rand(size(C))
```

输出结果：

```
B =
    0.4218    0.9595    0.8491
    0.9157    0.6557    0.9340
```

```
    0.7922    0.0357    0.6787
C =
    0.7577    0.6555    0.0318    0.0971
    0.7431    0.1712    0.2769    0.8235
    0.3922    0.7060    0.0462    0.6948
D =
    0.3171    0.4387    0.7952    0.4456
    0.9502    0.3816    0.1869    0.6463
    0.0344    0.7655    0.4898    0.7094
```

4．标准正态分布随机矩阵

在 MATLAB 中，常用 randn 函数产生均值为 0、方差为 1 的随机矩阵，其调用格式如下。

- r = randn(n)。
- r = randn(m,n)。
- r = randn(m,n,p,...)。
- r = randn([m,n,p,...])。
- r = randn(size(A))。

其格式含义可参考上述 rand 函数。

例 3-17：创建标准正态分布随机矩阵示例。

在命令行窗口中依次输入：

```
>> clear all
>> B=randn(3)
>> C=randn([3,4])
>> D=randn(size(C))
```

输出结果：

```
B =
    1.1093   -1.2141    1.5326
   -0.8637   -1.1135   -0.7697
    0.0774   -0.0068    0.3714
C =
   -0.2256    0.0326    1.5442   -0.7423
    1.1174    0.5525    0.0859   -1.0616
   -1.0891    1.1006   -1.4916    2.3505
D =
   -0.6156    0.8886   -1.4224   -0.1961
    0.7481   -0.7648    0.4882    1.4193
   -0.1924   -1.4023   -0.1774    0.2916
```

5．魔方矩阵

在 MATLAB 中，常用 magic 函数产生魔方矩阵。魔方矩阵中的每行、每列和两条对角线上的元素和相等，其调用格式为 M= magic(n)。

例 3-18：创建魔方矩阵示例。

在命令行窗口中依次输入：

```
>> clear all
>> A=magic(3)
```

```
>> B=magic(4)
>> C=magic(5)
>> E=sum(A)                % 计算每行的和
>> F=sum(A')               % 计算每列的和
```

输出结果：

```
A =
     8     1     6
     3     5     7
     4     9     2
B =
    16     2     3    13
     5    11    10     8
     9     7     6    12
     4    14    15     1
C =
    17    24     1     8    15
    23     5     7    14    16
     4     6    13    20    22
    10    12    19    21     3
    11    18    25     2     9
E =
    15    15    15
F =
    15    15    15
```

6. 帕斯卡矩阵

在 MATLAB 中，常用 pascal 函数产生帕斯卡矩阵，其调用格式如下。

- A=pascal(n)：返回 n 阶的对称正定帕斯卡矩阵，其中的元素是由帕斯卡三角组成的，其逆矩阵的元素都是整数。
- A=pascal(n,1)：返回由下三角的 Cholesky 因子组成的帕斯卡矩阵，它是对称的，因此它是自己的逆。
- A=pascal(n,2)：返回 pascal(n,1)的转置和交换形式。其中 A 是单位矩阵的立方根。

例 3-19：创建帕斯卡矩阵示例。

在命令行窗口中依次输入：

```
>> clear all
>> A=pascal(4)              %创建 4 阶帕斯卡矩阵
>> B=pascal(3,2)
```

输出结果：

```
A =
     1     1     1     1
     1     2     3     4
     1     3     6    10
     1     4    10    20
B =
     1     1     1
    -2    -1     0
     1     0     0
```

7. 范德蒙矩阵

在 MATLAB 中，常用 vander 函数产生范德蒙矩阵，其调用格式为 A = vander(v)，用来生成范德蒙矩阵，矩阵的列是向量 v 的幂，即 A(i,j)=v(i)^(n−j)，其中 n=length(v)。

例 3-20：生成范德蒙矩阵示例。

在命令行窗口中依次输入：

```
>> clear all
>> A=vander([1 2 3 4])
>> B=vander([1;2;3;4])
>> C=vander(1:.5:3)
```

输出结果：

```
A =
     1     1     1     1
     8     4     2     1
    27     9     3     1
    64    16     4     1
B =
     1     1     1     1
     8     4     2     1
    27     9     3     1
    64    16     4     1
C =
    1.0000    1.0000    1.0000    1.0000    1.0000
    5.0625    3.3750    2.2500    1.5000    1.0000
   16.0000    8.0000    4.0000    2.0000    1.0000
   39.0625   15.6250    6.2500    2.5000    1.0000
   81.0000   27.0000    9.0000    3.0000    1.0000
```

○ 注意

在使用 vander 函数产生范德蒙矩阵时，输入向量可以是行向量或列向量。

3.2.2 改变矩阵大小

1. 矩阵的合并

矩阵的合并就是指把两个或两个以上的矩阵数据连接起来得到一个新的矩阵。针对二维矩阵 A、B，有以下形式。

（1）[A,B]：表示按列存储合并矩阵，即将 B 矩阵接到 A 矩阵的列后面；[A;B]表示按行存储合并矩阵，即将 B 矩阵接到 A 矩阵的行后面。

（2）cat(1,A,B)：表示[A;B]，即以行存储；cat(2,A,B)同[A,B]；cat(3,A,B)表示以第三维组合 A、B，组合后变成三维矩阵。

○ 注意

前面介绍的矩阵构造符号[]不仅可用于构造矩阵，还可作为一个矩阵合并操作符。表达式 C=[A B]表示在水平方向上合并矩阵 A 和 B，而表达式 C=[A;B]则表示在竖直方向上合并矩阵 A 和 B。

例 3-21：合并矩阵示例一。

在命令行窗口中输入：

```
>> clear all
>> a=ones(3,4)
>> b=zeros(3,4)
>> c=[a;b]                    %当采用;时，上下合并拼接矩阵
```

输出结果：

```
a =
     1     1     1     1
     1     1     1     1
     1     1     1     1
b =
     0     0     0     0
     0     0     0     0
     0     0     0     0
c =
     1     1     1     1
     1     1     1     1
     1     1     1     1
     0     0     0     0
     0     0     0     0
     0     0     0     0
```

例 3-22：合并矩阵示例二。

在命令行窗口中输入：

```
>> clear all
>> a=ones(3,4);
>> b=zeros(3,4);
>> c=[a b]                    %当采用空格时，左右合并拼接矩阵
>> d=[b,a]                    %当采用,时，左右合并拼接矩阵
```

输出结果：

```
c =
     1     1     1     1     0     0     0     0
     1     1     1     1     0     0     0     0
     1     1     1     1     0     0     0     0
d =
     0     0     0     0     1     1     1     1
     0     0     0     0     1     1     1     1
     0     0     0     0     1     1     1     1
```

例 3-23：合并矩阵示例三。

在命令行窗口中输入：

```
>> clear all
>> a=ones(3,4);
>> b=zeros(3,4);
>> c=cat(1,a,b)
>> d=cat(2,a,b)
```

输出结果：

```
c =
      1     1     1     1
      1     1     1     1
      1     1     1     1
      0     0     0     0
      0     0     0     0
      0     0     0     0
d =
      1     1     1     1     0     0     0     0
      1     1     1     1     0     0     0     0
      1     1     1     1     0     0     0     0
```

可以用矩阵合并符来构造任意大小的矩阵。不过需要注意的是，在矩阵合并的过程中，一定要保持矩阵的形状为方形，否则矩阵合并将无法进行。

图 3-1 表明具有相同高度的两个矩阵可以在水平方向上合并为一个新的矩阵。而图 3-2 则表明不具有相同高度的两个矩阵不允许合并为一个矩阵。

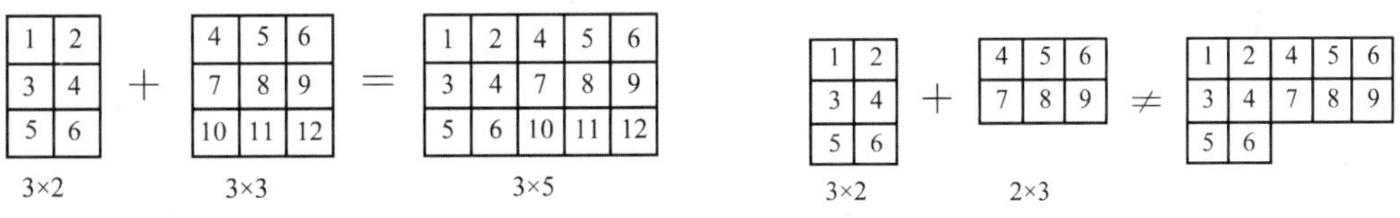

图 3-1　正确的矩阵合并　　　　图 3-2　不正确的矩阵合并

除了使用矩阵合并符[]来合并矩阵，还可以使用矩阵合并函数来合并矩阵。这些矩阵合并函数可参见表 2-18。

2. 矩阵行/列的删除

要删除矩阵的某一行或某一列，只要将该行或该列赋予一个空矩阵“[]”即可。例如，有一个 4×4 的随机矩阵，代码设置如下：

```
>> A=rand(4,4)
```

上述语句得到矩阵 A：

```
A=
    0.8147    0.6324    0.9575    0.9572
    0.9058    0.0975    0.9649    0.4854
    0.1270    0.2785    0.1576    0.8003
    0.9134    0.5469    0.9706    0.1419
```

如果想删除矩阵 A 的第 2 行，则可以使用如下语句：

```
>> A(2,:)=[]
```

由上述语句得到新的矩阵 A：

```
A=
    0.8147    0.6324    0.9575    0.9572
    0.1270    0.2785    0.1576    0.8003
    0.9134    0.5469    0.9706    0.1419
```

3.2.3 重构矩阵

重构矩阵的两个比较重要的运算是转置和共轭转置，在 MATLAB 中，用在函数后面加撇号“'”来表示。在线性代数的专业书籍中，这种运算经常用*和 H 表示。

如果 **A** 是一个实数矩阵，那么它在被转置时，第 1 行变成第 1 列、第 2 行变成第 2 列……依次类推，一个 $m \times n$ 矩阵变为一个 $n \times m$ 矩阵。如果矩阵是方阵，那么这个矩阵在主对角线上反映出来。如果矩阵 **A** 的元素 a_{ij} 是复数，那么所有元素也是共轭的。如果仅希望转置，则在撇号“'”之前输入一个点号，即成为“.'”。

也就是说，A.'表示转置，其结果与 conj(A')相同。如果 A 是实数矩阵，那么 A'与 A.'相同。

例 3-24：矩阵的重构示例。

在命令行窗口中输入：

```
>> C=toeplitz(2:5,2:2:8);
>> C=C'
```

输出结果：

```
C =
     2     3     4     5
     4     2     3     4
     6     4     2     3
     8     6     4     2
```

3.3 矩阵元素的运算

矩阵的加、减、乘、除、比较运算和逻辑运算等代数运算是 MATLAB 数值计算最基础的部分。本节重点介绍这些运算。

3.3.1 矩阵的加减法运算

进行矩阵加法、减法运算的前提是参与运算的两个矩阵或多个矩阵必须具有相同的行数和列数，即 **A**、**B**、**C** 等多个矩阵均为 $m \times n$ 矩阵，或者其中有一个或多个矩阵为标量。

在上述前提下，对于结构相同的两个矩阵，其加减法定义如下。

$\boldsymbol{C}=\boldsymbol{A}\pm\boldsymbol{B}$，矩阵 **C** 的各元素 $C_{mn}=A_{mn}+B_{mn}$。当其中含有标量 x 时，$\boldsymbol{C}=\boldsymbol{A}\pm x$，矩阵 **C** 的各元素 $C_{mn}=A_{mn}+x$。

由于矩阵的加法运算归结为其元素的加法运算，容易验证，因此矩阵的加法运算满足下列运算律。

（1）交换律：$\boldsymbol{A}+\boldsymbol{B}=\boldsymbol{B}+\boldsymbol{A}$。

（2）结合律：$\boldsymbol{A}+(\boldsymbol{B}+\boldsymbol{C})=(\boldsymbol{A}+\boldsymbol{B})+\boldsymbol{C}$。

（3）存在零元：$\boldsymbol{A}+\boldsymbol{0}=\boldsymbol{0}+\boldsymbol{A}=\boldsymbol{A}$。

（4）存在负元：$\boldsymbol{A}+(-\boldsymbol{A})=(-\boldsymbol{A})+\boldsymbol{A}$。

例 3-25：矩阵加减法运算示例。

已知矩阵 $\boldsymbol{A}=\begin{bmatrix}10 & 5 & 79 & 4 & 2\\ 1 & 0 & 66 & 8 & 2\\ 4 & 6 & 1 & 1 & 1\end{bmatrix}$，矩阵 $\boldsymbol{B}=\begin{bmatrix}9 & 5 & 3 & 4 & 2\\ 1 & 0 & 4 & -23 & 2\\ 4 & 6 & -1 & 1 & 0\end{bmatrix}$，行向量 $\boldsymbol{C}=\begin{bmatrix}2 & 1\end{bmatrix}$，标量 x=20，试求 $\boldsymbol{A}+\boldsymbol{B}$、$\boldsymbol{A}-\boldsymbol{B}$、$\boldsymbol{A}+\boldsymbol{B}+x$、$\boldsymbol{A}-x$、$\boldsymbol{A}-\boldsymbol{C}$。

在命令行窗口中依次输入：

```
>> clear
>> A = [10 5 79 4 2;1 0 66 8 2;4 6 1 1 1];
>> B = [9 5 3 4 2;1 0 4 -23 2;4 6 -1 1 0];
>> x = 20;
>> C = [2 1];
>> ApB= A+B
>> AmB= A-B
>> ApBpX= A+B+x
>> AmX= A-x
>> AmC= A-C              %计算错误演示
```

得到的结果为：

```
ApB =
    19    10    82     8     4
     2     0    70   -15     4
     8    12     0     2     1
AmB =
     1     0    76     0     0
     0     0    62    31     0
     0     0     2     0     1
ApBpX =
    39    30   102    28    24
    22    20    90     5    24
    28    32    20    22    21
AmX =
   -10   -15    59   -16   -18
   -19   -20    46   -12   -18
   -16   -14   -19   -19   -19
对于此运算，数组的大小不兼容。
```

在 $\boldsymbol{A}-\boldsymbol{C}$ 的运算中，MATLAB 返回错误提示信息，提示矩阵的维度必须一致。这也证明了矩阵进行加减法运算必须满足一定的前提条件。

3.3.2　矩阵的乘法运算

在 MATLAB 中，矩阵的乘法运算包括两种：数与矩阵的乘法、矩阵与矩阵的乘法。

1．数与矩阵的乘法

由于单个数在 MATLAB 中是以标量来存储的，因此数与矩阵的乘法也可以称为标量与矩阵的乘法。

设 x 为一个数，$\boldsymbol{A}$ 为矩阵，则定义 x 与 $\boldsymbol{A}$ 的乘积 $\boldsymbol{C}=x\boldsymbol{A}$ 仍为一个矩阵，$\boldsymbol{C}$ 的元素就是用数 x 乘矩阵 $\boldsymbol{A}$ 中对应的元素得到的，即 $C_{mnx}=xA_{mn}$。数与矩阵的乘法满足下列运算律。

- $1\boldsymbol{A}=\boldsymbol{A}$。
- $x(\boldsymbol{A}+\boldsymbol{B})=x\boldsymbol{A}+x\boldsymbol{B}$。
- $(x+y)\boldsymbol{A}=x\boldsymbol{A}+y\boldsymbol{A}$。
- $(xy)\boldsymbol{A}=x(y\boldsymbol{A})=y(x\boldsymbol{A})$。

例 3-26：矩阵数乘示例。

已知矩阵 $\boldsymbol{A}=\begin{bmatrix}0 & 3 & 3\\1 & 1 & 0\\-1 & 2 & 3\end{bmatrix}$；$\boldsymbol{E}$ 是 3 阶单位矩阵，$\boldsymbol{E}=\begin{bmatrix}1 & 0 & 0\\0 & 1 & 0\\0 & 0 & 1\end{bmatrix}$。试求表达式 $2\boldsymbol{A}+3\boldsymbol{E}$。

在命令行窗口中依次输入：

```
>> A = [0 3 3;1 1 0;-1 2 3];
>> E = eye(3);
>> R=2*A+3*E
```

得到结果：

```
R =
     3     6     6
     2     5     0
    -2     4     9
```

2．矩阵与矩阵的乘法

两个矩阵的乘法必须满足被乘矩阵的列数与乘矩阵的行数相等。设矩阵 $\boldsymbol{A}$ 为 $m\times h$ 矩阵，$\boldsymbol{B}$ 为 $h\times n$ 矩阵，则两个矩阵的乘积 $\boldsymbol{C}=\boldsymbol{AB}$ 为一个矩阵，且 $C_{mn}=\sum_{h=1}^{H}A_{mh}\times B_{hn}$。

矩阵之间的乘法不遵循交换律，即 $\boldsymbol{AB}\neq\boldsymbol{BA}$。但矩阵乘法遵循下列运算律。

- 结合律：$(\boldsymbol{AB})\boldsymbol{C}=\boldsymbol{A}(\boldsymbol{BC})$。
- 左分配律：$\boldsymbol{A}(\boldsymbol{B}+\boldsymbol{C})=\boldsymbol{AB}+\boldsymbol{AC}$。
- 右分配律：$(\boldsymbol{B}+\boldsymbol{C})\boldsymbol{A}=\boldsymbol{BA}+\boldsymbol{CA}$。
- 单位矩阵的存在性：$\boldsymbol{EA}=\boldsymbol{A}$，$\boldsymbol{AE}=\boldsymbol{A}$。

例 3-27：矩阵乘法示例。

已知矩阵 $\boldsymbol{A}=\begin{bmatrix}2 & 1 & 4 & 0\\1 & -1 & 3 & 4\end{bmatrix}$、矩阵 $\boldsymbol{B}=\begin{bmatrix}1 & 3 & 1\\0 & -1 & 2\\1 & -3 & 1\\4 & 0 & -2\end{bmatrix}$，试求矩阵乘积 $\boldsymbol{AB}$ 及 $\boldsymbol{BA}$。

在命令行窗口中依次输入：

```
>> A = [2 1 4 0;1 -1 3 4];
>> B = [1 3 1;0 -1 2;1 -3 1;4 0 -2];
>> R1= A*B
>> R2= B*A
```

得到结果：

```
R1 =
     6    -7     8
    20    -5    -6
错误使用  *                % 由于不满足矩阵的乘法条件，故 B*A 无法计算
    用于矩阵乘法的维度不正确。请检查并确保第一个矩阵中的列数与第二个矩阵中的行数匹配。要单独对矩
阵的每个元素进行运算，请使用 TIMES (.*)执行按元素相乘。
```

3.3.3　矩阵的除法运算

矩阵的除法是乘法的逆运算，分为左除和右除两种，分别用运算符号"\"和"/"表示。**A\B** 表示矩阵 **A** 的逆乘以矩阵 **B**，**A/B** 表示矩阵 **A** 乘以矩阵 **B** 的逆。除非矩阵 **A** 和矩阵 **B** 相同，否则 **A/B** 和 **A\B** 是不等价的。对于一般的二维矩阵 **A** 和 **B**，当进行 **A\B** 运算时，要求 **A** 的行数与 **B** 的行数相等；当进行 **A/B** 运算时，要求 **A** 的列数与 **B** 的列数相等。

例 3-28：矩阵的除法运算示例。

设矩阵 $\boldsymbol{A}=\begin{bmatrix}1 & 2\\1 & 3\end{bmatrix}$、矩阵 $\boldsymbol{B}=\begin{bmatrix}1 & 0\\1 & 2\end{bmatrix}$，试求 **A\B** 和 **A/B**。

在命令行窗口中依次输入：

```
>> A = [1 2;1 3];
>> B = [1 0;1 2];
>> R1=A\B
>> R2=A/B
```

得到结果：

```
R1 =
     1    -4
     0     2
R2 =
          0    1.0000
   -0.5000    1.5000
```

3.3.4　矩阵的幂运算

当矩阵 **A** 为方阵时，可进行矩阵的幂运算，其定义为 $\boldsymbol{C}=\boldsymbol{A}^n$，即 n 个 **A** 相乘。在 MATLAB 中，使用运算符号"^"表示幂运算。

例 3-29：方阵幂运算示例。对于给定方阵 $\boldsymbol{A}=\begin{bmatrix}2 & 3 & 8\\3 & 1 & -1\\5 & 0 & 4\end{bmatrix}$，试求 $\boldsymbol{A}^2$、$\boldsymbol{A}^5$。

在命令行窗口中依次输入：

```
>> A = [2 3 8;3 1 -1;5 0 4];
>> A2= A^2
>> A5= A^5
```

得到结果：

```
A2 =
    53     9    45
     4    10    19
    30    15    56
A5 =
       37496       13827       52622
       10077        2887       11891
       34295       11250       44464
```

3.3.5 矩阵元素的查找

MATLAB 中函数 find 的作用是进行矩阵元素的查找，通常与关系函数和逻辑运算相结合，其调用格式如下。

- ind = find(X)：查找矩阵 X 中的非零元素，函数返回这些元素的单下标。
- [row,col] = find(X, ...)：查找矩阵 X 中的非零元素，函数返回这些元素的双下标 i 和 j。

例 3-30：利用函数 find 查找矩阵中的元素示例。

在命令行窗口中依次输入：

```
>> clear all;
>> A=[1 3 0;3 1 0;9 2 4];
>> B=find(A) ;                      %矩阵中非零元素的下标
>> C=find(A>=1);                    %矩阵中大于或等于 1 的元素的下标
>> D=A(A>=1);                       %矩阵中大于或等于 1 的元素
>> BCD=[B,C,D]
>> A(find(A==0))=10                 %将矩阵中等于 0 的元素改为 10
```

输出结果：

```
BCD =
     1     1     1
     2     2     3
     3     3     9
     4     4     3
     5     5     1
     6     6     2
     9     9     4
A =
     1     3    10
     3     1    10
     9     2     4
```

3.3.6 矩阵元素的排序

MATLAB 中函数 sort 的作用是按照升序排序，排序后的矩阵和原矩阵的维数相同，其调用格式如下。

- B = sort(A)：对矩阵 A（按列）进行升序排序。A 可为矩阵或向量。

- B = sort(A,dim)：对矩阵 A 进行升序排序，并返回在给定的维数 dim 上按照升序排序的结果。当 dim=1 时，按照列进行排序；当 dim=2 时，按照行进行排序。
- B = sort(...,mode)：对矩阵 A 进行排序，mode 可指定排序的方式，ascend 表示指定按升序排序，为默认值；descend 指定按降序排序。

例 3-31：矩阵元素的排序示例。

在命令行窗口中依次输入：

```
>> clear all;
>> A=[1 3 0;3 1 0;9 2 4];
>> B=sort(A);                    %矩阵中元素按列进行升序排序
>> C=sort(A,2);                  %矩阵中元素按行进行升序排序
>> D=sort(A,'descend');          %矩阵中元素按列进行降序排序
>> E=sort(A,2,'descend');        %矩阵中元素按行进行降序排序
>> BCDE=[B C;D E]
```

输出结果：

```
BCDE =
     1     1     0     0     1     3
     3     2     0     0     1     3
     9     3     4     2     4     9
     9     3     4     3     1     0
     3     2     0     3     1     0
     1     1     0     9     4     2
```

例 3-32：对向量进行排序示例。

在命令行窗口中依次输入：

```
>> A = [78 23 10 100 45 5 6];
>> sort(A)
```

输出结果：

```
ans =
     5     6    10    23    45    78   100
```

3.3.7　矩阵元素的求和

MATLAB 中函数 sum 和 cumsum 的作用是对矩阵的元素求和，其调用格式如下。

- B = sum(A)：对矩阵 A 的元素求和，返回由矩阵 A 各列元素的和组成的向量。
- B = sum(A,dim)：返回在给定的维数 dim 上元素的和。当 dim=1 时，计算矩阵 A 各列元素的和；当 dim=2 时，计算矩阵 A 各行元素的和。
- B = cumsum(A)。
- B = cumsum(A,dim)。

函数 cumsum 的调用格式与 sum 类似，不同的是其返回值为矩阵。下面通过示例查看两个函数的不同之处。

例 3-33：矩阵元素的求和示例。

在命令行窗口中依次输入：

```
>> clear all;
>> A=[1 3 0;3 1 0;9 2 4];
>> B=sum(A)                          %矩阵中元素按照列进行求和
>> C=sum(A,2)                        %矩阵中元素按照行进行求和
>> D=cumsum(A)                       %矩阵中各列元素的和
>> E=cumsum(A,2)                     %矩阵中各行元素的和
>> F=sum(sum(A))                     %矩阵中所有元素的和
```

输出结果：

```
B =
    13     6     4
C =
     4
     4
    15
D =
     1     3     0
4     4     0
    13     6     4
E =
     1     4     4
     3     4     4
     9    11    15
F =
    23
```

○ 提示

使用 sum(sum())命令可求出矩阵所有元素的和。

3.3.8 矩阵元素的求积

MATLAB 中函数 prod 和 cumprod 的作用是对矩阵的元素求积，其调用格式如下。

- B = prod(A)：对矩阵 A 的元素求积，返回由矩阵 A 各列元素的积组成的向量。
- B = prod(A,dim)：返回在给定的维数 dim 上元素的积。当 dim=1 时，计算矩阵 A 各列元素的积；当 dim=2 时，计算矩阵 A 各行元素的积。
- B = cumprod(A)。
- B = cumprod(A,dim)。

函数 cumprod 的调用格式与 prod 类似，不同的是其返回值为矩阵。读者可以通过下面的示例查看两者的不同之处。

例 3-34：矩阵元素的求积示例。

在命令行窗口中依次输入：

```
>> clear all;
>> A= magic(3)
>> B=prod(A)                         %矩阵各列元素的积
>> C=prod(A,2)                       %矩阵各行元素的积
>> D=cumprod(A)                      %矩阵各列元素的积
```

```
>> E=cumprod(A,2)                    %矩阵各行元素的积
```

输出结果：

```
A =
     8     1     6
     3     5     7
     4     9     2
B =
    96    45    84
C =
    48
   105
    72
D =
     8     1     6
    24     5    42
    96    45    84
E =
     8     8    48
     3    15   105
     4    36    72
```

3.3.9　矩阵元素的差分

MATLAB 中函数 diff 的作用是计算矩阵元素的差分，其调用格式如下。

- Y = diff(X)：计算矩阵各列元素的差分。
- Y = diff(X,n)：计算矩阵各列元素的 n 阶差分。
- Y = diff(X,n,dim)：计算矩阵在给定的维数 dim 上元素的 n 阶差分。当 dim=1 时，计算矩阵各列元素的 n 阶差分；当 dim=2 时，计算矩阵各行元素的 n 阶差分。

例 3-35：计算矩阵元素的差分示例。

在命令行窗口中依次输入：

```
>> clear all;
>> A= magic(3);
>> B=diff(A)                     %矩阵各列元素的差分
>> C=diff(A,2)                   %矩阵各列元素的 2 阶差分
>> D=diff(A,1,1)                 %矩阵各列元素的差分
>> E=diff(A,1,2)                 %矩阵各行元素的差分
```

输出结果：

```
B =
    -5     4     1
     1     4    -5
C =
     6     0    -6
D =
    -5     4     1
     1     4    -5
E =
```

```
    -7     5
     2     2
     5    -7
```

○ 提示

当参数 n≥size(x,dim)时，函数的返回值是空矩阵。

3.4 矩阵运算

矩阵运算是线性代数中极其重要的部分。本节介绍 MATLAB 中与矩阵运算相关的内容，包括矩阵分析、矩阵分解、特征值和特征向量。

3.4.1 矩阵分析

MATLAB 提供的矩阵分析函数如表 3-2 所示。

表 3-2 MATLAB 提供的矩阵分析函数

函 数	功能描述	函 数	功能描述
norm	求矩阵或向量的范数	null	返回矩阵的零空间的标准正交基
normest	估计矩阵的 2 阶范数	orth	求正交化空间
rank	求矩阵的秩，即求对角元素的和	rref	求约化行阶梯形式
det	求矩阵的行列式	subspace	求两个矩阵空间的角度
trace	求矩阵的迹	—	—

1. 向量和矩阵的范数运算

对于线性空间中的一个向量 $\boldsymbol{x}=\{x_1,x_2,\cdots,x_n\}$，如果存在一个函数 $r(\boldsymbol{x})$满足以下 3 个条件：①$r(\boldsymbol{x})>0$，且 $r(\boldsymbol{x})=0$ 的充要条件为 $\boldsymbol{x}=\boldsymbol{0}$；②$r(a\boldsymbol{x})=|a|r(\boldsymbol{x})$，其中 a 为任意标量；③对向量 $\boldsymbol{x}$ 和 $\boldsymbol{y}$，有 $r(\boldsymbol{x}+\boldsymbol{y})\leqslant r(\boldsymbol{x})+r(\boldsymbol{y})$。那么，称 $r(\boldsymbol{x})$为向量 $\boldsymbol{x}$ 的范数，一般记为$\|\boldsymbol{x}\|$。范数的形式多种多样，下面式子中定义的范数操作就满足以上 3 个条件：

$$\|\boldsymbol{x}\|_p=\left(\sum_{i=1}^{n}|x_i|^p\right)^{1/p}，p=1,2,\cdots 且\|\boldsymbol{x}\|_\infty=\max_{1\leqslant i\leqslant n}|x_i|，\|\boldsymbol{x}\|_{-\infty}=\min_{1\leqslant i\leqslant n}|x_i|$$

式中，$\|\boldsymbol{x}\|_p$ 称为 p 阶范数，其中最有用的是 1 阶、2 阶和∞阶范数。

矩阵的范数是基于向量的范数定义的，其定义式如下：

$$\|\boldsymbol{A}\|=\max_{\boldsymbol{x}\neq\boldsymbol{0}}\frac{\|\boldsymbol{A}\boldsymbol{x}\|}{\|\boldsymbol{x}\|}$$

与向量的范数一样，矩阵的范数最常用的也是 1 阶、2 阶和∞阶范数。它们的定义式如下：

$$\|\boldsymbol{A}\|_1=\max_{1\leqslant j\leqslant n}\sum_{i=1}^{n}|a_{ij}|，\|\boldsymbol{A}\|_2=\sqrt{S_{\max}\{\boldsymbol{A}^{\mathrm{T}}\boldsymbol{A}\}}，\|\boldsymbol{A}\|_\infty=\max_{1\leqslant i\leqslant n}\sum_{j=1}^{n}|a_{ij}|$$

式中，$S_{\max}\left\{\boldsymbol{A}^{\mathrm{T}}\boldsymbol{A}\right\}$为矩阵 $\boldsymbol{A}$ 的最大奇异值的平方。

在 MATLAB 中，求向量范数的函数的具体用法如下。

- N=norm(x,p)：对于任意大于 1 的 p 值，返回向量 x 的 p 阶范数。
- N=norm(x)：返回向量的 2 阶范数，相当于 N=norm(x,2)。
- N=norm(x,inf)：返回向量的∞阶范数，相当于 N=max(abs(x))。
- N=norm(x,−inf)：返回向量的−∞阶范数，相当于 N=min(abs(x))。

在 MATLAB 中，求矩阵范数的函数的具体用法如下。

- N=norm(A)：计算矩阵的 2 阶范数，即最大奇异值。
- N=norm(A,p)：根据参数 p 的值，求不同阶的范数值。当 p=1 时，计算矩阵 A 的 1 阶范数，相当于 max(sum(abs(A)))；当 p=2 时，计算矩阵 A 的 2 阶范数，相当于 norm(A)；当 p=inf 时，计算矩阵 A 的∞阶范数，相当于 max(sum(abs(A')))；当 p=fro 时，计算矩阵 A 的 F 范数（Frobenius 范数），相当于 sqrt(sum(diag(A'*A)))。

例 3-36：求向量 $\boldsymbol{x}$ 的 2 阶范数示例。

在命令行窗口中输入：

```
>> norm(1:6,2)
```

输出结果：

```
ans =9.5394
```

○ 注意

当矩阵维数比较大时，会导致计算矩阵范数的时间比较长，并且当一个近似的范数值满足要求时，可以考虑使用函数 normest 来估计其 2 阶范数值。函数 normest 最初开发时是为了提供给稀疏矩阵使用的，同时能接收满矩阵的输入，一般在满矩阵维数比较大时使用。

函数 normest 的用法如下。

- normest(S)：估计矩阵 S 的 2 阶范数值。
- normest(S,tol)：使用 tol 作为允许的相对误差。

例 3-37：求矩阵的范数示例。

在命令行窗口中依次输入：

```
>> clear all
>> a=[1 2 3;3 4 5;7 8 9];
>> b=norm(a,1);                  %矩阵的 1 阶范数
>> c=norm(a) ;                   %矩阵的 2 阶范数
>> d=norm(a,inf) ;               %矩阵的∞阶范数
>> e=norm(a,'fro');              %矩阵的 Frobenius 范数
>> f=normest(a);                 %矩阵的 2 阶范数的估计值
>> bcdef=[ b c d e f ]
```

输出结果：

```
bcdef =
   17.0000   16.0216   24.0000   16.0624   16.0216
```

2．矩阵的秩

矩阵中线性无关的列向量的个数称为列秩，线性无关的行向量的个数称为行秩。在 MATLAB 中，用函数 rank 来计算矩阵的秩。函数 rank 的用法如下。

- rank(A)：用默认允许误差计算矩阵的秩。
- rank(A,tol)：给定允许误差计算矩阵的秩，tol = max(size(A))*eps(norm(A))。

例 3-38：求矩阵的秩示例。

在命令行窗口中依次输入：

```
>> clear all
>> A=[1 2 3;3 4 5;7 8 9];
>> B=magic(3);
>> r1=rank(A)                         %矩阵的秩
>> r2=rank(B)
```

输出结果：

```
r1 =
     2
r2 =
     3
```

3．矩阵的行列式

矩阵 $\boldsymbol{A}=\{a_{ij}\}_{n\times n}$ 的行列式定义如下：

$$\|\boldsymbol{A}\| = \det \boldsymbol{A} = \sum_{k=1}^{n} (-1)^{k} a_1 k_1 a_2 k_2 \cdots a_n k_n$$

式中，$k_1,k_2,\cdots,k_n$ 是将序列 $1,2,\cdots,n$ 交换 k 次所得的序列。在 MATLAB 中，用函数 det 来计算矩阵的行列式。

例 3-39：计算矩阵的行列式示例。

在命令行窗口中依次输入：

```
>> clear all
>> A=[1 2 3;3 4 5;7 8 9];
>> B=magic(5);
>> r1=det(A);                         %求矩阵的行列式
>> r2=det(B);
>> disp(['a 的行列式值=',num2str(r1)]);
>> disp(['b 的行列式值=',num2str(r2)]);
```

输出结果：

```
a 的行列式值=-1.4592e-15
b 的行列式值=5070000
```

4．矩阵的迹

矩阵的迹定义为矩阵对角元素之和。在 MATLAB 中，用函数 trace 来计算矩阵的迹。

例 3-40：计算矩阵的迹示例。

在命令行窗口中依次输入：

```
>> clear all
```

```
>> A=[1 2 3;3 4 5;7 8 9];
>> B=magic(5);
>> r1=trace(A);                          %矩阵的迹
>> r2=trace(B);
>> disp(['A 的迹=',num2str(r1)]);
>> disp(['B 的迹=',num2str(r2)]);
```

输出结果:

```
A 的迹=14
B 的迹=65
```

5. 矩阵的化零矩阵

MATLAB 中提供了求化零矩阵的函数 null，其用法如下。

- Z = null(A)：返回矩阵 A 的一个化零矩阵，如果化零矩阵不存在，则返回空矩阵。
- Z = null(A, 'r')：返回有理数形式的化零矩阵。

例 3-41：求矩阵的化零矩阵示例。

在命令行窗口中依次输入:

```
>> clear all
>> A=[1 2 3;3 4 5;7 8 9];
>> Z=null(A)                    %求矩阵 A 的化零矩阵
>> AZ=A*Z
>> ZR=null(A,'r')               %求矩阵 A 的有理数形式的化零矩阵
>> AZR=A*ZR
```

输出结果:

```
Z =
    0.4082
   -0.8165
    0.4082
AZ =
   1.0e-14 *
    0.0222
   -0.0444
   -0.1332
ZR =
     1
    -2
     1
AZR =
     0
     0
     0
```

6. 矩阵的正交空间

矩阵 $\boldsymbol{A}$ 的正交空间 $\boldsymbol{Q}$ 具有 $\boldsymbol{Q}^{T}\boldsymbol{Q}=\boldsymbol{I}$ 的性质，并且 $\boldsymbol{Q}$ 的列向量构成的线性空间与矩阵 $\boldsymbol{A}$ 的列向量构成的线性空间相同，且正交空间 $\boldsymbol{Q}$ 与矩阵 $\boldsymbol{A}$ 具有相同的秩。MATLAB 中提供了函数 orth 来求正交空间。

例 3-42：矩阵的正交空间求解示例。

在命令行窗口中依次输入：

```
>> clear all
>> A=[1 2 3;3 4 5;7 8 9];
>> Q=orth(A)
```

输出结果：

```
Q =
   -0.2262   -0.8143
   -0.4404   -0.4040
   -0.8688    0.4168
```

7. 矩阵的约化行阶梯形式

矩阵的约化行阶梯形式是高斯-约旦消元法解线性方程组的结果，其形式如下：

$$\begin{pmatrix} 1 & K & 0 & * \\ M & O & M & * \\ 0 & L & 1 & * \end{pmatrix}$$

MATLAB 中提供了函数 rref 来求矩阵的约化行阶梯形式，其用法如下。

- R = rref(A)：返回矩阵 A 的约化行阶梯形式 R。
- [R,jb] = rref(A)：返回矩阵 A 的约化行阶梯形式 R，并返回 1×r 的向量 jb，r 为矩阵 A 的秩；A(:,jb)是矩阵 A 的列向量构成的线性空间；R(1:r,jb)是 r×r 的单位矩阵。
- [R,jb] = rref(A,tol)：以 tol 作为允许的相对误差计算矩阵 A 的秩。

例 3-43：求矩阵 A 的约化行阶梯形式示例。

在命令行窗口中依次输入：

```
>> A=[1 2 3;4 5 6;7 8 9;10 11 12];     %矩阵 A
>> R=rref(A)                            %正交矩阵 A 的约化行阶梯形式
```

输出结果：

```
R =
     1     0    -1
     0     1     2
     0     0     0
     0     0     0
```

8. 矩阵空间的夹角

矩阵空间的夹角代表两个矩阵线性相关的程度。如果夹角很小，那么它们之间的线性相关度很高；反之，它们之间的线性相关度很低。在 MATLAB 中，用函数 subspace 来实现求矩阵空间的夹角，其调用格式为 theta = subspace(A,B)，返回矩阵 A 和矩阵 B 之间的夹角。

例 3-44：求矩阵 A 和矩阵 B 之间的夹角示例。

在命令行窗口中依次输入：

```
>> clear all
>> A=[1 2 3;3 4 5;7 8 9;8 7 9;0 2 8];
>> B=magic(5);
>> subspace(A,B)
```

输出结果：

```
ans =
   9.6980e-16
```

3.4.2 矩阵分解

矩阵分解是指把一个矩阵分解成几个“较简单”的矩阵连乘的形式。无论是在理论上还是在工程应用上，矩阵分解都是十分重要的。本节介绍几种矩阵分解方法，相关函数如表 3-3 所示。

表 3-3　矩阵分解函数

函　数	功能描述	函　数	功能描述
chol	Cholesky 分解	qr	正交三角分解
ichol	稀疏矩阵的不完全 Cholesky 分解	svd	奇异值分解
lu	矩阵 LU 分解	gsvd	一般奇异值分解
ilu	稀疏矩阵的不完全 LU 分解	schur	舒尔分解

在 MATLAB 中，线性方程组的求解主要基于 4 种基本的矩阵分解，即对称正定矩阵的 Cholesky 分解、一般方阵的高斯消元法分解、矩形矩阵的正交分解和舒尔分解。

1. 对称正定矩阵的 Cholesky 分解

Cholesky 分解在 MATLAB 中用函数 chol 来实现，其常用的调用方式如下。

- R = chol(X)：X 为对称正定矩阵，R 是上三角矩阵，使得 X=R'*R。如果 X 是非正定的，则结果将返回错误提示信息。
- [R,p] = chol(X)：返回两个参数，并且不会返回错误提示信息。当 X 是正定矩阵时，返回的上三角矩阵 R 满足 X=R*R，且 p=0；当 X 是非正定矩阵时，返回值 p 是正整数，R 是上三角矩阵，其阶数为 p−1，且满足 X(1:p−1,1:p−1)=R*R。

考虑线性方程组 $\boldsymbol{Ax}=\boldsymbol{b}$，其中 $\boldsymbol{A}$ 可以做 Cholesky 分解，使得 $\boldsymbol{A}=\boldsymbol{R}^{\mathrm{T}}\boldsymbol{R}$。这样，线性方程组就可以改写成 $\boldsymbol{R}^{\mathrm{T}}\boldsymbol{Rx}=\boldsymbol{b}$。由于左除运算符“\”可以快速处理三角矩阵，因此得出：

x=R\(R'\b)

如果 A 是 $n\times n$ 的方阵，则 chol(A)的计算复杂度是 $O(n^3)$，而左除运算符“\”的计算复杂度只有 $O(n^2)$。

例 3-45：利用 chol 函数进行矩阵分解示例。

在命令行窗口中依次输入：

```
>> clear all;
>> A=pascal(5)          %产生 5 阶帕斯卡矩阵
>> eig(A)
>> R=chol(A)
>> R'*R
```

输出结果：

```
A =
     1     1     1     1     1
```

```
     1     2     3     4     5
     1     3     6    10    15
     1     4    10    20    35
     1     5    15    35    70
ans =
    0.0108
    0.1812
    1.0000
    5.5175
   92.2904
R =
     1     1     1     1     1
     0     1     2     3     4
     0     0     1     3     6
     0     0     0     1     4
     0     0     0     0     1
ans =
     1     1     1     1     1
     1     2     3     4     5
     1     3     6    10    15
     1     4    10    20    35
     1     5    15    35    70
```

例 3-46：计算稀疏矩阵的 Cholesky 因子，并使用置换输出创建具有较少非零元素的 Cholesky 因子。

在命令行窗口中依次输入：

```
>> load west0479;              %基于 west0479 矩阵创建一个稀疏正定矩阵
>> A = west0479;
>> S = A'*A;
```

用两种不同的方法计算矩阵的 Cholesky 因子。首先指定 2 个输出，然后指定 3 个输出以支持行和列重新排序：

```
>> [R,flag] = chol(S);
>> [RP,flagP,P] = chol(S);
>> if ~flag && ~flagP          %对于每次计算，都检查 flag 是否等于 0 以确认计算成功
    disp('Factorizations successful.')
else
    disp('Factorizations failed.')
end
```

比较 chol(S)和经过重新排序的矩阵 chol(P'*S*P)中非零元素的个数。

```
>> subplot(1,2,1)
>> spy(R)
>> title('Nonzeros in chol(S)')
>> subplot(1,2,2)
>> spy(RP)
>> title('Nonzeros in chol(P''*S*P)')
```

将稀疏矩阵分解，进行图形化显示，如图 3-3 所示。

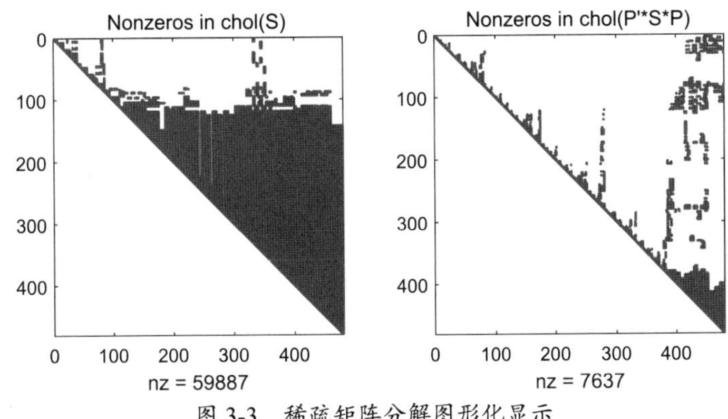

图 3-3　稀疏矩阵分解图形化显示

2. 一般方阵的高斯消元法分解

高斯消元法分解又称 LU 分解，可以将任意一个方阵 ***A*** 分解为一个下三角矩阵 ***L*** 和一个上三角矩阵 ***U*** 的乘积，即 ***A***=***LU***。LU 分解在 MATLAB 中用函数 lu 来实现，其调用方式如下。

- [L,U] = lu(X)：X 为一个方阵，L 为下三角矩阵，U 为上三角矩阵，满足关系 X=L*U。
- [L,U,P] = lu(X)：X 为一个方阵，L 为下三角矩阵，U 为上三角矩阵，P 为置换矩阵，满足关系 P*X = L*U。
- Y = lu(X)：X 为一个方阵，把上三角矩阵和下三角矩阵合并在矩阵 Y 中给出，矩阵 Y 的对角元素为上三角矩阵的对角元素，即 Y=L+U−I。置换矩阵 P 的信息丢失。

考虑线性方程组 Ax=b，其中，对矩阵 A 可以做 LU 分解，使得 ***A***=***LU***。这样，线性方程组就可以改写成 LUx=b。由于左除运算符“\”可以快速处理三角矩阵，因此可以快速解出：

x=U\(L\b)

利用 LU 分解计算行列式的值和矩阵的逆，其命令形式如下。

- det(A)=det(L)*det(U)。
- inv(A)=inv(U)*inv(L)。

例 3-47：进行 LU 分解示例。

在命令行窗口中依次输入：

```
>> clear all;
>> A=[2 4 5;8 9 6;1 3 5];
>> [L1,U1]=lu(A)                    %矩阵的 LU 分解
>> [L2,U2,P]=lu(A)
>> Y1=lu(A)
>> L1*U1                            %验证
>> Y2=L2+U2-eye(size(A))            %验证
```

输出结果：

```
L1 =
    0.2500    0.9333    1.0000
    1.0000         0         0
    0.1250    1.0000         0
U1 =
    8.0000    9.0000    6.0000
         0    1.8750    4.2500
```

```
       0          0      -0.4667
L2 =
    1.0000          0          0
    0.1250     1.0000          0
    0.2500     0.9333     1.0000
U2 =
    8.0000     9.0000     6.0000
         0     1.8750     4.2500
         0          0    -0.4667
P =
     0     1     0
     0     0     1
     1     0     0
Y1 =
    8.0000     9.0000     6.0000
    0.1250     1.8750     4.2500
    0.2500     0.9333    -0.4667
ans =
     2     4     5
     8     9     6
     1     3     5
Y2 =
    8.0000     9.0000     6.0000
    0.1250     1.8750     4.2500
    0.2500     0.9333    -0.4667
```

此外，对于稀疏矩阵，MATLAB 提供了函数 ilu 来做不完全 LU 分解，其调用格式如下。

- ilu(A,options)：计算 A 的不完全 LU 分解。options 是一个最多包含 5 个设置选项的输入结构体，分别是 type（分解类型，未指定时会执行 0 填充级别的不完全 LU 分解）、droptol（不完全 LU 分解的调降容差，默认为 0，生成完全 LU 分解）、milu（修改后的不完全 LU 分解）、udiag（默认为 0，当取 1 时，上三角因子的对角线上的任何 0 都将被替换为局部调降容差）、thresh（主元阈值）。
- ilu(A,options)：返回 L+U−speye(size(A))。其中，L 为单位下三角矩阵，U 为上三角矩阵。
- [L,U] = ilu(A,options)：分别在 L 和 U 中返回单位下三角矩阵和上三角矩阵。
- [L,U,P] = ilu(A,options)：返回单位下三角矩阵 L、上三角矩阵 U 和置换矩阵 P。

对于 type 值的设置，需要注意以下几点。

（1）'nofill'（默认）：执行具有 0 填充级别的不完全 LU 分解[称为 ILU(0)]。若将 type 设置为'nofill'，则仅使用 milu 设置选项，所有其他字段都将被忽略。

（2）'crout'：执行不完全 LU 分解的 Crout 版本，称为 ILUC。若将 type 设置为'crout'，则仅使用 droptol 和 milu 设置选项，所有其他字段都将被忽略。

（3）'ilutp'：执行带阈值和选择主元的不完全 LU 分解。

3. 矩形矩阵的正交分解

矩形矩阵的正交分解又称 QR 分解。QR 分解把一个 $m \times n$ 的矩阵 $\boldsymbol{A}$ 分解为一个正交矩阵

Q 和一个上三角矩阵 ***R*** 的乘积，即 ***A***=***QR***。在 MATLAB 中，QR 分解由函数 qr 来实现。下面介绍 QR 分解的调用方式。

- [Q,R] = qr(A)：矩阵 R 为与矩阵 A 具有相同大小的上三角矩阵，Q 为正交矩阵，它们满足 A=Q*R。该调用方式适用于满矩阵和稀疏矩阵。
- [Q,R] = qr(A,0)："经济"方式的 QR 分解。设矩阵 A 是一个 m×n 的矩阵，若 m>n，则只计算矩阵 Q 的前 n 列元素，R 为 n×n 的矩阵；若 m≤n，则与[Q,R] = qr(A)效果一致。该调用方式适用于满矩阵和稀疏矩阵。
- [Q,R,P] = qr(A)：R 是上三角矩阵，Q 为正交矩阵，P 为置换矩阵，它们满足 A*P=Q*R。程序选择一个合适的矩阵 P，使得 abs(diag(R))是降序排列的。该调用方式适用于满矩阵。
- [Q,R,P] = qr(A,0)："经济"方式的 QR 分解，P 是一个置换向量，它们满足 A(:,P)= Q*R。该调用方式适用于满矩阵。
- R =qr(A)：返回上三角矩阵 R，这里 R= chol(A'*A)。该调用方式适用于稀疏矩阵。
- R = qr(A,0)：以"经济"方式返回上三角矩阵 R。
- [C,R] = qr(A,B)：矩阵 B 必须与矩阵 A 具有相同的行数，矩阵 R 是上三角矩阵，C=Q' *B。

例 3-48：通过 QR 分解分析矩阵的秩示例。

在命令行窗口中依次输入：

```
>> clear all;
>> A=[2 4 5;8 9 6;1 3 5];
>> [Q1,R1]=qr(A)
>> B=[2 4 5;8 9 6;1 3 5;5 4 10];
>> B_rank=rank(B);
>> disp(['矩阵B 的秩 = ',num2str(B_rank)]);
>> [Q2,R2]=qr(B)
>> Q1*R1
```

输出结果：

```
Q1 =
   -0.2408    0.6424   -0.7276
   -0.9631   -0.2511    0.0970
   -0.1204    0.7241    0.6791
R1 =
   -8.3066   -9.9920   -7.5843
         0    2.4818    5.3257
         0         0    0.3395
矩阵B 的秩 = 3
Q2 =
   -0.2063    0.5983   -0.2285    0.7398
   -0.8251    0.0774    0.5457   -0.1241
   -0.1031    0.6299   -0.3956   -0.6604
   -0.5157   -0.4892   -0.7025    0.0348
R2 =
   -9.6954  -10.6236  -11.6551
```

```
        0      3.0230      1.7138
        0          0      -6.8719
        0          0            0
ans =
    2.0000    4.0000    5.0000
    8.0000    9.0000    6.0000
    1.0000    3.0000    5.0000
```

4. 舒尔分解

舒尔分解定义式为

$$\boldsymbol{A}=\boldsymbol{U}\boldsymbol{S}\boldsymbol{U}^{\mathrm{T}}$$

式中，$\boldsymbol{A}$ 必须是一个方阵；$\boldsymbol{U}$ 是一个酉矩阵；$\boldsymbol{S}$ 是一个块对角矩阵，由对角线上的 1×1 块和 2×2 块组成。特征值可以由矩阵 $\boldsymbol{S}$ 的对角块给出，而矩阵 $\boldsymbol{U}$ 给出比特征向量更多的数值特征。此外，对缺陷矩阵也可以进行舒尔分解。在 MATLAB 中，用函数 schur 来进行舒尔分解，其调用格式如下。

- [U,S] = schur(A)：返回酉矩阵 U 和块对角矩阵 S。
- S = schur(A)：仅返回块对角矩阵 S。
- schur(A, 'real')：把返回的实特征值放在对角线上，而把复特征值放在对角线上的 2×2 块中。
- schur(A, ' complex')：返回的矩阵 S 是上三角矩阵，并且如果矩阵 A 有复特征值，则矩阵 S 是复矩阵。

另外，函数 rsf2csf 可以把实数形式的舒尔矩阵转换成复数形式的舒尔矩阵。

例 3-49：舒尔分解示例。

在命令行窗口中依次输入：

```
>> clear all
>> A=pascal(5);
>> [U,S]=schur(A)
>> U*S*U'-A             %验证
```

输出结果：

```
U=
    0.1680   -0.5706   -0.7660    0.2429    0.0175
   -0.5517    0.5587   -0.3830    0.4808    0.0749
    0.7025    0.2529    0.1642    0.6110    0.2055
   -0.4071   -0.5179    0.4377    0.4130    0.4515
    0.0900    0.1734   -0.2189   -0.4074    0.8649
S=
    0.0108         0         0         0         0
         0    0.1812         0         0         0
         0         0    1.0000         0         0
         0         0         0    5.5175         0
         0         0         0         0   92.2904
ans =
   1.0e-13 *
   -0.0033    0.0067    0.0111    0.0133    0.0044
```

```
    0.0067    0.0133    0.0266    0.0266    0.0178
    0.0111    0.0178    0.0355    0.0533    0.0355
    0.0089    0.0266    0.0533    0.1421    0.0711
    0.0044    0.0266    0.0355    0.1421    0.1421
```

3.4.3　特征值和特征向量

1．特征值和特征向量的定义

MATLAB 中的命令计算特征值和特征向量十分方便，可以得到不同的子结果和分解，这在线性代数学习中十分有意义。本节中的命令只能对二维矩阵进行操作。

假设 $\boldsymbol{A}$ 是一个 $n \times n$ 的矩阵，特征值问题就是找到下面方程的解：

$$\boldsymbol{AV}=\lambda \boldsymbol{V}$$

式中，λ为标量；$\boldsymbol{V}$ 为向量。若把矩阵 $\boldsymbol{A}$ 的 n 个特征值放在矩阵 $\boldsymbol{P}$ 的对角线上，特征向量按照与特征值对应的顺序排列作为矩阵 $\boldsymbol{V}$ 的列，则特征值问题可以改写为

$$\boldsymbol{AV}=\boldsymbol{VD}$$

如果 $\boldsymbol{V}$ 是非奇异的，则该问题可以认为是一个特征值分解问题，此时关系式如下：

$$\boldsymbol{A}=\boldsymbol{VDV}^{1}$$

广义特征值问题是方程 $\boldsymbol{Ax}=\lambda\boldsymbol{Bx}$ 的非平凡解问题，其中，$\boldsymbol{A}$、$\boldsymbol{B}$ 都是 $n \times n$ 的矩阵，λ为标量。满足此方程的λ为广义特征值，对应的向量 $\boldsymbol{x}$ 为广义特征向量。

如果 $\boldsymbol{X}$ 是一个列向量为 $\boldsymbol{a}$ 的特征向量的矩阵，并且它的秩为 n，那么特征向量线性无关；否则称该矩阵为缺陷阵。如果 $\boldsymbol{X}^{\mathrm{T}}\boldsymbol{X}=\boldsymbol{I}$，则特征向量正交，这对于对称矩阵是成立的。

2．特征值和特征向量的相关函数

现将 MATLAB 中矩阵的特征值与特征向量的相关函数的具体调用格式及其功能列出。

- eig(A)：求包含矩阵 A 的特征值的向量。
- [X,D]=eig(A)：产生矩阵 A 的特征值在对角线上的对角矩阵 D 和 X，它们的列是相应的特征向量，满足 A*X=X*D。为了得到有更好条件特征值的矩阵，要进行相似变换。
- [T,B]=balance(A)：找到相似变换矩阵 T 和 B，使得它们满足 B=T−A*T。B 是用命令 balance 求得的平衡矩阵。
- eig(A,'nobalance')：不经过平衡处理求得矩阵 A 的特征值和特征向量，即不进行平衡相似变换。
- eigs(A)：返回一个由矩阵 A 的部分特征值组成的向量，与 eig 命令一样，但是不返回全部的特征值。如果不带有参量，则计算出最大的特征值。当计算所有特征值时，如果矩阵 A 的秩不小于 6，则计算出 6 个特征值。
- eigs(f,n)：求出矩阵 A 的部分特征值。在使用一个矩阵列的线性运算符时，字符串 f 中包含的是 M 文件的文件名，n 指定问题的阶次。用这种方法求特征值比开始就用运算符来求要快。
- eigs(A,B,k,sigma)：求矩阵 A 的部分特征值，矩阵 B 的大小和 A 相同；如果没有给

出 B=eye(size(A))，那么 k 就是要计算的特征值的个数；如果 k 没有给出，就用小于 6 的数或 A 的秩代替。变量 sigma 是一个实数或复数的移位参数，或者下列文本字符串中的一个：'lm'为最大的特征值，'sm'为最小的特征值，'lr'为最大的实数部分，'sr'为最小的实数部分，'be'为同时求得最大和最小的实数部分。

- condeig(A)：返回一个由矩阵 A 的特征值的条件数组成的向量。
- [V,D,s]=condeig(A)：返回[V,D]=eig(A)和 s=condeig(A)。

3．特征值和特征向量的计算

例 3-50：矩阵特征值和特征向量的计算示例。

在命令行窗口中输入：

```
>> A = [0.8 0.2; 0.2 0.8];
>> [Q,d] = eig(A)
>> Q*Q'
```

输出结果：

```
Q =
   -0.7071    0.7071
    0.7071    0.7071
d =
    0.6000         0
         0    1.0000
ans =
    1.0000         0
         0    1.0000
```

3.5 稀疏矩阵

前面在许多问题中都提到了含有大量 0 元素的矩阵，这样的矩阵称为稀疏矩阵。为了节省存储空间和计算时间，MATLAB 考虑到矩阵的稀疏性，在对它进行运算时，有特殊的命令。

一个稀疏矩阵中有许多元素等于零，这便于矩阵的计算和保存（第一个突出的优点）。如果 MATLAB 把一个矩阵当作稀疏矩阵，那么只需在 m×3 的矩阵中存储 m 个非零项即可。其中，第 1 列是行下标，第 2 列是列下标，第 3 列是非零元素值，不必保存 0 元素。如果存储每个浮点数需要 8B，存储每个下标需要 4B，那么整个矩阵在内存中的存储需要(16×m)B。

例 3-51：稀疏矩阵与普通矩阵示例。

在命令行窗口中输入：

```
>> A=eye(1000);                 %得到一个 1000×1000 的单位矩阵
>> B=speye(1000);               %得到一个 1000×3 的矩阵，每行包含行下标、列下标及元素本身
```

本例中的矩阵 A 的存储需要 8MB；而稀疏矩阵 B 的存储则只需 16KB，其所需空间约为单位矩阵的 0.2%。对于许多的广义矩阵，也可这样来做。

前面介绍的算术运算和逻辑运算都适用于稀疏矩阵。而相对于普通矩阵，稀疏矩阵的计

算速度更快，因为 MATLAB 只对非零元素进行操作，这是稀疏矩阵第二个突出的优点。

例如，在例 3-51 中，计算 2*A 需要 100 万次浮点运算，而计算 2*B 则只需 2000 次浮点运算。因为 MATLAB 不能自动创建稀疏矩阵，所以要用特殊的命令得到稀疏矩阵。

稀疏矩阵的大部分元素是 0，因此只需存储非零元素的下标和元素值即可，这种特殊的存储方式可以节省大量的存储空间和避免不必要的运算。

3.5.1 稀疏矩阵的存储方式

对于稀疏矩阵，MATLAB 仅存储矩阵所有的非零元素的值及其位置（行号和列号）。显然，这对具有大量 0 元素的稀疏矩阵来说是十分有效的。

设矩阵 $\boldsymbol{A}=\begin{bmatrix}1 & 0 & 0 & 0\\ 0 & 5 & 0 & 0\\ 2 & 0 & 0 & 7\end{bmatrix}$ 是具有稀疏矩阵特征的矩阵，其完全存储方式是按列存储的全部 12 个元素 1,0,2,0,5,0,0,0,0,0,0,7，其稀疏存储方式为(1,1),1,(3,1),2,(2,2),5,(3,4),7。

其中，括号内为元素的行列位置，后面为元素值。当矩阵非常“稀疏”时，会有效节省存储空间。

3.5.2 稀疏矩阵的生成

MATLAB 中提供了多种创建稀疏矩阵的方法。

- 利用 sparse 函数，由满矩阵转换得到稀疏矩阵。
- 利用一些特定函数创建包括单位稀疏矩阵在内的特殊稀疏矩阵。

1．利用 sparse 函数创建一般稀疏矩阵

稀疏矩阵的指令集如表 3-4 所示。

表 3-4 稀疏矩阵的指令集

函数名称	表 示 意 义
sparse(A)	由非零元素和下标创建稀疏矩阵 A。如果 A 已是一个稀疏矩阵，则返回 A 本身
sparse(m,n)	生成一个 m×n 的所有元素都是 0 的稀疏矩阵
sparse(u,v,a)	生成大小为 max(u)×max(v)的稀疏矩阵。其中，u 和 v 是整数向量，a 为实数或复数向量
sparse(u,v,a,m,n)	生成一个 m×n 的稀疏矩阵，(u_i,v_i)对应值 a_i。向量 u、v 和 a 的长度必须相同
spconvert(D)	生成一个稀疏矩阵 D。D 共有 3 列：第 1 列为行下标，第 2 列为列下标，最后一列为元素值
full(S)	将稀疏矩阵 S 转换成一个满矩阵

例 3-52：输入一个稀疏矩阵示例。

在命令行窗口中输入：

```
>> S = sparse([1,2,3,4,5],[2,1,4,6,2],[10,3,-2,-5,1],10,12)
```

结果如下：

```
S =
```

```
   (2,1)        3
   (1,2)       10
   (5,2)        1
   (3,4)       -2
   (4,6)       -5
```

此外，sparse 函数还可以将一个满矩阵转换成一个稀疏矩阵，相应的调用格式为 S = sparse(X)，其中 X 为满矩阵。

例如，针对矩阵 $\boldsymbol{A}=\begin{bmatrix}1 & 0 & 0 & 0\\0 & 5 & 0 & 0\\2 & 0 & 0 & 7\end{bmatrix}$，在命令行窗口中输入：

```
>> A = [1 0 0 0;0 5 0 0;2 0 0 7]
>> S = sparse(A)
```

得到结果如下：

```
A =
     1     0     0     0
     0     5     0     0
     2     0     0     7
S =
   (1,1)        1
   (3,1)        2
   (2,2)        5
   (3,4)        7
```

相应地，MATLAB 中提供了 full 函数，用于把稀疏矩阵转换为满矩阵。full 函数的调用格式为 A = full(S)，其中 S 为稀疏矩阵。

例如，将例 3-52 中得到的稀疏矩阵 S 转换为满矩阵，具体操作如下。

在命令行窗口中输入：

```
>> B = full(S)
```

得到结果如下：

```
B =
     1     0     0     0
     0     5     0     0
     2     0     0     7
```

例 3-53：将普通矩阵转换为稀疏矩阵示例。

在命令行窗口中输入：

```
>> clear all
>> A=rand(16,9)>0.95
>> S=sparse(A)                %创建稀疏矩阵
>> whos
```

输出结果：

```
A =
  16×9 logical 数组
   0   0   0   0   0   0   0   0   0
```

```
    0    0    0    0    0    0    0    0    0
    0    0    0    0    0    0    0    0    0
    0    0    0    0    0    0    0    0    0
    0    0    0    0    0    0    0    0    1
    0    0    0    0    0    0    0    0    1
    0    0    0    0    0    0    0    0    0
    0    0    0    0    1    1    0    0    0
    0    0    0    0    0    0    0    0    0
    0    0    0    0    0    0    0    1    0
    0    0    0    0    0    0    0    0    0
    0    0    0    0    0    0    0    0    0
    0    0    0    0    0    0    0    0    1
    0    0    0    0    0    0    0    0    0
    0    0    0    0    0    0    0    0    0
    0    0    0    0    0    0    0    0    0
S =
  16×9 稀疏 logical 数组
   (8,5)        1
   (8,6)        1
  (10,8)        1
   (5,9)        1
   (6,9)        1
  (13,9)        1
  Name        Size            Bytes  Class      Attributes
  A          16x9              144  logical
  S          16x9              134  logical    sparse
```

例 3-54：查看稀疏矩阵中非零元素的信息示例。

在命令行窗口中输入：

```
>> clear all
>> a=[0 0 0 1;0 0 8 0;4 0 0 0;0 0 0 0];
>> S=sparse(a);             %创建稀疏矩阵
>> whos;
>> n1=nnz(S)                %查看非零元素的个数
>> n2=nonzeros(S)           %查看非零元素的值
>> n3=nzmax(S)              %查看稀疏矩阵的存储空间
>> spy(S)
>> n4=nnz(S)/prod(size(S))
```

输出结果：

```
  Name      Size            Bytes  Class     Attributes
  A         4x4              128  double
  S         4x4               56  double    sparse
n1 =     3
n2 =
     4
     8
     1
n3 =     3
n4 =    0.1875
```

利用 spy 函数可以对稀疏矩阵中非零元素的分布进行图形化显示，如图 3-4 所示。采用

nnz(S)/prod(size(S))计算稀疏矩阵的非零元素密度。

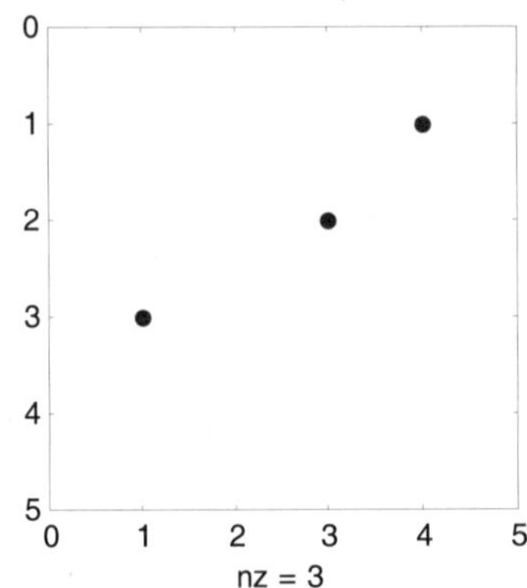

图 3-4 稀疏矩阵中非零元素的分布的图形化显示

2. 利用特定函数创建特殊稀疏矩阵

MATLAB 中提供了一些函数用来创建特殊稀疏矩阵，这些函数如表 3-5 所示。

表 3-5 特殊稀疏矩阵的创建函数

函 数	调 用 格 式	描 述
speye	S = speye(m,n)	创建单位稀疏矩阵
spones	S = spones(X)	创建非零元素为 1 的稀疏矩阵
sprand	S = sprand(X)	创建非零元素为均匀分布的随机数的稀疏矩阵
sprandn	S = sprandn(X)	创建非零元素为高斯分布的随机数的稀疏矩阵
sprandsym	S = sprandsym(X)	创建非零元素为高斯分布的随机数的对称稀疏矩阵
spdiags	S =spdiags(X)	创建对角稀疏矩阵
spalloc	S =spalloc(X)	为稀疏矩阵分配存储空间

例 3-55：利用 speye 函数创建单位稀疏矩阵示例。

在命令行窗口中输入：

```
>> clear all
>> A=speye(5)          %创建 5 阶单位稀疏矩阵
>> B=speye(5,6)        %创建 5×6 的单位稀疏矩阵
>> C=full(A)
>> D=full(B)
```

输出结果：

```
A=
   (1,1)        1
   (2,2)        1
   (3,3)        1
   (4,4)        1
   (5,5)        1
B =
   (1,1)        1
   (2,2)        1
   (3,3)        1
   (4,4)        1
```

```
   (5,5)        1
C=
    1    0    0    0    0
    0    1    0    0    0
    0    0    1    0    0
    0    0    0    1    0
    0    0    0    0    1
D=
    1    0    0    0    0    0
    0    1    0    0    0    0
    0    0    1    0    0    0
    0    0    0    1    0    0
    0    0    0    0    1    0
```

例 3-56：创建对称稀疏矩阵示例。

在命令行窗口中输入：

```
>> clear all
>> A=sprandsym(5,0.1)        %创建非零元素为高斯分布的随机数的对称稀疏矩阵
>> B=spones(A)               %创建非零元素为 1 的且与矩阵 A 维数相同的对称稀疏矩阵
>> C=full(A)
>> D=full(B)
```

输出结果：

```
A=
   (5,1)      -0.0631
   (4,3)       0.7147
   (3,4)       0.7147
   (1,5)      -0.0631
B=
   (5,1)        1
   (4,3)        1
   (3,4)        1
   (1,5)        1
C=
         0         0         0         0   -0.0631
         0         0         0         0         0
         0         0         0    0.7147         0
         0         0    0.7147         0         0
   -0.0631         0         0         0         0
D=
    0    0    0    0    1
    0    0    0    0    0
    0    0    0    1    0
    0    0    1    0    0
    1    0    0    0    0
```

3.5.3　稀疏矩阵的运算

满矩阵的四则运算对稀疏矩阵同样有效，但是返回结果有可能是稀疏矩阵或满矩阵。对于单个稀疏矩阵的输入，大部分函数输出的结果都是稀疏矩阵，小部分函数输出的结

果是满矩阵。对于多个矩阵的输入，如果其中至少有一个矩阵是满矩阵，那么大部分函数输出的结果是满矩阵。

对于矩阵的加、减、乘、除运算，只要其中有一个矩阵是满矩阵，则输出的结果都是满矩阵。稀疏矩阵的数乘为稀疏矩阵，稀疏矩阵的幂为稀疏矩阵。

3.6 本章小结

本章介绍了 MATLAB 数组与矩阵的相关知识，主要内容包括数组运算、矩阵操作、矩阵元素的运算、矩阵运算和稀疏矩阵。本章是理解 MATLAB 计算方式的重点，因为在 MATLAB 中，所有的数据都是通过数组或矩阵的方式进行组织和计算的。要掌握好本章的内容，还需要了解更多的知识，读者可查阅相关的书籍和 MATLAB 帮助文件等。

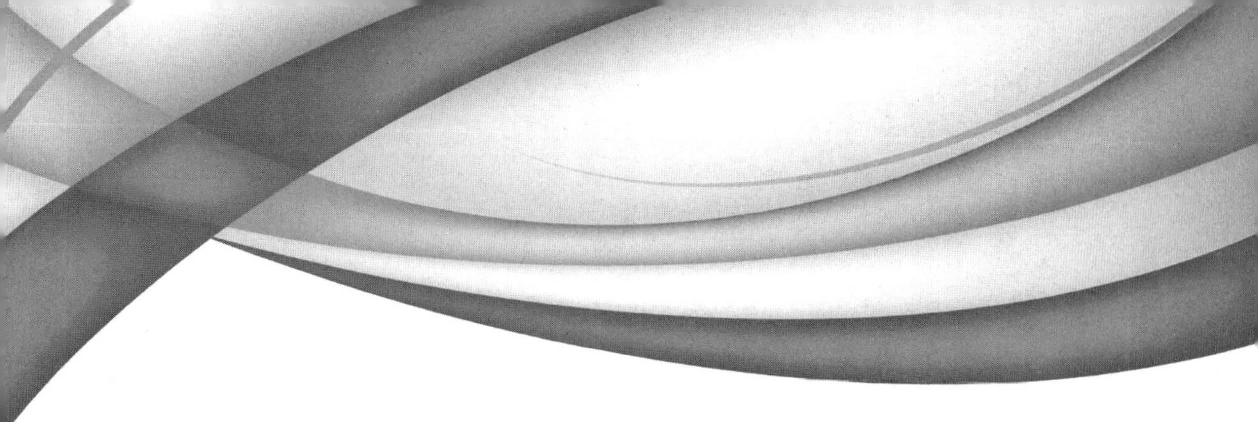

第 4 章 程序设计

知识要点

本章对 MATLAB 平台上的基本编程进行讲解与分析，涉及的新概念有 M 文件编辑器、控制流、脚本、函数、局部变量、全局变量、子函数、私有函数、重载函数、eval 函数、feval 函数、内联函数和 P 码文件等，还涉及 MATLAB 编程中的向量化、预分配、变量的检测与传递等。针对每一部分，都有相应的示例与讲解相配合，以使读者能够真正理解和掌握这些抽象概念，并且体会到面向对象编程的优越性和重要性。

学习要求

知识点	学习目标			
	了解	理解	应用	实践
M 文件编辑器		√		
变量			√	√
控制流			√	√
函数			√	√
脚本			√	√
变量的检测与传递			√	√
程序调试	√			√

4.1 M 文件编辑器

在前面几个章节的示例中，全部采用在 MATLAB 界面的命令行窗口中的 MATLAB 运算提示符后输入指令并运行的方式。然而，当需要完成的运算比较复杂，需要几十行甚至成百上千行指令来完成时，命令行窗口就不适用了。

为了代替在命令行窗口中输入 MATLAB 指令，MATLAB 平台上提供了一个文本文件编辑器，用来创建一个 M 文件以写入这些指令。M 文件的扩展名为.m。一个 M 文件包含许多连续的 MATLAB 指令，这些指令完成的操作可以是引用其他 M 文件，也可以是引用自身文件，还可以进行循环和递归等。

（1）创建新的 M 文件。启动 M 文件编辑器的操作方法如下。

① 在 MATLAB 命令行窗口中运行指令 edit。

② 单击 MATLAB“主页”选项卡的“文件”组中的“新建脚本”按钮。

③ 选择 MATLAB“主页”选项卡的“文件”组的“新建”下拉菜单中的“脚本”选项。

④ 使用快捷键 Ctrl+N。

启动 M 文件编辑器后，MATLAB 主界面增加了“编辑器”“发布”“视图”3 个选项卡，主界面会主动切换到新出现的“编辑器”选项卡下，如图 4-1 所示。

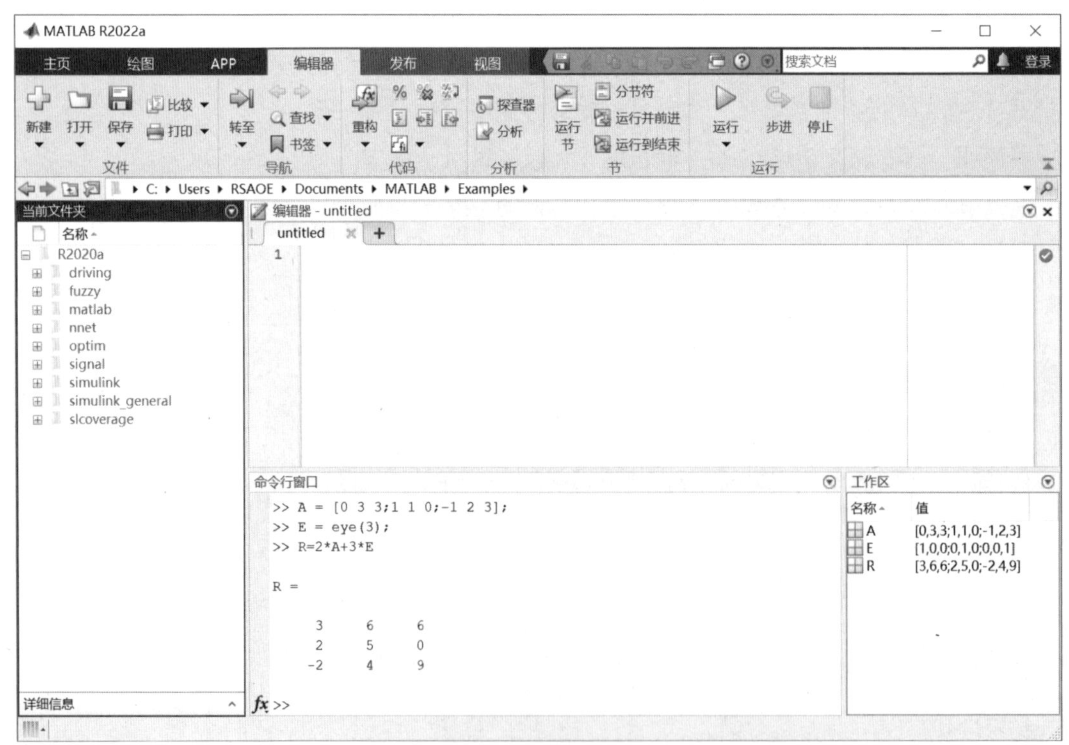

图 4-1 “编辑器”选项卡

（2）打开已有的 M 文件的操作方法如下。

① 在 MATLAB 命令行窗口中运行指令 edit filename。其中，filename 是已有的文件名，可以不带扩展名，文件名也可以省略不写。

② 单击主界面中的“主页”选项卡或新出现的“编辑器”选项卡的“文件”组中的“打开”按钮，根据弹出对话框中的提示选择已有的 M 文件。

（3）经过修改的 M 文件的保存方法如下。

① 在 M 文件编辑器状态下，单击“编辑器”选项卡的“文件”组中的“保存”按钮。若已有此 M 文件，则保存操作完成；若为新的 M 文件，则会弹出对话框，需要选择存放目录和文件名，只有这样才能完成 M 文件的保存。

② 使用快捷键 Ctrl+S。

每当用户输入这个文件名的自变量时，MATLAB 就会执行文件中的所有指令。在这个过程中，MATLAB 先从文件中而不是从终端读取指令，当文件中最后一条指令被执行时，MATLAB 再从终端读取指令。

（4）运行 M 文件的方法如下。

① 单击“运行”组中的“运行”按钮运行该 M 文件，即可在命令行窗口中得到结果。

② 在命令行窗口中输入该文件的文件名来运行。

③ 将 M 文件编辑器窗口置前，在按住 Ctrl 键的同时按下 Enter 键。

在读取文件时，MATLAB 将首先在当前文件夹下搜索此文件，如果它不在当前文件夹下，则在该路径下的所有目录中搜索。该路径保存在 matlabpath（见表 4-1）中。

○ 注意

如果想执行一个没有放在可以自动搜索处的文件，则可以单击 M 文件编辑器界面中的“运行”按钮。

在 MATLAB 的工具库中有大量的预定义 M 文件，这些文件一般会在安装 MATLAB 软件时直接被存放在安装目录中，可以使用命令 what 列出由用户自定义的和在 MATLAB 安装目录中存放的 M 文件。

关于 M 文件编辑器和 M 文件，MATLAB 中提供了大量操作和控制指令，如表 4-1 与表 4-2 所示。

表 4-1　MATLAB 文件操作指令集

数据格式	说　明
what dirname	列出当前文件夹下所有的 MATLAB 文件。如果给定 dirname，就列出目录 dirname 下的文件
dir name	列出名为 name 的目录中的所有文件夹及文件
dir	列出一个目录或子目录中的所有文件。这个命令可以用不同的路径名和程序单
ls	以不同的输出格式列出文件
delete filename	删除文件 filename
cd	改变当前文件夹
type filename	显示文件 filename 的内容。如果没有指定扩展名，则 MATLAB 就读 filename.m
edit file	打开一个 M 文件编辑器。如果给定 file，那么这个文件就在 M 文件编辑器中打开
copyfile (file1, file2)	将 file1 复制到 file2 中。有关错误处理可参见 helpcopyfile
which filename	显示由 filename 指定的函数的搜索路径

续表

数据格式	说　明
path	显示 MATLAB 的目录搜索路径。如果给出带自变量的命令，就改变搜索路径。输入 helppath 可以获得更多信息
matlabpath	当一个新的搜索路径给定时，将其作为工作路径，但没有错误处理
genpath(folderName)	返回一个新的搜索路径，这个路径是由旧的和在 matlabroot/toolbox 下的所有路径一起组成的。如果 directory 给定，那么在 directory 下所有的目录都被替换
pathsep	列出分隔标志
partialpath	列出本地搜索路径
edit path	给出一个图形用户界面。在这里，可以从 MATLAB 的搜索路径中增加和编辑目录
addpath(dir1,dir2,…,flag)	在 MATLAB 的搜索路径的开头增加目录。如果字符串 flag 给定，且是始端，那么目录被加在始端；如果是末端，则加在末端
rmpathdir	从 MATLAB 的搜索路径中移去目录 dir
pathtool	这是一个修改搜索路径的图形工具。尽管 helppathtool 建议它不要在 UNIX 下工作，但它还是在 UNIX 下工作
path2rc	在文件 pathdef.m 中保存当前的搜索路径，当启动 MATLAB 时，可以从这个文件中读取搜索路径
dbtype filename	带行号显示文件 filename 的内容。如果在 filename 中没有给定扩展名，则 MATLAB 使用扩展名.m
lasterr	重复上次的错误提示信息
lastwarn	重复上次的警告信息
isdir(folderName)	如果 folderName 是一个目录，则返回 1；否则返回 0
dos	在 MATLAB 中运行一个 DOS 命令
vms	在 MATLAB 中运行一个 VMSDCL 命令
unix	在 MATLAB 中执行一个 UNIX 操作系统命令
tempdir	返回一个表示系统中临时目录名的字符串
tempname	返回一个以“tp”开头的字符串，MATLAB 将检查这个字符串是否为系统临时目录中的一个文件名。这个字符串可以用作一个临时文件的名字
matlabroot	返回带指向 MATLAB 安装所在目录搜索路径的一个字符串

表 4-2　MATLAB 文件流控制指令集

数据格式	说　明
run filename	运行命令文件 filename。filename 包括文件的全部路径和文件名
pause	暂停 M 文件的运行，按任意键后继续运行
pause(n)	暂停运行 n 秒后继续执行。这个暂停命令在显示大量图形时非常有用
pause off	指示 MATLAB 跳过后面的暂停
pause on	指示 MATLAB 遇到暂停时执行暂停命令
break	终止 for 循环和 while 循环。如果在一个嵌套循环中使用该命令，则只有内部循环被终止
return	结束 M 文件的运行，MATLAB 立即返回函数被调用的地方
error(str)	终止 M 文件的运行，并在屏幕上显示错误提示信息和字符串 str
global	声明变量为全局变量。全局变量能在函数文件中被访问，而不必包括在参数列表中。命令 global 后面是以空格分隔的变量列表。声明为全局变量将保持其全局性直至工作区完全被清除或使用 clearglobal 命令
isa(A,dataType)	如果 A 具有 dataType 指定的数据类型，则返回 1（true）；否则返回 0（false）
mfilename	返回正在运行的 M 文件名字符串，一个函数能用这个函数获得它自己的名字

4.2　变量

在程序中经常会定义一些变量来保存和处理数据。从本质上看，变量代表了一段可操作的内存，也可以认为变量是内存的符号化表示。

当程序中需要使用内存时，可以定义某种类型的变量。此时，编辑器根据变量的数据类型分配一定大小的内存，程序就可以通过变量名来访问对应的内存。本节介绍 MATLAB 中变量的相关知识。

4.2.1　变量的命名

在 MATLAB 中，变量不需要预先声明就可以进行赋值。变量的命名遵循以下规则。

- 变量名和函数名对字母的大小写敏感，因此 x 和 X 是两个不同的变量；sin 是 MATLAB 定义的正弦函数，而 SIN 不是。
- 变量名必须以字母开头，其后可以是任意字母或下画线，但不能有空格、中文或标点。例如，_xy、a.b 均为不合法的变量名，而 classNum_x 是一个合法的变量名。
- 不能使用 MATLAB 的关键字作为变量名。避免使用函数名作为变量名。如果变量名采用函数名，则该函数失效，如设置变量名为“if”“end”等。
- 变量名最多可包含 63 个字符，从第 64 个字符开始，之后的字符将被忽略。为了程序可读及维护方便，变量名一般代表一定的含义。

通过调用 isvarname 函数，可以验证指定的变量名是否为能被 MATLAB 接收的合法变量名。该函数的返回值为 1 或 0，表示合法或不合法。例如：

```
isvarname('_xy')
ans =      0              %返回值为 0 表明该变量名不合法
isvarname('classNum_x')
ans =      1              %返回值为 1 表明该变量名合法
```

4.2.2　变量的类型

MATLAB 将变量划分为 3 类：局部变量、全局变量和永久变量。

（1）局部变量。MATLAB 中的每个函数都有自己的局部变量，这些变量存储在该函数独立的工作区中，与其他函数的变量及主工作区中的变量分开存储。当该函数调用结束后，这些变量随之被删除，不会保存在内存中。

（2）全局变量。全局变量在定义该变量的全部工作区中有效。当在一个工作区内改变该变量的值时，该变量在其余工作区内的值也将改变。

通常，全局变量的变量名用大写字母来表示，并在函数体的开头位置利用 global 定义，其格式如下：

```
global X_Val
```

使用全局变量的目的是减少数据传递的次数。然而，使用全局变量有一定的风险，容易造成错误，这种错误源自全局变量的工作原理。

（3）永久变量。永久变量用 persistent 声明，只能在 M 文件函数中定义和使用，只允许声明它的函数进行存取。当声明它的函数退出时，MATLAB 不会从内存中清除它。例如，声明 a 为永久变量：

```
persistent a
```

4.2.3 特殊变量

MATLAB 预定义了许多特殊变量，这些变量具有系统默认的含义，如表 4-3 所示。

表 4-3 MATLAB 中的特殊变量

特殊变量	描述	特殊变量	描述
ans	系统默认的用作保存运算结果的变量名	nargout	函数的输出参数个数
pi	圆周率	realmin	可用的最小正实数
eps	机器零阈值，MATLAB 中的最小值	realmax	可用的最大正实数
inf 或 Inf	表示无穷大	bitmax	可用的最大正整数（以双精度格式存储）
NaN 或 nan	表示不定数	varargin	可变的函数输入参数个数
i 或 j	虚数	varargout	可变的函数输出参数个数
nargin	函数的输入参数个数	beep	使计算机发出“嘟嘟”的声音

例 4-1：特殊变量的应用示例。

根据圆的面积计算公式 $S=\pi r^2$，计算半径为 6 的圆的面积。在命令行窗口中输入：

```
>> pi*(6^2)
```

得到结果：

```
ans =
  113.0973
```

4.2.4 关键字

关键字是 MATLAB 程序设计中常用的流程控制变量，共有 20 个，如果用户将这些关键字作为变量名，则 MATLAB 会出现错误提示。

在命令行窗口中输入命令 iskeyword，即可查询这 20 个关键字：

```
>> iskeyword
ans =
  20×1 cell 数组
    {'break'     }
    {'case'      }
    {'catch'     }
    {'classdef'  }
    {'continue'  }
    {'else'      }
```

```
{'elseif'    }
{'end'       }
{'for'       }
{'function'  }
{'global'    }
{'if'        }
{'otherwise' }
{'parfor'    }
{'persistent'}
{'return'    }
{'spmd'      }
{'switch'    }
{'try'       }
{'while'     }
```

4.3　控制流

MATLAB 平台上的控制流结构包括顺序结构、if-else-end 分支结构、switch-case 结构、try-catch 结构、for 循环结构和 while 循环结构，这 6 种结构的算法及使用与其他计算机编程语言十分类似，拥有编程基础的读者可以很快掌握。

4.3.1　顺序结构

顺序结构是 MATLAB 程序中最基本的结构，表示程序中的各操作是按照它们出现的先后顺序执行的。顺序结构可以独立使用，构成一个简单的完整程序，常见的输入、计算、输出 3 部曲的程序就是顺序结构。

在大多数情况下，顺序结构作为程序的一部分，与其他结构一起构成一个复杂的程序，如分支结构中的复合语句、循环结构中的循环体等。

例 4-2：计算圆的面积。该程序的语句顺序就是输入圆的半径 r，计算 $S=\pi\cdot r\cdot r$，输出圆的面积 S。试在 MATLAB 中编写求解圆面积的顺序结构程序。

（1）在 MATLAB 命令行窗口中运行指令 edit，调出 MATLAB 的 M 文件编辑器，系统即新建一个默认名为 untitled 的 M 文件。

（2）在输入区输入以下代码（见图 4-2）：

```
r = 5;                          % 定义变量 r，并赋值
S = pi*r*r;                     % 计算圆的面积
fprintf('Area = %f\n',S);       % 输出面积
```

（3）单击“编辑器”选项卡的“文件”组中的“保存”按钮，并以 ex4_2.m 为名称保存。

（4）单击“运行”组中的“运行”按钮，运行该 M 文件，即可在命令行窗口中得到结果：

```
Area = 78.539816
```

```
r = 5;                      % 定义变量r，并赋值
S = pi*r*r;                 % 计算圆的面积
fprintf('Area = %f\n',S);   % 输出面积
```

图 4-2　输入程序

4.3.2　if-else-end 分支结构

if-else-end 指令为程序流提供了一种分支结构，该结构的形式根据实际情况的不同而不同，主要有以下几种。

（1）若判决条件 expression 为真，则执行命令组，否则跳过该命令组。调用格式如下：

```
if expression
    commands
end
```

（2）若可供选择的执行命令组有两组，则采用如下结构：

```
if expression           %判决条件
    commands1           %判决条件为真，执行命令组 1，并结束此结构
else
    commands2           %判决条件为假，执行命令组 2，并结束此结构
end
```

（3）若可供选择的执行命令组有 n（n>2）组，则采用如下结构：

```
if expression1          %判决条件
    commands1           %判决条件 expression1 为真，执行 commands1，并结束此结构
elseif expression2
    commands2%判决条件 expression1 为假，expression2 为真，执行 commands2，并结束此结构

⋮
else
    commandsn           %前面所有的判决条件均为假，执行 commandsn，并结束此结构
end
```

例 4-3：if-else-end 分支结构的简单运用示例。

在 M 文件编辑器窗口中编写 M 文件并命名为 ex4_3.m：

```
Rand_a = rand(1)      %创建一个随机数 Rand_a
if Rand_a > 0.5
   Rand_b = Rand_a    %如果 Rand_a 大于 0.5，那么创建变量 Rand_b 并等于 Rand_a
else
   Rand_b=1-Rand_a    %如果 Rand_a 不大于 0.5，那么创建变量 Rand_b 并等于 1-Rand_a
end
```

运行 M 文件，得到结果：

```
Rand_a =
```

```
    0.3678
Rand_b =
    0.6322          %由于产生的随机数 Rand_a 小于 0.5，因此 Rand_b 等于 1-Rand_a
```

例 4-4：已知符号函数如下，请使用 if 语句判断当给定变量 x 的值时，相应的函数值 y。

$$y = \operatorname{sgn} x = \begin{cases} 1 & x > 0 \\ 0 & x = 0 \\ -1 & x < 0 \end{cases}$$

在 M 文件编辑器窗口中编写 M 文件并命名为 ex4_4.m：

```
x = input('enter''x'':');
if(x>0)
    y = 1;
elseif(x==0)
    y = 0;
else
    y =-1;
end
disp(y)
```

调用该文件，分别输入不同的 x 值（此处输入 10），运行程序，得到结果：

```
>> ex4_4
enter'x':10        %输入 10
     1
```

4.3.3　switch-case 结构

switch 语句执行基于变量或表达式值的语句组，关键字 case 和 otherwise 用于描述语句组，只执行第一个匹配的情形。要用 switch，必须用 end 与之搭配。switch-case 的具体语法结构如下：

```
switch value            %value 为需要进行判决的标量或字符串
     case test1
          command1      %如果 value 等于 test1，则执行 command1，并结束此结构
     case test2
          command2      %如果 value 等于 test2，则执行 command2，并结束此结构
            ⋮
     case testk
          commandk      %如果 value 等于 testk，则执行 commandk，并结束此结构
otherwise
          commands      %如果 value 不等于前面的所有值，则执行 commands，并结束此结构
end
```

说明：

（1）switch-case 结构的调用格式保证了至少有一组指令组将会被执行。

（2）switch 指令之后的表达式 value 应为一个标量或一个字符串。当表达式为标量时，比较命令为表达式==检测值；而当表达式为字符串时，MATLAB 将会调用字符串函数 strcmp 来进行比较，即 strcmp(表达式,检测值)。

（3）case 指令之后的检测值不仅可以是一个标量或一个字符串，还可以是一个元胞数

组。如果检测时是一个元胞数组，则 MATLAB 将会把表达式的值与元胞数组中的所有元素进行比较。如果元胞数组中的某个元素与表达式的值相等，那么 MATLAB 会认为此次比较的结果为真，从而执行与该次检测相对应的命令组。

例 4-5：switch-case 结构的简单运用示例。

在 M 文件编辑器窗口中编写 M 文件并命名为 ex4_5.m：

```
num = 3;
switch num
    case 1
        data = 'Monday'         %如果 num=1，则定义 data='Monday'
    case 2
        data = 'Tuesday'        %如果 num=2，则定义 data='Tuesday'
    case 3
        data = 'Wednesday'      %如果 num=3，则定义 data='Wednesday'
    case 4
        data = 'Thursday'       %如果 num=4，则定义 data='Thursday'
    case 5
        data = 'Friday'         %如果 num=5，则定义 data='Friday'
    case 6
        data = 'Saturday'       %如果 num=6，则定义 data='Saturday'
    case 7
        data = 'Sunday'         %如果 num=7，则定义 data='Sunday'
    otherwise
        data = 'None!!!'        %如果 num 不等于上面所有的值，则定义 data = 'None!!!'
end
```

运行 M 文件，得到结果：

```
data =
    'Wednesday'
```

例 4-6：求任意底数的对数函数值 $y = \log_n x$ 。

打开 M 文件编辑器窗口，编写程序如下：

```
clear
n = input('Enter the value of''n'':');
x = input('Enter the value of''x'':');
switch(n)
    case 1
        errordlg('出错');
    case 2
        y=log2(x);
    case exp(1)
        y=log(x);
    case 10
        y=log10(x);
    otherwise
        y=log10(x)/log10(n);
end
disp(y)
```

将该脚本 M 文件命名为 ex4_6.m。调用该文件，分别输入不同的值，运行程序，输出结果：

```
>> ex4_6
Enter the value of'n':2
Enter the value of'x':10
    3.3219
ex4_6
Enter the value of'n':6
Enter the value of'x':32
    1.9343
```

当 n=1 时，输入 x 值后，出现错误对话框，如图 4-3 所示。

```
ex4_6
Enter the value of'n':1
Enter the value of'x':5
未定义函数或变量 'y'。
```

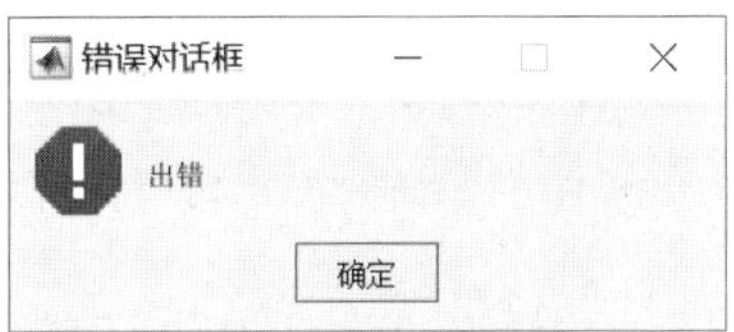

图 4-3　错误对话框

○ 注意

与多分支的 if 语句相比，switch 语句主要用于条件多且单一的情况，典型的应用情况是数学中的分段函数。此外，两者各有自己的优点和缺点，如表 4-4 所示。

表 4-4　if 语句和 switch 语句的比较

if 语句	switch 语句
比较复杂，特别是嵌套使用的 if 语句	可读性强，容易理解
要调用 strcmp 函数比较不同长度的字符串	可比较不同长度的字符串
可检测相等和不相等	仅检测相等

4.3.4　try-catch 结构

try-catch 结构的具体句法形式如下：

```
try
    command1 %命令组 1 总是首先被执行。若正确，则执行完成后结束此结构
catch
    command2 %当命令组 1 执行发生错误时，执行命令组 2
end
```

说明：

（1）只有当 MATLAB 执行命令组 1 发生错误时，才执行命令组 2。try-catch 结构只提供两个可供选择的命令组。

（2）当执行命令组发生错误时，可调用 lasterr 函数查询出错的原因。如果函数 lasterr 的运行结果为空字符串，则表示命令组 1 被成功执行了。

（3）如果在执行命令组 2 时又发生了错误，则 MATLAB 将结束该结构。

例 4-7：try-catch 结构的简单运用示例。

在 M 文件编辑器窗口中编写 M 文件并命名为 ex4_7.m：

```
Num = 6;
Mat = magic(4)                     %生成一个 4×4 的矩阵 Mat
try
   Mat_Num = Mat(Num,:)            %取 Mat 的第 Num 行元素
catch
   Mat_end = Mat(end,:)            %若 Mat 没有第 Num 行元素，则取 Mat 的最后一行元素
end
lasterr                            %显示出错原因
```

运行 M 文件，得到如下结果：

```
Mat =
   16     2     3    13
    5    11    10     8
    9     7     6    12
    4    14    15     1
Mat_end =
    4    14    15     1
ans =
    '位置 1 处的索引超出数组边界(不能超出 4)。'
```

4.3.5 for 循环结构

针对大型运算，for 循环结构是相当有效的运算方法。MATLAB 中提供的循环结构有 for 循环结构和 while 循环结构两种。for 循环重复执行一组语句预先给定的次数，匹配的 end 描述该语句。for 循环结构的具体句法形式如下：

```
for x=array
    commands
end
```

说明：

（1）for 指令后面的变量 x 称为循环变量，而 for 与 end 之间的组命令 commands 称为循环体。循环体被重复执行的次数是确定的，该次数由 array 数组的列数确定。因此，在 for 循环过程中，循环变量 x 被依次赋值为数组 array 的各列，每次赋值，循环体都被执行一次。

（2）for 循环内部语句末尾带有分号，可以隐藏重复输出，若 commands 指令中包含变量 r，则循环后在命令行窗口中直接输入变量 r 来显示其经过循环的最终结果。

例 4-8：利用 for 循环创建对称矩形示例。

在 M 文件编辑器窗口中编写 M 文件并命名为 ex4_8.m：

```
clear
for i = 1:4
    for j = 1:4
        if i>(5-j)
        else
```

```
            Mat(i,j) = i + j - 1;
        end
    end
end
Mat
```

运行 M 文件，得到如下结果：

```
Mat =
     1     2     3     4
     2     3     4     0
     3     4     0     0
     4     0     0     0
```

例 4-9：利用 for 循环求解 1+2+…+100 的和，即 $\sum_{i=1}^{100} i$ 。

在 M 文件编辑器窗口中编写 M 文件并命名为 ex4_9.m：

```
clear
sum = 0;
for i = 1:1:100
    sum = sum + i;
end
sum
```

运行 M 文件，得到如下结果：

```
sum =
        5050
```

例 4-10：利用 for 循环嵌套求解 $x=\sin(\frac{n\cdot k\cdot \pi}{360})$， $n\in[1:10]$， $k\in[1:4]$。

在编辑器窗口中编写 M 文件并命名为 ex4_10.m：

```
clear
x = [];
for n = 1:1:10
    for k = 1:1:4
        x(n,k) = sin((n*k*pi)/360);
    end
end
x
```

运行后可得到如下结果：

```
x =
    0.0087    0.0175    0.0262    0.0349
    0.0175    0.0349    0.0523    0.0698
    0.0262    0.0523    0.0785    0.1045
    0.0349    0.0698    0.1045    0.1392
    0.0436    0.0872    0.1305    0.1736
    0.0523    0.1045    0.1564    0.2079
    0.0610    0.1219    0.1822    0.2419
    0.0698    0.1392    0.2079    0.2756
    0.0785    0.1564    0.2334    0.3090
    0.0872    0.1736    0.2588    0.3420
```

4.3.6 while 循环结构

while 循环在一个逻辑条件的控制下重复执行一组语句的次数不定，匹配的 end 描述该语句。while 循环结构的具体句法形式如下：

```
while expression
    commands
end
```

说明：

（1）while 和 end 之间的命令组称为循环体。MATLAB 在运行 while 循环之前，首先检测 expression 的值，若其逻辑值为真，则执行命令组；命令组第一次被执行完毕后，继续检测 expression 的逻辑值，若其逻辑值仍为真，则循环执行命令组，直到表达式 expression 的逻辑值为假时结束 while 循环。

（2）while 循环和 for 循环的区别在于，while 循环结构的循环体被执行的次数是不确定的，而 for 循环中的循环体被执行的次数是确定的。

（3）一般情况下，表达式的值都是标量值，但是在 MATLAB 中，同样可以运行表达式为数组的情况。只有当表达式为数组且数组所有元素的逻辑值均为真时，while 循环才继续执行命令组。

（4）如果 while 指令后的表达式为空数组，那么 MATLAB 默认表达式的值为假，直接结束循环。

（5）在 if-else-end 分支结构中提到的有关变量比较的注意事项对 while 循环同样适用。

例 4-11：while 循环结构的简单运用示例。

Fibonacci 数列的元素满足如下规则：$a_{k+2}=a_k+a_{k+1}$（k=1,2,…），$a_1=a_2=1$。现在要求出 Fibonacci 数列中第一个大于 9999 的元素。

在 M 文件编辑器窗口中编写 M 文件并命名为 ex4_11.m：

```
clear
a(1) = 1;
a(2) = 1;
i = 2;
while a(i) < 10000
    a(i+1) = a(i) + a(i-1);         %当元素小于或等于 9999 时，求下一项
    i = i + 1;
end
[i a(i)]
```

运行 M 文件，得到结果：

```
ans =
    21      10946     %Fibonacci 数列中的第 21 项 10946 是第一个大于 9999 的元素
```

例 4-12：利用 while 循环求解表达式 $\sum_{i=1}^{100} i$。

在 M 文件编辑器窗口中编写 M 文件并命名为 ex4_12.m：

```
clear
i = 1;
sum = 0;
while i<101
    sum = sum + i;
    i = i + 1;
end
sum
```

运行后可得到如下结果：

```
sum =
    5050
```

综上，在无法确定循环次数，或者根本不需要知道循环次数，而只需确定满足什么条件循环不停止的情况下，使用 while 循环比较合理。

4.4　常用指令

4.4.1　return 指令

通常，当被调用函数执行完成后，MATLAB 会自动将控制权转回主函数或命令行窗口。但是如果在被调用函数中插入 return 指令，则可以强制 MATLAB 结束执行该函数并把控制权转出。

4.4.2　input 指令和 keyboard 指令

（1）input 指令将 MATLAB 的控制权暂时交给用户，用户通过键盘输入数值、字符串或表达式等，并按 Enter 键将输入内容传递到工作区，同时把控制权交还给 MATLAB，其常用的调用格式如下。

- Value = input('message')：将用户输入的内容赋值给变量 Value。
- Value = input('message', 's')：将用户输入的内容以字符串的形式赋值给变量 Value。

说明：

① 指令中的“message”是显示在屏幕上的字符串。

② 对于上面的第一种调用格式，用户可以输入数值、字符串等各种形式的数据。

③ 对于上面的第二种调用格式，用户无论输入什么内容，均以字符串的形式赋值给变量。

（2）当执行遇到 keyboard 指令时，MATLAB 将控制权暂时交给键盘，用户可以通过键盘输入各种合法的 MATLAB 指令。只有当用户输入完成，并输入 return 指令后，控制权才被交还给 MATLAB。

input 指令和 keyboard 指令的不同之处在于，keyboard 指令允许输入任意多个 MATLAB 指令，而 input 指令则只允许用户输入赋值给变量的“值”，即数组、字符串或元胞数组等。

4.4.3 yesinput 指令

yesinput 指令是一个只能输入的指令。它提供的输入值是一个默认量，并可以对输入范围进行检查，其调用格式为 Value = yesinput('Prompt', Default, Possib)。

说明：

（1）yesinput 指令涉及用户和 MATLAB 之间的交互，因此无法在 notebook 程序中运行。

（2）Prompt 为文字提示，Default 为默认的设置值，Possib 为可选值。

（3）当 yesinput 指令运行后，如果用户不输入任何值，则变量 Value 将接收默认值。

4.4.4 pause 指令

pause 指令的功能为控制执行文件的暂停与恢复，其调用格式如下。

- pause：暂停执行文件，等待用户按任意键继续。
- pause(n)：在继续执行文件之前，暂停 n 秒。

4.4.5 continue 指令

continue 语句把控制权传给下一个在循环中出现的 if 循环或 while 循环的迭代，忽略任何循环体中保留的语句。在嵌套循环中，continue 语句把控制权传给下一个 for 循环或 while 循环嵌套的迭代。

例 4-13：continue 指令使用示例。

本例展示了一个在 magic.m 文件代码中计算行数的 continue 循环，跳过所有空行和注释。continue 语句用于前进到 magic.m 的下一行。

在 M 文件编辑器窗口中编写 M 文件并命名为 ex4_13.m：

```
fid = fopen('magic.m','r');
count = 0;
while ~feof(fid)
    line = fgetl(fid);
    if isempty(line) | strncmp(line,'%',1)
        continue
    end
    count = count + 1;
end
disp(sprintf('%d lines',count));
```

运行后可得到如下结果：

```
31 lines
```

4.4.6　break 指令

在 for 循环或 while 循环结构中，有时并不需要运行到最后一次循环，用户就已经得到了所需的结果，此时后面的循环就变成冗余的了，消耗了运算时间并占用了内存。

break 指令可进行对 for 循环或 while 循环结构的终止，通过使用 break 指令，可以不必等到循环的预定结束时刻，而根据循环内部设置的终止项来判断。

若终止项满足，则可以使用 break 指令退出循环；若终止项始终未满足，则照常运行至循环的预定结束时刻。

例 4-14：for 循环的中途终止。

在 M 文件编辑器窗口中编写 M 文件并命名为 ex4_14.m：

```
a(1) = 1;
a(2) = 1;
n = 1000;
for i = 3:n
    a(i) = a(i-1) + a(i-2);          %求下一项
    if a(i) > 9999
        [i a(i)]
        break                        %当元素大于 9999 时，退出循环
    end
end
```

运行 M 文件可得到如下结果：

```
ans =
     21     10946              %Fibonacci 数列中的第 21 项 10946 是第一个大于 9999 的元素
```

4.4.7　error 指令和 warning 指令

在编写 M 文件时，常用的错误或警告指令的调用格式有以下几种。

- error('message')：显示出错提示信息 message，终止程序。
- errortrap：错误发生后，控制程序继续执行与否的开关。
- lasterr：显示 MATLAB 系统判断的最新出错原因，并终止程序。
- warning('message')：显示警告信息 message，继续运行程序。
- lastwarn：显示 MATLAB 系统给出的最新警告程序，并继续运行。

4.5　脚本和函数

4.5.1　脚本

对于比较简单的运算过程，从命令行窗口中直接输入指令并运行计算是非常方便的。随

着指令行的增加，或者运算逻辑复杂度的提升，以及重复计算要求的提出，直接在命令行窗口中进行运算就十分不明智了。

在这种情况下，使用脚本文件最为适宜。“脚本”本身反映这样一个事实：MATLAB 是按照文件中输入的指令执行的，这种文件的构成比较简单，主要特点如下。

- 文件只是一串按照用户意愿排列而成的 MATLAB 指令集合。
- 脚本文件运行后，其运算过程中产生的所有变量都自动保留在 MATLAB 工作区（Base 工作区）中，除非用户关闭 MATLAB 运行界面，或者使用 clear 指令对工作区中的变量加以清理，否则这些变量将一直保存在 Base 工作区中。基本空间随着 MATLAB 的启动而产生，只有在关闭 MATLAB 运行界面时，该基本空间才会被删除。
- 当调用一个脚本时，MATLAB 会简单地执行在文件中找到的命令。脚本可以运行工作区中存在的数据，或者创建新数据来运行。
- 虽然脚本不能返回输出变量，但是所有创建的变量都将保留在工作区中，供后面的计算使用。另外，脚本还能提供图形输出服务，就像使用图形输出函数 plot 一样。

例 4-15：脚本文件的简单运用示例。

在 M 文件编辑器窗口中编写 M 文件并命名为 ex4_15.m：

```
array = zeros(1,32);
for n = 3:32                        %for 循环的运用
array (n) = rank(magic(n));
end
array
bar(array)                          %用柱状图输出结果
```

运行 M 文件，输出结果如下；同时输出图形，如图 4-4 所示。

```
array =
  列 1 至 11
     0     0     3     3     5     5     7     3     9     7    11
  列 12 至 22
     3    13     9    15     3    17    11    19     3    21    13
  列 23 至 32
    23     3    25    15    27     3    29    17    31     3
```

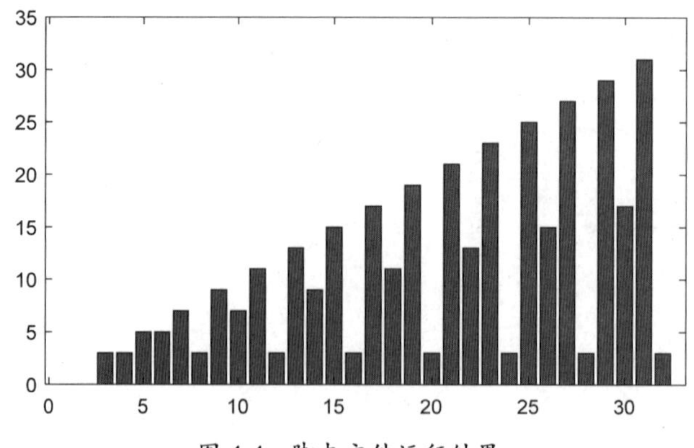

图 4-4　脚本文件运行结果

4.5.2 函数

如果 M 文件的第一条可执行语句以 function 开始，那么该文件就是函数文件，每个函数文件都定义一个函数。事实上，MATLAB 提供的函数命令大部分都是由函数文件定义的，这足以说明函数文件的重要性。

从使用的角度来看，函数是一个“黑箱”，把一些数据送进去，经加工处理，把结果送出来。从形式上来看，函数文件与脚本文件的区别在于，脚本文件的变量为命令工作空间变量，在文件执行完成后，保留在命令工作空间中；而函数文件内定义的变量则为局部变量，只在函数文件内部起作用，当函数文件执行完成后，这些局部变量将被清除。

例 4-16：编写函数 average，用于计算向量元素的平均值。

在 M 文件编辑器窗口中编写 M 文件并命名为 average.m（文件名与函数名相同）：

```
function y=average(x)
[a,b]=size(x);                        % 判断输入量的大小
if~((a==1)|(b==1))| ((a==1)& (b==1)) % 判断输入是否为向量
   error('必须输入向量。')
end
y=sum(x)/length(x);                   %计算向量 x 的所有元素的平均值
```

保存 M 文件，函数 average 接收一个输入参数并返回一个输出参数。该函数的用法与其他 MATLAB 函数一样。在 MATLAB 命令行窗口中运行以下语句，便可求得 1～9 的平均值：

```
>> x=1:9
x =
     1     2     3     4     5     6     7     8     9
>> average(x)
ans =
     5
```

通常，函数文件由以下几个基本部分组成。

（1）函数定义行。函数定义行由关键字 function 引导，指明这是一个函数文件，并定义函数名、输入参数和输出参数。函数定义行必须为文件的第一条可执行语句，函数名与文件名相同，可以是 MATLAB 中任何合法的字符。

函数文件可以带有多个输入参数和输出参数。例如：

```
function [x,y,z]=sphere(theta,phi,rho)
```

当然，也可以没有输出参数。例如：

```
function printresults(x)
```

（2）H1 行。H1 行就是帮助文本的第一行，是函数定义行下的第一个注释行，是供 lookfor 查询时使用的。一般来说，为了充分利用 MATLAB 的搜索功能，在编制 M 文件时，应在 H1 行中尽可能多地包含该函数的特征信息。由于在搜索路径上包含 average 的函数很多，因此用 lookfor average 语句可能会查询到多个有关的命令。例如：

```
>> lookfor average_2
```

（3）帮助文本。帮助文本在函数定义行后面，连续的注释行不但可以起到解释与提示的作用，更重要的是可以为用户自己的函数文件建立在线查询信息，供 help 命令在线查询时使用。例如：

```
>> help average_2
```

函数 average_2(x)用以计算向量元素的平均值。

输入参数 x 为输入向量，输出参数 y 为计算的平均值。非向量输入将导致错误。

（4）函数体。函数体包含了全部用于完成计算及给输出参数赋值等语句。这些语句可以是调用函数、流程控制、交互式输入/输出、计算、赋值、注释和空行。

（5）注释。以%起始到行尾结束的部分为注释部分。MATLAB 的注释可以放置在程序的任何位置，可以单独占一行，也可以在一条语句之后。例如：

```
% 非向量输入将导致错误
[m,n]=size(x);                    %判断输入量的大小
```

4.5.3 M 文件的一般结构

从结构上来看，脚本文件只比函数文件少了一个“函数声明行”，除此之外，二者的语法及构架等均相同。于是将典型规范的 M 文件函数的结构总结如下。

- 函数声明行：位于函数文件的首行，以 MATLAB 的关键字 function 开头，定义函数名及函数的输入/输出变量。脚本文件无须函数声明行。
- H1 行：紧随函数声明行之后的以“%”开头的第一个注释行。H1 行包括大写的函数文件名和运用关键词简要描述的函数功能。该行将供 lookfor 命令作为关键词时查询使用。
- 在线帮助文本区：H1 行及其后连续以“%”开头的注释行，通常包括函数输入/输出变量的含义及调用说明。
- 编写和修改记录：应与在线帮助文本区以一个“空”行相隔；该行以“%”开头，记录了编写及修改 M 文件的所有作者、日期及版本号，以方便后来的使用者查询、修改和使用。
- 函数主体：规范化的写法应与编写和修改记录以一个“空”行相隔。这部分内容包括所有实现该 M 函数文件功能的 MATLAB 指令、接收输入变量、进行程序流控制。

说明：

（1）函数定义名应和文件保存名一致。当两者不一致时，MATLAB 将忽视文件首行的函数定义名，而以文件保存名为准。

（2）MATLAB 中的函数文件名必须以字母开头，可以是字母、下画线及数字的任意组合，但不可以超过 31 个字符。

（3）建议读者在编写 H1 行注释时尽量采用英文表述方式，这是为了之后在使用过程中方便关键词的检索。

例 4-17：完整的 M 文件示例。

在 M 文件编辑器窗口中编写 M 文件并命名为 pirallength.m：

```
function spir_len = spirallength(d, n, lcolor)
% CIRCLE plot a circle of radius as r in the provided color and calculate its area
% d：螺旋的旋距；n：螺旋的圈数；lcolor：画图线的颜色；spir_len：螺旋的周长
% spirallength(d, n)：利用蓝色以预设参数的螺旋线
% spirallength(d, n,lcolor)：利用 lcolor 颜色以预设参数的螺旋线
% spir_len = spirallength(d, n)：计算螺旋线的周长，并用蓝色填充螺旋线
% spir_len = spirallength(d, n,lcolor)：计算螺旋线的周长，并用 lcolor 颜色填充螺旋线
% 编写于 2022.4.3，修改于 2022.4.8
if nargin > 3
    error('输入变量过多！');
elseif nargin == 2
    lcolor = 'b';
end
j = sqrt(-1);
phi = 0: pi/1000 : n*2*pi;
amp = 0: d/2000 : n*d;
spir = amp .* exp(j*phi);
if nargout == 1
    spir_len = sum(abs(diff(spir)));
    fill(real(spir), img(spir), lcolor)
elseif nargout == 0
    plot(spir,lcolor)
else
    error('输出变量过多！');
end
axis('square')
end
```

在命令行窗口中输入：

```
>> spirallength(0.25,4,'k--')
```

输出结果如图 4-5 所示。

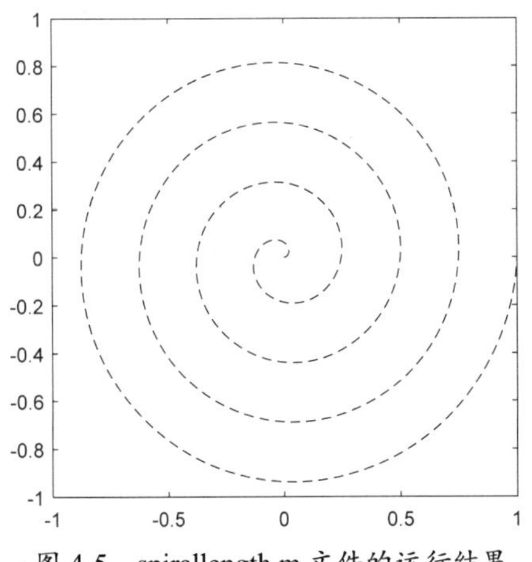

图 4-5　spirallength.m 文件的运行结果

M 文件函数参数指令集如表 4-5 所示。

表 4-5　M 文件函数参数指令集

数 据 格 式	说　明
nargin	获得调用函数所带参数的个数
nargout	获得调用函数所返回的参数的个数
narginchk(min,max)	验证当前执行的函数调用中的输入参数的个数。如果调用中指定的输入参数的个数小于 min 或大于 max，那么 narginchk 将引发错误；如果输入参数的个数在 min 与 max 之间（包括二者），则不会执行任何操作
inputname(x)	返回输入表上数值 x 所在位置的输入参数变量的名字。如果用一个表达式代替已命名的参数，则返回一个空字符串
errorstr= nargchk(min,max,num)	控制函数的输入参数的个数。参数 num 是由 nargin 指定的输入参数的个数。如果 num 的值超过 min 到 max 的区间范围，则系统将返回一个错误提示字符串 errorstr；否则将返回一个空矩阵
varargin	表示函数可带有任意多个输入参数的元胞矩阵
varargout	表示函数可带有任意多个输出参数的元胞矩阵

4.5.4　匿名函数、子函数、私有函数与私有目录

1. 匿名函数

匿名函数没有函数名，也不是 M 文件函数，只包含一个表达式和输入/输出参数。用户可以通过在命令行窗口中输入代码来创建匿名函数。匿名函数的创建方法为：

```
f = @(input1,input2,…) expression
```

其中，f 为创建的函数句柄。函数句柄是一种间接访问函数的途径，可以使用户调用函数的过程变得简单，减少程序设计中的繁杂，而且可以在执行函数调用的过程中保存相关信息。

例 4-18：当给定实数 x、y 的具体数值后，要求计算表达式 $x^y + 3xy$ 的结果，可以通过创建匿名函数的方式来解决。

在命令行窗口中输入：

```
>> Fxy = @(x,y) x.^y + 3*x*y
```

MATLAB 将创建一个名为 Fxy 的函数句柄：

```
Fxy =
  包含以下值的 function_handle:
    @(x,y)x.^y+3*x*y
```

调用 whos 函数，可以查看变量 Fxy 的信息：

```
>> whos Fxy
  Name      Size            Bytes  Class              Attributes
  Fxy       1x1                32  function_handle
```

分别求当 x=2、y=5 及 x=1、y=9 时表达式的值：

```
>>  Fxy(2,5)
ans =
    62
>>  Fxy(1,9)
```

```
ans =
    28
```

2．子函数

在 MATLAB 中，多个函数的代码可以同时写到一个 M 函数文件中。其中出现的第一个函数称为主函数（Primary Function），其他函数称为子函数（Sub Function）。保存时所用的函数文件名应当与主函数定义名相同，外部程序只能对主函数进行调用。

子函数的书写规范有如下几条。

（1）每个子函数的第一行都是其函数声明行。

（2）在 M 函数文件中，主函数的位置不能改变，但是多个子函数的排列顺序可以任意改变。

（3）子函数只能被处于同一 M 函数文件中的主函数或其他子函数调用。

（4）在 M 函数文件中，在任何指令通过“名称”对函数进行调用时，子函数的优先级仅次于 MATLAB 内置函数的优先级。

（5）同一个 M 函数文件的主函数、子函数的工作区是彼此独立的。各个函数间的信息传递可以通过输入/输出变量、全局变量或跨空间指令来实现。

（6）help、lookfor 等帮助指令不能显示一个 M 函数文件中的子函数的任何相关信息。

例 4-19：M 文件中的子函数示例。

在 M 文件编辑器窗口中编写 M 文件并命名为 mainsub.m：

```
function F = mainsub(n)
A = 1; w = 2;
phi = pi/2;
signal = createsig(A,w,phi);
F = signal.^n;
end
%---------创建子函数---------
function signal = createsig(A,w,phi)
x = 0: pi/10 : pi*2;
signal = A * sin(w*x+phi);
end
```

在命令行窗口中输入如下代码，并显示输出结果：

```
>> mainsub(10)
ans =
  列 1 至 7
    1.0000    0.1201    0.0000    0.0000    0.1201    1.0000    0.1201
  列 8 至 14
    0.0000    0.0000    0.1201    1.0000    0.1201    0.0000    0.0000
  列 15 至 21
    0.1201    1.0000    0.1201    0.0000    0.0000    0.1201    1.0000
```

3．私有函数与私有目录

所谓私有函数，就是指位于私有目录 private 下的 M 函数文件，其主要性质有如下几条。

（1）私有函数的构造与普通 M 函数的构造完全相同。

（2）关于私有函数的调用：私有函数只能被 private 直接父目录下的 M 文件调用，而不能被其他目录下的任何 M 文件或 MATLAB 命令行窗口中的命令调用。

（3）在 M 文件中，任何指令在通过“名称”对函数进行调用时，私有函数的优先级仅次于 MATLAB 内置函数和子函数的优先级。

（4）help、lookfor 等帮助指令不能显示一个私有函数文件的任何相关信息。

4.5.5 重载函数

“重载”是计算机编程中非常重要的概念，经常用于处理功能类似但变量属性不同的函数。例如，实现两个相同的计算功能，输入的变量数量相同，不同的是其中一个输入变量类型为双精度浮点数类型，另一个输入变量类型为整型。这时，用户就可以编写两个同名函数，分别处理这两种不同的情况。当用户实际调用函数时，MATLAB 就会根据实际传递的变量类型选择执行哪一个函数。

MATLAB 的内置函数中就有许多重载函数，放置在不同的文件路径下，文件夹通常命名为“@+代表 MATLAB 数据类型的字符”的形式。例如，@int16 路径下的重载函数的输入变量应为 16 位整型变量，而@double 路径下的重载函数的输入变量应为双精度浮点数类型。

4.5.6 eval 函数和 feval 函数

1. eval 函数

eval 函数可以与文本变量一起使用，实现有力的文本宏工具，其调用格式为 eval(s)。该指令的功能为使用 MATLAB 的注释器求表达式的值或执行包含文本字符串 s 的语句。

例 4-20：eval 函数的简单运用示例。

本例展示了利用 eval 函数分别计算 4 种不同类型的语句字符串，分别如下。

- “表达式”字符串。
- “指令语句”字符串。
- “备选指令语句”字符串。
- “组合”字符串。

（1）在 M 文件编辑器窗口中编写 M 文件并命名为 eval_exp1.m：

```
clear all
Array = 1:5;
String = '[Array*2; Array/2; 2.^Array]';
Output = eval(String)
```

输出结果：

```
Output =
    2.0000    4.0000    6.0000    8.0000   10.0000
    0.5000    1.0000    1.5000    2.0000    2.5000
    2.0000    4.0000    8.0000   16.0000   32.0000
```

（2）在 M 文件编辑器窗口中编写 M 文件并命名为 eval_exp2.m：

```
theta = pi;
eval('Output = exp(sin(theta))');
who
```

运行 M 文件，得到结果：

```
Output =
    1.0000
您的变量为:
Array   Output  String  theta
```

（3）在 M 文件编辑器窗口中编写 M 文件并命名为 eval_exp3.m：

```
Matrix = magic(3)
Array = eval('Matrix(5,:)','Matrix(3,:)')
errmessage='lasterr'
```

运行 M 文件，得到结果：

```
Matrix =
     8     1     6
     3     5     7
     4     9     2
Array =
     4     9     2
errmessage =
    'lasterr'
```

（4）在 M 文件编辑器窗口中编写 M 文件并命名为 eval_exp4.m：

```
Expression = {'zeros','ones','rand','magic'};
Num = 2;
Output = [];
for i=1:length(Expression)
    Output = [Output eval([Expression{i},'(',num2str(Num),')'])];
end
Output
```

运行 M 文件，得到如下结果：

```
Output =   0      0    1.0000    1.0000    0.0318    0.0462    1.0000    3.0000
           0      0    1.0000    1.0000    0.2769    0.0971    4.0000    2.0000
```

2. feval 函数

feval 函数的具体句法形式如下：

```
[y1, y2, …] = feval('FN', arg1, arg2, …)
```

该指令的功能为用变量 arg1,arg2,…执行 FN 函数指定的计算。

说明：

（1）FN 为函数名。

（2）在通用的情况下（使用这两个函数均可以解决问题），feval 函数的运行效率比 eval 函数的运行效率高。

（3）feval 函数主要用来构造“泛函”型 M 函数文件。

例 4-21：feval 函数的简单运用示例。

（1）示例说明：feval 函数和 eval 函数的运行区别之一是 feval 函数的 FN 不可以是表达式。

在 M 文件编辑器窗口中编写 M 文件并命名为 feval_exp1.m：

```
Array = 1:5;
String = '[Array*2; Array/2; 2.^Array]';
Outpute = eval(String)                          %使用 eval 函数运行表达式
Outputf = feval(String)                         %使用 feval 函数运行表达式
```

运行 M 文件，得到结果：

```
Outpute =
    2.0000    4.0000    6.0000    8.0000   10.0000
    0.5000    1.0000    1.5000    2.0000    2.5000
    2.0000    4.0000    8.0000   16.0000   32.0000
错误使用 feval
函数名称 '[Array*2; Array/2; 2.^Array]' 无效。   % feval 函数的 FN 不可以是表达式
```

（2）示例说明：feval 函数中的 FN 只能接收函数名，不能接收表达式。

在 M 文件编辑器窗口中编写 M 文件并命名为 feval_exp2.m：

```
j = sqrt(-1);
Z = exp(j*(-pi:pi/100:pi));
subplot(1,2,1), eval('plot(Z)');
set(gcf,'Units','normalized','position',[0.2,0.3,0.2,0.2])
title('使用 eval 函数');axis('square')
subplot(1,2,2), feval('plot',Z);
set(gcf,'Units','normalized','position',[0.2,0.3,0.2,0.2])
title('使用 feval 函数');axis('square')
```

运行 M 文件，结果如图 4-6 所示。

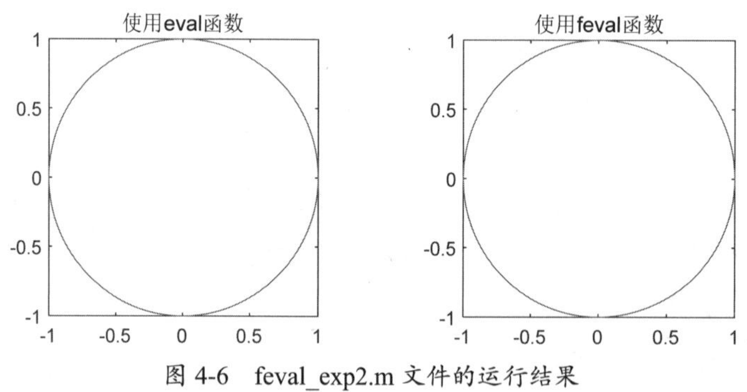

图 4-6　feval_exp2.m 文件的运行结果

4.5.7　内联函数

内联函数（Inline Function）的属性和编写方式与普通函数相同，但相对来说，内联函数的创建要简单得多，其调用格式如下。

- inline('CE')：把字符串表达式“CE”转化为输入变量自动生成的内联函数。本语句将自动对字符串 CE 进行辨识，其中，除了预定义变量名（如圆周率 pi）、常用函数名（如 sin、rand 等），其他由字母和数字组成的连续字符均被辨识为变量。另外，

连续字符后紧接左括号的，不会被辨识为变量，如 array(1)。

- inline('CE', arg1, arg2,⋯)：把字符串表达式“CE”转换为 arg1、arg2 等指定的输入变量的内联函数。本语句创建的内联函数最为可靠，对于输入变量的字符串，用户可以随意改变，但是由于输入变量已经规定，因此生成的内联函数不会出现辨识失误等错误。
- inline('CE', n)：把字符串表达式“CE”转化为 n 个指定的输入变量的内联函数。本语句对输入变量的字符是有限制的，其字符只能是 x,P1,⋯,Pn 等，其中 P 一定为大写字母。

说明：

（1）字符串表达式“CE”中不能包含赋值符号“=”。

（2）内联函数是沟通 eval 和 feval 两个函数的桥梁，只要是 eval 函数可以操作的表达式，都可以通过 inline 指令转化为内联函数。这样，内联函数总可以被 feval 函数调用。MATLAB 中的许多内置函数就是通过被转换为内联函数，从而具备了根据被处理的方式不同而变换不同函数形式的能力的。

MATLAB 中的内联函数属性指令集如表 4-6 所示，读者可以根据需要使用。

表 4-6　MATLAB 中的内联函数属性指令集

指令句法	功　能	指令句法	功　能
class(inline_fun)	提供内联函数的类型	argnames(inline_fun)	提供内联函数的输入变量
char(inline_fun)	提供内联函数的计算公式	vectorize(inline_fun)	使内联函数适用于数组运算

例 4-22：内联函数的简单运用示例。

（1）示例说明：内联函数的第一种创建格式是使内联函数适用于数组运算。

在命令行窗口中输入语句，并显示相应的输出结果：

```
>> Fun1=inline('mod(12,5)')
 Fun1 =
   内联函数:
     Fun1(x) = mod(12,5)
```

在命令行窗口中输入语句，并显示相应的输出结果：

```
>> Fun2=vectorize(Fun1)
Fun2 =
   内联函数:
     Fun2(x) = mod(12,5)
```

在命令行窗口中输入语句，并显示相应的输出结果：

```
>> Fun3=char(Fun2)
Fun3 =
    'mod(12,5)'
```

（2）示例说明：内联函数的第一种创建格式的缺陷在于不可以使用多标量构成的向量进行赋值，而使用第二种创建格式则可以。

在命令行窗口中输入语句，并显示相应的输出结果：

```
>> Fun4 = inline('m*exp(n(1))*cos(n(2))'), Fun4(1,[-1,pi/2])
Fun4 =
     内联函数:
     Fun4(m) = m*exp(n(1))*cos(n(2))
错误使用 inline/subsref (line 14)
内联函数的输入数目太多。
```

在命令行窗口中输入语句，并显示相应的输出结果：

```
>> Fun5 = inline('m*exp(n(1))*cos(n(2))','m','n'), Fun5(1,[-1,pi/2])
Fun5 =
     内联函数:
     Fun5(m,n) = m*exp(n(1))*cos(n(2))
ans =
     2.2526e-017
```

（3）示例说明：产生向量输入、向量输出的内联函数。

在命令行窗口中输入语句，并显示相应的输出结果：

```
>> y = inline('[3*x(1)*x(2)^3;sin(x(2))]')
y =
     内联函数:
     y(x) = [3*x(1)*x(2)^3;sin(x(2))]
```

在命令行窗口中输入语句，并显示相应的输出结果：

```
>> Y = inline('[3*x(1)*x(2)^3;sin(x(2))]')
Y =
     内联函数:
     Y(x) = [3*x(1)*x(2)^3;sin(x(2))]
```

在命令行窗口中输入语句，并显示相应的输出结果：

```
>> argnames(Y)
ans =
  1×1 cell 数组
    {'x'}
```

在命令行窗口中输入语句，并显示相应的输出结果：

```
>> x=[10,pi*5/6];y=Y(x)
y =
    538.3034
      0.5000
```

（4）示例说明：以最简练的格式创建内联函数；内联函数可被 feval 指令调用。

在命令行窗口中输入语句，并显示相应的输出结果：

```
>> Z=inline('floor(x)*sin(P1)*exp(P2^2)',2)
Z =
   内联函数:
     Z(x,P1,P2) = floor(x)*sin(P1)*exp(P2^2)
```

在命令行窗口中输入语句，并显示相应的输出结果：

```
>> z = Z(2.3,pi/8,1.2), fz = feval(Z,2.3,pi/8,1.2)
z =
    3.2304
fz =
    3.2304
```

4.5.8　向量化和预分配

1. 向量化

要想让 MATLAB 最高速地工作，重要的是在 M 文件中把算法向量化。其他程序语言可以用 for 循环或 DO 循环，而 MATLAB 则可用向量或矩阵运算。下面的代码用于创立一个算法表：

```
x = 0.01;
for k = 1:1001
   y(k) = log10(x);
   x = x + 0.01;
end
```

上述代码的向量化翻译如下：

```
x = 0.01:0.01:10;
y = log10(x);
```

对于更复杂的代码，矩阵化选项不总是那么明显的。当速度重要时，应该想办法把算法向量化。

2. 预分配

若一段代码不能向量化，则可以通过预分配任何输出结果已保存在其中的向量或数组来加快 for 循环。例如，下面的代码用 zeros 函数对 for 循环产生的向量进行预分配，使得 for 循环的执行速度显著加快：

```
r = zeros(32,1);
for n = 1:32
    r(n) = rank(magic(n));
end
```

对于上述代码，若没有使用预分配，则 MATLAB 的注释器利用每次循环扩大 r 向量。由于向量预分配排除了该步骤，所以使执行速度加快。

4.5.9　函数的函数

一种以标量为变量的非线性函数称为“函数的函数”，即以函数名为自变量的函数。这类函数包括求零点、最优化、求积分和常微分方程等相关函数。

MATLAB 通过 M 文件的函数表示该非线性函数。例如，例 4-23 为一个简化的 humps 函数（humps 函数可在路径 MATLAB\demos 下获得）。

例 4-23：函数的函数简单运用示例。

在 M 文件编辑器窗口中编写 M 文件并命名为 ex4_23.m：

```
a = 0:0.002:1;
b = humps(a);
plot(a,b)                                        %作图
```

```
function b = humps(x)
b = 1./((x-.3).^2 + .01) + 1./((x-.9).^2 + .04) - 6;  %在区间[0,1]内求函数值
end
```

运行文件，输出图像如图 4-7 所示。

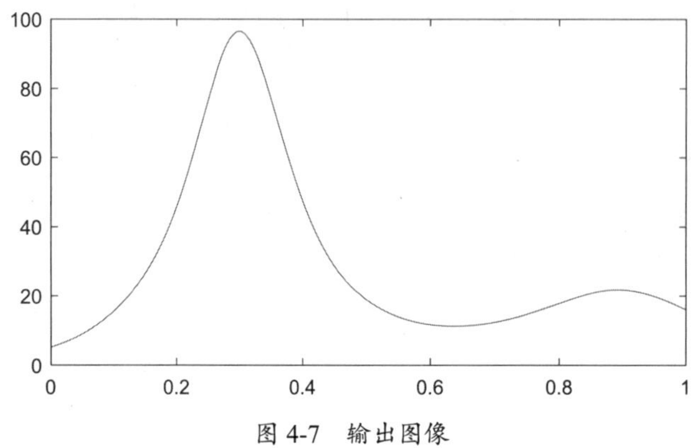

图 4-7　输出图像

输出图像表明函数在 x=0.6 附近有局部最小值。接下来利用函数 fminsearch，可以求出局部最小值及此时 x 的值。函数 fminsearch 的第一个参数是函数句柄，第二个参数是此时 x 的近似值。

在命令行窗口中输入以下语句，并显示相应的输出结果：

```
>> p = fminsearch(@humps,.5)
p =
    0.6370
```

在命令行窗口中输入以下语句，并显示相应的输出结果：

```
>> humps(p)                    %求出此局部最小值
ans =
    11.2528
```

4.5.10　P 码文件

一个 M 文件在首次被调用（包括在 M 文件编辑器中被打开或在命令行窗口中运行文件名）时，MATLAB 将首先对该 M 文件进行语法分析，并把生成的相应内部伪代码（Psedocode，P 码）文件存放在内存中。

当 M 文件再次被调用时，将直接调用该 M 文件在内存中的 P 码文件，而不会再次对原 M 文件进行重复的语法分析。需要注意的是，MATLAB 的分析器（Parser）总是把 M 文件连同其中被调用的所有函数文件一起转变成 P 码文件。

P 码文件与原 M 文件具有相同的文件名，但是其扩展名为“.p”。P 码文件的运行速度快于原 M 文件的运行速度，但对于小规模的文件，用户一般体会不到这种速度上的差异。

在 MATLAB 环境中，假如存在同名的 P 码文件和原 M 文件，那么当该文件名被调用时，被执行的一定是 P 码文件。

P 码文件并不是仅当 M 文件被调用时才能生成的，用户还可以使用 MATLAB 中的内设指令在 M 文件中生成 P 码文件，其调用格式如下。

- pcode FunName：在当前文件夹中生成 FunName.p 文件。
- pcode FunName –inplace：在 Filename.m 文件所在的目录下生成 FunName.p 文件。

说明：P 码文件相对于原 M 文件，有以下两个优点。

（1）运行速度快。

（2）P 码文件中的数据是以二进制形式保存的，阅读困难，提升了程序的保密性。

MATLAB 中还内置了 P 码文件的相关操作指令，如表 4-7 所示。

表 4-7　P 码文件的相关操作指令

指　令　名	功　　能
inmem	罗列内存中的所有 P 码文件的文件名
clear FunName	清除内存中名为 FunName 的 P 码文件
clear functions	清除内存中所有的 P 码文件

例 4-24：查询内存中所有的 P 码文件名，并清除指定名称的 P 码文件。

首先调用 inmem 函数，查询当前内存中所有的 P 码文件名，得到如下结果：

```
>> inmem
ans =
  673×1 cell 数组
    {'usejava'                                  }
    {'general\private\catdirs'                  }
    {'codetools\private\dataviewerhelper'       }
    {'path'                                     }
    {'mtree.isempty'                            }
    {'ispc'                                     }
    ......
```

然后使用 clear 函数清除名为 path 的 P 码文件：

```
>> clear path
```

最后再次调用 inmem 函数，查看当前内存中所有的 P 码文件名，发现名为 path 的 P 码文件不存在，得到如下结果：

```
>> inmem
ans =
  672×1 cell 数组
    {'usejava'                                  }
    {'general\private\catdirs'                  }
    {'codetools\private\dataviewerhelper'       }
    {'mtree.isempty'                            }
    {'ispc'                                     }
    {'cell.strcat'                              }
    ......
```

4.6 变量的检测与传递

在 M 文件中，不同文件之间数据的传递是以变量为载体实现的，而数据的保存和中转则是以空间为载体实现的。因此，M 文件中变量的检测与传递是检验运算关系和运算正确与否的有力保障。

4.6.1 输入/输出变量检测指令

MATLAB 中内置了相关的输入/输出变量检测指令，如表 4-8 所示。

表 4-8 输入/输出变量检测指令

指 令 名	功 能
nargin	在函数体内获得实际的输入变量数量
nargout	在函数体内获得实际的输出变量数量
nargin('fun')	获取 fun 指定的函数的标称输入变量数量
nargout('fun')	获取 fun 指定的函数的标称输出变量数量
inputname(n)	在函数体内给出第 n 个输入变量的实际调用变量名

说明：

（1）在函数体内使用 nargin 和 nargout 的目的是与程序流控制指令配合，对于不同数目的输入/输出变量，函数可以完成不同的任务。

（2）nargin、nargout 和 inputname 本身都是函数，而不是变量，因此不能使用赋值指令对其进行处理。

4.6.2 “可变数量”输入/输出变量

MATLAB 中的许多指令或函数都具有输入变量可以是任意多个的特点。下面以 MATLAB 中的绘图函数 plot（第 5 章中将会大量使用该函数）为例来说明 MATLAB 中的“可变数量”输入/输出变量现象。例如，调用以下句式：

```
plot(a, b, 'PropertyName1', 'PropertyName1', 'PropertyValue1','PropertyName2',…)
```

在上述句式中，plot 函数允许使用任意多个“属性名/属性值”来精确规定绘图的规范。

在 MATLAB 中还有一些函数，它们也都具有“可变数量”输入/输出变量的性质。为了使得自主编写的程序也可以具备这条性质，MATLAB 中内置了如表 4-9 所示的指令。

表 4-9 “可变数量”输入/输出变量指令

指 令 名	功 能
varargin	“可变数量”输入变量列表
varargout	“可变数量”输出变量列表

说明：

（1）在编写 M 函数文件时，函数声明行中的“可变数量”输入/输出变量必须放置在“正常”变量之后。

（2）在编写 M 函数文件时，varargin 的每个元胞应被当作为一个普通的输入变量来对待。

（3）varargin 与 varargout 的工作机理类似，差别仅在于 varargout 承载的是输出变量和输入变量之间的配置关系。以 varargin 为例，该函数的工作机理如下。

① varargin 本身的数据类型为一个元胞数组。

② 在 M 文件函数被调用时，输入变量首先被按先后顺序对应分配给 M 函数文件的输入变量列表中那些被明确定义的普通输入变量，然后把剩余的输入变量依次分配到 varargin 元胞数组的元胞中。因此，varargin 元胞数组的长度取决于分配到的输入变量数量。

③ 所谓“可变数量”，指的就是 varargin 的长度随着分配到的输入变量数量而改变。

例 4-25：可变长度数据量使用示例。

在 M 文件编辑器窗口中编写 M 文件并命名为 ex4_25.m：

```
function varargout = spiral(d, n,varargin)  %画出螺旋线或螺旋条带
Nin = length(varargin) + 1;
% error(nargchk(1, Nin, nargin))
if nargout > 1
   error('Too many output arguments!!!')
end
j = sqrt(-1);
phi = 0: pi/20 : n*2*pi;
amp = 0: d/40 : n*d;
spir = amp .* exp(j*phi);
if nargout==0
    switch Nin
    case 1
        plot(spir,'b')
    case 2
        d1=varargin{1};
        amp1 = (0: d/40 : n*d) + d1; spir1 = amp1 .* exp(j*phi);
        plot(spir,'b');hold on;plot(spir1,'b');hold off
        otherwise
        d1=varargin{1};
        amp1 = (0: d/40 : n*d) + d1; spir1 = amp1 .* exp(j*phi);
        plot(spir,varargin{2:end});hold on;plot(spir1,varargin{2:end});
    end
    axis('square')
else
    phi0 = 0: pi/1000 : n*2*pi;
    amp0 = 0: d/2000 : n*d;
    spir0 = amp0 .* exp(j*phi0);
    varargout{1} = sum(abs(diff(spir0)));
    if Nin>1
        d1=varargin{1};
        amp1 = (0: d/2000 : n*d) + d1; spir1 = amp1 .* exp(j*phi);
        varargout{2} = sum(abs(diff(spir1)));
```

```
    end
end
```

在命令行窗口中输入：

```
>> subplot(1,3,1), spiral(2,2,1)
>> subplot(1,3,2), spiral(2,2,1,'Marker','o')
>> subplot(1,3,3), spiral(2,2,1,'r--', 'LineWidth',2)
```

输出结果如图 4-8 所示。

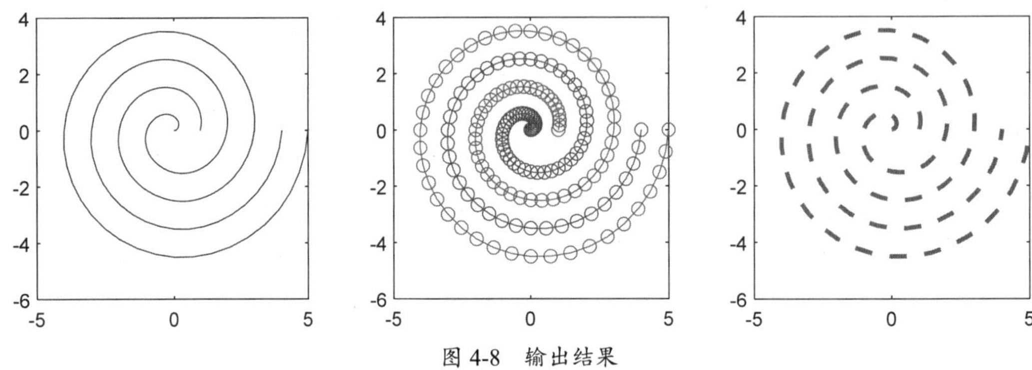

图 4-8　输出结果

4.6.3　跨空间变量传递和赋值

1. 跨空间变量传递

在 MATLAB 中，不同工作区之间的数据传递是通过变量来实现的，主要形式有两种：函数的输入/输出变量和全局变量。本节对除此之外的第 3 种数据传递渠道——跨空间计算表达式的值进行介绍，其具体的调用格式如下。

- evalin('工作区', 'expression')：跨空间计算字符串表达式的值。

说明：

（1）“工作区”的可取值有两个，分别是“base”和“caller”。

（2）工作机理为：①当“工作区”为“base”，表达式计算 eval("expression")时，将从基本工作区获得变量值；②当“工作区”为“caller”，表达式计算 eval("expression")时，将从主调函数基本工作区获得变量值。主调函数是相对于被调函数而言的，被调函数是指 evalin 所在的函数。

- evalin('工作区', 'expression1', 'expression2')：跨空间计算替代字符串表达式的值。

说明：

（1）“工作区”的可取值有两个，分别是“base”和“caller”。

（2）工作机理为先从所在函数空间获取变量值，用 eval("expression1")计算原字符串表达式的值，如果该计算失败，则从“工作区”指定的基本工作区或主调函数工作区获得变量值；再通过 eval("expression2")计算替代字符串表达式的值。

例 4-26：跨空间变量传递示例。

在 M 文件编辑器窗口中编写 M 文件并命名为 ex4_26.m：

```
clear all; close all;
n = 6;                              %n=6，所作的图形为 6 瓣的花
j = sqrt(-1);
phi = 0 : pi/(20*n) : 2*pi;
amp = 0;
for i = 1 : n
    amp = [amp 1/20:1/20:1 19/20:-1/20:0];
end
string = {'base', 'caller', 'self'}; %本例中，当字符串为“base”时，调用基本工作区
                                    %当字符串为“caller”时，调用函数空间
                                    %当字符串为“self”时，调用子函数空间
for i=1:3
    y = Flower(5, string{i}); %n=5，所作的图形为 5 瓣的花
    subplot(1, 3, i)
    plot(y,'r','LineWidth',2)
    axis('square')
end
```

在 M 文件编辑器窗口中编写 M 文件，并保存为 Flower.m：

```
function y1=Flower(n,s)
j = sqrt(-1);
phi = 0 : pi/(20*n) : 2*pi;
amp = 0;
for i = 1 : n
    amp = [amp 1/20:1/20:1 19/20:-1/20:0];
end
y1=subflower(4,s);                          %n=4，所作的图形为 4 瓣的花
end

%------------ 子函数 -------------
function y2=subflower(n,s)
j = sqrt(-1);
phi = 0 : pi/(20*n) : 2*pi;
amp = 0;
for i = 1 : n
    amp = [amp 1/20:1/20:1 19/20:-1/20:0];
end
func='amp.*exp(j*phi)';
switch s
    case {'base','caller'}
        y2=evalin(s,func);
    case 'self'
        y2=eval(func);
end
end
```

运行文件，输出图像如图 4-9 所示。

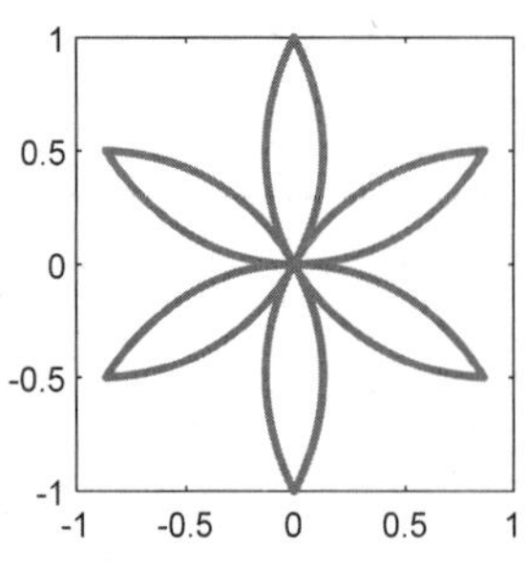
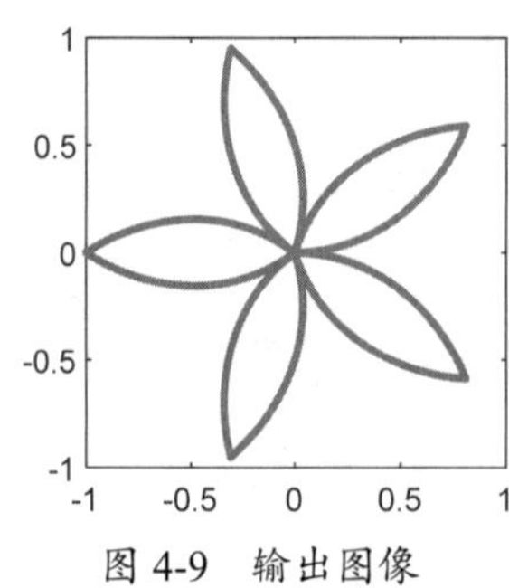
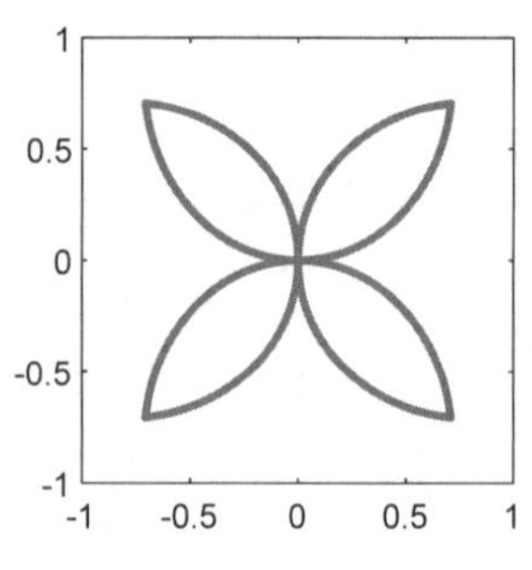

图 4-9　输出图像

2. 跨空间变量赋值

实现不同工作区之间变量传递的第 4 种方式是跨空间变量赋值，其具体的调用格式为 assignin('工作区', 'VN', x)。该指令的功能是为跨空间变量 VN 赋值，即把当前工作区中的变量 x 的值赋给指定的“工作区”中的指定变量 VN。assignin 的使用机理与跨空间变量传递的使用机理相同，因此此处不再举例说明，只举例说明使用 assignin 指令的注意事项。

例 4-27：assignin 运行机理示例。

在命令行窗口中输入语句，并显示相应的输出结果：

```
>> assignin('base', 'Num', 0)
>> Num
Num =
     0
```

继续在命令行窗口中输入语句，并显示相应的输出结果：

```
>> Array = 1:10;
>> assignin('base', 'Array(4:7)', Num)
错误使用 assignin
ASSIGNIN 中的变量名称 "Array(4:7)" 无效。
```

继续在命令行窗口中输入语句，并显示相应的输出结果：

```
>> evalin('base', 'Array(4:7) = Num')
Array =
     1     2     3     0     0     0     0     8     9    10
```

4.7 程序调试

在程序试运行的过程中出现各种各样的问题（BUG）是不可避免的，特别是对于那些规模较大、多组人员协同开发完成的大型应用程序更是如此。因此，熟练掌握程序调试方法是一个合格的程序设计者必备的基本素质。

本节首先介绍程序出错的两类基本根源——语法错误和逻辑错误，然后在此基础上讲述程序调试的基本概念，最后介绍 MATLAB 中程序调试的两种基本方法——直接调试法和工具调试法。

4.7.1　程序调试的基本概念

一般而言，程序出现的错误可以分为以下三大类。

1. 语法错误

语法错误是指变量名的命名不符合 MATLAB 的规则、函数名的误写、函数的调用格式发生错误、标点符号的缺漏、循环中遗漏了“end”等情况。

2. 逻辑错误

逻辑错误主要表现在程序运行后得到的结果与预期设想的结果不一致，这就有可能是因为出现了逻辑错误。通常出现逻辑错误的程序都能正常运行，系统不会给出错误提示信息，因此很难发现。例如，在循环过程中没有设置跳出循环的条件，从而导致程序陷入死循环。要发现和改正逻辑错误，需要仔细阅读和分析程序。

3. 异常

异常是指在程序执行过程中，由于不满足前置条件或后置条件而造成的程序执行错误，如等待读取的数据文件不在当前的搜索路径内等。

综上所述，程序调试就是在将编制的程序投入实际运行前，用手工或编译程序等方法进行测试、修正语法错误和逻辑错误、解决异常状况的过程，是保证计算机信息系统正确性的必不可少的步骤。有时调试工作所占用的时间甚至超过程序设计、代码编写所用的时间总和。

调试的目的在于发现其中的错误并及时纠正，因此，在调试时，应想方设法使程序的各个部分都投入运行，力图找出所有错误。错误的多少与程序质量有关。即使调试通过也不能证明系统绝对无误，只不过说明各模块、各子系统的功能和运行情况正常，相互之间连接无误。程序在交付最终用户使用以后，在系统的维护阶段仍有可能发现少量错误，这也是正常的。

MATLAB 是一种边解释边执行的程序语言，特别是其良好的所见即所得的特性，为程序的调试带来了诸多便利。MATLAB 不仅提供了一系列的调试函数用于调试，还在 M 文件编辑器中集成了程序调试器。通过使用程序调试器，用户可以完成调试工作。

4.7.2　直接调试法

对于简单的程序（如由单一模块组成的程序），直接调试法是一种简便快捷的方法。直接调试法的基本方法大致有如下几种。

（1）通过分析，首先将重点怀疑语句后的分号删除，将结果显示出来，然后与预期值进行比较，从而快速地判断程序执行到该处时是否发生了错误。

（2）在适当的位置添加输出变量值的语句。

（3）在程序的适当位置添加 keyboard 命令。当程序执行到该处时将暂停，并显示 k>>提示符，用户可以查看或变更工作区中显示的各个变量的值。在提示符后输入 return 指令，可以继续执行原文件。

（4）在调试程序时，可以利用注释符号“%”屏蔽函数声明行，并定义输入变量的值，以脚本 M 文件的方式执行程序，可以方便地查看中间变量，从而有利于找出相应的错误之处。

4.7.3 使用调试函数进行调试

MATLAB 提供了一系列的函数，可供用户在调试程序时使用。这些函数主要用于程序执行过程相关的显示、执行中断、设置断点、执行单步操作等。在 MATLAB 命令行窗口中输入下述命令：

```
help debug
```

系统输出调试函数及其用途简介。这些函数都是以“db”开头的：

```
debug List MATLAB debugging functions
    dbstop    - Set breakpoint.                          % 设置断点
    dbclear   - Remove breakpoint.                       % 清除断点
    dbcont    - Resume execution.                        % 恢复执行
    dbdown    - Change local workspace context.          % 变更本地工作区上下文
                                                         % 使 MEX 文件调试有效
    dbstack   - List who called whom.                    % 列出函数调用关系
    dbstatus  - List all breakpoints.                    % 列出所有断点
    dbstep    - Execute one or more lines.               % 单步或多步执行
    dbtype    - List file with line numbers.             % 列出 M 文件内容（包括行号）
    dbup      - Change local workspace context.          % 变更本地工作区上下文
    dbquit    - Quit debug mode.                         % 退出调试模式
```

下面分别介绍这些调试函数。

1. 断点设置函数 dbstop

在程序的适当位置设置断点，使得 MATLAB 在断点前停止执行，方便进行程序调试，用户可以检查各个局部变量的值。在命令行窗口中输入下述命令：

```
>> help dbstop
```

MATLAB 即列出 dbstop 函数的相关调用方法：

```
    此 MATLAB 函数在 file 中的第一个可执行代码行位置设置断点。当您运行 file 时，MATLAB 进入
调试模式，在断点处暂停执行并显示暂停位置对应的行。
    dbstop in file
    dbstop in file at location
    dbstop in file if expression
    dbstop in file at location if expression
    dbstop if condition
    dbstop(b)
```

dbstop 函数常用的调用格式主要有以下几种。

- dbstop in file：在文件中的第一个可执行代码行位置设置断点。当运行文件时，MATLAB 进入调试模式，在断点处暂停执行并显示暂停位置对应的行。
- dbstop in file at location：在指定位置设置断点。MATLAB 的执行会在到达该位置之

前立即暂停，除非该位置上是一个匿名函数。如果该位置上是匿名函数，则执行将在断点之后立即暂停。

- dbstop in file if expression：在文件的第一个可执行代码行位置设置条件断点。仅在 expression 的计算结果为 true（1）时暂停执行。
- dbstop in file at location if expression：在指定位置设置条件断点。仅在 expression 计算结果为 true 时，于该位置或该位置前暂停执行。
- dbstop if condition：在满足指定的 condition（如 error 或 naninf）的行位置暂停执行。与其他断点不同，用户不需要在特定文件中的特定行处设置此断点。MATLAB 会在发生指定的 condition 时在任何文件的任何行处暂停执行。
- dbstop(b)：用于恢复之前保存到 b 的断点。包含保存的断点的文件必须位于搜索路径中或当前文件夹中。MATLAB 按行号分配断点，因此文件中的行数必须与保存断点时的行数相同。

2. 断点清除函数 dbclear

dbclear 函数可以清除 dbstop 函数设置的断点。在命令行窗口中输入：

```
help dbclear
```

MATLAB 即列出 dbclear 函数的相关调用方法：

```
    此 MATLAB 函数用于删除所有 MATLAB 代码文件中的所有断点，以及为错误、捕获的错误、捕获的
错误标识符、警告、警告标识符和 naninf 设置的所有断点。
    dbclear all
    dbclear in file
    dbclear in file at location
    dbclear if condition
```

- dbclear all：用于删除所有 MATLAB 代码文件中的所有断点，以及为错误、捕获的错误、捕获的错误标识符、警告、警告标识符和 naninf 设置的所有断点。
- dbclear in file：删除指定文件中的所有断点。in 关键字是可选的。
- dbclear in file at location：删除在指定文件中的指定位置设置的断点。at 和 in 关键字为可选参数。
- dbclear if condition：删除使用指定的 condition（如 dbstop if error 或 dbstop if naninf）设置的所有断点。

3. 列出所有断点函数 dbstatus

dbstatus 函数可以列出所有断点，包括错误、警告、NaN 和 Inf 等。在命令行窗口中输入：

```
help dbstatus
```

MATLAB 即列出 dbstatus 函数的相关调用方法：

```
    此 MATLAB 函数列出所有有效断点，包括错误、捕获的错误、警告和 naninfs。对于非错误断点，
MATLAB 将显示设置断点的行号。每个行号都是一个超链接，点击后可以直接转到编辑器中的该行。
    dbstatus
    dbstatus file
    dbstatus -completenames
    dbstatus file -completenames
```

```
b = dbstatus(___)
```

dbstatus 函数常用的调用格式主要有以下几种。

- dbstatus：列出所有有效断点，包括错误、捕获的错误、警告和 naninfs。对于非错误断点，MATLAB 将显示设置断点的行号。每个行号都是一个超链接，点击后可以直接转到编辑器中的该行。
- dbstatus file：列出对于指定 file 有效的所有断点。
- dbstatus –completenames：为每个断点显示包含该断点的函数或文件的完全限定名称。
- dbstatus file –completenames：为指定文件中的每个断点显示包含该断点的函数或文件的完全限定名称。
- b = dbstatus(___)：以 m×1 的结构体形式返回断点信息。使用此语法可以保存当前断点以便以后使用 dbstop(b)还原，还可以指定文件名和'completenames'。

4．恢复执行函数 dbcont

dbcont 函数从断点处恢复程序的执行，直到遇到程序的另一个断点或错误。使用时直接在程序中加入该函数即可。

5．调用堆栈函数 dbstack

dbstack 函数用来显示 M 文件名和断点产生的行号、调用此 M 文件的名称和行号等，显示内容直到最高级的 M 文件函数。该函数的使用方法主要有以下几种。

- dbstack：显示行号和导致当前暂停状态的函数调用的文件名，按它们的执行顺序列出。显示内容从当前正在执行的函数开始，一直到顶层函数。每个行号都是一个超链接，指向编辑器中对应的行。
- dbstack(n)：在显示中省略前 n 个堆栈帧。此语法很有用，如在从错误处理程序内发出 dbstack 时。
- dbstack(___,'-completenames')：输出堆栈中每个函数的完全限定名称。用户可以指定将'-completenames'与上述语法中的任何输入参数结合使用。
- ST = dbstack(___)：返回一个 m×1 的结构体数组 ST。ST 存储堆栈的相关信息。
- [ST,I] = dbstack(___)：结构体数组 ST 还会返回 I，即当前工作区索引。

6．执行一行或多行语句函数 dbstep

dbstep 函数可以执行 M 文件中的一行或多行语句。当执行完毕后，返回调试模式。如果在执行过程中遇到断点，那么程序将终止。该函数的使用方法有以下几种。

- dbstep：执行当前 M 文件中的下一个可执行语句。
- dbstep in：从被调用的函数文件的第一个可执行语句开始执行。
- dbstep out：执行函数剩余的部分，在离开函数时停止。
- dbstep nlines：执行当前 M 文件中由 nlines 指定数量的行数的可执行语句。

7．列出 M 文件内容函数 dbtype

dbtype 函数可以列出 M 文件的内容，并在每行语句前加上行号，从而方便用户设置断点。该函数的使用方法有以下几种。

- dbtype filename：按照每行前面带有行号的形式显示 filename 的内容，方便 dbstop 在程序文件中设置断点。但不能使用该函数显示内置函数的源代码。
- dbtype filename start:end：显示从 start 行号开始到 end 行号结束的这部分文件内容，当只指定了 start 值时，显示单行。

8. 切换工作区函数 dbup 和 dbdown

dbup 和 dbdown 函数的使用方法如下。

- dbup：将当前工作区和函数上下文（断点处）切换到调用 M 文件或函数的工作区和函数上下文。
- dbdown：当遇到断点时，该命令将当前工作区切换到被调用的 M 文件或函数的工作区和函数上下文。

9. 退出调试模式函数 dbquit

dbquit 函数可以结束调试并返回基本工作区，所有断点仍有效。该函数的使用方法主要有以下两种。

- dbquit：结束当前文件的调试。
- dbquit('all')：结束所有文件的调试。

4.7.4 工具调试法

下面介绍如何利用 MATLAB 的 M 文件编辑器中集成的调试工具对程序进行调试。

单击工作界面中“编辑器”选项卡的“文件”组中的“新建”按钮，编辑器自动新建一个名为 untitled 的 M 文件，此时“编辑器”选项卡中的大部分按钮高亮显示，如图 4-10 所示。

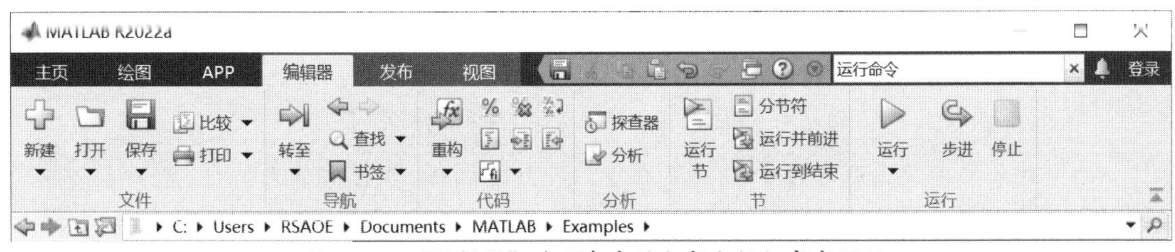

图 4-10　“编辑器”选项卡中的大部分按钮高亮显示

“编辑器”选项卡集成了各种程序调试命令，这些命令以按钮形式显示。这些按钮的功能与部分调试函数的功能是一样的。下面介绍常见命令。

- 运行：保存并运行当前 M 文件。
- 断点：设置或清除断点，与调试函数中的 dbstop 函数和 dbclear 函数相对应。
- 断点→全部清除：清除所有断点，与调试函数中的 dbclear all 函数相对应。
- 运行并前进：连续执行，与调试函数中的 dbcont 函数相对应。

4.7.5 程序的性能优化技术

如果在开发程序时不重视性能的优化，那么虽然实现了功能上的要求，但会使程序运行效率低下，因此，程序的性能优化是计算机程序开发过程中需要一直关注的重要因素。

本节分别从程序的执行效率和内存的使用效率两个角度介绍 MATLAB 程序的性能优化技术。

1. 程序的执行效率

要想提高程序的执行效率，改进算法是最关键的。算法是影响程序的执行效率的主要因素，在编写不同程序时，要选择适当的算法。

例如，求 1+2+⋯+99，可以按照顺序依次相加（第一种方法），也可以采用(1+99)+(2+98)+⋯的方法来计算（第二种方法）。显然，第二种方法更适合人们计算，其效率比第一种方法的效率高得多，甚至口算就能迅速得到答案。

对于计算机，第二种方法并不比第一种方法快，如果程序编制不当，那么反而会减缓计算速度。因此，选择适当的算法是提高程序的执行效率的关键。此外，影响程序的执行速率之处都是执行次数最多的地方，如乘法和除法都是相当浪费 CPU 运算时间的运算。

综上所述，用户在使用 MATLAB 进行程序设计时，可以考虑使用以下常用方法来提高程序的执行效率。

- 尽可能地使用 load 函数及 save 函数，而不是文件 I/O 操作函数。
- 避免更改变量的数据类型或维数。如果确实需要这么做，则可以预先创建一个新的变量。
- 尽可能地使用实数运算。因此，对于复数运算，可以转换为多个实数运算，由此提升效率。
- 尽可能地避免对实数和复数的相互赋值。
- 在进行逻辑运算时，采用&&等捷径逻辑运算具有更高的效率。
- 代码向量化。这是因为 MATLAB 执行循环的效率比较低，因此，将诸如 for 循环和 while 循环转化为矩阵的按位运算，可以提高计算效率。
- 对于不可避免且耗时很长的循环操作，可以尝试在 MEX 文件内实现。
- 在进行 for、while 等循环前，对于循环过程中不断变化的变量，应预先分配足够大的数组，从而避免 MATLAB 频繁地进行变量数组重生成操作，加快运算速度。
- 尽可能地采用函数 M 文件而不是脚本 M 文件，因为函数 M 文件的执行效率要高于脚本 M 文件的执行效率。

2. 内存的使用效率

MATLAB 提供了一系列的函数来帮助用户了解 MATLAB 对内存的使用情况，并进行相关的操作。比较常用的函数如下。

- whos 函数：用于查看当前的内存使用情况。

- clear 函数：调用格式如下。

```
clear variablename    %从内存中删除名称为 variablename 的变量
clear all             %从内存中删除所有变量
```

- save 函数：将指定的变量存入磁盘。
- load 函数：将 save 命令存入的变量载入内存。
- quit 函数：退出 MATLAB，并释放所有分配的内存。
- pack 函数：先把内存中的变量存入磁盘，再用内存中的连续空间载回这些变量（不要在循环中使用）。

为了节约且更加有效地使用内存，用户在进行程序设计时，应该注意以下几点。

（1）尽可能在函数开始处创建变量。

（2）避免生成大的中间变量，并删除不再需要的临时变量。

（3）当使用大的矩阵变量时，预先指定维数并分配好内存，避免每次临时扩充维数。

（4）当程序需要生成大量变量数据时，可以考虑先将变量写入磁盘，然后清除这些变量。当需要这些变量时，重新从磁盘中加载。

（5）当矩阵中的数据极少时，将矩阵转换为稀疏矩阵。

4.8　本章小结

本章主要分析了 MATLAB 编程中的基本概念，包括控制流、脚本、函数和 P 码文件等，这些都是使用 MATLAB 的基础，读者应当熟练掌握。掌握了这些知识，基本的编程几乎就没有问题了。关于 MATLAB 编程中的一些技巧，如向量化和预分配等，初学者可以先了解概念，然后在以后的编程中慢慢体会。

第 5 章
数据可视化

知识要点

在科学的研究体系中，将数学公式与数据表现在图表中是展示符号的具体物理含义及大量数据的内在联系和规律的科学、有效的方法。

在 MATLAB 中，可以绘制二维、三维和四维的数据图形，并且通过对图形的线型、颜色、标记、观察角度、坐标轴范围等属性的设置，可以将大量数据的内在联系及规律表现得更加细腻、完善。MATLAB 提供了众多的设备用图表来显示向量和矩阵，同时包括注释和打印这些图表。

MATLAB 拥有大量简单、灵活、易用的二维和三维图形命令，并且用户可以在 MATLAB 程序中加入声音效果。本章详细讲述 MATLAB 中的数据可视化技术。

学习要求

知识点	学习目标			
	了解	理解	应用	实践
图形绘制的基本概念		√		
二维图形绘制			√	√
三维图形绘制		√		√
四维图形可视化	√			

5.1　图形绘制

基于由浅入深的原则，本节从最简单的平面上的点的表示入手，逐步深入，由离散数据的表示到连续数据的表示，使得读者掌握其中的规律。

5.1.1　离散数据及离散函数

一个二元实数标量对(x_0, y_0)可以用平面上的点来表示，一个二元实数标量数组[(x_1, y_1) (x_2, y_2) ⋯ (x_n, y_n)]可以用平面上的一组点来表示。对于离散函数 $Y=f(X)$，当 X 为一维标量数组[x_1, x_2,⋯,x_n]时，根据函数关系可以求出 Y 相应的一维标量数组[y_1, y_2,⋯,y_n]。

当把这两个数组在直角坐标系中用点序列表示时，就实现了离散函数的可视化。当然，这些图形上的离散序列反映的只是 X 所限定的有限点或有限区间内的函数关系。应当注意的是，MATLAB 是无法实现对无限区间内的数据的可视化的。

例 5-1：离散数据和离散函数的可视化。

在 M 文件编辑器窗口中编写 M 文件并命名为 logfigure.m（同时存为 ex5_01.m）：

```
clear all
X1 = [1 2 4 6 7 8 10 11 12 14 16 17 18 20];
Y1 = [1 2 4 6 7 8 10 10 8 7 6 4 2 1];                  %生成两个一维实数数组
figure(1)
plot(X1, Y1, 'o', 'MarkerSize', 10)
X2 = 1:20;
Y2 = log(X2);                                          %根据 log 函数生成两个一维实数数组
figure(2)
plot(X2, Y2, 'o', 'MarkerSize', 10)
```

运行 M 文件，结果如图 5-1 所示。

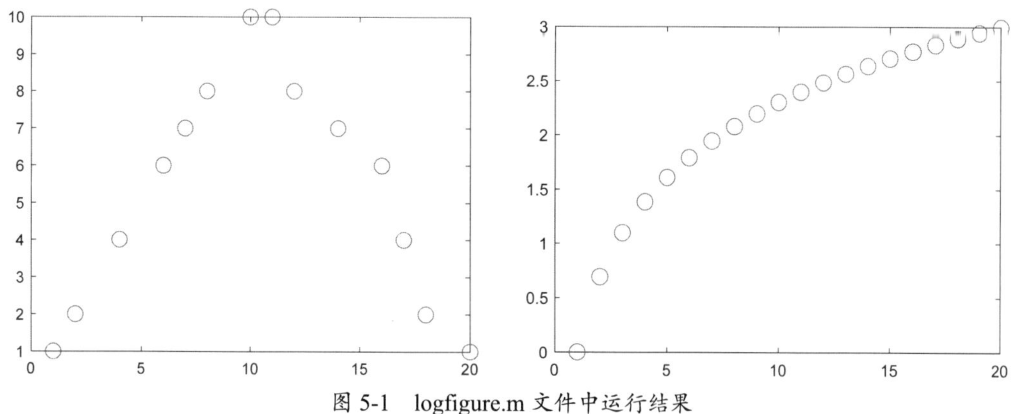

图 5-1　logfigure.m 文件中运行结果

5.1.2　连续函数

在 MATLAB 中是无法画出真正的连续函数的，因此，在实现连续函数的可视化时，首先必须将连续函数在一组离散自变量上计算函数结果，然后将自变量数组和结果数组在图形中表示出来。

当然，这些离散的点仍然不能表现连续函数的连续性。为了更形象地表现连续函数的规律及其连续变化，通常采用以下两种方法。

（1）对离散区间进行更细的划分，逐步趋近函数的连续变化特性，直到达到视觉上的连续效果。

（2）把每两个离散点用直线连接，以每两个离散点之间的直线来近似表示两点间的函数特性。

例 5-2：连续函数的可视化。

在 M 文件编辑器窗口中编写 M 文件并命名为 cosfigure.m（同时存为 ex5_02.m）：

```
clear all
X1 = (0:12)*pi/6; Y1 = cos(3*X1);
X2 = (0:360)*pi/180; Y2 = cos(3*X2);
figure(1)
subplot(2,2,1); plot(X1, Y1, 'o', 'MarkerSize', 5); xlim([0 2*pi])
subplot(2,2,2); plot(X1, Y1, 'LineWidth', 1); xlim([0 2*pi])
subplot(2,2,3); plot(X2, Y2, 'o', 'MarkerSize', 3); xlim([0 2*pi])
subplot(2,2,4); plot(X2, Y2, 'LineWidth', 1); xlim([0 2*pi])
```

运行 M 文件，结果如图 5-2 所示。

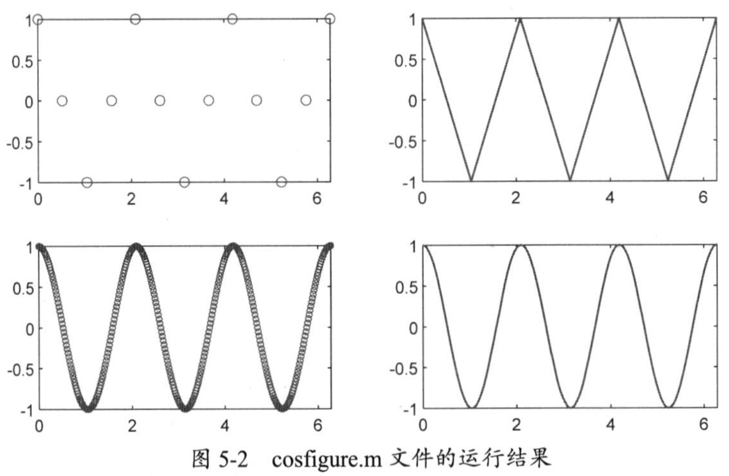

图 5-2　cosfigure.m 文件的运行结果

5.1.3　图形绘制示例

例 5-3：设函数 $y = x + \sin x + e^x$，试利用 MATLAB 绘制该函数在 $x \in \left[-\frac{\pi}{2}, \frac{\pi}{2}\right]$ 上的图形。

（1）准备图形数据。用户需要选定数据的范围，选择对应范围的自变量，计算相应的函数值。根据要求，需要在命令行窗口中输入下列命令：

```
>> clear all
>> x = -pi/2:0.01:pi/2;
```

```
>> y = x + sin(x) + exp(x);
```

（2）使用 plot 函数绘制图形，即在命令行窗口中输入下列命令：

```
>> plot(x,y)
```

得到的结果如图 5-3 所示。

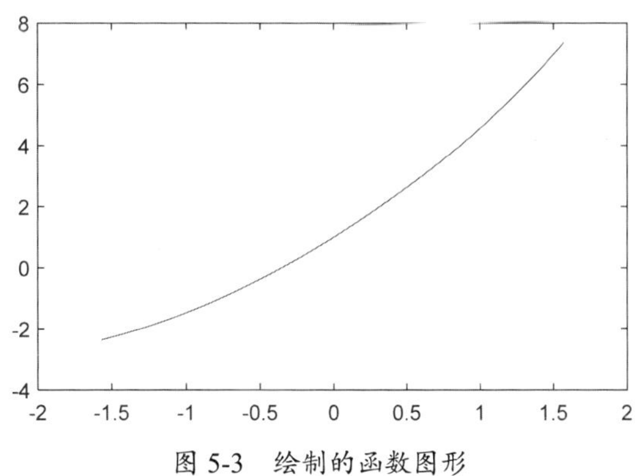

图 5-3　绘制的函数图形

（3）为了更好地观察各个数据点的位置，给背景设置网格线，同时采用空心圆圈来标记数据点，并将曲线的颜色设置成红色。因此，在命令行窗口中输入：

```
>> plot(x,y,'-ro')
>> grid on
```

得到的结果如图 5-4 所示。

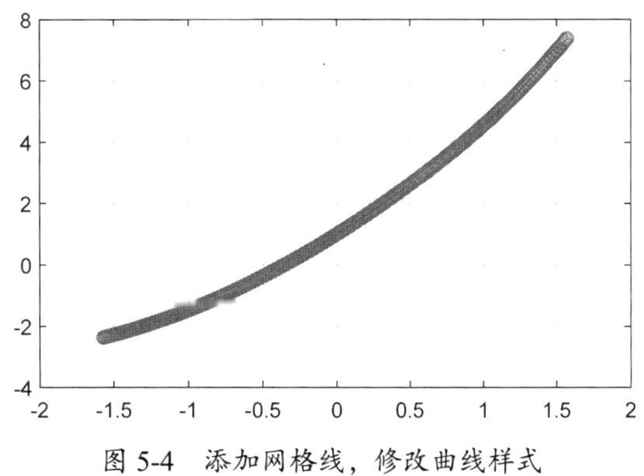

图 5-4　添加网格线，修改曲线样式

（4）给图形添加一些注释。为了进一步使图形具有可读性，用户还需要给图形添加一些注释，如图形的名称、坐标轴的名称、图例及文字说明等。

例如，本示例给图形取名为“y 的函数图像”；x 坐标轴和 y 坐标轴分别取名为“x”和“y”；图例设置为“ $\mathrm{y=x+\sin x+e^x}$ ”。因此，需要在命令行窗口中输入：

```
>> title('y的函数图像');
>> xlabel('x');
>> ylabel('y');
>> legend('y=x+sinx+e^{x}');
```

得到的结果如图 5-5 所示。

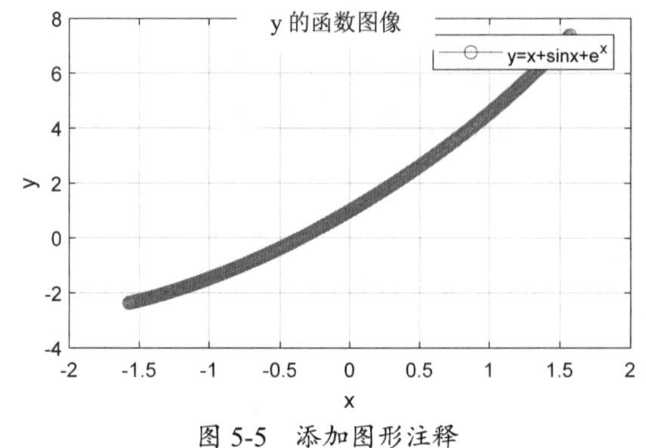

图 5-5　添加图形注释

（5）图形的输出。完成图形的绘制和编辑之后，执行图形窗口中的“文件”→“打印”命令可以将图形打印；或者执行“文件”→“保存”命令，将图形保存成用户需要的格式。

5.1.4　图形绘制的基本步骤

通过 5.1.3 节的示例可以总结出，利用 MATLAB 绘制图形大致分为如下 7 个步骤。

（1）数据准备。此步的主要工作是产生自变量采样数据，计算相应的函数值。

（2）选定图形窗口及子图位置。在默认情况下，MATLAB 系统绘制的图形为 figure 1、figure 2……

（3）调用绘图函数绘制图形，如 plot 函数。

（4）设置坐标轴的范围、刻度及坐标网格。

（5）利用对象属性值或图形窗口工具栏设置线型、标记类型及其大小等。

（6）添加图形注释，如图形的名称、坐标轴的名称、图例、文字说明等。

（7）图形的导出与打印。

5.2　二维图形绘制

二维图形是 MATLAB 图形的基础，也是应用非常广泛的图形类型之一。MATLAB 提供了许多二维图形绘制函数。

MATLAB 基本的二维图形包括针状图、阶梯图、散点图、条形图、饼图、直方图、极坐标图及向量场图等。单击相应的类型，就可以查看相应的用法。

本节介绍二维图形的绘制指令 plot、图形的编辑、子图的绘制、交互式图形的绘制及双坐标轴的绘制等。

5.2.1　plot 指令

对数对进行排序的一种方法是使用 plot 指令。该命令可以带有不同数目的参数。最简单的形式就是将数据传递给 plot，但是线条的类型和颜色可以通过字符串来指定，这里用 str 表示。线条的默认类型是实线型。plot 函数的调用格式如下。

（1）plot 指令使用规范一：plot(x,y)。

语句说明：以 x 为横坐标，y 为纵坐标，按照坐标(x_j,y_j)的有序排列绘制曲线。

（2）plot 指令使用规范二：plot(y)。

语句说明：y 为一维实数数组，以 1:*n* 为横坐标，y_j 为纵坐标，绘制曲线（*n* 为 y 的长度）。

（3）plot 指令使用规范三：plot(z)。

语句说明：z 为一维复数数组，以横轴为实轴、纵轴为虚轴，在复平面上绘制$(\text{real}(z_j),\text{imag}(z_j))$的有序集合的图形。

例 5-4：plot 指令使用示例一。

在 M 文件编辑器窗口中编写 M 文件并命名为 cosfigure.m（同时存为 ex5_04.m）：

```
clear all
X = -10:10; Y = X.^2;
figure(1)
subplot(1,3,1); plot(X, Y, 'LineWidth', 2);
subplot(1,3,2); plot(Y, 'LineWidth', 2);xlim([1 length(Y)])
Z = cos(-pi:pi/10:pi) + sqrt(-1)*sin(-pi:pi/10:pi);
subplot(1,3,3); plot(Z, 'LineWidth', 2);
```

运行 M 文件，结果如图 5-6 所示。

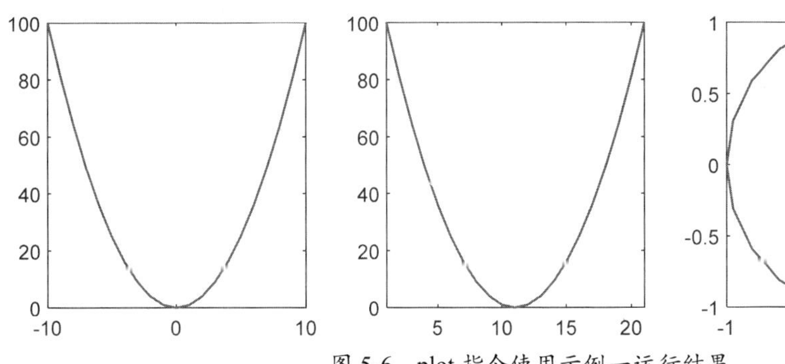

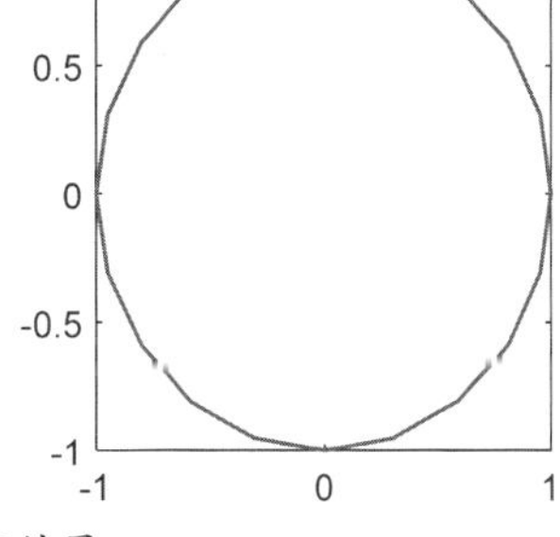

图 5-6　plot 指令使用示例一运行结果

（4）plot 指令使用规范四：plot(A)。

语句说明：绘制矩阵 A 的列对它的下标的图形。对于 *m*×*n* 的矩阵 ***A***，有 *n* 个含有 *m* 个元素的数对或 *n* 条有 *m* 个点的曲线，且这 *n* 条曲线均采用颜色监视器上不同的颜色绘制而成。

例 5-5：plot 指令使用示例二。

在 M 文件编辑器窗口中编写 M 文件并命名为 magicfigure.m（同时存为 ex5_05.m）：

```
clear all
A = magic(20);
A(9:20,:) = [];
figure; plot(A)
```

运行 M 文件，结果如图 5-7 所示。

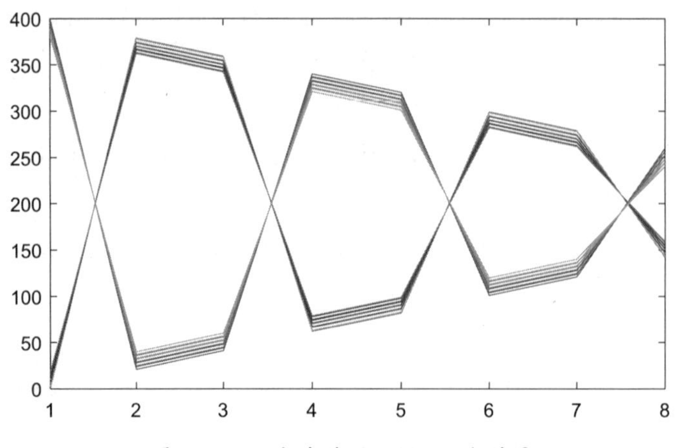

图 5-7　plot 指令使用示例二运行结果

（5）plot 指令使用规范五：plot(x,A)。

语句说明：绘制矩阵 A 对向量 x 的图形。对于 $m \times n$ 的矩阵 $\boldsymbol{A}$ 和长度为 m 的向量 $\boldsymbol{x}$，绘制矩阵 $\boldsymbol{A}$ 的列对向量 $\boldsymbol{x}$ 的图形；如果 $\boldsymbol{x}$ 的长度为 n，则绘制矩阵 $\boldsymbol{A}$ 的行对向量 $\boldsymbol{x}$ 的图形。向量 $\boldsymbol{x}$ 可以是行向量，也可以是列向量。

（6）plot 指令使用规范六：plot(A,x)。

语句说明：对矩阵 A 绘制向量 x 的图形。对于一个 $m \times n$ 的矩阵 $\boldsymbol{A}$ 和一个长度为 m 的向量 $\boldsymbol{x}$，绘制矩阵 $\boldsymbol{A}$ 的列对向量 $\boldsymbol{x}$ 的图形；如果 $\boldsymbol{x}$ 的长度为 n，则绘制矩阵 $\boldsymbol{A}$ 的行对向量 $\boldsymbol{x}$ 的图形。向量 $\boldsymbol{x}$ 可以是行向量，也可以是列向量。

（7）plot 指令使用规范七：plot(A,B)。

语句说明：绘制矩阵 A 的行对矩阵 B 的列的图形。对于 $\boldsymbol{A}$ 和 $\boldsymbol{B}$ 都是 $m \times n$ 的矩阵，将绘制 n 条由 m 个有序对连成的曲线。

例 5-6：plot 指令使用示例三。

在 M 文件编辑器窗口中编写 M 文件并命名为 figuregrid.m（同时存为 ex5_06.m）：

```
clear all
for i=1:5
   for j=1:6
      A(i,j)=i+j;
   end
end
x = 0.2:0.2:1;
figure(1)
subplot(2,2,1); plot(A,x,'LineWidth',1.5);
subplot(2,2,2); plot(x,A,'LineWidth',1.5);
B = reshape(1:30,5,6);
subplot(2,2,3); plot(A,B,'LineWidth',1.5);
subplot(2,2,4); plot(B,A,'LineWidth',1.5);
```

运行 M 文件，结果如图 5-8 所示。

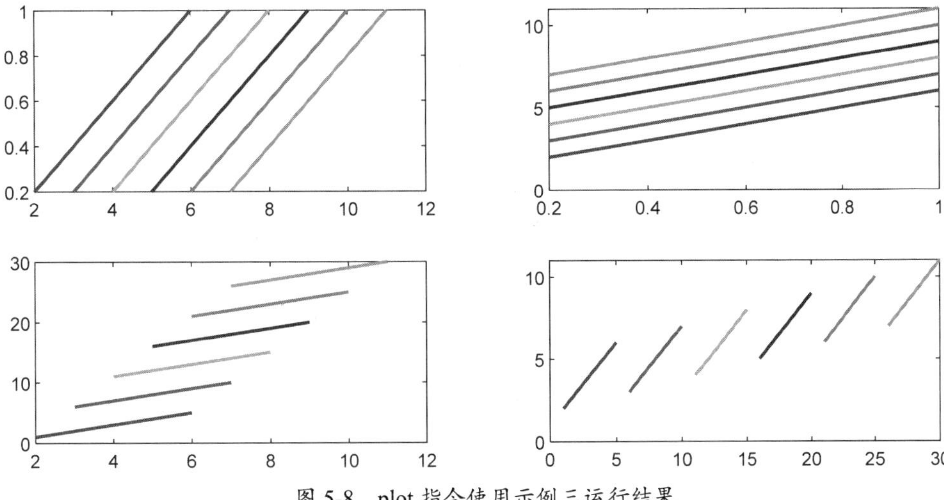

图 5-8　plot 指令使用示例三运行结果

（8）plot 指令使用规范八：plot(x,y,str)。

语句说明：用字符串 str 指定的颜色和线型绘制 y 对 x 的图形。

（9）plot 指令使用规范九：plot(x1,y1,str1, x2,y2,str2,…)。

语句说明：用字符串 str1 指定的颜色和线型绘制 y1 对 x1 的图形，用字符串 str2 指定的颜色和线型绘制 y2 对 x2 的图形……每组参数值均可以采用上述除复数值外的任何一种形式。str1,str2,…可以省略，此时，MATLAB 自动为每条曲线选择颜色和线型。

例 5-7：plot 指令使用示例四。

在 M 文件编辑器窗口中编写 M 文件并命名为 fivecircle.m（同时存为 ex5_07.m）：

```
clear
j = sqrt(-1);
x = 2; y = 0.4;
bluecircle = cos(-pi:pi/20:pi) + j*sin(-pi:pi/20:pi) + (j*y - x);
blackcircle = cos(-pi:pi/20:pi) + j*sin(-pi:pi/20:pi) + (j*y);
redcircle = cos(-pi:pi/20:pi) + j*sin(-pi:pi/20:pi) + (j*y + x);
yellowcircle = cos(-pi:pi/20:pi) + j*sin(-pi:pi/20:pi) + (- j*y - x/2);
greencircle = cos(-pi:pi/20:pi) + j*sin(-pi:pi/20:pi) + (- j*y + x/2);
figure(1)
plot(bluecircle,'LineWidth',2);hold on;
plot(blackcircle,'k','LineWidth',2);hold on;
plot(redcircle,'r','LineWidth',2);hold on;
plot(yellowcircle,'y','LineWidth',2);hold on;
plot(greencircle,'g','LineWidth',2);
```

运行 M 文件，结果如图 5-9 所示。

例 5-8：plot 指令使用示例五。

在 M 文件编辑器窗口中编写 M 文件并命名为 cosfigure.m（同时存为 ex5_08.m）：

```
clear,clf
x = -pi:pi/10:pi;
y = tan(sin(x)) - sin(tan(x));
plot(x,y,'--rs','LineWidth',1,'MarkerEdgeColor','k',...
    'MarkerFaceColor','g','MarkerSize',5);
```

运行 M 文件，结果如图 5-10 所示。

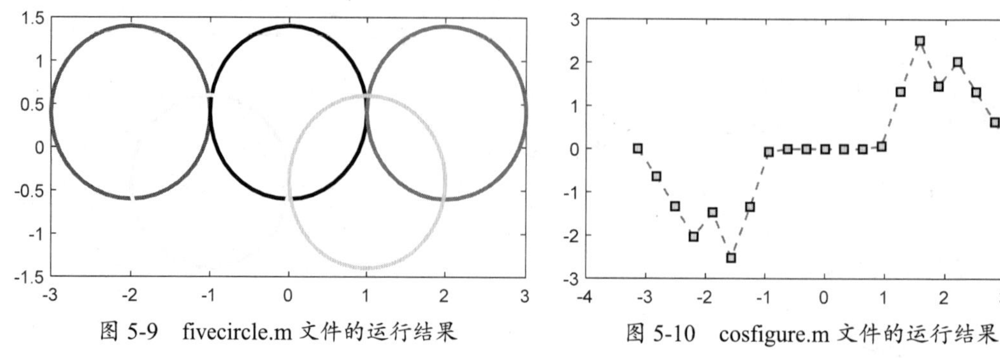

图 5-9　fivecircle.m 文件的运行结果

图 5-10　cosfigure.m 文件的运行结果

例 5-9：利用函数 plot 绘制包络线。

在 M 文件编辑器窗口中编写 M 文件并命名为 envelope.m（同时存为 ex5_09.m）：

```
clear all
t= (0:pi/100:pi)';
y1=sin(t)*[1,-1];
y2=sin(t).*sin(9*t);
t3=pi*(0:9)/9;
y3=sin(t3).*sin(9*t3);
plot(t,y1,'r--',t,y2,'b',t3,y3,'bo')
axis([0,pi,-1,1])
```

运行 M 文件，结果如图 5-11 所示。

例 5-10：当输入参数为向量时，利用函数 plot 绘制多条曲线。

在 M 文件编辑器窗口中编写 M 文件并命名为 multicurves.m（同时存为 ex5_10.m）：

```
clear all
x=-pi:pi/10:pi;
y=[sin(x);sin(x+3);sin(x+5)];
z=[cos(x);cos(x+3);cos(x+5)];
figure;
plot(x,y,'r:*',x,z,'g-.v');          %绘制多条曲线
```

运行 M 文件，结果如图 5-12 所示。

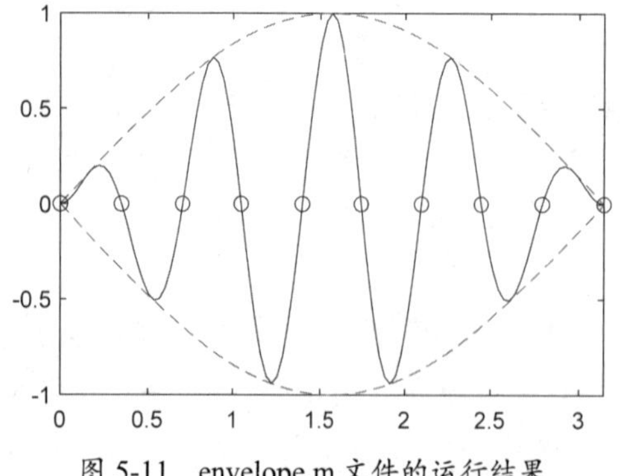

图 5-11　envelope.m 文件的运行结果

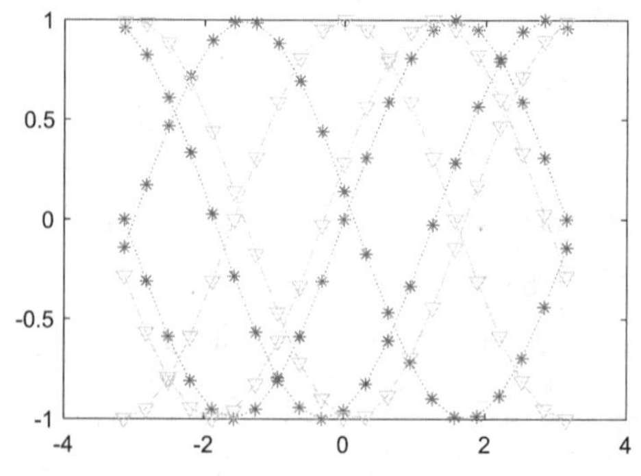

图 5-12　multicurves.m 文件的运行结果

5.2.2 栅格

当图形需要对具体数值有更加清楚的展示时，在图形中添加栅格是十分有效的方法。在 MATLAB 中，grid on 命令可以在当前图形的单位标记处添加栅格；而 grid off 命令则可以取消栅格的显示；若单独使用 grid 命令，则可以在 on 与 off 状态下交替转换，即起到触发的作用。

例 5-11：栅格的使用示例。

在 M 文件编辑器窗口中编写 M 文件并命名为 figuregrid.m（同时存为 ex5_11.m）：

```
X = (0:1800)*pi/180; Y = cos(X/2);
figure(1)
subplot(1,3,1); plot(X, Y, 'LineWidth', 1);
xlim([0 30]); grid on;
subplot(1,3,2); plot(X, Y, 'LineWidth', 1);
xlim([0 30]); grid on; grid;
subplot(1,3,3); plot(X, Y, 'LineWidth', 1);
xlim([0 30]); grid; grid off;
```

运行 M 文件，结果如图 5-13 所示。

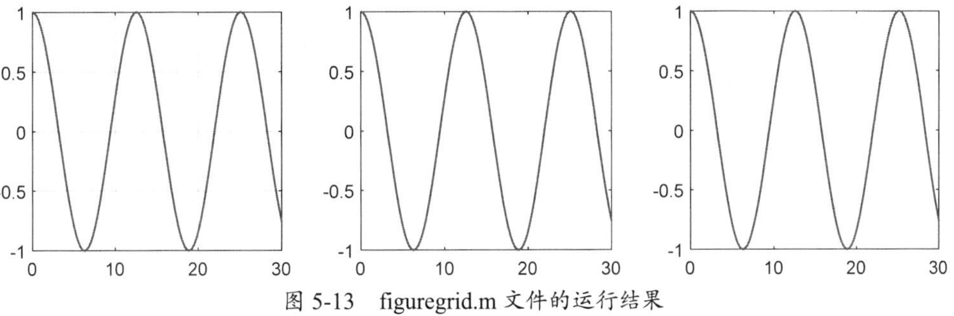

图 5-13　figuregrid.m 文件的运行结果

5.2.3 文字说明

通常，对由曲线表示的函数或数据的规律都需要进行一些文字说明或标注。图形窗口中的文本操作指令如下。

- title('text')：在图形窗口顶端的中间位置输出字符串“text”作为标题。
- xlabel('text')：在 x 轴下的中间位置输出字符串“text”作为标注。
- ylabel('text')：在 y 轴边上的中间位置输出字符串“text”作为标注。
- zlabel('text')：在 z 轴边上的中间位置输出字符串“text”作为标注。
- text(x,y, 'text')：在图形窗口的(x,y)处输出字符串“text”。坐标 x 和 y 按照与所绘制图形相同的刻度给出。对于向量 x 和 y，字符串“text”在(x_i,y_i)的位置上。如果“text”是一个字符串向量，即一个字符矩阵，且与 x、y 有相同的行数，则第 *i* 行的字符串将在图形窗口的(x_i,y_i)位置上。
- text(x,y, 'text', 'sc')：在图形窗口的(x,y)处输出字符“text”，给定左下角的坐标为

(0.0,0.0)，右上角的坐标为(1.0,1.0)。gtext('text')通过使用鼠标或方向键移动图形窗口中的十字光标，让用户将字符串“text”放置在图形窗口中。当十字光标到达所期望的位置时，用户按下任意键或单击任意按钮，字符串将会被写入窗口中。

- legend(str1,str2,⋯,pos)：在当前图形上输出图例，并用说明性字符串 str1、str2 等做标注。其中，参数 pos 的可选项目，即曲线线型如表 5-1 所示。

表 5-1　曲线线型

线型代号	表示线型	线型代号	表示线型
-1	将图例框放在坐标轴外的右侧	2	将图例框放在图形窗口内左上角
0	将图例框放在图形窗口内与曲线交叠最小的位置	3	将图例框放在图形窗口内左下角
1	将图例框放在图形窗口内右上角	4	将图例框放在图形窗口内右下角

- legend(str1,str2,⋯,'Location','pos')：在当前图形上输出图例，并用说明性字符串 str1、str2 等做标注。其中，参数 pos 的可选项目，即图形标记如表 5-2 所示。

表 5-2　图形标记

标记代号	表示标记	标记代号	表示标记
North	图形窗口内最上端	SouthOutside	图形窗口外下部
South	图形窗口内最下端	EastOutside	图形窗口外右侧
East	图形窗口内最右端	WestOutside	图形窗口外左侧
West	图形窗口内最左端	NorthEastOutside	图形窗口外右上部
NorthEast	图形窗口内右上角（二维图形窗口的默认项）	NorthWestOutside	图形窗口外左上部
NorthWest	图形窗口内左上角	SouthEastOutside	图形窗口外右下部
SouthEast	图形窗口内右下角	SouthWestOutside	图形窗口外左下部
SouthWest	图形窗口内左下角	Best	图形窗口内与曲线交叠最小的位置
NorthOutside	图形窗口外上部	BestOutside	图形窗口外最不占空间的位置

- legendoff：从当前图形中清除图例。

例 5-12：图形窗口内文字说明示例。

在 M 文件编辑器窗口中编写 M 文件并命名为 radioaxis.m（同时存为 ex5_12.m）：

```
clear
x = 0:0.01*pi:pi*0.5; y = cos(x)+sqrt(-1)*sin(x);
plot(y*2,'r','LineWidth',5);hold on;
x = pi*0.5:0.01*pi:pi; y = cos(x)+sqrt(-1)*sin(x);
plot(y*2,'y','LineWidth',5);hold on;
x = -pi:0.01*pi:-pi*0.5; y = cos(x)+sqrt(-1)*sin(x);
plot(y*2,'b','LineWidth',5);hold on;
x = -pi*0.5:0.01*pi:0; y = cos(x)+sqrt(-1)*sin(x);
plot(y*2,'g','LineWidth',5);hold on;
title('极坐标系');
text([1.5 -3 1.5 -3],[2 2 -2 -2], {'第一象限','第二象限','第三象限','第四象限'})
legend({'[0  0.5\pi]','[0.5\pi  \pi]','[\pi  1.5\pi]','[1.5\pi  2\pi]'})
xlim([-5 5]);ylim([-5 5]);
```

```
plot([-4 4],[0 0],'k','LineWidth',3);hold on;
plot([0 0],[-4 4],'k','LineWidth',3);hold on;
axis off
```

运行 M 文件，结果如图 5-14 所示。

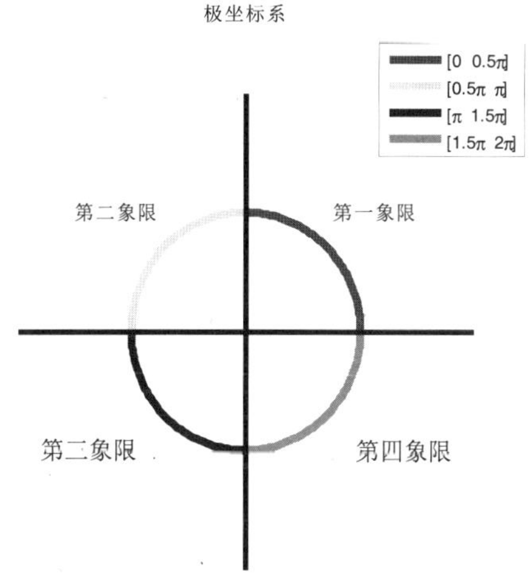

图 5-14　radioaxis.m 文件的运行结果

MATLAB 中的字符串可以对输出的文字风格进行预先设置，可以预先设置的有字体、风格及大小。另外，还可以进行上、下标的表示，以及输出数学公式中经常用到的希腊字符和其他特殊字符的设置。这些指令如表 5-3～表 5-6 所示。

表 5-3　字体样式设置规则

字体指令：\fontname{arg}		文字风格\arg		文字大小\fontsize{arg}	
Arial	Arial 字体	bf	黑体	10	默认值，字号为小五
Roman	Roman 字体	it	斜体一	12	五号字体
宋体	字体为宋体	sl	斜体二	—	—
黑体	字体为黑体	rm	正体	—	—

表 5-4　上、下标的控制指令

	指令	arg 取值	示范	文字输出效果
上标	^{arg}	任何合法字符	'x^5+2*x^4+4*x^2+5*x+6'	$x^5+2x^4+4x^2+5x+6$
下标	_{arg}		'x_1+x_2+x_3+x_4+x_5'	$x_1+x_2+x_3+x_4+x_5$

表 5-5　希腊字符的输出指令

指令	字符	指令	字符	指令	字符	指令	字符
\alpha	α	\Theta	Θ	\Pi	Π	\psi	ψ
\beta	β	\iota	ι	\rho	ρ	\Psi	Ψ
\gamma	γ	\kappa	κ	\sigma	σ	\omega	ω
\Gamma	Γ	\lambda	λ	\Sigma	Σ	\Omega	Ω
\delta	δ	\Lambda	Λ	\tau	τ	\varpi	ϖ
\Delta	Δ	\mu	μ	\upsilon	υ	\vartheta	ϑ
\epsilon	ε	\Nu	ν	\Upsilon	Υ	\varsigma	ς

续表

指令	字符	指令	字符	指令	字符	指令	字符
\zeta	ζ	\xi	ξ	\phi	ϕ	—	—
\eta	η	\Xi	E	\Phi	Φ	—	—
\theta	θ	\pi	π	\chi	χ	—	—

表 5-6　其他特殊符号的输出指令

指令	字符	指令	字符	指令	字符	指令	字符
\approx	≈	\times	×	\perp	⊥	\Im	ℜ
\cong	≅	\oplus	⊕	\prime	'	\Re	ℑ
\div	÷	\oslash	∅	\cdot	·	\downarrow	↓
\equiv	≡	\otimes	⊗	\ldots	…	\leftarrow	←
\geq	≥	\int	∫	\cap	∩	\leftrightarrow	↔
\leq	≤	\partial	∂	\cup	∪	\rightarrow	→
\neq	≠	\exists	∃	\subset	⊂	\uparrow	↑
\pm	±	\forall	∀	\ subseteq	⊆	\circ	°
\propto	∝	\in	∈	\supset	⊃	\bullet	•
\sim	~	\ infty	∞	\ supseteq	⊇	\copyright	©

5.2.4　线型、标记和颜色

当同一个图形中同时画有多条曲线时，需要使用不同的线型、标记和颜色来区分。

1. 线型

MATLAB 平台上共有 5 种不同的线型，如表 5-7 所示。

表 5-7　曲线线型

线型代号	表示线型	线型代号	表示线型
-	实线	:	点线
--	虚线	none	无线
-.	点画线	—	—

2. 标记

MATLAB 平台上共有 14 种不同的标记方式，如表 5-8 所示。

表 5-8　标记

标记代号	表示标记	标记代号	表示标记
.	点	o	o
*	星号	+	+
square	正方形	x	×
diamond	菱形	<	顶点指向左边的三角形
pentagram	五角星形	>	顶点指向右边的三角形
hexagram	六角星形	^	正三角形
none	无点	v	倒三角形

3. 颜色

MATLAB 平台上有代号的颜色共有 8 种，如表 5-9 所示。

表 5-9　曲线或标记颜色

颜 色 代 号	表 示 颜 色	颜 色 代 号	表 示 颜 色
g	绿色	w	白色
m	品红色	r	红色
b	蓝色	k	黑色
c	灰色	y	黄色

例 5-13：线型、标记与颜色示例。

在 M 文件编辑器窗口中编写 M 文件并命名为 multicurve.m（同时存为 ex5_13.m）：

```
clear all
figure
x = 0:0.01*pi:pi*8;
plot(x,sin(x),'r:','LineWidth',2);hold on;
plot(x,2*sin(x/2),'y','LineWidth',2);hold on;
plot(x,4*sin(x/4),'b--','LineWidth',2);hold on;
x = 0:pi:pi*8;
plot(x,sin(x),'g^','MarkerSize',8,'LineWidth',1);hold on;
plot(x,2*sin(x/2),'co','MarkerSize',8,'LineWidth',1);hold on;
plot(x,4*sin(x/4),'msquare','MarkerSize',8,'LineWidth',1);hold on;
xlim([0 pi*8])
```

运行 M 文件，结果如图 5-15 所示。

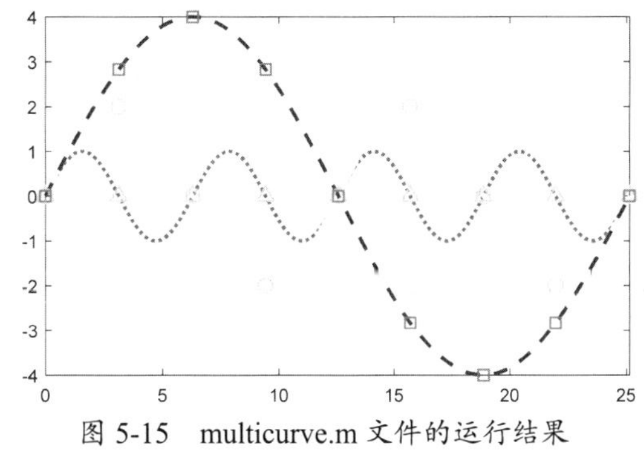

图 5-15　multicurve.m 文件的运行结果

在 MATLAB 平台上还有一种叫作颜色映像的数据结构，用来代表颜色值。颜色映像定义为一个有 3 列和若干行的矩阵。利用 0～1 之间的数值，矩阵的每一行都代表了一种颜色。任一行的数字都指定了一个 RGB 值，即红、绿、蓝 3 种颜色的强度，形成一种特定的颜色。一些有代表性的 RGB 值如表 5-10 所示。

表 5-10　一些有代表性的 RGB 值

Red（红）	Green（绿）	Blue（蓝）	颜　色	Red（红）	Green（绿）	Blue（蓝）	颜　色
0	0	0	黑色	1	0	1	洋红色
1	1	1	白色	0	1	1	青蓝色
1	0	0	红色	2/3	0	1	天蓝色

续表

Red（红）	Green（绿）	Blue（蓝）	颜 色	Red（红）	Green（绿）	Blue（蓝）	颜 色
0	1	0	绿色	1	1/2	0	橘黄色
0	0	1	蓝色	.5	0	0	深红色
1	1	0	黄色	.5	.5	.5	灰色

有 10 个 MATLAB 函数可以产生预定的颜色映像，如表 5-11 所示。

表 5-11 颜色映像函数集

函数名称	函数说明	函数名称	函数说明
hsv	色彩饱和值（以红色开始和结束）	bone	带一点蓝色的灰度
hot	从黑色到红色到黄色到白色	jet	hsv 的一种变形（以蓝色开始和结束）
cool	青蓝色和洋红色的色度	copper	线性铜色度
pink	粉红色的彩色度	prim	三棱镜。交替为红色、橘黄色、黄色、绿色和天蓝色
gray	线性灰度	flag	交替为红色、白色、蓝色和黑色

在默认情况下，表 5-11 所列的各个颜色映像产生一个 64×3 的矩阵，指定了 64 种颜色 RGB 的描述。这些函数都接收一个参量来指定所产生矩阵的行数。例如，hot(m)产生一个 m×3 的矩阵，它包含的 RGB 颜色值的范围从黑色经过红色、橘红色、黄色……一直到白色。

大多数计算机在一个 8 位的硬件查色表中一次可以显示 256 种颜色，当然，有些计算机的显卡可以同时显示更多种颜色。这就意味着，在不同的图中，一般一次可以用 3 个或 4 个 64×3 的颜色映像。如果使用了更多的颜色映像输入项，则计算机必须经常在其硬件查色表中调出输入项。例如，在画 MATLAB 图形时，背景图案发生变化就是发生了这种情况。因此，除非计算机有一次可以显示更多种颜色的显卡，否则最好任何一次所用的颜色映像输入项数都小于 256。

5.2.5 坐标轴设置

图形坐标轴的取值范围及刻度对图形的显示效果有着很明显的影响。在默认情况下，MATLAB 通过便捷、智能的函数和内部自适应设置来显示图形。

默认设置生成的图形往往达不到用户所要求的效果，或者用户只对图形中的某一部分感兴趣，这时就需要通过坐标轴控制函数来有针对性地调整和设置坐标轴的某些参数。

MATLAB 提供的坐标轴控制函数如表 5-12 所示。

表 5-12 MATLAB 提供的坐标轴控制函数

命 令	描 述	命 令	描 述
axis auto	使用坐标轴的默认设置	axis(xmin,xmax, ymin,ymax)	分别设定 x 轴、y 轴的坐标范围为[xmin,xmax]及[ymin,ymax]
axis manual	保持当前坐标刻度范围	axis equal	横、纵坐标采用等长刻度
axis fill	在 manual 方式下有效，使坐标充满整个绘图区	axis image	横、纵坐标采用等长刻度，且坐标框紧贴数据

续表

命　令	描　述	命　令	描　述
axis off	取消坐标轴标签、刻度及背景	axis tight	把数据范围直接设定为坐标范围
axis on	打开坐标轴标签、刻度及背景	axis square	使用正方形坐标系
axis ij	使用矩阵式坐标系，原点在左上方	axis normal	使用默认矩形坐标系，取消单位刻度的限制
axis xy	使用直角坐标系，原点在左下方	axis padded	坐标框紧贴数据，只留很窄的填充边距。边距的宽度大约是数据范围的 7%

例 5-14：坐标轴设置示例。

在 M 文件编辑器窗口中编写 M 文件并命名为 figureaxis.m（同时存为 ex5_14.m）：

```
x = 0:12; y = sin(x);
subplot(1,2,1), stairs(x,y)
axis padded                    %在阶梯图周围添加填充
x = linspace(-10,10,200);
y = sin(4*x)./exp(.1*x);
subplot(1,2,2), plot(x,y)
axis([-10 10 0 inf])       %半自动坐标轴范围
```

运行 M 文件，结果如图 5-16 所示。

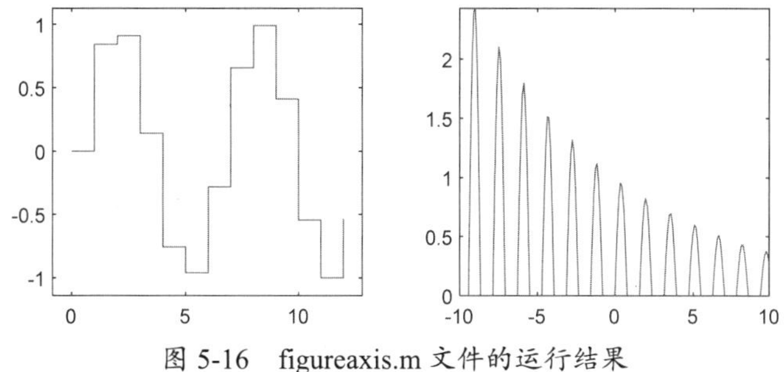

图 5-16　figureaxis.m 文件的运行结果

5.2.6　图形叠绘

plot 指令可以在同一次调用中画出多条曲线，此功能已经在 5.2.1 节中进行了介绍。在实际应用中，经常遇到在已经存在的图形上绘制新的曲线，并保留原来的曲线的情况，MATLAB 中的以下指令可以完成这项功能。

- hold on 语句：使当前轴及图形保留下来而不被刷新，并接收即将绘制的新的曲线。
- hold off 语句：不保留当前轴及图形，绘制新的曲线后，原来的图形即被刷新。
- hold 语句：hold on 语句与 hold off 语句的切换。

例 5-15：图形叠绘示例。

在 M 文件编辑器窗口中编写 M 文件并命名为 figurehold.m（同时存为 ex5_15.m）：

```
figure
x = 0:0.01*pi:pi*4; y = 0:pi:pi*8;
subplot(1,2,1)
plot(x,sin(x),'r:','LineWidth',1);hold on;
```

```
plot(x,2*sin(x/2),'b','LineWidth',1);hold on;
plot(y,sin(y),'g^','MarkerSize',6,'LineWidth',1);hold on;
plot(y,2*sin(y/2),'mo','MarkerSize',6,'LineWidth',1);hold on;xlim([0 pi*4])
subplot(1,2,2)
plot(x,sin(x),'r:','LineWidth',1);
plot(x,2*sin(x/2),'b','LineWidth',1);hold on;
plot(y,sin(y),'g^','MarkerSize',6,'LineWidth',1);
plot(y,2*sin(y/2),'mo','MarkerSize',6,'LineWidth',1);hold on;xlim([0 pi*4])
```

运行 M 文件，结果如图 5-17 所示。

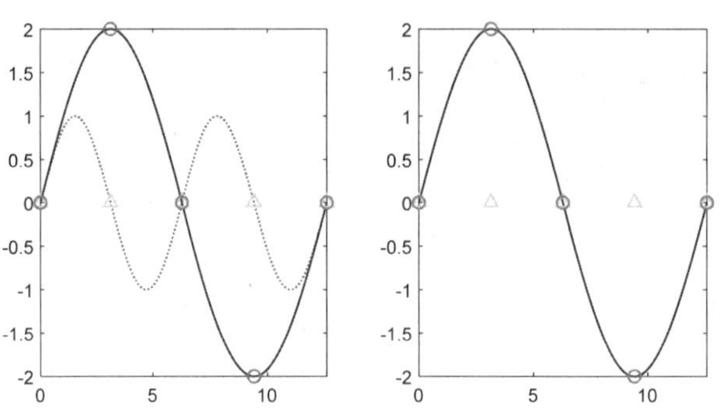

图 5-17　figurehold.m 文件的运行结果

5.2.7　子图绘制

MATLAB 允许用户在同一个图形窗口中同时绘制多幅相互独立的子图，这需要应用到 subplot 指令，其句法格式如下。

- subplot(m, n, k)：将 m×n 幅子图中的第 k 幅图作为当前曲线的绘制图。
- subplot('position', [left bottom width height])：在指定位置生成子图，并作为当前曲线的绘制图。

说明：

（1）subplot(m, n, k)指令生成的图形窗口中将会有 m×n 幅子图，k 是子图的编号，编号的顺序为：左上为第一幅子图，先右后下依次排号。该指令产生的子图分割与占位完全按照默认值自动进行。

（2）subplot('position', [left bottom width height])指令产生的子图的位置由用户指定，指定位置的 4 个元素采用归一化的标称单位，即认为图形窗口的宽、高的取值均在[0,1]区间，左下角的坐标为(0,0)。

（3）指令产生的子图彼此之间相互独立，所有的绘图指令都可以在任一子图中运用，而对其他的子图不起作用。

（4）在使用 subplot 指令之后，如果想绘制充满整个图形窗口的图形，则应当先使用 clf 指令对图形窗口进行清空操作。

例 5-16：子图绘制示例。

在 M 文件编辑器窗口中编写 M 文件并命名为 figuresub.m（同时存为 ex5_16.m）：

```
clear all
figure
x = 0:0.01*pi:pi*16; j = sqrt(-1);
subplot(1,4,1);plot(abs(sin(x)).*(cos(x)+j*sin(x)),'LineWidth',1);
xlim([-1 1]);ylim([-1 1]);
subplot(1,4,2);plot(abs(sin(x/2)).*(cos(x)+j*sin(x)),'LineWidth',1);
xlim([-1 1]);ylim([-1 1]);
subplot(1,4,3);plot(abs(sin(x/3)).*(cos(x)+j*sin(x)),'LineWidth',1);
xlim([-1 1]);ylim([-1 1]);
subplot(1,4,4);plot(abs(sin(x/4)).*(cos(x)+j*sin(x)),'LineWidth',1);
xlim([-1 1]);ylim([-1 1]);
```

运行 M 文件，结果如图 5-18 所示。

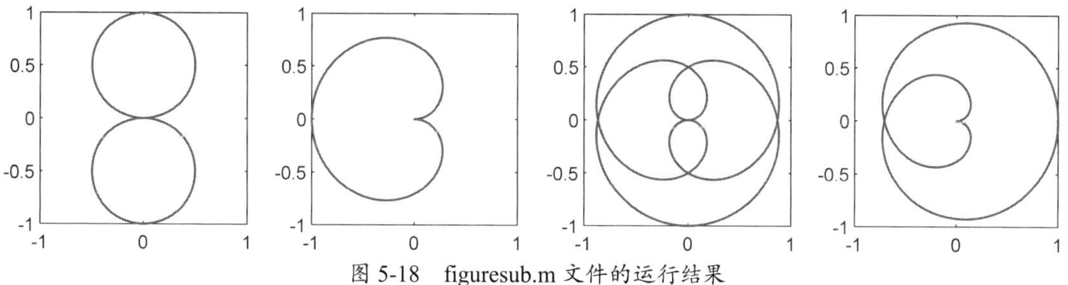

图 5-18　figuresub.m 文件的运行结果

5.2.8　交互式绘图

MATLAB 中还设置了相应的鼠标操作的图形操作指令，分别是 ginput、gtext 和 zoom。下面先对这 3 个指令进行一般性的说明。

（1）除了 ginput 指令只能应用于二维图形，其余两个指令对二维图形和三维图形均适用。

（2）ginput 指令与 zoom 指令配合使用，可以从图形中获得较为准确的数据。

（3）在逻辑顺序并不十分清晰的情况下，并不提倡同时使用这几个指令。

1．ginput 指令

ginput 指令的调用格式为[x, y]=ginput(n)，功能为用鼠标从二维图形中获得 n 个点的数据坐标(x,y)。

在使用 ginput 指令时，需要注意的是，指令中的 n 应当赋值为正整数，指令中的 x 和 y 用来存放所取点的坐标。该指令运行之后，会将当前图形从后台调度到前台。同时，光标变为十字形。用户可以先移动光标，将其定位于待取点位置，单击即可获得该点的数据值，然后通过相同的方式取得之后的 n-1 组数据。当 n 组数据全部取得之后，图形窗口便退回后台，回到 ginput 指令执行前的环境。

2．gtext 指令

gtext 指令的调用格式为 gtext(arg)，功能为用鼠标把字符串或字符串元胞数组放置到图形中作为文字说明。

在使用 gtext 指令时，需要注意的是，运行该指令后，会将当前的图形从后台调度到前台。同时，光标变为十字形。用户可以移动光标，将其定位于待放置的位置并右击，字符串将被放在紧靠十字形中心点的“第一象限”位置上。

如果输入的 arg 是单行字符串，则单击可以一次性将所有字符以单行的形式放置在图形之中；如果 arg 中包含多行字符串，则每次单击均可将其中的一行字符串放置在图形之中，直到将所有的字符串全部放置在图形之中后，操作才全部完成。

3．zoom 指令

zoom 指令的具体应用句法有几种格式，如表 5-13 所示。

表 5-13　zoom 指令格式

指令格式	说　明	指令格式	说　明
zoom xon	规定当前图形的 x 轴可以缩放	zoom	当前图形是否可以进行缩放状态的切换
zoom yon	规定当前图形的 y 轴可以缩放	zoom out	使图形返回初始状态
zoom on	规定当前图形可以缩放	zoom(factor)	设置缩放变焦因子，默认值为 2
zoom off	规定当前图形不可以缩放	—	—

在使用 zoom 指令时，需要注意的是，变焦操作方式与标准的 Windows 缩放相同，在可变焦的当前图形上，可直接单击进行图形的放大，也可以长按鼠标左键，框住需要放大的区域，放开鼠标左键之后，指定的区域会被放大；而右击则可进行图形的缩小。

默认的变焦因子是 2，即单击时图形被放大为原来的 2 倍，右击时图形被缩小为原来的 1/2。

5.2.9　双坐标轴绘制

在实际应用中，常常需要把同一自变量的两个不同量纲、不同量级的函数量的变化同时绘制在同一个图形窗口中。例如，在同一幅图中同时展示空间一点上的电磁波的幅度和相位随时间的变化，不同时间内的降雨量和温/湿度的变化，放大器的输入/输出电流的变化曲线等。MATLAB 中的 plotyy 指令可以实现上述功能，其调用格式如下。

- plotyy(X1, Y1, X2, Y2)：以左、右侧不同的纵轴分别绘制 X1-Y1 和 X2-Y2 两条曲线。
- plotyy(X1, Y1, X2, Y2, Fun)：以左、右侧不同的纵轴且以 Fun 指定的形式分别绘制 X1-Y1 和 X2-Y2 两条曲线。
- plotyy(X1, Y1, X2, Y2, Fun1, Fun2)：以左、右侧不同的纵轴且分别以 Fun1、Fun2 指定的形式绘制 X1-Y1 和 X2-Y2 两条曲线。

在使用 plotyy 指令时，需要注意的是，左侧的纵轴用来描述 X1-Y1 曲线，右侧的纵轴用来描述 X2-Y2 曲线。轴的范围与刻度值都是自动生成的，在进行人工设置时，使用的绘图指令与一般的绘图指令相同。

例 5-17：双坐标轴绘制示例。

在 M 文件编辑器窗口中编写 M 文件并命名为 doubleaxis.m（同时存为 ex5_17.m）：

```
clear all
angl = 0:0.01*pi:2*pi;
```

```
ampl = sin(0:0.01*pi:2*pi);
z = ampl.*(cos(angl) + sqrt(-1)*sin(angl));
[AX,H1,H2] = plotyy(0:200,abs(z),0:200,angle(z)*180/pi);
set(get(AX(1),'Ylabel'),'String','amplitude')
set(get(AX(2),'Ylabel'),'String','phase')
set(H1,'LineWidth',1)
set(H2,'LineStyle','--','LineWidth',1)
```

运行 M 文件，结果如图 5-19 所示。

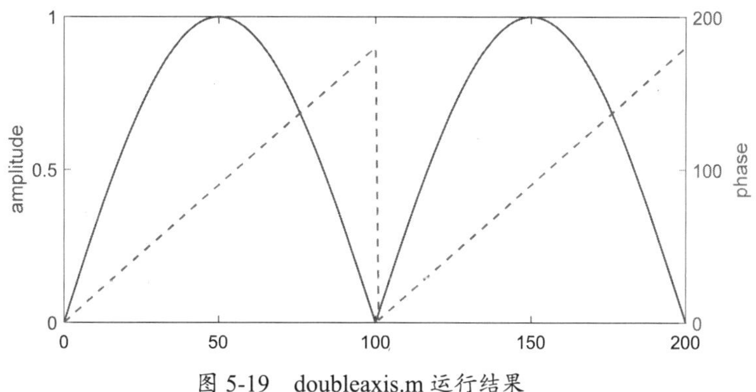

图 5-19　doubleaxis.m 运行结果

5.2.10　fplot 绘图指令

之前应用到的 plot 指令均用来将用户指定的或计算得到的数据转换为图形。而在实际应用中，函数随自变量的变化趋势是未知的，此时，在 plot 指令下，如果自变量的离散间隔不合理，则无法反映函数的变化趋势。

fplot 指令可以很好地解决以上问题。该指令通过 MATLAB 平台内部设置的自适应算法来动态决定自变量的离散间隔，当函数值变化缓慢时，离散间隔取大一些；当函数值变化剧烈时，离散间隔取小一些。fplot 指令的调用格式如下。

- fplot(fun, limits)：在 limits 定义的自变量的取值范围[xmin,xmax]内，或者在自变量与因变量的取值范围[xmin,xmax;ymin,ymax]内绘制 fun 函数。
- fplot(fun, limits, LineSpec)：在 limits 定义的取值范围内，以及 LineSpec 规定的线型、颜色、标记等属性下绘制 fun 函数。
- fplot(fun, limits, tol)：在 limits 定义的取值范围内，以及 tol 规定的相对误差允许范围内绘制 fun 函数。
- fplot(fun, limits, tol, LineSpec)：在 limits 定义的取值范围内，以及 LineSpec 规定的线型、颜色、标记等属性下，以 tol 规定的相对误差允许范围绘制 fun 函数。
- fplot(fun, limits, n)：在 limits 定义的取值范围内绘制 fun 函数，至少绘制 n+1 个点。

在使用 fplot 指令时，需要注意的是，tol 为相对误差允许范围，默认值为 2e−3；n 的默认值为 1，即 fplot 指令至少绘制两个点，对 n 进行设置后，最大的步长限制为(xmax−xmin)/n。

例 5-18：利用 fplot 指令绘图示例。

在 M 文件编辑器窗口中编写 M 文件并命名为 sinx.m（同时存为 ex5_18.m）：

```
clear all
fplot(@sin,[-2*pi 2*pi])
grid on
title('sin(x) from -2\pi to 2\pi')
xlabel('x');ylabel('y');
```

运行 M 文件，结果如图 5-20 所示。

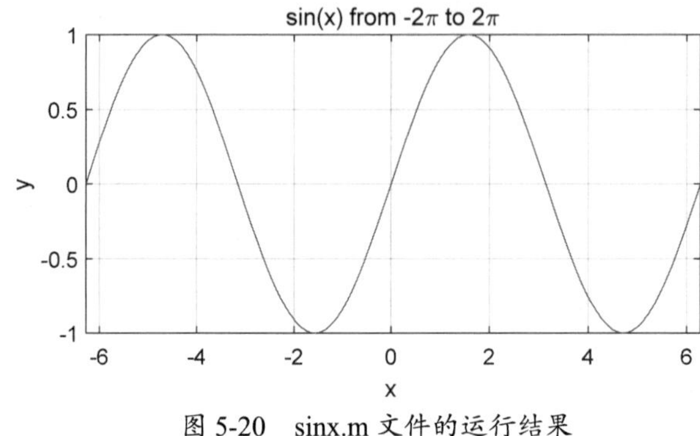

图 5-20　sinx.m 文件的运行结果

5.2.11　ezplot 绘图指令

ezplot 指令用于绘制函数在某一自变量区域内的图形。与 fplot 指令相同的是，ezplot 指令也需要对自变量的范围进行规定，其调用格式如下：

```
ezplot(f)
```

该语句的功能为按 MATLAB 的默认方式（自变量范围为$-2\pi < x < 2\pi$）绘制函数。

```
ezplot(f, [min, max])
```

该语句的功能为设置 x 方向的变量范围为[min, max]，y 方向按 MATLAB 的默认方式绘制函数。

```
ezplot(f, [xmin,xmax, ymin, ymax])
```

该语句的功能为 x 方向的变量范围为[xmin,xmax]，y 方向的变量范围为[ymin, ymax]，以此绘制函数。

```
ezplot(x, y)
```

该语句的功能为按 MATLAB 的默认方式绘制函数 x、y。

```
ezplot(x, y, [min, max])
```

该语句的功能为按自变量范围为[min, max]绘制函数 x、y。

例 5-19：利用 ezplot 指令绘图示例。

在 M 文件编辑器窗口中编写 M 文件并命名为 ellipse.m（同时存为 ex5_19.m）：

```
clear all
ezplot('sin(x)^2+4*cos(y)^2=4',[-5 5 -1 1]);
axis square
```

运行 M 文件，结果如图 5-21 所示。

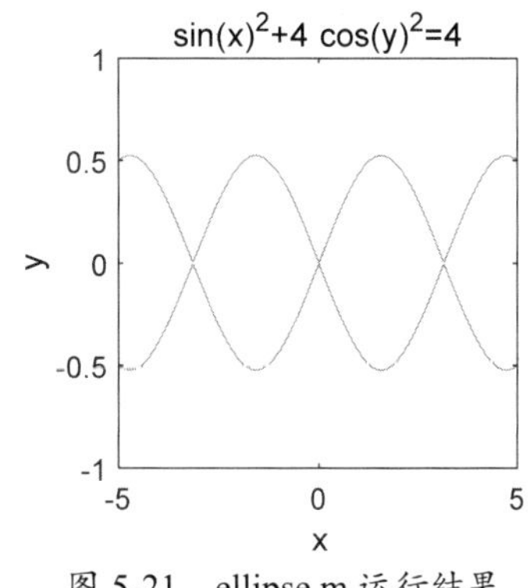

图 5-21　ellipse.m 运行结果

5.2.12　特殊坐标轴绘图

前几节介绍了基本的二维绘图函数的使用，但其中无论是直角坐标系还是极坐标系，用到的坐标轴的刻度均是线性刻度。但是在很多实际情况中，数据都出现指数型的变化规律，这时如果用线性刻度来描述曲线，则处于低次幂的部分数据无法清晰地表现出来。

当然，利用 5.2.9 节中提到的双坐标轴绘图对指数数据进行局部放大可以解决这个问题。但是在 MATLAB 中，还有更加简便的方式。本节介绍 3 个函数来解决对数数据的问题，分别是 semilogx 函数、semilogy 函数和 loglog 函数。

1. semilogx 函数

semilogx 函数的调用格式与 plot 函数的调用格式基本相同，此处不再赘述每种句法的功能。

- semilogx(Y)。
- semilogx(X1,Y1,X2,Y2,...)。
- semilogx(X1,Y1,LineSpec1,X2,Y2,LineSpec2,...)。
- semilogx(..., 'PropertyName ', PropertyValue,...)。

在利用 semilogx 函数绘制图形时，x 轴采用对数坐标。若没有指定使用的颜色，则当所画线条较多时，semilogx 函数将自动使用由当前的 ColorOrder 和 LineStyleOrder 属性所指定的颜色顺序与线型顺序来绘制线条。

例 5-20：semilogx 函数与 plot 函数对比示例。

在 M 文件编辑器窗口中编写 M 文件并命名为 logx.m（同时存为 ex5_20.m）：

```
clear all
x = 10.^(0.1:0.1:4);y = 1 ./ (x+1000);
figure
subplot(1,2,1);semilogx(x,y,'+','MarkerSize',5,'LineWidth',1);
title('y = (x+1000)^{-1}')
subplot(1,2,2);plot(x,y,'+','MarkerSize',5,'LineWidth',1);
title('y = (x+1000)^{-1}')
```

运行 M 文件，结果如图 5-22 所示。

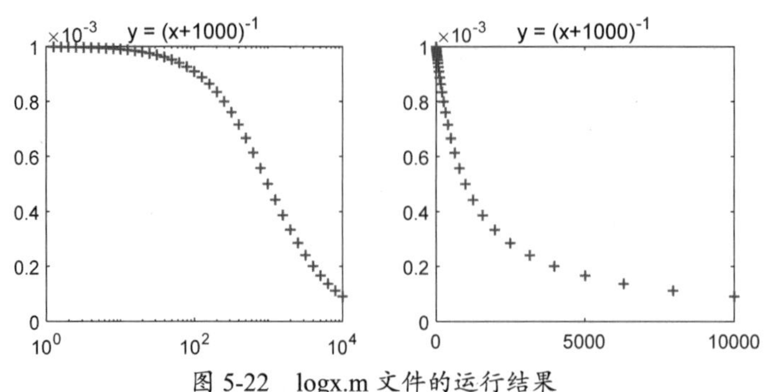

图 5-22　logx.m 文件的运行结果

2. semilogy 函数

semilogy 函数的调用格式与 semilogx 函数的调用格式相同，在绘制图形时，y 轴采用对数坐标。若没有指定使用的颜色，则当所画线条较多时，semilogy 函数将自动使用由当前的 ColorOrder 和 LineStyleOrder 属性所指定的颜色顺序与线型顺序来绘制线条。

3. loglog 函数

loglog 函数的调用格式也与 semilogx 函数的调用格式相同，在绘制图形时，x 轴与 y 轴均采用对数坐标。

例 5-21：loglog 函数与 plot 函数对比示例。

在 M 文件编辑器窗口中编写 M 文件并命名为 logxlogy.m（同时存为 ex5_21.m）：

```
clear all
a = 0.1:0.1:5;
x = log10(a); y = 10.^a;
subplot(1,2,1);loglog(x,y,'+','MarkerSize',5,'LineWidth',1);
title('lgy = 10^x')
subplot(1,2,2);plot(x,y,'+','MarkerSize',5,'LineWidth',1);
title('lgy = 10^x')
```

运行 M 文件，结果如图 5-23 所示。

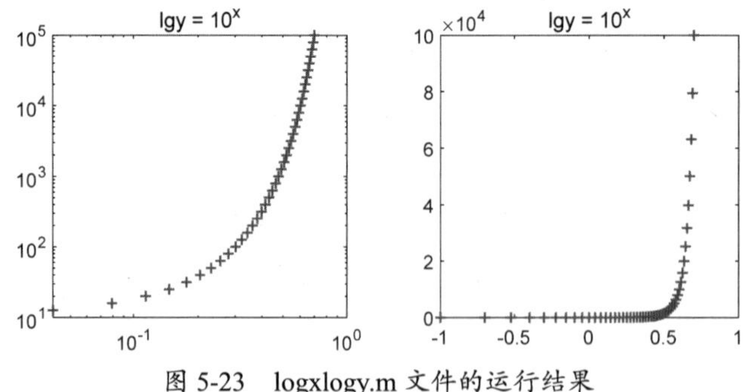

图 5-23　logxlogy.m 文件的运行结果

5.2.13　二维特殊图形函数

在 MATLAB 中，除了可以通过 plot 函数等绘制图形，还可以通过一些函数绘制柱状图、饼图等特殊图形。常见的二维特殊图形函数如表 5-14 所示。

表 5-14　常见的二维特殊图形函数

函　数　名	说　　明	函　数　名	说　　明
area	填充绘图	fplot	函数绘制
bar	条形图	hist	条形直方图
barh	水平条形图	pareto	Pareto 图
comet	彗星图	pie	饼图
errorbar	误差带图	plotmatrix	分散矩阵绘制
ezplot	简单绘制函数图	ribbon	三维图形的二维条状显示
ezpolar	简单绘制极坐标图	scatter	散点图
feather	矢量图	stem	离散序列火柴杆状图
fill	多边形填充	stairs	阶梯图
gplot	拓扑图	rose	极坐标系下的柱状图
compass	与 feather 功能类似的矢量图	quiver	向量场

表 5-14 中的函数均有不同的调用方法，下面通过示例介绍其中几个常用的函数，其他函数的调用方法可以查阅 MATLAB 的帮助文件。

1. bar 函数

bar 函数用于绘制二维垂直条形图，用垂直条形显示向量或矩阵中的值，其调用格式如下。

- bar(y)：为每个 y 中的元素画一个条形。
- bar(x,y)：在指定的横坐标 x 上画出 y，其中 x 为严格单增的向量。若 y 为矩阵，则 bar 把矩阵分解成几个行向量，在指定的横坐标处分别画出。
- bar(...,'bar_color ')："bar_color"定义条形的颜色。
- bar(axes_handle,...)：将图形绘制到坐标轴句柄 axes_handle 中，而不是当前坐标轴句柄中。

例 5-22：创建二维垂直条形图示例。

在 M 文件编辑器窗口中编写 M 文件并命名为 verticalbar.m（同时存为 ex5_22.m）：

```
clear all
y = [75.995 91.972 105.711 123.203 131.669 ...
    150.697 179.323 203.212 226.505 249.633 281.422];
figure; bar(y);
```

运行 M 文件，结果如图 5-24 所示。

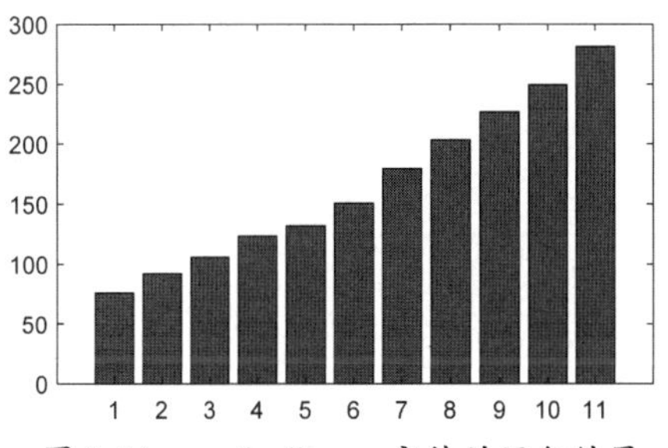

图 5-24　verticalbar.m 文件的运行结果

例 5-23：二维条形图有两种类型：垂直条形图和水平条形图。而每种类型又有两种表现模式：累计式和分组式。本例选择其中两种加以表现。

在 M 文件编辑器窗口中编写 M 文件并命名为 ex5_23.m：

```
clear all
x=-2:2;
Y=[6 8 7 4 5;4 8 1 12 0;4 6 21 1 3];
subplot(1,2,1),bar(x',Y','stacked')
xlabel('x'),ylabel('\Sigma y'),colormap(cool)
legend('因素1','因素2','因素3')
subplot(1,2,2),barh(x',Y','grouped')
xlabel('y'),ylabel('x')
```

运行 M 文件，结果如图 5-25 所示。

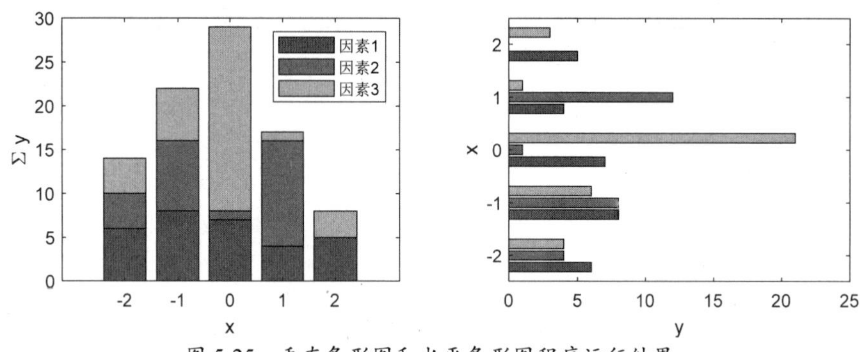

图 5-25　垂直条形图和水平条形图程序运行结果

2. pie 函数

pie 函数用于绘制饼图，其调用格式如下。

- pie(x)：绘制参数 x 的饼图。
- pie(x, explode)：explode 是与 x 同维的矩阵，若其中有非零元素，则 x 矩阵中相应位置的元素在饼图中对应的扇形将向外移出一些，加以突出。
- pie(...,labels)：labels 用于定义相应块的标签。
- pie(axes_handle,...)：将图形绘制到坐标轴句柄 axes_handle 中，而不是当前坐标轴句柄中。
- h = pie(...)：返回绘制的饼图相关的句柄。

例 5-24：创建二维饼图和三维饼图示例。

在 M 文件编辑器窗口中编写 M 文件并命名为 ex5_24.m：

```
clear all
x = [1 5 0.5 3.5 2];
explode = [0 1 0 0 0];
subplot(1,2,1),pie(x,explode)          %绘制二维饼图
colormap jet
subplot(1,2,2),pie3(x,explode)         %绘制三维饼图
colormap hsv
```

运行 M 文件，结果如图 5-26 所示。

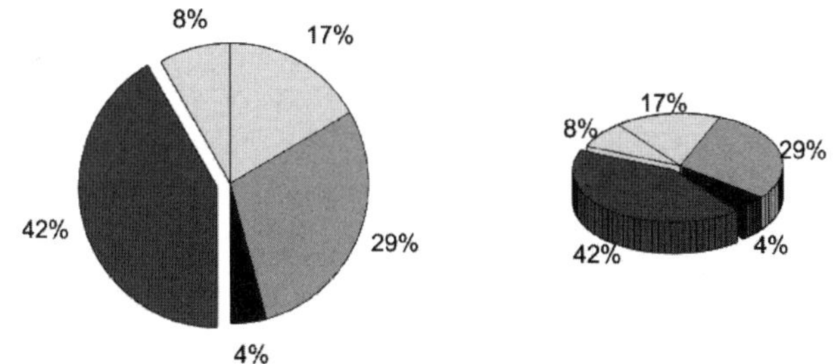

图 5-26　二维饼图和三维饼图程序运行结果

3. hist 函数

hist 函数用于绘制条形直方图，可以显示出数据的分布情况。所有向量中的元素或矩阵的列向量中的元素都是根据它们的数值范围来分组的，每一组作为一个条形进行显示。条形直方图中的 x 轴反映了数据 y 中元素数值的范围，直方图的 y 轴显示出参量 y 中的元素落入该组的数目。hist 函数的调用格式如下。

- n = hist(y)：把向量 y 中的元素放入等距的 10 个条形中，且返回每个条形中的元素个数。若 y 为矩阵，则该命令按列对 y 进行处理。
- n = hist(y,x)：参量 x 为向量，把 y 中的元素放到 m[m=length(x)]个由 x 中的元素指定的位置为中心的条形中。
- n = hist(y,nbins)：参量 nbins 为标量，用于指定条形的数目。
- [n,xout] = hist(...)：返回向量 n 与包含频率计数和条形位置的向量 xout，用户可以用命令 bar(xout,n)画出条形直方图。
- hist(...)：生成直方图，但不产生输出。
- hist(axes_handle,...)：将图形绘制到坐标轴句柄 axes_handle 中，而不是当前坐标轴句柄中。

例 5-25：绘制条形直方图示例。

在 M 文件编辑器窗口中编写 M 文件并命名为 ex5_25.m：

```
clear all
x = -4:0.1:4;
y = randn(5000,1);
hist(y,x)       %绘制条形直方图
```

运行 M 文件，结果如图 5-27 所示。

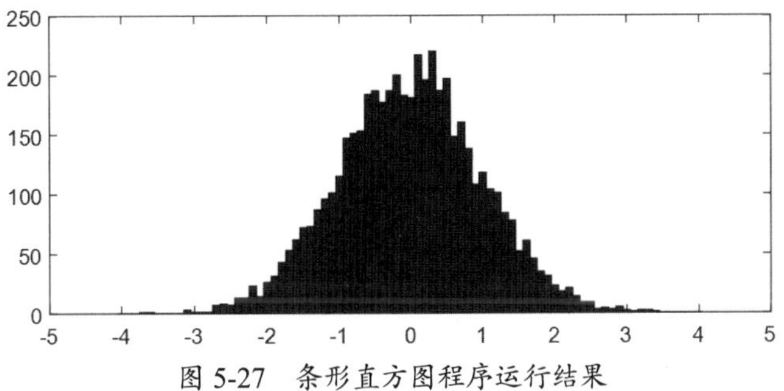

图 5-27　条形直方图程序运行结果

4. scatter 函数

scatter 函数用于绘制散点图，其调用格式为 scatter(x,y)，即以 x、y 的值为横、纵坐标绘制散点图。

例 5-26：绘制散点图示例。

在 M 文件编辑器窗口中编写 M 文件并命名为 ex5_26.m：

```
clear all
figure;
x=[1 5 6 7 9 5 1 3 12 20];
y=[20 15 6 3 1 5 3 0 1 5];
subplot(1,2,1);
scatter(x,y);                          %绘制散点图
subplot(1,2,2);
scatter(x,y,[],[1 0 0],'fill');        %绘制散点图
```

运行 M 文件，结果如图 5-28 所示。

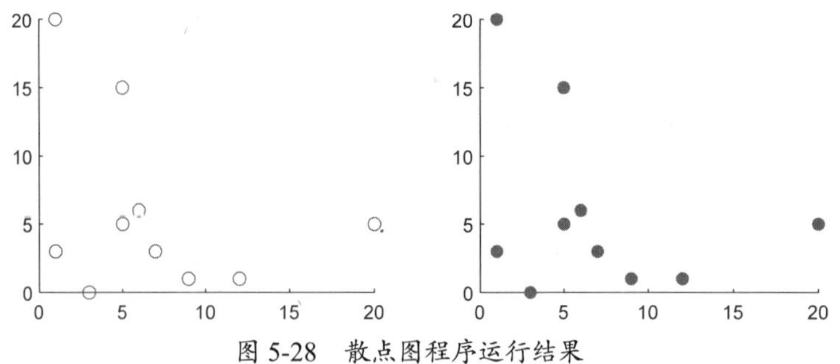

图 5-28　散点图程序运行结果

5.3　三维图形绘制

在实际的工程应用中，常常遇到三维甚至更多维的数据，需要在图形中表示出来，MATLAB 平台提供了相应的三维图形的绘制功能。这些绘制功能与二维图形的绘制十分类似，特别是曲线的属性，如线型、颜色等的设置是完全相同的。

最常用的三维绘图有三维曲线图、三维网格图和三维曲面图 3 种基本类型，相应的 MATLAB 指令分别为 plot3、mesh 和 surf。

5.3.1　三维曲线图绘制

在已经学习了 plot 指令的基础上，在三维图形指令中，plot3 指令十分易于理解，其调用格式也与 plot 指令的调用格式类似，具体如下。

- plot3(X,Y,Z)：当 X、Y、Z 为同维向量时，绘制以 X、Y、Z 为 x、y、z 坐标的三维曲线；当 X、Y、Z 为同维矩阵时，用 X、Y、Z 的对应列元素绘制 x、y、z 坐标的三维曲线，曲线的条数为矩阵的列数。

- plot3(X1,Y1,Z1,X2,Y2,Z2)：绘制以 X1、Y1、Z1 和 X2、Y2、Z2 为 x、y、z 坐标的三维曲线。
- plot3(X,Y,Z, 'PropertyName', PropertyValue,…)：在 PropertyName 所规定的曲线属性下，绘制以 X、Y、Z 为 x、y、z 坐标的三维曲线。
- plot3(X1, Y1, Z1, 'PropertyName1', PropertyValue1, X2, Y2, Z2, 'PropertyName2', Property Value2)：在 PropertyName1 所规定的曲线属性下，绘制以 X1、Y1、Z1 为 x、y、z 坐标的三维曲线；在 PropertyName2 所规定的曲线属性下，绘制以 X2、Y2、Z2 为 x、y、z 坐标的三维曲线。需要说明的是，plot3 指令用来表现的是单参数的三维曲线，而非双参数的三维曲面。

例 5-27：plot3 指令使用示例。

在 M 文件编辑器窗口中编写 M 文件并命名为 ex5_27.m：

```
clear all
theta = 0:.01*pi:2*pi;
x = sin(theta); y = cos(theta); z = cos(4*theta);
plot3(x,y,z,'LineWidth',1);hold on;
theta = 0:.02*pi:2*pi;
x = sin(theta); y = cos(theta); z = cos(4*theta);
plot3(x,y,z,'rd','MarkerSize',10,'LineWidth',1)
```

运行 M 文件，结果如图 5-29 所示。

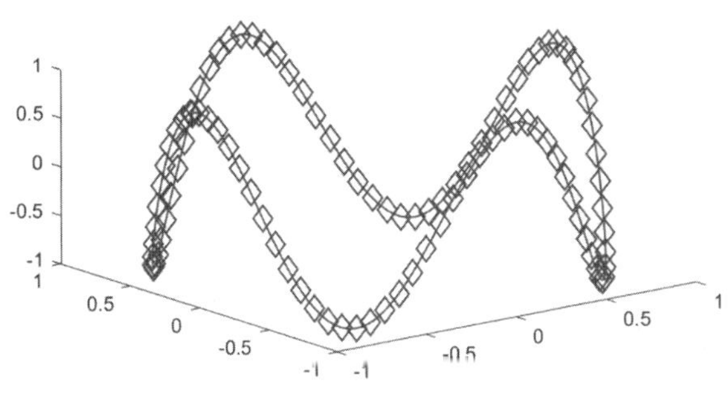

图 5-29　三维曲线图程序运行结果

5.3.2　三维网格图绘制

三维网格图和三维曲面图的绘制比三维曲线图的绘制稍显复杂，主要是因为绘图数据的准备及三维图形的色彩、明暗、光照和视角等的处理。绘制函数 $z=f(x,y)$ 的三维网格图的过程如下。

（1）确定自变量的取值范围和取值间隔：

```
x=x1:dx:x2, y=y1:dy:y2
```

（2）构成 xOy 平面上的自变量采样“格点”矩阵。

① 利用“格点”矩阵的原理生成矩阵：

```
x=x1:dx:x2; y=y1:dy:y2;
```

```
X=ones(size(y))*x;
Y=y*ones(size(x));
```

② 利用 meshgrid 指令生成“格点”矩阵：

```
x=x1:dx:x2; y=y1:dy:y2;
[X,Y]=meshgrid(x,y);
```

（3）计算在自变量采样“格点”上的函数值：$z=f(x,y)$。

绘制三维网格图的基本 mesh 指令的调用格式如下。

- mesh(X,Y,Z)：以 X 为 x 轴自变量、Y 为 y 轴自变量绘制三维网格图；X、Y 均为向量，若 X、Y 的长度分别为 m、n，则 Z 为 m×n 的矩阵，即[m,n]=size(Z)，则网格线的顶点为 (X_j,Y_i,Z_{ij})。
- mesh(Z)：以 Z 矩阵的列下标为 x 轴自变量、行下标为 y 轴自变量绘制三维网格图。
- mesh(X,Y,Z,C)：以 X 为 x 轴自变量、Y 为 y 轴自变量绘制三维网格图；其中 C 用于定义颜色，如果不定义 C，则成为 mesh(X,Y,Z)，其绘制的三维网格图的颜色随着 Z 值的变化（曲面高度）而变化。
- mesh(X,Y,Z, 'PropertyName ',PropertyValue,…)：以 X 为 x 轴自变量、Y 为 y 轴自变量绘制三维网格图；PropertyValue 用来定义三维网格图的标记等属性。

例 5-28：mesh 指令使用示例。

在 M 文件编辑器窗口中编写 M 文件并命名为 3dmesh.m（同时存为 ex5_28.m）：

```
clear all
X = -10:0.1:10;
Y = -10:0.1:10;
[X,Y] = meshgrid(X,Y);
Z = - X.^2 - Y.^2 + 200;
mesh(X,Y,Z) ,grid on
```

运行 M 文件，结果如图 5-30 所示。

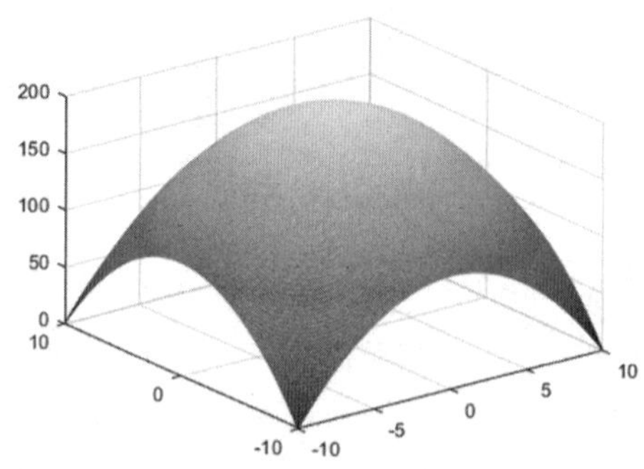

图 5-30　3dmesh.m 文件的运行结果

5.3.3　三维曲面图绘制

三维曲面图的绘制由 surf 指令完成。该指令的调用格式与 mesh 指令的调用格式类似，具体如下。

- surf (X,Y,Z)。

- surf (Z)。
- surf (X,Y,Z,C)。
- surf(X,Y,Z, 'PropertyName',PropertyValue,…)。

mesh 指令绘制的图形是由网格划分的曲面图；而 surf 指令绘制得到的是平滑着色的三维曲面图，着色的方式是在得到相应的网格点后，对每个网格依据该网格所代表的节点的色值（由变量 C 控制）来定义这一网格的颜色。

例 5-29：surf 指令与 mesh 指令对比示例。

在 M 文件编辑器窗口中编写 M 文件并命名为 surfxyz.m（同时存为 ex5_29.m）：

```
clear all
[x,y,z]=peaks(25);
figure
surf(x,y,z)
mesh(x,y,z)
```

运行 M 文件，结果如图 5-31 所示。

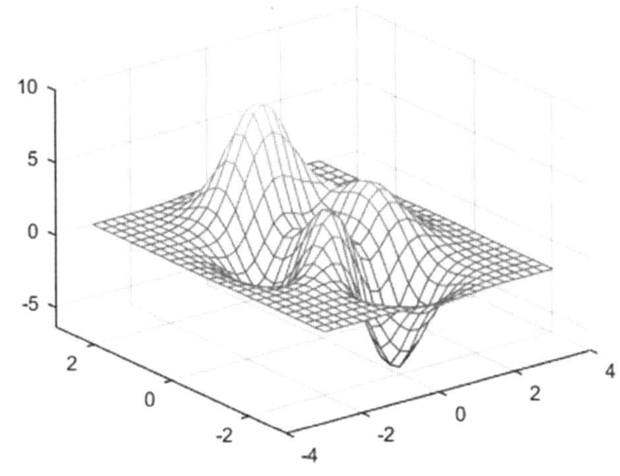

图 5-31　surfxyz.m 文件的运行结果

5.3.4　光照模型

光照是一种利用方向光源照亮物体的技术。在某些情况下，这项技术能使表面微小的差异更容易被看到。光照也可以为三维图形增加现实感。

例 5-30：带光照的曲面图示例。

在 M 文件编辑器窗口中编写 M 文件并命名为 ex5_30.m：

```
clear all
[X,Y,Z]=peaks(30);
figure
surf(X,Y,Z,'FaceColor','red','EdgeColor','none');
camlight left; lighting phong
view(-15,65)
```

运行 M 文件，结果如图 5-32 所示。

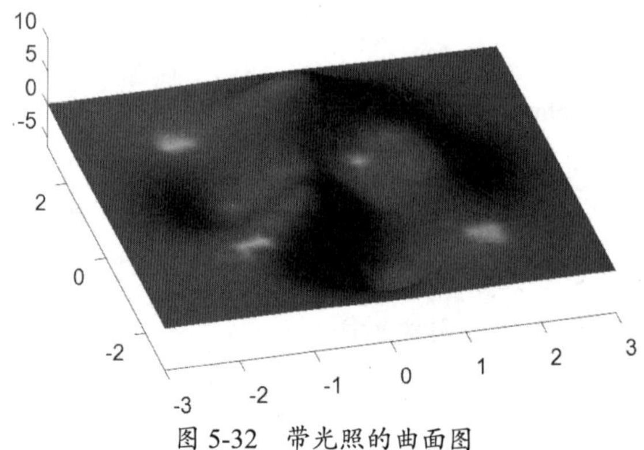

图 5-32　带光照的曲面图

本例给曲面涂上了红色，并且将 surf 指令定义的网格线移除了。同时，一个发光的物体被加到了“镜头”的左边（从空间观看时所在表面的位置）。

增加光源和设置好照明方式到 phong 后，先使用 view 命令改变视角，再从空间的另一个不同的点观看表面（方位角-15° 和仰角 65° ），最后用工具栏缩放方式放大外观。

基于运用漫射、镜面反光和环境照明模型，MATLAB 中还内置了 surfl 函数，可以画出类似于函数 surf 产生的带彩色的曲面。使用一个单色颜色映像（如灰色、纯白色、铜黄色或粉红色）和插值色彩，会画出效果更好的曲面。surfl 函数的调用格式为 surfl(X,Y,Z,S)，其中 S 以[Sx,Sy,Sz]或[az,cl]的形式定义光源方向。在没有明确定义的情况下，其默认光源位于逆时针 45°的位置。

例 5-31：surfl 指令应用示例。

在 M 文件编辑器窗口中编写 M 文件并命名为 ex5_31.m：

```
clear all
[X,Y,Z]=peaks(30);
subplot(1,2,1);surfl(X,Y,Z) , colormap(copper)
title('默认') , shading interp
subplot(1,2,2);surfl(X,Y,Z,[-90  30],[.55  .6  2  10])
title('调整') ,shading interp
```

运行 M 文件，结果如图 5-33 所示。

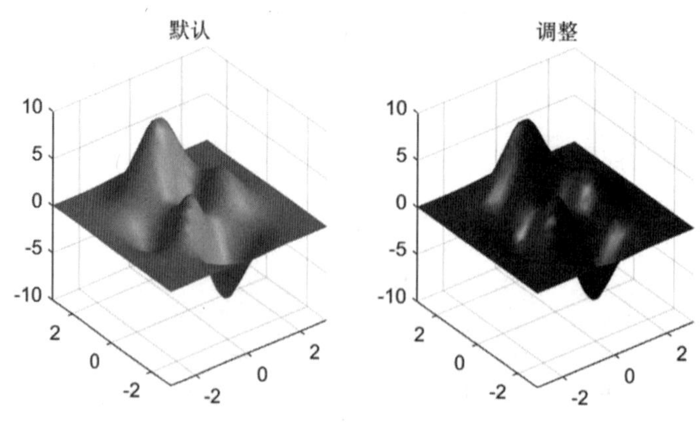

图 5-33　surfl 指令运行结果

值得注意的是，插值上色会极大地降低打印速度。这是因为每个像素都有一个不同的颜色值，打印机对每个点都要分别上色。

5.3.5　绘制等值线图

等值线图又叫等高线图。绘制等值线图需要用到 contour 指令，其调用格式如下。

- contour(Z)：以 Z 矩阵的列下标为 x 轴自变量、行下标为 y 轴自变量绘制等值线图。
- contour(Z,n)：n 为所绘制的图形等值线的条数。
- contour(Z,v)：v 为向量，其长度为等值线的条数，并且等值线的值为对应的向量的元素值。
- contour(X,Y,Z)：以 X 为 x 轴自变量、Y 为 y 轴自变量绘制等值线图；X、Y 均为向量，若 X、Y 的长度分别为 m、n，则 Z 为 m×n 的矩阵，即[m,n]=size(Z)，此时网格线的顶点为(X_j,Y_i,Z_{ij})。
- contour(X,Y,Z,n)：n 为所绘制的图形等值线的条数。
- contour(X,Y,Z,v)：v 为向量，其长度为等值线的条数，并且等值线的值为对应的向量的元素值。
- surf(…,LineSpec)：LineSpec 用来定义等值线的线型。

与 contour 指令的作用相类似的指令还有 contourf 指令，其调用格式与 contour 指令的调用格式相同。

例 5-32：contour 指令使用示例。

在 M 文件编辑器窗口中编写 M 文件并命名为 ex5_32.m：

```
clear all
[X,Y,Z] = peaks(30);
figure
subplot(1,4,1);contour(X,Y,Z);axis square
subplot(1,4,2);contour(X,Y,Z,10);axis square
subplot(1,4,3);contour(X,Y,Z,-10:1:10);axis square
subplot(1,4,4);contour(X,Y,Z,':');axis square
```

运行 M 文件，结果如图 5-34 所示。

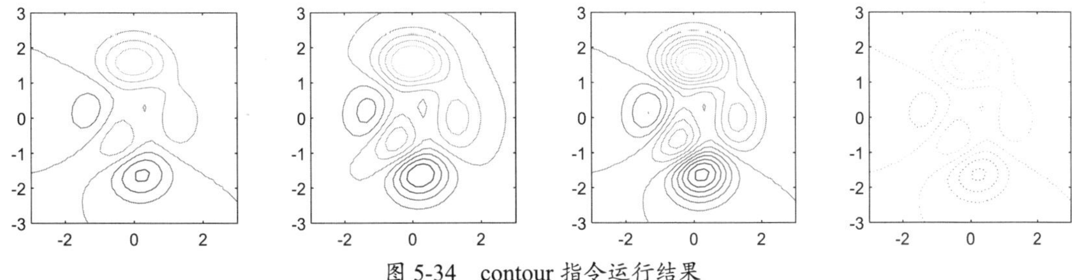

图 5-34　contour 指令运行结果

5.4 四维图形可视化

5.4.1 用颜色描述第四维

用 mesh 和 surf 等指令绘制的图形在未给出颜色参量的情况下，图形的颜色都是沿着 z 轴的数据变化的。例如，surf(X,Y,Z)与 surf(X,Y,Z,Z)两个指令的执行效果是相同的。将颜色施加于 z 轴能够产生色彩亮丽的图像，但由于 z 轴已经存在，因此它并不提供新的信息。

为了更好地利用颜色，可以考虑使用颜色来描述不受 3 个轴影响的数据的某些属性。为此，需要赋给三维作图函数的颜色参量所需的“第四维”数据。

如果作图函数的颜色参量是一个向量或矩阵，就用作颜色映像的下标。这个参量可以是任何实向量或与其参量维数相同的矩阵。

例 5-33：用颜色描述第四维示例。

在 M 文件编辑器窗口中编写 M 文件并命名为 ex5_33.m：

```
clear all
[X,Y,Z]=peaks(30);
R = sqrt(X.^2+Y.^2);
subplot(1,2,1);surf(X,Y,Z,Z);
axis tight
subplot(1,2,2);surf(X,Y,Z,R);
axis tight
```

运行 M 文件，结果如图 5-35 所示。

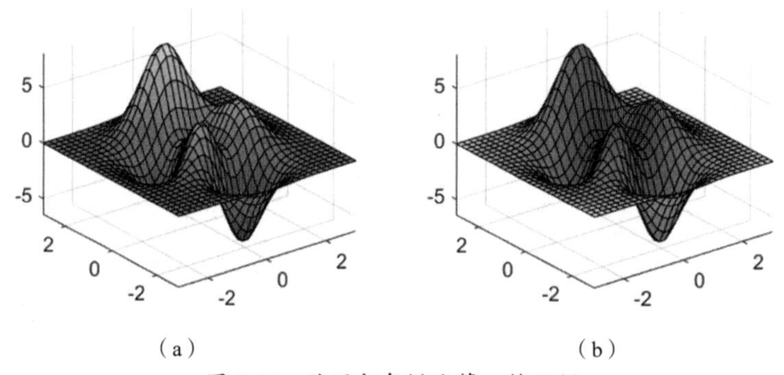

（a）　　（b）

图 5-35　使用颜色描述第四维示例

在坐标系中描述一个面需要三维数据，而另一维数据描述空间中的点的坐标值，可以使用不同的颜色表现出来。在图 5-35（a）中，第四维数据为 Z；在图 5-35（b）中，第四维数据为 R。通过图 5-35 可以看到，两者的颜色分布发生了明显的变化。

5.4.2 其他函数

除了 surf 函数，mesh 函数和 pcolor 函数也可以将第四维数据附加到颜色属性上，并在图形中表现出来。其他函数的句法列表如表 5-15 所示。

表 5-15　其他函数的句法列表

调 用 格 式	说　明
surf(X,Y,Z,fun(X,Y,Z))	根据函数 fun(X,Y,Z)来附加颜色数据
surf(X,Y,Z)=surf(X,Y,Z,Z)	默认动作，附加颜色数据于 z 轴
surf(X,Y,Z,X)	附加颜色数据于 x 轴
surf(X,Y,Z,Y)	附加颜色数据于 y 轴
surf(X,Y,Z,X.^2+Y.^2)	在 xoy 平面上距原点一定的距离处附加颜色数据
surf(X,Y,Z,del2(Z))	根据曲面的拉氏函数值附加颜色数据
[dZdx,dZdy]=gradient(Z);surf(X,Y,Z,abs(dZdx))	根据 x 轴方向的曲面斜率附加颜色数据
dz=sqrt(dZdx.^2+dZdy.^2);surf(X,Y,Z,dz)	根据曲面斜率大小附加颜色数据

除了表 5-15 列出的函数，slice 函数也可以通过颜色来表示存在于第四维空间中的值，其调用格式如下。

- slice(V, nx, ny, nz)：显示三元函数 V(X, Y, Z)确定的立体图在 x 轴、y 轴、z 轴方向上的若干点（对应若干平面）的切片图，各点的坐标由数量向量 sx、sy、sz 指定。其中 V 为大小为 m×n×p 的三维数组，默认值为 X=1:m、Y=1:n、Z=1:p。
- slice(X, Y, Z, V, nx, ny, nz)：显示三元函数 V(X, Y, Z)确定的立体图在 x 轴、y 轴、z 轴方向上的若干点（对应若干平面）的切片图。若函数 V(X, Y, Z)中有一个变量 X 取定值 X_0，则函数 V(X_0, Y, Z)为 X=X_0 立体面的切面图（将该切面通过颜色表示 V 的值），各点的坐标由数量向量 sx、sy、sz 指定。参量 X、Y、Z 均为三维数组，用于指定立方体 V 的每点的三维坐标。
- slice(V, XI, YI, ZI)：显示由参量矩阵 XI、YI、ZI 确定的立体图的切片图，参量 XI、YI、ZI 定义了一个曲面，同时会在曲面的点上计算立体图 V 的值。需要注意的是，XI、YI、ZI 必须为同型（结构相同）矩阵。
- slice(X, Y, Z, V, XI, YI, ZI)：沿着由矩阵 XI、YI、ZI 定义的曲面穿过立体图 V 的切片图。
- slice(…, 'method')：通过 method 指定内插值的方法。method 可取 linear、cubic、nearest。其中，linear 指定的内插值方法为三次线性内插值（若未指定，则此为默认值），cubic 指定使用三次立方内插值法，nearest 指定使用邻近点内插值法。

5.5　本章小结

本章系统地阐述了将离散数据表示成可视化图形的基本过程，曲线、曲面绘制的基本技法和指令，以及特殊图形的生成和使用示例。在绘图时，应当根据实际情况选择合适的函数和算法，使得可视化图形的表示最合理、信息的表现最全面。例如，可以使用不同线型、不同颜色、不同数据点标记来凸显不同数据的特征；还可以使用着色、灯光照明、反射效果、不同材质和透明度来渲染和烘托，表现出高维函数的形状等。

第 2 部分

第 6 章 数值计算

知识要点

数值计算是求解各种模型的重要手段。针对数值求解，MATLAB 提供了大量的函数，方便用户使用。本章介绍 MATLAB 强大的数值计算能力，首先介绍多项式函数，这些函数用于多项式求值、多项式乘法、多项式除法等；然后介绍插值函数，MATLAB 提供了数种不同的插值算法；最后介绍 limit 函数对函数极限的求解过程，以及函数数值积分。

学习要求

知识点	学习目标			
	了解	理解	应用	实践
多项式及其函数			√	√
数据插值				√
函数的极限			√	√
函数数值积分				√

6.1　多项式及其函数

多项式作为线性方程组的表现形式，在运算及应用中具有非常重要的意义，本节重点介绍多项式的各种运算法则、运算函数及操作指令，并特别对有理多项式进行说明。

6.1.1　多项式的表达式和创建

MATLAB 中使用一维向量来表示多项式，将多项式的系数按照降幂次序存放在向量中。多项式 $P(x)$的具体表示方法如下：

$$P(x)= a_0x^n +a_1x^{n-1} +a_{n-1}x +a_n$$

上述多项式的系数构成的向量为[a_0 a_1… a_{n-1} a_n]。

例如，多项式 $2x^4 +3x^3 + 5x^2 + 1$ 就可以用向量[2 3 5 0 1]来表示。应当注意的是，多项式中缺少的幂次的系数应当为“0”。在 MATLAB 中，多项式由一个行向量表示，其系数是按降序排列的。

例 6-1：输入多项式 $3x^4-10x^3+15x+1000$。

在命令行窗口中输入：

```
>> p=[3  -10  0  15  1000]
```

输出结果：

```
p =
     3   -10     0    15   1000
```

○ 注意

必须包括具有 0 系数的项。例如，在上例中，多项式并没有二次项，因此二次项的系数为 0，否则 MATLAB 是无法知道哪一项为 0 的。

例 6-2：将由向量表示的多项式用字符串输出的通用函数示例。

在 M 文件编辑器窗口中编写 M 文件并命名为 pprintf.m：

```
function s=pprintf(p)
%pprintf: for polynomial printf.
%pprintf(p) printf p as string
%2022.03.23
if nargin>1
     error('Too much input arguments ')    %确认输入变量
end
while p(1)==0                              %将高次的零去掉
    p(1)=[];
end
l=length(p);                               %计算 p 的长度
if l==0
    s='0';
elseif l==1
    s=num2str(p(1));
```

```
elseif l==2
    s=strcat(num2str(p(1)),'x+',num2str(p(2)));
elseif l>2
    for i=1:l
        if i==1
            if p(i)==1
                s=strcat('x^{',num2str(l-i),'}');
            else
                s=strcat(num2str(p(i)),'x^{',num2str(l-i),'}');
            end
        elseif i==l
            s=strcat(s,'+',num2str(p(i))');
        elseif i==l-1
            s=strcat(s,'+',num2str(p(i)),'x');
        else
            if p(i)==0
            else
                s=strcat(s,'+',num2str(p(i)),'x^{',num2str(l-i),'}');
            end
        end
    end
end
end
```

现在，为了试验函数 pprintf，在命令行窗口中输入：

```
>> p=[1 0 3 5 7 9];
>> figure; title(pprintf(p))
```

运行后，在图形界面上输出结果：

$x^5+3x^3+5x^2+7x+9$

6.1.2 多项式求根

1. 多项式的根

找出多项式的根，即使多项式为 0 的值可能是许多学科共同的问题。MATLAB 能求解这个问题，并提供了特定函数 roots。

例 6-3：求解多项式 $3x^4-10x^3+15x+1000$ 的根。

在命令行窗口中输入：

```
>> p=[3  -10  0  15  1000];
>> r=roots(p)
```

输出结果：

```
r =
   4.0283 + 2.8554i
   4.0283 - 2.8554i
  -2.3616 + 2.8452i
  -2.3616 - 2.8452i
```

2. 由根创建多项式

在 MATLAB 中，无论是一个多项式还是它的根，都是以向量形式存储的。按照惯例，多项式是行向量，根是列向量。因此，当给出一个多项式的根时，MATLAB 也可以构造出相应的多项式，这个过程需要使用函数 poly。

例 6-4：由根创建多项式。

在命令行窗口中输入：

```
>> r =[4.0283 + 2.8554i; 4.0283 - 2.8554i; -2.3616 + 2.8452i; -2.3616 - 2.8452i];
>> p=poly(r)
```

输出结果：

```
p =
    1.0000   -3.3333    0.0000    5.0000  333.3333
```

因为 MATLAB 无隙地处理复数，所以当用根重组多项式时，如果一些根有虚部，则由于截断误差，poly 的结果会有一些小的虚部。消除虚假的虚部，只要使用函数 real 抽取实部即可。

6.1.3 多项式的四则运算

1. 多项式的加法

对于多项式的加法，MATLAB 并未提供一个特别的函数。如果两个多项式向量大小相同，那么多项式相加时就与标准的数组加法相同。减法同理，这里不再赘述。

例 6-5：多项式的加法运算示例一。

在命令行窗口中输入：

```
>> a=[1 3 5 7 9];
>> b=[1 2 4 6 8];
>> c=a+b
```

输出结果：

```
c =
     2     5     9    13    17
```

结果是 $c(x)=2x^4+5x^3+9x^2+13x+17$。

○ 注意

当两个多项式阶次不同时，低阶的多项式用首零填补，使其与高阶多项式有同样的阶次。要求是首零而不是尾零，因为相关的系数像 x 幂次一样，必须整齐。

例 6-6：多项式的加法运算示例二。

在命令行窗口中输入：

```
>> a=[1 3 5 7 9];
>> b=[0 2 4 6 8];
>> c=a+b
```

输出结果：

```
c =
    1     5     9    13    17
```

结果是 $c(x)= x^4+5x^3+9x^2+13x+17$。

有的时候，两个相加的多项式的项数并不明确，这时可用一个文件编辑器创建一个通用的多项式相加函数 M 文件来执行一般的多项式加法运算。

例 6-7：通用的多项式加法函数示例。

在 M 文件编辑器窗口中编写 M 文件并命名为 ppadd.m：

```
function p=ppadd(a,b)
%  ppadd: for polynomial addition.
%  ppadd(a,b) adds the polynomial a and b
if nargin<2
    error(' Not enough input arguments ')      %确认输入变量
end
a=a(:).' ;                                     %将输入转化为行向量
b=b(:).' ;
na=length(a) ;                                 %求相加的两个多项式的项数
nb=length(b) ;
p=[zeros(1,nb-na) a]+[zeros(1,na-nb) b] ;      %当相加的两个多项式的项数不等时，高次补零
end
```

现在，为了试验函数 ppadd，在命令行窗口中输入：

```
>> a=[1 3 5 7 9];
>> b=[0 2 4 6 8];
>> c= ppadd (a, b)
```

输出结果：

```
c =
    1     5     9    13    17
```

结果是 $c(x)= x^4+5x^3+9x^2+13x+17$，与上例结果一致。

2. 多项式的乘法

在 MATLAB 中，函数 conv 支持多项式的乘法（运算法则为执行两个数组的卷积）。

例 6-8：多项式的乘法运算示例。

在命令行窗口中输入：

```
>> a=[1 3 5 7 9];
>> b=[1 2 4 6 8];
>> c=conv(a , b)
```

输出结果：

```
c =
    1     5    15    35    69   100   118   110    72
```

结果是 $c(x)=x^8+5x^7+15x^6+35x^5+69x^4+100x^3+118x^2+110x+72$。

3. 多项式的除法

在一些特殊情况下，一个多项式需要除以另一个多项式。在 MATLAB 中，这是由函数 deconv 完成的。

例 6-9：多项式的除法运算示例。

在命令行窗口中输入：

```
>> c=[1 5 15 35 69 100 118 110 72];
>> b=[1 2 4 6 8];
>> [a, r]=deconv (c , b)
```

输出结果：

```
a=
     1     3     5     7     9
r=
     0     0     0     0     0     0     0     0     0
```

其中，a 是多项式 c 除以多项式 b 的商，余式为 r。本例中的 r 为零多项式，因为多项式 b 和多项式 a 的乘积恰好是 c。

6.1.4　多项式的导数、积分与估值

1．多项式的导数

MATLAB 为多项式求导提供了函数 polyder。

例 6-10：多项式求导运算示例。

在命令行窗口中输入：

```
>> d=[1 5 15 35 69 100 118 110 72];
>> e=polyder(d)
```

输出结果：

```
e=
     8    35    90   175   276   300   236   110
```

2．多项式的积分

MATLAB 为多项式积分提供了函数 polyint，其具体的调用格式如下：

- polyint(P, k)：返回多项式 P 的积分，积分常数项为 k。
- polyint(P)：返回多项式 P 的积分，积分常数项的默认值为 0。

例 6-11：多项式积分运算示例。

在命令行窗口中输入：

```
>> d=[1 5 15 35 69 100 118 110 72];
>> f=polyint (d)
```

输出结果：

```
f =
  列 1 至 8
    0.1111    0.6250    2.1429    5.8333   13.8000   25.0000   39.3333   55.0000
  列 9 至 10
   72.0000         0
```

3. 多项式的估值

根据多项式系数的行向量，可对多项式进行加、减、乘、除和求导运算，也能对其进行估值运算。这在 MATLAB 中由函数 polyval 完成。

例 6-12：多项式的估值运算示例。

在 M 文件编辑器窗口中输入：

```
Clear,clf
x= -1:0.01:1;                    %生成自变量
g=[1 3 5 7 9];                   %函数对应的多项式
h=polyval(g,x);                  %进行估值运算
plot(x , h);xlabel('x');         %将估值运算结果对自变量作图
title('x^4+3x^3+5x^2+7x+9');
```

运行后，输出结果如图 6-1 所示。

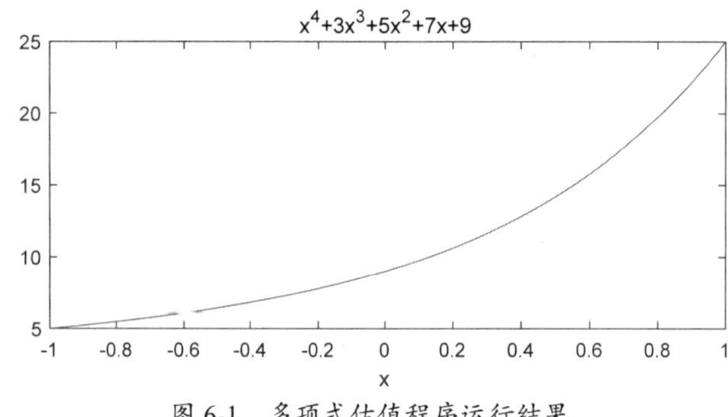

图 6-1　多项式估值程序运行结果

6.1.5　多项式运算函数及操作指令

多项式运算函数及常用的操作指令如表 6-1 和表 6-2 所示。

表 6-1　多项式运算函数

多项式运算函数	函 数 作 用
conv(a, b)	乘法
[q, r]=deconv(a, b)	除法
poly(r)	用根构造多项式
polyder(a)	对多项式或有理多项式求导
polyfit(x, y, n)	多项式数据拟合
polyval(p, x)	计算 x 点中多项式的值
[r, p, k]=residue(a, b)	部分分式展开式
[a, b]=residue(r, p, k)	部分分式组合
roots(a)	求多项式的根

表 6-2　常用的多项式操作指令

多项式操作指令	指 令 含 义
mmp2str(a)	多项式向量到字符串的转换，a(s)
mmp2str(a, ' x ')	多项式向量到字符串的转换，a(x)

续表

多项式操作指令	指 令 含 义
mmp2str(a, ' x ', 1)	常数和符号多项式的变换
mmpadd(a, b)	多项式加法
mmpsim(a)	多项式简化

6.1.6　有理多项式

在许多应用中，如在傅里叶、拉普拉斯和 Z 变换中，出现了两个多项式之比。在 MATLAB 中，有理多项式由它们的分子多项式和分母多项式表示。对有理多项式进行运算的两个函数是 residue 和 polyder。函数 residue 执行部分分式展开的运算。

例 6-13：有理多项式的展开。

在 M 文件编辑器窗口中输入：

```
clear
num=[ 5 3 -2 7];       %分子多项式
den=[-4 0 8 3];        %分母多项式
[r, p, k] = residue(num,den)
```

运行后输出结果为：

```
r =
   -1.4167
   -0.6653
    1.3320
p =
    1.5737
   -1.1644
   -0.4093
k =
   -1.2500
```

本例结果可表示为

$$\frac{5x^3+3x^2-2x+7}{-4x^3+8x+3}=\frac{-1.4167}{x-1.5737}+\frac{-0.6653}{x+1.1644}+\frac{1.332}{x+0.4093}-1.25$$

residue 函数也可执行逆运算。

例 6-14：有理多项式展开的逆运算。

在 M 文件编辑器窗口中输入：

```
clear
num=[ 5 3 -2 7];       %分子多项式
den=[-4 0 8 3];        %分母多项式
[r, p, k] = residue(num,den);
[n, d] = residue(r, p, k)
```

运行后输出结果为：

```
n =
   -1.2500   -0.7500    0.5000   -1.7500
d =
```

```
    1.0000   -0.0000   -2.0000   -0.7500
```

本例结果可表示为

$$\frac{n(x)}{d(x)}=\frac{-1.25x^3-0.75x^2+0.5x-1.75}{x^3-2x-0.75}$$

函数 polyder 可用来对多项式求导。除此之外，如果输入两个多项式，则 polyder 函数对两个多项式构成的有理多项式求导。

例 6-15：有理多项式的求导。

在 M 文件编辑器窗口中输入：

```
clear
num=[ 5 3 -2 7];        %分子多项式
den=[-4 0 8 3];         %分母多项式
[b, a]=polyder(num , den)
```

运行后输出结果为：

```
b =
    12    64   153    18   -62
a =
    16     0   -64   -24    64    48     9
```

6.2　数据插值

插值法是一种古老的数学方法。插值问题的数学定义如下。

先由实验或测量的方法得到函数 $y=f(x)$ 在互异点 $x_0,x_1,\cdots,x_n$ 处的数值 $y_0,y_1,\cdots,y_n$（见图 6-2），然后构造一个函数 $\phi(x)$ 作为 $y=f(x)$ 的近似表达式，即

$$y=f(x)\approx\phi(x)$$

使得 $\phi(x_0)=y_0,\phi(x_1)=y_1,\cdots,\phi(x_n)=y_n$。这类问题称为插值问题，$y=f(x)$ 称为被插值函数，$\phi(x)$ 称为插值函数，$x_0,x_1,\cdots,x_n$ 称为插值节点。

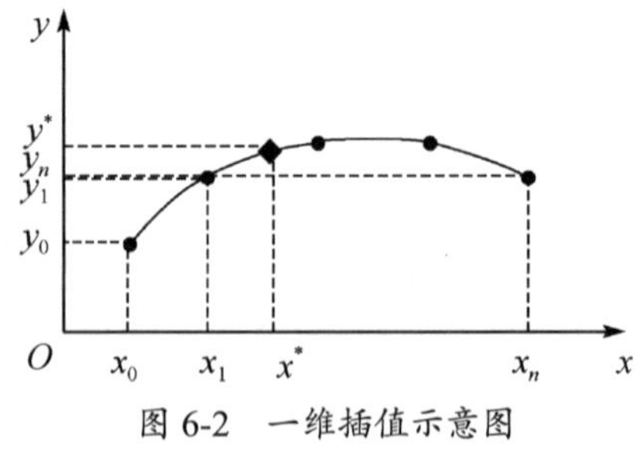

图 6-2　一维插值示意图

插值的任务是由已知的观测点为物理量建立一个简单、连续的解析模型，以便能根据该模型推测该物理量在非观测点处的特性。

插值包括多项式插值、埃尔米特插值、分段插值与样条插值、三角函数插值、辛克插值等。插值在数据分析、信号处理、图像处理等诸多领域有着十分重要的应用。

6.2.1　一维插值

当被插值函数 $y = f(x)$ 为一元函数时，为一维插值。MATLAB 使用 interp1 函数来实现一维插值。interp1 函数的调用格式为 Vq = interp1(X,V,Xq,METHOD)。其中，X 为自变量的取值范围；V 为函数值，或者为一个向量，其长度必须与 X 保持一致；Xq 为插值点向量或数组；METHOD 是字符串变量，用来设定插值方法。

MATLAB 提供了以下几种插值方法。

- METHOD='nearest'：邻近点插值，插值点函数值估计为与该插值点最近的数据点的函数值。
- METHOD='linear'：线性插值，根据相邻数据点的线性函数估计落在该区域内插值数据点的函数值。
- METHOD='spline'：三次样条插值。这种方法在相邻数据点间建立三次多项式函数，根据多项式函数确定插值数据点的函数值。
- METHOD='pchip'或'cubic'：立方插值，通过分段立方埃尔米特插值方法计算插值结果。
- METHOD='v5cubic'：用 MATLAB 5 版本中的三次样条插值方法。

上述几种插值方法的比较如下。

- 邻近点插值方法的速度最快，但平滑性最差。
- 线性插值占用的计算机内存比邻近点插值大，运算时间也长；与邻近点插值不同的是，其结果是连续的，但顶点处的斜率会改变。
- 三次样条插值方法的运算时间最长，但内存的占用较立方插值小，其插值数据和导数都是连续的。在这几种插值方法中，三次样条插值结果的平滑性最好，但如果输入数据不一致或数据点过近，就可能出现平滑性很差的插值效果。

要选择一种插值方法，需要考虑的因素包括运算时间、占用计算机内存的大小和插值的平滑性。

下面介绍几种较为常用的一维插值方法。

1．分段线性插值

分段线性插值（linear）的算法在每个小区间$[x_i, x_{i+1}]$上采用简单的线性插值。在区间$[x_i, x_{i+1}]$上的子插值多项式为

$$F_i = \frac{x - x_{i+1}}{x_i - x_{i+1}} f(x_i) + \frac{x - x_i}{x_{i+1} - x_i} f(x_{i+1})$$

在整个区间$[x_i, x_n]$上的插值函数为

$$F(x) = \sum_{i=1}^{n} F_i l_i(x)$$

式中，$l_i(x)$的定义如下：

$$l_i(x)=\begin{cases}\dfrac{x-x_{i-1}}{x_i-x_{i-1}} & x\in[x_{i-1},x_i]\quad（i=0\text{时舍去}）\\ \dfrac{x-x_{i+1}}{x_i-x_{i+1}} & x\in(x_i,x_{i+1}]\quad（i=0\text{时舍去}）\\ 0 & x\notin[x_{i-1},x_{i+1}]\end{cases}$$

例 6-16：利用 interp1 函数对 *y*=sin*x* 进行分段线性插值。

在 M 文件编辑器窗口中输入：

```
clear all;
x=0:2*pi;
y=sin(x);
xx=0:0.5:2*pi;
yy=interp1(x,y,xx);
plot(x,y,'s',xx,yy)
```

得到的结果如图 6-3 所示。

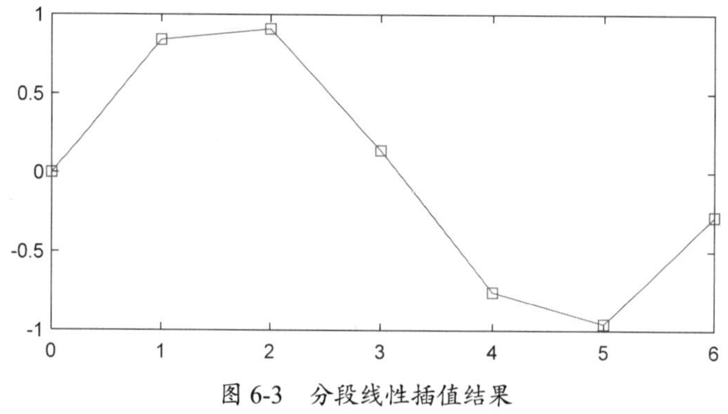

图 6-3　分段线性插值结果

2．一维快速傅里叶插值

一维快速傅里叶插值通过函数 interpft 实现。该函数先用傅里叶变换把输入数据变换到频域，然后用更多点的傅里叶逆变换变回时域，其结果是对数据进行增采样。函数 interpft 的调用格式如下。

- y = interpft(x,n)：先对 x 进行傅里叶变换，然后采用 n 点傅里叶逆变换变回时域。如果 x 是一个向量，其长度为 m，采样间隔为 dx，则数据 y 的采样间隔是 dx*m/n。
- y = interpft(x,n,dim)：在 dim 指定的维度上操作。

例 6-17：利用一维快速傅里叶插值实现数据增采样。

在 M 文件编辑器窗口中输入：

```
%利用一维快速傅里叶插值实现数据增采样
clear all;clf
x = 0:1.2:10;
y = sin(x);
n = 2*length(x);                    %采样增加为原来的 2 倍
yi = interpft(y,n);                 %一维快速傅里叶插值
xi = 0:0.6:10.4;
hold on;
```

```
plot(x,y,'ro');                    %画图
plot(xi,yi,'b.-');
title('一维快速傅里叶插值');
legend('原始数据','插值结果');
```

运行后得到的结果如图 6-4 所示。

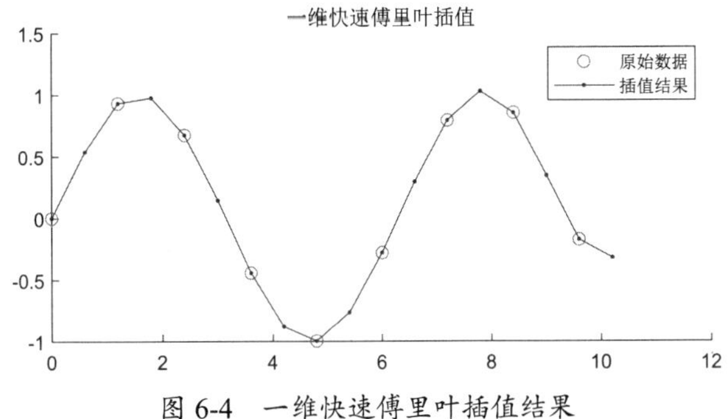

图 6-4　一维快速傅里叶插值结果

例 6-18：采用 interpft 函数对 y=sin$x$ 函数进行插值。

在 M 文件编辑器窗口中输入：

```
clear all;clf
x=0:2*pi;
y=sin(x);
z=interpft(y,15);
xx=linspace(0,2*pi,15);        %生成 0～2π 的 15 个线性等分点
plot(x,y,'-o',xx,z,':o')
```

运行后得到的结果如图 6-5 所示。

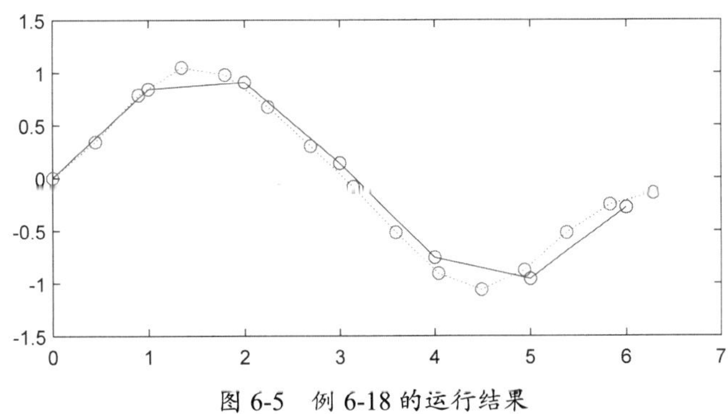

图 6-5　例 6-18 的运行结果

6.2.2　二维插值

当被插值函数 $y = f(x)$ 为二元函数时，为二维插值。MATLAB 使用 interp2 函数来实现二维插值。interp2 函数的调用格式为 Vq = interp2(X,Y,V,Xq,Yq,METHOD)。其中，X、Y、V 是具有相同大小的矩阵，V(i,j)是数据点[X(i,j),Y(i,j)]上的函数值；Xq、Yq 为待插值数据网格；METHOD 是一个字符串变量，表示不同的插值方法。

MATLAB 提供了以下 4 种插值方法。

- METHOD='nearest'：领近点插值，将插值点周围的 4 个数据点中距离该插值点最近的数据点的函数值作为该插值点的函数值的估计值。
- METHOD='linear'：双线性插值，是 MATLAB 的 interp2 函数默认使用的插值方法。该方法将插值点周围的 4 个数据点的函数值的线性组合作为插值点的函数值的估计值。
- METHOD='spline'：三次样条插值。该方法的计算效率高，得到的曲面光滑，是用户经常使用的插值方法。
- METHOD='cubic'：双立方插值。该方法利用插值点周围的 16 个数据点，相对于邻近点插值和双线性插值方法，其需要消耗较多的内存和计算时间，故计算效率不高，但是得到的曲面更加光滑。

例 6-19：二维插值示例。

在 M 文件编辑器窗口中输入：

```
clear all;
[X,Y] = meshgrid(-3:.25:3);                %产生已知的数据栅格点
Z = peaks(X,Y);                            %计算已知点的函数值
[XI,YI] = meshgrid(-3:.125:3);             %产生更精密的插值点
ZI = interp2(X,Y,Z,XI,YI);
mesh(X,Y,Z), hold, mesh(XI,YI,ZI+15)
hold off
axis([-3 3 -3 3 -5 20])
```

运行后输出结果如图 6-6 所示。

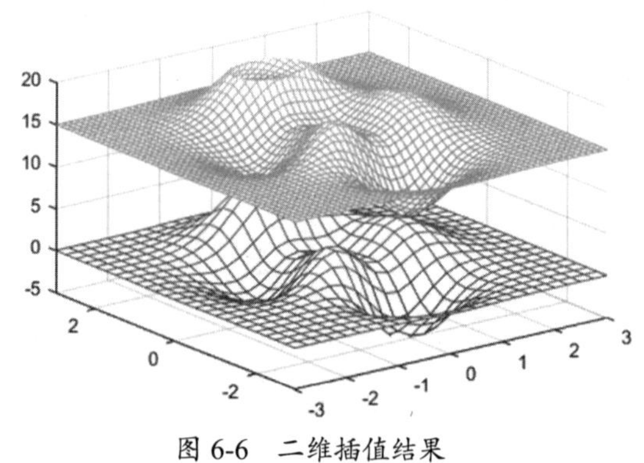

图 6-6　二维插值结果

6.3　函数的极限

极限理论是微积分学的基础理论。在 MATLAB 中，采用 limit 函数计算数量或函数的极限。

6.3.1　极限的概念

设 $\{x_n\}$ 为数列，a 为常数。若对任意的正数 ε，总存在正整数 N，使得当 $n>N$ 时，

有｜x_n-a｜<ε，则称数列{ x_n }收敛于 a，常数 a 称为数列{ x_n }的极限，并记作

$$\lim_{n\to\infty} x_n = a$$

6.3.2　求极限的函数

当 $x\to x^-_0$ 时，若函数 $f(x)$以 a 为极限，则称函数 $f(x)$在 $x\to x^-_0$ 时以 a 为左极限；当 $x\to x^+_0$ 时，若函数 $f(x)$以 a 为极限，则称函数 $f(x)$在 $x\to x^+_0$ 时，以 a 为右极限。左极限和右极限统称为单侧极限，当左极限和右极限同时存在且相等（均为 a）时，称 $\lim\limits_{n\to x_0^+} f(x)$ 存在且等于 a。

在 MATLAB 中，采用 limit 函数求某个具体函数的极限，常用的调用格式如下。

- limit(expr,x,a)：当 x→a 时，对函数 expr 求极限，返回值为函数极限。
- limit(expr)：默认当 x→0 时，对函数 expr 求极限，返回值为函数极限。
- limit(expr,x,a,'left')：当 x→a 时，对函数 expr 求其左极限，返回值为函数极限。
- limit(expr,x,a,'right')：当 x→a 时，对函数 expr 求其右极限，返回值为函数极限。

例 6-20：对于数列{$n/(3n+1)$}，当 n 趋于无穷大时，求其极限。

在 M 文件编辑器窗口中输入：

```
clear all
n=1:200;
y=n./(3*n+1);
figure;
plot(n,y); %显示数列
syms x;
f=x/(3*x+1);
z=limit(f,x,inf)
```

运行后输出结果如下，并输出如图 6-7 所示的图形。

```
z =
   1/3
```

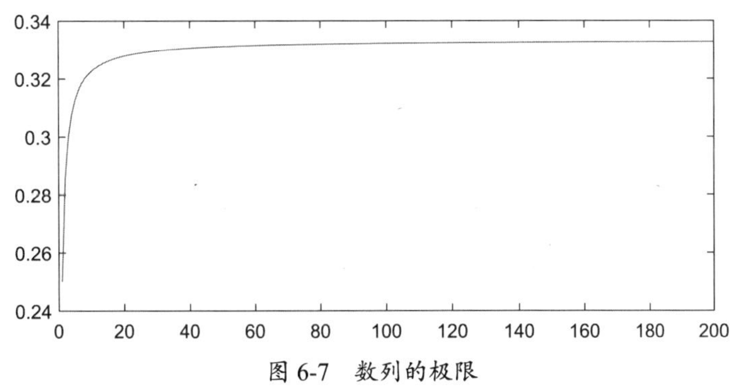

图 6-7　数列的极限

例 6-21：求极限 $\lim\limits_{x\to 1}\dfrac{3x^2}{3x^2-2x+1}$。

在命令行窗口中输入：

```
>> clear all
```

```
>> syms x;
>> f=(3*x^2)/(3*x^2-2*x+1);
>> z=limit(f,x,1)
```

输出结果：

```
z =
   3/2
```

例 6-22：求极限 $\lim_{x\to 0}\frac{\sin(\sin x)}{x}-1$。

在命令行窗口中输入：

```
>> clear all
>> syms x;
>> f=sin(sin(x))/x-1;
>> z=limit(f,x,0)
```

输出结果：

```
z =
   0
```

6.4 函数数值积分

定积分的计算可用牛顿-莱布尼茨公式：

$$\int_a^b f(x)\mathrm{d}x = F(b)-F(a)$$

式中，$F(x)$是 $f(x)$的原函数之一，可用不定积分求得。然而，在实际问题中，在应用上述公式时，往往会遇到一系列的问题。

- 被积函数 $f(x)$是使用函数表格提供的。
- 被积函数表达式极为复杂，求不出原函数，或者求出的原函数的形式很复杂，不利于计算。
- 大量函数的原函数不容易求出或根本无法求出。例如，正弦型积分 $\int_0^1\frac{\sin x}{x}\mathrm{d}x$ 等，根本无法用初等函数来表示其原函数，因而无法精确计算其定积分。

数值积分便是为了解决上述问题而被提出来的。数值积分只需计算 $f(x)$在节点 $x_i(i=1,2,\cdots,n)$上的值，计算方便且适合在计算机上实现。

6.4.1 数值积分问题的数学表述

区间$[a,b]$上的定积分$\int_a^b f(x)\mathrm{d}x$就是指在区间$[a,b]$内取 $n+1$ 个点 $x_0,x_1,\cdots,x_n$，利用被积函数 $f(x)$ 在这 $n+1$ 个点处的函数值的某一种线性组合来近似作为待求定积分的值，即

$$\int_a^b f(x)\mathrm{d}x \approx \sum_{k=0}^{n} A_k f(x_k)$$

式中，x_k 称为积分节点；A_k 称为积分系数。右端公式称为左端定积分的某个数值积分公式。因此，求积分的关键在于积分节点 x_k 的选取及积分系数 A_k 的确定。

MATLAB 支持三重以下的积分运算，分别为 $\int_{x_{\min}}^{x_{\max}} f(x)\mathrm{d}x$、$\int_{x_{\min}}^{x_{\max}}\int_{y_{\min}}^{y_{\max}} f(x,y)\mathrm{d}x\mathrm{d}y$、$\int_{x_{\min}}^{x_{\max}}\int_{y_{\min}}^{y_{\max}}\int_{z_{\min}}^{z_{\max}} f(x,y,z)\mathrm{d}x\mathrm{d}y\mathrm{d}z$。在计算积分值时，要求积分区间是确定的。

6.4.2　一元函数的数值积分

本节讨论 $f(x)$ 为一元函数时的积分情况。MATLAB 为一元函数的数值积分提供了 3 个函数，分别为 quad、quadl、quadv。下面对这 3 个函数进行介绍。

1．quad 函数

quad 函数采用遍历的自适应辛普森（Simpson）法计算函数的数值积分，适用于对精度要求低、被积函数平滑性较差的数值积分。quad 函数常用的调用格式如下。

- Q = quad(FUN,A,B)。
- Q = quad(FUN,A,B,TOL)。
- Q = quad(FUN,A,B,TOL,TRACE)。
- [Q,FCNT] = quad(...)。

其中，FUN 为被积函数的句柄，应该接收向量输入，并输出相同长度的向量。A、B 分别为积分的起始值和结束值。TOL 用于控制自适应辛普森法的误差，增大 TOL 可以加快计算速度，但是计算精度会下降。在默认情况下，TOL=1.0e−6。当 TRACE 值非 0 时，函数输出计算过程中的[FCNT A B−A Q]。FCNT 表示函数计算的次数。

2．quadl 函数

quadl 函数采用遍历的自适应 Lobatto 法计算函数的数值积分，适用于对精度要求高、被积函数曲线比较平滑的数值积分，其用法与 quad 函数的用法相同，分别如下。

- Q = quadl(FUN,A,B)。
- Q = quadl(FUN,A,B,TOL)。
- Q = quadl(FUN,A,B,TOL,TRACE)。
- [Q,FCNT] = quadl(...)。

其中，各输入参数和输出参数的含义同 quad 函数。

通常，quad 函数具有较快的计算速度，但是准确性较低；而 quadl 函数需要更多的计算时间，但是具有较高的准确性。

3．quadv 函数

有的时候，被积函数 $f(x)$ 是一系列的函数，如下述积分：

$$\int_0^1 x^k \mathrm{d}x,\quad k=1,2,\cdots,n$$

当 k 取不同的数值时，该积分的结果也不尽相同。针对这种情况，MATLAB 提供了 quadv

函数，可以一次计算多个一元函数的数值积分值。

quadv 函数是 quad 函数的向量扩展，因此也称为向量积分，其用法与 quad 函数的用法相同，分别如下。

- Q = quadv(FUN,A,B)。
- Q = quadv(FUN,A,B,TOL)。
- Q = quadv(FUN,A,B,TOL,TRACE)。
- [Q,FCNT] = quadv(...)。

其中各输入参数和输出参数的含义同 quad 函数。向量积分的结果是一个向量。

quad、quadl、quadv 这 3 个函数都要求被积函数 FUN 必须是函数句柄，同时积分区间 $[a,b]$ 必须是有限的，因此不能为 inf（或 Inf）。此外，在使用上述 3 个函数进行数值积分的求解时，可能会出现如下几种错误提示信息。

- 'Minimum step size reached'：意味着子区间的长度与计算机舍入误差相当，无法继续计算。原因可能是有不可积的奇点。
- 'Maximum function count exceeded'：意味着积分递归计算超过了 10000 次。原因可能是有不可积的奇点。
- 'Infinite or Not-a-Number function value encountered'：意味着在进行积分计算时，区间内出现了浮点数溢出或被零除的情况。

例 6-23：计算积分 $\int_0^2 \frac{1}{x^3-2x-5}\mathrm{d}x$。

在命令行窗口中输入：

```
>> clear all;
>> F = @(x)1./(x.^3-2*x-5);
>> Q = quad(F,0,2)
```

输出结果：

```
Q =
   -0.4605
```

6.4.3 多重数值积分

本节讨论被积函数为二元函数 $f(x,y)$ 和三元函数 $f(x,y,z)$ 的情况。MATLAB 提供了 dblquad 函数和 triplequad 函数，分别用于计算二重数值积分和三重数值积分。

1. 二重数值积分计算函数 dblquad

dblquad 函数可以用来计算被积函数在矩形区域 $x\in[x_{\min},x_{\max}]$，$y\in[y_{\min},y_{\max}]$ 内的数值积分值。该函数先计算内积分值，然后利用内积分的中间结果计算二重积分。根据 dxdy 的顺序，称 x 为内积分变量、y 为外积分变量。dblquad 函数的调用格式如下。

- Q = dblquad(FUN,XMIN,XMAX,YMIN,YMAX)。
- Q = dblquad(FUN,XMIN,XMAX,YMIN,YMAX,TOL)。

- Q = dblquad(FUN,XMIN,XMAX,YMIN,YMAX,TOL,@QUADL)。
- Q = dblquad(FUN,XMIN,XMAX,YMIN,YMAX,TOL,MYQUADF)。

其中，FUN 为被积函数的句柄；XMIN、XMAX、YMIN、YMAX 分别为矩形区域在 x 和 y 两个方向上的积分限；TOL 指定绝对计算精度；@QUADL 和 MYQUADF 用以指定计算一维积分时采用的函数，MATLAB 默认采用 quad 函数计算一维积分，@QUADL 表示用户指定采用 quadl 函数计算一维积分，而 MYQUADF 则表示采用用户自己编写的一维积分函数计算一维积分。

例 6-24：计算积分 $\int_0^{\pi}\int_0^{2\pi}(y\sin x+3\cos y-1)\mathrm{d}x\mathrm{d}y$。

在命令行窗口中输入：

```
>> clear all;
>> f=@(x,y)y*sin(x)+3*cos(y)-1;
>> xmin=pi;
>> xmax=2*pi;
>> ymin=0;
>> ymax=pi;
>> q=dblquad(f,xmin,xmax,ymin,ymax)
```

输出结果：

```
q =
   -19.7392
```

2．三重数值积分计算函数 triplequad

triplequad 函数可以用来计算被积函数在空间区域 $x\in[x_{\min},x_{\max}]$，$y\in[y_{\min},y_{\max}]$，$z\in[z_{\min},z_{\max}]$ 内的数值积分值。该函数的调用格式如下。

- Q = triplequad(FUN,XMIN,XMAX,YMIN,YMAX,ZMIN,ZMAX)。
- Q = triplequad(FUN,XMIN,XMAX,YMIN,YMAX,ZMIN,ZMAX,TOL)。
- Q = triplequad(FUN,XMIN,XMAX,YMIN,YMAX,ZMIN,ZMAX,TOL,@QUADL)。
- Q = triplequad(FUN,XMIN,XMAX,YMIN,YMAX,ZMIN,ZMAX,TOL,MYQUADF)。

其中相关参数的含义同 dblquad 函数。

6.5　本章小结

针对数据分析和处理，MATLAB 提供了大量的函数供用户使用。本章介绍了 MATLAB 强大的数据分析和处理功能，主要包括多项式函数、插值函数、函数极限的求解过程及函数数值积分计算。可以看出，利用 MATLAB 进行数据分析非常灵活，读者需要熟练掌握。

第 7 章

符号计算

知识要点

MATLAB 科学计算包括数值计算和符号计算两种。符号运算处理的对象主要是符号变量与符号表达式，要实现符号计算，首先需要将处理对象定义为符号变量或符号表达式，符号计算的特点如下。

- ☑ 符号计算以推理解析的方式进行，因此没有计算误差累积所带来的困扰。
- ☑ 符号计算可以给出完全正确的封闭解或任意精度的数值解。
- ☑ 符号计算指令的调用比较简单，与经典教科书公式相近。
- ☑ 符号计算所需的时间较长。

学习要求

知识点	学习目标			
	了解	理解	应用	实践
符号对象和符号表达式的基本概念		√		
符号表达式的基本操作和替换			√	√
符号函数的操作			√	√
微积分			√	√
积分变换	√			√

7.1　符号计算概述

MATLAB 符号计算是通过集成在 MATLAB 中的符号数学工具箱（Symbolic Math Toolbox）来实现的。与别的工具箱有所不同，该工具箱不基于矩阵的数值分析，而是使用字符串来进行符号分析与运算的。

MATLAB 中的符号数学工具箱几乎可以完成所有的符号计算功能。这些功能主要包括符号表达式的计算，符号表达式的复合、化简，符号矩阵的计算，符号微积分，符号函数画图，符号代数方程求解，符号微分方程求解等。此外，该工具箱还支持可变精度计算，即支持符号计算以指定的精度返回结果。

7.2　符号对象和符号表达式

符号数学工具箱中定义了一种新的数据类型，叫 sym 类。sym 类的实例就是符号对象，符号对象是一种数据结构，是用来存储代表符号的字符串的复杂数据结构。

符号表达式是符号变量或符号常量的组合，在某些特定的情况下，符号变量和符号常量也可以被认为是符号表达式。符号表达式的创建使用函数 sym。

7.2.1　对象创建命令

作为符号对象的符号常量、符号变量、符号函数及符号表达式，可以使用函数 sym、syms 规定和创建，利用 class 函数可以测试创建的操作对象为何种类型，以及是否为符号对象类型。

1. 函数 sym

函数 sym 的语法格式如下。

- S = sym(A)：将非符号对象 A（如数字、表达式、变量等）转换为符号对象，并存储在符号变量 S 中。
- x = sym('x')：创建符号变量 x，其名字是'x'，如 alpha = sym('alpha')。
- x = sym('x', 'real')：假设 x 是实数，则有 x 的共轭 conj(x)等于 x，如 r = sym('Rho','real')。
- k = sym('k', 'positive')：创建一个正的（实数）符号变量。
- x = sym('x', 'clear')：创建一个没有额外属性的纯形式上的符号变量 x（例如，创建符号变量 x，但是并没有指定它是正的或它是一个实数）。

函数 sym 的调用格式有如下两种。

- variable=sym(A,flag)。
- S=sym('A',flag)。

上述命令表示由 A 来建立一个符号对象 variable，其类型为 sym。如果 A（不带单引号）是一个数字、数值矩阵或数值表达式，则输出结果是由数值对象转换成的符号对象；如果 A（带单引号）是一个字符串，则输出结果是由字符串转换成的符号对象。

其中 flag 为转换的符号对象应该符合的格式。如果被转换的对象为数值对象，则 flag 可以有如下选择。

- d：最接近的十进制浮点精确表示。
- e：带（数值计算时）估计误差的有理表示。
- f：十六进制浮点表示。
- r：当为默认设置时，最接近有理表示的形式。

当被转换对象为字符串时，flag 有如下几个选项。

- positive：限定 A 为正的实型符号变量。
- real：限定 A 为实型符号变量。

2. 函数 syms

函数 syms 的调用格式如下：

```
syms a b c flag
```

该命令可以建立 3 个或多个符号对象，如 a、b、c。同样，flag 为对转换格式的限定，具体选项同上。

> ○ 提示
>
> 在利用 syms 函数创建多个符号变量时，符号变量之间以空格隔开。

7.2.2 对象创建示例

本节依次介绍符号常量、符号变量、符号表达式（符号函数、符号方程）及符号矩阵的创建方法。

1. 符号常量的创建

在 sym 函数中，如果输入参数为数值常量，则函数返回值为一个符号常量。虽然看上去它是一个数值量，但实际上是一个符号对象。

例 7-1：符号常量的创建示例。

在命令行窗口中输入以下语句，并显示相应的输出结果：

```
>> r=sym(2/3)
r =
   2/3
```

继续在命令行窗口中输入以下语句，并显示相应的输出结果：

```
>> f=sym(2/3,'f')
f =
   6004799503160661/9007199254740992
```

继续在命令行窗口中输入以下语句，并显示相应的输出结果：

```
>> d=sym(2/3,'d')
d =
  0.66666666666666662965923251249478
```

继续在命令行窗口中输入以下语句，并显示相应的输出结果：

```
>> e=sym(2/3,'e')
e =
  2/3 - eps/6
```

2. 符号变量的创建

在符号计算中，符号变量是内容可变的符号对象。通常，符号变量是指一个或多个特定的字符。符号变量的命名规则与 MATLAB 数值计算中变量的命名规则相同，主要包括以下 3 点。

- 变量名由英文字母开头，可以包括英文字母、数字和下画线。
- 变量名的长度不大于 31 个字符。
- 字母区分大小写。

MATLAB 使用 sym 函数或 syms 函数创建符号变量。符号变量名与变量字符串可以是相同的，也可以是不相同的。

例 7-2：符号变量的创建示例。

在命令行窗口中输入以下语句，并显示相应的输出结果：

```
>> x=sym('x')
x=
  x
```

继续在命令行窗口中输入以下语句，并显示相应的输出结果：

```
>> y=sym('x')
y =
  x
```

继续在命令行窗口中输入以下语句，并显示相应的输出结果：

```
>> z1=sym('z1','real')
z1 =
   z1
```

继续在命令行窗口中输入以下语句，并显示相应的输出结果：

```
>> z2=sym('z2','positive')
z2 =
   z2
```

继续在命令行窗口中输入以下语句，并显示相应的输出结果：

```
>> assumptions    %显示影响符号变量、符号表达式或符号函数的假设
ans =
    [ in(z1, 'real'), 0 < z2]
```

继续在命令行窗口中输入以下语句，并显示相应的输出结果：

```
>> syms a b c
>> a,b,c
a =
  a
b =
```

```
    b
c =
    c
```

3. 符号表达式的创建

在符号计算中，符号表达式是由符号常量、符号变量、符号运算符及专用函数连接起来的符号对象组成的。符号表达式可以分为两类：不带等号的为符号函数，带等号的为符号方程。

MATLAB 使用 sym 函数或 syms 函数来创建符号表达式。

例 7-3：符号表达式的创建示例。

在命令行窗口中输入以下语句，并显示相应的输出结果：

```
>> syms a b c d e  x;
>> f=sym(a*x^4+b*x^3+c*x^2+d*x+e)
f =
    a*x^4 + b*x^3 + c*x^2 + d*x + e
```

继续在命令行窗口中输入以下语句，并显示相应的输出结果：

```
>> e=sym(x^2+x^-2==1)
e=
    1/x^2 + x^2 == 1
```

调用 syms 函数创建符号表达式。

在命令行窗口中输入以下语句，并显示相应的输出结果：

```
>> syms a b c d e x
>> f= a*x^4+b*x^3+c*x^2+d*x+e
f =
    a*x^4 + b*x^3 + c*x^2 + d*x + e
```

4. 符号矩阵的创建

元素是符号对象的矩阵叫作符号矩阵。符号矩阵既可以构成符号矩阵函数，又可以构成符号矩阵方程，它们都是符号表达式。在 MATLAB 中，通过 syms 函数或 sym 函数可以创建符号矩阵。

例 7-4：符号矩阵的创建。

在命令行窗口中输入以下语句，并显示相应的输出结果：

```
>> syms x y;
>> m1=[1,2+x,1;2+x,1,3+y;1,3+y,0]
m1 =
    [     1, x + 2,     1]
    [ x + 2,     1, y + 3]
    [     1, y + 3,     0]
```

继续在命令行窗口中输入以下语句，并显示相应的输出结果：

```
>> m2=sym([1,2+x,1;2+x,1,3+y;1,3+y,0])
m2 =
    [     1, x + 2,     1]
    [ x + 2,     1, y + 3]
    [     1, y + 3,     0]
```

7.2.3　运算符和基本函数

自 MATLAB 5.3 集成的 2.1 版本的符号计算工具包开始，MATLAB 采用全新的数据结构、面向对象编程和重载技术，使得符号计算和数值计算在形式与风格上浑然统一。符号计算表达式的运算符和基本函数无论是在形状、名称上，还是在使用方法上，都与数值计算中的运算符和基本函数近乎相同。

以下介绍符号计算中的运算符和基本函数。

1. 算术运算符

（1）运算符“+”“-”“*”“\”“/”“^”分别实现矩阵的加法、减法、乘法、左除、右除和求幂运算。

例 7-5：符号矩阵加法运算。

在命令行窗口中输入以下语句，并显示相应的输出结果：

```
>> syms a b c d e f g h;
>> A=sym([a,b;c,d])
A =
    [ a, b]
    [ c, d]
>> B=sym([e,f;g,h])
B =
    [ e, f]
    [ g, h]
>> R=A+B
R =
    [ a + e, b + f]
    [ c + g, d + h]
```

例 7-6：符号矩阵左除运算。

在命令行窗口中输入以下语句，并显示相应的输出结果：

```
>> syms a b c d e f g h;
>> A=sym([a,b;c,d])
A =
    [ a, b]
    [ c, d]
>> B=sym([e,f;g,h])
B =
    [ e, f]
    [ g, h]
>> R=A\B
R =
    [ -(b*g - d*e)/(a*d - b*c), -(b*h - d*f)/(a*d - b*c)]
    [  (a*g - c*e)/(a*d - b*c),  (a*h - c*f)/(a*d - b*c)]
```

（2）运算符“.*”“.\”“./”“.^”分别实现“元素对元素”的数组乘法、左除、右除和求幂运算。

例 7-7：符号矩阵的乘法与点乘运算。

在命令行窗口中输入以下语句，并显示相应的输出结果：

```
>> syms a b c d e f g h;
>> A=sym([a,b;c,d])
A =
    [ a, b]
    [ c, d]
>> B=sym([e,f;g,h])
B =
    [ e, f]
    [ g, h]
>> R1=A*B        %矩阵的乘法运算
R1 =
    [ a*e + b*g, a*f + b*h]
    [ c*e + d*g, c*f + d*h]
>> R2=A.*B       %矩阵的点乘运算
R2 =
    [ a*e, b*f]
    [ c*g, d*h]
```

（3）运算符“'”“.'”分别实现矩阵的共轭转置和非共轭转置。

例 7-8：符号矩阵的转置。

在命令行窗口中输入以下语句，并显示相应的输出结果：

```
>> syms a b c d;
>> A=sym([a,b;c,d])
A =
    [ a, b]
    [ c, d]
>> R1=A'        %符号矩阵的共轭转置
R1 =
    [ conj(a), conj(c)]
    [ conj(b), conj(d)]
>> R2=A.'
R2 =
    [ a, c]
    [ b, d]
```

2. 关系运算符

与数值计算中的关系运算符不同的是，符号计算中的关系运算符只有以下两种。

（1）运算符“==”表示对运算符两边的符号对象进行“相等”的比较，返回值为“1”表示相等，返回值为“0”表示不相等。

（2）运算符“~=”表示对运算符两边的符号对象进行“不相等”的比较，返回值为“1”表示不相等，返回值为“0”表示相等。

3. 指数函数、对数函数

（1）sqrt、exp、expm 等指数函数在符号计算中的使用方法与在数值计算中的使用方法一致。

（2）自 MATLAB 7.x 版本开始，MATLAB 新增加了 log2 函数和 log10 函数，其用法与数值计算中的用法一致。

4．三角函数、双曲函数及其反函数

除 atan2 函数仅能用于数值计算外，其余的三角函数、双曲函数及其反函数无论在数值计算还是符号计算中，用法一致。

5．复数函数

复数函数包括复数的共轭（conj）、实部（real）、虚部（imag）和模（abs）函数，在数值计算和符号计算中的用法都是一样的。

6．矩阵代数函数

在符号计算中，常用的矩阵代数函数包括 diag 函数、triu 函数、tril 函数、inv 函数、det 函数、rank 函数、rref 函数、null 函数、colspace 函数、poly 函数、expm 函数、eig 函数和 svd 函数。

除了 svd 函数的使用方法有所不同，其余函数的用法与数值计算中的用法一致。

例 7-9：符号矩阵的 SVD（奇异值分解）。

在命令行窗口中输入以下语句，并显示相应的输出结果：

```
>> f=sym([1,2,1;2,3,6;1,7,5])
>> [U,S,V]=svd(f)
f =
    [ 1, 2, 1]
    [ 2, 3, 6]
    [ 1, 7, 5]
U =
[ 0.20617816255577867278647750052723, -0.18281767751192053830238849384246,
0.96128469356079436573565726885l]
[ 0.60201581377214044365941180414421,  0.79816218560190211775057217364963,
0.022673452393984296851631210788381]
[ 0.77140619990598365798630892894175, -0.57403381630731667132245685366249,
-0.27462274574817614520424747138197]
S =
[ 11.032109063342484567586096292005,      0,        0]
[                           0, 2.7705627680884633828480975443944,     0]
[           0,                         0, 0.78520797410533172269772963051585]
V =
[ 0.19775148863014067403791487260026, 0.30299724195158998284048905286434,
0.93224836825509809153340983805907]
[   0.69055219831752680447725433595 7, -0.71804383401207636383725933546255,
0.086894843552818812855697973076688]
[ 0.69572409052971169492599808156118,  0.62658257540963215504177707204601,
-0.35122964859139975471917772429003]
```

7.2.4　对象类别识别函数

数值计算对象、符号计算对象、字符串作为 MATLAB 中最常使用的数据对象，遵循着各自不同的运算法则，但有时在外形上十分相似。

为管理和使用方便，MATLAB 提供了一些用来识别不同数据对象的函数，常用的有 class 函数、isa 函数和 whos 函数。

class 函数的返回值 S 是对象 OBJ 的数据类型。S 的值参见表 7-1，其调用格式如下：

```
S=class(OBJ)
```

表 7-1　数据类型

数据类型	描　述	数据类型	描　述
double	双精度浮点数组	uint8	8 位无符号整型数组
single	单精度浮点数组	int16	16 位有符号整型数组
logical	逻辑数组	uint16	16 位无符号整型数组
char	字符数组	int32	32 位有符号整型数组
cell	元胞数组	uint32	32 位无符号整型数组
struct	结构体数组	uint64	64 位无符号整型数组
function_handle	函数句柄	<class_name>	MATLAB 对象的 MATLAB 类名
int8	8 位有符号整型数组	<java_class>	Java 对象的 Java 类名

例 7-10：class 类别识别函数示例。

在命令行窗口中输入以下语句，并显示相应的输出结果：

```
>> a=pi;b='pi';
>> c=sym('3.1415926');d=sym('d');
>> syms e;
>> classa=class(a)
classa =
    'double'
>> classb=class(b)
classb =
    'char'
>> classc=class(c)
classc =
    'sym'
>> classd=class(d)
classd =
    'sym'
>> classe=class(e)
classe =
    'sym'
```

isa 函数的调用格式为 isa(OBJ,'classname')。该函数判断输入参数是否是某种类型的对象。函数返回值为 1（true）表示 OBJ 是 classname 类型的，函数返回值为 0（false）表示 OBJ 不是 classname 类型的。

例 7-11：isa 类别识别函数示例。

在命令行窗口中输入以下语句，并显示相应的输出结果：

```
>> syms x;
>> R=isa(x,'sym')
R =
  logical
```

```
    1
>> R=isa(x,'double')
R =
  logical
   0
```

继续在命令行窗口中输入以下语句，并显示相应的输出结果：

```
>> y= double(2);
>> R=isa(y,'char')
R =
  logical
   0
>> R=isa(y,'double')
R =
    1
```

whos 函数用来列出当前工作区中的变量及其详细信息，如 size（大小）、bytes（字节）及 class（数据类型）等。whos 函数的调用格式如下。

- whos：列出当前工作区内的所有变量及其信息。
- whos VAR1 VAR2：列出当前工作区内的变量 VAR1 和 VAR2 的信息。

例 7-12：whos 类别识别函数示例。

在命令行窗口中输入以下语句，并显示相应的输出结果：

```
>> clear
>> x=0.5;
>> syms y;
>> whos
     Name      Size            Bytes  Class     Attributes
     x        1x1                 8  double
     y        1x1                 8  sym
>> whos y
     Name      Size            Bytes  Class    Attributes
     y        1x1                 8  sym
```

7.2.5　表达式中的变量确定

MATLAB 中的符号对象可以表示符号常量和符号变量。symvar 函数可以帮助用户查找一个符号表达式中的符号变量。该函数的调用格式如下。

- symvar(S)。
- symvar(S,N)。

函数返回符号表达式 S 中的所有符号变量；当指定 N 后，函数返回符号表达式 S 中距离符号变量 x 或 X 最接近的 N 个符号变量。

例 7-13：symvar 函数使用示例。

在命令行窗口中输入以下语句，并显示相应的输出结果：

```
>> syms x y z u v w
>> f=sym(3*x^2+2*y+z+u^-1+v^-2+w^-3);
```

```
>> symvar(f)
ans =
    [ u, v, w, x, y, z]
>> symvar(f,1)
ans =
   x
>> symvar(f,2)
ans =
   [ x, y]
>> symvar(f,3)
ans =
   [ w, x, y]
```

7.2.6 符号计算的精度

符号计算的一个非常显著的特点是，由于计算过程中不会出现舍入误差，所以可以得到任意精度的数值解。如果希望计算结果精确，那么可以牺牲计算时间和存储空间，用符号计算来获得足够高的计算精度。

在符号数学工具箱中，有 3 种不同类型的算术运算。

- 数值类型：MATLAB 的浮点算术运算。
- 有理数类型：Maple 的精确符号计算。
- VPA 类型：Maple 的任意精度算术运算。

这 3 种类型各有利弊，在计算时，应根据计算精度、计算时间、存储空间的要求进行合理的选择。浮点算术运算是速度最快的运算，需要的计算机内存最小，但是结果不精确。

MATLAB 双精度数输出的数字位数由 format 命令控制，但它内部采用的是由计算机硬件提供的 8 位浮点数的表示方法。

符号计算中的有理数算术运算所需的时间是最长的、内存开销是最大的。只要有足够的内存和足够长的计算时间，总能产生精确的结果。

一般符号计算的结果都是字符串，特别是一些符号计算结果从形式上来看是数值，但从变量类型上来看，它们仍然是字符串。要从精确解中获得任意精度的解，并改变默认精度，把任意精度符号解变成“真正的”数值解，就需要用到如下几个函数。

（1）digits 函数。

digits 函数的调用格式为 digits(d)。调用该函数后的近似解的精度变成 d 位有效数字。d 的默认值为 32 位。

（2）vpa 函数。

vpa 函数的调用格式为 vpa(A,d)，用来求符号解 A 的近似解，该近似解的有效位数由参数 d 指定。

（3）double 函数。

double 函数的调用格式为 double(A)，用来把符号矩阵或由任意精度表示的矩阵 A 转换为双精度矩阵。

例 7-14：符号计算的精度示例。

在命令行窗口中输入以下语句，并显示相应的输出结果：

```
>> syms x;
>> f=sym(2*x^2+3*x-4)
f =
    2*x^2 + 3*x - 4
>> s=solve(f)
s =
    - 41^(1/2)/4 - 3/4
      41^(1/2)/4 - 3/4
>> digits(4);
>> vpa(s)
ans =
    -2.351
    0.8508
>> vpa(s,6)
ans =
    -2.35078
    0.850781
```

7.3　符号表达式的基本操作

符号表达式的基本操作包括显示、合并、展开、嵌套、分解、化简等。这些操作是对数学、物理及各种工程问题进行理论分析时不可缺少的环节。

本节介绍符号数学工具箱中符号表达式的显示、合并、展开、嵌套、分解和化简操作。

7.3.1　符号表达式的显示

在符号表达式的显示过程中，默认采用 MATLAB 式的显示。除了默认的显示方式，MATLAB 符号工具箱中提供了显示函数 pretty，允许用户将符号表达式显示为符合一般数学表达习惯的数学表达式。

例 7-15：符号表达式的显示示例。

在命令行窗口中输入以下语句，并显示相应的输出结果：

```
>> syms a b c d e f g x;
>> f=sym(a*x^3+b*x^2+c*x+d+e*x^-1+f*x^-2+g*x^-3)
f =
   d + c*x + a*x^3 + b*x^2 + e/x + f/x^2 + g/x^3
>> pretty(f)
```

$$d + cx + ax3 + bx2 + \frac{e}{x}+\frac{f}{x^2}+\frac{g}{x^3}$$

7.3.2 符号表达式的合并

MATLAB 提供函数 collect，用来实现将符号表达式中的同类项合并，具体调用格式有如下两种。

- R=collect(S)：将表达式 S 中的相同次幂的项合并。其中 S 可以是一个符号表达式，也可以是一个符号矩阵。
- R=collect(S,v)：将表达式 S 中 v 的相同次幂的项合并。如果 v 没有指定，则默认将含有 x 的相同次幂的项合并。

例 7-16：符号表达式的合并示例。

在命令行窗口中输入以下语句，并显示相应的输出结果：

```
>> sym x;
>> f1=sym((x-1)^3)
f 1=
   (x - 1)^3
>> collect(f1)
ans =
   x^3 - 3*x^2 + 3*x - 1
```

继续在命令行窗口中输入以下语句，并显示相应的输出结果：

```
>> syms x y t;
>> f2=sym(x*cos(t)+y*sin(t)+(x^2+2*x*y+3*y^2)*t)
f2 =
    t*(x^2 + 2*x*y + 3*y^2) + x*cos(t) + y*sin(t)
>> collect(f2,x)
ans =
    t*x^2 + (cos(t) + 2*t*y)*x + 3*t*y^2 + sin(t)*y
>> collect(f2,y)
ans =
    3*t*y^2 + (sin(t) + 2*t*x)*y + t*x^2 + cos(t)*x
```

7.3.3 符号表达式的展开

MATLAB 提供函数实现将表达式展开的功能，其调用格式为 R = expand(S)。该语句将表达式 S 中的各项展开。如果 S 包含函数，则利用恒等变形将它写成相应的和的形式。该函数多用于多项式，有时也用于三角函数、指数函数和对数函数。

例 7-17：符号表达式的展开示例。

在命令行窗口中输入以下语句，并显示相应的输出结果：

```
>> syms x y;
>> f1=sym((x-1)^2*(y-1))
f1 =
   (x - 1)^2*(y - 1)
>> expand(f1)
ans =
   2*x + y - 2*x*y + x^2*y - x^2 - 1
```

继续在命令行窗口中输入以下语句，并显示相应的输出结果：

```
>> f2=sym(tan(2*x^2+y))
f2 =
   tan(2*x^2 + y)
>> expand(f2)
ans =
(tan(y) - (2*tan(x^2))/(tan(x^2)^2 - 1))/((2*tan(x^2)*tan(y))/(tan(x^2)^2 - 1) + 1)
```

继续在命令行窗口中输入以下语句，并显示相应的输出结果：

```
>> f3=sym(exp((x+y)^2))
f3 =
   exp((x + y)^2)
>> expand(f3)
ans =
   exp(x^2)*exp(y^2)*exp(2*x*y)
```

继续在命令行窗口中输入以下语句，并显示相应的输出结果：

```
>> f4=sym(log((x/y)^2))
f4 =
   log(x^2/y^2)
>> expand(f4,'IgnoreAnalyticConstraints',true)
ans =
   2*log(x) - 2*log(y)
```

7.3.4 符号表达式的嵌套

MATLAB 提供函数实现将符号表达式转换成嵌套形式的功能，其调用格式为 R＝horner(S)，其中 S 是符号多项式矩阵，函数 horner 将 S 中的每个多项式转换成它们的嵌套形式。

例 7-18：符号表达式的嵌套示例。

在命令行窗口中输入以下语句，并显示相应的输出结果：

```
>> syms x y;
>> f1=sym(x^3-6*x^2+11*x-6)
f1
   x^3 - 6*x^2 + 11*x - 6
>> horner(f1)
ans =
   x*(x*(x - 6) + 11) - 6
```

继续在命令行窗口中输入以下语句，并显示相应的输出结果：

```
>> f2=sym([x^2+x;y^3-2*y])
f2 =
   x^2 + x
   y^3 - 2*y
>> horner(f2)
ans =
   x*(x + 1)
   y*(y^2 - 2)
```

7.3.5 符号表达式的分解

MATLAB 提供函数实现对符号多项式进行因式分解的功能，其调用格式为 factor(X)，如果 X 是一个多项式，系数是有理数，那么该函数将把 X 表示成系数为有理数的低阶多项式相乘的形式；如果 X 不能分解成有理多项式乘积的形式，则返回 X 本身。

例 7-19：符号表达式的分解示例。

在命令行窗口中输入以下语句，并显示相应的输出结果：

```
>> clear
>> syms x y;
>> f1=sym(2*x^2-7*x*y-22*y^2-5*x+35*y-3)
f1 =
   2*x^2 - 7*x*y - 5*x - 22*y^2 + 35*y - 3
>> factor(f1)
ans =
[ 2*x - 11*y + 1, x + 2*y - 3]
```

继续在命令行窗口中输入以下语句，并显示相应的输出结果：

```
>> f2=sym('1234567890')
f2 =
   1234567890
>> factor(f2)
ans =
   [ 2, 3, 3, 5, 3607, 3803]
```

7.3.6 符号表达式的化简

MATLAB 根据一定的规则对符号表达式进行化简，化简的函数为 simplify。simplify 函数的调用格式为 R= simplify(S)。该函数是一个强有力的具有普遍意义的工具。它应用于包含和式、方根、分数的乘方、指数函数、对数函数、三角函数、Bessel（贝塞尔）函数及超越函数等的符号表达式，并利用 Maple 化简规则对表达式进行化简。其中 S 可以是符号表达式矩阵。

例 7-20：符号表达式的化简示例。

在命令行窗口中输入以下语句，并显示相应的输出结果：

```
>> syms x;
>> f1=sym((x^3-1)/(x-1))
f1 =
   (x^3 - 1)/(x - 1)
>> simplify(f1)
ans =
   x^2 + x + 1
```

继续在命令行窗口中输入以下语句，并显示相应的输出结果：

```
>> f2=sym(sin(x)^2+cos(x)^2)
f2 =
```

```
    cos(x) + sin(x)*1i
>> simplify(f2)
ans =
    1
```

7.4 符号表达式的替换

在处理一些结构较为复杂、变量较多的数学模型时，引入一些新的变量进行代换，以简化其结构，从而达到解决问题的目的，这种方法叫作变量代换法。

例如，求不定积分$\int \frac{1}{t\left(t^7+2\right)}\mathrm{d}t$，设$x=\frac{1}{t}$，则

$$\int \frac{1}{t\left(t^7+2\right)}\mathrm{d}t=-\int \frac{x^8}{1+2x^7}\mathrm{d}x=-\frac{1}{14}\ln\left|1+2x^7\right|+c=-\frac{1}{14}\ln\left|2+t^7\right|+\frac{1}{2}\ln|t|+c$$

变量代换法是一种非常有效的解题方法，尤其在处理一些复杂的不等式问题时，效果明显。合理代换往往能简化题目的信息，凸显隐含条件，对发现解题思路、优化解题过程有着重要的作用。

MATLAB 提供了 subs 函数和 subexpr 函数进行变量代换，或者叫作符号表达式的替换。subs 函数利用符号变量或符号表达式替换目标符号表达式中的符号变量（包括符号常量），subexpr 函数利用符号变量替换目标符号表达式中的某个子符号表达式。

7.4.1 subs 替换函数

函数 subs 可以用指定符号替换符号表达式中的某一特定符号，其调用格式如下。

- R = subs(S)：用工作区中的变量值替换符号表达式 S 中的所有符号变量。如果没有指定某符号变量的值，则返回值中该符号变量不被替换。
- R = subs(S,New)：用新符号变量 New 替换原来符号表达式 S 中的默认变量。确定默认变量的规则与函数 findsym 的规则相同。
- R=subs(S,Old,New)：用新符号变量 New 替换原来符号表达式 S 中的 Old。当 New 是数值形式的符号时，实际上用数值替换原来的符号来计算表达式的值，只是所得结果仍然是字符串形式。

例 7-21：subs 替换函数示例。

在命令行窗口中输入以下语句，并显示相应的输出结果：

```
>> syms x y t;
>> f=sym(x^2+x*y+y^2)
>> x=2;
>> subs(f)
f =
    x^2 + x*y + y^2
```

```
ans =
    y^2 + 2*y + 4
>> y=2;
>> subs(f)
ans =
    12
>> subs(f,t^2)
ans =
    t^4 + t^2*y + y^2
>> subs(f,{'x','y'},{3,4})
ans =
    37
```

7.4.2 subexpr 替换函数

函数 subexpr 将表达式中重复出现的字符串用变量替换，其调用格式如下。

- [Y,SIGMA] = subexpr(S,SIGMA)：用变量 SIGMA 的值（必须为符号对象）替换符号表达式（可以是矩阵）中重复出现的字符串。替换后的结果由 Y 返回，被替换的字符串由 SIGMA 返回。
- [Y,SIGMA] = subexpr(S,'SIGMA')：这种形式和上一种形式的不同之处在于，第二个输入参数是字符或字符串，用来替换符号表达式中重复出现的字符串。其他参数与上面的形式相同。

例 7-22：subexpr 替换函数示例。

在命令行窗口中输入以下语句，并显示相应的输出结果：

```
>> syms a b c d x
>> solutions = solve(a*x^3 + b*x^2 + c*x + d == 0, x, 'MaxDegree', 3)
solutions =
    (((d/(2*a) + b^3/(27*a^3) - (b*c)/(6*a^2))^2 + (- b^2/(9*a^2) +
c/(3*a))^3)^(1/2) - b^3/(27*a^3) - d/(2*a) + (b*c)/(6*a^2))^(1/3) - b/(3*a) - (-
b^2/(9*a^2) + c/(3*a))/(((d/(2*a) + b^3/(27*a^3) - (b*c)/(6*a^2))^2 + (-
b^2/(9*a^2) + c/(3*a))^3)^(1/2) - b^3/(27*a^3) - d/(2*a) + (b*c)/(6*a^2))^(1/3)
   (- b^2/(9*a^2) + c/(3*a))/(2*(((d/(2*a) + b^3/(27*a^3) - (b*c)/(6*a^2))^2 +
(- b^2/(9*a^2) + c/(3*a))^3)^(1/2) - b^3/(27*a^3) - d/(2*a) +
(b*c)/(6*a^2))^(1/3)) - (3^(1/2)*((- b^2/(9*a^2) + c/(3*a))/(((d/(2*a) +
b^3/(27*a^3) - (b*c)/(6*a^2))^2 + (- b^2/(9*a^2) + c/(3*a))^3)^(1/2) -
b^3/(27*a^3) - d/(2*a) + (b*c)/(6*a^2))^(1/3) + (((d/(2*a) + b^3/(27*a^3) -
(b*c)/(6*a^2))^2 + (- b^2/(9*a^2) + c/(3*a))^3)^(1/2) - b^3/(27*a^3) - d/(2*a) +
(b*c)/(6*a^2))^(1/3))*1i)/2 - b/(3*a) - (((d/(2*a) + b^3/(27*a^3) -
(b*c)/(6*a^2))^2 + (- b^2/(9*a^2) + c/(3*a))^3)^(1/2) - b^3/(27*a^3) - d/(2*a) +
(b*c)/(6*a^2))^(1/3)/2
   (- b^2/(9*a^2) + c/(3*a))/(2*(((d/(2*a) + b^3/(27*a^3) - (b*c)/(6*a^2))^2 +
(- b^2/(9*a^2) + c/(3*a))^3)^(1/2) - b^3/(27*a^3) - d/(2*a) +
(b*c)/(6*a^2))^(1/3)) + (3^(1/2)*((- b^2/(9*a^2) + c/(3*a))/(((d/(2*a) +
b^3/(27*a^3) - (b*c)/(6*a^2))^2 + (- b^2/(9*a^2) + c/(3*a))^3)^(1/2) -
b^3/(27*a^3) - d/(2*a) + (b*c)/(6*a^2))^(1/3) + (((d/(2*a) + b^3/(27*a^3) -
(b*c)/(6*a^2))^2 + (- b^2/(9*a^2) + c/(3*a))^3)^(1/2) - b^3/(27*a^3) - d/(2*a) +
(b*c)/(6*a^2))^(1/3))*1i)/2 - b/(3*a) - (((d/(2*a) + b^3/(27*a^3) -
```

```
(b*c)/(6*a^2))^2 + (- b^2/(9*a^2) + c/(3*a))^3)^(1/2) - b^3/(27*a^3) - d/(2*a) +
(b*c)/(6*a^2))^(1/3)/2
```

在命令行窗口中输入以下语句，并显示相应的输出结果：

```
>> [r, sigma] = subexpr(solutions)
r =
     sigma - b/(3*a) - (- b^2/(9*a^2) + c/(3*a))/sigma
 (- b^2/(9*a^2) + c/(3*a))/(2*sigma) - b/(3*a) - (3^(1/2)*(sigma + (-
b^2/(9*a^2) + c/(3*a))/sigma)*1i)/2 - sigma/2
 (- b^2/(9*a^2) + c/(3*a))/(2*sigma) - b/(3*a) + (3^(1/2)*(sigma + (-
b^2/(9*a^2) + c/(3*a))/sigma)*1i)/2 - sigma/2
sigma =
 (((d/(2*a) + b^3/(27*a^3) - (b*c)/(6*a^2))^2 + (- b^2/(9*a^2) +
c/(3*a))^3)^(1/2) - b^3/(27*a^3) - d/(2*a) + (b*c)/(6*a^2))^(1/3)
```

7.5 符号函数的操作

MATLAB 具有对符号表达式执行更高级运算的功能。MATLAB 提供了把两个符号函数复合成一个符号函数的功能函数，同时提供了对符号函数求函数表达式的逆（反函数）的功能函数等。

本节讲解符号函数的操作，主要包含符号函数的复合运算及符号函数的求逆运算。复合运算的功能函数为 compose，求逆运算的功能函数为 finverse。

7.5.1 复合函数操作

在 MATLAB 中，符号表达式的复合函数运算主要是通过 compose 函数实现的。该函数的调用格式如下。

- compose(f,g)：返回复合函数 f(g(y))，此处，f=f(x)，g=g(y)。其中，x 是 findsym 定义的 f 函数的符号变量，y 是 findsym 定义的 g 函数的符号变量。
- compose(f,g,x,z)：返回自变量为 z 的复合函数 f(g(z))，并使 x 成为 f 函数的独立变量。

例 7-23：compose 复合函数示例。

在命令行窗口中输入以下语句，并显示相应的输出结果：

```
>> syms x y;
>> f=sym(x+x^-1)
f =
   x + 1/x
>> g=sym(sin(x))
g =
   sin(x)
>> h=sym(1+y^2)
h =
   y^2 + 1
```

继续在命令行窗口中输入以下语句，并显示相应的输出结果：

```
>> compose(f,g)
ans =
    sin(x) + 1/sin(x)
>> compose(g,f)
ans =
    sin(x + 1/x)
>> compose(f,h,'x','t')
ans =
    1/(t^2 + 1) + t^2 + 1
```

7.5.2 反函数操作

在 MATLAB 中，符号表达式的反函数运算主要是通过函数 finverse 实现的。finverse 函数的调用格式如下。

- g=finverse(f)：返回符号函数 f 的反函数 g。其中，f 是一个符号函数表达式，其变量为 x；求得的反函数 g 是一个满足 g(f(x))=x 的符号函数。
- g=finverse(f,v)：返回自变量为 v 的符号函数 f 的反函数。求得的反函数 g 是一个满足 g(f(v))=v 的符号函数。当 f 包含不止一个符号变量时，往往使用这种求反函数的调用格式。

例 7-24：finverse 反函数示例。

在命令行窗口中输入以下语句，并显示相应的输出结果：

```
>> syms x y;
>> f1=sym(1/(sin(x)+cos(x)))
f1 =
    1/(cos(x) + sin(x))
>> finverse(f1)
ans =
    -log((2^(1/2)*(- x^2*2i + 1i)^(1/2) + 1 + 1i)/(2*x))*1i
```

继续在命令行窗口中输入以下语句，并显示相应的输出结果：

```
>> f2=sym(x^2+2*x*y+y^2)
f2 =
    x^2 + 2*x*y + y^2
>> finverse(f2,y)
ans =
    y^(1/2) - x
```

7.6 微积分

微积分运算在数学计算中的重要性是不言而喻的，整个高等数学就是建立在微积分运算的基础上的。同时，微积分运算也是后面求解符号微分方程的必要知识储备。

在符号数学工具箱中，提供了一些常用的函数来支持具有重要基础意义的微积分运算，涉及求极限、微分、积分、级数求和和泰勒级数等。下面具体介绍符号运算在微积分中的使用方法。

7.6.1　极限

求微分的基本思想是当自变量趋近于某个值时，求函数值的变化。“无穷逼近”是微积分的一个基本思想，求极限是非常普遍的。事实上，导数就是由极限给出的：

$$f'(x)=\lim_{h\to 0}\frac{f(x+h)-f(x)}{h}$$

在 MATLAB 中，用函数 limit 求符号表达式的极限。函数 limit 的调用格式如下。

- limit(F,x,a)：求当 x→a 时，符号表达式 F 的极限。
- limit(F,a)：符号表达式 F 采用默认自变量（可由函数 findsym 求得）。该函数求 F 的自变量趋近于 a 时的极限值。
- limit(F)：符号表达式 F 采用默认自变量，并以 a = 0 作为自变量的趋近值，从而求符号表达式 F 的极限值。
- limit(F,x,a,'right')或 limit(F,x,a,'left')：分别求取符号表达式 F 的右极限和左极限，即自变量从右边或左边趋近于 a 时的函数极限值。

例 7-25：求符号表达式的极限示例。

在命令行窗口中输入以下语句，并显示相应的输出结果：

```
>> syms x;
>> f1=sym((cos(x)+sin(x)-x)/x)
f1 =
    (cos(x) - x + sin(x))/x
>> limit(f1,x,inf)
ans =
   -1
>> limit(f1,x,-inf)
ans =
   -1
>> limit(f1,x,0)
ans =
   NaN
```

继续在命令行窗口中输入以下语句，并显示相应的输出结果：

```
>> f2=sym((sin(x)-x)/x)
f2 =
   -(x - sin(x))/x
>> limit(f2,x,0,'right')
ans =
   0
>> limit(f2,x,0,'left')
ans =
   0
```

7.6.2 微分

MATLAB 提供的函数可以实现一元及多元符号表达式函数的各阶微分，功能函数 diff 可以实现一元或多元函数的任意阶数的微分。对于自变量的个数多于一个的符号矩阵，微分为 Jacobian（雅可比）矩阵，采用功能函数 jacobian 实现微分。

1. diff 函数

创建符号表达式后，就可以利用 diff 函数对它进行微分运算。diff 函数的调用格式如下。

- diff(S,'v')：将符号 v 视作变量，对符号表达式或符号矩阵 S 求取微分。
- diff(S,n)：将 S 中的默认变量进行 n 阶微分运算，其中默认变量可以用 findsym 函数确定，参数 n 必须是正整数。
- diff(S,'v',n)：将符号 v 视作变量，对符号表达式或矩阵 S 进行 n 阶微分运算。

2. jacobian 函数

jacobian 函数的调用格式为 R = jacobian(w,v)。其中，w 是一个符号列向量，v 是指定进行变换的变量所组成的行向量。

例 7-26：求符号表达式的微分示例。

在命令行窗口中输入以下语句，并显示相应的输出结果：

```
>> syms x y z;
>> f1=sym(exp(x*sin(y))+log(z))
f1 =
    exp(x*sin(y)) + log(z)
>> diff(f1,x)
ans =
    exp(x*sin(y))*sin(y)
>> diff(f1,y)
ans =
    x*exp(x*sin(y))*cos(y)
>> diff(f1,z)
ans =
    1/z
```

继续在命令行窗口中输入以下语句，并显示相应的输出结果：

```
>> diff(f1,x,2)
ans =
    exp(x*sin(y))*sin(y)^2
>> f2=sym([x^2+y^2;y*z])
f2 =
    x^2 + y^2
           y*z
>> J=jacobian(f2,[x,y])
J =
    [ 2*x, 2*y]
    [   0,   z]
```

7.6.3 积分

在数学中，积分和微分是一对互逆的运算。符号数学工具箱中提供了函数 int 来求符号表达式的积分，其调用格式如下。

- R=int(S)：用默认变量求符号表达式 S 的不定积分，默认变量可用函数 findsym 确定。
- R = int(S,v)：用符号标量 v 作为变量求符号表达式 S 的不定积分。
- R = int(S,a,b)：符号表达式采用默认变量。该函数求默认变量从 a 变到 b 时符号表达式 S 的定积分。如果 S 是符号矩阵，那么将对各个元素分别进行积分，而且每个元素的变量可以独立地由函数 findsym 确定，a 和 b 可以是符号或数值标量。
- R = int(S,v,a,b)：符号表达式采用符号标量 v 作为变量，求当 v 从 a 变到 b 时，符号表达式 S 的定积分。其他参数和上一种调用格式相同。

例 7-27：求符号表达式的积分示例。

在命令行窗口中输入以下语句，并显示相应的输出结果：

```
>> syms x,y;
>> f1=sym(x+x^-1)
f1 =
    x + 1/x
>> int(f1)
ans =
    log(x) + x^2/2
>> f2=sym(x*y+(x*y)^-1)
f2 =
    x*y+(x*y)^-1
>> int(f2,y)
ans =
    log(y)/x + (x*y^2)/2
```

继续在命令行窗口中输入以下语句，并显示相应的输出结果：

```
>> int(f1,1,2)
ans =
    log(2) + 3/2
>> int(f2,y,1,2)
ans =
     (3*x)/2 + log(2)/x
```

7.6.4 级数求和

MATLAB 提供的函数 symsum 用于对符号表达式进行求和。该函数的调用格式如下。

- r = symsum(s,a,b)：求符号表达式 s 中的默认变量从 a 变到 b 时的有限和。
- r = symsum(s,v,a,b)：求符号表达式 s 中的变量 v 从 a 变到 b 时的有限和。

例 7-28：符号表达式级数求和示例。

在命令行窗口中输入以下语句，并显示相应的输出结果：

```
>> syms x y n;
>> f1=sym(x^2)
f1 =
    x^2
>> symsum(f1,0,n-1)
ans =
    (n*(2*n - 1)*(n - 1))/6
```

继续在命令行窗口中输入以下语句，并显示相应的输出结果：

```
>> f2=sym(x^n)
f2 =
    x^n
>> symsum(f2,n,0,inf)
ans =
    piecewise (1 <= x, Inf, abs(x) < 1, -1/(x - 1))
```

7.6.5 泰勒级数

MATLAB 提供了函数 taylor，用来求符号表达式的泰勒级数展开式。该函数的调用格式如下。

- r = taylor(f)：f 是符号表达式，其变量采用默认变量，返回 f 在变量等于 0 处做 5 阶泰勒展开时的展开式。
- r = taylor(f,n,v)：符号表达式 f 以符号标量 v 作为自变量，返回 f 的 n−1 阶麦克劳林级数（在 v =0 处做泰勒展开）展开式。
- r = taylor(f,n,v,a)：返回符号表达式 f 在 v = a 处做 n−1 阶泰勒展开时的展开式。
- r=taylor(f,x,x0,'Order',n)：对函数 f 在点 x0 处进行 n 阶泰勒展开。

例 7-29：符号表达式的泰勒级数展开示例。

在命令行窗口中输入以下语句，并显示相应的输出结果：

```
>> syms x y;
>> f1=sym(sin(x)/(2+sin(x)))
f1 =
    sin(x)/(sin(x) + 2)
>> taylor(f1)
ans =
    - (13*x^5)/480 + x^4/48 + x^3/24 - x^2/4 + x/2
```

继续在命令行窗口中输入以下语句，并显示相应的输出结果：

```
>> f2=sym(sin(x)+1/cos(y))
f2 =
    sin(x) + 1/cos(y)
>> taylor(f2,y,0,'order',8)
ans =
    (61*y^6)/720 + (5*y^4)/24 + y^2/2 + sin(x) + 1
>> taylor(f2,x,1,'order',4)
ans =
    sin(1) - (sin(1)*(x - 1)^2)/2 + 1/cos(y) + cos(1)*(x - 1) - (cos(1)*(x - 1)^3)/6
```

7.7　积分变换

在数学中，为了把较复杂的运算转换为比较简单的运算，经常采用一种变换手段。例如，数量的乘积或商可以先变换成对数的和或差，再取反对数即可求得原来数量的乘积或商。这一变换方法的目的就是把比较复杂的乘除运算通过对数变换转换为简单的加减运算。

所谓积分变换，就是指通过积分运算，把一类函数 A 变换成另一类函数 B，函数 B 一般是含有参量 α 的积分：

$$\int_a^b f(t)K(t,\alpha)\mathrm{d}t$$

这一变换的目的就是把某类函数 A 中的函数 $f(t)$ 通过积分运算变换成另一类函数 B 中的函数 $F(\alpha)$。这里 $K(t,\alpha)$ 是一个确定的二元函数，叫作积分变换的核。

当选取不同的积分区间与核时，就成为不同的积分变换。$f(t)$ 叫作原函数，$F(\alpha)$ 叫作象函数。在一定条件下，原函数与象函数一一对应，成为一个积分变换对。变换是可逆的，由原函数求象函数叫作正变换，反之则是逆变换。

积分变换的理论和方法在自然科学与工程技术的各个领域中都有着极其广泛的应用，成为不可缺少的运算工具。变换的使用会极大地简化计算，有的变换为开创新的学科奠定了基础。

7.7.1　傅里叶变换

时域中的 $f(t)$ 与它在频域中的傅里叶（Fourier）变换 $F(\omega)$ 存在如下关系：

$$F(\omega)=\int_{-\infty}^{\infty} f(t)\mathrm{e}^{-\mathrm{j}\omega t}\mathrm{d}t$$

$$f(t)=\frac{1}{2\pi}\int_{-\infty}^{\infty} F(\omega)\mathrm{e}^{\mathrm{j}\omega t}\mathrm{d}\omega$$

由计算机完成这种变换的途径有两条：一是直接调用指令 fourier 和 ifourier 进行；二是根据上面的定义，利用积分指令 int 实现。下面只介绍 fourier 和 ifourier 两个指令的使用及相关注意事项，至于如何根据定义求变换，请读者自己完成。

- Fw = fourier(ft,t,w)：求时域函数 ft 的傅里叶变换 Fw，ft 是以 t 为自变量的时域函数，Fw 是以圆频率 w 为自变量的频域函数。
- ft = ifourier(Fw,w,t)：求频域函数 Fw 的傅里叶反变换 ft，ft 是以 t 为自变量的时域函数，Fw 是以圆频率 w 为自变量的频域函数。

例 7-30：傅里叶变换示例。

在命令行窗口中输入以下语句，并显示相应的输出结果：

```
>> syms t w real;
>> f=sym(cos(t)*sin(t))
f =
    cos(t)*sin(t)
```

```
>> fourier(f,t,w)
ans =
    -(pi*(dirac(w - 2) - dirac(w + 2))*1i)/2
```

继续在命令行窗口中输入以下语句，并显示相应的输出结果：

```
>> ifourier(ans,w,t)
ans =
     (exp(-t*2i)*1i)/4 - (exp(t*2i)*1i)/4
>> simplify(ans)
ans =
    sin(2*t)/2
```

7.7.2 拉普拉斯变换

拉普拉斯（Laplace）变换及其反变换的定义为

$$F(s)=\int_0^{\infty} f(t)\mathrm{e}^{-st}\mathrm{d}t$$

$$f(t)=\frac{1}{2\pi\mathrm{j}}\int_{c-\mathrm{j}\infty}^{c+\mathrm{j}\infty} F(s)\mathrm{e}^{st}\mathrm{d}s$$

与傅里叶变换相似，拉普拉斯变换与反变换的实现也有两条途径：直接调用指令 laplace 和 ilaplace；或者根据上面的定义，利用积分指令 int 实现。相比较而言，直接使用 laplace 和 ilaplace 两个指令实现变换较为简洁。具体的调用格式如下。

- Fs = laplace(ft,t,s)：求时域函数 ft 的拉普拉斯变换 Fs，ft 是以 t 为自变量的时域函数，Fs 是以复频率 s 为自变量的频域函数。
- ft = ilaplace(Fs,s,t)：求频域函数 Fs 的拉普拉斯反变换 ft，ft 是以 t 为自变量的时域函数，Fs 是以复频率 s 为自变量的频域函数。

例 7-31：拉普拉斯变换示例。

在命令行窗口中输入以下语句，并显示相应的输出结果：

```
>> syms s t;
>> syms a positive;
>> f=sym(exp(2*t)+5*dirac(a-t))
f =
    exp(2*t) + 5*dirac(a - t)
>> laplace(f,t,s)
ans =
    5*exp(-a*s) + 1/(s - 2)
>> ilaplace(ans,s,t)
ans =
    exp(2*t) + 5*dirac(a - t)
```

7.7.3 Z 变换

一个离散因果序列的 Z 变换及其反变换定义为

$$F(z)=\sum_{n=0}^{\infty} f(n)z^{-n}$$

$$F(n)=z^{-1}\{F(z)\}$$

涉及反 Z 变换具体计算的常见方法有 3 种，分别是幂级数展开法、部分分式展开法和围线积分法。MATLAB 的符号计算中采用围线积分法设计求反 Z 变换的 iztrans 指令，相应的数学表达式为

$$f(n)=\frac{1}{2\pi \mathrm{j}}\int F(z)z^{n-1}\mathrm{d}z$$

具体的调用格式如下。

- FZ = ztrans(fn)：求时域函数 fn 的 Z 变换 FZ，默认 fn 是变量 n 的函数，生成的 Z 变换是以复频率 z 为变量的函数。
- FZ = ztrans(fn,w)：求时域函数 fn 的 Z 变换 FZ，默认 fn 是变量 n 的函数，生成的 Z 变换是以变量 w 来代替复频率 z 的函数。
- FZ = ztrans(fn,n,z)：求时域函数 fn 的 Z 变换 FZ，fn 是以 n 为自变量的时域序列，FZ 是以复频率 z 为自变量的频域函数。
- fn = iztrans(FZ,z,n)：求频域函数 FZ 的反 Z 变换 fn，fn 是以 n 为自变量的时域序列，FZ 是以复频率 z 为自变量的频域函数。

例 7-32：Z 变换示例。

在命令行窗口中输入以下语句，并显示相应的输出结果：

```
>> syms n;
>> f=sym(n^3+n^2+n+1)
f =
  n^3 + n^2 + n + 1
>> ztrans(f)
ans =
  z/(z - 1) + z/(z - 1)^2 + (z^2 + z)/(z - 1)^3 + (z^3 + 4*z^2 + z)/(z - 1)^4
```

继续在命令行窗口中输入以下语句，并显示相应的输出结果：

```
>> syms a b n w;
>> f=sym(sin(a*n)+cos(b*n))
f =
  cos(b*n) + sin(a*n)
>> ztrans(f,w)
ans =
   (w*(w - cos(b)))/(w^2 - 2*cos(b)*w + 1) + (w*sin(a))/(w^2 - 2*cos(a)*w + 1)
>> ztrans(f,a,w)
ans =
      (w*cos(b*n))/(w - 1) + (w*sin(n))/(w^2 - 2*cos(n)*w + 1)
>> iztrans(ans,w,n)
ans =
  sin(n^2) - cos(b*n)*(kroneckerDelta(n, 0) - 1) + cos(b*n)*kroneckerDelta(n, 0)
```

7.8 方程求解

7.8.1 代数方程求解

从学习代数开始，就一直在探索关于方程的求解理论，从最初的代入消元法和加减消元法，到数值计算中的牛顿迭代法、高斯消元法，一直到微分方程的求解理论，方程在数学中的重要性就包含在这漫长的探索、深化过程中。

由于代数方程只涉及符号对象的代数运算，所以相对比较简单。它还可以细分为线性方程和非线性方程两类。前者往往可以很容易地求得所有解；但是对后者来说，经常容易丢掉一些解，这时就必须借助函数绘制图形，通过图形来判断方程解的个数。

这里所讲的一般代数方程包括线性方程、非线性方程和超越方程等，求解指令是 solve。当方程组不存在符号解而又无其他自由参数时，solve 指令将给出数值解。该指令的调用方式包括以下几种。

- g = solve(eq)：eq 可以是符号表达式或不带符号的字符串。该函数用于求解方程 eq =0，其自变量采用默认变量，可以通过函数 findsym 确定。
- g = solve(eq,var)：求解方程 eq = 0，其自变量由参数 var 指定。其中 eq 和上一种调用方式相同。返回值 g 是由方程的所有解构成的列向量。
- g = solve(eq1,eq2,…,eqn)：求解由符号表达式或不带符号的字符串 eq1,eq2,…,eqn 组成的方程组。其中的自变量为整个方程组的默认变量，即将函数 findsym 作用于整个方程组时返回的变量。
- g = solve(eq1,eq2,…,eqn,var1,var2,…,varn)：求解由符号表达式或不带等号的字符串 eq1,eq2,…,eqn 组成的方程组，其自变量由输入参数 var1,var2,…,varn 指定。

对于上面的 4 种调用方式，输出的解有以下 3 种情况。

- 对于单个方程单个输出参数的情况，将返回由多个解构成的列向量。
- 对于有和方程数目相同的输出参数的情况，方程组的解将分别赋给每个输出参数，并按照字母表的顺序排列。
- 对于只有一个输出参数的方程组，它的解将以结构矩阵的形式赋给输出参数。

例 7-33：符号代数方程求解示例。

在命令行窗口中输入以下语句，并显示相应的输出结果：

```
>> clear
>> syms a b c x;
>> f=sym(a*x+b*x^-1+c)
f =
    c + a*x + b/x
>> solve(f)
ans =
    -(c + (c^2 - 4*a*b)^(1/2))/(2*a)
    -(c - (c^2 - 4*a*b)^(1/2))/(2*a)
```

继续在命令行窗口中输入以下语句，并显示相应的输出结果：

```
>> syms a b c x;
>> f=sym(a*x^2+b*x+c)
f =
    a*x^2 + b*x + c
>> solve(f,x)
ans =
    -(b + (b^2 - 4*a*c)^(1/2))/(2*a)
    -(b - (b^2 - 4*a*c)^(1/2))/(2*a)
>> solve(f,a)
ans =
    -(c + b*x)/x^2
```

继续在命令行窗口中输入以下语句，并显示相应的输出结果：

```
clear
>> syms x y;
>> f1=sym(x^2+y^2==25)
f1 =
    x^2 + y^2 == 25
>> f2=sym(x*y==12)
f2 =
    x*y == 12
>> [x,y]=solve(f1,f2)
x =
    -3
    -4
    4
    3
y =
    -4
    -3
    3
    4
```

继续在命令行窗口中输入以下语句，并显示相应的输出结果：

```
>> clear
>> syms x y a b;
>> f1=sym(x^2+y^2==a^2)
f1 =
    x^2 + y^2 == a^2
>> f2=sym(x*y==b)
f2 =
    x*y ==b
>> S=solve(f1,f2,x,y)
S =
  包含以下字段的 struct:
    x: [4x1 sym]
    y: [4x1 sym]
```

继续在命令行窗口中输入以下语句，并显示相应的输出结果：

```
>> S.x
ans =
```

```
    -((a^2/2 - (-(- a^2 + 2*b)*(a^2 + 2*b))^(1/2)/2)^(3/2) - a^2*(a^2/2 - (-(- a^2 + 2*b)*
(a^2 + 2*b))^(1/2)/2)^(1/2))/b
    -((a^2/2 + (-(- a^2 + 2*b)*(a^2 + 2*b))^(1/2)/2)^(3/2) - a^2*(a^2/2 + (-(- a^2 + 2*b)*
(a^2 + 2*b))^(1/2)/2)^(1/2))/b
    ((a^2/2 - (-(- a^2 + 2*b)*(a^2 + 2*b))^(1/2)/2)^(3/2) - a^2*(a^2/2 - (-(- a^2 + 2*b)*
(a^2 + 2*b))^(1/2)/2)^(1/2))/b
    ((a^2/2 + (-(- a^2 + 2*b)*(a^2 + 2*b))^(1/2)/2)^(3/2) - a^2*(a^2/2 + (-(- a^2 + 2*b)*
(a^2 + 2*b))^(1/2)/2)^(1/2))/b
    >> S.y
    ans =
      (a^2/2 - (-(- a^2 + 2*b)*(a^2 + 2*b))^(1/2)/2)^(1/2)
      (a^2/2 + (-(- a^2 + 2*b)*(a^2 + 2*b))^(1/2)/2)^(1/2)
    -(a^2/2 - (-(- a^2 + 2*b)*(a^2 + 2*b))^(1/2)/2)^(1/2)
    -(a^2/2 + (-(- a^2 + 2*b)*(a^2 + 2*b))^(1/2)/2)^(1/2)
```

7.8.2 微分方程求解

从数值计算角度看，与初值问题求解相比，微分方程边值问题的求解显得复杂和困难。对于应用数学工具求解实际问题的科研人员，此时不妨通过符号计算指令进行求解尝试。因为对于符号计算，无论是初值问题还是边值问题，其求解微分方程的指令形式都相同，且相当简单。

当然，符号计算可能消耗较多的计算机资源，可能得不到简单的解析解或封闭形式的解，甚至无法求解。既然没有万能的微分方程的一般解法，那么，求解微分方程的符号法和数值法就有很好的互补作用。

函数 dsolve 用来求常微分方程的符号解。在方程中，用大写字母 D 表示一次微分运算，D2、D3 分别表示二次、三次微分运算。依次类推，符号 D2y 表示 $\frac{\mathrm{d}^2y}{\mathrm{d}t^2}$。函数 dsolve 把 d 后面的字符当作因变量，并默认所有这些变量对符号 t 求导。函数 dsolve 的调用格式如下。

- r = dsolve('eq1,eq2,⋯','cond1,cond2,⋯','v')：求由 eq1,eq2,⋯指定的常微分方程的符号解。常微分方程以变量 v 作为自变量，参数 cond1,cond2,⋯用于指定方程的边界条件或初始条件。如果 v 不指定，那么将默认 t 为自变量。
- r = dsolve('eq1','eq2',⋯,'cond1','cond2',⋯,'v')：求由 eq1,eq2,⋯指定的常微分方程的符号解。这些常微分方程都以 v 作为自变量。这些单独输入的方程的最大允许个数为 12。其他参数与上一种调用方式相同。微分方程的初始条件或边界条件都以变量 v 作为自变量，其形式为 $y(a)=b$ 或 D$y(a)=b$，其中，y 是微分方程的因变量，a 和 b 是常数。如果指定的初始条件和边界条件比方程中的因变量的个数少，那么所得的解中将包含积分常数。

dsolve 函数的输出结果与 solve 函数类似，既可以用和因变量个数相同的输出参数分别接收每个因变量的解，又可以把方程的解写入一个结构数组中。

例 7-34：符号微分方程求解示例。

在命令行窗口中输入以下语句，并显示相应的输出结果：

```
>> syms a b x(t);
>> f=sym(a*diff(x,t)+b*x==0)
f =
    a*diff(x(t), t) + b*x(t) == 0
>> dsolve(f)
ans =
    C1*exp(-(b*t)/a)
>> dsolve(f,'x(0)=1')
ans =
    exp(-(b*t)/a)
>> dsolve(f,'x(0)=1','m')
ans =
    exp(-(b*m)/a)
```

继续在命令行窗口中输入以下语句，并显示相应的输出结果：

```
>> clear
>> syms x(t) y(t);
>> f1=sym(diff(x,t)-3*x+2*y==0)
f1(t) =
   2*y(t) - 3*x(t) + diff(x(t), t) == 0
>> f2=sym(diff(y,t)-2*x+y==0)
f2(t) =
   y(t) - 2*x(t) + diff(y(t), t) == 0
>> [x,y]=dsolve(f1,f2)
x =
   2*C1*exp(t) + C2*(exp(t) + 2*t*exp(t))
y =
   2*C1*exp(t) + 2*C2*t*exp(t)
>> [x,y]=dsolve(f1,f2,'x(0)=-1','y(0)=1')
x =
    - exp(t) - 4*t*exp(t)
y =
    exp(t) - 4*t*exp(t)
```

○ 提示

dsolve 函数并不总能得到显式解，如果不能得到显式解，则 dsolve 函数会尝试求隐式解。如果也不能得到隐式解，则应当采用 ODE 来求微分方程的数值解。

7.9 符号分析可视化

MATLAB 的符号数学工具箱为符号函数可视化提供了一组简便易用的指令。本节着重介绍两个进行数学分析的可视化界面，即图示化符号函数计算器界面（由指令 funtool 引出）和泰勒级数逼近分析界面（由指令 taylortool 引出）。

7.9.1 funtool 分析界面

对于习惯使用计算器或只做一些简单的符号计算与图形处理的读者，MATLAB 提供的图示化符号函数计算器是一个较好的选择。该计算器的功能虽简单，但操作方便，可视性强。

进入 funtool 分析界面的方法是在 MATLAB 命令行窗口中输入 funtool 命令：

```
>> funtool
```

此时会弹出如图 7-1 所示的 funtool 分析界面。

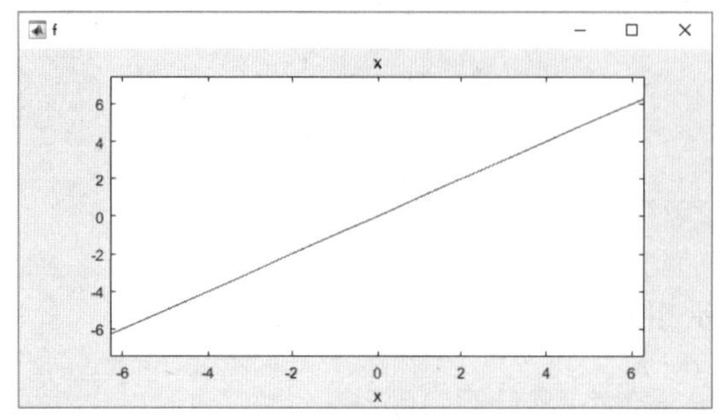

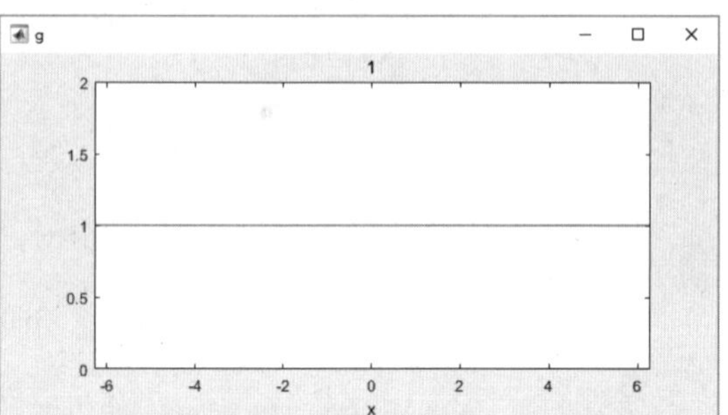

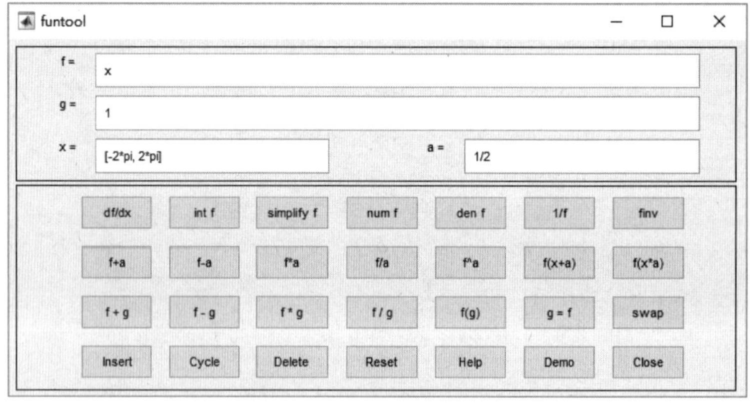

图 7-1 funtool 分析界面

funtool 分析界面由两个（“f” 和 “g”）图形窗口与一个函数运算控制（“funtool”）窗口组成。在任何时候，两个图形窗口只有一个处于激活状态。

函数运算控制窗口中的任何操作都只能对被激活的函数图形窗口起作用，即被激活的函数图形可随运算控制窗口的操作而做相应的变化。

（1）第 1 排按键只对 “f” 图形窗口起作用，如求导、积分、简化、提取分子和分母、计算 1/f 及求反函数。

（2）第 2 排按键处理函数 f 和常数 a 之间的加、减、乘、除等运算。

（3）第 3 排的前 4 个按键对两个函数 f 和 g 进行算术运算；第 5 个按键用来求复合函数；第 6 个按键的功能是把 f 函数传递给 g；最后一个按键用于实现 f 和 g 的互换。

（4）第 4 排按键用于对计算器自身进行操作。函数运算控制窗口有一张函数列表 fxlist，这 7 个按键的功能依次如下。

- Insert：把当前被激活的图形窗口的函数写入列表。
- Cycle：依次循环显示 fxlist 中的函数。
- Delete：从 fxlist 列表中删除被激活的图形窗口的函数。
- Reset：使计算器恢复初始调用状态。

- Help：获得关于界面的在线提示说明。
- Demo：自动演示。
- Close：关闭 funtool 分析界面。

例 7-35：funtool 符号函数运算示例。

在命令行窗口中输入：

```
>> funtool
```

在“funtool”窗口的 f 函数右侧的文本框中输入 sin(2*x)，按 Enter 键，完成 f 函数的设置，其图形如图 7-2 所示。

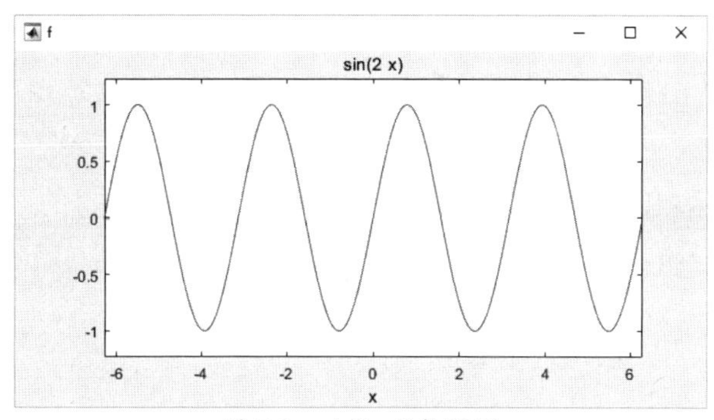

图 7-2　sin2*x* 函数图形

在“funtool”窗口的 g 函数右侧的文本框中输入 cos(x)+sin(x)，完成 g 函数的设置，其图形如图 7-3 所示。

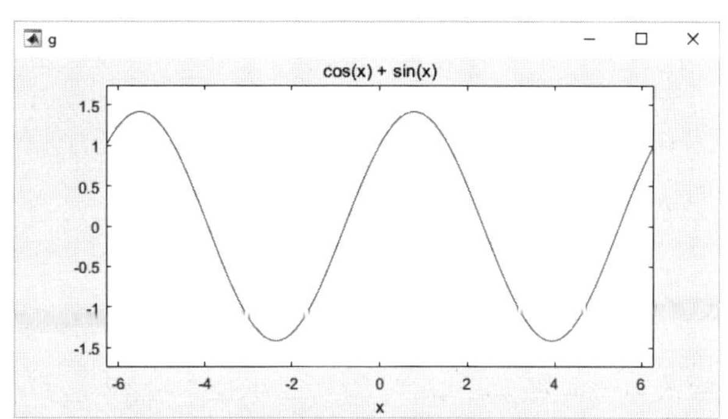

图 7-3　cos*x*+sin*x* 函数图形

设置完成的“funtool”窗口如图 7-4 所示。

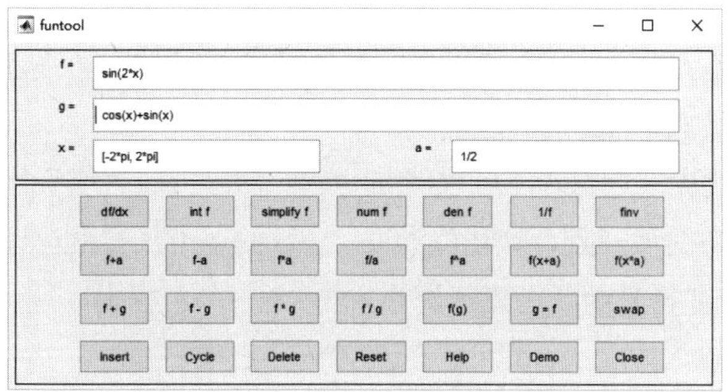

图 7-4　设置完成的“funtool”窗口

下面计算 f 函数与 g 函数的乘积。按“funtool”窗口中第 3 排的第 3 个按键，完成函数的乘法运算，最后的函数图形显示在“f”图形窗口中，如图 7-5 所示。

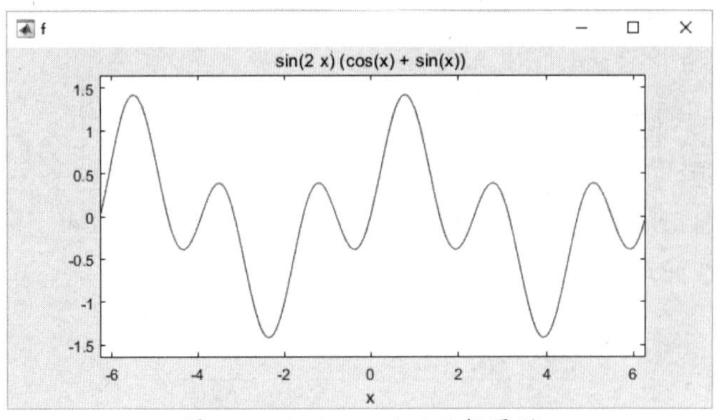

图 7-5　$\sin x(\cos x+\sin x)$函数图形

计算 f 函数与 g 函数的复合函数。按“funtool”窗口中第 3 排的第 5 个按键，完成复合函数 f(g)的运算。复合函数图形显示在“f”图形窗口中，如图 7-6 所示。

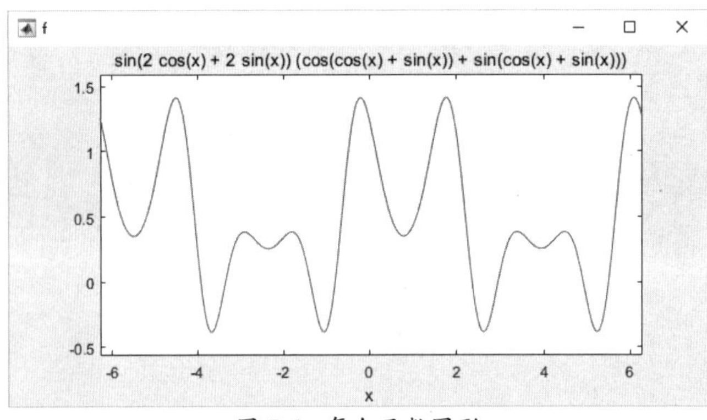

图 7-6　复合函数图形

7.9.2　taylortool 分析界面

在命令行窗口中输入：

```
>> taylortool
```

弹出如图 7-7 所示的 taylortool 分析界面。该界面用于观察函数 f(x)在给定区间内被 N 阶泰勒多项式 $T_N(x)$逼近的情况。

函数 f(x)的输入方式有两种：直接由指令 taylortool(fx)引入；在界面中的 f(x)右侧的文本框中直接输入表达式，按 Enter 键确认输入。

界面中的 N 被默认设置为 7，可以用其右侧的加减按钮改变阶次，也可以直接写入阶次。界面中的 a 是级数的展开点，默认值为 0。函数的观察区被默认设置为$(-2\pi,2\pi)$。

例 7-36：taylortool 符号函数运算示例。

在命令行窗口中输入：

```
>> taylortool
```

在“Taylor Tool”窗口的 f(x)右侧的文本框中输入 1+exp(x)，N 的值采用默认值 7，求解函数 $1+e^x$ 的泰勒展开式，如图 7-8 所示。

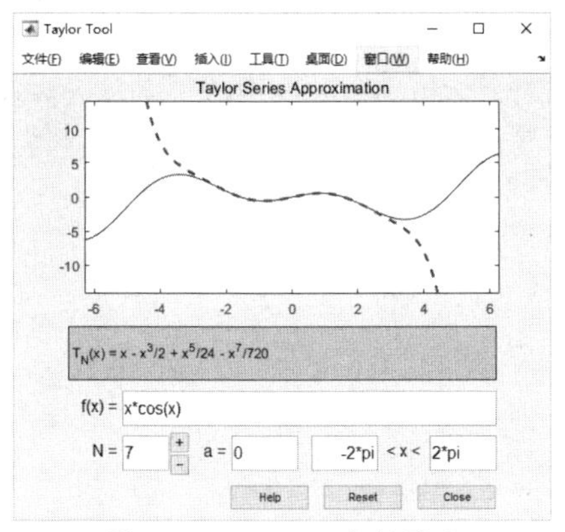

图 7-7　taylortool 分析界面

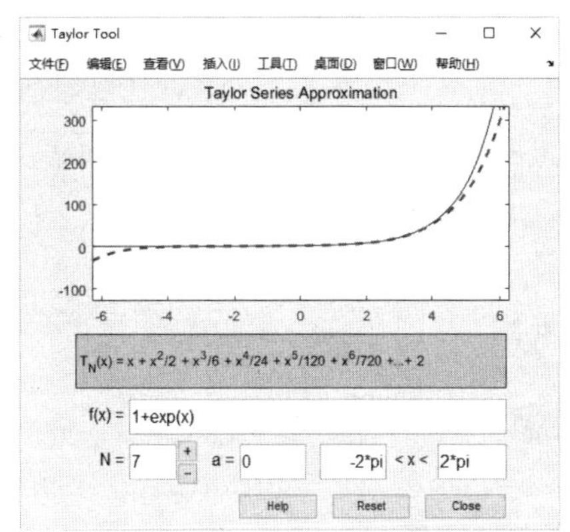

图 7-8　$1+e^x$ 在 0 点的泰勒展开式

在图形区可以看到函数的泰勒展开式为

$$T_N(x)=x+x^2/2+x^3/6+x^4/24+x^5/120+x^6/720+\cdots+2$$

下面对函数 $1+e^x$ 进行 4 次方展开，并在 1 处对函数进行 4 次方展开，展开的结果分别如图 7-9 和图 7-10 所示。

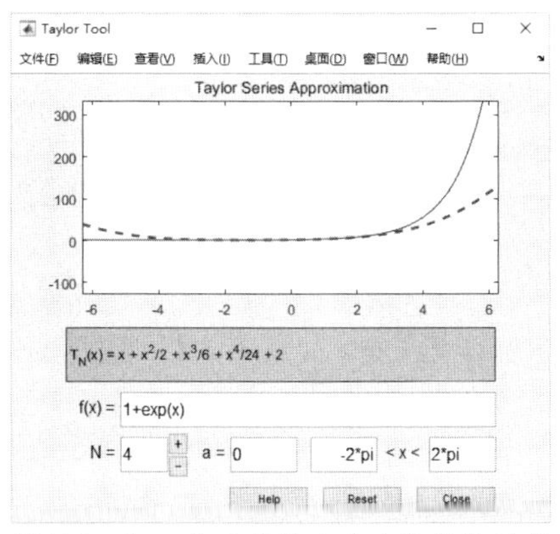

图 7-9　$1+e^x$ 在 0 点的 4 次方泰勒展开式

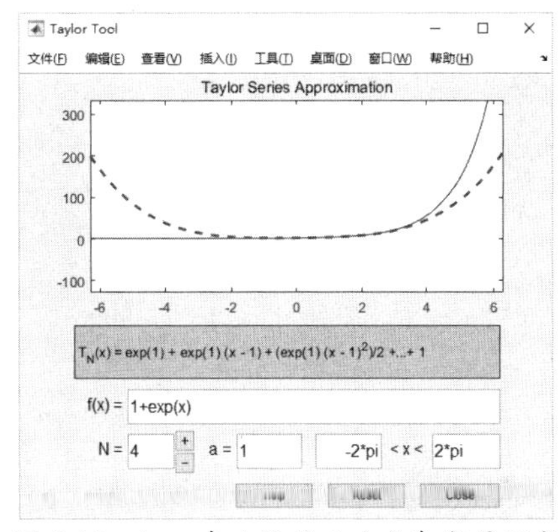

图 7-10　$1+e^x$ 在 1 处的 4 次方泰勒展开式

7.10　本章小结

本章介绍了 MATLAB 中的符号计算功能，主要讲解了符号对象及符号表达式的创建、运算及精度，符号表达式的显示、合并、展开、嵌套、分解及化简，符号表达式的替换，符号函数的复合函数和反函数操作，符号表达式的极限、微分、积分、级数求和及泰勒级数展开，符号函数的傅里叶变换、拉普拉斯变换及 Z 变换；符号代数方程求解和符号微分方程求解，符号分析的可视化过程。

通过本章的学习，能够使读者掌握 MATLAB 提供的符号计算和分析功能，为后面的学习打下基础，方便读者学习和理解 MATLAB 在数值计算及信号分析领域的应用。

第 8 章

概率统计

知识要点

概率统计是研究自然界中概率统计的方法，是 MATLAB 数据处理的一项重要应用。进行 MATLAB 概率统计有关内容的学习，有利于掌握 MATLAB 的基本使用方法，并结合概率统计有关知识对 MATLAB 在数据处理方面的应用有深刻的了解。

学习要求

知识点	学习目标			
	了解	理解	应用	实践
产生随机数		√		√
概率密度计算			√	√
累积概率分布			√	√
统计特征		√		√
统计作图		√		√

8.1　产生随机数

MATLAB 中用于产生随机数的函数很多，基本能满足一般应用情况下的需求。下面简单介绍几种随机数的产生方法。

8.1.1　二项分布随机数的产生

使用 binornd 函数可以产生二项分布随机数，其调用格式如下。

- R = binornd(N,P)。
- R = binornd(N,P,m,n,...)。
- R = binornd(N,P,[m,n,...])。

其中，N、P 为二项分布参数，返回服从参数为 N、P 的二项分布随机数 R；m 指定随机数的个数，与 R 同维数；m、n 分别表示 R 的行数和列数。

例 8-1：二项分布随机数的产生示例。

在 M 文件编辑器窗口中输入：

```
n = 10:10:60;
r1 = binornd(n,1./n)
r2 = binornd(n,1./n,[1 6])
r3 = binornd(n,1./n,1,6)
r4 = binornd([n; n],[1./n; 1./n],2,6)
```

运行程序后输出结果：

```
r1 =
    3    2    1    2    1    0
r2 =
    1    1    2    0    3    1
r3 =
    0    2    1    2    1    4
r4 =
    1    0    2    2    2    1
    2    1    0    1    2    0
```

8.1.2　正态分布随机数的产生

使用 normrnd 函数可以产生正态分布随机数，其调用格式如下。

- R = normrnd(mu,sigma)。
- R = normrnd(mu,sigma,m,n,...)。
- R = normrnd(mu,sigma,[m,n,...])。

该函数返回均值为 mu、标准差为 sigma 的正态分布随机数；m 指定随机数的个数，n 表示 R 的列数。

例 8-2：正态分布随机数的产生示例。

在 M 文件编辑器窗口中输入：

```
n1 = [normrnd(1:6,1./(1:6)); normrnd(1:6,1./(1:6)); normrnd(1:6,1./(1:6));]
n2 = normrnd(0,1,[1 5])
n3 = normrnd(0,1,[5 5])
n4 = normrnd([1 2 3;4 5 6],0.1,2,3)
```

运行程序后输出结果：

```
n1 =
    0.5752    0.8646    3.5941    3.8032    5.0750    5.7328
    0.5075    2.4798    2.5960    4.1247    4.7638    6.1079
    1.4936    1.9382    3.5980    3.5983    5.1072    6.2968
n2 =
    0.3108    0.7081   -0.1857    0.8816   -1.7964
n3 =
   -1.1317   -0.6197    0.3054   -0.1841   -0.9795
   -1.0901    0.4418    1.2039    0.6550   -1.5686
   -1.1453   -1.6537    0.6172    2.0343    0.9901
    2.3934   -0.7060   -0.0198   -1.1700   -0.4615
    1.7305   -0.2923    1.2425   -0.2807   -1.7017
n4 =
    0.8976    2.0647    2.8415
    4.0986    5.0113    5.9480
```

8.1.3 常见分布随机数的产生

常见分布随机数产生函数（见表 8-1）的使用格式与二项分布随机数和正态分布随机数的产生函数的使用格式相同。

表 8-1 常见分布随机数产生函数

函 数	说 明	函 数	说 明
unifrnd	[a,b]上均匀分布（连续）的随机数	nbinrnd	参数为 R、P 的负二项分布随机数
unidrnd	均匀分布（离散）的随机数	ncfrnd	参数为 n1、n2、delta 的非中心 *F* 分布随机数
exprnd	参数为 Lambda 的指数分布随机数	nctrnd	参数为 n、delta 的非中心 *t* 分布随机数
normrnd	参数为 mu、sigma 的正态分布随机数	ncx2rnd	参数为 n、delta 的非中心卡方分布随机数
chi2rnd	自由度为 n 的卡方分布随机数	raylrnd	参数为 b 的瑞利分布随机数
trnd	自由度为 n 的 t 分布随机数	wblrnd	参数为 a、b 的韦伯分布随机数
Frnd	第一自由度为 n1、第二自由度为 n2 的 *F* 分布随机数	binornd	参数为 n、p 的二项分布随机数
gamrnd	参数为 a、b 的 Gamma 分布随机数	geornd	参数为 p 的几何分布随机数
betarnd	参数为 a、b 的 Beta 分布随机数	hygernd	参数为 M、K、N 的超几何分布随机数
lognrnd	参数为 mu、sigma 的对数正态分布随机数	poissrnd	参数为 Lambda 的泊松分布随机数

8.2　概率密度计算

8.2.1　通用函数概率密度值

使用 pdf 函数可以轻松计算概率密度，其调用格式如下。

- Y = pdf(name,X,A)。
- Y = pdf(name,X,A,B)。
- Y = pdf(name,X,A,B,C)。
- Y = pdf(obj,X)。

其中，返回在 x=X 处，参数为 A、B、C 的概率密度值，对于不同的分布，参数个数不同；name 为分布函数名，其取值如表 8-2 所示；obj 为高斯联合分布对象。该函数的使用方式如例 8-3 所示。

表 8-2　常见分布函数

name 的取值	函 数 说 明	name 的取值	函 数 说 明
'beta'或'Beta'	Beta 分布	'ncf'或'Noncentral F'	非中心 *F* 分布
'bino'或'Binomial'	二项分布	'nct'或'Noncentral t'	非中心 *t* 分布
'chi2'或'Chisquare'	卡方分布	'ncx2'或'Noncentral Chi-square'	非中心卡方分布
'exp'或'Exponential'	指数分布	'norm'或'Normal'	正态分布
'f'或'F'	*F* 分布	'poiss'或'Poisson'	泊松分布
'gam'或'Gamma'	Gamma 分布	'rayl'或'Rayleigh'	瑞利分布
'geo'或'Geometric'	几何分布	't'或'T'	*t* 分布
'hyge'或'Hypergeometric'	超几何分布	'unif'或'Uniform'	均匀分布
'logn'或'Lognormal'	对数正态分布	'unid'或'Discrete Uniform'	离散均匀分布
'nbin'或'Negative Binomial'	负二项分布	'weib'或'Weibull'	Weibull 分布

另外，通用函数计算概率密度的方法还可以推广到任意函数/数据的情况。在 MATLAB 中，可以使用 ksdensity 函数求取一般函数/数据的概率密度函数。该函数的调用格式如下。

- [f,xi] = ksdensity(x)。
- f = ksdensity(x,xi)。
- ksdensity(...)。
- ksdensity(ax,...)。
- [f,xi,u] = ksdensity(...)。
- [...] = ksdensity(...,'Name',value)。

其中，x 为待统计的向量，xi 为计算概率密度的点，f 为得到的概率密度，ax 指定绘制位置坐标轴对象，Name 和 value 为可选属性及属性值。该函数的使用方式将结合例 8-3 进行说明。

例 8-3：计算标准正态分布随机数在[-2:1:2]处的概率密度值、泊松分布随机数在点[0:1:4]

处的密度函数值、高斯联合分布的概率密度函数曲面和任意函数/数据的概率密度分布。

在 M 文件编辑器窗口中输入：

```
p1 = pdf('Normal',-2:2,0,1)
p2 = pdf('Poisson',0:4,1:5)
MU = [1 2;-3 -5];
SIGMA = cat(3,[2 0;0 .5],[1 0;0 1]);
p = ones(1,2)/2;
obj = gmdistribution(MU,SIGMA,p)
ezsurf(@(x,y)pdf(obj,[x y]),[-10 10],[-10 10])
RAND=randn(1000,1);
fx=sin((1:1000)*pi/500);
[f,xi]=ksdensity(RAND+5*fx');
figure;
plot(xi,f);
axis tight
```

运行程序后输出结果，同时输出如图 8-1 所示的图形。

```
p1 =
    0.0540    0.2420    0.3989    0.2420    0.0540
p2 =
    0.3679    0.2707    0.2240    0.1954    0.1755

obj =
在 2 个维中具有 2 个成分的高斯混合分布
成分 1:
混合比例: 0.500000
均值:      1     2
成分 2:
混合比例: 0.500000
均值:     -3    -5
```

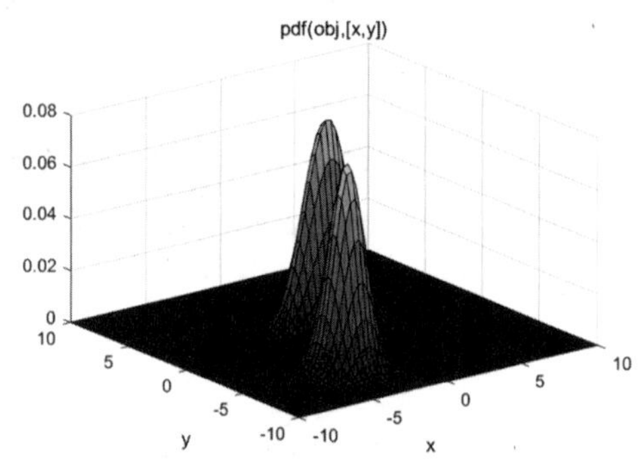

（a）高斯联合分布的概率密度函数曲面

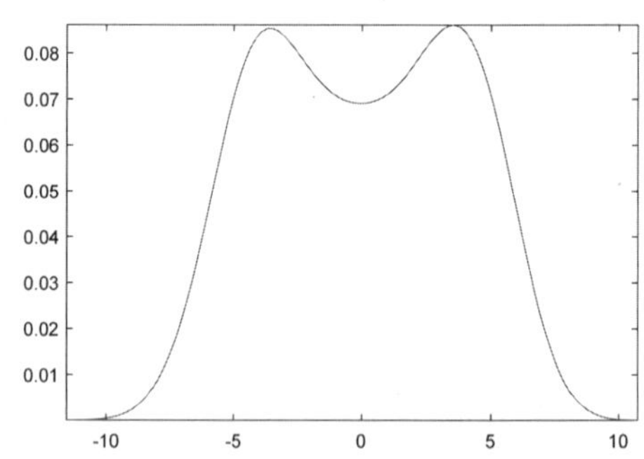

（b）任意函数/数据的概率密度分布

图 8-1　概率密度示例

8.2.2　专用函数概率密度值

计算专用函数概率密度值的函数很多，如 binopdf 函数，其调用格式为 Y = binopdf(X, N,P)，其中，X 为计算点，N 为试验总次数，P 为每次试验中事件发生的概率，Y 为概率密度值。

常见的专用函数概率密度值计算函数如表 8-3 所示。

表 8-3　常见的专用函数概率密度值计算函数

函数名	调 用 格 式	注　释
unifpdf	unifpdf (x, a, b)	[a,b]上均匀分布（连续）的概率密度函数值
unidpdf	unidpdf(x,n)	均匀分布（离散）的概率密度函数值
exppdf	exppdf(x, Lambda)	参数为 Lambda 的指数分布概率密度函数值
normpdf	normpdf(x, mu, sigma)	参数为 mu、sigma 的正态分布概率密度函数值
chi2pdf	chi2pdf(x, n)	自由度为 n 的卡方分布概率密度函数值
tpdf	tpdf(x, n)	自由度为 n 的 *t* 分布概率密度函数值
fpdf	fpdf(x, n1, n2)	第一自由度为 n1、第二自由度为 n2 的 *F* 分布概率密度函数值
gampdf	gampdf(x, a, b)	参数为 a、b 的 Gamma 分布概率密度函数值
betapdf	betapdf(x, a, b)	参数为 a、b 的 Beta 分布概率密度函数值
lognpdf	lognpdf(x, mu, sigma)	参数为 mu、sigma 的对数正态分布概率密度函数值
nbinpdf	nbinpdf(x, R, P)	参数为 R、P 的负二项分布概率密度函数值
ncfpdf	ncfpdf(x, n1, n2, delta)	参数为 n1、n2、delta 的非中心 *F* 分布概率密度函数值
nctpdf	nctpdf(x, n, delta)	参数为 n、delta 的非中心 *t* 分布概率密度函数值
ncx2pdf	ncx2pdf(x, n, delta)	参数为 n、delta 的非中心卡方分布概率密度函数值
raylpdf	raylpdf(x, b)	参数为 b 的瑞利分布概率密度函数值
wblpdf	wblpdf(x, a, b)	参数为 a、b 的韦伯分布概率密度函数值
binopdf	binopdf(x,n,p)	参数为 n、p 的二项分布概率密度函数值
geopdf	geopdf(x,p)	参数为 p 的几何分布概率密度函数值
hygepdf	hygepdf(x,M,K,N)	参数为 M、K、N 的超几何分布概率密度函数值
poisspdf	poisspdf(x,Lambda)	参数为 Lambda 的泊松分布概率密度函数值

例 8-4：计算正态分布函数概率密度示例。

在 M 文件编辑器窗口中输入：

```
mu = [0:0.1:2];
[y i] = max(normpdf(1.5,mu,1));
MLE = mu(i)
```

运行程序后输出结果：

```
MLE =
    1.5000
```

8.3　累积概率分布

8.3.1　通用函数累积概率值

使用函数 cdf 可以计算随机变量 x≤X 的概率之和（累积概率值），其调用格式如下。

- Y = cdf('name',X,A)。

- Y = cdf('name',X,A,B)。
- Y = cdf('name',X,A,B,C)。
- Y= cdf(obj,X)。

其中，返回在 x=X 处，参数为 A、B、C 的累积概率值，对于不同的分布，参数个数不同；name 为分布函数名，其取值如表 8-2 所示；obj 为高斯联合分布对象。该函数的使用方式如例 8-5 所示。

而对于任意函数/数据，可以使用 ksdensity 函数来求取函数/数据的累积概率分布。但该函数默认计算函数/数据的概率密度值，如果要计算累积概率分布，则需要设置其属性 function 的取值为 cdf。计算方式可以参考例 8-5。

例 8-5：计算标准正态分布随机数在[-2:1:2]处的累积概率值、泊松分布随机数在[0:1:4]处的累积概率值、高斯联合分布的累积概率分布曲面和任意函数/数据的累积概率分布。

在 M 文件编辑器窗口中输入：

```
p1 = cdf('Normal',-2:2,0,1)
p2 = cdf('Poisson',0:4,1:5)
MU = [1 2;-3 -5];
SIGMA = cat(3,[2 0;0 .5],[1 0;0 1]);
p = ones(1,2)/2;
obj = gmdistribution(MU,SIGMA,p);
ezsurf(@(x,y)cdf(obj,[x y]),[-10 10],[-10 10])
RAND=randn(1000,1);
fx=sin((1:1000)*pi/500);
[f,xi]=ksdensity(RAND+2000*fx','function','cdf');
figure;
plot(xi,f);
axis tight
```

运行程序后输出结果，同时输出如图 8-2 所示的图形。

```
p1 =
  0.0228  0.1587  0.5000  0.8413  0.9772
p2 =
    0.3679    0.4060    0.4232    0.4335    0.4405
```

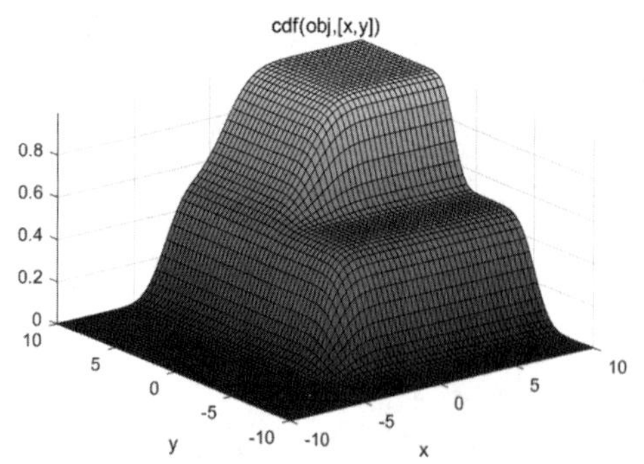

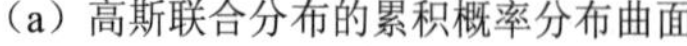
（a）高斯联合分布的累积概率分布曲面

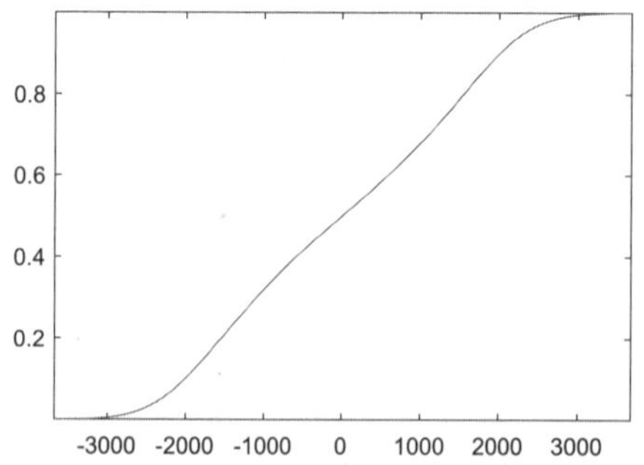

（b）任意函数/数据的累积概率分布

图 8-2　累积概率分布示例

8.3.2 专用函数累积概率值

常见的专用函数累积概率值函数如表 8-4 所示。

表 8-4　常见的专用函数累积概率值函数

函数名	调用格式	注　释
unifcdf	unifcdf (x, a, b)	[a,b]上均匀分布（连续）的累积分布函数值
unidcdf	unidcdf(x,n)	均匀分布（离散）的累积分布函数值
expcdf	expcdf(x, Lambda)	参数为 Lambda 的指数分布的累积分布函数值
normcdf	normcdf(x, mu, sigma)	参数为 mu、sigma 的正态分布的累积分布函数值
chi2cdf	chi2cdf(x, n)	自由度为 n 的卡方分布的累积分布函数值
tcdf	tcdf(x, n)	自由度为 n 的 *t* 分布的累积分布函数值
fcdf	fcdf(x, n1, n2)	第一自由度为 n1、第二自由度为 n2 的 *F* 分布的累积分布函数值
gamcdf	gamcdf(x, a, b)	参数为 a、b 的 Gamma 分布的累积分布函数值
betacdf	betacdf(x, a, b)	参数为 a、b 的 Beta 分布的累积分布函数值
logncdf	logncdf(x, mu, sigma)	参数为 mu、sigma 的对数正态分布的累积分布函数值
nbincdf	nbincdf(x, R, P)	参数为 R、P 的负二项分布的累积分布函数值
ncfcdf	ncfcdf(x, n1, n2, delta)	参数为 n1、n2、delta 的非中心 *F* 分布的累积分布函数值
nctcdf	nctcdf(x, n, delta)	参数为 n、delta 的非中心 *t* 分布的累积分布函数值
ncx2cdf	ncx2cdf(x, n, delta)	参数为 n、delta 的非中心卡方分布的累积分布函数值
raylcdf	raylcdf(x, b)	参数为 b 的瑞利分布的累积分布函数值
wblcdf	wblcdf(x, a, b)	参数为 a、b 的韦伯分布的累积分布函数值
binocdf	binocdf(x,n,p)	参数为 n、p 的二项分布的累积分布函数值
geocdf	geocdf(x,p)	参数为 p 的几何分布的累积分布函数值
hygecdf	hygecdf(x,M,K,N)	参数为 M、K、N 的超几何分布的累积分布函数值
poisscdf	poisscdf(x,Lambda)	参数为 Lambda 的泊松分布的累积分布函数值

例 8-6：求解标准整体分布在区间[-1, 1]上的累积概率分布示例。

在命令行窗口中输入：

```
>> p = normcdf([-1 1]);
>> p(2)-p(1)
```

输出结果：

```
ans =
    0.6827
```

8.4 统计特征

本节讲解常见的数值统计特征的求取方法。

8.4.1 平均值、中值

使用 mean、median、nanmedian、geomean、harmmean 函数可以分别求取数据的平均值、中位数、忽略 NaN 的中位数、几何平均数及调和平均数。这些函数的使用很简单，本书不再进行讲解，下面以示例进行说明。

例 8-7：计算矩阵的平均值、中位数、忽略 NaN 的中位数、几何平均数及调和平均数示例。

在 M 文件编辑器窗口中输入：

```
A=magic(5)
M1=mean(A)
M2=median(A)
M3=nanmedian(A)
M4=geomean(A)
M5=harmmean(A)
```

运行程序后输出结果：

```
A =
    17    24     1     8    15
    23     5     7    14    16
     4     6    13    20    22
    10    12    19    21     3
    11    18    25     2     9
M1 =
    13    13    13    13    13
M2 =
    11    12    13    14    15
M3 =
    11    12    13    14    15
M4 =
   11.1462   10.9234    8.4557    9.8787   10.7349
M5 =
    9.2045    9.1371    3.8098    6.2969    8.0767
```

8.4.2 数据比较

数据比较是指由数据比较引发的各种数据操作，常见的操作包括普通排序、按行排序和求解值域大小等，可以通过 sort、sortrows 和 range 函数实现。各个函数的使用较为简单，下面以示例进行说明。

例 8-8：随机矩阵的普通排序、按行排序和求解值域大小示例。

在 M 文件编辑器窗口中输入：

```
A=rand(5)
Y1=sort(A)
Y2=sortrows(A)
Y3=range(A)
```

运行程序后输出结果：

```
A =
    0.1925    0.0427    0.4991    0.8530    0.6403
    0.1231    0.6352    0.5358    0.8739    0.4170
    0.2055    0.2819    0.4452    0.2703    0.2060
    0.1465    0.5386    0.1239    0.2085    0.9479
    0.1891    0.6952    0.4904    0.5650    0.0821
Y1 =
    0.1231    0.0427    0.1239    0.2085    0.0821
    0.1465    0.2819    0.4452    0.2703    0.2060
    0.1891    0.5386    0.4904    0.5650    0.4170
    0.1925    0.6352    0.4991    0.8530    0.6403
    0.2055    0.6952    0.5358    0.8739    0.9479
Y2 =
    0.1231    0.6352    0.5358    0.8739    0.4170
    0.1465    0.5386    0.1239    0.2085    0.9479
    0.1891    0.6952    0.4904    0.5650    0.0821
    0.1925    0.0427    0.4991    0.8530    0.6403
    0.2055    0.2819    0.4452    0.2703    0.2060
Y3 =
    0.0824    0.6525    0.4119    0.6655    0.8659
```

8.4.3　期望

期望即平均值，其计算方式见 8.4.1 节。

8.4.4　方差和标准差

MATLAB 使用 var 和 std 函数分别计算方差与标准差，还可以使用 skewness 函数求解三阶统计量斜度。下面以示例说明这 3 个函数的使用方法。

例 8-9： 求解随机数矩阵的方差、标准差和斜度示例。

在 M 文件编辑器窗口中输入：

```
X=randn(2,8)
DX=var(X')
DX1=var(X',1)
S=std(X',1)
S1=std(X')
SK = skewness(X')
SK1 = skewness(X',1)
```

运行程序后输出结果：

```
X =
    1.0212    0.4147    0.3493    0.3268   -0.8964    1.0378   -0.1729   -0.2971
   -0.8740    0.3484   -0.7292   -0.5149   -1.2033   -0.8459   -1.2087   -3.2320
DX =
    0.4350    1.0321
DX1 =
```

```
    0.3806    0.9031
S =
    0.6169    0.9503
S1 =
    0.6595    1.0159
SK =
   -0.2902   -1.1422
SK1 =
   -0.2902   -1.1422
```

8.4.5 协方差与相关系数

MATLAB 使用 cov 和 corrcoef 函数分别计算数据的协方差与相关系数。

例 8-10：计算数据的协方差与相关系数示例。

在 M 文件编辑器窗口中输入：

```
x=ones(1,5)
r=rand(5,1)
X=ones(5)
A=magic(5)
C1=cov(x)
C2=cov(r)
C3=cov(x,r)
C4=cov(X)
C5=cov(A)
C6=corrcoef(x,r)
C7=corrcoef(X,A)
C8=corrcoef(A)
```

运行程序后输出结果：

```
x =
     1     1     1     1     1
r =
    0.0464
    0.5054
    0.7614
    0.6311
    0.0899
X =
     1     1     1     1     1
     1     1     1     1     1
     1     1     1     1     1
     1     1     1     1     1
     1     1     1     1     1
A =
    17    24     1     8    15
    23     5     7    14    16
     4     6    13    20    22
    10    12    19    21     3
    11    18    25     2     9
```

```
C1 =
     0
C2 =
    0.1040
C3 =
         0         0
         0    0.1040
C4 =
     0     0     0     0     0
     0     0     0     0     0
     0     0     0     0     0
     0     0     0     0     0
     0     0     0     0     0
C5 =
   52.5000    5.0000  -37.5000  -18.7500   -1.2500
    5.0000   65.0000   -7.5000  -43.7500  -18.7500
  -37.5000   -7.5000   90.0000   -7.5000  -37.5000
  -18.7500  -43.7500   -7.5000   65.0000    5.0000
   -1.2500  -18.7500  -37.5000    5.0000   52.5000
C6 =
   NaN   NaN
   NaN     1
C7 =
   NaN   NaN
   NaN     1
C8 =
    1.0000    0.0856   -0.5455   -0.3210   -0.0238
    0.0856    1.0000   -0.0981   -0.6731   -0.3210
   -0.5455   -0.0981    1.0000   -0.0981   -0.5455
   -0.3210   -0.6731   -0.0981    1.0000    0.0856
   -0.0238   -0.3210   -0.5455    0.0856    1.0000
```

8.5　统计作图

8.5.1　正整数频率表

使用 tabulate 函数可以得到正整数频率表。

例 8-11：向量的正整数统计频率示例。

在命令行窗口中输入：

```
>> T=ceil(5*rand(1,10))
>> table = tabulate(T)
```

输出结果：

```
T =
     4     5     5     1     2     2     4     3     4     2
table =
     1     1    10
```

```
     2     3    30
     3     1    10
     4     3    30
     5     2    20
```

8.5.2 累积分布函数图形

使用 cdfplot 函数可以绘制累积分布函数图形。该函数的调用格式如下。

- cdfplot(x)。
- h = cdfplot(x)。
- [h,stats] = cdfplot(x)。

其中，x 为向量，h 表示曲线的句柄，stats 表示样本的一些特征。

例 8-12：绘制一个极值分布向量的实际累积分布函数图形和理论累积分布函数图形。

在 M 文件编辑器窗口中输入：

```
y = evrnd(0,3,100,1);
cdfplot(y)
hold on
x = -20:0.1:10;
f = evcdf(x,0,3);
plot(x,f,'m')
legend('Empirical','Theoretical','Location','NW')
```

程序运行后输出结果，如图 8-3 所示。

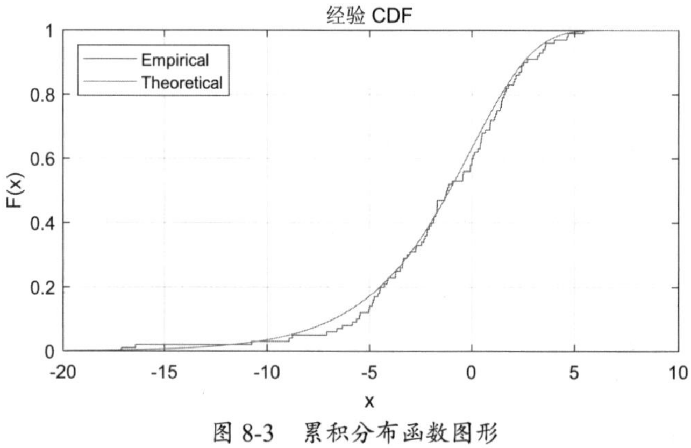

图 8-3　累积分布函数图形

8.5.3 最小二乘拟合直线

使用 lsline 函数可以实现离散数据的最小二乘拟合。该函数的调用格式如下。

- lsline。
- h = lsline。

其中，h 为拟合曲线的句柄。

例 8-13：使用 lsline 函数实现离散数据的最小二乘拟合示例。

在 M 文件编辑器窗口中输入：

```
x = 1:10;
y1 = x + randn(1,10);
scatter(x,y1,25,'b','*')
hold on
y2 = 2*x + randn(1,10);
plot(x,y2,'mo')
y3 = 3*x + randn(1,10);
plot(x,y3,'rx:')
y4 = 4*x + randn(1,10);
plot(x,y4,'g+--')
lsline
```

程序运行后输出结果，如图 8-4 所示。从图 8-4 中可以看到，对添加了随机数据的曲线数据，lsline 函数很好地实现了拟合。

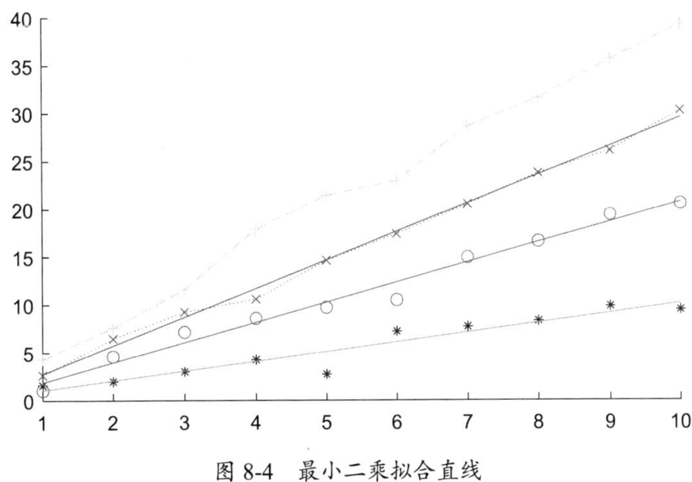

图 8-4　最小二乘拟合直线

8.5.4　绘制正态分布概率图形

使用 normplot 函数可以绘制正态分布概率图形。该函数的调用格式如下：

```
h = normplot(X)
```

其中，若 X 为向量，则显示正态分布概率图形；若 X 为矩阵，则显示每一列的正态分布概率图形。

例 8-14：绘制正态分布概率图形示例。

在 M 文件编辑器窗口中输入：

```
x = normrnd(10,1,25,1);
normplot(x)
figure;
normplot([x,1.5*x])
```

程序运行后输出结果，如图 8-5 所示。

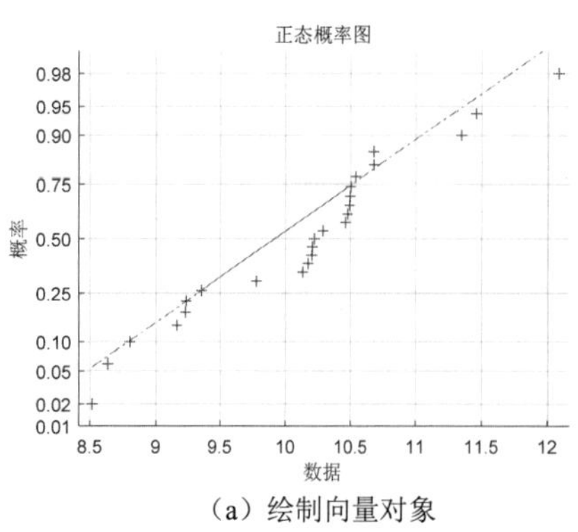

（a）绘制向量对象

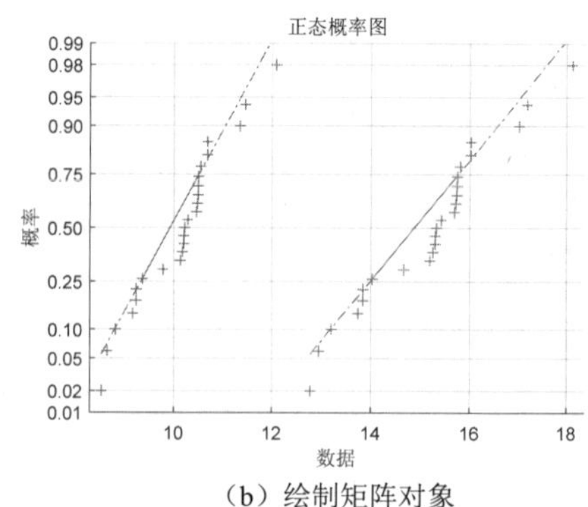

（b）绘制矩阵对象

图 8-5　绘制正态分布概率图形示例

8.5.5　样本数据的盒图

使用 boxplot 函数可以绘制样本数据的盒图。该函数的调用格式如下。

- boxplot(X)。
- boxplot(X,G)。
- boxplot(axes,X,...)。
- boxplot(...,'Name',value)。

其中，X 为待绘制的变量，G 为附加群变量，axes 为坐标轴句柄，Name、value 为可设置属性的名称和值。

例 8-15：样本数据的盒图绘制示例。

在 M 文件编辑器窗口中输入：

```
X = randn(100,25);
subplot(3,1,1)
boxplot(X)
subplot(3,1,2)
boxplot(X,'plotstyle','compact')
subplot(3,1,3)
boxplot(X,'notch','on')
```

程序运行后输出结果，如图 8-6 所示。

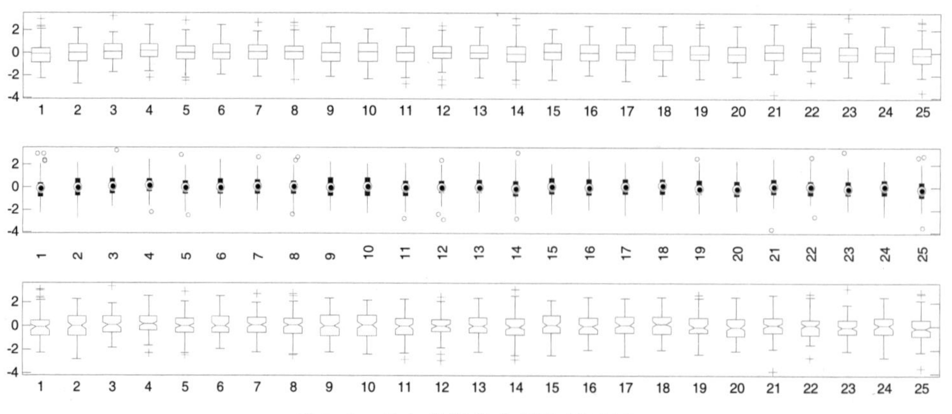

图 8-6　样本数据的盒图绘制示例

8.5.6　参考线绘制

在 MATLAB 中，可以使用 refline 和 refcurve 函数分别绘制一条参考直线与一条参考曲线。refline 函数的调用格式如下。

- refline(m,b)。
- refline(coeffs)。
- refline。
- hline = refline(...)。

其中，m 为斜率，b 为截距，coeffs 为由前面两个参数（m 和 b）构成的向量，hline 为参考直线句柄。

例 8-16：绘制参考直线示例。

在 M 文件编辑器窗口中输入：

```
x = 1:10;
y = x + randn(1,10);
scatter(x,y,25,'b','*')
lsline
mu = mean(y);
hline = refline([0 mu]);
set(hline,'Color','r')
```

程序运行后输出结果，如图 8-7 所示。

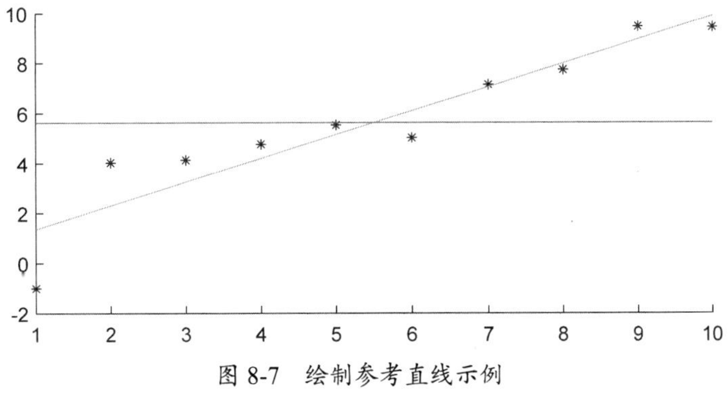

图 8-7　绘制参考直线示例

reflcurve 函数的调用格式如下。

- refcurve(p)。
- refcurve。
- hcurve = refcurve(...)。

其中，p 为多项式系数向量。

例 8-17：绘制参考曲线示例。

在 M 文件编辑器窗口中输入：

```
clear
p = [1 -2 -1 0];
t = 0:0.1:3;
```

```
y = polyval(p,t) + 0.5*randn(size(t));
plot(t,y,'ro')
h = refcurve(p);
set(h,'Color','r')
q = polyfit(t,y,3);
refcurve(q)
legend('Data','Population Mean','Fitted Mean', 'Location','NW')
```

程序运行后输出结果，如图 8-8 所示。

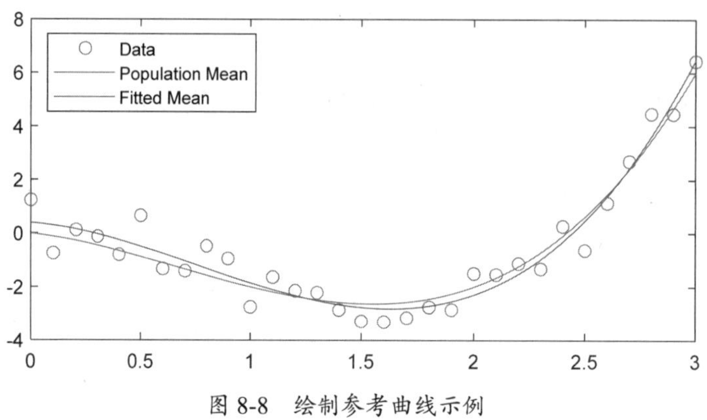

图 8-8　绘制参考曲线示例

8.5.7　样本概率图形

使用 capaplot 函数可以绘制样本概率图形。该函数的调用格式如下。

- p = capaplot(data,specs)。
- [p,h] = capaplot(data,specs)。

其中，data 为所给样本数据，specs 用于指定范围，p 表示指定范围内的概率。该函数返回来自估计分布的随机变量落在指定范围内的概率。

例 8-18：样本概率图形绘制示例。

在 M 文件编辑器窗口中输入：

```
data = normrnd(3,0.005,100,1);
p1=capaplot(data,[2.99 3.01])          %参考图 8-9 (a)
grid on; axis tight
figure
p2=capaplot(data,[2.995 3.015])        %参考图 8-9 (b)
grid on; axis tight
```

运行程序后输出结果，同时输出如图 8-9 所示的图形。

```
p1 =
    0.9613
p2 =
    0.8409
```

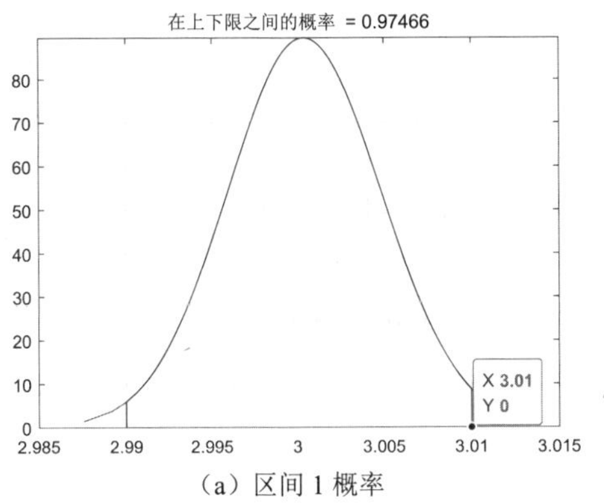

(a) 区间 1 概率

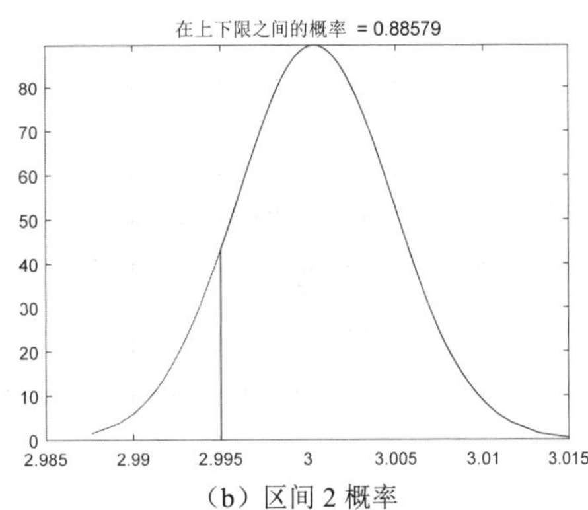

(b) 区间 2 概率

图 8-9 样本概率图形绘制示例

8.5.8 正态拟合直方图

使用 histfit 函数可以绘制含有正态拟合曲线的直方图。该函数的调用格式如下。

- histfit(data)。
- histfit(data,nbins)。
- histfit(data,nbins,dist)。
- h = histfit(...)。

其中，data 为向量，nbins 指定柱条的个数，dist 为分布类型。

例 8-19：绘制含有正态拟合曲线的直方图示例。

在 M 文件编辑器窗口中输入：

```
r = normrnd(10,1,200,1);
histfit(r)
h = get(gca,'Children');
set(h(2),'FaceColor',[.8 .8 1])
figure
histfit(r,20)
h = get(gca,'Children');
set(h(2),'FaceColor',[.8 .8 1])
```

运行程序后输出结果，如图 8-10 所示。

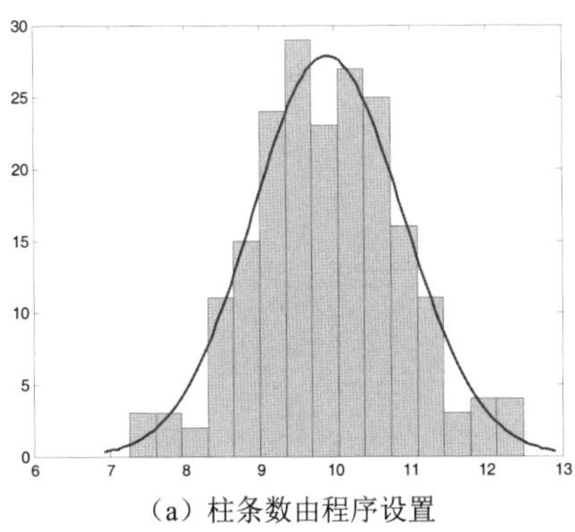

(a) 柱条数由程序设置

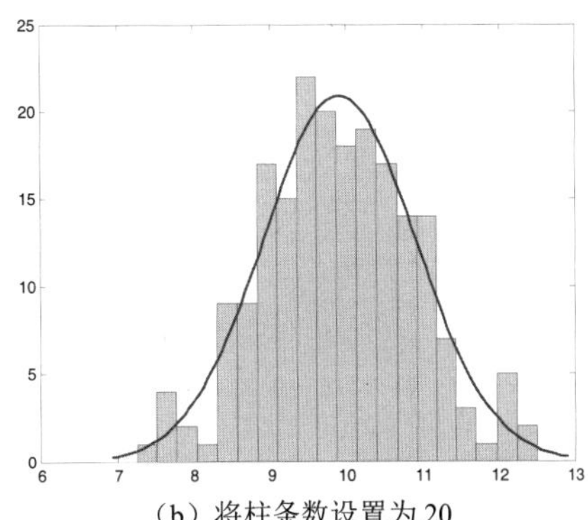

(b) 将柱条数设置为 20

图 8-10 含有正态拟合曲线的直方图示例

8.6 本章小结

本章主要介绍了使用 MATLAB 实现概率统计的基本数据处理方法，包括产生随机数、计算概率密度、计算累积概率分布、挖掘统计特征与统计作图等。

在实际的概率统计应用中，MATLAB 还可以进行更多的数据处理，如参数估计、假设检验等。由于其他内容涉及较深的概率统计知识，故本书略去这些内容，如果有需要，则可以参考 MATLAB 帮助文件中的相关内容。

第 9 章 数学建模基础

知识要点

本书前面几章已经详细介绍了 MATLAB 的各种基础知识及编程，本章重点介绍常用于 MATLAB 建模的函数，包括曲线拟合函数、参数估计函数等内容。

学习要求

知识点	学习目标			
	了解	理解	应用	实践
曲线拟合函数		√		√
参数估计函数			√	√
参数传递			√	√
全局变量		√		√

9.1 曲线拟合函数

在科学和工程领域，曲线拟合的主要功能是寻求平滑的曲线以最好地表现带有噪声的测量数据，从这些测量数据中寻求两个函数变量之间的关系或变化趋势，从而得到曲线拟合的函数表达式 $y = f(x)$ 。

使用多项式进行数据拟合会出现数据振荡现象，而 Spline（三次样条）插值的方法可以得到很好的平滑效果，但是该插值方法有太多的参数，不适合用作曲线拟合的方法。

同时，由于在进行曲线拟合时，认为所有测量数据中已经包含噪声，因此，最后的拟合曲线并不要求通过每个已知数据点，衡量拟合数据的标准是整体数据拟合的误差最小。

一般情况下，MATLAB 的曲线拟合方法用的是“最小方差”函数，其中方差的数值是拟合曲线和已知数据之间的垂直距离。

9.1.1 多项式拟合

在 MATLAB 中，函数 polyfit 采用最小二乘法对给定的数据进行多项式拟合，得到该多项式的系数。该函数的调用格式如下。

- polyfit(x,y,n)：找到次数为 n 的多项式系数，对于数据集合{(x_i, y_i)}，满足差的平方和最小。
- [p,E]=polyfit(x,y,n) ：返回同上的多项式系数 p 和矩阵 E。多项式系数在向量 p 中，矩阵 E 用在 polyval 函数中以计算误差。

例 9-1：某数据的横坐标为[0.3 0.4 0.7 0.9 1.2 1.9 2.8 3.2 3.7 4.5]，纵坐标为[1 2 3 4 5 2 6 9 2 7]，对该数据进行多项式拟合。

在 M 文件编辑器窗口中依次输入：

```
clear all
x=[0.3 0.4 0.7 0.9 1.2 1.9 2.8 3.2 3.7 4.5];
y=[1 2 3 4 5 2 6 9 2 7];
p5=polyfit(x,y,5);                    %5 阶多项式拟合
y5=polyval(p5,x);
p5=vpa(poly2sym(p5),5)                %显示 5 阶多项式
p9=polyfit(x,y,9);                    %9 阶多项式拟合
y9=polyval(p9,x);
figure;                               %画图显示
plot(x,y,'bo');
hold on;
plot(x,y5,'r:');
plot(x,y9,'g--');
legend('原始数据','5 阶多项式拟合','9 阶多项式拟合');
xlabel('x');
ylabel('y');
```

运行程序后，得到的 5 阶多项式如下：

```
p5 =
    0.8877*x^5 - 10.3*x^4 + 42.942*x^3 - 77.932*x^2 + 59.833*x - 11.673
```

运行程序后，输出结果如图 9-1 所示。由图 9-1 可以看出，在使用 5 阶多项式拟合时，拟合效果比较差。

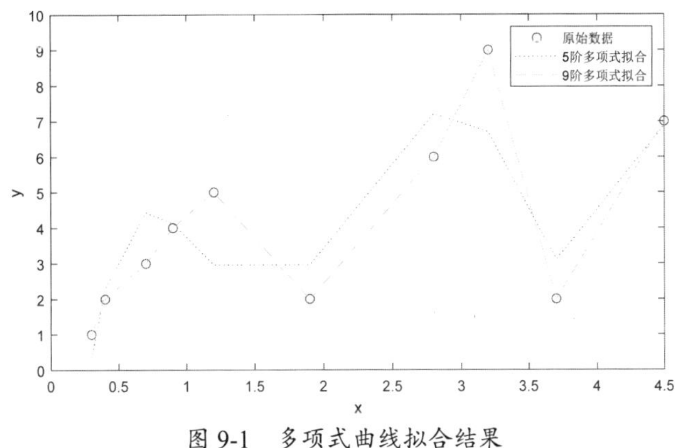

图 9-1　多项式曲线拟合结果

当采用 9 阶多项式拟合时，得到的拟合结果与原始数据比较相符。当使用函数 polyfit 进行拟合时，多项式的阶次最大不超过 length(x)-1。

9.1.2　加权最小方差拟合原理及示例

所谓加权最小方差（WLS），就是指根据基础数据本身各自的准确度的不同，在拟合时给每个数据以不同的加权数值。这种方法比前面介绍的单纯最小方差方法要更加符合拟合的初衷。

对应 N 阶多项式的拟合公式，要得到拟合系数，需要求解线性方程组。其中，线性方程组的系数矩阵和需要求解的拟合系数矩阵分别为

$$\boldsymbol{A}=\begin{pmatrix} x_1^N & \cdots & x_1 \cdots 1 \\ x_2^N & \cdots & x_2 \cdots 1 \\ \vdots & & \vdots \\ x_m^N & \cdots & x_m \cdots 1 \end{pmatrix},\quad \boldsymbol{\theta}=\begin{pmatrix} \theta_n \\ \theta_{n-1} \\ \vdots \\ \theta_1 \end{pmatrix}$$

使用加权最小方差方法求解得到拟合系数：

$$\boldsymbol{\theta}_m^n=\begin{pmatrix} \theta_{mn}^n \\ \theta_{mn-1}^n \\ \vdots \\ \theta_1^n \end{pmatrix}=\left[\boldsymbol{A}^{\mathrm{T}}\boldsymbol{W}\boldsymbol{A}\right]^{-1}\boldsymbol{A}^{\mathrm{T}}\boldsymbol{W}\boldsymbol{y}$$

对应的加权最小方差为如下表达式：

$$J_m=[\boldsymbol{A\theta}-y]^{\mathrm{T}}\boldsymbol{W}[\boldsymbol{A\theta}-\boldsymbol{y}]$$

例 9-2：根据加权最小方差方法自行编写使用它拟合数据的 M 函数文件，并使用该方法

进行数据拟合。

在 M 文件编辑器窗口中编写 M 文件并命名为 polyfits.m：

```
function  [th,err,yi]=polyfits(x,y,N,xi,r)
%x,y:数据点系列
%N : 多项式拟合的系统
%r  : 加权系数的逆矩阵

M=length(x);
x=x(:);
y=y(:);

%判断调用函数的格式
if nargin==4
%当调用函数的格式为(x,y,N,r)时
   if length(xi)==M
         r=xi;
         xi=x;
%当调用函数的格式为(x,y,N,xi)时
    else r=1;
    end
%当调用函数的格式为(x,y,N)时
elseif nargin==3
        xi=x;
        r=1;
end
%求解系数矩阵
A(:,N+1)=ones(M,1);
for n=N:-1:1
     A(:,n)=A(:,n+1).*x;
end
if length(r)==M
      for m=1:M
          A(m,:)=A(m,:)/r(m);
          y(m)=y(m)/r(m);
      end
end
  %计算拟合系数
th=(A\y)';
ye=polyval(th,x);
err=norm(y-ye)/norm(y);
yi=polyval(th,xi);
```

使用上面的程序代码对基础数据进行最小方差（LS）多项式拟合。在 M 文件编辑器窗口中依次输入：

```
clear all
x=[-3:1:3]';
y=[1.1650  0.0751  -0.6965  0.0591 0.6268  0.3516  1.6961]';
[x,i]=sort(x);
y=y(i);
xi=min(x)+[0:100]/100*(max(x)-min(x));
```

```
for i=1:4
    N=2*i-1;
    [th,err,yi]=polyfits(x,y,N,xi);
    subplot(2,2,i)
    plot(x,y,'o')
    hold on
    plot(xi,yi,'-')
    grid on
end
```

得到的拟合结果如图 9-2 所示。

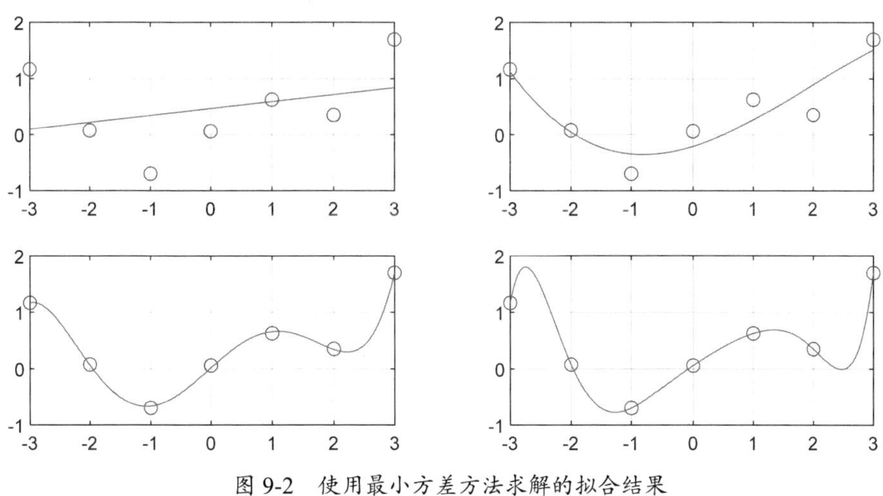

图 9-2　使用最小方差方法求解的拟合结果

从上面的例子中可以看出，最小方差方法其实是加权最小方差方法的一种特例，相当于将每个基础数据的准确度都设为 1。但是，自行编写的 M 文件和默认的命令结果不同，请仔细比较。

9.1.3　非线性曲线拟合

非线性曲线拟合是指已知输入向量 **xdata**、输出向量 **ydata**，并知道输入与输出的函数关系为 **ydata**=$F(\boldsymbol{x}, \mathbf{xdata})$，但不清楚系数向量 $\boldsymbol{x}$。进行曲线拟合即求 $\boldsymbol{x}$ 使得下式成立：

$$\min_{\boldsymbol{x}} \quad \frac{1}{2}\| F(\boldsymbol{x}, \mathbf{xdata}) - \mathbf{ydata} \|_2^2 = \frac{1}{2}\sum_i (F(\boldsymbol{x}, \text{xdata}_i) - \text{ydata}_i)^2$$

在 MATLAB 中，可以使用函数 curvefit 解决此类问题，其调用格式如下。

- x = lsqcurvefit(fun,x0,xdata,ydata)：x0 为初始解向量，xdata、ydata 为满足关系 ydata= F(x, xdata)的数据。
- x = lsqcurvefit(fun,x0,xdata,ydata,lb,ub)：lb、ub 为解向量的下界和上界，lb≤x≤ub，若没有指定上界和下界，则 lb=[ ]、ub=[ ]。
- x = lsqcurvefit(fun,x0,xdata,ydata,lb,ub,options)：options 为指定的优化参数。
- [x,resnorm] = lsqcurvefit(⋯)：resnorm 是在 x 处的残差的平方和。
- [x,resnorm,residual] = lsqcurvefit(⋯)：residual 为在 x 处的残差。

- [x,resnorm,residual,exitflag] = lsqcurvefit(⋯)：exitflag 为终止迭代的条件。
- [x,resnorm,residual,exitflag,output] = lsqcurvefit(⋯)：output 为输出的优化信息。

例 9-3：已知输入向量 **xdata** 和输出向量 **ydata**，且长度都是 n，使用最小二乘法非线性拟合函数：

$$\mathbf{ydata}(i) = \boldsymbol{x}(1)\cdot\mathbf{xdata}(i)^2 + \boldsymbol{x}(2)\cdot\sin(\mathbf{xdata}(i)) + \mathrm{x}(3)\cdot\mathbf{xdata}(i)^3$$

根据题意可知，目标函数为

$$\min_{\boldsymbol{x}}\frac{1}{2}\sum_{i=1}^{n}(F(\boldsymbol{x},\mathrm{xdata}_i)-\mathrm{ydata}_i)^2$$

其中

$$F(\boldsymbol{x},\mathbf{xdata}) = \boldsymbol{x}(1)\cdot\mathbf{xdata}^2 + \boldsymbol{x}(2)\cdot\sin(\mathbf{xdata}) + \boldsymbol{x}(3)\cdot\mathbf{xdata}^3$$

初始解向量定位 x_0=[0.3, 0.4, 0.1]。

首先在 M 文件编辑器窗口中编写 M 文件（拟合函数文件）并命名为 ex903.m：

```
function F = ex903 (x,xdata)
F = x(1)*xdata.^2 + x(2)*sin(xdata) + x(3)*xdata.^3;
end
```

再编写函数拟合代码：

```
clear all
xdata = [3.6 7.7 9.3 4.1 8.6 2.8 1.3 7.9 10.0 5.4];
ydata = [16.5 150.6 263.1 24.7 208.5 9.9 2.7 163.9 325.0 54.3];
x0 = [10, 10, 10];
[x,resnorm] = lsqcurvefit(@ex903,x0,xdata,ydata)
```

结果为：

```
x =
   0.2269    0.3385    0.3022
resnorm =
   6.2950
```

即函数在 x=0.2269、x=0.3385、x=0.3022 处的残差的平方和均为 6.2950。

9.2 参数估计函数

参数估计的内容包括点估计和区间估计。MATLAB 统计工具箱提供了很多与参数估计相关的函数，如计算待估参数及其置信区间、估计服从不同分布的函数的参数。

9.2.1 常见分布的参数估计

MATLAB 统计工具箱提供了多种具体函数的参数估计函数，如表 9-1 所示。

例如，利用 normfit 函数可以对正态分布总体进行参数估计。

- [muhat,sigmahat,muci,sigmaci]=normfit(x)：对于给定的正态分布的数据 x，返回参数

μ 的估计值 muhat、σ 的估计值 sigmahat、μ 的 95%置信区间 muci、σ 的 95%置信区间 sigmaci。

- [muhat,sigmahat,muci,sigmaci]=normfit(x, alpha)：进行参数估计并计算 100(1−alpha)%置信区间。

表 9-1　常见分布的参数估计函数及其调用格式

分　布	调用格式
贝塔（Beta）分布	phat=betafit(x) [phat,pci]=betafit(x,alpha)
贝塔对数似然函数	logL=betalike(params,data) [logL,info]=betalike(params,data)
二项分布	phat=binofit(x,n) [phat,pci]=binofit(x,n) [phat,pci]=binofit(x,n,alpha)
指数分布	muhat=expfit(x) [muhat,muci]=expfit(x) [muhat,muci]=expfit(x,alpha)
伽马（Gamma）分布	phat=gamfit(x) [phat,pci]=gamfit(x) [phat,pci]=gamfit(x,alpha)
伽马似然函数	logL=gamlike(params,data) [logL,info]=gamlike(params,data)
最大似然估计	phat= mle('dist',data) [phat,pci]= mle('dist',data) [phat,pci]=mle('dist',data,alpha) [phat,pci]= mle('dist',data,alpha,p1)
正态对数似然函数	L=normlike(params,data)
正态分布	[muhat,sigmahat,muci,sigmaci]=normfit(x) [muhat,sigmahat,muci,sigmaci]=normfit(x,alpha)
泊松分布	lambdahat=poissfit(x) [lambdahat,lambdaci]=poissfit(x) [lambdahat,lambdaci]=poissfit(x,alpha)
均匀分布	[ahat,bhat]=unifit(x) [ahat,bhat,aci,bci]=unifit(x) [ahat,bhat,aci,bci]=unifit(x,alpha)
威布尔分布	phat=weibfit(x) [phat,pci]=weibfit(x) [phat,pci]=weibfit(x,alpha)
威布尔对数似然函数	logL=weiblike(params,data) [logL,info]=weiblike(params,data)

例 9-4：观测 20 辆某型号汽车消耗 10L 汽油的行驶里程，具体数据如下（单位为英里，1 英里=1.609344km）：

59.6　55.2　56.6　55.8　60.2　57.4　59.8　56.0　55.8　57.4

56.8　54.4　59.0　57.0　56.0　60.0　58.2　59.6　59.2　53.8

假设行驶里程服从正态分布，请用 normfit 函数求解平均行驶里程的 95%置信区间。根据题意，在 M 文件编辑器窗口中依次输入：

```
clear all
x1=[59.6 55.2 56.6 55.8 60.2 57.4 59.8 56.0 55.8 57.4];
x2=[56.8 54.4 59.0 57.0 56.0 60.0 58.2 59.6 59.2 53.8];
x=[x1 x2]';
a=0.05;
[muhat,sigmahat,muci,sigmaci]=normfit(x,a)
[p,ci]=mle('norm',x,a)
n=numel(x);
p1=p(1)
sigmahat1=var(x).^0.5
p2=p(2)
muci1=[muhat-tinv(1-a/2,n-1)*sigmahat/sqrt(n),muhat+...
    tinv(1-a/2,n-1)*sigmahat/sqrt(n)]
sigmaci1=[((n-1).*sigmahat.^2/chi2inv(1-a/2,n-1)).^0.5,...
    ((n-1).*sigmahat.^2/chi2inv(a/2,n-1)).^0.5]
```

运行结果如下：

```
muhat =
   57.3900
sigmahat =
    1.9665
muci =
   56.4696
   58.3104
sigmaci =
    1.4955
    2.8723
p =
   57.3900    1.9167
ci =
   56.4696    1.4955
   58.3104    2.8723
p1 =
   57.3900
sigmahat1 =
    1.9665
p2 =
    1.9167
muci1 =
   56.4696   58.3104
sigmaci1 =
    1.4955    2.8723
```

9.2.2 点估计

点估计是用单个数值作为参数的估计值，目前使用较多的方法是最大似然法和矩法。

1．最大似然法

最大似然法是在待估参数的可能取值范围内挑选使似然函数值最大的那个参数值为最大似然估计值。由于最大似然法得到的估计值通常不仅能满足无偏性、有效性等基本条件，还能保证其为充分统计量，所以一般推荐使用最大似然法。

MATLAB 用函数 mle 进行最大似然估计，其调用格式为 phat=mle('dist',data)，即使用 data 向量中的样本数据，返回 dist 指定的分布的最大似然估计。

例 9-5：观测 20 辆某型号汽车消耗 10L 汽油的行驶里程，具体数据如下（单位：英里）：

59.6　55.2　56.6　55.8　60.2　57.4　59.8　56.0　55.8　57.4

56.8　54.4　59.0　57.0　56.0　60.0　58.2　59.6　59.2　53.8

假设行驶里程服从正态分布，请用最大似然法估计总体的均值和方差。根据题意，编写最大似然估计求解程序。在 M 文件编辑器窗口中依次输入：

```
clear all
x1=[59.6 55.2 56.6 55.8 60.2 57.4 59.8 56.0 55.8 57.4];
x2=[56.8 54.4 59.0 57.0 56.0 60.0 58.2 59.6 59.2 53.8];
x=[x1 x2]';
p=mle('norm',x);
muhatmle=p(1)
sigma2hatmle=p(2)^2
```

运行结果如下：

```
muhatmle =
   57.3900
sigma2hatmle =
    3.6739
```

2．矩法

待估参数经常作为总体原点矩或原点矩的函数，此时，可以用该总体样本的原点矩或样本原点矩的函数值作为待估参数的估计值，这种方法称为矩法。

例如，样本均值总是总体均值的矩估计值，样本方差总是总体方差的矩估计值，样本标准差总是总体标准差的矩估计值。

MATLAB 计算矩的函数为 moment(X,order)。

例 9-6：观测 20 辆某型号汽车消耗 10L 汽油的行驶里程，具体数据如下（单位：英里）：

59.6　55.2　56.6　55.8　60.2　57.4　59.8　56.0　55.8　57.4

56.8　54.4　59.0　57.0　56.0　60.0　58.2　59.6　59.2　53.8

试估计总体的均值和方差。根据题意，在 M 文件编辑器窗口中依次输入：

```
clear all
x1=[59.6 55.2 56.6 55.8 60.2 57.4 59.8 56.0 55.8 57.4];
x2=[56.8 54.4 59.0 57.0 56.0 60.0 58.2 59.6 59.2 53.8];
x=[x1 x2]';
muhat=mean(x)
sigma2hat=moment(x,2)
var(x,1)
```

运行结果如下：

```
muhat =
   57.3900
sigma2hat =
    3.6739
ans =
    3.6739
```

9.2.3 区间估计

求参数的区间估计，首先要求出该参数的点估计，然后构造一个含有该参数的随机变量，并根据一定的置信水平求该估计值的范围。

在 MATLAB 中，当用 mle 函数进行最大似然估计时，有如下几种调用格式。

- [phat,pci]=mle('dist',data)：返回最大似然估计值和 95%置信区间。
- [phat,pci]=mle('dist',data,alpha)：返回指定分布的最大似然估计值和 100(1-alpha)%置信区间。
- [phat,pci]= mle('dist',data,alpha,p1)：该形式仅用于二项分布，其中 p1 为实验次数。

例 9-7：观测 20 辆某型号汽车消耗 10L 汽油的行驶里程，具体数据如下（单位：km）：

59.6 55.2 56.6 55.8 60.2 57.4 59.8 56.0 55.8 57.4

56.8 54.4 59.0 57.0 56.0 60.0 58.2 59.6 59.2 53.8

假设行驶里程服从正态分布，求平均行驶里程的 95%置信区间。根据题意，在 M 文件编辑器窗口中依次输入：

```
clear all
x1=[29.8 27.6 28.3 27.9 30.1 28.7 29.9 28.0 27.9 28.7];
x2=[28.4 27.2 29.5 28.5 28.0 30.0 29.1 29.8 29.6 26.9];
x=[x1 x2]';
[p,pci]=mle('norm',x,0.05)
```

运行结果如下：

```
p =
   28.6950    0.9584
pci =
   28.2348    0.7478
   29.1552    1.4361
```

9.3 参数传递

MATLAB 中的参数传递过程是按值传递的。也就是说，在函数调用过程中，MATLAB 将传入的实际变量值赋值给形式参数指定的变量，这些变量都存储在函数的变量空间中，与工作区变量空间是独立的，每个函数在被调用过程中都有自己独立的函数空间。

例如，在 MATLAB 中编写函数：

```
function y=myfun(x,y)
```

在命令行窗口中，通过 a=myfun(3,2)调用此函数，此时，MATLAB 首先会建立 myfun 函数的变量空间，把 3 赋值给 x，把 2 赋值给 y，然后执行函数实现的代码。在执行完毕后，把 myfun 函数返回的参数 y 的值传递给工作区变量 a。调用过程结束后，函数变量空间被清除。

9.3.1　输入和输出参数的数目

MATLAB 的函数可以具有多个输入或输出参数。通常在调用时，需要给出和函数声明语句中一一对应的输入参数；而输出参数的数目可以按参数列表对应指定，也可以不指定。在不指定输出参数的数目时，MATLAB 默认把输出参数列表中的第一个参数的数值返回给工作区变量 ans。

在 MATLAB 中，可以通过 nargin 和 nargout 函数确定函数调用时实际传递的输入和输出参数的数目，结合条件分支语句，就可以处理函数调用中指定不同数目的输入和输出参数的情况。

例 9-8：输入和输出参数数目的使用示例。

在 M 文件编辑器窗口中编写 M 文件并命名为 mytha.m：

```
function [n1,n2]=mytha(m1,m2)
if nargin==1
   n1=m1;
   if nargout==2
      n2=m1;
   end
else
   if nargout==1
      n1=m1+m2;
   else
      n1=m1;
      n2=m2;
   end
end
end
```

在命令行窗口中依次运行 mytha 函数，输出结果如下：

```
>> m=mytha(4)
m =
    4
>> [m,n]=mytha(4)
m =
    4
n =
    4
>> m=mytha(4,8)
m =
   12
>> [m,n]=mytha(4,8)
m =
```

```
    4
n =
    8
>> mytha(4,8)
ans =
    4
```

指定输入和输出参数数目的情况比较好理解，只要对应函数 M 文件中对应的 if 分支项即可；而对于不指定输出参数数目的调用情况，MATLAB 是按照指定了所有输出参数的调用格式对函数进行调用的，不过，在输出时，只把第一个输出参数对应的变量值赋给工作区变量 ans。

9.3.2 可变数目的参数传递

函数 nargin 和 nargout 结合条件分支语句可以处理可能具有不同数目的输入和输出参数的函数调用，但这要求对每种输入参数数目和输出参数数目的结果分别进行代码编写。

在有些情况下，用户可能并不能确定具体调用中传递的输入参数或输出参数的数目，即具有可变数目的参数传递，在 MATLAB 中，可通过 varargin 和 varargout 函数实现可变数目的参数传递。使用这两个函数对处理具有复杂的输入和输出参数数目组合的情况也是便利的。

函数 varargin 和 varargout 把实际的函数调用时传递的参数值封装成一个元胞数组，因此，在函数实现部分的代码编写中，就要用访问元胞数组的方法访问封装在 varargin 和 varargout 函数中的元胞或元胞内的变量。

例 9-9：可变数目的参数传递示例。

在 M 文件编辑器窗口中编写 M 文件并命名为 mythb.m：

```
function y=mythb(x)
a=0;
for i=1:1:length(x)
    a=a+mean(x(i));
end
y=a/length(x);
end
```

函数 mythb 以 x 作为输入参数，从而可以接收可变数目的输入参数，函数实现部分首先计算了各个输入参数（可能是标量、一维数组或二维数组）的均值，然后计算了这些均值的均值。在命令行窗口中依次运行 mythb 函数，结果如下：

```
>> mythb([4 3 4 5 1])
ans =
   3.4000
>> mythb(4)
ans =
    4
>> mythb([2 3;8 5])
ans =
    5
```

```
>> mythb(magic(4))
ans =
   8.5000
```

9.3.3　返回被修改的输入参数

前面已经讲过，MATLAB 函数有独立于 MATLAB 工作区的变量空间，因此，输入参数在函数内部的修改只具有和函数变量空间相同的生命周期，如果不指定将此修改后的输入参数值返回到工作区，那么在函数调用结束后，这些修改后的值将被自动清除。

例 9-10：函数内部的输入参数修改示例。

在 M 文件编辑器窗口中编写 M 文件并命名为 mythc.m：

```
function y=mythc(x)
x=x+2;
y=x.^2;
end
```

在 mythc 函数的内部，首先修改了输入参数 x 的值（x=x+2），然后以修改后的 x 值计算输出参数 y 的值（y=x.^2）。在命令行窗口中依次运行，结果如下：

```
>> x=2
x =
     2
>> y=mythc(x)
y =
    16
>> x
x =
     2
```

由结果可见，调用结束后，函数变量空间中的 x 在函数调用过程中被修改，但此修改只在函数变量空间有效，并没有影响到 MATLAB 工作区中变量 x 的值，函数调用前后，MATLAB 工作区中的变量 x 始终为 2。

那么，如果用户希望在函数内部对输入参数的修改也对 MATLAB 工作区的变量有效，就需要在函数输出参数列表中返回此输入参数。对于例 9-10 中的函数，需要把函数修改为 function[y,x]=mythc(x)，而在调用时，也要通过[y,x]=mythc(x)语句来实现。

例 9-11：将修改后的输入参数返回给 MATLAB 工作区。

在 M 文件编辑器窗口中编写 M 文件并命名为 mythd.m：

```
function [y,x]=mythd(x)
x=x+2;
y=x.^2;
end
```

随后在命令行窗口中运行，结果如下：

```
>> x=3
x =
     3
```

```
>> [y,x]=mythd(x)
y =
   25
x =
    5
>> x
x =
    5
```

函数调用后，MATLAB 工作区中变量 x 的值从 3 变为 5。可见，通过[y,x]=mythd(x)语句，实现了函数对 MATLAB 工作区变量的修改。

9.3.4 全局变量

通过返回修改后的输入参数可以实现在函数内部对 MATLAB 工作区变量的修改，而另一种方法是使用全局变量。声明全局变量需要用到 global 关键词，其调用格式为 global variable。

通过全局变量可以实现 MATLAB 工作区变量空间和多个函数的函数空间共享，这样，多个使用全局变量的函数和 MATLAB 工作区共同维护这一全局变量，任何一处对全局变量的修改都会直接改变此全局变量的值。

在应用全局变量时，通常在各个函数内部通过 global variable 语句声明，在命令行窗口或脚本 M 文件中，也要先通过 global 声明，然后进行赋值。

例 9-12：全局变量的使用示例。

在 M 文件编辑器窗口中编写 M 文件并命名为 mythe.m：

```
function y=mythe(x)
global a;
a=a+9;
y=cos(x);
```

随后在命令行窗口中声明全局变量并赋值调用：

```
>> global a
>> a=2
a =
    2
>> mythe(pi)
ans =
   -1
>> cos(pi)
ans =
   -1
>> a
a =
   11
```

通过例 9-12 可见，用 global 将 a 声明为全局变量后，在函数内部对 a 的修改也会直接作用于 MATLAB 工作区。函数被调用一次后，a 的值从 2 变为 11。

9.4　本章小结

MATLAB 提供了极其丰富的内部函数，使得用户可以通过命令行调用完成很多工作，但是想要更加高效地利用 MATLAB 建模，离不开 MATLAB 编程。

通过本章的学习，读者应该熟悉并掌握 MATLAB 中各种类型的函数，尤其对于曲线拟合函数、参数估计函数和插值函数，需要熟练运用。

第 10 章 智能算法

知识要点

人工智能学科诞生于20世纪50年代中期，当时，由于计算机的产生与发展，人们开始了真正意义上的人工智能的研究，在自动推理、认知建模、机器学习、神经元网络、自然语言处理、专家系统、智能机器人等方面的理论和应用上都取得了成果。

本章主要介绍粒子群算法、遗传算法、蚁群算法3种经典的智能算法及其MATLAB实现方法。

学习要求

知识点	学习目标			
	了解	理解	应用	实践
粒子群算法的基本原理		√		√
粒子群算法的经典应用			√	√
遗传算法的基本原理		√		√
遗传算法的经典应用			√	√
蚁群算法的基本原理		√		√
蚁群算法的经典应用			√	√

10.1　粒子群算法实现

粒子群算法（Particle Swarm Optimization，PSO）属于进化算法的一种，与模拟退火算法相似，也是从随机解出发，通过迭代寻找最优解的。它也是通过适应度来评价解的品质的，但它比遗传算法的规则简单，没有遗传算法的“交叉”（Crossover）和“变异”（Mutation）操作，通过追随当前搜索到的最优值来寻找全局最优。

10.1.1　基本原理

粒子群算法可以用于解决优化问题。在粒子群算法中，每个优化问题的潜在解都是搜索空间中的一只“鸟”，称为粒子。所有的粒子都有一个由被优化的函数决定的适值（Fitness Value），每个粒子还有一个速度决定它们“飞行”的方向和距离，从而，粒子就追随当前的最优粒子在解空间中搜索。

粒子位置的更新方式如图 10-1 所示。

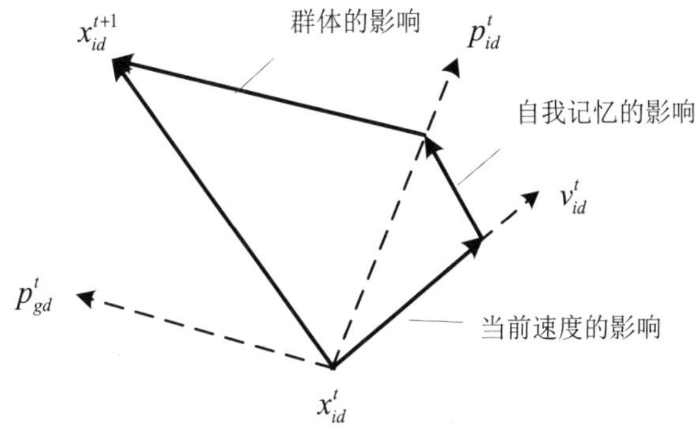

图 10-1　粒子位置的更新方式

在图 10-1 中，x 表示粒子的起始位置，v 表示粒子“飞行”的速度，p 表示搜索到的粒子的最优位置。

粒子群算法的初始化结果为一群随机粒子（随机解）通过迭代找到最优解。在每次迭代中，粒子通过跟踪两个极值来更新自己：一个是粒子本身找到的最优解，称为个体极值；另一个是整个种群目前找到的最优解，这个极值是全局极值。

另外，还可以不用整个种群而只用其中一部分作为粒子的邻居，此时在所有邻居中的极值就是局部极值。

假设在一个 D 维的目标搜索空间中有 N 个粒子，组成一个群落，其中第 i 个粒子表示为一个 D 维的向量：

$$\boldsymbol{X}_i = (x_{i1}, x_{i2}, \cdots, x_{iD}),\quad i = 1, 2, \cdots, N$$

第 i 个粒子的“飞行”速度也是一个 D 维的向量，记为

$$\boldsymbol{V}_i = (v_{i1}, v_{i2}, \cdots, v_{iD}),\quad i = 1, 2, \cdots, N$$

第 i 个粒子迄今为止搜索到的最优位置称为个体极值，记为

$$p_{\text{best}}=(p_{i1},p_{i2},\cdots,p_{iD}),\ \ i=1,2,\cdots,N$$

整个粒子群迄今为止搜索到的最优位置为全局极值，记为

$$g_{\text{best}}=(p_{g1},p_{g2},\cdots,p_{gD})$$

在找到这两个极值时，粒子根据如下公式更新自己的速度和位置：

$$v_{id}=w\times v_{id}+c_1r_1\left(p_{id}-x_{id}\right)+c_2r_2(p_{gd}-x_{id})$$

$$x_{id}=x_{id}+v_{id}$$

式中，c_1 和 c_2 为学习因子，也称加速常数（Acceleration Constant）；r_1 和 r_2 为[0,1]区间的均匀随机数。

式 $v_{id}=w\times v_{id}+c_1r_1\left(p_{id}-x_{id}\right)+c_2r_2(p_{gd}-x_{id})$ 右边由 3 部分组成。

- 第 1 部分为“惯性”（Inertia）或“动量”（Momentum）部分，反映了粒子的运动“习惯”（Habit），代表粒子有维持自己先前速度的趋势。
- 第 2 部分为“认知”（Cognition）部分，反映了粒子对自身历史经验的记忆或回忆，代表粒子有向自身历史最佳位置逼近的趋势。
- 第 3 部分为“社会”（Social）部分，反映了粒子间协同合作与知识共享的群体历史经验，代表粒子有向群体或邻域历史最佳位置逼近的趋势。

由于粒子群算法具有高效的搜索能力，因此有利于得到多目标意义下的最优解；通过代表整个解集种群，按并行方式同时搜索多个非劣解，即搜索多个 Pareto 最优解。

同时，粒子群算法的通用性比较好，适合处理多种类型的目标函数和约束，并且容易与传统的优化方法结合，从而改善自身的局限性，更高效地解决问题。因此，将粒子群算法应用于解决多目标优化问题上具有很大的优势。

10.1.2 程序设计

基本粒子群算法的流程图如图 10-2 所示。具体过程如下。

（1）初始化粒子群，包括群体规模 N、每个粒子的位置 x_i 和速度 v_i。

（2）计算每个粒子的适应度值 $F_{it}[i]$。

（3）对每个粒子，用它的适应度值 $F_{it}[i]$ 和个体极值 $p_{\text{best}}(i)$ 进行比较，如果 $F_{it}[i]>p_{\text{best}}(i)$，则用 $F_{it}[i]$ 替换 $p_{\text{best}}(i)$。

（4）对每个粒子，用它的适应度值 $F_{it}[i]$ 和全局极值 g_{best} 进行比较，如果 $F_{it}[i]>g_{\text{best}}$，则用 $F_{it}[i]$ 替换 g_{best}。

（5）更新粒子的速度 v_i 和位置 x_i。

（6）如果满足结束条件（误差足够小或达到最大循环次数），则退出；否则返回步骤（2）。

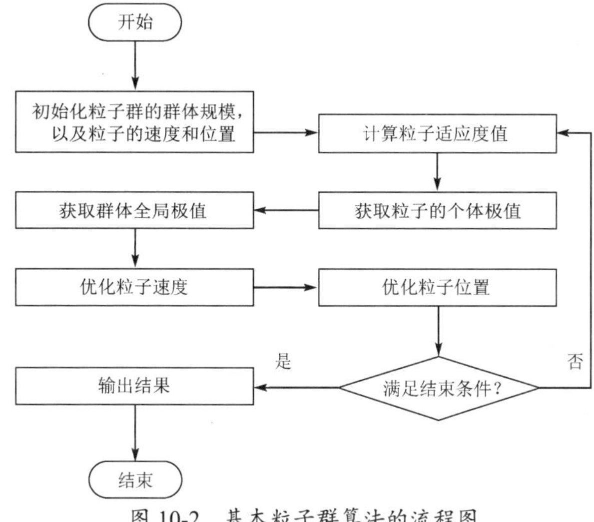

图 10-2　基本粒子群算法的流程图

在 MATLAB 中，编程实现的基本粒子群算法基本函数为 PSO，其调用格式如下：

```
[xm,fv]=PSO(fitness,N,c1,c2,w,M,D)
```

其中，fitness 为待优化的目标函数，也称适应度函数；N 是粒子数目；c1 是学习因子 1，c2 是学习因子 2；w 是惯性权重；M 是最大迭代次数；D 是自变量的个数；xm 是目标函数取最小值时的自变量；fv 是目标函数的最小值。

使用 MATLAB 实现基本粒子群算法的代码如下：

```
function[xm,fv]=PSO(fitness,N,c1,c2,w,M,D)
%%%%%%% 给定初始化条件%%%%%%%%%%
% c1 学习因子 1
% c2 学习因子 2
% w 惯性权重
% M 最大迭代次数
% D 自变量的个数（搜索空间维数）
% N 初始化群体个体数目（粒子数目）
%%%%%%初始化种群的个体（可以在这里限定位置和速度的范围）%%%%%%
format long;
for i=1:N
    for j=1:D
        x(i,j)=randn;        %随机初始化位置
        v(i,j)=randn;        %随机初始化速度
    end
end

%%%%%%计算各个粒子的适应度值，并初始化 pi 和 pg%%%%%%
for i=1:N
    p(i)=fitness(x(i,:));
    y(i,:)=x(i,:);
end
pg=x(N,:);                          %pg 为全局最优值
for i=1:(N-1)
    if fitness(x(i,:)) < fitness(pg)
        pg=x(i,:);
```

```
    end
end

%%%%%%进入主要循环，按照公式依次迭代，直到满足精度要求%%%%%%
for t=1:M
    for i=1:N                    %更新速度、位置
        v(i,:)=w*v(i,:)+c1*rand*(y(i,:)-x(i,:))+c2*rand*(pg-x(i,:));
        x(i,:)=x(i,:)+v(i,:);
        if fitness(x(i,:)) < p(i)
            p(i)=fitness(x(i,:));
            y(i,:)=x(i,:);
        end
        if p(i)<fitness(pg)
            pg=y(i,:);
        end
    end
    Pbest(t)=fitness(pg);
end

%%%%%%给出计算结果%%%%%%
disp('*************************************************')
disp('目标函数取最小值时的自变量：')
xm=pg'
disp('目标函数的最小值为：')
fv=fitness(pg)
disp('*************************************************')
end
```

将上面的函数保存到 MATLAB 可搜索路径中，即可调用该函数。定义不同的目标函数 fitness 和其他输入量后，就可以用粒子群算法求解不同问题了。

粒子群算法使用的函数有很多个，下面介绍两个常用的适应度函数。

1．Griewank 函数

Griewank 函数的 MATLAB 代码如下：

```
function y=Griewank(x)           %Griewank 函数
%输入 x，给出相应的 y 值，在 x=(0,0,…,0)处有全局极小点 0
[row,col]=size(x);
if row>1
    error('输入的参数错误');
end
y1=1/4000*sum(x.^2);
y2=1;
for h=1:col
    y2=y2*cos(x(h)/sqrt(h));
end
y=y1-y2+1;
y=-y;
end
```

绘制以上函数图形的 MATLAB 代码如下：

```
function DrawGriewank()          %绘制 Griewank 函数图形
```

```
x=-8:0.1:8;
y=x;
[X,Y]=meshgrid(x,y);
[row,col]=size(X);
for l=1:col
   for h=1:row
       z(h,l)=Griewank([X(h,l),Y(h,l)]);
   end
end
surf(X,Y,z);
shading interp
end
```

将以上代码保存为 DrawGriewank.m 文件，并运行上述代码，得到 Griewank 函数图形，如图 10-3 所示。

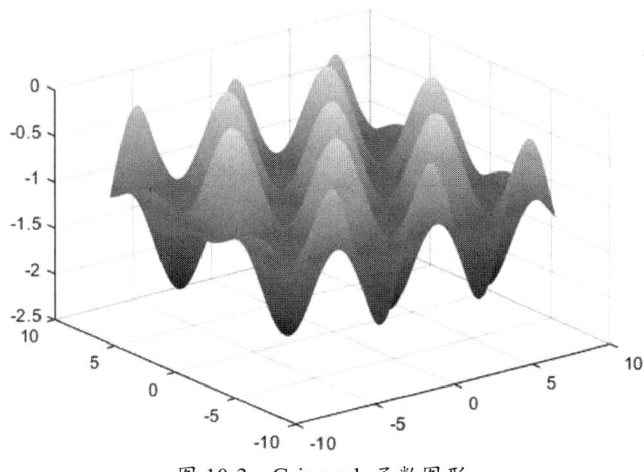

图 10-3　Griewank 函数图形

2．Rastrigin 函数

Rastrigin 函数的 MATLAB 代码如下：

```
function y=Rastrigin(x)          %Rastrigin 函数
% 输入 x，给出相应的 y 值，在 x=(0,0,…,0)处有全局极小点 0
[row,col]=size(x);
if row>1
    error('输入的参数错误');
end
y=sum(x.^2-10*cos(2*pi*x)+10);
y=-y;
end
```

绘制以上函数图形的 MATLAB 代码如下：

```
function DrawRastrigin()
x=-4:0.05:4;
y=x;
[X,Y]=meshgrid(x,y);
[row,col]=size(X);
for l=1:col
    for h=1:row
```

```
        z(h,l)=Rastrigin([X(h,l),Y(h,l)]);
    end
end
surf(X,Y,z);
shading interp
end
```

将以上代码保存为 DrawRastrigin.m 文件，并运行上述代码，得到 Rastrigin 函数图形，如图 10-4 所示。

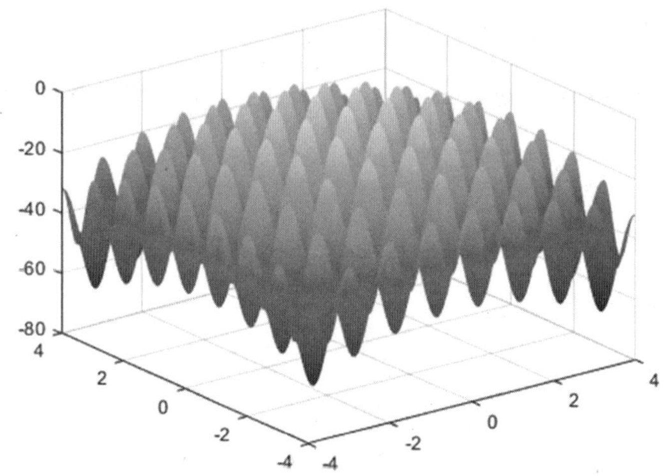

图 10-4　Rastrigin 函数图形

例 10-1：利用上面介绍的基本粒子群算法求解下列函数的最小值。

$$f(x)=\sum_{i=1}^{30}x_i^2+x_i-6$$

利用基本粒子群算法求解最小值，首先需要确认不同迭代次数对结果的影响。设定题中函数的最小点均为 0，粒子群规模为 50，惯性权重为 0.5，学习因子 c_1 为 1.5，学习因子 c_2 为 2.5，迭代次数分别取 100、1000、10000。

在 MATLAB 中建立目标函数代码，并保存为 fitness.m 文件：

```
function F=fitness(x)
F=0;
for i=1:30
    F=F+x(i)^2+x(i)-6;
end
end
```

在 MATLAB 命令行窗口中依次输入：

```
>> x=zeros(1,30);
>> [xm1,fv1]=PSO(@fitness,50,1.5,2.5,0.5,100,30);
>> [xm2,fv2]=PSO(@fitness,50,1.5,2.5,0.5,1000,30);
>> [xm3,fv3]=PSO(@fitness,50,1.5,2.5,0.5,10000,30);
```

运行以上代码，比较不同迭代次数下目标函数取最小值时的自变量，如表 10-1 所示。

表 10-1 比较不同迭代次数下目标函数取最小值时的自变量

迭 代 次 数	100	1000	10000
x_1	−0.203470374827947	−0.322086628880754	−0.435569044575185
x_2	0.0614316795653017	−0.236499213027137	−0.456597706978179
x_3	−0.432057786059138	−0.174672457595542	−0.272548635326235
x_4	−0.562337192754589	−0.323434573711674	−0.410028636513352
x_5	0.216285572045985	−0.559755785428548	−0.478395017745105
x_6	−0.448174496712675	−0.500724696101979	−0.438617720718304
x_7	0.0101008034620691	−0.334601378057723	−0.624351586431356
x_8	−0.359780035841033	−0.599261558115410	−0.542835397138839
x_9	−0.244678550463580	−0.689138008554286	−0.243113131019114
x_{10}	−0.316139905200595	−0.0694954358421096	−0.143940233374031
x_{11}	−0.408639179789461	−0.259841700046576	−0.706252186322252
x_{12}	−0.642619836410718	−0.246141170661282	−0.00781653355911016
x_{13}	−0.522925465434690	−0.449585957090094	−0.334838983888102
x_{14}	−0.203441587074036	−0.406235920268046	−0.104353647362726
x_{15}	−0.563308887343590	0.0891778287549033	−0.438931696076205
x_{16}	−0.301808274435673	−0.0303852886125965	−0.177440809228911
x_{17}	−0.709768167671245	−0.552156841443132	−0.621428723324555
x_{18}	−0.420233565717631	−0.354652539291389	−0.321409146325643
x_{19}	−0.0649786155553592	−0.473586592491481	−0.340215630334193
x_{20}	0.0835405545618331	−0.542947832512436	−0.435868961230739
x_{21}	−0.677113366792996	−0.571165888709759	−0.402359314141048
x_{22}	−0.288800585542166	−0.235227313009656	−0.663112621839921
x_{23}	−0.423115455971755	−0.783184021012424	−0.243847375888005
x_{24}	−0.483611573904200	−0.610977611626016	−0.372767988055409
x_{25}	−0.296101193584627	−0.0762667490397894	−0.588328193723098
x_{26}	−0.364523672340500	−0.389593896038030	−0.310699752647837
x_{27}	−0.217234643531979	−0.152204938081090	0.171115660596261
x_{28}	0.0562371091188502	−0.812638082215613	−0.0836301944341218
x_{29}	−0.507805752603469	−0.661787823700067	−0.0284228008093966
x_{30}	−0.0208750670471909	−0.145197593442009	−0.397530666505423
目标函数最小值	−184.692117109108	−184.692117109108	−184.692117109108

从表 10-1 中可以看出，迭代次数不一定与获得解的精度成正比，即迭代次数越多，获得解的精度不一定越高。这是因为粒子群算法是一种随机算法，即使是同样的参数也可能算出不同的结果。

在上述参数的基础上，保持惯性权重为 0.5、学习因子 c_1 为 1.5、学习因子 c_2 为 2.5、迭代次数为 100 不变，粒子群规模分别取 10、100 和 500，运行以下 MATLAB 代码：

```
clear,clc
x=zeros(1,30);
[xm1,fv1]=PSO(@fitness,10,1.5,2.5,0.5,100,30);
[xm2,fv2]=PSO(@fitness,100,1.5,2.5,0.5,100,30);
```

```
[xm3,fv3]=PSO(@fitness,500,1.5,2.5,0.5,100,30);
```

比较不同粒子群规模下的目标函数取最小值时的自变量，如表 10-2 所示。

表 10-2　比较不同粒子群规模下的目标函数取最小值时的自变量

粒子群规模	10	100	500
x_1	−0.461280538391346	−0.568652265006235	−0.490268156078420
x_2	−0.408370995746921	−0.452788770991822	−0.495317061863384
x_3	−0.0288416005345963	−0.388174768325847	−0.508017090877808
x_4	−0.0552338567227231	−0.401507545198533	−0.517007413849568
x_5	0.0738166644789645	−0.551259879300365	−0.477354073247202
x_6	−0.280868118500682	−0.233393064263199	−0.496014962954584
x_7	−0.429600925039530	−0.271896675443476	−0.489607302876620
x_8	−0.409562596099239	−0.547844449351226	−0.493034422510953
x_9	0.281766017074388	−0.380278337003657	−0.491570275741791
x_{10}	−0.587883598964542	−0.408568766862200	−0.505298045536549
x_{11}	−0.749463199823461	−0.626782730867803	−0.503117287033364
x_{12}	0.0779478416748528	−0.349408282182953	−0.494031258256908
x_{13}	−0.758300631146907	−0.583408316780879	−0.500060685658700
x_{14}	0.180131709578965	−0.375383139040645	−0.511709156436812
x_{15}	−0.564532674933458	−0.490162739466452	−0.517812810910794
x_{16}	−0.0637266236855537	−0.555105474483478	0.504355035662881
x_{17}	0.501801473477060	−0.560793363305467	−0.511495990026503
x_{18}	0.583049171640106	−0.641197096800355	−0.519087838941761
x_{19}	0.423066993306820	−0.594790333100089	−0.497402575677108
x_{20}	0.463031353118403	−0.517368663564588	−0.506039272612501
x_{21}	−0.226652573205321	−0.647922715489912	−0.493311227454402
x_{22}	−0.340694973324611	−0.493043901761973	−0.492860555794895
x_{23}	0.303590596927068	−0.445059333754872	−0.499654192041048
x_{24}	−0.0372694887364219	−0.602557014069339	−0.494888427804042
x_{25}	−0.119240515687260	−0.439982689177553	−0.519431562496152
x_{26}	0.511293600728549	−0.260811072394469	−0.493925264779633
x_{27}	0.115534647931772	−0.738686510406502	−0.488810925337222
x_{28}	0.559536823964912	−0.494057140638969	−0.489181575636495
x_{29}	0.446461621552828	−0.378395529426522	−0.498224198470959
x_{30}	−0.359535394729040	−0.402673857684666	−10.514332244824747
目标函数最小值	-176.440172293181	-187.045295621546	-187.496699775657

从表 10-2 中可以看出，粒子群规模越大，获得解的精度不一定越高。

综合以上不同迭代次数和不同粒子群规模运算得到的结果可知，在粒子群算法中，要想获得精度高的解，关键是各个参数之间的匹配。

10.1.3　经典应用

粒子群算法经常与其他算法混合使用，混合策略就是将其他进化算法、传统优化算法或其他技术应用到粒子群算法中，用于提高粒子多样性、增强粒子的全局探索能力，或者提高其局部开发能力、加快收敛速度与提高精度。

常用的粒子群混合方法为基于免疫的混合粒子群算法。该算法在免疫算法的基础上采用粒子群优化对抗体群体进行更新，可以解决免疫算法收敛速度慢的缺点。

基于免疫的混合粒子群算法的步骤如下。

（1）确定学习因子 c_1 和 c_2、粒子（抗体）群体个数 M。

（2）由 logistic 回归分析映射产生 M 个粒子（抗体）x_i 及其速度 v_i，其中 i=1,⋯,N，最后形成初始粒子（抗体）群体 P_0。

（3）产生免疫记忆粒子（抗体）：计算当前粒子（抗体）群体 P 中粒子（抗体）的适应度值并判断算法是否满足结束条件，如果满足，则结束并输出结果；否则继续运行。

（4）更新局部和全局最优解，并根据下面的公式更新粒子位置和速度：

$$x_{i,j}(t+1)=x_{i,j}(t)+v_{i,j}(t+1),\ \ j=1,\cdots,d$$

$$v_{i,j}(t+1)=w\cdot v_{i,j}(t)+c_1r_1[p_{i,j}-x_{i,j}(t)]+c_2r_2[p_{g,j}-x_{i,j}(t)]$$

（5）由 logistic 回归分析映射产生 N 个新的粒子（抗体）。

（6）基于浓度的粒子（抗体）选择：先用群体中相似抗体百分比计算产生 N+M 个新粒子（抗体）的概率，依照概率大小选择 N 个粒子（抗体）形成粒子（抗体）群体 P，然后转入步骤（3）。

基于免疫的混合粒子群算法流程图如图 10-5 所示。

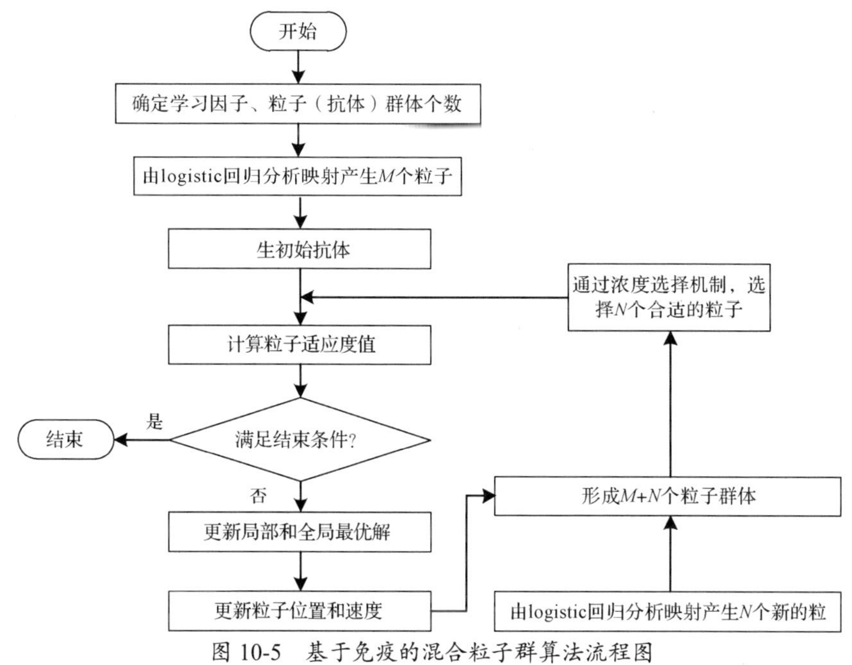

图 10-5　基于免疫的混合粒子群算法流程图

将实现自适应权重的优化函数命名为 PSO_immu.m，在 MATLAB 中编写实现以上步骤的代码：

```
function [x,y,Result]=PSO_immu(func,N,c1,c2,w,MaxDT,D,eps,DS,replaceP,minD,Psum)
format long;
%%%%%%给定初始化条件%%%%%%
% c1=2;                          %学习因子 1
% c2=2;                          %学习因子 2
% w=0.8;                         %惯性权重
% MaxDT=100;                     %最大迭代次数
% D=2;                           %搜索空间维数（未知数个数）
% N=100;                         %初始化群体个体数目
% eps=10^(-10);                  %设置精度（在已知最小值时用）
% DS=8;                          %每隔 DS 次循环就检查一次最优个体是否变优
% replaceP=0.5;                  %若粒子的概率大于 replaceP，则将被免疫替换
% minD=1e-10;                    %粒子间的最小距离
% Psum=0;                        %个体最优的和
range=100;
count = 0;

%%%%%%初始化种群的个体%%%%%%
for i=1:N
    for j=1:D
        x(i,j)=-range+2*range*rand;        %随机初始化位置
        v(i,j)=randn;                      %随机初始化速度
    end
end

%%%%%%计算各个粒子的适应度值，并初始化 pi 和 pg%%%%%%
for i=1:N
    p(i)=feval(func,x(i,:));

    y(i,:)=x(i,:);
end
pg=x(1,:);                                 %pg 为全局最优值
for i=2:N
    if feval(func,x(i,:))<feval(func,pg)
        pg=x(i,:);
    end
end

%%%%%%主循环，按照公式依次迭代，直到满足精度要求%%%%%%
for t=1:MaxDT
    for i=1:N
        v(i,:)=w*v(i,:)+c1*rand*(y(i,:)-x(i,:))+c2*rand*(pg-x(i,:));
        x(i,:)=x(i,:)+v(i,:);
        if feval(func,x(i,:))<p(i)
            p(i)=feval(func,x(i,:));
            y(i,:)=x(i,:);
        end
        if p(i)<feval(func,pg)
            pg=y(i,:);
```

```
            subplot(1,2,1);
            bar(pg,0.25);
            axis([0 3 -40 40 ]) ;
            title (['Iteration  ', num2str(t)]); pause (0.1);
            subplot(1,2,2);
            plot(pg(1,1),pg(1,2),'rs','MarkerFaceColor','r', 'MarkerSize',8)
            hold on;
            plot(x(:,1),x(:,2),'k.');
            set(gca,'Color','g')
            hold off;
            grid on;
            axis([-100 100 -100 100 ]) ;
            title(['Global Min =  ',num2str(p(i))]);
            xlabel(['Min_x= ',num2str(pg(1,1)),'  Min_y= ',num2str(pg(1,2))]);

        end
    end
    Pbest(t)=feval(func,pg) ;
%     if Foxhole(pg,D)<eps                        %如果结果满足精度要求，则跳出循环
%         break;
%     end

    %%%%%%开始进行免疫%%%%%%
    if t>DS
        if mod(t,DS)==0 && (Pbest(t-DS+1)-Pbest(t))<1e-020
            %如果连续 DS 代数，群体中的最优没有明显变优，则进行免疫
            %在函数测试的过程中发现，经过一定代数的更新，个体最优不完全相等，但变化极小
            for i=1:N                               %计算个体最优的和
                Psum=Psum+p(i);
            end
            for i=1:N                               %免疫程序
                for j=1:N                           %计算每个个体与个体 i 的距离
                    distance(j)=abs(p(j)-p(i));
                end
                num=0;
                for j=1:N                           %计算与个体 i 的距离小于 minD 的个体个数
                    if distance(j)<minD
                        num=num+1;
                    end
                end
                PF(i)=p(N-i+1)/Psum;                %计算适应度概率
                PD(i)=num/N;                        %计算个体浓度

                a=rand;                             %随机生成计算替换概率的因子
                PR(i)=a*PF(i)+(1-a)*PD(i);          %计算替换概率
            end
            for i=1:N
                if PR(i)>replaceP
                    x(i,:)=-range+2*range*rand(1,D);
                    count=count+1;
                end
            end
        end
```

```
    end
end

%%%%%%给出计算结果%%%%%%
x=pg(1,1);
y=pg(1,2);
Result=feval(func,pg);
%%%%%%算法结束%%%%%%
End

function probabolity(N,i)
PF=p(N-i)/Psum;%适应度概率
disp(PF);
for jj=1:N
    distance(jj)=abs(P(jj)-P(i));
end
num=0;
for ii=1:N
    if distance(ii)<minD
        num=num+1;
    end
end
PD=num/N;                         %个体浓度
PR=a*PF+(1-a)*PD;                 %替换概率
end
```

例 10-2：使用基于模拟退火的混合粒子群算法求解函数 $f(x)=\dfrac{\cos\sqrt{x_1^2+x_2^2}-1}{[1+(x_1^2-x_2^2)]^2}+0.5$ 的最小值。其中 $-10\leqslant x_i\leqslant 10$，粒子数为 50，学习因子均为 2，退火常数取 0.6，迭代次数为 1000。

首先建立目标函数代码：

```
function y=immuFunc(x)
   y=(cos(x(1)^2+ x(2)^2)-1)/((1+ (x(1)^2- x(2)^2))^2)+0.5;
end
```

然后在 MATLAB 命令行窗口中输入代码（ex10_2.m）：

```
>> [xm,fv] = PSO_immu (@immuFunc,50,2,2,0.8,100,5,0.0000001,10,0.6, ...
    0.0000000000000000001,0)
```

运行结果如下：

```
xm =
   1.454614529336624
fv =
  -1.764239144803746
```

得到目标函数取最小值时的自变量 xm 的变化图，如图 10-6 所示。

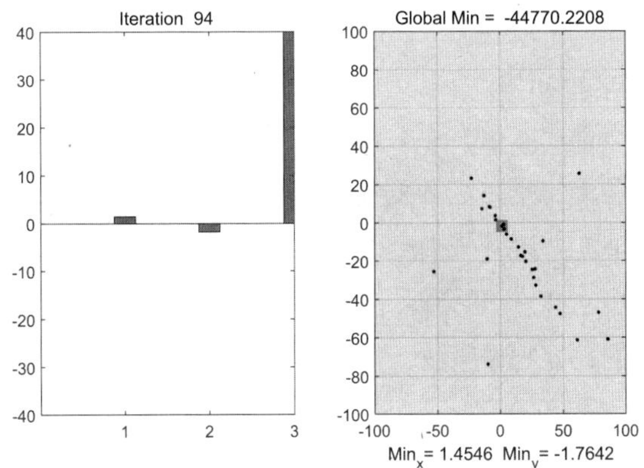

图 10-6　目标函数取最小值时的自变量 xm 的变化图

10.2　遗传算法实现

遗传算法（Genetic Algorithm）是模拟自然界生物进化机制的一种算法，遵循适者生存、优胜劣汰的法则，即在寻优过程中，有用的保留，无用的去除。遗传算法在科学和生产实践中表现为在所有可能的解决方法中找出最符合该问题所要求的条件的解决方法，即找出一个最优解。

10.2.1　基本原理

遗传操作是模拟生物基因遗传的做法。在遗传算法中，通过编码组成初始群体后，遗传操作的任务就是对群体的个体按照它们对环境的适应度（适应度评估）施加一定的操作，从而实现优胜劣汰的进化过程。从优化搜索的角度而言，遗传操作可使问题的解得到一代又一代的优化，并逼近最优解。遗传算法过程如图 10-7 所示。

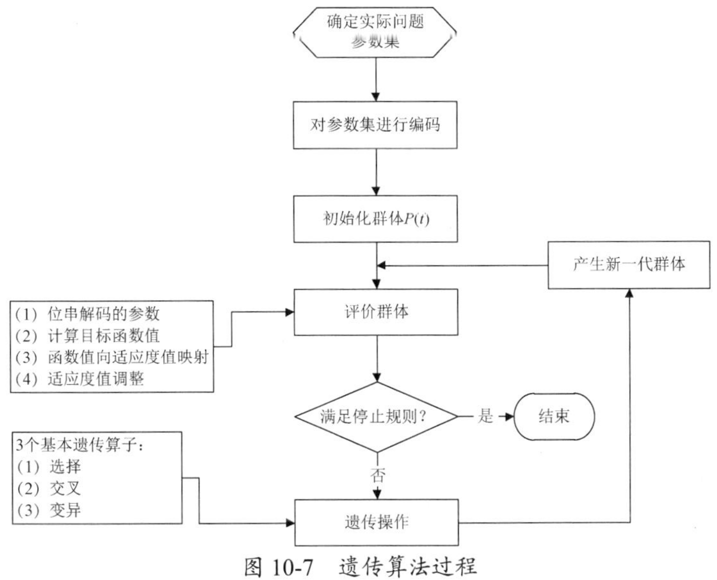

图 10-7　遗传算法过程

遗传操作包括以下 3 个基本遗传算子（Genetic Operator）：选择（Selection）、交叉（Crossover）和变异（Mutation）。

个体遗传算子的操作都是在随机扰动情况下进行的。因此，群体中的个体向最优解转移的规则是随机的。需要强调的是，这种随机化操作和传统的随机搜索方法是有区别的。遗传操作进行高效、有向的搜索，而不是如一般随机搜索方法一样进行无向搜索。

遗传操作的效果和上述 3 个基本遗传算子所取的操作概率、编码方法、群体大小、初始群体，以及适应度函数的设定密切相关。

1. 选择

从群体中选择优胜个体、淘汰劣质个体的操作叫作选择。选择算子有时又称为再生算子（Reproduction Operator）。选择的目的是把优胜个体直接遗传给下一代或通过配对交叉产生新的个体再遗传给下一代。

轮盘赌选择法（Roulette Wheel Selection）是最简单、最常用的选择方法。在该方法中，各个个体的选择概率和其适应度值成比例。设群体大小为 n，其中个体 i 的适应度值为 f_i，则 i 被选择的概率为 $P_i = f_i / \sum_{i=1}^{n} f_i$。

显然，概率反映了个体 i 的适应度在整个群体的个体适应度总和中所占的比例。个体适应度越大，其被选择的概率就越大，反之亦然。

计算出群体中各个个体的选择概率后，为了选择交配个体，需要进行多轮选择。每轮产生一个[0,1]区间的均匀随机数，将该随机数作为选择指针来确定被选个体。

个体被选后，可随机地组成交配对，供后面的交叉操作使用。

2. 交叉

在自然界生物进化过程中起核心作用的是生物遗传基因的重组（加上变异）。同样，在遗传算法中起核心作用的是遗传操作的交叉算子。所谓交叉，就是指把两个父代个体的部分结构加以替换重组而生成新个体。通过交叉，遗传算法的搜索能力得以飞速提高。

交叉算子根据交叉率将种群中的两个个体随机地交换某些基因，能够产生新的基因组合，期望将有益基因组合在一起。根据编码表示方法的不同，可以有以下算法。

（1）实值重组（Real Valued Recombination）。

- 离散重组（Discrete Recombination）。
- 中间重组（Intermediate Recombination）。
- 线性重组（Linear Recombination）。
- 扩展线性重组（Extended Linear Recombination）。

（2）二进制交叉（Binary Valued Crossover）。

- 单点交叉（Single-point Crossover）。
- 多点交叉（Multiple-point Crossover）。
- 均匀交叉（Uniform Crossover）。

- 洗牌交叉（Shuffle Crossover）。
- 缩小代理交叉（Crossover with Reduced Surrogate）。

最常用的交叉算子为单点交叉。具体操作是：在个体串中随机设定一个交叉点，在进行交叉时，将该点前或后的两个个体的部分结构进行互换，并生成两个新个体。下面给出单点交叉的一个例子。

个体 A：1 0 0 1 ↑1 1 1 → 1 0 0 1 0 0 0 新个体。

个体 B：0 0 1 1 ↑0 0 0 → 0 0 1 1 1 1 1 新个体。

3. 变异

变异算子的基本内容是对群体中的个体串的某些基因座上的基因值做变动。依据个体编码表示方法的不同，可以有以下算法。

- 实值变异。
- 二进制变异。

一般来说，变异操作的基本步骤如下。

- 对群体中的所有个体以事先设定的变异概率判断是否进行变异。
- 对要变异的个体随机选择变异位进行变异。

遗传算法引入变异的目的有以下两个。

一是使遗传算法具有局部的随机搜索能力。当遗传算法通过交叉算子已接近最优解邻域时，利用变异算子的这种局部随机搜索能力可以加速向最优解收敛。显然，此种情况下的变异概率应取较小值，否则接近最优解的积木块会因变异而遭到破坏。

二是使遗传算法可维持群体多样性，防止出现未成熟收敛现象。此时，收敛概率应取较大值。

在遗传算法中，交叉算子因其全局搜索能力而作为主要算子，变异算子因其局部搜索能力而作为辅助算子。

遗传算法通过交叉和变异这对既相互配合又相互竞争的操作使其具备兼顾全局和局部的均衡搜索能力。

所谓相互配合，就是指当群体在进化中陷于搜索空间中某个超平面而仅靠交叉不能解决时，通过变异操作可有助于解决这种问题。

所谓相互竞争，就是指当通过交叉已形成所期望的积木块时，变异操作有可能破坏这些积木块。如何有效地配合使用交叉和变异操作是目前遗传算法的一项重要研究内容。

基本变异算子是指对群体中的个体码串，随机挑选一个或多个基因座并对这些基因座的基因值做变动。(0,1)二值码串中的基本变异操作如下：

$$
\text{(个体A)}\ \ \underset{\ \ *\ \ \ *}{10010110} \xrightarrow{\text{变异}} \underset{\ *\ \ *}{11000110}\ \text{（个体A′）}
$$

> **○ 注意**
>
> 下方标有*号的基因发生变异。

变异率的选取一般受种群大小、染色体长度等因素的影响，通常选取很小的值，一般取0.001～0.1。

4．终止条件

当最优个体的适应度值达到给定的阈值时，或者最优个体的适应度值和群体适应度值不再上升时，或者迭代次数达到预设的代数时，算法终止。预设的代数一般设置为100～500。

10.2.2 程序设计

为了更好地在MATLAB中使用遗传算法，本节主要对遗传算法的程序设计和MATLAB工具箱进行讲解。

随机初始化群体 $P(t)=\{x_1,x_2,\cdots,x_n\}$，计算 $P(t)$ 中个体的适应度值，其MATLAB程序的基本格式如下：

```
Begin
t=0
初始化 P(t)
计算 P(t)的适应度值;
while (不满足停止准则)
     do
     begin
     t=t+1
     从 P(t+1)中选择 P(t)
     重组 P(t)
计算 P(t)的适应度值
end
```

例 10-3：求下列函数的最大值。

$f(x)=10\sin 5x+7\cos 4x$，其中 $x\in[0,15]$。

1．初始化

遗传算法MATLAB子程序如下：

```
%初始化
function pop=initpop(popsize,chromlength)
pop=round(rand(popsize,chromlength));
% rand 随机产生每个单元为{0,1}、行数为 popsize、列数为 chromlength 的矩阵
% roud 对矩阵的每个单元进行圆整，这样就产生了初始群体
end
```

- initpop函数的功能是实现群体的初始化。
- popsize表示群体的大小。
- chromlength表示染色体的长度（二值数的长度），长度大小取决于变量的二进制编码的长度。

2．目标函数值

（1）将二进制数转化为十进制数。遗传算法MATLAB子程序如下：

```
%将二进制数转化为十进制数
function pop2=decodebinary(pop)
[px,py]=size(pop);
%求 pop 行和列数
for i=1:py
pop1(:,i)=2.^(py-i).*pop(:,i);
end
pop2=sum(pop1,2);
%求 pop1 的每行之和
end
```

（2）将二进制编码转化为十进制数。

decodechrom 函数的功能是将染色体（或二进制编码）转换为十进制数，参数 spoint 表示待解码的二进制编码的起始位置。

对多个变量而言，如果有两个变量，采用 20 位表示，每个变量占 10 位，则第 1 个变量从 1 开始，第 2 个变量从 11 开始。参数 length 表示所截取的长度。

遗传算法 MATLAB 子程序如下：

```
%将二进制编码转换成十进制数
function pop2=decodechrom(pop,spoint,length)
pop1=pop(:,spoint:spoint+length-1);
pop2=decodebinary(pop1);
end
```

（3）计算目标函数值。

calobjvalue 函数的功能是实现目标函数的计算。

遗传算法 MATLAB 子程序如下：

```
function [objvalue]=calobjvalue(pop)
temp1=decodechrom(pop,1,10);               %将 pop 每行转化成十进制数
x=temp1*10/1023;                            %将二值域中的数转换为变量域中的数
objvalue=10*sin(5*x)+7*cos(4*x);           %计算目标函数值
end
```

3. 计算个体的适应度值

遗传算法 MATLAB 子程序如下：

```
%计算个体的适应度值
function fitvalue=calfitvalue(objvalue)
global Cmin;
Cmin=0;
[px,py]=size(objvalue);
for i=1:px
    if objvalue(i)+Cmin>0
        temp=Cmin+objvalue(i);
    else
        temp=0.0;
    end
    fitvalue(i)=temp;
end
fitvalue=fitvalue'
end
```

4. 选择复制

选择复制操作决定哪些个体可以进入下一代。程序中采用轮盘赌选择法进行选择，这种方法较易实现。根据方程 $p_i = f_i / \sum f_i = f_i / f_{\text{sum}}$，选择步骤如下。

（1）在第 t 代，计算 f_{sum} 和 p_i。

（2）产生{0,1}的随机数 rand(·)，求 s=rand(·)×f_{sum}。

（3）求 $\sum_{i=1}^{k} f_i \geqslant s$ 中使和最小的 k，此时第 k 个个体被选择。

（4）进行 N 次（2）、（3）步的操作，得到 N 个个体，成为第 t+1 代群体。

遗传算法 MATLAB 子程序如下：

```
%选择复制
function [newpop]=selection(pop,fitvalue)
totalfit=sum(fitvalue);          %求适应度值之和
fitvalue=fitvalue/totalfit;  %单个个体被选择的概率
fitvalue=cumsum(fitvalue); %如果 fitvalue=[1 2 3 4]，则 cumsum(fitvalue)=[1 3 6 10]
[px,py]=size(pop);
ms=sort(rand(px,1));             %从小到大排列
fitin=1;
newin=1;
while newin<=px
    if(ms(newin))<fitvalue(fitin)
        newpop(newin)=pop(fitin);
        newin=newin+1;
    else
        fitin=fitin+1;
    end
end
end
```

5. 交叉

群体中的每个个体之间都以一定的概率交叉，即两个个体从各自字符串的某一位置（一般是随机确定的）开始互相交换，这类似于生物进化过程中的基因分裂与重组。

例如，假设两个父代个体 x1、x2 为：

```
x1=0100110
x2=1010001
```

此时，从每个个体的第 3 位开始交叉，交叉后得到两个新的子代个体 y1、y2：

```
y1=0100001
y2=1010110
```

这样，两个子代个体就分别具有了两个父代个体的某些特征。

利用交叉，有可能由父代个体在子代组合成具有更高适应度的个体。事实上，交叉是遗传算法区别于其他传统优化方法的主要特点之一。

遗传算法 MATLAB 子程序如下：

```
%交叉
```

```
function [newpop]=crossover(pop,pc)
[px,py]=size(pop);
newpop=ones(size(pop));
for i=1:2:px-1
    if(rand<pc)
        cpoint=round(rand*py);
        newpop(i,:)=[pop(i,1:cpoint),pop(i+1,cpoint+1:py)];
        newpop(i+1,:)=[pop(i+1,1:cpoint),pop(i,cpoint+1:py)];
    else
        newpop(i,:)=pop(i);
        newpop(i+1,:)=pop(i+1);
    end
end
end
```

6. 变异

基因的突变普遍存在于生物的进化过程中。变异是指父代中的每个个体的每一位都以概率 pm 翻转，即由“1”变为“0”，或者由“0”变为“1”。

遗传算法的变异特性可以使在求解过程中随机地搜索到解可能存在的整个空间，因此可以在一定程度上求得全局最优解。

遗传算法 MATLAB 子程序如下：

```
%变异
function [newpop]=mutation(pop,pm)
[px,py]=size(pop);
newpop=ones(size(pop));
for i=1:px
    if(rand<pm)
        mpoint=round(rand*py);
        if mpoint<=0
            mpoint=1;
        end
        newpop(i)=pop(i);
        if any(newpop(i,mpoint))==0
            newpop(i,mpoint)=1;
        else
            newpop(i,mpoint)=0;
        end
    else
        newpop(i)=pop(i);
    end
end
end
```

7. 求出群体中最大的适应度值及其对应的个体

遗传算法 MATLAB 子程序如下：

```
%求群体中最大的适应度值
function [bestindividual,bestfit]=best(pop,fitvalue)
[px,py]=size(pop);
bestindividual=pop(1,:);
bestfit=fitvalue(1);
for i=2:px
```

```
    if fitvalue(i)>bestfit
        bestindividual=pop(i,:);
        bestfit=fitvalue(i);
    end
end
end
```

8. 主程序

遗传算法 MATLAB 主程序如下：

```
clear all
popsize=20;                                    %群体大小
chromlength=10;                                %字符串长度（个体长度）
pc=0.7;                                        %交叉概率
pm=0.005;                                      %变异概率
pop=initpop(popsize,chromlength);              %随机产生初始群体
for i=1:20                                     %20 为迭代次数
    [objvalue]=calobjvalue(pop);               %计算目标函数
    fitvalue=calfitvalue(objvalue);            %计算群体中每个个体的适应度值
    [newpop]=selection(pop,fitvalue);          %复制
    [newpop]=crossover(pop,pc);                %交叉
    [newpop]=mutation(pop,pc);                 %变异
    %求出群体中适应度值最大的个体及其适应度值
    [bestindividual,bestfit]=best(pop,fitvalue);
    y(i)=max(bestfit);
    n(i)=i;
    pop5=bestindividual;
    x(i)=decodechrom(pop5,1,chromlength)*10/1023;
    pop=newpop;
end
fplot(@(x)9.*sin(5.*x)+8.*cos(4.*x))
hold on
plot(x,y,'r*')
hold off
```

运行主程序，得到的结果如图 10-8 所示。

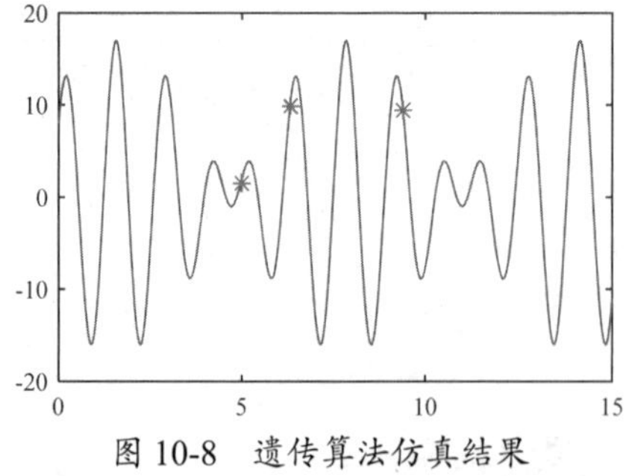

图 10-8　遗传算法仿真结果

> **○ 注意**
>
> 在遗传算法中有 4 个参数需要提前设定，一般在以下范围内进行设置。
>
> - 群体大小：20～100。
> - 遗传算法的终止进化代数：100～500。
> - 交叉概率：0.4～0.99。
> - 变异概率：0.0001～0.1。

10.2.3　经典应用

旅行商问题（Traveling Salesman Problem，TSP）也称货郎担问题，是数学领域中的著名问题之一。TSP 已经被证明是一个 NP-hard 问题，由于 TSP 代表一类组合优化问题，因此对其近似解的研究一直是算法设计的一个重要问题。

TSP 从描述上看是一个非常简单的问题：给定 n 座城市和各城市之间的距离，寻找一条遍历所有城市且每座城市只被访问一次的路径，并保证总路径最短。TSP 的数学描述如下。

设 $G=(V,E)$为赋权图，$V=\{1,2,\cdots,n\}$为顶点集，E 为边集，各顶点间的距离为 C_{ij}，已知 $C_{ij}>0$，且 $i,j\in V$，并设定

$$x_{ij}=\begin{cases}1 & \text{最优路径}\\ 0 & \text{其他情况}\end{cases}$$

那么整个 TSP 的数学模型可表示如下：

$$\min Z=\sum_{i\neq j}C_{ij}x_{ij}$$

$$\begin{cases}\sum\limits_{i\neq j}x_{ij}=1\\ \sum\limits_{i,j\in s}x_{ij}\leqslant|k|-1,\ \ k\subset v\end{cases}\quad x_{ij}\in\{0,1\},\ i\in v,\ j\in v$$

式中，k 是 v 的全部非空子集，$|k|$是集合 k 中包含图 G 的全部顶点的个数。

利用遗传算法求解 TSP 的基本步骤如下。

（1）群体初始化：个体编码方法有二进制编码和实数编码，在解决 TSP 的过程中，个体编码方法为实数编码。对于 TSP，实数编码为 1−n 的实数的随机排列，初始化的参数有种群个数 M、染色体基因个数（城市数目）N、迭代次数 C、交叉概率 pc、变异概率 pm。

（2）适应度函数：在 TSP 中，利用每个染色体（n 座城市的随机排列）可计算出总距离，因此可将一个随机全排列的总距离的倒数作为适应度函数，即距离越短，适应度函数越好，满足 TSP 要求。

（3）选择操作：遗传算法中的选择操作有轮盘赌选择法、锦标赛法等，用户可根据实际情况选择最合适的方法。

（4）交叉操作：遗传算法中的交叉操作有多种方法。一般对于个体，可以随机选择两个个体，在对应位置交换若干基因片段，同时保证每个个体依然是 1−n 的随机排列，防止进入局部收敛。

（5）变异操作：对于变异操作，随机选取个体，同时随机选取个体的两个基因进行交换以实现变异。

例 10-4：随机生成一组城市种群，利用遗传算法寻找一条遍历所有城市且每座城市只被访问一次的路径，且总路径最短。

根据分析，完成 MATLAB 主函数：

```
%%%%%%主函数%%%%%%
```

```
clear;clc;clf
%%%%%%输入参数%%%%%%
N=10;                               %城市的数目
M=20;                               %种群个数
C=100;                              %迭代次数
C_old=C;
m=2;                                %适应度值归一化淘汰加速指数
pc=0.4;                             %交叉概率
pm=0.2;                             %变异概率

%%%%%%生成城市的坐标%%%%%%
pos=randn(N,2);

%%%%%%生成城市之间的距离矩阵%%%%%%
D=zeros(N,N);
for i=1:N
    for j=i+1:N
        dis=(pos(i,1)-pos(j,1)).^2+(pos(i,2)-pos(j,2)).^2;
        D(i,j)=dis^(0.5);
        D(j,i)=D(i,j);
    end
end

%%%%%%生成初始群体%%%%%%
popm=zeros(M,N);
for i=1:M
    popm(i,:)=randperm(N);
end

%%%%%%随机选择一个种群%%%%%%
R=popm(1,:);
figure(1);
scatter(pos(:,1),pos(:,2) ,'k.');
xlabel('横轴')
ylabel('纵轴')
title('随机产生的城市种群图')
axis([-3 3 -3 3]);
figure(2);
plot_route(pos,R);
xlabel('横轴')
ylabel('纵轴')
title('随机生成种群中城市路径情况')
axis([-3 3 -3 3]);

%%%%%%初始化种群及其适应度函数%%%%%%
fitness=zeros(M,1);
len=zeros(M,1);
for i=1:M
    len(i,1)=myLength(D,popm(i,:));
end
maxlen=max(len);
minlen=min(len);
```

```
fitness=fit(len,m,maxlen,minlen);
rr=find(len==minlen);
R=popm(rr(1,1),:);
for i=1:N
    fprintf('%d ',R(i));
end
fprintf('\n');
fitness=fitness/sum(fitness);
distance_min=zeros(C+1,1);          %各次迭代的最小的种群距离
while C>=0
    fprintf('迭代第%d 次\n',C);
    %%%%%%选择操作%%%%%%
    nn=0;
    for i=1:size(popm,1)
        len_1(i,1)=myLength(D,popm(i,:));
        jc=rand*0.3;
        for j=1:size(popm,1)
            if fitness(j,1)>=jc
                nn=nn+1;
                popm_sel(nn,:)=popm(j,:);
                break;
            end
        end
    end
    %%%%%%每次选择都保存最优的种群%%%%%%
    popm_sel=popm_sel(1:nn,:);
    [len_m len_index]=min(len_1);
    popm_sel=[popm_sel;popm(len_index,:)];
    %%%%%%交叉操作%%%%%%
    nnper=randperm(nn);
    A=popm_sel(nnper(1),:);
    B=popm_sel(nnper(2),:);
    for i=1:nn*pc
        [A,B]=cross(A,B);
        popm_sel(nnper(1),:)=A;
        popm_sel(nnper(2),:)=B;
    end
    %%%%%%变异操作%%%%%%
    for i=1:nn
        pick=rand;
        while pick==0
            pick=rand;
        end
        if pick<=pm
            popm_sel(i,:)=Mutation(popm_sel(i,:));
        end
    end
    %%%%求适应度函数%%%%
    NN=size(popm_sel,1);
    len=zeros(NN,1);
    for i=1:NN
        len(i,1)=myLength(D,popm_sel(i,:));
    end
```

```
    maxlen=max(len);
    minlen=min(len);
    distance_min(C+1,1)=minlen;
    fitness=fit(len,m,maxlen,minlen);
    rr=find(len==minlen);
    fprintf('minlen=%d\n',minlen);
    R=popm_sel(rr(1,1),:);
    for i=1:N
        fprintf('%d ',R(i));
    end
    fprintf('\n');
    popm=[];
    popm=popm_sel;
    C=C-1;
    %pause(1);
end
figure(3)
plot_route(pos,R);
xlabel('横轴');ylabel('纵轴')
title('优化后的种群中城市路径情况')
axis([-3 3 -3 3]);
```

主函数中用到的函数代码如下。

（1）适应度函数代码：

```
%%%%%%适应度函数%%%%%%
function fitness=fit(len,m,maxlen,minlen)
    fitness=len;
    for i=1:length(len)
        fitness(i,1)=(1-(len(i,1)-minlen)/(maxlen-minlen+0.0001)).^m;
    end
end
```

（2）计算个体距离函数代码：

```
%%%%%%计算个体距离函数%%%%%%
function len=myLength(D,p)
    [N,NN]=size(D);
    len=D(p(1,N),p(1,1));
    for i=1:(N-1)
        len=len+D(p(1,i),p(1,i+1));
    end
end
```

（3）交叉操作函数代码：

```
%%%%%%交叉操作函数%%%%%%
function [A,B]=cross(A,B)
    L=length(A);
    if L<10
        W=L;
    elseif ((L/10)-floor(L/10))>=rand&&L>10
        W=ceil(L/10)+8;
    else
        W=floor(L/10)+8;
```

```
    end
    p=unidrnd(L-W+1);
    fprintf('p=%d ',p);
    for i=1:W
        x=find(A==B(1,p+i-1));
        y=find(B==A(1,p+i-1));
        [A(1,p+i-1),B(1,p+i-1)]=exchange(A(1,p+i-1),B(1,p+i-1));
        [A(1,x),B(1,y)]=exchange(A(1,x),B(1,y));
    end
end
```

（4）对调函数代码：

```
%%%%%%对调函数%%%%%%
function [x,y]=exchange(x,y)
    temp=x;
    x=y;
    y=temp;
end
```

（5）变异函数代码：

```
%%%%%%变异函数%%%%%%
function a=Mutation(A)
    index1=0;index2=0;
    nnper=randperm(size(A,2));
    index1=nnper(1);
    index2=nnper(2);
    %fprintf('index1=%d ',index1);
    %fprintf('index2=%d ',index2);
    temp=0;
    temp=A(index1);
    A(index1)=A(index2);
    A(index2)=temp;
    a=A;
end
```

（6）绘制连点画图函数代码：

```
%%%%%%连点画图函数%%%%%%
function plot_route(a,R)
    scatter(a(:,1),a(:,2),'rx');
    hold on;
    plot([a(R(1),1),a(R(length(R)),1)],[a(R(1),2),a(R(length(R)),2)]);
    hold on;
    for i=2:length(R)
        x0=a(R(i-1),1);
        y0=a(R(i-1),2);
        x1=a(R(i),1);
        y1=a(R(i),2);
        xx=[x0,x1];
        yy=[y0,y1];
        plot(xx,yy);
        hold on;
    end
```

```
end
```

运行主程序，得到随机产生的城市种群图，如图 10-9 所示；随机生成种群中城市路径情况，如图 10-10 所示。

从图 10-9 中可以看出，随机产生的种群城市点不对称，也没有规律，用一般的方法很难得到其最优路径。从图 10-10 中可以看出，随机生成的路径长度很长，空行浪费比较多。

运行遗传算法，得到如图 10-11 所示的城市路径。从图 10-11 中可以看出，该路径明显优于图 10-10 中的路径，且每座城市只经过一次。

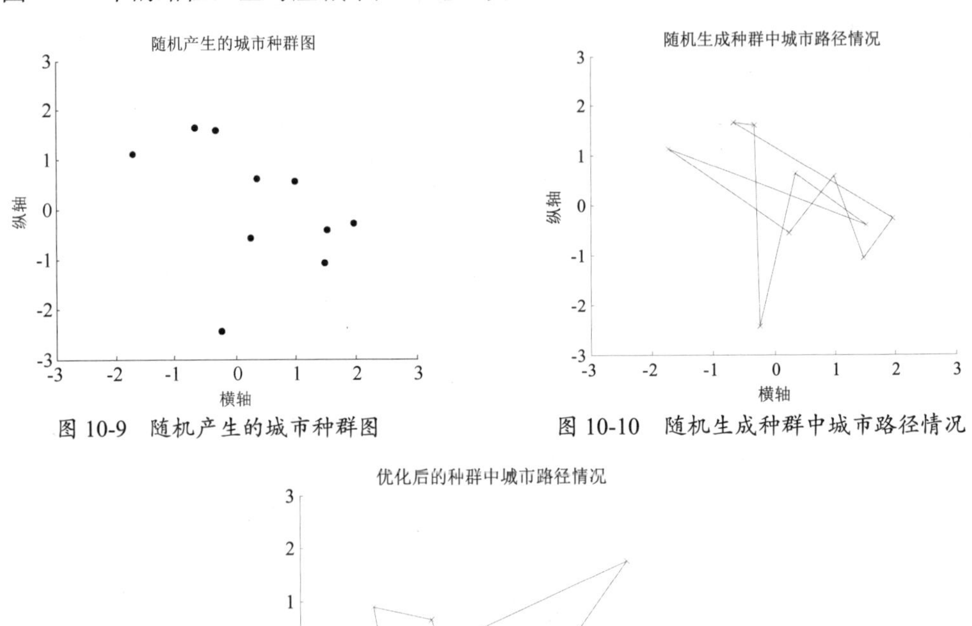

图 10-9　随机产生的城市种群图　　　图 10-10　随机生成种群中城市路径情况

优化后的种群中城市路径情况

纵轴

横轴

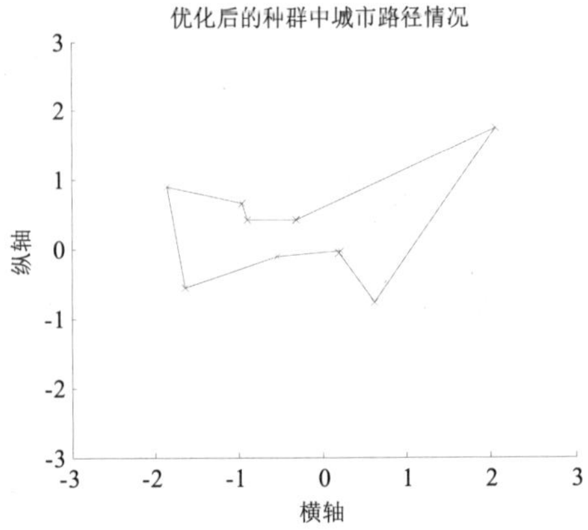

图 10-11　优化后的城市路径

10.3　蚁群算法概述

蚁群算法由 Marco Dorigo 于 1992 年在他的博士论文中提出，其灵感来源于蚂蚁在寻找食物过程中发现路径的行为。

10.3.1　基本原理

蚁群算法（ACO）是模拟蚂蚁觅食的原理设计出的一种集群智能算法。蚂蚁在觅食过程中能够在其经过的路径上留下一种被称为信息素的物质，其在觅食过程中能够感知这种物质的强度，从而指导自己的行动方向，它们总是朝着该物质强度高的方向移动，因此，大量蚂蚁组成的集体觅食就表现为一种对信息素的正反馈现象。

某一条路径越短，其上经过的蚂蚁越多，信息素遗留得也就越多，信息素的浓度也就越高，蚂蚁选择这条路径的概率也就越高，由此构成了正反馈过程，从而逐渐逼近最优路径，进而找到最优路径。

蚂蚁觅食的运行轨迹模式如图 10-12 所示。蚂蚁以信息素作为媒介间接地进行信息交流，判断洞穴到食物地点的最优路径。

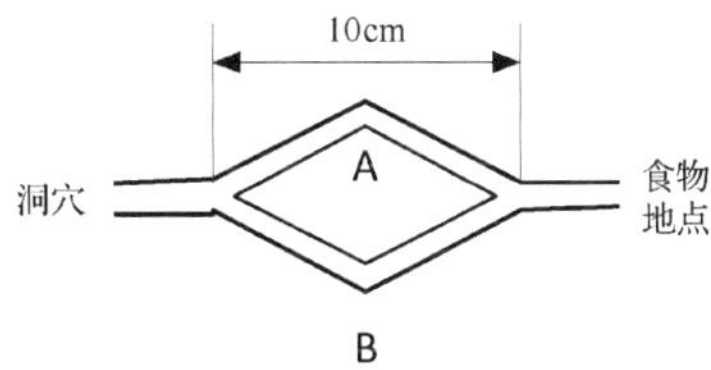

图 10-12　蚂蚁觅食的运行轨迹模式

当蚂蚁从食物地点爬到洞穴，或者从洞穴爬到食物地点时，都会在经过的路径上释放信息素，从而形成一条含有信息素的路径。蚂蚁可以感觉出路径上信息素浓度的高低，并且以较大的概率选择信息素浓度较高的路径。

人工蚂蚁的搜索主要包括以下 3 种智能行为。

- 蚂蚁利用信息素进行相互通信：前面提到，蚂蚁在所选择的路径上会释放一种叫作信息素的物质，当其他蚂蚁进行路径选择时，会根据路径上的信息素浓度进行选择。这样，信息素就成为蚂蚁之间进行通信的媒介。
- 蚂蚁的记忆行为：一只蚂蚁搜索过的路径在下次搜索时就会不再被该蚂蚁选择，因此，在蚁群算法中建立禁忌表进行模拟。
- 蚂蚁的集群活动：通过一只蚂蚁的运动很难到达食物地点，但整个蚁群进行搜索就会完全不同。当某些路径上通过的蚂蚁越来越多时，路径上留下的信息素也就越多，导致信息素浓度升高，蚂蚁选择该路径的概率随之增大，从而进一步提升该路径的信息素浓度；而通过的蚂蚁比较少的路径上的信息素会随着时间的推移而挥发，从而变得越来越少。

10.3.2　程序设计

蚁群算法不仅利用了正反馈原理，在一定程度上可以加快进化过程，它还是一种本质并行的算法，个体之间不断进行信息交流和传递，有利于发现较优解。

根据 10.3.1 节对蚁群算法的介绍，编写蚁群算法 MATLAB 源程序：

```
clear all
%%%%%%初始化%%%%%%
Ant=300;      %蚂蚁数量
Times=80;     %蚂蚁移动次数
```

```
Rou=0.9;      %信息素挥发系数
P0=0.2;       %转移概率常数
Lower_1=-1;  %搜索范围
Upper_1=1;
Lower_2=-1;
Upper_2=1;

for i=1:Ant
    X(i,1)=(Lower_1+(Upper_1-Lower_1)*rand);  %随机设置蚂蚁的初始位置
    X(i,2)=(Lower_2+(Upper_2-Lower_2)*rand);
    Tau(i)=F(X(i,1),X(i,2));
end

step=0.05;
f='-(x.^4+3*y.^4-0.2*cos(3*pi*x)-0.4*cos(4*pi*y)+0.6)';


[x,y]=meshgrid(Lower_1:step:Upper_1,Lower_2:step:Upper_2);
z=eval(f);
figure(1);
subplot(1,2,1);
mesh(x,y,z);
hold on;
plot3(X(:,1),X(:,2),Tau,'k*')
hold on;
text(0.1,0.8,-0.1,'蚂蚁的初始分布位置');
xlabel('x');ylabel('y');zlabel('f(x,y)');

for T=1:Times
    lamda=1/T;
    [Tau_Best(T),BestIndex]=max(Tau);
    for i=1:Ant
        P(T,i)=(Tau(BestIndex)-Tau(i))/Tau(BestIndex);  %计算状态转移概率
    end
    for i=1:Ant
        if P(T,i)<P0  %局部搜索
            temp1=X(i,1)+(2*rand-1)*lamda;
            temp2=X(i,2)+(2*rand-1)*lamda;
        else  %全局搜索
            temp1=X(i,1)+(Upper_1-Lower_1)*(rand-0.5);
            temp2=X(i,2)+(Upper_2-Lower_2)*(rand-0.5);
        end

        %越界处理
        if temp1<Lower_1
            temp1=Lower_1;
        end
        if temp1>Upper_1
            temp1=Upper_1;
        end
        if temp2<Lower_2
            temp2=Lower_2;
```

```
        end
        if temp2>Upper_2
            temp2=Upper_2;
        end

        %%%
        if F(temp1,temp2)>F(X(i,1),X(i,2))  %判断蚂蚁是否移动
            X(i,1)=temp1;
            X(i,2)=temp2;
        end
    end
    for i=1:Ant
        Tau(i)=(1-Rou)*Tau(i)+F(X(i,1),X(i,2));  %更新信息素浓度
    end
end

subplot(1,2,2);
mesh(x,y,z);
hold on;
x=X(:,1);
y=X(:,2);
plot3(x,y,eval(f),'k*');
hold on;
text(0.1,0.8,-0.1,'蚂蚁的最终分布位置');
xlabel('x');ylabel('y');zlabel('f(x,y)');

[max_value,max_index]=max(Tau);
maxX=X(max_index,1);
maxY=X(max_index,2);
maxValue=F(X(max_index,1),X(max_index,2));
```

设定目标函数如下：

```
function [F]=F(x1,x2)
F=-(x1.^4+3*x2.^4-0.2*cos(3*pi*x1)-0.4*cos(4*pi*x2)+0.6);
end
```

运行程序，得到蚁群算法运行前后蚂蚁的位置变化示意图，如图 10-13 所示。

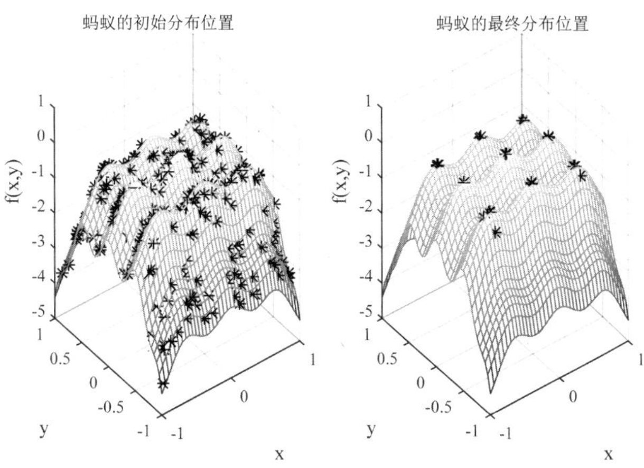

图 10-13　蚁群算法运行前后蚂蚁的位置变化示意图

10.3.3 经典应用

机器人路径规划是机器人学的一个重要研究领域。它要求机器人依据某个或某些优化原则（如最小能量消耗、最短行走路线、最短行走时间等），在其工作空间中找到一条从起始状态到目标状态且能避开障碍物的最优路径。

机器人路径规划问题可以建模为一个有约束的优化问题，要完成路径规划、定位和避障等任务。应用蚁群算法求解机器人路径规划问题的主要步骤如下。

（1）输入由 0 和 1 组成的矩阵，表示机器人需要寻找最优路径的地图，如图 10-14 所示。

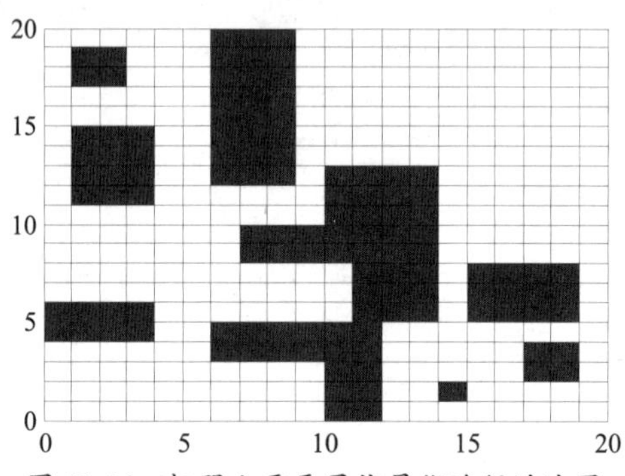

图 10-14 机器人需要寻找最优路径的地图

其中，0 表示此处可以通过，1 表示此处为障碍物。由此得到如图 10-14 所示的矩阵，并将其保存在数据文件 data_G.mat 中：

```
G=[0 0 0 0 0 0 1 1 1 0 0 0 0 0 0 0 0 0 0 0;
   0 1 1 0 0 0 1 1 1 0 0 0 0 0 0 0 0 0 0 0;
   0 1 1 0 0 0 1 1 1 0 0 0 0 0 0 0 0 0 0 0;
   0 0 0 0 0 0 1 1 1 0 0 0 0 0 0 0 0 0 0 0;
   0 0 0 0 0 0 1 1 1 0 0 0 0 0 0 0 0 0 0 0;
   0 1 1 1 0 0 1 1 1 0 0 0 0 0 0 0 0 0 0 0;
   0 1 1 1 0 0 1 1 1 0 0 0 0 0 0 0 0 0 0 0;
   0 1 1 1 0 0 1 1 1 0 1 1 1 1 0 0 0 0 0 0;
   0 1 1 1 0 0 0 0 0 0 1 1 1 1 0 0 0 0 0 0;
   0 0 0 0 0 0 0 0 0 0 1 1 1 1 0 0 0 0 0 0;
   0 0 0 0 0 0 0 1 1 1 1 1 1 1 0 0 0 0 0 0;
   0 0 0 0 0 0 0 1 1 1 1 1 1 1 0 0 0 0 0 0;
   0 0 0 0 0 0 0 0 0 0 0 1 1 1 0 1 1 1 1 0;
   0 0 0 0 0 0 0 0 0 0 0 1 1 1 0 1 1 1 1 0;
   1 1 1 1 0 0 0 0 0 0 0 1 1 1 0 1 1 1 1 0;
   1 1 1 1 0 0 1 1 1 1 1 1 0 0 0 0 0 0 0 0;
   0 0 0 0 0 0 1 1 1 1 1 1 0 0 0 0 0 1 1 0;
   0 0 0 0 0 0 0 0 0 0 1 1 0 0 0 0 0 1 1 0;
   0 0 0 0 0 0 0 0 0 0 1 1 0 0 1 0 0 0 0 0;
   0 0 0 0 0 0 0 0 0 0 1 1 0 0 0 0 0 0 0 0;];
```

（2）输入初始的信息素矩阵，选择初始点和终点并设置各种参数。在此次计算中，设置所有位置的初始信息素相等。

（3）选择初始点下一步可以到达的节点，根据每个节点的信息素求出前往每个节点的概率，并利用轮盘赌选择法选取下一步的初始点：

$$p_{ij}^{k}=\begin{cases}\dfrac{\left[\tau_{ij}(t)\right]^{\alpha}\cdot\left[\eta_{ij}\right]^{\beta}}{\sum\limits_{k\in\{N-\mathrm{tabu}_k\}}\left[\tau_{ij}(t)\right]^{\alpha}\cdot\left[\eta_{ij}\right]^{\beta}}, & j\in\{N-\mathrm{tabu}_k\}\\ 0, & \text{其他}\end{cases}$$

式中，$\tau_{ij}(t)$为弧(i,j)上的信息素的浓度；η_{ij}为与弧(i,j)相关联的启发式信息；α、β分别为$\tau_{ij}(t)$、η_{ij}的权重参数。

（4）更新路径及路径长度。

（5）重复步骤（3）、（4），直到蚂蚁到达终点或无路可走。

（6）重复步骤（3）～（5），直到某一代的 m 只蚂蚁迭代结束。

（7）更新信息素矩阵，其中没有到达终点或无路可走的蚂蚁不计算在内：

$$\tau_{ij}(t+1)=(1-\rho)\times\tau_{ij}(t)+\Delta\tau_{ij}$$

$$\Delta\tau_{ij}(t)=\begin{cases}\dfrac{Q}{L_k(t)}, & \text{蚂蚁}k\text{经过位置}(i,j)\\ 0, & \text{蚂蚁}k\text{不经过位置}(i,j)\end{cases}$$

（8）重复步骤（3）～（7），直至第 n 代蚂蚁迭代结束。

例 10-5：根据如图 10-14 所示的地图画出机器人行走的最短路径，并输入每轮迭代的最短路径，查看程序的收敛效果。

根据以上分析，得到 MATLAB 代码（ex10_5.m）：

```
function main()
load data_G;                          %载入数据
MM=size(G,1);                         % G 地形图为 01 矩阵，如果为 1，则表示障碍物
Tau=ones(MM*MM,MM*MM);                % Tau 为初始信息素矩阵
Tau=8.*Tau;
K=100;                                %迭代次数（指蚂蚁出动多少轮）
M=50;                                 %蚂蚁个数
0 1 ,                                 %最短路径的初始点
E=MM*MM;                              %最短路径的终点
Alpha=1;                              % Alpha 是表征信息素重要程度的参数
Beta=7;                               % Beta 是表征启发式因子重要程度的参数
Rho=0.3 ;                             % Rho 是信息素蒸发系数
Q=1;                                  % Q 是信息素提升浓度系数
minkl=inf;
mink=0;
minl=0;
D=G2D(G);
N=size(D,1);                          %N 表示问题的规模（像素个数）
a=1;                                  %小方格像素的边长
Ex=a*(mod(E,MM)-0.5);                 %终点的横坐标
if Ex==-0.5
   Ex=MM-0.5;
end
Ey=a*(MM+0.5-ceil(E/MM));             %终点的纵坐标
```

```
Eta=zeros(N);                    %启发式信息，取为至终点的直线距离的倒数
%%%%%%以下为启发式信息矩阵%%%%%%
for i=1:N
    ix=a*(mod(i,MM)-0.5);
    if ix==-0.5
        ix=MM-0.5;
    end
    iy=a*(MM+0.5-ceil(i/MM));
    if i~=E
        Eta(i)=1/((ix-Ex)^2+(iy-Ey)^2)^0.5;
    else
        Eta(i)=100;
    end
end
ROUTES=cell(K,M);             %用细胞结构存储每一代的每只蚂蚁的爬行路线
PL=zeros(K,M);                %用矩阵存储每一代的每只蚂蚁的爬行路线长度
%启动 K 轮蚂蚁觅食活动，每轮派出 M 只蚂蚁
for k=1:K
    for m=1:M
        %状态初始化
        W=S;                                  %当前节点初始化为初始点
        Path=S;                               %爬行路线初始化
        PLkm=0;                               %爬行路线长度初始化
        TABUkm=ones(N);                       %禁忌表初始化
        TABUkm(S)=0;                          %已经在初始点了，因此要排除
        DD=D;                                 %邻接矩阵初始化
        %%%%%%下一步可以前往的节点%%%%%%
        DW=DD(W,:);
        DW1=find(DW);
        for j=1:length(DW1)
            if TABUkm(DW1(j))==0
                DW(DW1(j))=0;
            end
        end
        LJD=find(DW);
        Len_LJD=length(LJD);              %可选节点的个数
        %蚂蚁未遇到食物或陷入死胡同或觅食停止
        while W~=E&&Len_LJD>=1
            %利用轮盘赌选择法选择下一步怎么走
            PP=zeros(Len_LJD);
            for i=1:Len_LJD
                PP(i)=(Tau(W,LJD(i))^Alpha)*((Eta(LJD(i)))^Beta);
            end
            sumpp=sum(PP);
            PP=PP/sumpp;%建立概率分布
            Pcum(1)=PP(1);
            for i=2:Len_LJD
                Pcum(i)=Pcum(i-1)+PP(i);
            end
            Select=find(Pcum>=rand);
            to_visit=LJD(Select(1));
            %状态更新和记录
```

```
            Path=[Path,to_visit];                   %路径增加
            PLkm=PLkm+DD(W,to_visit);               %路径长度增加
            W=to_visit;                             %蚂蚁移到下一个节点
            for kk=1:N
                if TABUkm(kk)==0
                    DD(W,kk)=0;
                    DD(kk,W)=0;
                end
            end
            TABUkm(W)=0;                            %将已访问过的节点从禁忌表中删除
            DW=DD(W,:);
            DW1=find(DW);
            for j=1:length(DW1)
                if TABUkm(DW1(j))==0
                    DW(j)=0;
                end
            end
            LJD=find(DW);
            Len_LJD=length(LJD);%可选节点的个数
        end
        %记下每一代每只蚂蚁的觅食路径和路径长度
        ROUTES{k,m}=Path;
        if Path(end)==E
            PL(k,m)=PLkm;
            if PLkm<minkl
                mink=k;minl=m;minkl=PLkm;
            end
        else
            PL(k,m)=0;
        end
    end
    %%%%%%更新信息素%%%%%%
    Delta_Tau=zeros(N,N);%更新量初始化
    for m=1:M
        if PL(k,m)
            ROUT=ROUTES{k,m};
            TS=length(ROUT)-1;%跳数
            PL_km=PL(k,m);
            for s=1:TS
                x=ROUT(s);
                y=ROUT(s+1);
                Delta_Tau(x,y)=Delta_Tau(x,y)+Q/PL_km;
                Delta_Tau(y,x)=Delta_Tau(y,x)+Q/PL_km;
            end
        end
    end
    Tau=(1-Rho).*Tau+Delta_Tau;%信息素挥发一部分，新增加一部分
end
%%%%%%绘图%%%%%%
plotif=1;                                   %是否绘图的控制参数
if plotif==1                                %绘制收敛曲线
    minPL=zeros(K);
```

```
    for i=1:K
        PLK=PL(i,:);
        Nonzero=find(PLK);
        PLKPLK=PLK(Nonzero);
        minPL(i)=min(PLKPLK);
    end
    figure(1)
    plot(minPL);
    hold on
    grid on
    title('收敛曲线变化趋势');
    xlabel('迭代次数');
    ylabel('最短路径长度'); %绘制爬行图
    figure(2)
    axis([0,MM,0,MM])
    for i=1:MM
        for j=1:MM
            if G(i,j)==1
                x1=j-1;y1=MM-i;
                x2=j;y2=MM-i;
                x3=j;y3=MM-i+1;
                x4=j-1;y4=MM-i+1;
                fill([x1,x2,x3,x4],[y1,y2,y3,y4],[0.2,0.2,0.2]);
                hold on
            else
                x1=j-1;y1=MM-i;
                x2=j;y2=MM-i;
                x3=j;y3=MM-i+1;
                x4=j-1;y4=MM-i+1;
                fill([x1,x2,x3,x4],[y1,y2,y3,y4],[1,1,1]);
                hold on
            end
        end
    end
    hold on
    title('机器人运动轨迹');
    xlabel('坐标 x');    ylabel('坐标 y');
    ROUT=ROUTES{mink,minl};
    LENROUT=length(ROUT);
    Rx=ROUT;
    Ry=ROUT;
    for ii=1:LENROUT
        Rx(ii)=a*(mod(ROUT(ii),MM)-0.5);
        if Rx(ii)==-0.5
            Rx(ii)=MM-0.5;
        end
        Ry(ii)=a*(MM+0.5-ceil(ROUT(ii)/MM));
    end
    plot(Rx,Ry)
end
plotif2=0;%绘制各代蚂蚁爬行图
if plotif2==1
```

```
    figure(3)
    axis([0,MM,0,MM])
    for i=1:MM
        for j=1:MM
            if G(i,j)==1
                x1=j-1;y1=MM-i;
                x2=j;y2=MM-i;
                x3=j;y3=MM-i+1;
                x4=j-1;y4=MM-i+1;
                fill([x1,x2,x3,x4],[y1,y2,y3,y4],[0.2,0.2,0.2]);
                hold on
            else
                x1=j-1;y1=MM-i;
                x2=j;y2=MM-i;
                x3=j;y3=MM-i+1;
                x4=j-1;y4=MM-i+1;
                fill([x1,x2,x3,x4],[y1,y2,y3,y4],[1,1,1]);
                hold on
            end
        end
    end
    for k=1:K
        PLK=PL(k,:);
        minPLK=min(PLK);
        pos=find(PLK==minPLK);
        m=pos(1);
        ROUT=ROUTES{k,m};
        LENROUT=length(ROUT);
        Rx=ROUT;
        Ry=ROUT;
        for ii=1:LENROUT
            Rx(ii)=a*(mod(ROUT(ii),MM)-0.5);
            if Rx(ii)==-0.5
                Rx(ii)=MM-0.5;
            end
            Ry(ii)=a*(MM+0.5-ceil(ROUT(ii)/MM));
        end
        plot(Rx,Ry)
        hold on
    end
end

function D=G2D(G)
l=size(G,1);
D=zeros(l*l,l*l);
for i=1:l
    for j=1:l
        if G(i,j)==0
            for m=1:l
                for n=1:l
                    if G(m,n)==0
                        im=abs(i-m);jn=abs(j-n);
                        if im+jn==1||(im==1&&jn==1)
```

```
                        D((i-1)*l+j,(m-1)*l+n)=(im+jn)^0.5;
                    end
                end
            end
        end
    end
end
end
```

运行以上代码，得到收敛曲线（最短路径）变化趋势，如图 10-15 所示。从图 10-15 中可以看出，在大约迭代 40 次时，最短路径长度基本稳定在 38 左右。

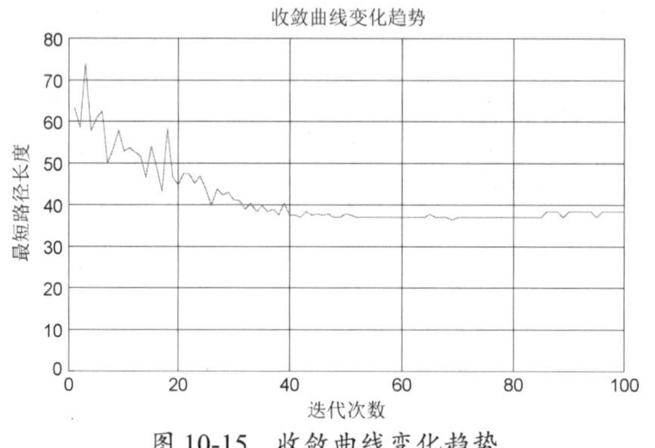

图 10-15　收敛曲线变化趋势

机器人运动轨迹如图 10-16 所示。从图 10-16 中可以看出，机器人在到达终点的整个过程中，成功避开了所有障碍物。

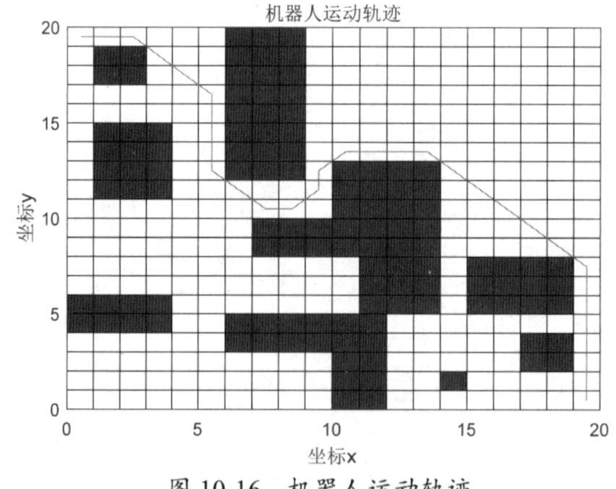

图 10-16　机器人运动轨迹

10.4　本章小结

本章主要介绍了粒子群算法、遗传算法和蚁群算法 3 种常见的经典智能算法，并利用 MATLAB 代码实现了其算法过程。最后，通过应用举例详细讲解了这 3 种智能算法在 MATLAB 中的应用。

第 11 章 偏微分方程

知识要点

本章主要介绍有关解偏微分方程的工具箱。解偏微分方程在数学和物理学中应用广泛，理论丰富。但是，很多理工科的学生，特别是工程人员往往为偏微分方程的复杂求解而“挠头”。本章的目的是让读者在学会偏微分方程理论以后，能够从容地利用 MATLAB 求解几类常见的、实用的偏微分方程，从而提高自己的工作效率。同时，不用考虑底层算法的构建，只需通过 GUI 轻松几步就能完成复杂的偏微分方程求解过程。

学习要求

知识点	学习目标			
	了解	理解	应用	实践
偏微分方程工具箱中的常用函数		√		
利用 GUI 求解椭圆方程			√	√
利用 GUI 求解抛物线方程			√	√
利用 GUI 求解双曲线方程			√	√
利用 GUI 求解特征值方程			√	√

11.1 偏微分方程工具箱

前面章节已经介绍了如何利用 MATLAB 求解常微分方程，本节主要介绍利用 MATLAB 自带的偏微分方程工具箱求解偏微分方程。众所周知，求解偏微分方程不是一件轻松的事情，但是偏微分方程在自然科学和工程领域中应用很广，因此，研究求解偏微分方程的方法，以及开发求解偏微分方程的工具是数学和计算机领域中的一项重要工作。

MATLAB 提供了专门用于求解二维偏微分方程的工具箱，使用这个工具箱，一方面可以求解偏微分方程，另一方面可以学习如何把求解数学问题的过程与方法工程化。

11.1.1 偏微分方程常见类型

一般常用的偏微分方程数值解法主要包括有限差分法、有限元法和有限体积法。对于有限差分法和有限体积法，可以参考其他相关文献资料。

MATLAB 的偏微分方程工具箱的名字叫作 PDE Modeler，采用有限元法求解偏微分方程。使用这个工具箱可以求解椭圆方程、抛物线方程、双曲线方程和特征值方程等。下面分别介绍这 4 类方程及其有限元解法。

1．椭圆方程

椭圆方程如下：

$$-\nabla(c\nabla u)+au=f$$

该方程在二维平面域 Ω 上。方程中的 ∇ 是 Laplace 算子，u 是待求解的未知函数，c、a、f 是已知的实值标量函数。

在边界 $\partial\Omega$ 上，方程的边界条件一般可以写成如下形式。

第一类边界条件（Dirichlet 条件）：

$$hu=r$$

第二类边界条件（Neumann 条件）：

$$\boldsymbol{n}(c\nabla u)+qu=g$$

在两个偏微分方程构成方程组的情况下，边界条件可以写成如下形式。

Dirichlet 条件：

$$h_{11}u_1+h_{12}u_2=r_1$$
$$h_{21}u_1+h_{22}u_2=r_2$$

Neumann 条件：

$$\boldsymbol{n}(c_{11}\nabla u_1)+\boldsymbol{n}(c_{12}\nabla u_2)+q_{11}u_1+q_{12}u_2=g_1$$
$$\boldsymbol{n}(c_{21}\nabla u_1)+\boldsymbol{n}(c_{22}\nabla u_2)+q_{21}u_1+q_{22}u_2=g_2$$

混合条件：

$$\boldsymbol{n}(c_{11}\nabla u_1)+\boldsymbol{n}(c_{12}\nabla u_2)+q_{11}u_1+q_{12}u_2=g_1+h_{11}u$$
$$\boldsymbol{n}(c_{21}\nabla u_1)+\boldsymbol{n}(c_{22}\nabla u_2)+q_{21}u_1+q_{22}u_2=g_2+h_{12}u$$

式中，g、h、q、r 是边界 $\partial\Omega$ 上的复值函数，$\boldsymbol{n}$ 是边界 $\partial\Omega$ 上向外的单位法向量。

以下采用变分原理求出虚功方程。

（1）导出定解问题对应的弱形式。

下面讨论椭圆方程在一般 Neumann 条件下的解。取任意试验函数 $v\in V$，同时乘以方程的两边，并在 Ω 上积分：

$$\int_{\Omega}[-(\nabla\cdot(c\nabla u))v+auv]\mathrm{d}x=\int_{\Omega}fv\mathrm{d}x$$

利用 Green 公式及 Neumann 条件（第二类边界条件）可得

$$-\int_{\Omega}[(c\nabla u)\cdot\nabla v+auv]\mathrm{d}x-\int_{\partial\Omega}(-qu+g)v\mathrm{d}s=\int_{\Omega}fv\mathrm{d}x$$

式中，$u\in V$；$\forall v\in V$。于是，问题的虚功方程为

$$\int_{\Omega}[(c\nabla u)\cdot\nabla v+auv-fv]\mathrm{d}x-\int_{\partial\Omega}(-qu+g)v\mathrm{d}s=0$$

如果问题是自共轭的，并且满足所谓的椭圆条件，那么也可以按最小势能原理导出泛函极小问题，这时它与虚功方程是等价的。

（2）区域剖分。

由于三角形剖分在几何上有很大的灵活性，对边界逼近较好，因此在 PDE Modeler 中一般对区域做三角形网格剖分。一般而言，在做三角形剖分和节点编号时，要注意以下几点。

- 单元顶点不能是相邻单元边上的内点。
- 尽量避免出现大的钝角、大的边长。
- 在梯度变化比较剧烈的地方，网格要加密。

（3）单元上插值多项式的选取。

在 PDE Modeler 中，采用的是单元上的线性函数：

$$u_e(x,y)=ax+by+c \qquad (x,y)\in e$$

设节点 p_i 上 u 的值为 u_i，即 $u(x_i,y_i)=u_i$，$i=1,2,\cdots,N_p$，N_p 为节点数。任取单元 e，3 个顶点为 p_i、p_j、p_m，记 $e=\overline{p_i p_j p_m}$。它们的顺序是逆时针的。为了使插值函数在这 3 个顶点上分别取值 u_i、u_j、u_m，那么 a、b、c 应满足如下条件：

$$\begin{aligned}ax_i+by_i+c&=u_i\\ax_j+by_j+c&=u_j\\ax_m+by_m+c&=u_m\end{aligned}$$

解得 a、b、c，代入线性函数，可得插值函数：

$$u(x,y)=N_i(x,y)u_i+N_j(x,y)u_j+N_m(x,y)u_m$$

式中，

$$N_i(x,y)=\frac{1}{2\Delta_e}(a_i x+b_i y+c_i)$$

$$a_i = \begin{vmatrix} y_j & 1 \\ y_m & 1 \end{vmatrix}$$

$$b_i = \begin{vmatrix} x_i & 1 \\ x_m & 1 \end{vmatrix}$$

$$c_i = \begin{vmatrix} x_i & y_j \\ x_m & y_m \end{vmatrix}$$

式中，$\Delta_e = \dfrac{1}{2}\begin{vmatrix} x_i & y_i & 1 \\ x_j & y_j & 1 \\ x_m & y_m & 1 \end{vmatrix}$为单元三角形 $p_i p_j p_m$ 的面积。同理，$N_j(x,y)$、$N_m(x,y)$ 可由 $N_i(x,y)$ 按 i、j、m 的下标轮换得到，即 $i \to j \to m \to i$。

引入记号：

$$\boldsymbol{N} = [N_i(x,y), N_j(x,y), N_m(x,y)]$$

矩阵：

$$\{\boldsymbol{u}\}_e = [u_i, u_j, u_m]^{\mathrm{T}}$$

这样，在单元 e 上，有

$$\boldsymbol{u}_e(x,y) = \boldsymbol{N}\{\boldsymbol{u}\}_e$$

同时有

$$\nabla \boldsymbol{u}_e(x,y) = \begin{pmatrix} \dfrac{\partial \boldsymbol{u}_e}{\partial x} \\ \dfrac{\partial \boldsymbol{u}_e}{\partial y} \end{pmatrix} = \boldsymbol{B}\{\boldsymbol{u}\}_e$$

$$\boldsymbol{B} = \begin{pmatrix} \dfrac{\partial N_i}{\partial x} & \dfrac{\partial N_j}{\partial x} & \dfrac{\partial N_m}{\partial x} \\ \dfrac{\partial N_i}{\partial y} & \dfrac{\partial N_j}{\partial y} & \dfrac{\partial N_m}{\partial y} \end{pmatrix}$$

式中，$\boldsymbol{B}$ 是 2×3 的常数矩阵。

（4）单元刚度矩阵、单元荷载向量的形成。

设$\{\boldsymbol{v}_i\}$，$i = 1,2,\cdots,N_p$，N_p 为 $\boldsymbol{v}$ 的 N_p 维子空间的基函数，按所剖分的单元将虚功方程改为

$$\sum_{n=1}^{\mathrm{NE}} \int_{\partial \gamma_n} (g - q\boldsymbol{u})\boldsymbol{v}\mathrm{d}s + \sum_{n=1}^{\mathrm{NE}} \iint_{e_n} -[(c\nabla \boldsymbol{u}) \cdot \nabla \boldsymbol{v} + a\boldsymbol{u}\boldsymbol{v} - f\boldsymbol{v}]\mathrm{d}x\mathrm{d}y = 0$$

这里，$\boldsymbol{v}$ 的向量形式与 $\boldsymbol{u}_e$ 的向量形式相同，并且有

$$\begin{aligned} &\iint_{e_n} (c\nabla \boldsymbol{u}) \cdot \nabla \boldsymbol{v} + a\boldsymbol{u}\boldsymbol{v}\mathrm{d}x\mathrm{d}y \\ &= \iint_{e_n} c(\boldsymbol{B}\{\boldsymbol{v}\}_e)^{\mathrm{T}}(\boldsymbol{B}\{\boldsymbol{u}\}_e) + a(\{\boldsymbol{u}\}_e\{\boldsymbol{v}\}_e)^{\mathrm{T}}((\boldsymbol{B}\{\boldsymbol{v}\}_e)^{\mathrm{T}})\mathrm{d}x\mathrm{d}y \\ &= \{\boldsymbol{v}\}_e{}^{\mathrm{T}} \boldsymbol{K}_e \{\boldsymbol{u}\}_e \end{aligned}$$

$$\iint_{e_n} fv\mathrm{d}x\mathrm{d}y = \iint_{e_n} (\boldsymbol{N}\{\boldsymbol{v}\}_e)^{\mathrm{T}} f\mathrm{d}x\mathrm{d}y = \{\boldsymbol{v}\}_e^{\ \mathrm{T}} \iint_{e_n} \boldsymbol{N}^{\mathrm{T}} f\mathrm{d}x\mathrm{d}y = \{\boldsymbol{v}\}_e^{\ \mathrm{T}} \boldsymbol{F}_e$$

$$\boldsymbol{F}_{e3\times1} = \iint_{e_n} \boldsymbol{N}^{\mathrm{T}} f\mathrm{d}x\mathrm{d}y$$

$$\int_{\partial\gamma_n} q\boldsymbol{u}\boldsymbol{v}\mathrm{d}s = \int_{\partial\gamma_n} (q\{\boldsymbol{v}\}_e)^{\mathrm{T}} \boldsymbol{u}\mathrm{d}s = \{\boldsymbol{v}\}_e^{\ \mathrm{T}} \{\boldsymbol{K}\}_e \{\boldsymbol{v}\}_e$$

$$\int_{\partial\gamma_n} g\boldsymbol{v}\mathrm{d}s = \int_{\partial\gamma_n} (g\{\boldsymbol{v}\}_e)^{\mathrm{T}} \boldsymbol{u}\mathrm{d}s = \{\boldsymbol{v}\}_e^{\ \mathrm{T}} \{\overline{\boldsymbol{F}}\}_e$$

这里，三角单元的梯度和面积是通过命令 pdetrg 来实现的。

（5）总刚度矩阵和总荷载向量的组装。

将由上述单元求得的值代到总的虚功方程中，从而得

$$\sum_{n=1}^{\mathrm{NE}} \int_{\partial\gamma_n} q\boldsymbol{u}\boldsymbol{v}\mathrm{d}s + \sum_{n=1}^{\mathrm{NE}} \iint_{e_n} -[(c\nabla\boldsymbol{u})\cdot\nabla\boldsymbol{v} + a\boldsymbol{u}\boldsymbol{v} - f\boldsymbol{v}]\mathrm{d}x\mathrm{d}y = 0$$

$$\sum_{n=1}^{\mathrm{NE}} \iint_{e_n} c\nabla\boldsymbol{u}\nabla\boldsymbol{v} + a\boldsymbol{u}\boldsymbol{v}\mathrm{d}x\mathrm{d}y = \sum_{n=1}^{\mathrm{NE}} \int_{\partial\gamma_n} q\boldsymbol{u}\boldsymbol{v}\mathrm{d}s - \sum_{n=1}^{\mathrm{NE}} \iint_{e_n} f\boldsymbol{v}\mathrm{d}x\mathrm{d}y$$

$$\sum_{n=1}^{\mathrm{NE}} \{\boldsymbol{v}\}_e^{\ \mathrm{T}} \boldsymbol{K}_e \{\boldsymbol{u}\}_e = \sum_{n=1}^{\mathrm{NE}} \{\boldsymbol{v}\}_e^{\ \mathrm{T}} G_e - \sum_{n=1}^{\mathrm{NE}} \{\boldsymbol{v}\}_e^{\ \mathrm{T}} \boldsymbol{F}_e = \sum_{n=1}^{\mathrm{NE}} \{\boldsymbol{v}\}_e^{\ \mathrm{T}} (G_e - \boldsymbol{F}_e)$$

$$\sum_{n=1}^{\mathrm{NE}} \{\boldsymbol{v}\}_e^{\ \mathrm{T}} [\boldsymbol{K}_e \{\boldsymbol{u}\}_e - (G_e - \boldsymbol{F}_e)]_{3\times1} = 0$$

$$\sum_{n=1}^{\mathrm{NE}} [\boldsymbol{K}_e \{\boldsymbol{u}\}_e - (G_e - \boldsymbol{F}_e)]_{3\times1} = 0$$

$$\boldsymbol{K}U = (G - \boldsymbol{F})$$

$$\boldsymbol{K}_{3\mathrm{NE}\times3\mathrm{NE}} U_{3\mathrm{NE}\times1} = \overline{\boldsymbol{F}}$$

$$\overline{\boldsymbol{F}} = (G - \boldsymbol{F})\big|_{3\mathrm{NE}\times1}$$

（6）约束处理，求解方程组。

对于 Neumann 条件，由于是自然边界条件，边界上不需要满足任何约束条件，因此可立即得到线性代数方程组：

$$\boldsymbol{K}U = \boldsymbol{F}$$

形成 $\boldsymbol{K}$ 和 $\boldsymbol{F}$，在 MATLAB 环境下立即可解出节点近似解的向量 $\boldsymbol{u}$。

如果是 Dirichlet 条件，则还需要对边界节点进行约束处理。

2．抛物线方程

抛物线方程如下：

$$\mathrm{d}(\frac{\partial u}{\partial t}) - \nabla(c\nabla u) + au = f$$

下面说明如何将抛物线方程简化成椭圆方程来求解。这是通过 PDE Modeler 中的函数 parabolic 来完成的。考虑抛物线方程的初值为

$$u(x,0) = u_0(x),\ \ x \in \varOmega$$

边界条件类似椭圆边值问题，这里仅讨论 Neumann 条件，即 $\boldsymbol{n}(c\nabla u)+qu=g$ 的情况。

抛物线方程可以写为

$$\rho C\frac{\partial u}{\partial t}-\nabla\cdot(k\nabla u)+h(u-u_{\infty})=f$$

表示热量向环境中扩散，其中，ρ 是密度，C 是比热容，k 是导热系数，h 是薄层传热系数，u_{∞} 是环境温度，f 是热源。

如果系数与时间无关，则方程是标准的椭圆方程：

$$-\nabla(c\nabla u)+au=f$$

对区域 Ω 做三角形网格剖分，对于任意给定的 $t\geqslant 0$，偏微分方程的解按有限元法的基底可以展开为

$$u(x,t)=\sum_i u_i(t)\varphi_j(x)$$

将展开式代入标准的椭圆方程，两边乘以试验函数 φ_j，并在 Ω 上积分，利用 Green 公式和边界条件，可得

$$\sum_i\int_{\Omega}\mathrm{d}\varphi_j\varphi_j\mathrm{d}x\frac{\mathrm{d}u_i(t)}{\mathrm{d}t}+\sum_i(\int_{\Omega}(c\nabla\varphi_j)\cdot\nabla\varphi_j+a\varphi_j\varphi_j\mathrm{d}x+\int_{\partial\Omega}q\varphi_j\varphi_j\mathrm{d}s)v_i(t)\mathrm{d}x$$
$$=\int_{\Omega}f\varphi_j\mathrm{d}x+\int_{\partial\Omega}g\varphi_j\mathrm{d}s$$

上式可以写成大型线性稀疏的常微分方程组：

$$\boldsymbol{M}\frac{\mathrm{d}u}{\mathrm{d}t}+\boldsymbol{K}U=\boldsymbol{F}$$

这就是所谓的线性半离散化方法。求解上式的初值问题，初值为

$$U_i(0)=u_0(x_i)$$

可得每个节点 x_i 在任一时刻 t 的解。这里的 $\boldsymbol{K}$ 和 $\boldsymbol{F}$ 是原边界条件下椭圆方程的刚度矩阵和荷载向量，$\boldsymbol{M}$ 是质量矩阵。

当边界条件是与时间有关的 Dirichlet 条件时，$\boldsymbol{F}$ 为包括 h 和 r 的时间导数，可以用有限差分法求解。常微分方程组是病态的，这时需要做显式时间积分。

由于稳定性要求时间间隔很小，而隐式解由于每一时间段都要求解椭圆方程，从而求解非常缓慢。常微分方程组的数值积分可以由 MATLAB 中的 suite 函数完成，对于这类问题，它是有效果的。

3．双曲线方程

双曲线方程如下：

$$\mathrm{d}(\frac{\partial^2 u}{\partial t^2})-\nabla(c\nabla u)+au=f$$

类似于求解抛物线方程的有限元法，考虑上式的初值为

$$u(x,0)=u_0(x),\ x\in\Omega$$

$$\frac{\partial u}{\partial t}(x,0)=v_0(x)$$

边界条件同上。

对区域 Ω 做三角形网格剖分，与抛物线方程的处理方法一样，可以得到二阶常微分方程组：

$$\boldsymbol{M}\frac{\mathrm{d}^2V}{\mathrm{d}t^2}+\boldsymbol{K}V=F$$

初值为 $V_i(0)=u_0(x_i)$，$\frac{\mathrm{d}}{\mathrm{d}t}V_i(0)=V_0(x_i)$。其中，$\boldsymbol{K}$ 是刚度矩阵，$\boldsymbol{M}$ 是质量矩阵。

PDE Toolbox 中提供的求解双曲线方程的函数是 hyperbolic。

4．特征值方程

特征值方程如下：

$$-\nabla(c\nabla u)+au=\lambda du$$

在固体力学中，该方程用于描述薄膜振动问题，在量子力学中的应用也很广泛。求解过程包括方程的离散和代数特征值的求解。首先考虑离散化，按有限元基底将 u 展开，两边同乘基函数；再在区域上做积分，可以得到广义特征值方程：

$$\boldsymbol{K}U=\lambda\boldsymbol{M}U$$

式中，对应于右边项的质量矩阵的元素为

$$M_{i,j}=\int_{\Omega}d(x)\varphi_j(x)\varphi_j(x)\mathrm{d}x$$

在通常情况下，当函数 $d(x)$为正时，质量矩阵 $\boldsymbol{M}$ 为正定对称矩阵。同样，当 $d(x)$为正且在 Dirichlet 条件下时，刚度矩阵 $\boldsymbol{K}$ 也是正定的。

对于广义特征值问题，利用 Arnoldi 算法进行移位和求逆矩阵，直到所有的特征值都落在用户事先确定的区间内。在此，求解的详细过程就不再讨论了。

PDE Modeler 中提供的求解特征值问题的函数是 pdeeig。

11.1.2　偏微分方程的求解过程

在命令行窗口中输入 pdetool，即可打开 PDE Modeler 窗口，进入工作状态。提供两种解偏微分方程的方法：一种是通过函数，利用函数可以编程，也可以用命令行的方式解方程，常用函数及其功能如表 11-1 所示；另一种是对窗口进行交互操作。

表 11-1　求解偏微分方程的常用函数及其功能

函　数	功　能
adaptmesh	生成自适应网格及偏微分方程的解
assemb	生成边界质量矩阵和刚度矩阵
assema	生成积分区域上的质量矩阵和刚度矩阵
assempde	生成偏微分方程的刚度矩阵
hyperbolic	求解双曲线型偏微分方程
adaptmesh	生成自适应网格及偏微分方程的解
parabolic	求解抛物线型偏微分方程

续表

函　数	功　能
pdeeig	求解特征值型偏微分方程
pdenonlin	求解非线性微分方程
poisolv	利用矩阵格式快速求解泊松方程
pdeellip	画椭圆
pdecirc	画圆
pdepoly	画多边形
pderect	画矩形
csgchk	检查几何矩阵的有效性
initmesh	产生最初的三角形网格
pdemesh	画偏微分方程的三角形网格
pdesurf	画表面图

一般来说，用函数解方程比较烦琐，而通过窗口交互操作则比较简单。解方程的全部过程及结果都可以输出保存为文本文件，限于本书篇幅有限，这里主要介绍通过窗口交互操作解偏微分方程的方法。

1．确定待解的偏微分方程

使用函数 assempde 可以对待解的偏微分方程加以描述。在窗口交互操作中，为了方便用户，把常见问题归结为几个类型，可以在窗口的工具栏中找到选择类型的弹出菜单。这些类型如下。

- 通用问题。
- 通用系统（二维的偏微分方程组）。
- 平面应力。
- 结构力学平面应变。
- 静电学。
- 静磁学。
- 交流电电磁学。
- 直流电导电介质。
- 热传导。
- 扩散。

确定问题类型后，可以在 PDE Specification 对话窗口中输入 c、a、f、d 等系数（函数），这样就确定了待解的偏微分方程。

2．确定边界条件

使用函数 assemb 可以描述边界条件。在 PDE Modeler 提供的边界条件对话框中输入 g、h、q、r 等边界条件。

3．确定偏微分方程所在域的几何图形

可以用表 11-1 中的函数画出 Ω 域的几何图形，如 pdeellip（画椭圆）、pderect（画矩形）、pdepoly（画多边形）。也可以用鼠标在 PDE Modeler 的画图窗口中直接画出 Ω 域的几何图形。PDE Modeler 提供了类似于函数那样画圆、椭圆、矩形、多边形的工具。

无论哪种画法，图形一经画出，PDE Modeler 就为这个图形自动取名，并把代表图形的名字放入 Set formula 窗口。在这个窗口中，可以实现对图形的拓扑运算，以便构造复杂的 Ω 域几何图形。

4．划分有限元

对域进行有限元划分的函数有 initmesh（基本划分）和 refinemesh（精细划分）等。在 PDE Modeler 窗口中直接单击划分有限元的按钮来划分有限元，划分的方法与上面的函数相对应。

5．解方程

完成前面 4 步之后就可以解方程了。解方程的函数有：adaptmesh，解方程的通用函数；poisolv，矩形有限元解椭圆型方程；parabolic，解抛物线型方程；hyperbolic，解双曲线型方程。

在 PDE Modeler 窗口中直接单击解方程的按钮即可解方程。解方程所耗费的时间取决于有限元划分的多少。

11.2　求解偏微分方程

前面主要介绍了有关 PDE Toolbox 的基本知识，本节介绍关于求解偏微分方程具体示例的操作。

11.2.1　求解椭圆方程

在偏微分方程中，有一类特殊的椭圆曲线方程，即泊松方程。下面介绍求解该类方程的示例，供读者参考。

例 11-1：求解在域 Ω 上泊松方程 $-\Delta U = 1$、边界条件 $\partial\Omega$ 上 $U = 0$ 的数值解，其中 Ω 是一个方块图形。

首先通过 11.1 节学习的知识来确定求解上述偏微分方程的步骤。

（1）启动 pdetool 界面。在 MATLAB 命令行窗口中输入 pdetool，按 Enter 键弹出 PDE Modeler 界面，在空白区域绘制如图 11-1 所示的图形，并单击 $\partial\Omega$ 按钮。

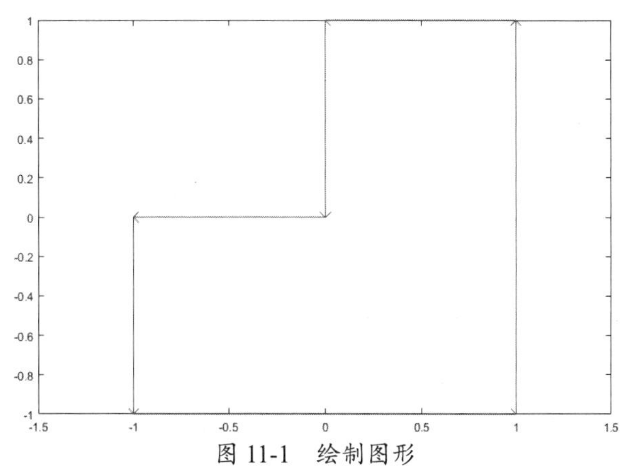

图 11-1　绘制图形

（2）选择“Boundary”→“Specify Boundary Conditions”命令，选中 Dirichlet 边界条件单选按钮并设置 h=1、r=0，如图 11-2 所示，单击“OK”按钮。

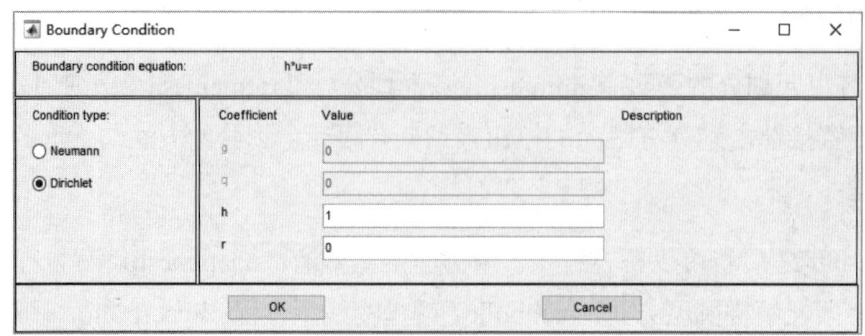

图 11-2　边界条件设置

（3）单击“PDE”按钮，将会弹出如图 11-3 所示的窗口。选中“Elliptic”（椭圆）单选按钮并设置 c=1.0、a=0.0、f=10.0，单击“OK”按钮。

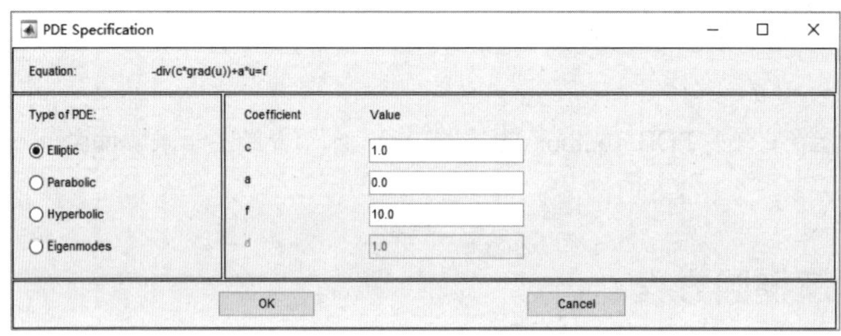

图 11-3　设置偏微分方程类型

（4）划分网格。单击“三角形”按钮，对图形进行网格划分，如图 11-4 所示。继续单击“双三角形”按钮，细化网格，如图 11-5 所示。

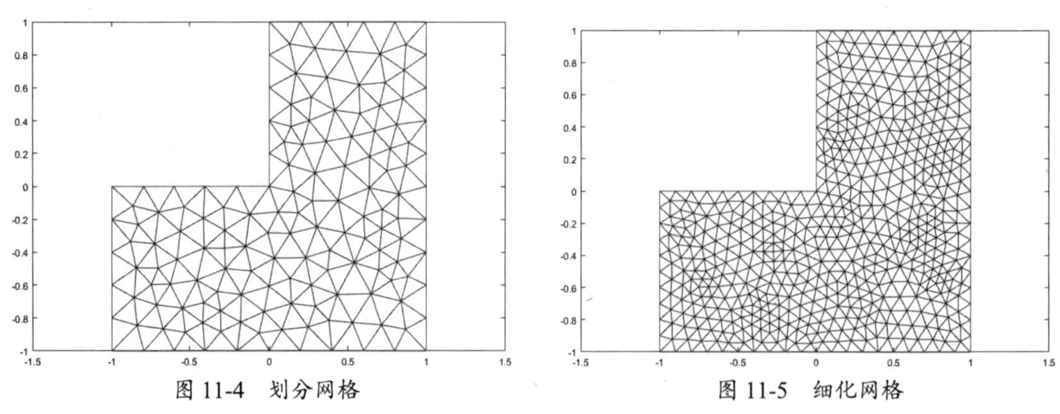

图 11-4　划分网格　　　　图 11-5　细化网格

（5）求解方程。单击“等号”按钮，得到的图形如图 11-6 所示，显示出方程数值解的分布情况。

（6）对比精确解的绝对误差值。选择“Plot”→“Parameters”命令，弹出如图 11-7 所示的窗口，在“Property”下选择“User entry”选项，并在其中输入方程的精确解 u-(1-x.^2-y.^2)/4。单击“Plot”按钮，显示的绝对误差图如图 11-8 所示。

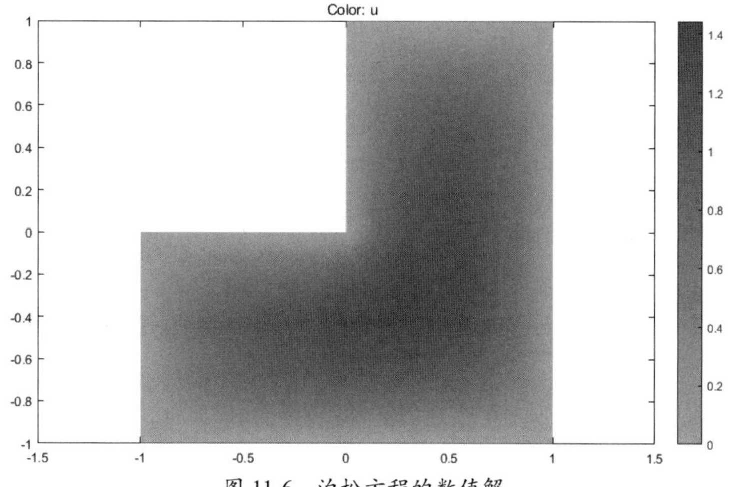

图 11-6　泊松方程的数值解

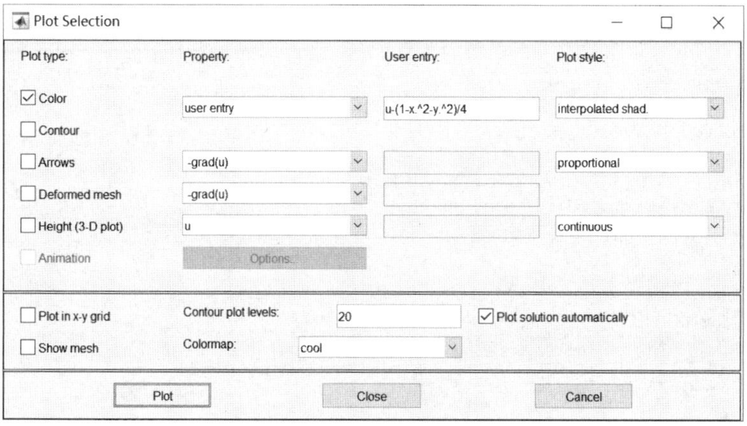

图 11-7　选择框

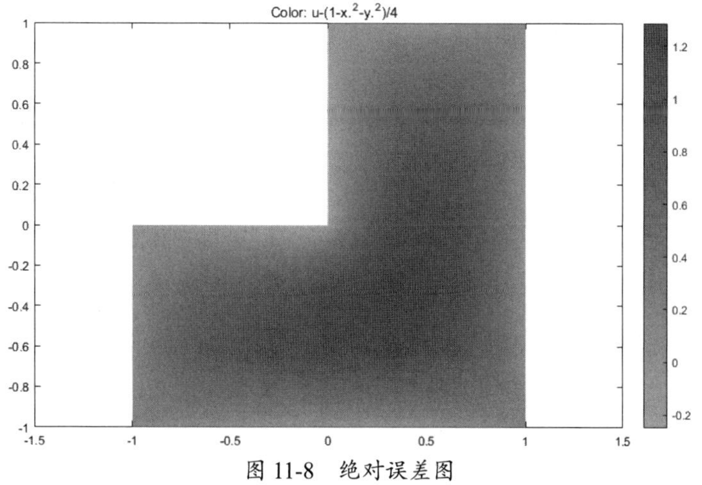

图 11-8　绝对误差图

选择“File”→“Save as”命令，选择一个文件存放路径。最后，将结果保存为 M 文件，即 ell.m。代码如下所示（以后在运行此例时，只需在 MATLAB 命令行窗口中执行即可）：

```
function pdemodel
[pde_fig,ax]=pdeinit;
```

```
    pdetool('appl_cb',1);
    set(ax,'DataAspectRatio',[1 1 1]);
    set(ax,'PlotBoxAspectRatio',[921.59999999999991 614.39999999999998
614.39999999999998]);
    set(ax,'XLimMode','auto');
    set(ax,'YLim',[-1.5 1.5]);
    set(ax,'XTickMode','auto');
    set(ax,'YTickMode','auto');
    pdetool('gridon','on');
    % Geometry description:
    pdeellip(-0.00081433224755711464,-0.0024429967426706778,0.99429967426710109,
1.001628664495114,...
    0,'E1');
    set(findobj(get(pde_fig,'Children'),'Tag','PDEEval'),'String','E1')
    % Boundary conditions:
    pdetool('changemode',0)
    pdesetbd(4,...
    'dir',...
    1,...
    '1',...
    '0')
    pdesetbd(3,...
    'dir',...
    1,...
    '1',...
    '0')
    pdesetbd(2,...
    'dir',...
    1,...
    '1',...
    '0')
    pdesetbd(1,...
    'dir',...
    1,...
    '1',...
    '0')

    % Mesh generation:
    setappdata(pde_fig,'Hgrad',1.3);
    setappdata(pde_fig,'refinemethod','regular');
    setappdata(pde_fig,'jiggle',char('on','mean',''));
    pdetool('initmesh')
    pdetool('refine')

    % PDE coefficients:
    pdeseteq(1,...
    '1.0',...
    '0.0',...
    '1.0',...
    '1.0',...
    '0: 10',...
    '0.0',...
    '0.0',...
```

```
'[0 100]')
setappdata(pde_fig,'currparam',...
['1.0';...
'0.0';...
'1.0';...
'1.0'])

% Solve parameters:
setappdata(pde_fig,'solveparam',...
str2mat('0','1620','10','pdeadworst',...
'0.5','longest','0','1E-4','','fixed','Inf'))

% Plotflags and user data strings:
setappdata(pde_fig,'plotflags',[4 1 1 1 1 1 1 1 0 0 0 1 1 0 0 0 0 1]);
setappdata(pde_fig,'colstring','u-(1-x.^2-y.^2)/4');
setappdata(pde_fig,'arrowstring','');
setappdata(pde_fig,'deformstring','');
setappdata(pde_fig,'heightstring','');

% Solve PDE:
pdetool('solve')
```

11.2.2 求解抛物线方程

下面介绍一类特殊的抛物线方程，即热方程，请读者参考以下示例。

例 11-2：求在一个矩形域 Ω 上的热方程 $d\dfrac{\partial u}{\partial t}-\Delta u=0$。边界条件为：在左边界上，$u=100$；在右边界上，$\dfrac{\partial u}{\partial n}=-10$；在其他边界上，$\dfrac{\partial u}{\partial n}=0$。其中，$\Omega$ 是矩形 R1 与矩形 R2 的差，R1 为 $[-0.5,0.5]\times[-0.8,0.8]$，R2 为 $[-0.05,0.05]\times[-0.4,0.4]$。

具体解方程的步骤如下。

（1）启动 pdetool 界面。在 MATLAB 命令行窗口中输入 pdetool，按 Enter 键弹出 PDE Modeler 界面。如图 11-9 所示，选择“Options”→“Application”→“Generic Scalar”命令，随后选择“Grid”选项，然后选择“Grid Spacing”选项，在弹出的如图 11-10 所示的“Grid Spacing”窗口中修改网格尺度。

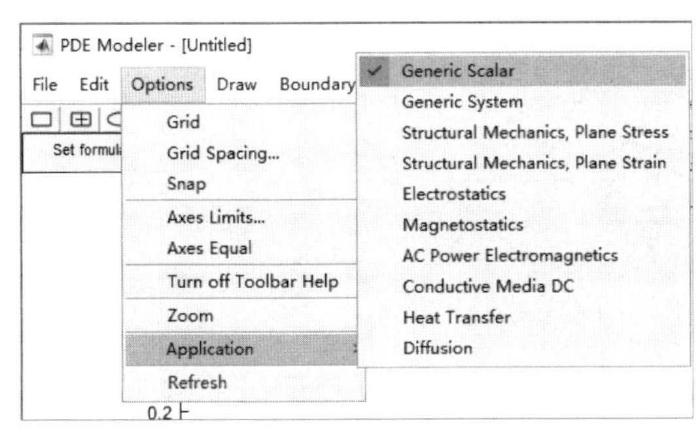

图 11-9 选择“Options”→“Application”→“Generic Scalar”命令

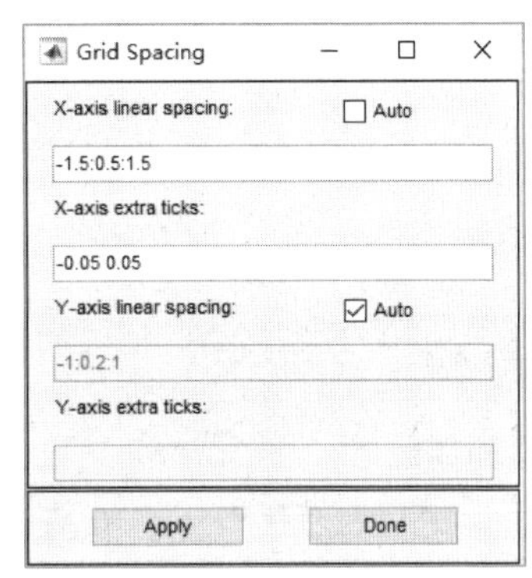

图 11-10 “Grid Spacing”窗口

（2）绘制矩形区域。选择“Draw”→“Rectangle/square”命令，画 R1 和 R2，并分别双击坐标系中的 R1 与 R2 的图标设置其大小，具体内容如图 11-11 和图 11-12 所示。最后在“Set formula”文本框中输入 R1−R2。

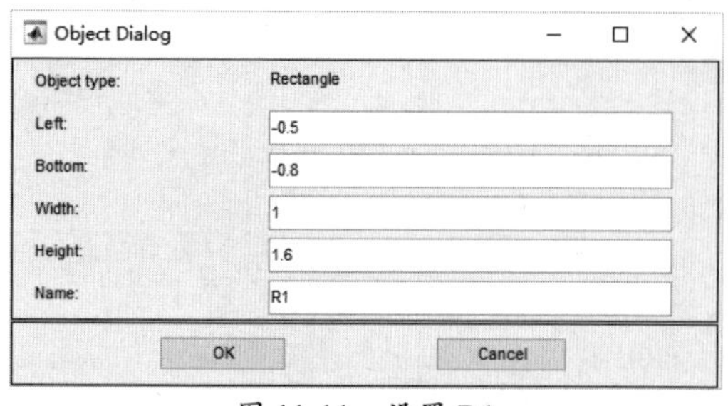

图 11-11　设置 R1

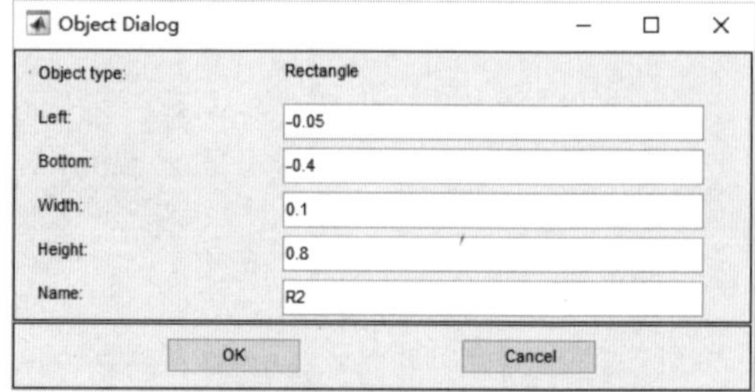

图 11-12　设置 R2

（3）设置边界条件。选择“Edit”→“Select All”命令，并选择“Boundary”→“Specify boundary conditions”命令，选中“Neumann”边界条件单选按钮，设置 $\dfrac{\partial u}{\partial n}=0$。分别单击最左侧边界和最右侧边界，按照要求设置边界条件。

（4）设置方程类型。由于热方程是特殊的抛物线方程，所以选中“Parabolic”单选按钮并设置 c=1.0、a=0.0、f=0、d=1.0，如图 11-13 所示。

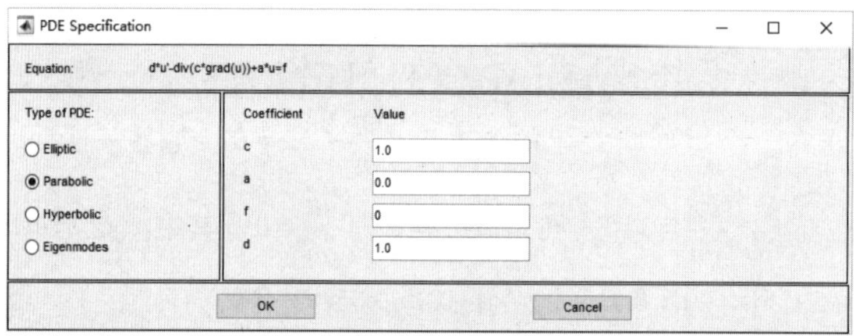

图 11-13　设置方程类型

（5）设置时间。选择“Solve”→“Solve Parameters”命令，设置时间，并将 u(t0)设置成 0.0，其他参数保持不变，如图 11-14 所示。

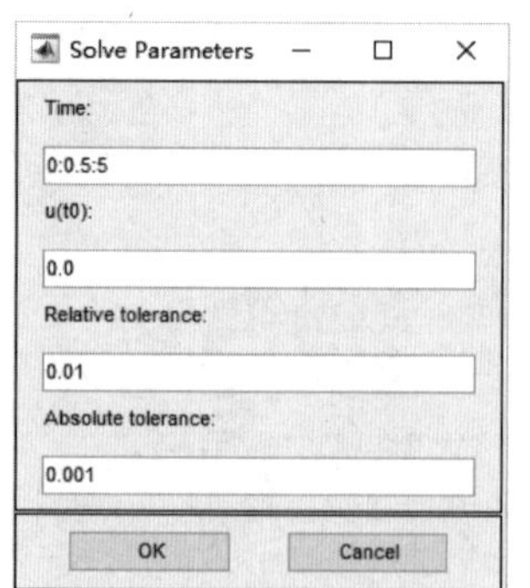

图 11-14　“Solve Parameters”窗口

（6）求解热方程。单击“等号”按钮，弹出如图 11-15 所示的图形，显示了求解方程值的分布情况。

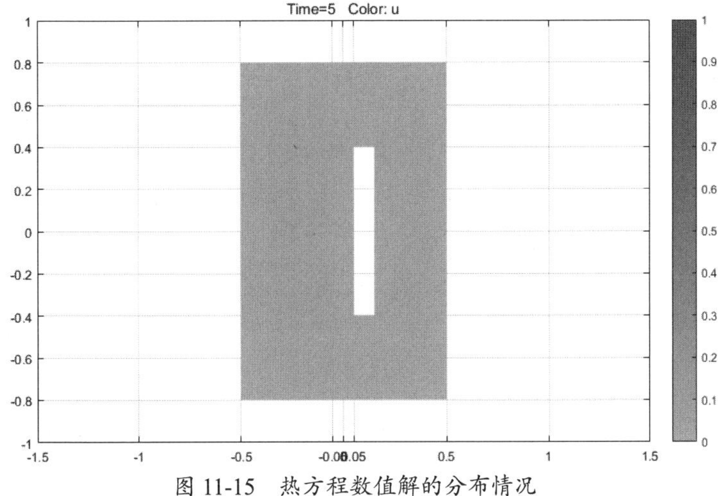

图 11-15　热方程数值解的分布情况

选择“File”→“Save as”命令，选择一个文件存放路径。最后，将结果保存为 M 文件，即 par.m。代码如下所示（以后在运行此例时，只需在 MATLAB 命令行窗口中执行即可）：

```
function pdemodel
[pde_fig,ax]=pdeinit;
pdetool('appl_cb',1);
pdetool('snapon','on');
set(ax,'DataAspectRatio',[1 9.25 1]);
set(ax,'PlotBoxAspectRatio',[1 0.66666666666666663 1]);
set(ax,'XLim',[-1 1]);
set(ax,'YLim',[-1.5 1.5]);
set(ax,'XTick',[ -1.5,...
 -1,...
 -0.5,...
 -0.050000000000000003,...
 0,...
 0.050000000000000003,...
 0.5,...
 1,...
 1.5,...
]);
set(ax,'YTick',[ -1,...
 -0.80000000000000004,...
 -0.59999999999999998,...
 -0.39999999999999991,...
 -0.19999999999999996,...
 0,...
 0.19999999999999996,...
 0.39999999999999991,...
 0.59999999999999998,...
 0.80000000000000004,...
 1,...
]);
setappdata(ax,'extraspacex','-0.05 0.05');
pdetool('gridon','on');
```

```
    % Geometry description:
    pderect([-0.5 0.5 0.80000000000000004 -0.80000000000000004],'R1');
    pderect([-0.050000000000000003 0.050000000000000003 0.40000000000000002 -
0.40000000000000002],'R2');
    set(findobj(get(pde_fig,'Children'),'Tag','PDEEval'),'String','R1-R2')

    % Boundary conditions:
    pdetool('changemode',0)
    pdesetbd(8,...
    'neu',...
    1,...
    '0',...
    '0')
    pdesetbd(7,...
    'neu',...
    1,...
    '0',...
    '0')
    pdesetbd(6,...
    'dir',...
    1,...
    '1',...
    '100')
    pdesetbd(5,...
    'neu',...
    1,...
    '0',...
    '0')
    pdesetbd(4,...
    'neu',...
    1,...
    '0',...
    '0')
    pdesetbd(3,...
    'neu',...
    1,...
    '0',...
    '0')
    pdesetbd(2,...
    'neu',...
    1,...
    '0',...
    '0')
    pdesetbd(1,...
    'neu',...
    1,...
    '0',...
    '-10')

    % Mesh generation:
    setappdata(pde_fig,'Hgrad',1.3);
    setappdata(pde_fig,'refinemethod','regular');
```

```
setappdata(pde_fig,'jiggle',char('on','mean',''));
pdetool('initmesh')
pdetool('refine')

% PDE coefficients:
pdeseteq(2,...
'1.0',...
'0.0',...
'0',...
'1.0',...
'0:0.5:5',...
'0.0',...
'0.0',...
'[0 100]')
setappdata(pde_fig,'currparam',...
['1.0';...
'0.0';...
'0  ';...
'1.0'])

% Solve parameters:
setappdata(pde_fig,'solveparam',...
str2mat('0','1308','10','pdeadworst',...
'0.5','longest','0','1E-4','','fixed','Inf'))

% Plotflags and user data strings:
setappdata(pde_fig,'plotflags',[1 1 1 1 1 1 1 1 0 0 0 11 1 0 0 0 0 1]);
setappdata(pde_fig,'colstring','');
setappdata(pde_fig,'arrowstring','');
setappdata(pde_fig,'deformstring','');
setappdata(pde_fig,'heightstring','');

% Solve PDE:
pdetool('solve')
```

11.2.3　求解双曲线方程

下面介绍一类特殊的双曲线方程，即波动方程，请读者参考以下示例。

例 11-3：求解在矩形域内的波动方程 $\dfrac{\partial^2 u}{\partial t^2}-\Delta u=0$，其中，在左、右边界，$u=0$；在上、下边界，$\dfrac{\partial u}{\partial n}=0$。另外，要求有初始值 $u(t_0)$ 与 $\dfrac{\partial u(t_0)}{\partial t}$，这里从 t=0 开始，此时 $u(0)=\text{atan}(\cos(\dfrac{\pi}{2}x))$，从而 $\dfrac{\partial u(0)}{\partial t}=3\sin(\pi x)\text{e}^{\sin(\frac{\pi}{2}y)}$。

具体解方程的步骤如下。

（1）启动 pdetool 界面。在 MATLAB 命令行窗口中输入 pdetool，按 Enter 键弹出 PDE Modeler 界面。选择“Options”→“Generic Scalar”命令。

（2）画矩形区域。选择“Draw”→“Rectangle/square”命令，画 R1：(−1, −1)，(−1,1)，

(1,−1)，(1,1)。

（3）设置边界条件。分别选中上、下边界，选择“Boundary”→“Boundary Mode”→“Specify Boundary Conditions”命令，选中“Neumann”边界条件单选按钮，按照要求设置边界条件，如图 11-16 所示。分别单击左边界和右边界，按照要求设置边界条件，如图 11-17 所示。

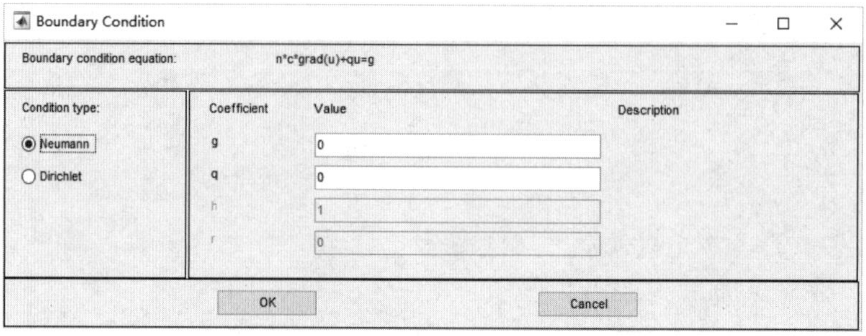

图 11-16　设置 Neumann 条件

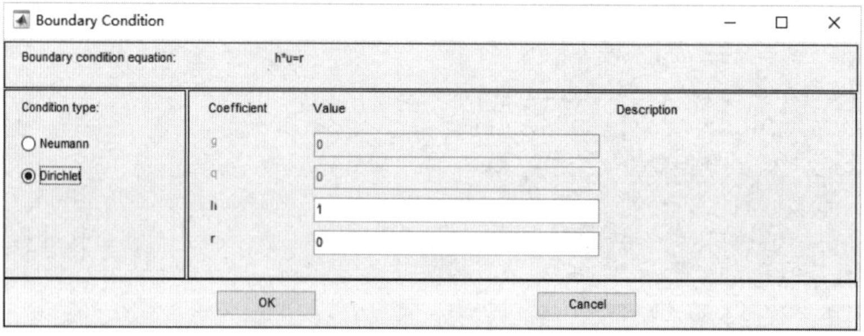

图 11-17　设置 Dirichlet 条件

（4）设置方程类型。由于波动方程是特殊的双曲线方程，所以选中“Hyperbolic”单选按钮并设置 c=1.0、a=0.0、f=0.0、d=1.0，如图 11-18 所示。

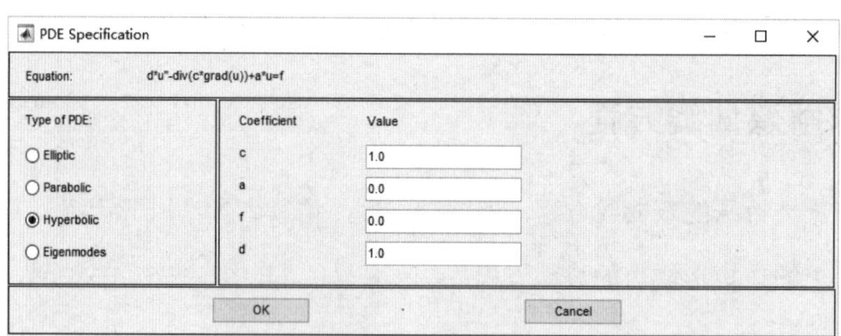

图 11-18　设置方程类型

（5）设置时间参数。选择“Solve”→“Solve Parameters”命令，在“Time”文本框中输入 linspace (0,5,31)，在“u(t0)”文本框中输入 atan(cos(pi/2*x))，在“u'(t0)”文本框中输入 3*sin(pi*x). *exp(sin(pi/2*y))，其他参数保持不变，如图 11-19 所示。

（6）制作动画效果图。选择“Plot”→“Parameters”命令，弹出如图 11-20 所示的窗口。先选中“Animation”复选框，然后单击“Options…”按钮，弹出如图 11-21 所示的窗口。选中“Replay movie”复选框，单击“OK”按钮后，弹出一幅动态图像，如图 11-22 所示。

（7）求解波动方程。在如图 11-20 所示的窗口中取消选中“Animation”复选框，单击“Plot”按钮，弹出如图 11-23 所示的图形显示界面，显示出方程数值解的分布情况。

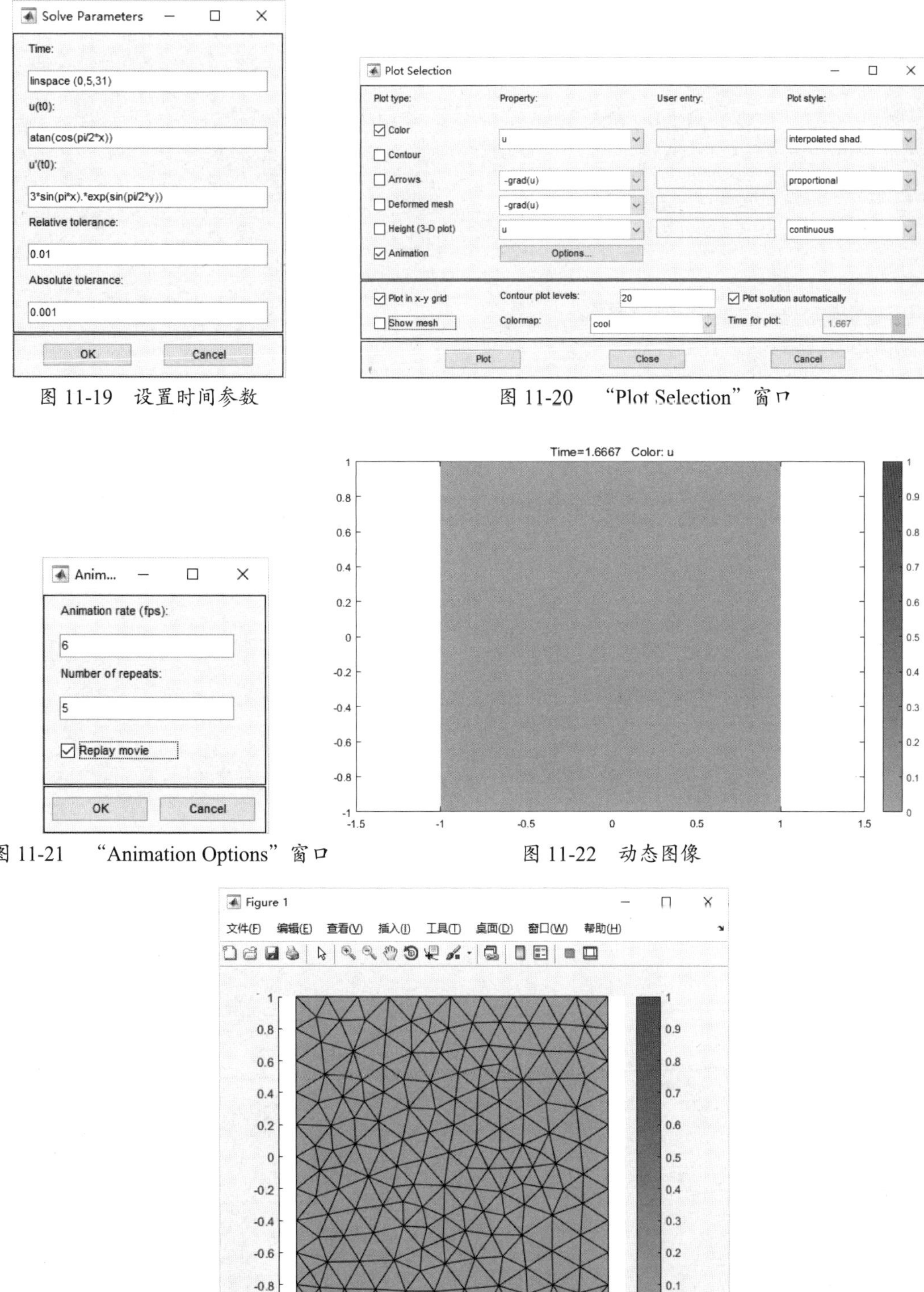

图 11-19　设置时间参数

图 11-20　“Plot Selection”窗口

图 11-21　“Animation Options”窗口

图 11-22　动态图像

图 11-23　波动方程数值解的分布情况

选择“File”→“Save as”命令，选择一个文件存放路径。最后，将结果保存为M文件，即hyp.m。代码如下所示（以后在运行此例时，只需在MATLAB命令行窗口中执行即可）：

```
function pdemodel
[pde_fig,ax]=pdeinit;
pdetool('appl_cb',1);
set(ax,'DataAspectRatio',[1 1.5 1]);
set(ax,'PlotBoxAspectRatio',[1.5 1 1]);
set(ax,'XLim',[-1.5 1.5]);
set(ax,'YLim',[-1.5 1.5]);
set(ax,'XTickMode','auto');
set(ax,'YTick',[ -1.2,...
 -1,...
 -0.79999999999999993,...
 -0.59999999999999987,...
 -0.39999999999999991,...
 -0.19999999999999996,...
 0,...
 0.19999999999999996,...
 0.39999999999999991,...
 0.59999999999999987,...
 0.79999999999999993,...
 1,...
 1.2,...
]);

% Geometry description:
pderect([-1 1 1 -1],'R1');
set(findobj(get(pde_fig,'Children'),'Tag','PDEEval'),'String','R1')

% Boundary conditions:
pdetool('changemode',0)
pdesetbd(4,...
'dir',...
1,...
'1',...
'0')
pdesetbd(3,...
'neu',...
1,...
'0',...
'0')
pdesetbd(2,...
'dir',...
1,...
'1',...
'0')
pdesetbd(1,...
'neu',...
1,...
'0',...
'0')
```

```
% Mesh generation:
setappdata(pde_fig,'Hgrad',1.3);
setappdata(pde_fig,'refinemethod','regular');
setappdata(pde_fig,'jiggle',char('on','mean',''));
pdetool('initmesh')

% PDE coefficients:
pdeseteq(3,...
'1.0',...
'0.0',...
'0.0',...
'1.0',...
'linspace(0,5,31)',...
'atan(cos(pi/2*x))',...
'3*sin(pi*x).*exp(sin(pi/2*y))',...
'[0 100]')
setappdata(pde_fig,'currparam',...
['1.0';...
'0.0';...
'0.0';...
'1.0'])

% Solve parameters:
setappdata(pde_fig,'solveparam',...
str2mat('0','1000','10','pdeadworst',...
'0.5','longest','0','1E-4','','fixed','Inf'))

% Plotflags and user data strings:
setappdata(pde_fig,'plotflags',[1 1 1 1 1 1 1 1 1 0 1 31 1 0 0 0 0 1]);
setappdata(pde_fig,'colstring','');
setappdata(pde_fig,'arrowstring','');
setappdata(pde_fig,'deformstring','');
setappdata(pde_fig,'heightstring','');

% Solve PDE:
pdetool('solve')
```

11.2.4　求解特征值方程

下面介绍特征值方程的求解过程，请读者参考以下示例。

例 11-4：计算特征值小于 100 的特征值方程：

$$-\Delta u = \lambda u$$

其中，求解区域在 L 形上，拐角点分别是(0,0)，(−1,0)，(−1,−1)，(1,−1)，(1,1)和(0,1)，并且边界条件为 u=0。

具体解方程的步骤如下。

（1）启动 pdetool 界面。在 MATLAB 命令行窗口中输入 pdetool，按 Enter 键弹出 PDE Modeler 界面。选择“Options”→“Generic Scalar”命令。

（2）画 L 多边形区域。选择“Draw”→“Rectangle/square”命令，画 R1 与 R2，如图 11-24 所示。

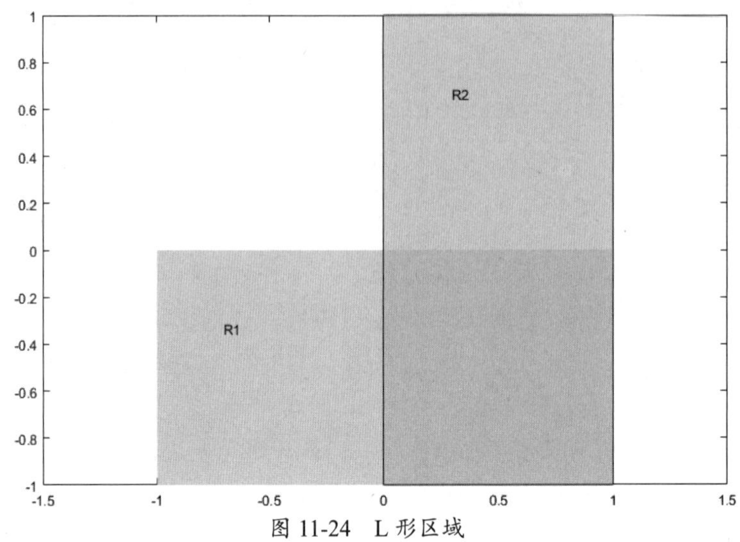

图 11-24 L 形区域

（3）设置边界条件。选择“Boundary”→“Specify Boundary Conditions”命令，选中“Dirichlet”边界条件单选按钮，按照要求设置边界条件，如图 11-25 所示。

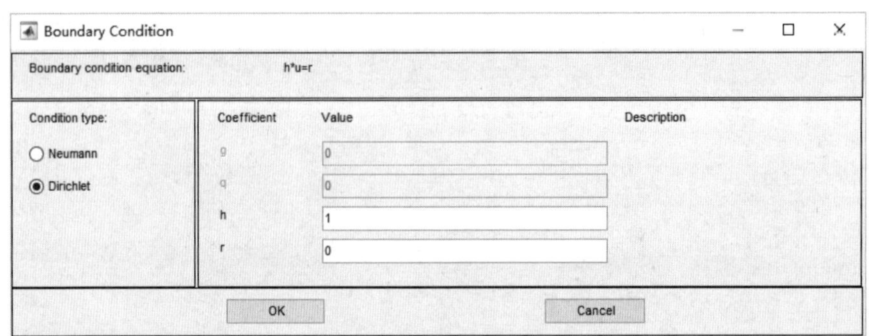

图 11-25 设置边界条件

（4）设置方程类型。在“PDE Specification”窗口中选择“Eigenmodes”单选按钮，并设置 c=1.0、a=0.0、d=1.0，如图 11-26 所示。

（5）设置特征值范围。选择“Solve”→“Parameters”命令，输入[0 100]，如图 11-27 所示。

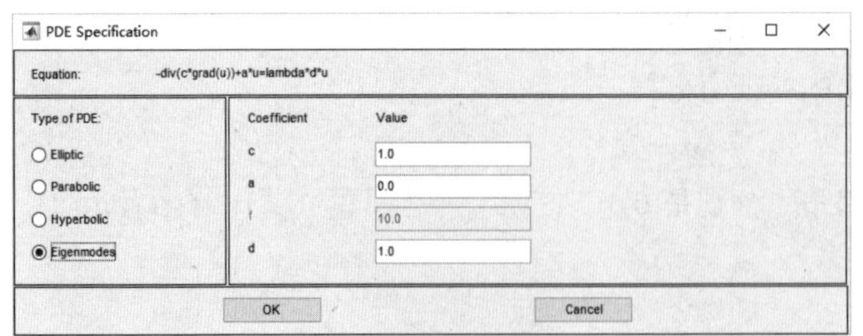

图 11-26 设置方程类型

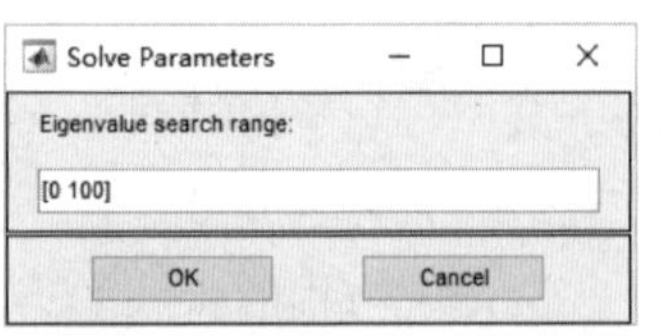

图 11-27 设置特征值范围

（6）求解特征值方程。单击“等号”按钮，会出现如图 11-28 所示的图形界面，显示出方程数值解的分布情况。

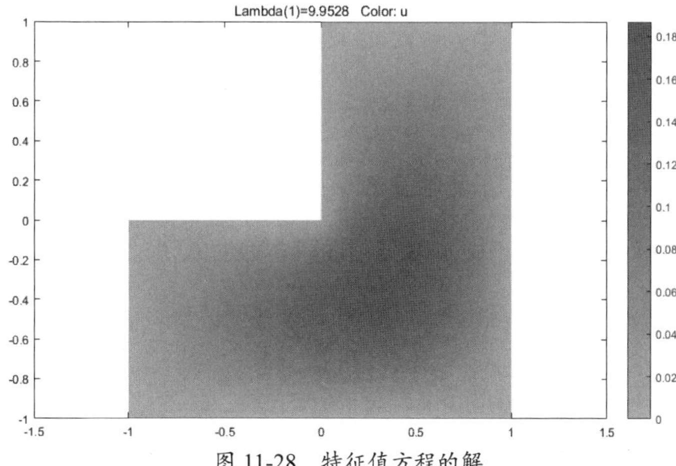

图 11-28　特征值方程的解

选择“File”→“Save as”命令，选择一个文件存放路径。最后，将结果保存为 M 文件，即 Eig.m。代码如下所示（在以后运行此例时，只需在 MATLAB 命令行窗口中执行即可）：

```
function pdemodel
[pde_fig,ax]=pdeinit;
pdetool('appl_cb',1);
set(ax,'DataAspectRatio',[1 1.2 1]);
set(ax,'PlotBoxAspectRatio',[1.5 1 1]);
set(ax,'XLim',[-1.5 1.5]);
set(ax,'YLim',[-1 1.3999999999999999]);
set(ax,'XTickMode','auto');
set(ax,'YTickMode','auto');

% Geometry description:
pderect([-1 1 0 -1],'R1');
pderect([0 1 1 -0],'R2');
set(findobj(get(pde_fig,'Children'),'Tag','PDEEval'),'String','R1+R2')

% Boundary conditions:
pdetool('changemode',0)
pdesetbd(7,...
'dir',...
1,...
'1',...
'0')
pdesetbd(6,...
'dir',...
1,...
'1',...
'0')
pdesetbd(5,...
'dir',...
1,...
'1',...
'0')
```

```
pdesetbd(4,...
'dir',...
1,...
'1',...
'0')
pdesetbd(3,...
'dir',...
1,...
'1',...
'0')
pdesetbd(2,...
'dir',...
1,...
'1',...
'0')
pdesetbd(1,...
'dir',...
1,...
'1',...
'0')

% Mesh generation:
setappdata(pde_fig,'Hgrad',1.3);
setappdata(pde_fig,'refinemethod','regular');
setappdata(pde_fig,'jiggle',char('on','mean',''));
pdetool('initmesh')

% PDE coefficients:
pdeseteq(4,...
'1.0',...
'0.0',...
'10.0',...
'1.0',...
'0: 10',...
'0.0',...
'0.0',...
'[0 100]')
setappdata(pde_fig,'currparam',...
['1.0 ';...
'0.0 ';...
'10.0';...
'1.0 '])

% Solve parameters:
setappdata(pde_fig,'solveparam',...
str2mat('0','1000','10','pdeadworst',...
'0.5','longest','0','1E-4','','fixed','Inf'))

% Plotflags and user data strings:
setappdata(pde_fig,'plotflags',[1 1 1 1 1 1 1 1 0 0 0 1 1 0 0 0 0 1]);
setappdata(pde_fig,'colstring','');
setappdata(pde_fig,'arrowstring','');
setappdata(pde_fig,'deformstring','');
setappdata(pde_fig,'heightstring','');
```

```
% Solve PDE:
pdetool('solve')
```

读者可以依照以上所举示例，根据自己的不同需求修改边界条件、求解区域和方程参数。当然，可视化操作虽然简单方便，但并不灵活。读者也可以根据自己的能力，通过数值计算方法（如有限差分法）来编写自己的代码，通过选择工具箱中的“File”→“Save as”命令将其保存为 M 文件，以便参看。

以上针对 4 类偏微分方程（椭圆、抛物线、双曲线及特征值方程），分别讲解了如何通过 PDE Modeler 来解决具体的问题，感兴趣的读者也可以参看 help 文档来学习和了解如何解偏微分方程组，由于篇幅所限，这里不再赘述了。

11.3　本章小结

本章的主要思想是通过具体、简单的示例来概括偏微分方程的数值结果，从结构安排上，分别介绍了 4 类常见的偏微分方程在交互式界面上的操作方法，并且将这些操作进一步转化为 MATLAB 语言。读者在学习完本章以后，通过不断地对各种类型的偏微分方程的学习与积累，可以顺利地使用 MATLAB 提供的偏微分方程工具箱来解决实际问题。

由于篇幅和作者水平所限，还有一些偏微分方程（组），如非线性方程的解法没有介绍，读者可以参考 help 文档。感兴趣的读者也可以利用一些常见的求解偏微分方程的数值解法，亲自对其进行算法描述、编写代码，并在 MATLAB 上运行。

第 3 部分

第 12 章 优化工具

知识要点

最优化方法就是专门研究如何从多个方案中科学合理地提取出最佳方案的方法。利用 MATLAB 的优化工具箱，可以求解线性规划、非线性规划和多目标规划问题。另外，该工具箱还提供了线性、非线性最小化，方程求解，曲线拟合，二次规划等问题中大型课题的求解方法，为最优化方法在工程中的实际应用提供了更方便、快捷的途径。

学习要求

知识点	学习目标			
	了解	理解	应用	实践
优化工具箱中的常用函数	√			
求解最优化问题			√	√
求解线性规划问题			√	√
求解无约束非线性规划问题		√		√
求解二次规划问题			√	√
求解有约束最小化问题			√	√
求解目标规划问题			√	√
求解最大最小化问题			√	√

12.1 优化常用函数及最优化问题

生活中人们对于同一个问题往往会提出多个解决方案，并通过各方面的论证从中提取最佳方案。最优化方法就是专门研究如何从多个方案中科学合理地提取出最佳方案的方法。

由于最优化问题无所不在，所以目前最优化方法的应用和研究已经深入生产和科研的各个领域，如土木工程、机械工程、化学工程、运输调度、生产控制、经济规划、经济管理等，并取得了显著的经济效益和社会效益。

用最优化方法解决最优化问题的技术称为最优化技术，包含以下两方面的内容。

（1）建立数学模型：用数学语言描述最优化问题。模型中的数学关系式反映了最优化问题所要达到的目标和各种约束条件。

（2）数学求解：数学模型建好以后，选择合理的最优化方法进行求解。

下面介绍优化工具箱中的常用函数。

12.1.1 优化常用函数

首先介绍优化工具箱中的几个常用函数。利用 optimset 函数，可以创建和编辑参数结构；利用 optimget 函数，可以获得 options 优化参数。

1. optimset 函数

optimset 函数用于创建或编辑参数结构，其调用格式如下。

- options=optimset('param1',value1,'param2',value2,...) 的作用是创建一个名为 options 的优化选项参数，其中指定的参数具有指定值。所有未指定的参数都设置为空矩阵（将参数设置为空矩阵表示当 options 传递给优化函数时，给参数赋默认值）。赋值时只要输入参数前面的字母就可以了。
- optimset 函数在没有输入/输出变量时，将显示一张完整的带有有效值的参数列表。
- options = optimset 的作用是创建一个选项结构 options，其中所有的元素都被设置为空矩阵。
- options=optimset(optimfun) 的作用是创建一个含有所有参数名和与优化函数 optimfun 相关的带有默认值的选项结构 options。
- options=optimset(oldopts,'param1',value1,...) 的作用是创建一个 oldopts 的备份，用指定的数值修改参数。
- options=optimset(oldopts,newopts) 的作用是将已经存在的选项结构 oldopts 与新的选项结构 newopts 合并。newopts 参数中的所有元素将覆盖 oldopts 参数中的所有对应元素。

2. optimget 函数

optimget 函数用于获取优化选项参数值，其调用格式如下。

- val = optimget(options,'param')：返回指定的参数 param 的值。

- val = optimget(options,'param',default)：返回指定的参数 param 的值，如果该值没有定义，则返回默认值。

举例如下。

(1) 下面的语句用于创建一个名为 options 的优化结构，其中显示参数设置为 iter，TolFun 参数设置为 1e-8：

```
  options = optimset('Display','iter','TolFun',1e-8)
```

结果显示：

```
options =
  包含以下字段的 struct:
                Display:  'iter'
            MaxFunEvals:  []
                MaxIter:  []
                 TolFun:  1.0000e-008
                   TolX:  []
            FunValCheck:  []
                      ⋮         ⋮
              TolRLPFun:  []
            TolXInteger:  []
               TypicalX:  []
            UseParallel:  []
```

(2) 下面的语句用于创建一个名为 options 的优化结构的备份，用于改变 TolX 参数的值，将新值保存到 optnew 参数中：

```
optnew = optimset(options,'TolX',1e-4)
```

(3) 下面的语句用于返回 options 优化结构，其中包含所有的参数名和与 fminbnd 函数相关的默认值：

```
options = optimset('fminbnd');
```

(4) 若只希望看到 fminbnd 函数的默认值，则只需简单地输入下面的语句即可：

```
optimset fminbnd 或 optimset('fminbnd')
```

(5) 可以使用下面的命令获取 TolX 参数的值：

```
Tol=optimget(options, 'TolX')
```

得到的结果为：

```
Tol=1.0000e-04
```

下面列出有关最优化的 MATLAB 函数，包括最小化函数和方程求解函数，详细描述如表 12-1 和表 12-2 所示。

表 12-1 最小化函数

函　数	描　述	函　数	描　述
fgoalattain	多目标达到问题	fminsearch, fminunc	无约束非线性最小化
fminbnd	有边界的标量非线性最小化	fseminf	半无限问题
fmincon	有约束的非线性最小化	linprog	线性课题
fminimax	最大最小化	quadprog	二次课题

表 12-2　方程求解函数

函　　数	描　　述
solve	线性方程求解
fsolve	非线性方程求解
fzero	标量非线性方程求解

在使用优化工具箱时，由于优化函数要求目标函数和约束条件满足一定的格式，所以需要在进行模型输入时注意以下两个问题。

（1）目标函数最小化。优化函数 fminbnd、fminsearch、fminunc、fmincon、fgoalattain、fminmax 和 lsqnonlin 都要求目标函数最小化，如果优化问题要求目标函数最大化，则可以通过使该目标函数的负值最小化，即$-f(x)$最小化来实现。同理，对 quadprog 函数提供$-H(x)$和$-f$，对 linprog 函数提供$-f$。

（2）约束非正。优化工具箱要求非线性不等式约束的形式为 $C_i(x)\leqslant 0$，通过对不等式取负可以达到使大于零的不等式约束形式变为小于零的不等式约束形式的目的。例如，$C_i(x)\geqslant 0$ 形式的约束等价于$-C_i(x)\leqslant 0$，$C_i(x)\geqslant b$ 形式的约束等价于$-C_i(x)+b\leqslant 0$。

12.1.2　最优化问题

求解单变量最优化问题的方法有很多种，根据目标函数是否需要求导可以分为两类，即直接法和间接法。直接法不需要对目标函数求导，而间接法则需要用到目标函数的导数。

1．直接法

常用的一维直接法主要有消去法和多项式近似法两种。

（1）消去法。消去法利用单峰函数具有的消去性质进行反复迭代，逐渐消去不包含极小点的区间，缩小搜索区间，直到搜索区间缩小到给定的允许精度。一种典型的消去法为黄金分割法（Golden Section Search）。黄金分割法的基本思想是先在单峰区间内适当插入两点，将区间分为 3 段，然后通过比较这两点函数值的大小来确定是删去最左段还是最右段，或者同时删去左、右两段，保留中间段。重复该过程使搜索区间无限缩小。由于插入点的位置在区间的黄金分割点及其对称点上，因此称为黄金分割法。该方法的优点是算法简单、效率较高、稳定性好。

（2）多项式近似法。多项式近似法用于目标函数比较复杂的情况。此时，寻找一个与目标函数近似的函数来代替它，并用近似函数的极小点作为原函数极小点的近似。常用的近似函数为二次和三次多项式。

2．间接法

间接法需要计算目标函数的导数，优点是计算速度很快。常见的间接法包括牛顿切线法、对分法、割线法和三次插值法等。优化工具箱中用得较多的是三次插值法。

对于只需计算函数值的方法，二次插值法是一个很好的方法。该方法的收敛速度较快，尤其在极小点所在区间较小时更是如此。

黄金分割法是一种十分稳定的方法，并且计算简单。由于以上原因，MATLAB 优化工具箱中用得较多的方法是二次插值法，三次插值法，二次、三次混合插值法和黄金分割法。

下面介绍有关函数。

fminbnd 函数的功能为找到固定区间内单变量函数的最小值，其调用格式如下。

- x = fminbnd(fun,x1,x2)：返回区间(x1,x2)上 fun 参数描述的标量函数的最小值 x。
- x = fminbnd(fun,x1,x2,options)：用 options 参数指定的优化参数进行最小化。
- x = fminbnd(fun,x1,x2,options,P1,P2,...)：提供另外的参数 P1、P2 等，并传输给目标函数 fun。如果没有设置 options 选项，则令 options=[]。
- [x,fval] = fminbnd(...)：返回解 x 处目标函数的值。
- [x,fval,exitflag] = fminbnd(...)：返回 exitflag 值，描述 fminbnd 函数的退出条件。
- [x,fval,exitflag,output] = fminbnd(...)：返回包含优化信息的结构输出。

与 fminbnd 函数相关的细节内容包含在 fun、options、exitflag 和 output 等参数中，如表 12-3 所示。

表 12-3　参数描述表

参　数	描　述

fun	需要最小化的目标函数。fun 函数需要输入标量参数 x，返回 x 处的目标函数标量值 f。可以将 fun 函数指定为命令行，如：
	`x = fminbnd(inline('sin(x*x)'),x0)`
	同样，fun 参数可以是一个包含函数名的字符串。对应的函数可以是 M 文件、内部函数或 MEX 文件。若 fun='myfun'，则 M 文件函数 myfun 必须是下面的形式：
	`function f = myfun(x)`
	`f = ...`

options	优化参数选项。可以用 optimset 函数设置或改变这些参数的值。options 参数介绍如下。 • Display：显示的内容。选择 off，不显示输出；选择 iter，显示每一步迭代过程的输出；选择 final，显示最终结果； • MaxFunEvals：函数评价的最大允许次数； • MaxIter：最大允许迭代次数； • TolX：x 处的终止容限
exitflag	描述退出条件如下。 • >0：表示目标函数收敛于解 x 处； • =0：表示已经达到函数评价或迭代的最大次数； • <0：表示目标函数不收敛
output	该参数包含的优化信息如下。 • output.iterations：迭代次数； • output.algorithm：所采用的算法； • output.funcCount：函数评价次数

下面列举几个求最小化问题的示例。

例 12-1：在区间(0,2π)上求函数 cos*x* 的最小值。

```
>> x = fminbnd(@cos,0,2*pi)
x =
    3.1416
```

```
>> y = cos(x)
y =
    -1
```

因此，在区间(0,2π)上，函数 cos*x* 的最小值点位于 3.1416 处，最小值处的函数值为-1。

例 12-2：对边长为 3m 的正方形铁板，在 4 个角处剪去相等的正方形以制成方形无盖水槽，问如何剪使水槽的容积最大？

现在要求在区间(0,1.5)上确定一个 *x*，使容积最大化：

$$\max f(x) = (2-2x)^2 x$$

因为优化工具箱中要求目标函数最小化，所以需要对目标函数进行转换，即要求最小化。首先编写 M 文件 optfuna.m：

```
function f = optfuna(x)
f = -(3-2*x).^2 * x;
end
```

然后调用 fminbnd 函数：

```
x = fminbnd(@optfuna,0,1.5)
```

得到问题的解：

```
x =
   0.5000
```

即当剪去的正方形的边长为 0.5m 时水槽的容积最大。

12.2　线性规划

线性规划是处理线性目标函数和线性约束的一种较为成熟的方法，目前已经广泛应用于军事、经济、工业、农业、教育、商业和社会科学等许多方面。

线性规划的标准形式要求目标函数最小化，约束条件取等式，变量非负。不符合条件的线性模型要首先转化成标准形式。

线性规划的求解方法主要是单纯形法（Simple Method），由 Dantzig 于 1947 年提出，后经多次改进。单纯形法是一种迭代算法，从所有基本可行解的一较小部分中，通过迭代过程选出最优解。单纯形法的迭代过程的一般描述如下。

（1）将线性规划问题化为标准形式，从而可以得到一个初始基本可行解 $x^{(0)}$（初始顶点），将它作为迭代过程的出发点，其目标值为 $z(x^{(0)})$。

（2）寻找一个基本可行解 $x^{(1)}$，使 $z(x^{(1)})\leqslant z(x^{(0)})$。具体方法是通过消去法将产生 $x^{(0)}$的标准形式化为产生 $x^{(1)}$的标准形式。

（3）继续寻找较好的基本可行解 $x^{(2)},x^{(3)},\cdots$，使目标函数值不断改进，即 $z(x^{(1)})\geqslant z(x^{(2)})\geqslant z(x^{(3)})\geqslant\cdots$。当某个基本可行解再也不能被其他基本可行解改进时，它就是所求的最优解。

MATLAB 优化工具箱中采用的是投影法，是单纯形法的一种变种。

12.2.1 线性规划函数

在 MATLAB 中，用于线性规划问题的求解函数为 linprog，在调用该函数时，需要遵循 MATLAB 中对线性规划标准型的要求，即遵循：

$$\begin{aligned} &\min f(\boldsymbol{x})=\boldsymbol{cx} \\ &\text{s.t. } \boldsymbol{Ax}\leqslant \boldsymbol{b} \\ &\qquad \boldsymbol{A}_{\text{eq}}\boldsymbol{x}\leqslant \boldsymbol{b}_{\text{eq}} \\ &\qquad \mathbf{lb}\leqslant \boldsymbol{x}\leqslant \mathbf{ub} \end{aligned}$$

上述模型为在满足约束条件下求目标函数 $f(\boldsymbol{x})$ 的极小值。当设计变量 $\boldsymbol{x}$ 为 n 维列向量，且模型不等式约束有 m_1 个，等式约束有 m_2 个时，$\boldsymbol{c}$ 为 n 维行向量，**lb**、**ub** 均为 n 维列向量，$\boldsymbol{b}$ 为 m_1 维列向量，$\boldsymbol{b}_{\text{eq}}$ 为 m_2 维列向量，$\boldsymbol{A}$ 为 $m_1\times n$ 维矩阵，$\boldsymbol{A}_{\text{eq}}$ 为 $m_2\times n$ 维矩阵。

（1）linprog 函数的调用格式如下。

- x = linprog(f,A,b)：求解问题 min f'x，约束条件为 A*x≤b。
- x = linprog(f,A,b,Aeq,beq)：求解上面的问题，但增加等式约束，即 Aeq*x = beq。若没有不等式存在，则令 A=[]、b=[]。
- x = linprog(f,A,b,Aeq,beq,lb,ub)：定义设计变量 x 的下界 lb 和上界 ub，使得 x 始终在该范围内。若没有等式约束，则令 Aeq=[]、beq=[]。
- x = linprog(f,A,b,Aeq,beq,lb,ub,x0)：设置初值为 x0。该选项只适用于中型问题，默认大型算法将忽略初值。
- x = linprog(f,A,b,Aeq,beq,lb,ub,x0,options)：用 options 指定的优化参数进行最小化。
- [x,fval] = linprog(...)：返回解 x 处的目标函数值 fval。
- [x,lambda,exitflag] = linprog(...)：返回 exitflag 值，描述函数计算的退出条件。
- [x,lambda,exitflag,output] = linprog(...)：返回包含优化信息的输出变量 output。
- [x,fval,exitflag,output,lambda] = linprog(...)：将解 x 处的拉格朗日乘子返回 lambda 参数。

（2）变量：lambda 参数介绍。

lambda 参数是解 x 处的拉格朗日乘子，其属性如下。

- lambda.lower：lambda 的下界。
- lambda.upper：lambda 的上界。
- lambda.ineqlin：lambda 的线性不等式。
- lambda.eqlin：lambda 的线性等式。

（3）算法。

- 大型优化算法：采用 LIPSOL 法，在进行迭代计算之前，首先要进行一系列的预处理。
- 中型优化算法：linprog 函数使用的是投影法，就像 quadprog 函数的算法一样。linprog 函数使用的是一种活动集方法，是线性规划中单纯形法的变种，通过求解另一个线性规划问题找到初始可行解。

（4）诊断。

大型优化算法的第一步涉及一些约束条件的预处理问题，有些问题可能导致 linprog 函数退出，并显示不可行的信息。

若 Aeq 参数中某行的所有元素都为零，但 beq 参数中对应的元素不为零，则给出如下退出信息：

```
    Exiting due to infeasibility:  an all zero row in the constraint matrix does
not have a zero in corresponding right hand size entry.
```

若 x 的某一个元素没在界内，则给出以下退出信息：

```
    Exiting due to infeasibility:objective f'*x is unbounded below.
```

若 Aeq 参数的某一行中只有一个非零值，则 x 中的相关值称为奇异变量。这里，x 中该成分的值可以用 Aeq 和 beq 算得。若算得的值与另一个约束条件相矛盾，则给出如下退出信息：

```
    Exiting due to infeasibility:Singleton variables in equality constraints are
not feasible.
```

若奇异变量可以求解，但其解超出上界或下界，则给出如下退出信息：

```
    Exiting due to infeasibility:singleton variables in the equality constraints
are not within bounds.
```

12.2.2　线性规划问题的应用

1．生产决策问题

例 12-3：某厂生产甲、乙两种产品，已知制成每吨（1t=1000kg）产品甲需要用资源 A 3t，资源 B 4m³；制成每吨产品乙需要用资源 A 2t，资源 B 6m³，资源 C 7 个单位。若每吨产品甲和产品乙的经济价值分别为 7 万元和 5 万元，3 种资源的限制量分别为 80t、220m³ 和 230 个单位，试分析应生产这两种产品各多少吨能使总经济价值最高？

这里可以令生产产品甲的数量为 x_1，生产产品乙的数量为 x_2。根据题意，可得

$$
\begin{aligned}
\max\ & f(x) = 7x_1+5x_2 \\
\text{s.t.}\ & 3x_1+2x_2 \leqslant 80 \\
& 4x_1 + 6x_2 \leqslant 220 \\
& 7x_2 \leqslant 230 \\
& x_1, x_2 \geqslant 0
\end{aligned}
$$

代码设置如下：

```
clear
f = [-7;-5];
A =[3 2
   4 6
   0 7];
b  = [80; 220; 230];
lb = zeros(2,1);
```

调用 linprog 函数：

```
[x,fval,exitflag,output,lambda] = linprog(f,A,b,[],[],lb)
```

最优化结果如下：

```
Optimal solution found.
```

```
x =
    4.7619
   32.8571
fval =
 -197.6190
exitflag =
     1
output =
  包含以下字段的 struct:
         iterations: 2
    constrviolation: 1.4211e-14
            message: 'Optimal solution found.'
          algorithm: 'dual-simplex'
      firstorderopt: 3.3159e-14
lambda =
  包含以下字段的 struct:
      lower: [2×1 double]
      upper: [2×1 double]
      eqlin: []
    ineqlin: [3×1 double]
```

由上可知，生产产品甲 4.7619t、产品乙 32.8571t 可使总经济价值最高，最高经济价值为 197.619 万元。exitflag=1 表示过程正常收敛于解 x 处。

2. 工作人员计划安排问题

例 12-4：某昼夜服务的公共交通系统每天各时间段（每 4 小时为一个时间段）所需的值班人数如表 12-4 所示，这些值班人员在某一时间段开始上班后，要连续工作 8 小时（包括轮流用餐时间），问该公共交通系统至少需要多少名工作人员才能满足值班的需要？

表 12-4　各时间段所需的值班人数

班　次	时　间　段	所需人数/人
1	6:00—10:00	50
2	10:00—14:00	30
3	14:00—18:00	70
4	18:00—22:00	60
5	22:00—2:00	40
6	2:00—6:00	20

这里可以设 x_i 为第 i 班次开始上班的值班人数。根据题意，可得

$$\begin{aligned}
&\min\ f(x)=x_1+x_2+x_3+x_4+x_5+x_6\\
&\text{s.t.}\ \ x_6+x_1\geqslant 50\\
&\qquad x_1+x_2\geqslant 30\\
&\qquad x_2+x_3\geqslant 70\\
&\qquad x_3+x_4\geqslant 60\\
&\qquad x_4+x_5\geqslant 40\\
&\qquad x_5+x_6\geqslant 20\\
&\qquad x_i\geqslant 0,\ \ i=1,2,\cdots,6
\end{aligned}$$

代码设置如下：

```
clear
f = [1;1;1;1;1;1];
A=[-1 0 0 0 0 -1
   -1 -1 0 0 0 0
   0 -1 -1 0 0 0
   0 0 -1 -1 0 0
   0 0 0 -1 -1 0
   0 0 0 0 -1 -1];
b=[-50;-30;-70;-60;-40;-20];
lb = zeros(6,1);
```

调用 linprog 函数：

```
[x,fval,exitflag,output,lambda] = linprog(f,A,b,[],[],lb)
```

最优化结果如下：

```
Optimal solution found.
x =
    20
    10
    60
     0
    40
    30
fval =
   160
exitflag =
     1
output =
  包含以下字段的 struct:
         iterations: 5
    constrviolation: 0
            message: 'Optimal solution found.'
          algorithm: 'dual-simplex'
      firstorderopt: 0
lambda =
  包含以下字段的 struct:
      lower: [6×1 double]
      upper: [6×1 double]
      eqlin: []
    ineqlin: [6×1 double]
```

可见，只要 6 个班次分别安排 20 人、10 人、60 人、0 人、40 人和 30 人就可以满足值班的需要，共计 160 人。并且计算结果 exitflag =1，因此是收敛的。

3．投资问题

例 12-5：某单位有一批资金用于 4 个工程项目的投资，用于各工程项目时所得的净收益（投入资金的百分比）如表 12-5 所示。

表 12-5　用于各工程项目时所得的净收益

工程项目	A	B	C	D
净收益/%	18	10	9	12

由于某种原因，决定用于项目 A 的投资不大于用于其他各项目的投资之和；而用于项目 B 和 C 的投资要不小于用于项目 D 的投资。试确定使该单位收益最大的投资分配方案。

这里可以用 x_1、x_2、x_3 和 x_4 分别代表用于项目 A、B、C 和 D 的投入资金的百分比，由于各项目的投入资金的百分比之和必须等于 100%，所以有

$$x_1+x_2+x_3+x_4=1$$

根据题意，可得

$$\begin{aligned}&\max\ f(x)=0.18x_1+0.1x_2+0.09x_3+0.12x_4\\&\text{s.t.}\ \ x_1+x_2+x_3+x_4=1\\&\qquad x_1-(x_2+x_3+x_4)\leqslant 0\\&\qquad x_4-(x_2+x_3)\leqslant 0\\&\qquad x_i\geqslant 0,\ i=1,2,3,4\end{aligned}$$

代码设置如下：

```
clear
f = [-0.18;-0.1;-0.09;-0.12];
A =  [1 -1 -1 -1
      0 -1 -1 1];
b = [0; 0];
Aeq=[1 1 1 1];
beq=[1];
lb = zeros(4,1);
```

调用 linprog 函数：

```
[x,fval,exitflag,output,lambda] = linprog(f,A,b,Aeq,beq,lb)
```

结果如下：

```
Optimal solution found.
    0.5000
    0.2500
         0
    0.2500
fval =
   -0.1450
exitflag =
     1
output =
  包含以下字段的 struct:
         iterations: 3
    constrviolation: 0
            message: 'Optimal solution found.'
          algorithm: 'dual-simplex'
      firstorderopt: 5.5511e-17
lambda =
```

```
  包含以下字段的 struct:
      lower: [4×1 double]
      upper: [4×1 double]
      eqlin: 0.1450
    ineqlin: [2×1 double]
```

上面的结果说明，当项目A、B、C、D的投入资金的百分比分别为50%、25%、0%、25%时，该单位收益最大。

4．工件加工任务分配问题

例12-6：某车间有两台机床甲和乙，可用于加工3种工件。假定这两台机床的可用台时数分别为600台时和900台时，3种工件的数量分别为400个、600个和500个，且已知用两台机床加工单位数量的不同工件所需的台时数和加工费用（见表12-6），问怎样分配机床的加工任务既能满足加工工件的要求，又能使总加工费用最低？

表12-6　机床加工情况

机床类型	单位工件所需加工台时数/台时			单位工件的加工费用/元			可用台时数/台时
	工件1	工件2	工件3	工件1	工件2	工件3	
甲	0.6	1.2	1.1	13	9	10	600
乙	0.4	1.2	1	11	12	8	900

这里可以设在甲机床上加工工件1、2和3的数量分别为x_1、x_2和x_3，在乙机床上加工工件1、2和3的数量分别为x_4、x_5和x_6。根据3种工件的数量限制，有

$$x_1+x_4=400 \quad （对工件1）$$
$$x_2+x_5=600 \quad （对工件2）$$
$$x_3+x_6=500 \quad （对工件3）$$

根据题意，可得

$$\begin{aligned}&\min\ f(x)=13x_1+9x_2+10x_3+11x_4+12x_5+8x_6\\&\text{s.t.}\ \ 0.6x_1+1.2x_2+1.1x_3\leqslant 600\\&\qquad 0.4x_4+1.2x_5+1.0x_6\leqslant 900\\&\qquad x_1+x_4=400\\&\qquad x_2+x_5=600\\&\qquad x_3+x_6=500\\&\qquad x_i\geqslant 0,\ i=1,2,\cdots,6\end{aligned}$$

代码设置如下：

```
clear
f = [13;9;10;11;12;8];
A =  [0.6 1.2 1.1 0 0 0
      0 0 0 0.4 1.2 1.0];
b = [600; 900];
Aeq=[1 0 0 1 0 0
     0 1 0 0 1 0
     0 0 1 0 0 1];
```

```
beq=[400 600 500];
lb = zeros(6,1);
```

调用 linprog 函数：

```
[x,fval,exitflag,output,lambda] = linprog(f,A,b,Aeq,beq,lb)
```

结果如下：

```
x =
       0
  500.0000
       0
  400.0000
  100.0000
  500.0000
fval =
      14100
exitflag =
    1
output =
  包含以下字段的 struct:
        iterations: 4
    constrviolation: 5.6843e-14
           message: 'Optimal solution found.'
         algorithm: 'dual-simplex'
      firstorderopt: 2.8422e-13
lambda =
  包含以下字段的 struct:
      lower: [6×1 double]
      upper: [6×1 double]
      eqlin: [3×1 double]
    ineqlin: [2×1 double]
```

可见，在机床甲上加工 500 个工件 2，在机床乙上加工 400 个工件 1、100 个工件 2、500 个工件 3，可在满足条件的情况下使总加工费用最低。最低费用为 14100 元，收敛正常。

5. 厂址选择问题

例 12-7：A、B、C 三地都生产一定数量的产品，也消耗一定数量的原料（见表 12-7）。已知制成每吨（1t=1000kg）产品需要 3 吨原料，各地之间的距离为：A 到 B 为 150km，A 到 C 为 100km，B 到 C 为 200km。假定每万吨原料运输 1km 的运价是 5000 元，每万吨产品运输 1km 的运价是 6000 元。由于地区条件的差异，在不同地点建厂的生产费用也不同。问究竟在哪些地方建厂，规模多大，能使总费用最低？另外，由于其他条件限制，在 B 地建厂的规模（生产的产品数量）不能超过 6 万吨。

表 12-7　A、B、C 三地出产产品、消耗原料情况

地　　点	每年消耗原料/万吨	每年生产产品/万吨	生产费用/（万元/万吨）
A	21	6	150
B	17	12	120
C	22	0	100

这里可令 x_{ij} 为由 i 地运到 j 地的原料数量（万吨），y_{ij} 为由 i 地运往 j 地的产品数量（万

吨），i,j=1,2,3（分别对应 A、B、C 3 地），单位统一为万元。

原料运输费用：$0.5\times(150x_{12}+150x_{21}+100x_{13}+100x_{31}+200x_{23}+200x_{32})$。

产品运输费用：$0.6\times(150y_{12}+150y_{21}+100y_{31}+200y_{32})$。

产品生产费用：$150(y_{11}+y_{12})+120(y_{22}+y_{21})+100\left(y_{31}+y_{32}\right)$。

根据题意，可得

$$\min\ f(x)=75x_{12}+75x_{21}+50x_{13}+50x_{31}+100x_{23}+100x_{32}+\\150y_{11}+240y_{12}+210y_{21}+120y_{22}+160y_{31}+220y_{32}$$

$$\text{s.t. } x_{12}+x_{13}+3y_{11}+3y_{12}-x_{21}-x_{31}\leqslant 21$$
$$x_{21}+x_{23}+3y_{21}+3y_{22}-x_{12}-x_{32}\leqslant 17$$
$$x_{31}+x_{32}+3y_{31}+3y_{32}-x_{13}-x_{23}\leqslant 22$$
$$y_{21}+y_{22}\leqslant 6$$
$$y_{11}+y_{21}+y_{31}=6$$
$$y_{12}+y_{22}+y_{32}=12$$
$$x_{ij},y_{ij}\geqslant 0,\ \ i,j=1,2,3$$

代码设置如下：

```
clear
f = [75;75;50;50;100;100;150;240;210;120;160;220];
A=[1 -1 1 -1 0 0 3 3 0 0 0 0
  -1 1 0 0 1 -1 0 0 3 3 0 0
   0 0 -1 1 -1 1 0 0 0 0 3 3
   0 0 0 0 0 0 0 0 1 1 0 0];
b=[21;17;22;6];
Aeq=[0 0 0 0 0 0 1 0 1 0 1 0
     0 0 0 0 0 0 0 1 0 1 0 1];
beq=[6;12];
lb = zeros(12,1);
```

调用 linprog 函数：

```
[x,fval,exitflag,output,lambda] = linprog(f,A,b,Aeq,beq,lb)
```

结果如下：

```
Optimal solution found.
x =
         0
         0
         0
         0
         0
         0
    6.0000
         0
         0
    5.6667
         0
    6.3333
```

```
fval =
   2.9733e+03
exitflag =
     1
output =
  包含以下字段的 struct:
        iterations: 3
    constrviolation: 0
           message: 'Optimal solution found.'
         algorithm: 'dual-simplex'
      firstorderopt: 5.6843e-14
lambda =
  包含以下字段的 struct:
      lower: [12×1 double]
      upper: [12×1 double]
      eqlin: [2×1 double]
    ineqlin: [4×1 double]
```

可见，要使总费用最低，A、B、C 三地的建厂规模分别为 6 万吨、5.6667 万吨和 6.3333 万吨，最低总费用为 2973.3 万元。

6. 确定职工编制问题

例 12-8：某工厂每天 8 小时的产量不低于 1800 件。为了进行质量控制，计划聘请两个不同水平的检验员。一级检验员的速度为 25 件/小时，正确率为 98%，计时工资为 4 元/小时；二级检验员的速度为 15 件/小时，正确率为 95%，计时工资为 3 元/小时。检验员每错检一次，工厂要损失 2 元。现有可供厂方聘请的检验员人数为一级 7 名、二级 8 名。为使总检验费用最低，该工厂应聘请一级、二级检验员各多少名？

可以设需要一级和二级检验员的人数分别为 x_1 名和 x_2 名。根据题意，可得以下表达式。

（1）应付检验员工资：$(4x_1+3x_2)\times 8=32x_1+24x_2$。

（2）因检验员错检而造成的损失：$2\times\left[(25x_1\times 2\%+15x_2\times 5\%)\times 8\right]=8x_1+12x_2$。

由此建立如下模型：

$$
\begin{aligned}
\min\ & f(x)=\left(32x_1+24x_2\right)+\left(8x_1+12x_2\right)\\
\text{s.t.}\ & \left(25x_1+15x_2\right)\times 8\geqslant 1800\\
& x_1\leqslant 7\\
& x_2\leqslant 8\\
& x_i\geqslant 0,\ i=1,2
\end{aligned}
$$

即

$$
\begin{aligned}
\min\ & f(x)=40x_1+36x_2\\
\text{s.t.}\ & -5x_1-3x_2\leqslant -45\\
& x_1\leqslant 7\\
& x_2\leqslant 8\\
& x_i\geqslant 0,\ i=1,2
\end{aligned}
$$

代码设置如下：

```
clear
f = [40;36];
A = [1 0
    0 1
   -5 -3];
b=[7;8;-45];
lb = zeros(2,1);
```

调用 linprog 函数：

```
[x,fval,exitflag,output,lambda] = linprog(f,A,b,[],[],lb)
```

结果如下：

```
Optimal solution found.
x =
    7.0000
    3.3333
fval =
  400.0000
exitflag =
     1
output =
  包含以下字段的 struct:
         iterations: 2
    constrviolation: 7.1054e-15
            message: 'Optimal solution found.'
          algorithm: 'dual-simplex'
      firstorderopt: 8.5265e-14
lambda =
  包含以下字段的 struct:
      lower: [2×1 double]
      upper: [2×1 double]
      eqlin: []
    ineqlin: [3×1 double]
```

可见，该工厂应聘请一级检验员 7 名、二级检验员 3 名可使总检验费用最低（400.00 元）。由于 exitflag=1，所以计算收敛。

7. 生产计划的最优化问题

例 12-9：某工厂生产 A 和 B 两种产品，它们需要经过 3 种设备的加工，其工时如表 12-8 所示。设备一、二和三每天可使用的时间分别不超过 11 小时、9 小时和 12 小时。产品 A 和 B 的利润随市场的需求有所波动，如果预测未来某个时期内 A 和 B 的利润分别为 5 万元/吨和 3 万元/吨，问在该时期内，每天应生产产品 A、B 各多少吨，能使工厂获利最大？

表 12-8　生产产品工时

产　品	设 备 一	设 备 二	设 备 三
A/（小时/吨）	4	5	6
B/（小时/吨）	3	4	3
设备每天最多可工作小时数/小时	11	9	12

这里可以设每天应安排生产产品 A 和 B 分别为 x_1 吨和 x_2 吨，单位统一为万元。根据题意，可得

$$\begin{aligned} \max\ & f(x)=5x_1+3x_2 \\ \text{s.t.}\ & 4x_1+3x_2 \leqslant 11 \\ & 5x_1+4x_2 \leqslant 9 \\ & 6x_1+3x_2 \leqslant 12 \\ & x_i \geqslant 0,\ i=1,2 \end{aligned}$$

代码设置如下：

```
clear
f = [-5;-3];
A=[4 3
   5 4
   6 3];
b=[11;9;12];
lb = zeros(2,1);
```

调用 linprog 函数：

```
[x,fval,exitflag,output,lambda] = linprog(f,A,b,[],[],lb)
```

结果如下：

```
Optimal solution found.
x =
    1.8000
         0
fval =
   -9.0000
exitflag =
     1
output =
  包含以下字段的 struct:
         iterations: 4
    constrviolation: 0
            message: 'Optimal solution found.'
          algorithm: 'dual-simplex'
      firstorderopt: 2.2204e-16
lambda =
  包含以下字段的 struct:
      lower: [2×1 double]
      upper: [2×1 double]
      eqlin: []
    ineqlin: [3×1 double]
```

可见，每天生产 A 产品 1.8 吨、B 产品 0 吨可使工厂获利最大，可获利 9 万元。

12.3　无约束非线性规划

无约束最优化问题在实际应用中也比较常见，如工程中常见的参数反演问题。另外，许多有约束最优化问题可以转换为无约束最优化问题进行求解。

12.3.1　基本数学原理介绍

在实际工作中，常常会遇到目标函数和约束条件中至少有一个是非线性函数的规划问题，即非线性规划问题。由于非线性规划问题在计算上经常是困难的，理论上的讨论也不能像线性规划那样给出简洁的结果形式和全面透彻的结论，所以限制了非线性规划的应用。

在进行数学建模时，要进行认真的分析，对实际问题进行合理的假设、简化，首先考虑用线性规划模型，若线性近似误差较大，则考虑用非线性规划模型。

非线性规划问题的标准形式为

$$\begin{aligned}&\min f(\boldsymbol{x})\\&\text{s.t. } g_i(\boldsymbol{x})\leqslant 0,\ i=1,2,\cdots,m\\&\qquad h_j(\boldsymbol{x})=0,\ j=1,2,\cdots,r,\ r<n\end{aligned}$$

式中，$\boldsymbol{x}=[x_1\ x_2\ \cdots\ x_n]'$ 为 n 维欧式空间 R^n 中的向量；$f(\boldsymbol{x})$ 为目标函数，$g_i(\boldsymbol{x})$、$h_j(\boldsymbol{x})$ 为约束条件，且 $f(\boldsymbol{x})$、$g_i(\boldsymbol{x})$、$h_j(\boldsymbol{x})$ 中至少有一个是非线性函数。若令 D 为非线性规划问题的可行解集合，即满足所有约束关系的解的集合，则非线性规划模型也可写成如下形式：

$$\begin{aligned}&\min_{\boldsymbol{x}\in D} f(\boldsymbol{x})\\&\text{s.t. } D=\left\{\boldsymbol{x}\mid h_j(\boldsymbol{x})=0,\ j=1,2,\cdots,r,\ r<n;\ g_i(\boldsymbol{x})\leqslant 0,\ i=1,2,\cdots,m\right\}\end{aligned}$$

非线性规划模型按约束条件可分为以下 3 类。

（1）无约束非线性规划模型：

$$\min_{\boldsymbol{x}\in R^n} f(\boldsymbol{x})$$

（2）等式约束非线性规划模型：

$$\begin{aligned}&\min f(\boldsymbol{x})\\&\text{s.t. } h_j(\boldsymbol{x})=0,\ j=1,2,\cdots,r\end{aligned}$$

（3）不等式约束非线性规划模型：

$$\begin{aligned}&\min f(\boldsymbol{x})\\&\text{s.t. } g_i(\boldsymbol{x})\leqslant 0,\ i=1,2,\cdots,m\end{aligned}$$

求解无约束最优化问题的方法主要有两类，即直接搜索法（Search Method）和梯度法（Gradient Method）。

直接搜索法适用于目标函数高度非线性、没有导数或导数很难计算的情况。由于实际工程中的很多问题都是非线性的，所以直接搜索法不失为一种有效的解决方法。常用的直接搜索法为单纯形法，还有 Hooke-Jeeves 法、Pavell 共轭方向法等。

在函数的导数可求的情况下，梯度法是一种更优的方法。该方法利用函数的梯度（一阶导数）和 Hessian（黑塞）矩阵（二阶导数）构造算法，可以获得更快的收敛速度。函数 $f(x)$ 的负梯度方向 $-\nabla f(x)$ 反映了函数的最大下降方向。当搜索方向取为负梯度方向时，称为最速下降法。常见的梯度法有最速下降法、Newton 法、Marquart 法、共轭梯度法和拟牛顿法（Quasi-Newton Method）等。

在所有这些方法中，用得最多的是拟牛顿法。该方法在每次迭代过程中都建立曲率信息，构成二次模型问题。

下面介绍有关 MATLAB 优化工具箱中的求解无约束最优化问题的算法。

- 大型优化算法：若用户在函数中提供梯度信息，则函数默认选择大型优化算法。该算法是基于内部映射牛顿法的子空间置信域法，计算中的每次迭代都涉及用 PCG 法求解大型线性系统得到的近似解。
- 中型优化算法：将 fminunc 函数的参数 options.LargeScale 设置为 off。该算法采用的是基于二次和三次混合插值一维搜索法的 BFGS 拟牛顿法。但一般不建议使用最速下降法。
- 默认的一维搜索算法：当将 options.LineSearchType 设置为 quadcubic 时，将采用二次和三次混合插值法；当将 options.LineSearchType 设置为 cubicpoly 时，将采用三次插值法。后者需要的目标函数计算次数更少，但梯度的计算次数更多。这样，如果提供了梯度信息，或者能较容易算得，则三次插值法是更好的选择。

上述涉及的算法局限性主要表现在以下 4 方面。

（1）目标函数必须是连续的。fminunc 函数有时会给出局部最优解。

（2）fminunc 函数只对实数进行优化，即 x 必须为实数，而且 $f(x)$ 必须返回实数。当 x 为复数时，必须将它分解为实部和虚部两部分。

（3）在使用大型优化算法时，用户必须在 fun 函数中提供梯度（options 参数中的 GradObj 属性必须设置为 on）。

（4）目前，若在 fun 函数中提供了解析梯度，则 options 参数 DerivativeCheck 不能用于大型优化算法以比较解析梯度和有限差分梯度。此时，首先通过将 options 参数的 MaxIter 属性设置为 0 来用中型优化算法核对导数，然后重新用大型优化算法求解问题。

12.3.2 无约束非线性规划函数

1. fminunc 函数

fminunc 函数用于在给定初值的情况下求多变量标量函数的最小值，常用于无约束非线性最优化问题，即求多变量无约束函数的最小值。

（1）fminunc 函数的调用格式如下。

- x = fminunc(fun,x0)：给定初值 x0，求 fun 函数的局部极小点 x。x0 可以是标量、向量或矩阵。
- x = fminunc(fun,x0,options)：用 options 参数中指定的优化参数进行最小化。
- x = fminunc(fun,x0,options,P1,P2,...)：将问题参数 P1、P2 等直接传递给目标函数 fun；将 options 参数设置为空矩阵，作为 options 参数的默认值。
- [x,fval] = fminunc(...)：将解 x 处的目标函数的值返回 fval 参数中。
- [x,fval,exitflag] = fminunc(...)：返回 exitflag 值，描述函数的输出条件。
- [x,fval,exitflag,output] = fminunc(...)：返回包含优化信息的结构输出。
- [x,fval,exitflag,output,grad] = fminunc(...)：将解 x 处的 fun 函数的梯度值返回 grad 参数中。

- [x,fval,exitflag,output,grad,hessian] = fminunc(...)：将解 x 处的目标函数的 Hessian 矩阵信息返回 hessian 参数中。

（2）变量。

输入/输出变量的描述如表 12-9 所示。

表 12-9　输入/输出变量的描述

变　量	描　述
fun	目标函数。需要最小化的目标函数。fun 函数需要输入标量参数 x，返回 x 处的目标函数标量值 f。可以将 fun 函数指定为命令行，如： x = fminbnd(inline('sin(x*x) '),x0) 同样，fun 函数可以是一个包含函数名的字符串。对应的函数可以是 M 文件、内部函数或 MEX 文件。若 fun='myfun'，则 M 文件函数 myfun 必须有下面的形式： function f = myfun(x) f = ... 若 fun 函数的梯度可以算得，且 options.GradObj 设为 on： options = optimset('GradObj', 'on') 则 fun 函数必须返回解 x 处的梯度向量 g 到第二个输出变量中去。当被调用的 fun 函数只需一个输出变量时（如算法只需目标函数的值而不需要其梯度值），可以通过核对 nargout 的值来避免计算梯度值。 function [f,g] = myfun(x) f = ...　　　　：计算 x 处的函数值 if nargout > 1　　：调用 fun 函数并要求有两个输出变量 　g = ...　　　　：计算 x 处的梯度值 end 若 Hessian 矩阵也可以求得，并且 options.Hessian 设为 on，即 options = optimset('Hessian', 'on') 则 fun 函数必须返回解 x 处的 Hessian 对称矩阵 H 到第 3 个输出变量中。当被调用的 fun 函数只需一个或两个输出变量时（如算法只需目标函数的值 f 和梯度值 g 而不需要 Hessian 矩阵 H），可以通过核对 nargout 的值来避免计算 Hessian 矩阵
options	优化参数选项。可以通过 optimset 函数设置或改变这些参数。其中有的参数适用于所有的优化算法，而有的则只适用于大型优化问题，还有一些只适用于中型优化问题。 首先描述适用于大型优化问题的选项。这仅仅是一个参考，因为使用大型优化算法有一些条件。对 fminunc 函数来说，必须提供梯度信息。 LargeScale：当设为 on 时，使用大型优化算法；若设为 off，则使用中型优化算法。 适用于大型和中型优化算法的参数如下。 • Diagnostics：打印最小化函数的诊断信息。 • Display：显示水平。选择 off，不显示输出；选择 iter，显示每一步迭代过程的输出；选择 final，显示最终结果。打印最小化函数的诊断信息。 • GradObj：用户定义的目标函数的梯度。对于大型优化问题，此参数是必选的；对于中型优化问题，此参数是可选的。 • MaxFunEvals：函数评价的最大次数。 • MaxIter：最大允许迭代次数。 • TolFun：函数值的终止容限。 • TolX：x 处的终止容限。 只适用于大型优化算法的参数如下。

续表

变　量	描　述
options	• Hessian：用户定义的目标函数的 Hessian 矩阵。 • HessPattern：用于有限差分的 Hessian 矩阵的稀疏形式。若不方便求 fun 函数的稀疏 Hessian 矩阵 H，则可以通过用梯度的有限差分获得的 H 的稀疏结构（如非零值的位置等）来得到近似的 Hessian 矩阵 H。若连矩阵的稀疏结构都不知道，则可以将 HessPattern 设为密集矩阵，在每次迭代过程中，都将进行密集矩阵的有限差分近似（这是默认设置）。这将非常麻烦，因此，花一些力气得到 Hessian 矩阵的稀疏结构还是值得的。 • MaxPCGIter：PCG 迭代的最大次数。 • PrecondBandWidth：PCG 前处理的上带宽，默认为零。对于有些问题，增加带宽可以减少迭代次数。 • TolPCG：PCG 迭代的终止容限。 • TypicalX：典型 x 值。 只适用于中型优化算法的参数如下。 • DerivativeCheck：对用户提供的导数和有限差分求出的导数进行对比。 • DiffMaxChange：变量有限差分梯度的最大变化。 • DiffMinChange：变量有限差分梯度的最小变化。 • LineSearchType：一维搜索算法的选择
exitflag	描述退出条件如下。 • >0：表示目标函数收敛于解 x 处。 • =0：表示已经达到函数评价或迭代的最大次数。 • <0：表示目标函数不收敛
output	该参数包含的优化信息如下。 • output.iterations：迭代次数。 • output.algorithm：所采用的算法。 • output.funcCount：函数评价次数。 • output.cgiterations：PCG 迭代次数（只适用于大型优化问题）。 • output.stepsize：最终步长的大小（只适用于中型优化问题）。 • output.firstorderopt：一阶优化的度量，解 x 处梯度的范数

2．fminsearch 函数

fminsearch 函数用于求解多变量无约束函数的最小值，常用于无约束非线性最优化问题。它使用无导数法求解多维设计变量在无约束情况下目标函数的最小值，即

$$\min f(\boldsymbol{x})$$

式中，$f(\boldsymbol{x})$是返回标量的函数；$\boldsymbol{x}$ 是向量或矩阵。

（1）fminsearch 函数的调用格式如下。

- x = fminsearch(fun,x0)：初值为 x0，求 fun 函数的局部极小点 x。x0 可以是标量、向量或矩阵。
- x = fminsearch(fun,x0,options)：用 options 参数指定的优化参数进行最小化。
- x = fminsearch(fun,x0,options,P1,P2,...)：将问题参数 P1、P2 等直接传递给目标函数 fun，将 options 参数设置为空矩阵，作为 options 参数的默认值。
- [x,fval] = fminsearch(...)：将 x 处的目标函数值返回 fval 参数中。
- [x,fval,exitflag] = fminsearch(...)：返回 exitflag 值，描述函数计算的退出条件。

- [x,fval,exitflag,output] = fminsearch(...)：返回包含优化信息的输出参数 output。

（2）变量。

该函数的各变量的意义同前。

（3）算法。

fminsearch 函数使用单纯形法进行计算。

对于求解二次以上的问题，fminsearch 函数比 fminunc 函数有效。当问题具有高度非线性时，fminsearch 函数更具稳健性。

（4）局限性。

应用 fminsearch 函数可能会得到局部最优解。fminsearch 函数只对实数进行最小化，即 x 必须由实数组成，$f(x)$函数必须返回实数。如果 x 是复数，则必须将它分为实部和虚部两部分。

12.3.3　无约束非线性规划问题的应用

例 12-10：求解下列无约束非线性函数的最小值：

$$f(x) = 3x_1^2 + 2x_1x_2 + x_2^2$$

编写目标函数并保存为 optfun1.m 文件：

```
function f = optfun1(x)
f = 3*x(1)^2 + 2*x(1)*x(2) + x(2)^2;
end
```

在 MATLAB 命令行窗口中输入下列代码：

```
>> x0 = [1,1];
>> [x,fval] = fminunc(@optfun1,x0)
```

结果如下：

```
Local minimum found.
Optimization completed because the size of the gradient is less than the
value of the optimality tolerance.
<stopping criteria details>
x =
   1.0e-06 *
    0.2541   -0.2029
fval =
   1.3173e-13
```

12.4　二次规划

如果某非线性规划的目标函数为自变量的二次函数，约束条件全是线性函数，就称这种规划为二次规划。

在 MATLAB 优化工具箱中，提供了求解二次规划问题的函数 quadprog。该函数求解的数学模型标准形式如下：

$$\begin{aligned}&\min_{x}\frac{1}{2}\boldsymbol{x}^{\mathrm{T}}\boldsymbol{H}\boldsymbol{x}+\boldsymbol{c}^{\mathrm{T}}\boldsymbol{x}\\&\text{s.t.}\quad \boldsymbol{A}\boldsymbol{x}\leqslant\boldsymbol{b}\\&\qquad\boldsymbol{A}_{\mathrm{eq}}\boldsymbol{x}=\boldsymbol{b}_{\mathrm{eq}}\\&\qquad\mathbf{lb}\leqslant\boldsymbol{x}\leqslant\mathbf{ub}\end{aligned}$$

式中，$\boldsymbol{H}$、$\boldsymbol{A}$、$\boldsymbol{A}_{\mathrm{eq}}$ 为矩阵，$\boldsymbol{c}$、$\boldsymbol{b}$、$\boldsymbol{b}_{\mathrm{eq}}$、**lb**、**ub**、$\boldsymbol{x}$ 为向量。

12.4.1 二次规划函数 quadprog

quadprog 函数用于求解二次规划问题。

1. 调用格式

- x = quadprog(H,f,A,b)：返回向量 x，最小化函数 1/2*x'*H*x + f*x，其约束条件为 A*x≤b。
- x = quadprog(H,f,A,b,Aeq,beq)：仍然求解上面的问题，但添加了等式约束条件 Aeq*x = beq。
- x = quadprog(H,f,A,b,lb,ub)：定义设计变量的下界 lb 和上界 ub，使得 lb≤x≤ub。
- x = quadprog(H,f,A,b,lb,ub,x0)：同上，并设置初值 x0。
- x = quadprog(H,f,A,b,lb,ub,x0,options)：根据 options 参数指定的优化参数进行最小化。
- [x,fval] = quadprog(...)：返回解 x 处的目标函数值，fval = 0.5*x'*H*x + f*x。
- [x,fval,exitflag] = quadprog(...)：返回 exitflag 参数，描述函数计算的退出条件。
- [x,fval,exitflag,output] = quadprog(...)：返回包含优化信息的结构输出参数 output。
- [x,fval,exitflag,output,lambda] = quadprog(...)：返回解 x 处包含拉格朗日乘子的 lambda 参数。

○ 注意

（1）如果问题不是严格凸性的，那么用 quadprog 函数得到的可能是局部最优解。

（2）如果用 Aeq 和 beq 明确地指定等式约束，而不用 lb 和 ub 指定，则可以得到更好的数值解。

（3）若 x 的组分没有上界或下界，则 quadprog 函数希望将对应的组分设置为 Inf（对于上界）或-Inf（对于下界），而不是强制性地给予上界一个很大的正数或给予下界一个很小的负数。

（4）对于大型优化问题，若没有提供初值 x0，或者 x0 不是严格可行的，则 quadprog 函数会选择一个新的初始可行点。

（5）若为等式约束，且 quadprog 函数发现负曲度（Negative Curvature），则优化过程终止，exitflag 的值等于-1。

2. 算法

- 大型优化算法：当优化问题只有上界和下界而没有线性不等式或等式约束时，则默认算法为大型优化算法。或者，如果优化问题中只有线性等式，而没有上界和下界或线性不等式，则默认算法也是大型优化算法。该算法是基于内部映射牛顿法（Interior-reflective Newton Method）的子空间置信域法（Subspace Trust-region），每次迭代都与用 PCG 法求解大型线性系统得到的近似解有关。

- 中型优化算法：quadprog 函数使用活动集法。中型优化算法也是一种投影法，首先通过求解线性规划问题来获得初始可行解。

3. 诊断

（1）大型优化问题。大型优化问题不允许约束上界和下界相等，若 lb(2)==ub(2)，则给出如下出错信息：

```
    Equal upper and lower bounds not permitted in this large-scale method.Use
equality constraints and the medium-scale method instead.
```

若优化模型中只有等式约束，则仍然可以使用大型算法；若模型中既有等式约束又有边界约束，则必须使用中型优化算法。

（2）中型优化问题。当解不可行时，quadprog 函数给出以下警告：

```
    Warning:The constraints are overly stringent;there is no feasible solution.
```

这里，quadprog 函数生成一个结果，这个结果使得约束矛盾最小。

当等式约束不连续时，给出下面的警告信息：

```
    Warning:The equality constraints are overly stringent;there is no feasible solution.
```

当 Hessian 矩阵为负半定矩阵时，生成无边界解，给出下面的警告信息：

```
    Warning:The solution is unbounded and at infinity;the constraints are not
restrictive enough.
```

这里，quadprog 函数返回满足约束条件的 x 值。

4. 局限性

显示水平只能选择 off 和 final，迭代参数 iter 不可用。当问题不定或负定时，常常无解（此时，exitflag 参数给出一个负值，表示优化过程不收敛）。若正定解存在，则 quadprog 函数可能只给出局部极小值，因为问题可能是非凸的。对于大型优化问题，不能依靠线性等式，因为 Aeq 必须是行满秩的，即 Aeq 的行数必须不多于列数，若不满足要求，则必须调用中型优化算法进行计算。

12.4.2　二次规划问题的应用

例 12-11：找到使下列函数最小化的 x 值：

$$f(x)=\frac{1}{2}x_1^2+x_2^2-x_1x_2-2x_1-6x_2$$

式中

$$\begin{cases}x_1+x_2\leqslant 2\\ -x_1+2x_2\leqslant 2\\ 2x_1+x_2\leqslant 3\\ 0\leqslant x_1,x_2\end{cases}$$

目标函数可以修改为

$$f(x)=\frac{1}{2}x_1^2+x_2^2-x_1x_2-2x_1-6x_2=\frac{1}{2}(x_1^2-2x_1x_2+2x_2^2)-2x_1-6x_2$$

令

$$\boldsymbol{H}=\begin{pmatrix}1 & -1\\ -1 & 2\end{pmatrix},\ \boldsymbol{f}=\begin{pmatrix}-2\\ -6\end{pmatrix},\ \boldsymbol{x}=\begin{pmatrix}x_1\\ x_2\end{pmatrix},\ \boldsymbol{A}=\begin{pmatrix}1 & 1\\ -1 & 2\\ 2 & 1\end{pmatrix},\ \boldsymbol{b}=\begin{pmatrix}2\\ 2\\ 3\end{pmatrix}$$

则上面的优化问题可写为

$$\begin{aligned}&\min_x \frac{1}{2}\boldsymbol{x}^{\mathrm{T}}\boldsymbol{H}\boldsymbol{x}+\boldsymbol{f}^{\mathrm{T}}\boldsymbol{x}\\ &\text{s.t.}\quad \boldsymbol{A}\boldsymbol{x}\leqslant \boldsymbol{b}\\ &\qquad\ x_1,x_2\geqslant 0\end{aligned}$$

代码设置如下：

```
clear
H = [1 -1; -1 2];
f = [-2; -6];
A = [1 1; -1 2; 2 1];
b = [2; 2; 3];
lb = zeros(2,1);
```

调用二次规划函数

```
[x,fval,exitflag,output,lambda] = quadprog(H,f,A,b,[],[],lb)
```

最优化结果如下：

```
Minimum found that satisfies the constraints.
Optimization completed because the objective function is non-decreasing in
feasible directions, to within the value of the optimality tolerance,and
constraints are satisfied to within the value of the constraint tolerance.
<stopping criteria details>
x =
    0.6667
    1.3333
fval =
   -8.2222
exitflag =
     1
output =
  包含以下字段的 struct:
            message: '↵Minimum found …… .ConstraintTolerance = 1.000000e-08.↵↵'
          algorithm: 'interior-point-convex'
      firstorderopt: 2.6645e-14
    constrviolation: 0
         iterations: 4
       linearsolver: 'dense'
       cgiterations: []
lambda =
  包含以下字段的 struct:
    ineqlin: [3×1 double]
```

```
        eqlin: [0×1 double]
        lower: [2×1 double]
        upper: [2×1 double]
```

可见，当 x_1=0.6667、x_2=1.3333 时，$f(x)$最小，并且方程求解一致收敛。

12.5　有约束最小化

在有约束最优化问题中，通常要将该问题转换为更简单的子问题，这些子问题可以求解并作为迭代过程的基础。

早期的方法通常是通过构造惩罚函数来将有约束最优化问题转换为无约束最优化问题进行求解的。现在，这些方法已经被更有效的基于 K-T（Kuhn-Tucker）方程解的方法取代。

12.5.1　有约束最小化函数 fmincon

在 MATLAB 中，用于有约束非线性规划问题的求解函数为 fmincon，用于寻找有约束非线性多变量函数的最小值。在调用该函数时，需要遵循 MATLAB 中对非线性规划标准型的要求，即遵循以下要求：

$$
\begin{aligned}
&\min f(\boldsymbol{x}) \\
&\text{s.t. } c(\boldsymbol{x}) \leqslant 0 \\
&\quad c_{\text{eq}}(\boldsymbol{x}) = 0 \\
&\quad \boldsymbol{A}\boldsymbol{x} \leqslant \boldsymbol{b} \\
&\quad \boldsymbol{A}_{\text{eq}}\boldsymbol{x} = \boldsymbol{b}_{\text{eq}} \\
&\quad \mathbf{lb} \leqslant \boldsymbol{x} \leqslant \mathbf{ub}
\end{aligned}
$$

在上述模型中，为在满足约束条件下求目标函数 $f(\boldsymbol{x})$ 的极小值。当设计变量 $\boldsymbol{x}$ 为 n 维列向量，且模型不等式约束有 m_1 个、等式约束有 m_2 个时，$\boldsymbol{b}$ 为 m_1 维列向量，$\boldsymbol{b}_{\text{eq}}$ 为 m_2 维列向量，**lb**、**ub** 均为 n 维列向量，$\boldsymbol{A}$ 为 $m_1 \times n$ 维矩阵，$\boldsymbol{A}_{\text{eq}}$ 为 $m_2 \times n$ 维矩阵。$c(\boldsymbol{x})$、$c_{\text{eq}}(\boldsymbol{x})$ 为返回向量的函数，$f(\boldsymbol{x})$、$c(\boldsymbol{x})$、$c_{\text{eq}}(\boldsymbol{x})$ 可以是非线性函数。$\boldsymbol{x}$、**lb**、**ub** 可以作为向量或矩阵传递。

下面对 fmincon 函数进行讲解。

1. 调用格式

- x = fmincon(fun,x0,A,b)：给定初值 x0，求解 fun 函数的最小值 x。fun 函数的约束条件为 A*x≤b。x0 可以是标量、向量或矩阵。
- x = fmincon(fun,x0,A,b,Aeq,beq)：最小化 fun 函数，约束条件为 Aeq*x = beq 和 A*x≤b。若没有不等式存在，则设置 A=[]、b=[]。
- x = fmincon(fun,x0,A,b,Aeq,beq,lb,ub)：定义设计变量 x 的下界 lb 和上界 ub，使得 lb≤x≤ub。若无等式存在，则令 Aeq=[]、beq=[]。

- x = fmincon(fun,x0,A,b,Aeq,beq,lb,ub,nonlcon)：在上面的基础上，在 nonlcon 参数中提供非线性不等式 c(x)≤0 或等式 ceq(x)=0。fmincon 函数要求 c(x)≤0 且 ceq(x) = 0。当无边界存在时，令 lb=[]和（或）ub=[]。
- x = fmincon(fun,x0,A,b,Aeq,beq,lb,ub,nonlcon,options)：用 options 参数指定的参数进行最小化。
- x = fmincon(fun,x0,A,b,Aeq,beq,lb,ub,nonlcon,options,P1,P2,...)：将问题参数 P1、P2 等直接传递给函数 fun 和 nonlcon。若不需要这些变量，则传递空矩阵到 A、b、Aeq、beq、lb、ub、nonlcon 和 options 中。
- [x,fval] = fmincon(...)：返回解 x 处的目标函数值。
- [x,fval,exitflag] = fmincon(...)：返回 exitflag 参数，描述函数计算的退出条件。
- [x,fval,exitflag,output] = fmincon(...)：返回包含优化信息的输出参数 output。
- [x,fval,exitflag,output,lambda] = fmincon(...)：返回解 x 处包含拉格朗日乘子的 lambda 参数。
- [x,fval,exitflag,output,lambda,grad] = fmincon(...)：返回解 x 处 fun 函数的梯度。
- [x,fval,exitflag,output,lambda,grad,hessian] = fmincon(...)：返回解 x 处 fun 函数的 Hessian 矩阵。

2. 变量

nonlcon 参数计算非线性不等式约束 c(x)≤0 和非线性等式约束 ceq(x)=0。它是一个包含函数名的字符串。该函数可以是 M 文件、内部文件或 MEX 文件。它要求输入一个向量 x，返回两个变量——解 x 处的非线性不等式向量 c 和非线性等式向量 ceq。例如，若 nonlcon='mycon'，则 M 文件 mycon.m 具有的形式如下：

```
function [c,ceq] = mycon(x)
c = ...        %计算 x 处的非线性不等式
ceq = ...      %计算 x 处的非线性等式
```

若还计算了约束的梯度，即

```
options = optimset('GradConstr','on')
```

则 nonlcon 函数必须在第 3 个和第 4 个输出变量中返回 c(x)的梯度 GC 和 ceq(x)的梯度 GCeq。当被调用的 nonlcon 函数只需两个输出变量（此时，优化算法只需 c 和 ceq 的值，而不需要 GC 和 GCeq 的值）时，可以通过查看 nargout 的值来避免计算 GC 和 GCeq 的值：

```
function [c,ceq,GC,GCeq] = mycon(x)
    c = ...            %解 x 处的非线性不等式
    ceq = ...          %解 x 处的非线性等式
    if nargout > 2     %被调用的 nonlcon 函数，要求有 4 个输出变量
    GC = ...           %不等式的梯度
    GCeq = ...         %等式的梯度
end
```

若 nonlcon 函数返回长度为 m 的向量 c 和长度为 n 的向量 x，则 c(x)的梯度 GC 是一个 n×m 的矩阵，其中 GC(i,j)是 c(j)对 x(i)的偏导数。同样，若 ceq 是一个长度为 p 的向量，则

ceq(x)的梯度 GCeq 是一个 n×p 的矩阵，其中 GCeq(i,j)是 ceq(j)对 x(i)的偏导数。

其他参数意义同前。

（1）大型优化问题。

① 要使用大型优化算法，必须在 fun 函数中提供梯度信息（将 options.GradObj 设置为 on）。如果没有梯度信息，则会给出警告信息。

fmincon 函数允许 g(x)为一个近似梯度，但使用真正的梯度将使优化过程更具稳健性。

② 当对矩阵的二阶导数（Hessian 矩阵）进行计算以后，用 fmincon 函数求解大型优化问题将更有效。但不需要求得真正的 Hessian 矩阵。如果能提供 Hessian 矩阵的稀疏结构的信息（用 options 参数的 HessPattern 属性），则 fmincon 函数可以算得 Hessian 矩阵的稀疏有限差分近似。

③ 若 x0 不是严格可行的，则 fmincon 函数会选择一个新的严格可行的初始点。

④ 若 x 的某些元素没有上界或下界，则 fmincon 函数更希望将对应的元素设置为 Inf（对于上界）或-Inf（对于下界），而不希望强制性地给上界赋一个很大的正值或给下界赋一个很小的负值。

⑤ 线性约束最小化课题中需要注意的问题如下。

- Aeq 矩阵中若存在密集列或近密集列，则会导致满秩并使计算费时。
- fmincon 函数剔除 Aeq 中线性相关的行。此过程需要进行反复的因式分解，因此，如果相关行很多，则计算将是一件很费时的事情。
- 每次迭代都要用下式进行稀疏最小二乘求解：

$$Aeq=Aeq^{T}R^{T}$$

式中，R^T 为前提条件的乔累斯基（Cholesky）因子。

（2）中型优化问题。

① 如果用 Aeq 和 beq 清楚地提供等式约束，则将会比用 lb 和 ub 获得更好的数值解。

② 在二次子问题中，若有等式约束并且因等式（Dependent Equalities）被发现和剔除，则将在过程标题中显示 dependent。只有在等式连续的情况下，因等式才会被剔除。若等式系统不连续，则子问题将不可行并在过程标题中打印 infeasible 信息。

3．算法

（1）大型优化算法。前面提到，若提供了函数的梯度信息，并且只有上、下界存在或只有线性等式约束存在，则 fmincon 函数将默认选择大型优化算法。该算法基于内部映射牛顿法（Interior-reflective Newton Method）的子空间置信域法（Subspace Trust-region），每次迭代都与用 PCG 法求解大型线性系统得到的近似解有关。

（2）中型优化算法。fmincon 函数使用序列二次规划法（SQP）。在该算法中，每次迭代都求解二次规划子问题，并用 BFGS 法更新拉格朗日 Hessian 矩阵。

4．诊断

求大型优化问题的代码中不允许上界和下界相等，即不能有 lb(2)==ub(2)，否则给出出错信息：

```
Equal upper and lower bounds not permitted in this large-scale
method.
Use equality constraints and the medium-scale method instead.
```

若只有等式约束，则仍然可以使用大型优化算法。当既有等式约束又有边界约束时，使用中型优化算法。

5. 局限性

目标函数和约束函数都必须是连续的，否则可能会给出局部最优解；当问题不可行时，fmincon 函数将试图使最大约束值最小化；目标函数和约束函数都必须是实数；对于大型优化问题，在使用大型优化算法时，用户必须在 fun 函数中提供梯度（options 参数的 GradObj 属性必须设置为 on），并且只可以指定上界和下界约束，或者只有线性约束存在，Aeq 的行数不能多于列数；如果在 fun 函数中提供了解析梯度，则选项参数 DerivativeCheck 不能与大型优化算法一起用以比较解析梯度和有限差分梯度，此时，可以首先通过将 options 参数的 MaxIter 属性设置为 0 来用中型优化算法核对导数，然后用大型优化算法求解问题。

12.5.2 有约束最小化的应用

例 12-12：找到使函数 $f(x)=-x_1x_2x_3$ 最小化的值，其中 $0 \leqslant x_1+2x_2+2x_3 \leqslant 72$。

编写目标函数并保存为 optfun2.m 文件：

```
function f = optfun2(x)
f = -x(1) * x(2)* x(3);
end
```

求解代码设置如下：

```
clear
x0 = [10; 10; 10];    % 初值
A = [-1 -2 -2; 1  2  2];
b = [0;72];
[x,fval] = fmincon(@optfun2,x0,A,b)
```

结果如下：

```
    Minimum found that satisfies the constraints.
    Optimization completed because the objective function is non-decreasing in
feasible directions, to within the value of the optimality tolerance,and
constraints are satisfied to within the value of the constraint tolerance.
    <stopping criteria details>
    x =
       24.0000
       12.0000
       12.0000
    fval =
      -3.4560e+03
```

12.6　目标规划

前面介绍的最优化方法只有一个目标函数，是单目标最优化方法。但是，在许多实际工程问题中，往往希望多个指标都达到最优值，因此有多个目标函数。这种问题称为多目标最优化问题。

12.6.1　目标规划函数 fgoalattain

在 MATLAB 优化工具箱中，提供了函数 fgoalattain 用于求解多目标达到问题，是多目标优化问题最小化的一种表示。该函数求解的数学模型标准形式如下：

$$\begin{aligned}
&\min_{x,\gamma}\ \gamma \\
&\text{s.t. } \boldsymbol{F}(\boldsymbol{x})-\mathbf{weight}\cdot\gamma\leqslant\mathbf{goal} \\
&\qquad \boldsymbol{c}(\boldsymbol{x})\leqslant 0 \\
&\qquad \boldsymbol{c}_{\text{eq}}(\boldsymbol{x})=0 \\
&\qquad \boldsymbol{A}\boldsymbol{x}\leqslant\boldsymbol{b} \\
&\qquad \boldsymbol{A}_{\text{eq}}\boldsymbol{x}=\boldsymbol{b}_{\text{eq}} \\
&\qquad \mathbf{lb}\leqslant\boldsymbol{x}\leqslant\mathbf{ub}
\end{aligned}$$

式中，**weight**、**goal**、$\boldsymbol{b}$、$\boldsymbol{b}_{\text{eq}}$ 是向量；$\boldsymbol{A}$、$\boldsymbol{A}_{\text{eq}}$ 为矩阵；$\boldsymbol{F}(\boldsymbol{x})$、$\boldsymbol{c}(\boldsymbol{x})$、$\boldsymbol{c}_{\text{eq}}(\boldsymbol{x})$ 是返回向量的函数，既可以是线性函数，又可以是非线性函数；**lb**、**ub**、$\boldsymbol{x}$ 可以作为向量或矩阵进行传递。

目标规划函数 fgoalattain 用于求解多目标达到问题。在使用该函数时，要求目标函数必须是连续的。fgoalattain 函数将只给出局部最优解。

1．调用格式

- x = fgoalattain(fun,x0,goal,weight)：试图通过变化 x 来使目标函数 fun 达到 goal 指定的目标。初值为 x0，weight 参数用来指定权重。
- x = fgoalattain(fun,x0,goal,weight,A,b)：求解目标达到问题，约束条件为线性不等式 A*x≤b。
- x = fgoalattain(fun,x0,goal,weight,A,b,Aeq,beq)：求解目标达到问题，除提供上面的线性不等式外，还提供线性等式 Aeq*x = beq。当没有不等式存在时，设置 A=[]、b=[]。
- x = fgoalattain(fun,x0,goal,weight,A,b,Aeq,beq,lb,ub)：为设计变量 x 定义下界 lb 和上界 ub 集合，这样始终有 lb≤x≤ub。
- x = fgoalattain(fun,x0,goal,weight,A,b,Aeq,beq,lb,ub,nonlcon)：将目标达到问题归结为 nonlcon 参数定义的非线性不等式 c(x)≤0 或非线性等式 ceq(x)=0。fgoalattain 函数优化的约束条件为 c(x)≤0 和 ceq(x) = 0。若不存在边界，则设置 lb=[]和（或）ub=[]。
- x = fgoalattain(fun,x0,goal,weight,A,b,Aeq,beq,lb,ub,nonlcon, options)：用 options 中设置的优化参数进行最小化。

- x = fgoalattain(fun,x0,goal,weight,A,b,Aeq,beq,lb,ub,nonlcon, options,P1,P2,...)：将问题参数 P1、P2 等直接传递给函数 fun 和 nonlcon。如果不需要参数 A、b、Aeq、beq、lb、ub、nonlcon 和 options，则将它们设置为空矩阵。
- [x,fval] = fgoalattain(...)：返回解 x 处的目标函数值。
- [x,fval,attainfactor] = fgoalattain(...)：返回解 x 处的目标达到因子。
- [x,fval,attainfactor,exitflag] = fgoalattain(...)：返回 exitflag 参数，描述函数计算的退出条件。
- [x,fval,attainfactor,exitflag,output] = fgoalattain(...)：返回包含优化信息的输出参数 output。
- [x,fval,attainfactor,exitflag,output,lambda] = fgoalattain(...)：返回包含拉格朗日乘子的 lambda 参数。

2. 变量

（1）goal 变量。

goal 是目标希望达到的向量值。向量的长度与 fun 函数返回的目标数 F 相等。fgoalattain 函数试图通过最小化向量 F 中的值来达到 goal 参数给定的目标。

（2）nonlcon 函数。

对于 nonlcon，12.5.1 节中已经介绍过，这里不再赘述。

（3）options 变量。

options 是优化参数选项。可以用 optimset 函数设置或改变这些参数的值。

- DerivativeCheck：比较用户提供的导数（目标函数或约束函数的梯度）和有限差分导数。
- Diagnostics：打印将要最小化或求解的函数的诊断信息。
- DiffMaxChange：变量中有限差分梯度的最大变化。
- DiffMinChange：变量中有限差分梯度的最小变化。
- Display：显示水平。当将其设置为 off 时，不显示输出；当设置为 iter 时，显示每次迭代的输出；当设置为 final 时，只显示最终结果。
- GoalExactAchieve：使得目标个数刚好达到，不多也不少。
- GradConstr：用户定义的约束函数的梯度。
- GradObj：用户定义的目标函数的梯度。在使用大型优化算法时，必须使用梯度，而对于中型优化算法，则它为可选项。
- MaxFunEvals：函数评价的允许最大次数。
- MaxIter：函数迭代的允许最大次数。
- MeritFunction：若设置为 multiobj，则使用目标达到或最大、最小化目标函数的方法；若设置为 singleobj，则使用 fmincon 函数计算目标函数。
- TolCon：约束矛盾的终止容限。
- TolFun：函数值处的终止容限。

- TolX：x 处的终止容限。

（4）weight 变量。

weight 变量为权重向量，可以控制低于或超过 fgoalattain 函数指定目标的相对程度。当 goal 的值都是非零值时，为了保证活动对象超过或低于的比例相当，将权重函数设置为 abs(goal)。

> ○ 注意
>
> 当目标值中的任意一个为零时，设置 weight=abs(goal)将导致目标约束看起来更像硬约束，而不像目标约束；当加权函数 weight 为正时，fgoalattain 函数试图使对象小于目标值。为了使目标函数的值大于目标值，将权重 weight 设置为负的；为了使目标函数的值尽可能地接近目标值，使用 GoalsExactAchieve 参数，将 fun 函数返回的第一个元素作为目标。

（5）attainfactor 变量。

attainfactor 变量是超过或低于目标的个数。若 attainfactor 为负，则目标个数已经溢出；若 attainfactor 为正，则目标个数还未达到。

其他参数意义同前。

3. 算法

多目标优化同时涉及一系列对象。fgoalattain 函数求解该问题的基本算法是目标达到法。该算法为目标函数建立目标值。多目标优化的具体算法已经在前面进行了详细的介绍。

fgoalattain 函数使用序列二次规划法（SQP），前面已经进行了介绍。算法中对一维搜索和 Hessian 矩阵进行了修改。当有一个目标函数不再发生改善时，一维搜索终止。修改的 Hessian 矩阵借助本问题的结构，也被采用。attainfactor 参数包含解处的 γ 值。当 γ 取负值时，表示目标溢出。

12.6.2　目标规划的应用

例 12-13：考虑下列线性微分方程组的求解问题。

$$x=(\boldsymbol{A}+\boldsymbol{BKC})x+\boldsymbol{B}u$$

$$y=\boldsymbol{C}x$$

$$\boldsymbol{A}=\begin{bmatrix}-0.5 & 0 & 0\\ 0 & -2 & 10\\ 0 & 1 & -2\end{bmatrix}\quad \boldsymbol{B}=\begin{bmatrix}1 & 0\\ -2 & 2\\ 0 & 1\end{bmatrix}\quad \boldsymbol{C}=\begin{bmatrix}1 & 0 & 0\\ 0 & 0 & 1\end{bmatrix}\quad \boldsymbol{K}=\begin{bmatrix}-1 & -1\\ -1 & -1\end{bmatrix}$$

编写目标函数并保存为 optfun3.m 文件：

```
function F = optfun3(K,A,B,C)
F = sort(eig(A+B*K*C)); %目标函数
end
```

在 MATLAB 命令行窗口中输入下列代码：

```
clear
A = [-0.5 0 0; 0 -2 10; 0 1 -2];
```

```
    B = [1 0; -2 2; 0 1];
    C = [1 0 0; 0 0 1];
    K0 = [-1 -1; -1 -1];                        %初始化控制器矩阵
    goal = [-5 -3 -1];                          %设置特征值的目标值
    weight = abs(goal);                         %设置相同百分比的权重
    lb = -4*ones(size(K0));                     %设置控制器的下界
    ub = 4*ones(size(K0));                      %设置控制器的上界
    options = optimset('Display','iter');       %设置显示参数
    [K,fval,attainfactor] = ...
    fgoalattain(@(K)optfun3 (K,A,B,C), K0,goal,weight,[],[],[],[],lb,ub,[],options)
```

结果如下：

```
                   Attainment        Max     Line search     Directional
    Iter F-count        factor    constraint   steplength      derivative
Procedure
       0      6          0       1.88521
       1     13      1.031        0.02998    1    0.745
       2     20     0.3525        0.06863    1    -0.613
       3     27    -0.1706        0.1071     1    -0.223    Hessian modified
       4     34    -0.2236        0.06654    1      -0.234    Hessian modified twice
       5     41    -0.3568       0.007894    1      -0.0812
       6     48    -0.3645       0.000145    1      -0.164    Hessian modified
       7     55    -0.3645              0     1      -0.00515    Hessian modified
       8     62    -0.3675      0.0001549    1       -0.00812    Hessian modified twice
       9     69    -0.3889       0.008327    1    -0.00751    Hessian modified
      10     76    -0.3862         0     1      0.00568
      11     83    -0.3863      5.562e-13   1        -0.998    Hessian modified twice

    Local minimum possible. Constraints satisfied.
    fgoalattain stopped because the size of the current search direction is less
than twice the value of the step size tolerance and constraints are satisfied to
within the value of the constraint tolerance.
    <stopping criteria details>

    K =
       -4.0000   -0.2564
       -4.0000   -4.0000
    fval =
       -6.9313
       -4.1588
       -1.4099
    attainfactor =
       -0.3863
```

例 12-14：某工厂拟生产两种新产品 A 和 B，其生产设备费用分别为 3 万元/吨和 6 万元/吨。这两种产品均将造成环境污染，设由公害造成的损失可分别折算为 2 万元/吨和 1 万元/吨。由于条件限制，工厂生产产品 A 和 B 的最大生产能力分别为每月 5 吨和 6 吨，而市场需要这两种产品的总量每月不少于 7 吨。试问工厂如何安排生产计划，使在满足市场需要的前提下，使设备投资和公害损失均达到最小。该工厂决策认为，在这两个目标中，环境污染应优先考虑，设备投资的目标值为 16 万元，公害损失的目标值为 14 万元。

设工厂每月生产产品 A 为 x_1 吨、产品 B 为 x_2 吨，设备投资为 $f_1(x)$，公害损失为 $f_2(x)$，则这个问题可表达为多目标优化问题。由题意可得：

$$\begin{aligned}
&\min f_1(x) = 3x_1+6x_2 \\
&\min f_2(x) = 2x_1+x_2 \\
&\text{s.t}\quad 3x_1+6x_2 \leqslant 16 \\
&\qquad 2x_1+x_2 \leqslant 14 \\
&\qquad x_1 \leqslant 5 \\
&\qquad x_2 \leqslant 6 \\
&\qquad x_1 + x_2 \geqslant 7 \\
&\qquad x_1, x_2 \geqslant 0
\end{aligned}$$

编写目标函数并保存为 optfun4.m 文件：

```
function f=optfun4(x)
       f(1)=3*x(1)+6*x(2);
       f(2)=2*x(1)+x(2);
end
```

给定目标，权重按目标比例确定，给出初值：

```
goal=[16 14];
weight=[16 14];
x0=[2 5];
```

给出约束条件的系数：

```
A=[1 0;0 1;-1 -1];
b=[5 6 -7];
lb=zeros(2,1);
[x,fval,attainfactor,exitflag]= ...
fgoalattain(@optfun4,x0,goal,weight,A,b,[],[],lb,[])
```

计算结果如下：

```
Local minimum possible. Constraints satisfied.
fgoalattain stopped because the size of the current search direction is less
than twice the value of the step size tolerance and constraints are satisfied to
within the value of the constraint tolerance.
<stopping criteria details>
x =
   5.0000   2.0000
fval =
  27.0000  12.0000
attainfactor =
   0.6875
exitflag =
     4
```

可见，工厂每月生产产品 A 为 5 吨、产品 B 为 2 吨。此时，设备投资和公害损失的目标值分别为 27 万元和 12 万元。由于达到因子为 0.6875，所以计算收敛。

例 12-15：某厂生产两种产品 A 和 B，已知生产 A 产品 100kg 需要 6 工时，生产 B 产品 100kg 需要 8 工时。假定每天可用的工时数为 40，且希望不雇临时工，也不加班生产。这两种产品每 100kg 均可获利 200 元。此外，有一个顾客要求每天供应 B 产品 600kg。问应如何安排生产计划？

这里设生产 A、B 两种产品的数量分别为 x_1 和 x_2（均以 100kg 计），为了使生产计划比较合理，要求用人数尽量少，获利尽可能多，B 产品的产量尽量多。由于目标要与目标函数匹配，因此增加每天总利润不低于 800 元这一目标。

由此可得

$$
\begin{aligned}
&\min f_1(x) = 6x_1 + 8x_2 \\
&\max f_2(x) = 200x_1 + 200x_2 \\
&\max f_3(x) = x_2 \\
&\text{s.t} \quad 6x_1 + 8x_2 \leqslant 40 \\
&\qquad 200x_1 + 200x_2 \geqslant 800 \\
&\qquad x_2 \geqslant 6 \\
&\qquad x_1, x_2 \geqslant 0
\end{aligned}
$$

编写目标函数并保存为 optfun5.m 文件：

```
function f=optfun5(x)
    f(1)=6*x(1)+8*x(2);
    f(2)=-200*x(1)-200*x(2);
    f(3)=-x(2);
end
```

给定目标，权重按目标比例确定，给出初值：

```
goal=[40 -800 -6];
weight=[40 -800 -6];
x0=[2 2];
%给出约束条件的系数
A=[6 8;0 -1];
b=[40 -6];
lb=zeros(2,1);
options=optimset('MaxFunEvals',50000);     % 设置函数评价的最大次数为 50000 次
[x,fval,attainfactor,exitflag] = ...
     fgoalattain(@optfun5,x0,goal,weight,A,b,[],[], lb,[],[],options)
```

计算结果如下：

```
Solver stopped prematurely.
fgoalattain stopped because it exceeded the iteration limit,
options.MaxIterations = 5.000000e+02.
x =
    2.0376    1.9409
fval =
   27.7528 -795.7015   -1.9409
attainfactor =
   -0.0644
exitflag =
     0
```

经过 50000 次迭代以后，生产 A、B 两种产品分别为 2037.6kg 和 1940.9kg。

例 12-16：某工厂因生产需要采购一种原材料，市场上的这种原材料有两个等级，甲级原材料单价为 2 元/千克，乙级原材料单价为 1 元/千克。要求所花总费用不超过 300 元，购得原材料总量不少于 200 千克，其中甲级原材料不少于 40 千克。问如何确定最好的采购方案？

这里设 x_1、x_2 分别为采购甲级和乙级原材料的数量（千克），要求采购总费用尽量少，采购总量尽量多，采购甲级原材料尽量多。

根据题意，可得

$$\begin{aligned}&\min f_1(x)=2x_1+x_2\\&\max f_2(x)=x_1+x_2\\&\max f_3(x)=x_1\\&\text{s.t.}\ \ 2x_1+x_2\leqslant 300\\&\qquad x_1+x_2\geqslant 200\\&\qquad x_1\geqslant 40\\&\qquad x_1,x_2\geqslant 0\end{aligned}$$

编写目标函数并保存为 optfun6.m 文件。

```
function f= optfun6(x)
    f(1)=2*x(1)+ x(2);
    f(2)=-x(1)- x(2);
    f(3)=-x(1);
end
```

给定目标，权重按目标比例确定，给出初值：

```
goal=[300 -200 -40];
weight=[300 -200 -40];
x0=[55 55];
```

给出约束条件的系数：

```
A=[2 1;-1 -1;-1 0];
b=[300 -200 -40];
lb=zeros(2,1);
[x,fval,attainfactor,exitflag]=fgoalattain(@optfun6,x0,goal,...
    weight,A,b,[],[],lb,[],[])
```

输出计算结果：

```
Local minimum possible. Constraints satisfied.
fgoalattain stopped because the size of the current search direction is less than
twice the value of the step size tolerance and constraints are
satisfied to within the value of the constraint tolerance.
<stopping criteria details>
x =
    40   160
fval =
   240  -200   -40
attainfactor =
   2.5344e-10
exitflag =
```

4

可见，最好的采购方案是采购甲级原材料和乙级原材料分别为 40 千克和 160 千克。此时采购总费用为 240 元，总量为 200 千克，甲级原材料总量为 40 千克。

12.7 最大最小化

通常我们遇到的都是目标函数的最大化和最小化问题，但是在某些情况下，要求最大值的最小化才有意义。例如，城市规划中需要确定急救中心、消防中心的位置，可取的目标函数应该是到所有地点最大距离的最小值，而不是到所有目的地的距离和最小。这是两种完全不同的准则，在控制理论、逼近论、决策论中也使用最大最小化原则。

MATLAB 优化工具箱中采用序列二次规划法求解最大最小化问题。

12.7.1 最大最小化函数 fminimax

最大最小法也叫机会损失最小值决策法，是一种根据机会成本进行决策的方法，以各方案机会损失大小来判断方案的优劣。

在决策时，采取保守策略是稳妥的，即在最坏的情况下寻求最好的结果，按照此想法，可以构造如下评价函数：

$$\varphi(z)=\max_{1\leqslant i\leqslant r} z_i$$

求解：

$$\min_{x\in D}\varphi[z(\boldsymbol{x})]=\min_{x\in D}\max_{1\leqslant i\leqslant r} z_i(\boldsymbol{x})$$

并将它的最优解 x^* 作为多目标线性规划模型在最大最小意义下的“最优解”。

在 MATLAB 中，fminimax 函数用于使多目标函数中的最坏情况达到最小化，即求解最大最小化问题。给定初值估计，该值必须服从一定的约束条件。该函数要求目标函数必须连续，否则 fminimax 有可能给出局部最优解。

（1）fminimax 函数的调用格式如下。

- x = fminimax(fun,x0)：初值为 x0，找到 fun 函数的最大最小化解 x。
- x = fminimax(fun,x0,A,b)：给定线性不等式 A*x≤b，求解最大最小化问题。
- x = fminimax(fun,x,A,b,Aeq,beq)：给定线性等式 Aeq*x = beq，求解最大最小化问题。如果没有不等式存在，则设置 A=[]、b=[]。
- x = fminimax(fun,x,A,b,Aeq,beq,lb,ub)：为设计变量定义一系列下界 lb 和上界 ub，使得 lb≤x≤ub。
- x = fminimax(fun,x0,A,b,Aeq,beq,lb,ub,nonlcon)：在 nonlcon 参数中给定非线性不等式约束 c(x)≤0 或等式约束 ceq(x)=0。fminimax 函数要求 c(x)≤0 且 ceq(x) = 0。若没

有边界存在，则设置 lb=[] 和（或）ub=[]。

- x = fminimax(fun,x0,A,b,Aeq,beq,lb,ub,nonlcon,options)：用 options 给定的参数进行优化。
- x = fminimax(fun,x0,A,b,Aeq,beq,lb,ub,nonlcon,options,P1,P2,...)：将问题参数 P1、P2 等直接传递给函数 fun 和 nonlcon。如果不需要变量 A、b、Aeq、beq、lb、ub、nonlcon 和 options，则将它们设置为空矩阵。
- [x,fval] = fminimax(...)：返回解 x 处的目标函数值。
- [x,fval,maxfval] = fminimax(...)：返回解 x 处的最大函数值。
- [x,fval,maxfval,exitflag] = fminimax(...)：返回 exitflag 参数，描述函数计算的退出条件。
- [x,fval,maxfval,exitflag,output] = fminimax(...)：返回描述优化信息的结构输出参数 output。
- [x,fval,maxfval,exitflag,output,lambda] = fminimax(...)：返回包含解 x 处拉格朗日乘子的 lambda 参数。

（2）变量：maxfval 变量。

maxfval 变量是解 x 处函数值的最大值，即 maxfval = max{fun(x)}。

（3）算法。

fminimax 函数使用序列二次规划法（SQP）进行计算，对一维搜索法和 Hessian 矩阵的计算进行了修改。当有一个目标函数不再发生改善时，一维搜索终止。修改的 Hessian 矩阵借助本问题的结构，也被采用。

12.7.2　最大最小化的应用

例 12-17：找到如下函数的最大最小值：

$$\min\{\max[f_1(x), f_2(x), f_3(x), f_4(x), f_5(x)]\}$$

式中

$$\begin{aligned}
f_1(x) &= 2x_1^2 + x_2^2 - 48x_1 - 40x_2 + 304 \\
f_2(x) &= -x_1^2 - 3x_2^2 \\
f_3(x) &= x_1 + 3x_2 - 18 \\
f_4(x) &= -x_1 - x_2 \\
f_5(x) &= x_1 + x_2 - 8
\end{aligned}$$

编写目标函数并保存为 optfun7.m 文件：

```
function f = optfun7(x)
f(1)= 2*x(1)^2+x(2)^2-48*x(1)-40*x(2)+304;     % 目标函数
f(2)= -x(1)^2 - 3*x(2)^2;
f(3)= x(1) + 3*x(2) -18;
f(4)= -x(1)- x(2);
f(5)= x(1) + x(2) - 8;
end
```

在 MATLAB 命令行窗口中输入：

```
>> x0 = [0.1; 0.1];    % 提供解的初值
>> [x,fval] = fminimax(@optfun7,x0)
```

经过多次迭代以后，运行结果如下：

```
Local minimum possible. Constraints satisfied.
fminimax stopped because the size of the current search direction is less
than twice the value of the step size tolerance and constraints are satisfied to
within the value of the constraint tolerance.
<stopping criteria details>

x =
    4.0000
    4.0000
fval =
    0.0000  -64.0000   -2.0000   -8.0000   -0.0000
```

例 12-18：定位问题。设某城市有某种物品的 10 个需求点，第 i 个需求点 P_i 的坐标为 (a_i,b_i)，道路网与坐标轴平行，彼此正交。现打算建一个该物品的供应中心，且由于受到城市某些条件的限制，该供应中心只能设在 x 介于[5,8]、y 介于[5,8]的范围内。问该供应中心应建在何处为好？

P_i 点的坐标为

a_i：	2	1	5	9	3	12	6	20	18	11
b_i：	10	9	13	18	1	3	5	7	8	6

设供应中心的位置为(x,y)，要求它到最远需求点的距离尽可能小。由于此处应采用沿道路行走的距离，因此可知 P_i 到该供应中心的距离为$|x-a_i|+|y-b_i|$。

根据题意，可得

$$\min\{\max[|x-a_i|+|y-b_i|]\}$$

约束条件为

$$5 \leqslant x \leqslant 8$$
$$5 \leqslant y \leqslant 8$$

编写目标函数并保存为 optfun8.m 文件：

```
function f = optfun8(x)
%输入各个点的坐标值
a=[2  1  5  9  3  12  6  20  18  11];
b=[10 9 13 18  1  3   5  7   8   6];
f(1)  = abs(x(1)-a(1))+abs(x(2)-b(1));
f(2)  = abs(x(1)-a(2))+abs(x(2)-b(2));
f(3)  = abs(x(1)-a(3))+abs(x(2)-b(3));
f(4)  = abs(x(1)-a(4))+abs(x(2)-b(4));
f(5)  = abs(x(1)-a(5))+abs(x(2)-b(5));
f(6)  = abs(x(1)-a(6))+abs(x(2)-b(6));
f(7)  = abs(x(1)-a(7))+abs(x(2)-b(7));
f(8)  = abs(x(1)-a(8))+abs(x(2)-b(8));
f(9)  = abs(x(1)-a(9))+abs(x(2)-b(9));
f(10) = abs(x(1)-a(10))+abs(x(2)-b(10));
end
```

在 MATLAB 命令行窗口中输入：

```
>> x0 = [6; 6];        % 提供解的初值
>> AA=[-1 0; 1  0; 0 -1; 0  1];
>> bb=[-5; 8; -5; 8];
>> [x,fval] = fminimax(@optfun8,x0,AA,bb)
```

计算结果如下：

```
    Local minimum possible. Constraints satisfied.
    fminimax stopped because the size of the current search direction is less
than twice the value of the step size tolerance and constraints are satisfied to
within the value of the constraint tolerance.
    <stopping criteria details>

    x =
        8.0000
        7.0000
    fval =
      列 1 至 7
        9.0000     9.0000     9.0000    12.0000    11.0000     8.0000     4.0000
      列 8 至 10
       12.0000    11.0000     4.0000
```

可见，在限制区域内的东北角［坐标为(8,7)］设置供应中心可以使该供应中心到各需求点的最大距离最小。最大最小距离为 12 个距离单位。

12.8　本章小结

本章主要介绍了 MATLAB 中的优化工具箱，包括优化工具箱中的函数、最优化问题、线性规划问题、无约束非线性规划问题、二次规划问题、有约束最小化问题、目标规划问题及最大最小化问题。这些最优化问题在 MATLAB 中都可以找到相应的函数，用户可以参考每节中的函数功能描述及相应示例。

在解决优化问题时，首先，要根据实际情况抽象出一个数学模型；其次，要弄清楚模型是否有限制条件或约束，同时要搞清楚目标函数是否是线性的；最后，利用相应优化函数有针对性地解决实际问题。最优化方法的发展很快，现在已经包含多个分支，如线性规划、整数规划、非线性规划、动态规划、多目标规划等。由于篇幅所限，这里仅讨论了一些常见的规划问题。

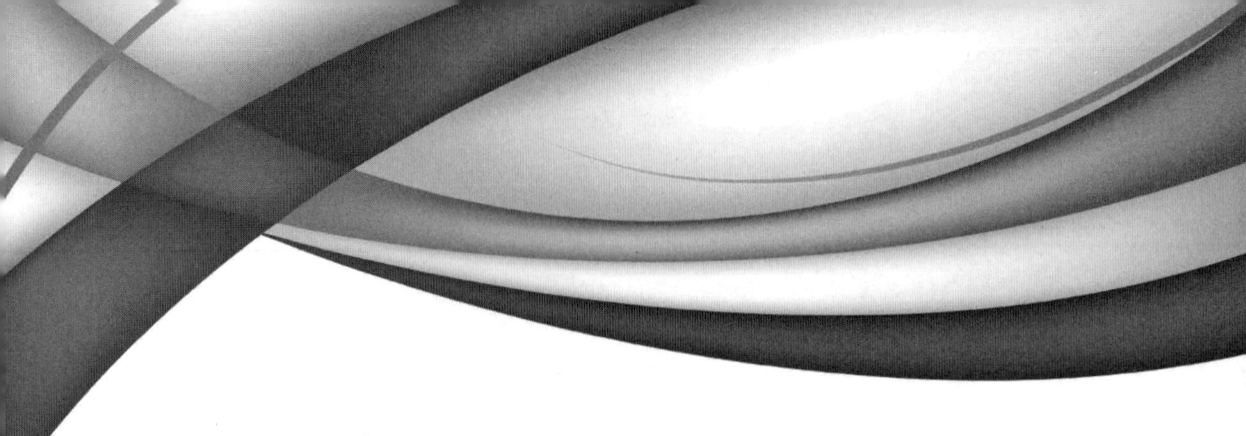

第 13 章 句柄图形对象

知识要点

图形对象是进行 MATLAB 数据绘图的基本单元，在任何绘制出的图形中，都有一整套完成和配合完成的图形对象，如绘制的线、坐标轴、图框等。MATLAB 不仅提供这些图形对象以完成绘图，还允许用户对这些图形对象进行定制。在进行所有的操作前，需要用一个唯一的标识符将各个对象区分开来。在 MATLAB 中，这种标识符由句柄实现，因此图形对象也可以称为句柄图形对象。

学习要求

知识点	学习目标			
	了解	理解	应用	实践
句柄图形对象体系		√		
句柄图形对象操作			√	√
句柄图形对象属性设置			√	√
Figure 对象		√		√
Plot 对象	√			√
Group 对象	√			√
Annotation 对象		√		√

13.1　句柄图形对象体系

句柄图形（Handle Graphics）系统是 MATLAB 中一种面向对象的绘图系统，提供创建计算机图形所必需的各种功能，包括创建线、文字、网格、面及图形用户界面等。在使用 MATLAB 绘图时，句柄图形对象是绘图的基本对象。

13.1.1　句柄图形组织

句柄图形对象体系中包括不同层次的句柄图形对象，如图 13-1 所示。在图 13-1 中，阴影填充部分为句柄图形对象体系中几类主要的对象。其中，Root 为根对象，代表绘图屏幕，是所有对象的父对象，即其余对象均为其子对象。在 MATLAB 中，不同的对象也能满足经典面向对象编程语言的继承特性，即子对象从父对象中继承属性。

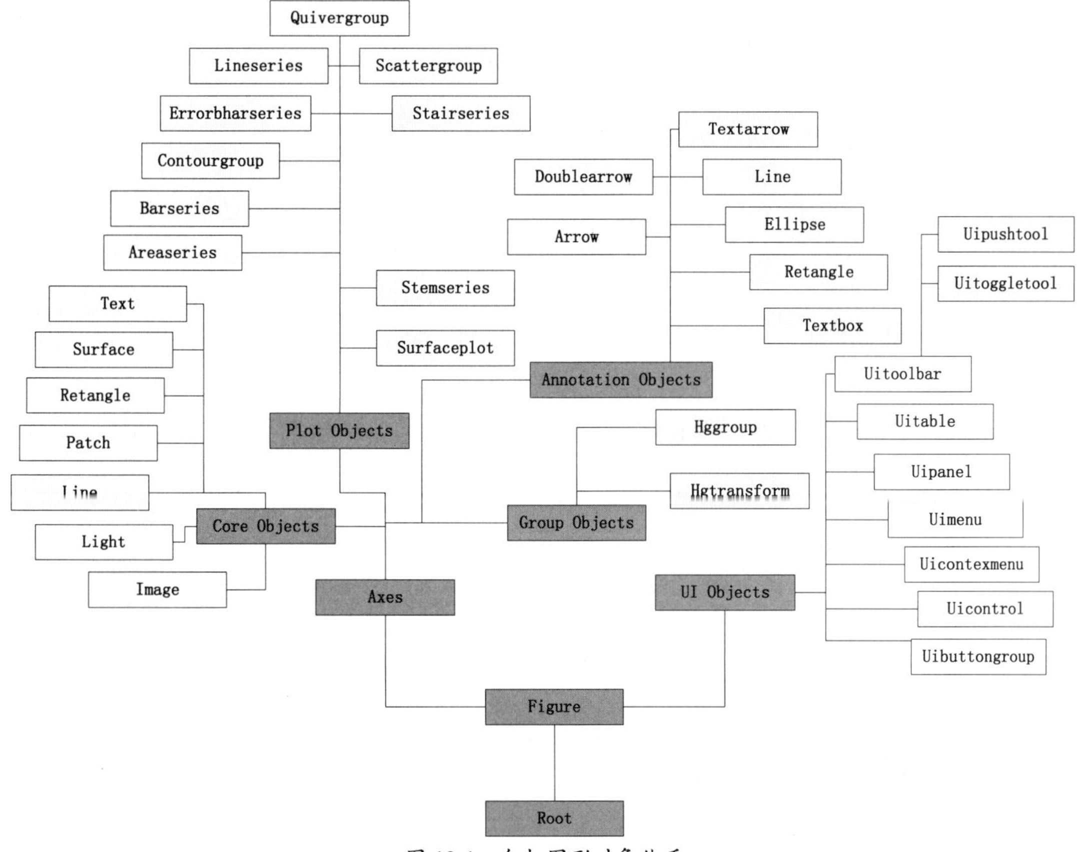

图 13-1　句柄图形对象体系

所有的对象都包含两种类型的属性：一般属性，用来决定对象显示和保存的数据；方法属性，用来决定在对对象进行操作时调用什么样的函数。

13.1.2 句柄图形对象类型简介

从图 13-1 中可以看到，句柄图形对象的类型非常多，如果任意组织，则会给记忆和使用带来极大的不便。MATLAB 提供了合适的组织体系，这样就不必记忆所有的对象，而只需理解其中几个主要变量，便能对句柄图形对象体系进行了解。

主要的句柄图形对象及其分类如下。

（1）核心图形对象（Core Objects）：提供高级绘图命令（如 plot 等）及对复合图形对象进行绘图操作的环境。

（2）复合图形对象：主要包括以下 4 类。

- Plot Objects：由基本的图形对象复合而成，提供设置 plot object 属性的功能。
- Annotation Objects：同其他图形对象分离，位于单独的绘图层上。
- Group Objects：创建在某个方法发挥作用的群对象上。
- UI Objects：用于创建用户界面对象。

13.2 句柄图形对象操作

句柄图形对象的基本操作包括创建、访问、复制、删除、输出、保存等，本节简要讲述这些操作的实现方法。

13.2.1 创建对象

一幅图形包括多种相关的图形对象，由这些图形对象共同组成有具体含义的图形或图片。每个类型的图形对象都有一个相对应的创建函数，这个创建函数使用户能够创建该图形对象的一个实例。

对象创建函数名与所创建的对象名相同。例如，surface 函数将创建一个 Surface 对象，figure 函数将创建一个 Figure 对象。表 13-1 列出了 MATLAB 中所有的图形对象创建函数。

表 13-1 MATLAB 中所有的图形对象创建函数

函 数	描 述	函 数	描 述
axes	在当前图形中创建 Axes 对象	line	创建由顺序连接坐标数据的直线段构成的线条
figure	显示图形的窗口	patch	将矩阵的每一列理解为由一个多边形构成的小面
hggroup	在坐标轴系统中创建 Hggroup 对象	rectangle	创建矩形或椭圆形的二维填充区域
hgtransform	创建 Hgtransform 对象	root	创建 Root 对象
image	创建图像对象	surface	创建由矩阵数据定义的矩形创建而成的曲面

续表

函　数	描　述	函　数	描　述
light	创建位于坐标轴中，能够影响面片和曲面的有方向光源	text	创建位于坐标轴系统中的字符串
uicontextmenu	创建与其他图形对象相关的用户文本菜单	—	—

下面对部分函数的使用进行说明。

例 13-1：下面的程序代码在一个图形窗口中创建多个坐标轴（Axes）对象，并在创建过程中指定对象创建的位置：

```
clear,clc,clf
axes('position',[.1  .1  .8  .6])
mesh(peaks(20));                    %参考图 13-2 (a)
axes('position',[.1  .7  .8  .2])
pcolor([1:10;1:10]);                %参考图 13-2 (b)
```

程序运行结果如图 13-2 所示。其中，图 13-2（a）所示为执行前两条命令后得到的结果，图 13-2（b）所示为执行所有命令后得到的结果。从图形中可以看到，坐标轴对象的大小和方向均由命令控制。

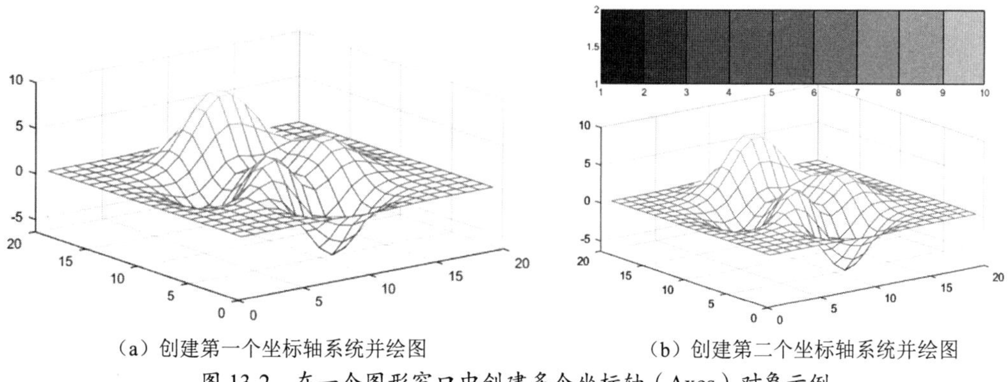

（a）创建第一个坐标轴系统并绘图　　（b）创建第二个坐标轴系统并绘图

图 13-2　在一个图形窗口中创建多个坐标轴（Axes）对象示例

例 13-2：使用 rectangle 函数创建不同的二维矩形区域或椭圆形区域示例。程序代码如下：

```
clear,clc,clf
%以下参考图 13-3 (a)
rectangle('Position',[0.59,0.35,3.75,1.37], 'Curvature',[0.8,0.4],...
       'LineWidth',1,'LineStyle','--')
daspect([1,1,1])
%以下参考图 13-3 (b)
figure
rectangle('Position',[1,2,10,5],'Curvature',[1,1],...
        'FaceColor','r')
daspect([1,1,1])
xlim([0,11])
ylim([1,7])
```

程序运行结果如图 13-3 所示。

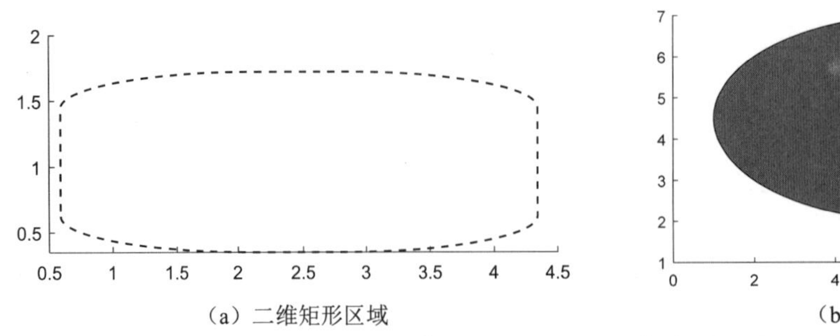

（a）二维矩形区域

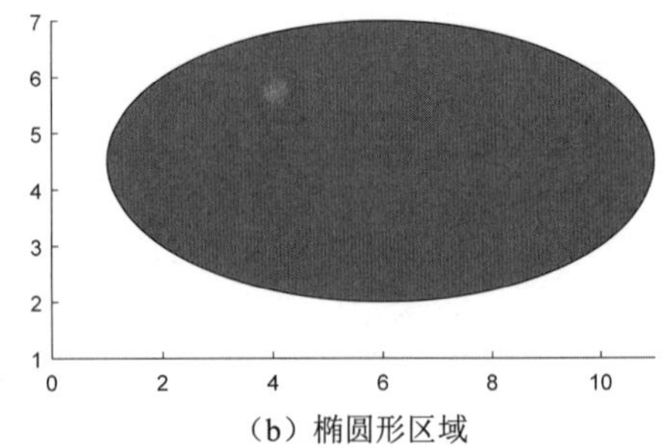

（b）椭圆形区域

图 13-3　rectangle 函数使用示例

例 13-3：使用 surface 函数将图形映射到面上。程序代码如下：

```
clear,clc,clf
load clown
surface(peaks,flipud(X),...
   'FaceColor','texturemap',...
   'EdgeColor','none',...
   'CDataMapping','direct')
colormap(map)                %参考图 13-4（a）
view(-35,45)                 %参考图 13-4（b）
```

程序运行结果如图 13-4 所示。

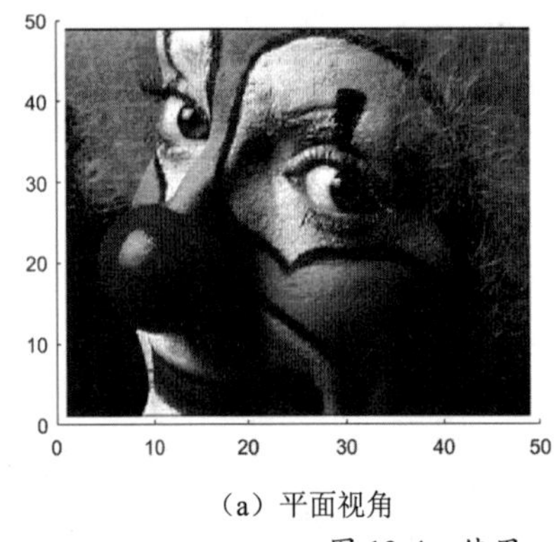

（a）平面视角

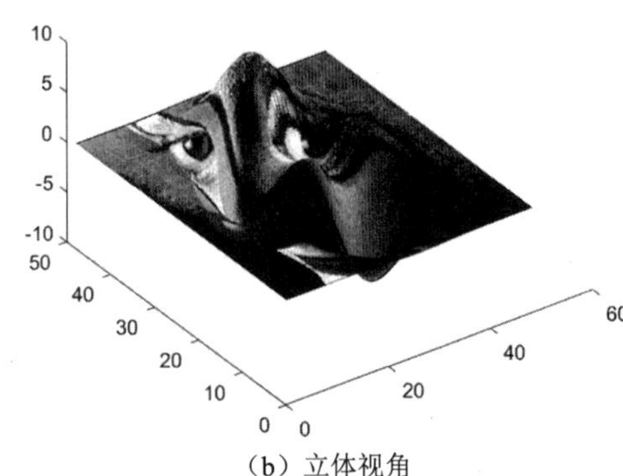

（b）立体视角

图 13-4　使用 surface 函数将图形映射到面上示例

13.2.2　访问对象句柄

MATLAB 在创建句柄图形对象时，为每个句柄图形对象都分配了一个唯一的句柄。访问对象句柄首先要获取对象的句柄值，有如下两种实现方式。

- 在创建对象时，使用变量获取对象的句柄值。这样，在以后需要使用时，只需输入相应的句柄值便可以访问对象，并进行后续操作。
- 如果在创建对象时未使用变量获取对象的句柄值，则可以使用 findobj 函数，通过特定的属性值访问对象。

前一种方式非常简单，只需在创建对象时设置相应的变量即可；而后一种方式则需要使用 findobj 函数。该函数的调用格式如下：

- h = findobj。

- h = findobj('PropertyName',PropertyValue,...)。
- h = findobj('PropertyName',PropertyValue,'-logicaloperator', PropertyName',PropertyValue,...)。
- h = findobj('-regexp','PropertyName','regexp',...)。
- h = findobj('-property','PropertyName')。
- h = findobj(objhandles,...)。
- h = findobj(objhandles,'-depth',d,...)。
- h = findobj(objhandles,'flat','PropertyName',PropertyValue,...)。

其中，h 为返回的句柄值；PropertyName 为属性名；PropertyValue 为属性值；-logicaloperator 为逻辑运算符，可选-and、-or、-xor、-not，分别代表与、或、异或、非操作；-regexp 为正则表达式；-depth 为搜索深度标签；d 为深度值。下面举例说明使用该函数访问句柄图形对象的操作。

例 13-4：使用 findobj 函数访问句柄图形对象，并改变其属性。程序代码如下：

```
clear,clc,clf
x = 0:15;
y = [1.5*cos(x);4*exp(-.1*x).*cos(x);exp(.05*x).*cos(x)]';
h = stem(x,y);
axis([0 16 -4 4])%参考图 13-5 (a)
set(h(1),'Color','black',...
          'Marker','o',...
          'Tag','Decaying Exponential')
set(h(2),'Color','black',...
          'Marker','square',...
          'Tag','Growing Exponential')% 参考图 13-5 (b)
set(h(3),'Color','black',...
          'Marker','*',...
          'Tag','Steady State')% 参考图 13-5 (c)
set(findobj(gca,'-depth',1,'Type','line'),'LineStyle','--')
h = findobj('-regexp','Tag','^(?!Steady State$).');
set(h,{'MarkerSize'},num2cell(cell2mat(get(h,'MarkerSize'))+2))
h = findobj('type','line','Marker','none',...
   '-and','-not','LineStyle','--');
set(h,'Color','red')% 参考图 13-5 (d)
```

程序运行结果如图 13-5 所示。

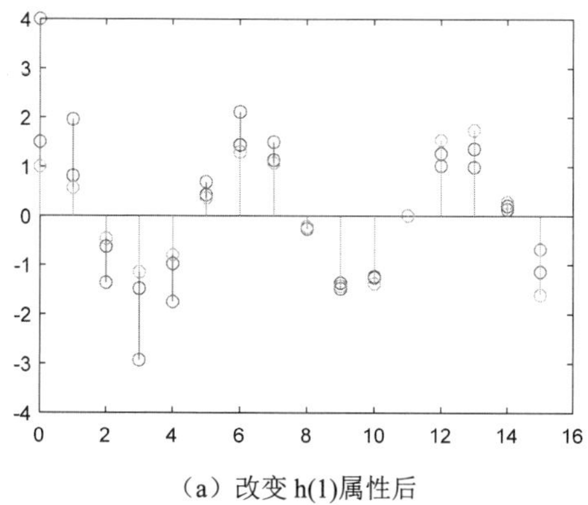

（a）改变 h(1)属性后

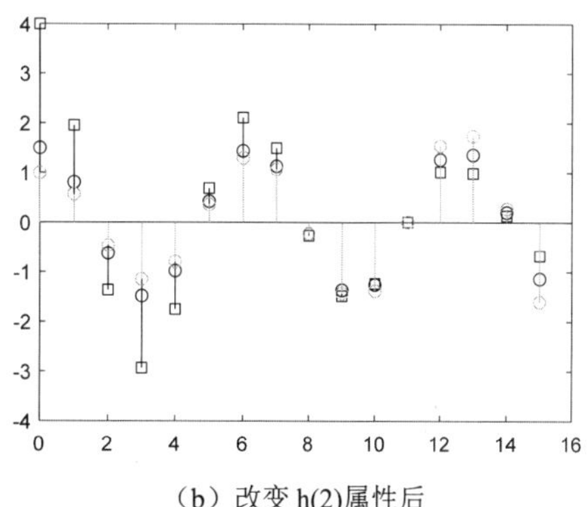

（b）改变 h(2)属性后

图 13-5　使用 findobj 函数访问句柄图形对象示例

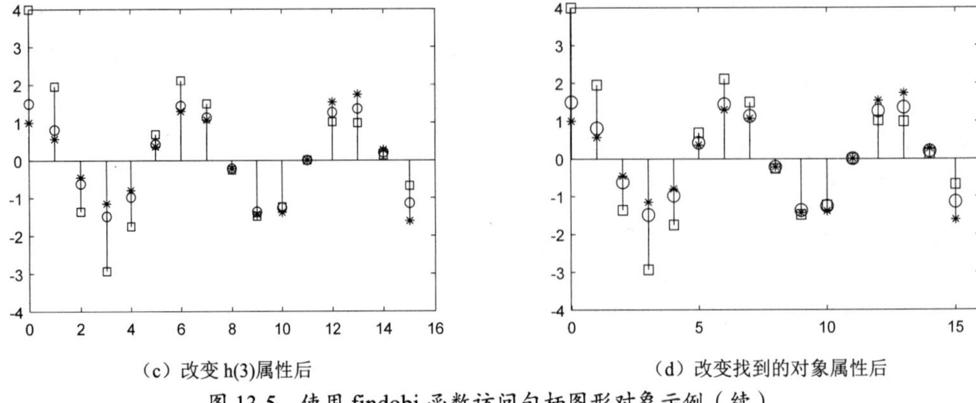

（c）改变 h(3)属性后　　（d）改变找到的对象属性后

图 13-5　使用 findobj 函数访问句柄图形对象示例（续）

13.2.3　复制和删除对象

在 MATLAB 中，可以使用 copyobj 函数复制对象。对句柄图形对象而言，可以从一个父对象下复制一个对象，并将其复制到其他父对象中。复制目标和复制结果对象有着同样的属性值，唯一不同的是父对象的句柄值和自身句柄值。

例 13-5：在一个绘图窗口中创建一个 Text 对象，并将该对象复制到新的绘图窗口中。

```
clear,clc,clf
x=0:0.01:6.28;
y=sin(x);
figure(1);plot(x,y)
%参考图 13-6（a）
text_handle = text('String','\{5\pi\div4, sin(5\pi\div4)\}\rightarrow',...
   'Position',[5*pi/4,sin(5*pi/4),0],'HorizontalAlignment','right')
x1=1.5:0.01:7.78;
y1=sin(x1);
figure(2);plot(x1,y1)
copyobj(text_handle,gca)                    %参考图 13-6（b）
```

程序运行结果如图 13-6 所示。其中，图 13-6（a）中的文本对象被 copyobj 函数复制到了图 13-6（b）中。

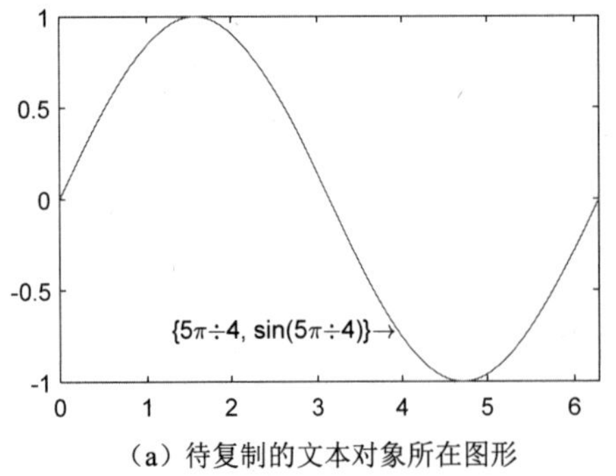

（a）待复制的文本对象所在图形

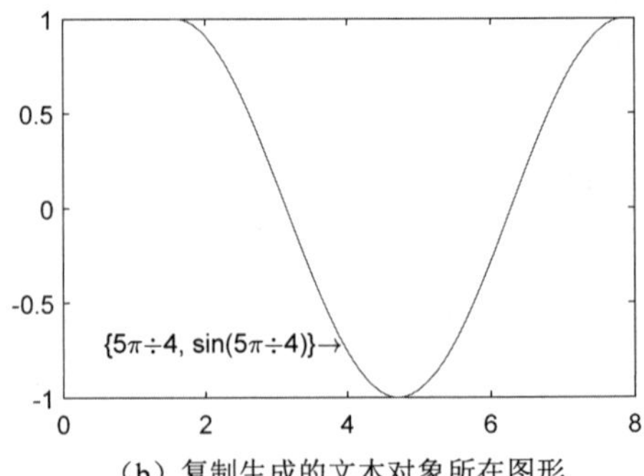

（b）复制生成的文本对象所在图形

图 13-6　复制生成句柄图形对象示例

使用 delete 函数可以实现删除句柄图形对象的操作。

例 13-6：下面的命令首先创建 3 条函数曲线，然后使用 delete 函数删除其中的两条曲线。

```
clear,clc,clf
x = 0:0.05:50;
y = [1.5*cos(x);4*exp(-.1*x).*cos(x);exp(.05*x).*cos(x)]';
h = plot(x,y);
delete(h(1:2:3))
```

程序运行结果如图 13-7 所示。其中，图 13-7（a）显示了使用命令创建的 3 条曲线，而图 13-7（b）则是删除其中两条曲线后的图形。

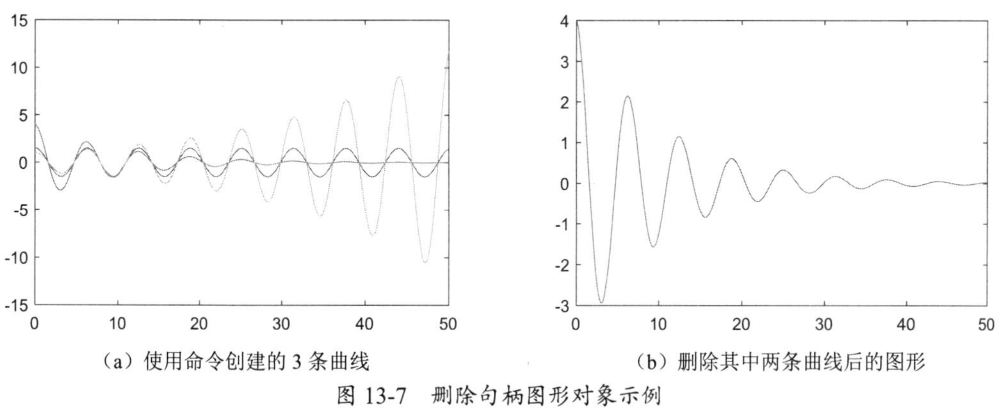

（a）使用命令创建的 3 条曲线　　（b）删除其中两条曲线后的图形

图 13-7　删除句柄图形对象示例

13.2.4　控制图形输出

MATLAB 允许在程序运行过程中打开多个图形窗口，而程序对每个图形窗口均可进行操作。因此，当 MATLAB 程序创建图形窗口来显示图形用户界面并绘制数据时，需要对某些图形窗口进行保护，以免成为图形输出的目标，并准备好相应的输出图形窗口以接收新图形。下面讨论如何使用句柄来控制 MATLAB 显示图形的目标和方法，主要包括以下几点。

- 设置图形输出目标。
- 保护图形窗口和坐标轴。
- 关闭图形窗口。

1．设置图形输出目标

MATLAB 图形创建函数默认在当前的图形窗口和坐标轴中显示图形，但可以在图形创建函数中通过设置 Parent 属性来直接指定图形的输出位置。例如：

```
plot(1:10,'Parent',axes_handle)
```

其中，axes_handle 是目的坐标轴的句柄。在默认情况下，图形输出函数将在当前的图形窗口中显示该图形，且不重置当前图形窗口的属性。然而，如果图形对象是坐标轴的子对象，那么为了显示这些图形，将会擦除坐标轴并重置坐标轴的大多数属性。用户可以通过设置图形窗口和坐标轴的 NextPlot 属性来改变默认情况。

MATLAB 高级图形函数在绘制图形前首先检查 NextPlot 属性，然后决定是添加还是重置图形和坐标轴；而低级对象创建函数则不检查 NextPlot 属性，只简单地在当前图形窗口和坐标轴中添加新的图形对象。

表 13-2 列出了 NextPlot 属性的取值范围。

表 13-2　NextPlot 属性的取值范围

NextPlot	Figure 对象	Axes 对象
new	创建新图形作为当前图形	—
add	添加图形对象	保持不变
replacechildren	删除子对象但并不重置属性	删除子对象但并不重置属性
replace	删除子对象并重置属性	删除子对象并重置属性

hold 命令提供了访问 NextPlot 属性的简便方法。例如，以下语句将图形窗口和坐标轴的 NextPlot 属性都设置为 add：

```
hold on
```

而以下语句则将图形窗口和坐标轴的 NextPlot 属性都设置为 replace：

```
hold off
```

MATLAB 提供 newplot 函数来简化代码中设置 NextPlot 属性的编写过程。newplot 函数首先检查 NextPlot 属性值，然后根据属性值采取相应的行为。在严谨的操作中，应该在所有调用图形创建函数代码的开头定义 newplot 函数。

当调用 newplot 函数时，可能发生以下动作。

（1）检查当前图形窗口的 NextPlot 属性，具体过程如下。

- 如果不存在当前图形窗口，则创建一个图形窗口并将该图形窗口设为当前图形窗口。
- 如果 NextPlot 的值为 add，则将当前图形窗口设置为当前图形窗口。
- 如果 NextPlot 的值为 replacechildren，则删除图形窗口的子对象并将该图形窗口设为当前图形窗口。
- 如果 NextPlot 的值为 replace，则删除图形窗口的子对象，重置图形窗口属性为默认值，并将该图形窗口设置为当前图形窗口。

（2）检查当前坐标轴的 NextPlot 属性。

- 如果不存在当前坐标轴，则创建一个坐标轴并将其设置为当前坐标轴。
- 如果 NextPlot 的值为 add，则将当前坐标轴设置为坐标轴。
- 如果 NextPlot 的值为 replacechildren，则删除坐标轴的子对象，并设置当前坐标轴为坐标轴。
- 如果 NextPlot 的值为 replace，则删除坐标轴的子对象，重置坐标轴属性为默认值，并设置当前坐标轴为坐标轴。

在默认情况下，图形窗口的 NextPlot 值为 add，坐标轴的 NextPlot 值为 replace。

例 13-7：下面给出一个绘图函数 my_plot 来说明 newplot 的使用方法，该函数在绘制多个图形时将循环使用不同的线型。程序代码如下：

```
function my_plot(x,y)
cax = newplot;    % 返回当前坐标轴对象的句柄
LSO = ['- ';'--';': ';'-.'];
set(cax,'FontName','Times','FontAngle','italic')
set(get(cax,'Parent'),'MenuBar','none')
line_handles = line(x,y,'Color','b');
style = 1;
for i = 1:length(line_handles)
    if style > length(LSO), style = 1;end
    set(line_handles(i),'LineStyle',LSO(style,:))
    style = style + 1;
end
grid on
end
```

其中，my_plot 函数使用 line 函数绘制数据。虽然 line 函数并不检查图形窗口和坐标轴的 NextPlot 属性值，但是通过调用 newplot 使 my_plot 函数与高级函数 plot 执行相同的操作，即每次用户在调用该函数时，函数都对坐标轴进行重置。my_plot 函数使用 newplot 函数返回的句柄来访问图形窗口和坐标轴。下面的命令用于调用 my_plot 函数来绘图：

```
clear,clc,clf
my_plot(1:10,peaks(10))
```

程序运行结果如图 13-8 所示。

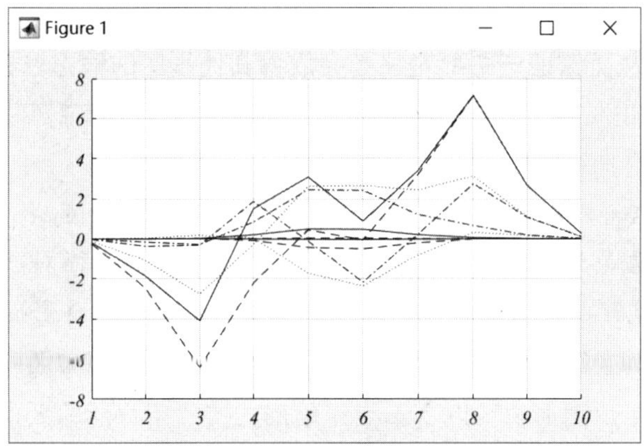

图 13-8　newplot 函数使用示例

在一些情况下，需要改变坐标轴的外观来适应新的图形对象。在改变坐标轴和图形窗口之前，最好先测试一下 hold 属性是否为 on。当 hold 属性为 on 时，坐标轴和图形窗口的 NextPlot 值均为 add。

下面的 my_plot3 函数将接收三维数据并使用 ishold 来检查 hold 属性的状态，以此来决定是否更改视图：

```
function my_plot3(x,y,z)
cax = newplot;
hold_state = ishold;            %检查当前 hold 属性的状态
LSO = ['- ';'--';': ';'-.'];
if nargin == 2
    hlines = line(x,y,'Color','k');
```

```
    if ~hold_state              %如果 hold 属性为 off，则改变视图
        view(2)
    end
elseif nargin == 3
    hlines = line(x,y,z,'Color','k');
    if ~hold_state              %如果 hold 属性为 off，则改变视图
        view(3)
    end
end
ls = 1;
for hindex = 1:length(hlines)
    if ls > length(LSO),ls = 1;end
    set(hlines(hindex),'LineStyle',LSO(ls,:))
    ls = ls + 1;
end
end
```

如果 hold 属性为 on，则在调用 my_plot3 时将不改变视图，否则有 3 个输入参数，MATLAB 将视图由二维变为三维。

2. 保护图形窗口和坐标轴

绘图时，在有些情况下需要对图形窗口和坐标轴进行保护以免其成为图形输出的目标。在操作时，可以将特定图形窗口或坐标轴的句柄从句柄列表中删除，使 newplot 和其他返回句柄的函数（如 gca、gco、cla、clf、close 和 findobj）无法找到该句柄。这样，程序将无法在这个句柄中输出，从而保证该图形对象不会成为其他程序的输出目标。

通过 HandleVisibility 和 ShowHiddenHandles 两个属性可以控制保护对象句柄的可见性。HandleVisibility 是所有句柄图形对象都具备的属性，其取值如下。

- on：对象句柄可以被任意函数获得，这是该属性的默认值。
- callback：对象句柄对所有在命令行中执行的函数隐藏，而对所有回调函数总是可见的，这种可见程度将保证用户在命令行中输入的命令不会影响被保护对象。
- off：句柄对所有函数（无论是命令行中执行的函数还是回调的函数）都是隐藏的。

例如，如果一个用户图形窗口以文本字符串形式接收用户的输入，并在回调函数中对这个字符串进行处理，那么如果不对该图形窗口进行保护，则字符串“close all”有可能会导致用户图形窗口被销毁。为了防止这种情况出现，应将该图形窗口关键对象的 HandleVisibility 属性值暂时设置为 off。相关命令如下：

```
user_input = get(editbox_handle,'String')
set(gui_handles,'HandleVisibility','off')
eval(user_input)
set(gui_handles,'HandleVisibility','commandline')
```

如果被保护的图形窗口是屏幕顶层的图形窗口，而在它之下存在未被保护的图形窗口，那么使用 gcf 将返回最高层的未被保护的图形窗口；gca 的情况与 gcf 相同；而如果不存在未被保护的图形窗口或坐标轴，则将创建一个图形窗口并返回它的句柄。

Root 对象的 ShowHiddenHandles 属性用于控制句柄图形对象的可见性。ShowHiddenHandles

的默认值为 off；当该属性值为 on 时，句柄对所有函数都是可见的。close 函数可以通过使用 hidden 选项来访问不可见的图形窗口，命令如下：

```
close('hidden')
```

这时，即使该图形窗口是被保护的，该语句也将关闭屏幕顶层的图形窗口。使用以下语句将关闭所有图形窗口：

```
close('all','hidden')
```

3．关闭图形窗口

当发生以下几种情况时，MATLAB 将执行由图形窗口的 CloseRequestFcn 属性定义的回调函数（或称为关闭请求函数）。

- 在图形窗口中调用 close 命令。
- 用户退出 MATLAB 时还存在可见的图形窗口（如果一个图形窗口的 Visible 属性值为 off，则退出 MATLAB 时并不执行关闭请求函数，而删除该图形窗口）。
- 使用窗口系统的关闭菜单或按钮来关闭图形窗口。

关闭请求函数有时非常有用，它在关闭图形窗口时，可以进行如下操作。

- 在关闭动作发生前，弹出提示框。
- 在关闭前保存数据。
- 避免一些意外关闭的情况。

默认的关闭请求函数保存在一个名为 closereq 的函数文件中。该函数包括的语句如下：

```
if isempty(gcbf)
  if length(dbstack) == 1
    warning('MATLAB:closereq',...
    'Calling closereq from the command line is now obsolete,...
   use close instead');
  end
  close force
else
  delete(gcbf);
end
```

使用 HandleVisibility 设置关闭请求的图形，在任何没有特殊指明关闭该图形的命令中，均可以保护该图形不被关闭。例如：

```
h = figure('HandleVisibility','off')
close          % 图形不被关闭
close all      % 图形不被关闭
close(h)       % 图形被关闭
```

13.2.5　保存句柄

在使用图形相关函数时，需要频繁用到句柄来访问属性值和输出图形对象。在一般情况下，MATLAB 提供了一些途径来返回关键对象。然而，在函数文件中，这些途径可能并非获取句柄值的最佳方式，原因如下。

- 在 MATLAB 中，查询图形对象句柄或其他信息的执行效率并不高，在文件中，最好还是将句柄值直接保存在一个变量中来引用。
- 由于当前的坐标轴、图形窗口或对象有可能因为用户的交互而发生变化，因此查询方式难以确保句柄值完全正确，但是使用句柄变量可以保证正确地反映对象发生的变化。

为了保存句柄信息，通常在文件开始处保存 MATLAB 状态信息。例如，用户可以使用以下语句作为 M 文件的开头：

```
cax = newplot;
cfig = get(cax,'Parent');
hold_state = ishold;
```

这样，就无须在每次需要这些信息时都重新查询了。如果对象暂时改变了保存状态，那么用户应当将 NextPlot 的当前属性值保存下来，以便以后重新设置：

```
ax_nextplot = lower(get(cax,'NextPlot'));
fig_nextplot = lower(get(cfig,'NextPlot'));
...
set(cax,'NextPlot',ax_nextplot)
set(cfig,'NextPlot',fig_nextplot)
```

13.3 句柄图形对象属性设置

句柄图形对象的属性包括句柄图形对象的外观、行为等很多方面，如对象类型、子对象和父对象、可视性等。

13.3.1 设置属性

在 MATLAB 中，可以访问任何属性值和设置绝大部分属性值；对一个对象的属性值的设置只会影响该对象，而不会影响其他对象。

在设置属性值时，属性值改变的顺序与命令中对应的属性值关键词出现的先后顺序有关。例如：

```
figure('Position',[1 1 400 300],'Units','inches')
```

该命令首先在指定的位置上创建指定大小（默认单位为像素点数）的图形对象；如果改变命令的顺序，则图形的单位为英寸。例如：

```
figure('Units','inches','Position',[1 1 400 300])
```

此时，将会产生一个非常大的图形。

常用的设置属性的函数为 set。该函数的调用格式如下。

- set(H,'PropertyName',PropertyValue,…)。
- set(H,a)。
- set(H,pn,pv,...)。

- set(H,pn,MxN_pv)。
- a = set(h)。
- pv = set(h,'PropertyName')。

其中，H 为句柄图形对象的句柄值，PropertyName 为属性名，PropertyValue 为属性值，a 为待设置的句柄值，pn、pv 分别为属性名矩阵和属性值矩阵，MxN 为句柄值矩阵的大小。

在设置前，常常需要使用 get 函数对属性进行访问。该函数的调用格式如下。

- get(h)。
- get(h,'PropertyName')。
- <m-by-n value cell array> = get(H,pn) 。
- a = get(h)。
- a = get(0)。
- a = get(0,'Factory')。
- a = get(0,'FactoryObjectTypePropertyName')。
- a = get(h,'Default')。
- a = get(h,'DefaultObjectTypePropertyName')。

其中的参数不再具体讲述，读者可以参考 set 函数与 MATLAB 帮助文件。下面通过示例对这两个函数的使用进行简单说明。

例 13-8：设置属性示例。输入命令：

```
clear,clc,clf
figure('Position',[1 1 400 300],'Units','inches')
set(gcf,'Units','pixels')
get(gcf,'Position')
```

输出结果：

```
ans =
    1     1   400   300
```

输入命令：

```
set(gcf,'Units','pixels','Position',[1 1 400 300],'Units',...
   'inches')
get(gcf,'Position')
```

输出结果：

```
ans =
    0         0    4.1667    3.1250
```

13.3.2　设置默认属性

设置默认属性是影响所有图形的一种简单方法。在任何时候，只要在新创建的图形中没有定义某个属性值，程序就会采用默认的属性值。因此，只需设置默认属性，基本上就可以影响所有的作图。

下面对默认属性设置的相关内容进行介绍。

- 搜索默认属性。
- 定义默认属性值。

1. 搜索默认属性

MATLAB 对默认属性值的搜索从当前对象开始，沿着对象的继承关系向上层对象搜索，直到找到 Factory 设置值。

2. 定义默认属性值

设置默认属性值的命令为 set，但与一般的设置使用的属性名不同，该命令通常在属性名前添加 Default 字样等。例如，利用下面的命令设置线宽：

```
set(gcf,'DefaultLineLineWidth',1.5)
```

命令中的属性名为 DefaultLineLineWidth，而不是 LineWidth。

在设置默认属性后，可以使用命令将图形对象中的属性设置为默认值，操作方法一般为：在设置时，使用 default 作为属性值，如例 13-9 所示。

例 13-9：下面的命令首先将 EdgeColor 的默认值设置为黑色并绘图，再将 EdgeColor 的默认值设置为绿色，并将 EdgeColor 设置为默认颜色。

```
clear,clc,clf
set(0,'DefaultSurfaceEdgeColor','k')
h = surface(peaks);                    %使用默认 EdgeColor 绘图，参考图 13-9
set(gcf,'DefaultSurfaceEdgeColor','b')
set(h,'EdgeColor','default')           %设置为新的默认 EdgeColor 值，参考图 13-10
```

程序运行结果如图 13-9 和图 13-10 所示。

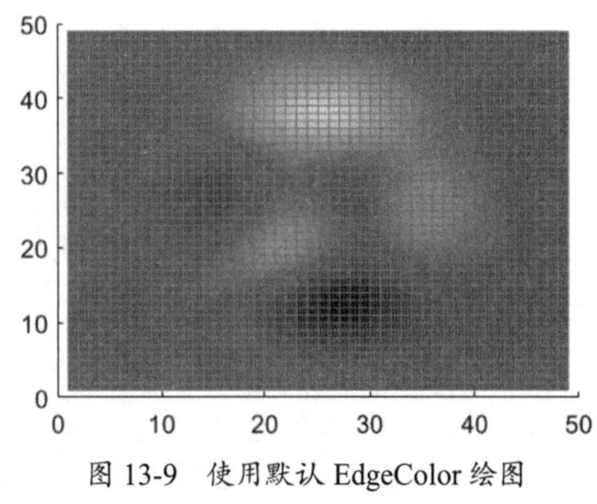

图 13-9　使用默认 EdgeColor 绘图

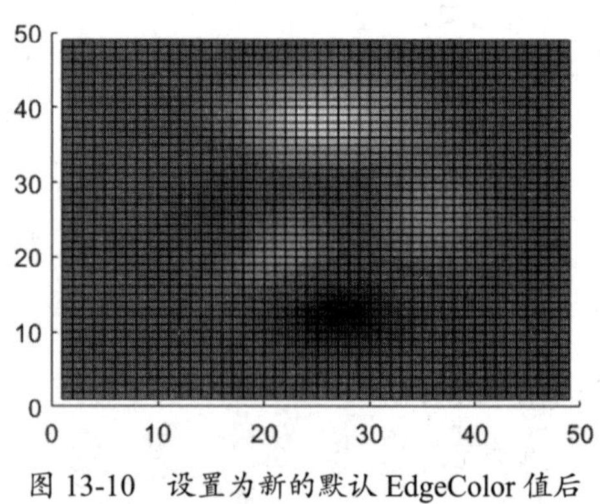

图 13-10　设置为新的默认 EdgeColor 值后

对应设置默认属性，MATLAB 还提供了删除默认属性的方法。一般方法为将默认属性的值设置为 remove。例如：

```
set(0,'DefaultSurfaceEdgeColor','remove')
```

该命令可以删除例 13-9 中设置的默认 EdgeColor 属性值。

还可以将默认属性值设置为 factory，方法为在属性后设置属性值为 factory。例如：

```
set(h,'EdgeColor','factory')。
```

例 13-10：下面的命令分别使用未设置和设置默认线型及颜色绘图，并在程序最后删除默认属性值。

```
clear,clc,clf
Z = peaks;
plot(1:49,Z(4:7,:))                          %参考图 13-11（a）
close
set(0,'DefaultAxesColorOrder',[0 0 0],...
     'DefaultAxesLineStyleOrder','-|--|:|-.')
plot(1:49,Z(4:7,:))                          %参考图 13-11（b）
set(0,'DefaultAxesColorOrder','remove',...
     'DefaultAxesLineStyleOrder','remove')
```

程序运行结果如图 13-11 所示。在程序的最后，将这些默认值均删除，以免影响以后使用 MATLAB 进行绘图时得到的线型。

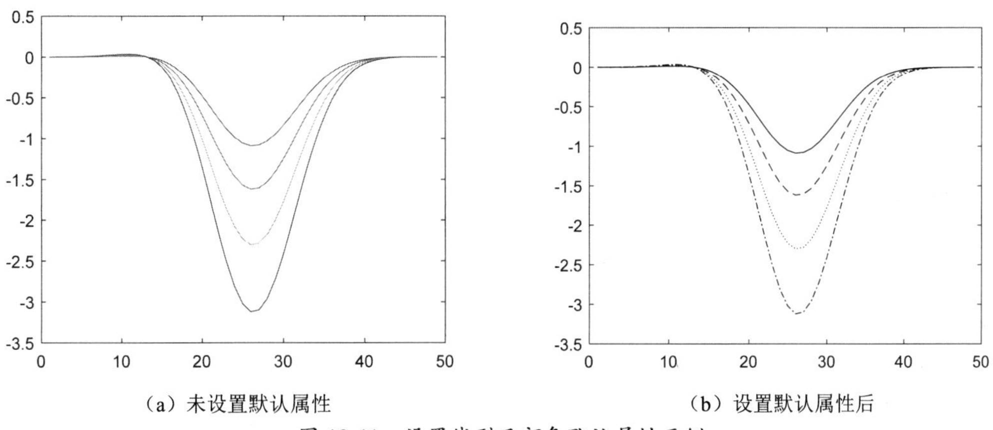

（a）未设置默认属性　　　　（b）设置默认属性后

图 13-11　设置线型及颜色默认属性示例

例 13-11：下面的命令用来设置不同对象层次上对象的默认属性，具体为在同一个绘图窗口中创建两个图形窗口，并在 Figure 对象和 Axes 对象层面使用命令设置默认属性。

```
clear,clc,clf
t = 0:pi/20:2*pi;
s = sin(t);
c = cos(t);
% 设置 Axes 对象的 Color 属性
figh = figure('Position',[30 100 800 350],...
             'DefaultAxesColor',[.8 .8 .8]);
axh1 = subplot(1,2,1); grid on
% 设置第一个 Axes 对象的 LineStyle 属性
set(axh1,'DefaultLineLineStyle','-.')
line('XData',t,'YData',s)
line('XData',t,'YData',c)
text('Position',[3 .4],'String','Sine')
text('Position',[2 -.3],'String','Cosine',...
    'HorizontalAlignment','right')
axh2 = subplot(1,2,2); grid on
% 设置第二个 Axes 对象的 TextRotation 属性
set(axh2,'DefaultTextRotation',90)
```

```
line('XData',t,'YData',s)
line('XData',t,'YData',c)
text('Position',[3 .4],'String','Sine')
text('Position',[2 -.3],'String','Cosine',...
    'HorizontalAlignment','right')
```

程序运行结果如图 13-12 所示。

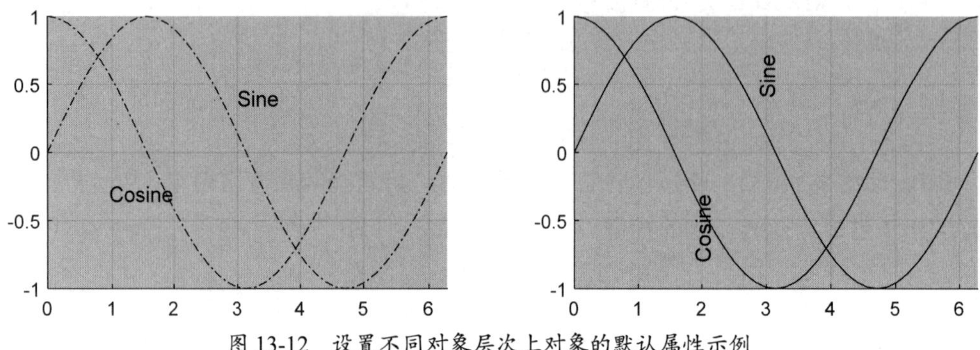

图 13-12 设置不同对象层次上对象的默认属性示例

13.3.3 通用属性

MATLAB 所有的句柄图形对象一般都带有如表 13-3 所示的属性。

表 13-3 句柄图形对象通用属性

属 性	描 述	属 性	描 述
BeingDeleted	在析构调用时返回一个值	Interruptible	决定回调路径是否可以被中断
BusyAction	控制特定对象的句柄回调函数的中断路径	Parent	父对象句柄值
ButtonDownFcn	控制鼠标动作回调函数路径	Selected	显示对象是否被选取
Children	子对象的句柄值	SelectionHighlight	显示对象被选取状态
Clipping	控制轴对象的显示	Tag	用户定义对象标识
CreateFcn	构造函数回调路径	Type	对象类型
DeleteFcn	析构函数回调路径	UserData	与对象关联的数据
HandleVisibility	控制对象句柄的可用性	Visible	决定对象是否可见
HitTest	决定在鼠标操作时对象是否为当前对象	—	—

13.4 Figure 对象

13.4.1 Figure 对象介绍

在 MATLAB 中，Figure 对象（Objects）提供图形显示的窗口。该对象的组件包括菜单栏、工具栏、用户界面对象、坐标轴对象及其子对象，以及其他所有类型的图形对象。

Figure 对象的用途如下。

- 用于数据图形。
- 用于图形用户界面（GUI）。

这两个用途虽然可以互相区分，但在操作时也可以同时使用。例如，在一个图形用户界面中，也可以绘制数据图形。

1. 用于数据图形

在 MATLAB 中，当不存在 Figure 对象时，使用绘制图形的命令（如 plot 和 surf 等）可以自动创建 Figure 对象。如果存在多个图形窗口，则其中总有一个被设置为当前图形窗口，用于输出图形。可以使用 gcf 相关命令来获取当前图形窗口的句柄。例如：

```
get(gcf)
```

也可以使用 Root 对象的 CurrentFigure 属性来获取当前 Figure 对象的句柄值；如果没有 Figure 对象，则会返回一个空值，如下面的命令：

```
get(0,'CurrentFigure')
```

例 13-12：使用 surf 命令创建 Figure 对象，并绘图；在绘图后进行属性设置，使绘制的球面美观。

```
clear,clc,clf
k = 5;
n = 2^k-1;
[x,y,z] = sphere(n);
c = hadamard(2^k);
surf(x,y,z,c);%参考图 13-13 (a)
colormap([1  1  0; 0  1  1])
axis equal   %参考图 13-13 (b)
```

程序运行结果如图 13-13 所示。

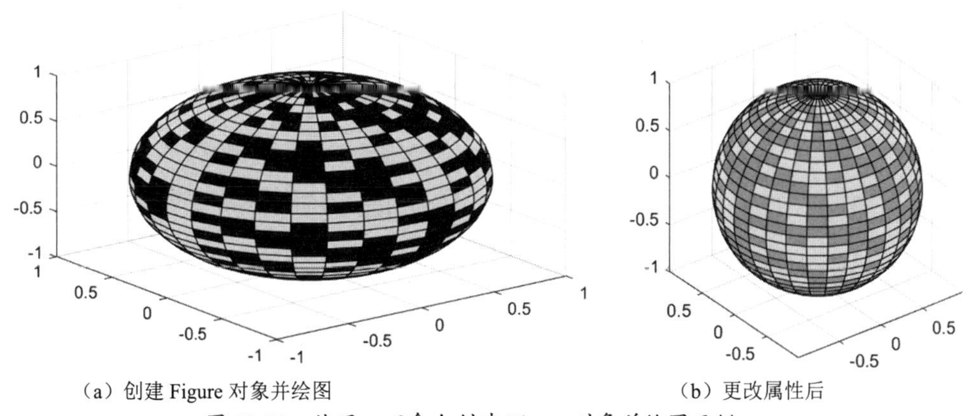

（a）创建 Figure 对象并绘图　　（b）更改属性后

图 13-13　使用 surf 命令创建 Figure 对象并绘图示例

2. 用于图形用户界面

图形用户界面在交换程序中的使用很普遍，包括从最简单的提示框到极其复杂的交互界面。在使用 Figure 对象满足图形用户界面的需求时，可以对该对象的许多属性进行设置。需要设置的属性如下。

- 显示或隐藏菜单栏（MenuBar）。
- 更改 Figure 对象标识名称（Name）。
- 控制用户对图形句柄的访问（HandleVisibility）。
- 创建回调函数用于用户在调整图形时执行其他功能（ResizeFcn）。
- 控制工具栏的显示（Toolbar）。
- 设置快捷菜单（UIContextMenu）。
- 定义鼠标发生动作时的回调函数（WindowButtonDownFcn、WindowButtonMotion-Fcn、WindowButtonUpFcn）。
- 设置图形窗口风格（WindowStyle）。

13.4.2 Figure 对象操作

Figure 对象的操作函数及其说明如表 13-4 所示。

表 13-4 Figure 对象的操作函数及其说明

函　数	说　明	函　数	说　明
clf	清除当前图形窗口内容	hgsave	分层保存句柄图形对象
close	关闭图形	newplot	决定绘制图形对象的位置
closereq	默认图形关闭请求函数	opengl	控制 OpenGL 表达
drawnow	更新事件队列与图形窗口	refresh	重新绘制当前图形
gcf	当前图形句柄	saveas	保存图形
hgload	分层加载句柄图形对象	shg	显示最近绘制的图形窗口

13.5 Axes 对象

MATLAB 在绘图时需要清楚地知道各个数据点的显示位置，Axes 对象的作用之一即是如此。本节说明 Axes 对象的一些使用功能。

- 标签与外观。
- 位置。
- 一图多轴。
- 坐标轴控制。
- 线条颜色控制。
- 绘图操作。

13.5.1 标签与外观

MATLAB 程序提供了许多用于控制外观的属性来控制坐标轴的显示，如图 13-14 中显示的一些属性。

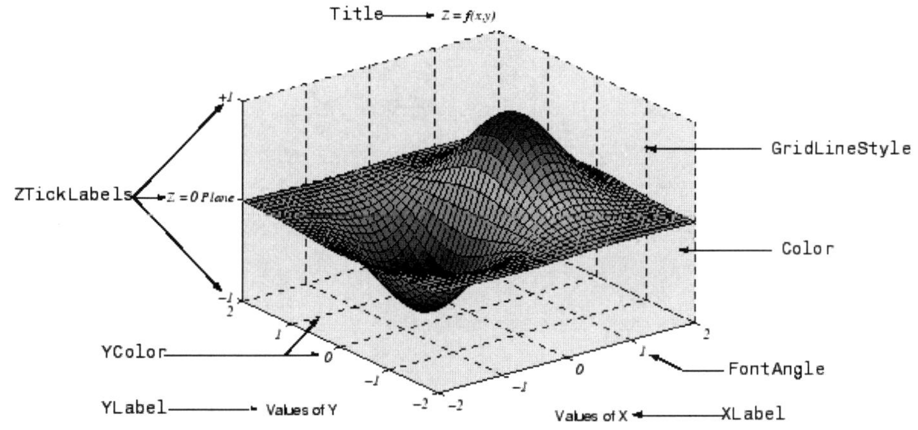

图 13-14　MATLAB 提供的部分坐标轴显示控制属性

图 13-14 中的坐标轴显示控制属性可以通过下面的命令设置：

```
h = axes('Color',[.9 .9 .9],...
      'GridLineStyle','--',...
      'ZTickLabel','-1|Z = 0 Plane|+1',...
      'FontName','times',...
      'FontAngle','italic',...
      'FontSize',14,...
      'XColor',[0 0 .7],...
      'YColor',[0 0 .7],...
      'ZColor',[0 0 .7]);
```

可以使用 xlabel、ylabel、zlabel 和 title 等函数来创建坐标轴标签，但需要注意这些坐标轴标签设置函数只对当前坐标轴对象有效。还可以使用 set 函数进行设置，如下面的命令：

```
set(get(axes_handle,'XLabel'),'String','Values of X')
set(get(axes_handle,'YLabel'),'String','Values of Y')
set(get(axes_handle,'Title'),'String','\fontname{times}\itZ = f(x,y)')
```

对图形输出要求高的用户，很多时候需要用到字体设置，这时可以参考下面命令中的设置方式：

```
set(get(h,'XLabel'),'String','Values of X',...
                 'FontName','times',...
                 'FontAngle','italic',...
                 'FontSize',14)
```

13.5.2　位置

坐标轴的位置决定了图形窗口中坐标轴对象的大小和位置。在 MATLAB 中，坐标轴的位置属性可以使用下面的向量表示：

```
[left bottom width height]
```

该向量代表的含义如图 13-15 所示。其中，left 和 bottom 为在二维图形中向量所代表的位置，width 和 height 为在三维图形中向量所代表的位置。

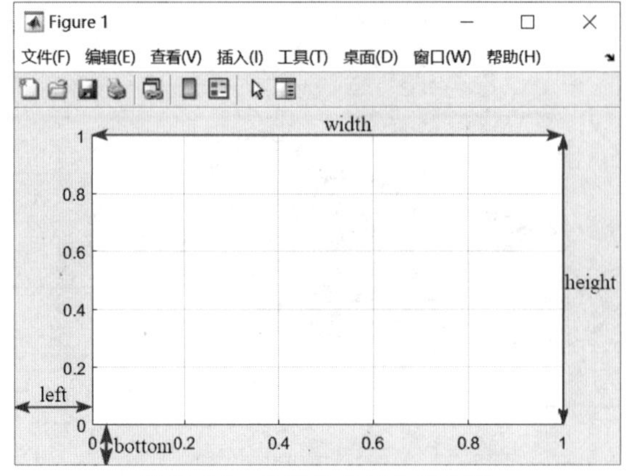

图 13-15　坐标轴位置向量说明

在设置位置时，需要注意设置位置使用的单位。在 MATLAB 中，可以使用多种单位：

```
set(gca,'Units')
[ inches | centimeters | {normalized} | points | pixels ]
```

其中，{normalized}为归一化单位，为相对单位，其余均为绝对单位。

13.5.3　一图多轴

在一个图形窗口中创建多个坐标轴对象，最简单、使用最多的方法是使用 subplot 函数自动计算和设置新的坐标轴对象的位置与大小。然而，在更高级的使用中，subplot 函数显然不能满足使用要求。例如，在图形中设置相互重叠的坐标轴对象，以达到创建更有意义的图形的目的。

一图多轴的功能在绘图过程中可以服务的 3 个典型的目的如下。

- 在坐标轴外放置文本。
- 在同一个图形中显示不同缩放尺度的图形。
- 显示双坐标轴。

1. 在坐标轴外放置文本

在 MATLAB 中，所有的文本对象均在坐标轴对象的显示范围内，但有时需要在显示范围外创建文本，这时首先需要新建坐标轴并在新的坐标轴中创建文本对象，再进行显示。

例 13-13：绘制两个坐标轴对象，并使用其中一个对象绘图，使用另一个对象放置注解文本。

```
clear,clc,clf
h = axes('Position',[0 0 1 1],'Visible','off');
axes('Position',[.25 .1 .7 .8])
t = 0:900;
plot(t,0.25*exp(-0.005*t))                %参考图 13-16 (a)
str(1) = {'Plot of the function:'};
str(2) = {' y = A{\ite}^{-\alpha{\itt}}'};
str(3) = {'With the values:'};
str(3) = {' A = 0.25'};
```

```
str(4) = {' \alpha = .005'};
str(5) = {' t = 0:900'};
set(gcf,'CurrentAxes',h)
text(.025,.6,str,'FontSize',12)          %参考图 13-16 (b)
```

程序运行结果如图 13-16 所示。其中，图 13-16（a）所示为放置在当前坐标轴对象中的图形，图 13-16（b）所示为在另一个坐标轴对象中放置文本对象后的图形。

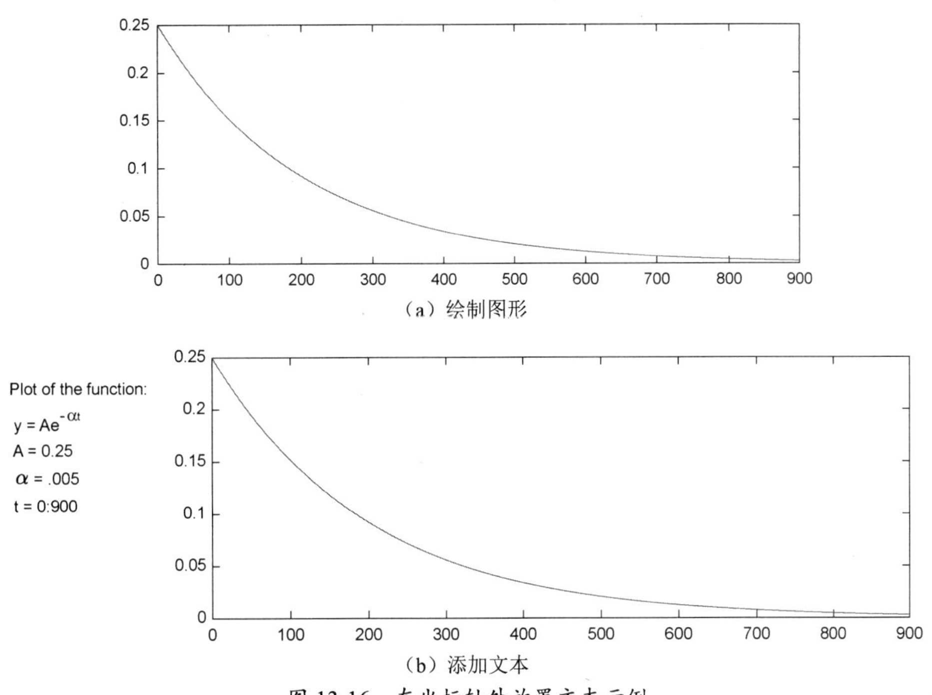

（a）绘制图形

（b）添加文本

图 13-16　在坐标轴外放置文本示例

2. 在同一个图形中显示不同缩放尺度的图形

很多时候，在同一个图形中显示不同缩放尺度的图形非常有意义，如在需要放大图形或显示整体图形时。下面的例子说明了在同一个图形中放置不同缩放尺度的图形的操作方法。

例 13-14：在同一个图形中显示 5 个不同缩放尺度的球。

```
clear,clc,clf
h(1) = axes('Position',[0 0 1 1]);
sphere
h(2) = axes('Position',[0 0 .4 .6]);
sphere
h(3) = axes('Position',[0 .5 .5 .5]);
sphere
h(4) = axes('Position',[.5 0 .4 .4]);
sphere
h(5) = axes('Position',[.5 .5 .5 .3]);
sphere                                   %参考图 13-17 (a)
set(h,'Visible','off')                   %参考图 13-17 (b)
```

程序运行结果如图 13-17 所示。从图 13-17（a）中可以看到，每个图形都在不同的坐标轴对象中绘制；而从图 13-17（b）中看则似乎是在一个坐标轴对象中绘制而成的。在同一个图形中显示不同缩放尺度的图形时，消隐不需要的坐标显示很重要。

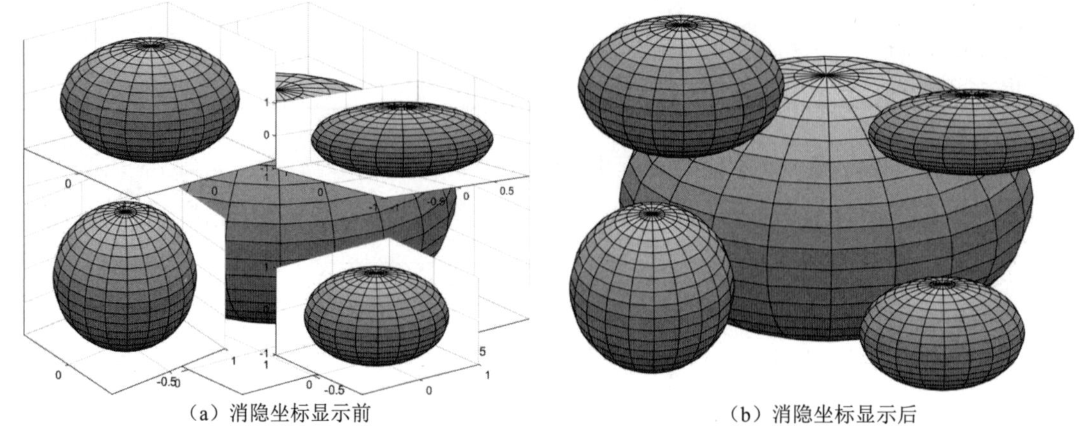
（a）消隐坐标显示前　　（b）消隐坐标显示后

图 13-17　在同一个图形中显示不同缩放尺度的图形示例

3. 显示双坐标轴

使用 XAxisLocation 和 YAxisLocation 属性可以设置坐标轴标签与标度的显示位置，这样就可以在一个图形中创建两个不同的 x、y 轴显示配对，因为每对显示只需要两个轴便能完成，而一个图形中有 4 个位置可供显示。这种技术在实际应用中有着较高的价值，其具体的实现方式可以参考例 13-15。

例 13-15：双坐标轴显示示例。

```
clear,clc,clf
%准备数据
x1 = [0:.1:40];
y1 = 4.*cos(x1)./(x1+2);
x2 = [1:.2:20];
y2 = x2.^2./x2.^3;
%显示第一个坐标轴对象
hl1 = line(x1,y1,'Color','r');
ax1 = gca;
set(ax1,'XColor','r','YColor','r')                %参考图 13-18（a）
%添加第二个坐标轴显示对象
ax2 = axes('Position',get(ax1,'Position'),...
          'XAxisLocation','top',...
          'YAxisLocation','right',...
          'Color','none',...
          'XColor','k','YColor','k');
hl2 = line(x2,y2,'Color','k','Parent',ax2)        %参考图 13-18（b）
xlimits1 = get(ax1,'XLim');
ylimits1 = get(ax1,'YLim');
xinc1 = (xlimits1(2)-xlimits1(1))/5;
yinc1= (ylimits1(2)-ylimits1(1))/5;
xlimits2 = get(ax2,'XLim');
ylimits2 = get(ax2,'YLim');
xinc2 = (xlimits2(2)-xlimits2(1))/5;
yinc2 = (ylimits2(2)-ylimits2(1))/5;
%调整刻度
set(ax1,'XTick',[xlimits1(1):xinc1:xlimits1(2)],...
      'YTick',[ylimits1(1):yinc1:ylimits1(2)])   %参考图 13-18（c）
set(ax2,'XTick',[xlimits2(1):xinc2:xlimits2(2)],...
```

```
        'YTick',[ylimits2(1):yinc2:ylimits2(2)])    %参考图 13-18 (c)
    %显示栅格
    grid on %参考图 13-18 (d)
```

程序运行结果如图 13-18 所示。基本的绘图步骤为：首先分别建立坐标轴对象并分别绘制两个数据的图形，然后调整刻度以使两者刻度对齐，最后添加栅格以增强图形显示的效果。

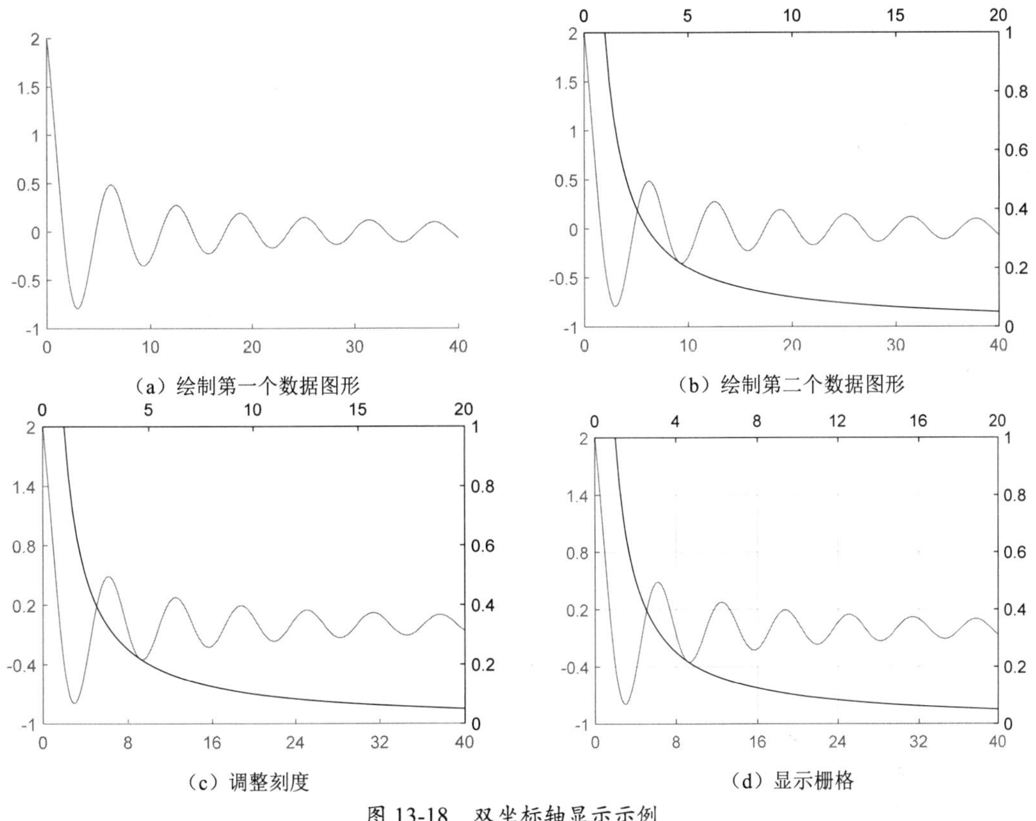

(a) 绘制第一个数据图形　(b) 绘制第二个数据图形

(c) 调整刻度　(d) 显示栅格

图 13-18　双坐标轴显示示例

13.5.4　坐标轴控制

很多时候，为了得到较好的显示效果，需要对坐标轴的相关属性进行设置，以达到控制坐标轴显示的目的。涉及此目的的相关属性如表 13-5 所示。

表 13-5　坐标轴控制相关属性

属　性	目　的
XLim、YLim、ZLim	设置坐标轴显示范围
XLimMode、YLimMode、ZLimMode	设置坐标轴显示控制模式
XTick、YTick、ZTick	设置刻度位置
XTickMode、YTickMode、ZTickMode	设置刻度位置控制模式
XTickLabel、YTickLabel、ZTickLabel	设置坐标轴标签
XTickLabelMode、YtickLabelMode、ZTickLabelMode	设置坐标轴标签控制模式
XDir、YDir、ZDir	设置增量方向

例 13-16：实现坐标轴显示范围控制、标签设置等。

```
clear,clc,clf
%准备数据，绘制图形
t = 0:900;
plot(t,0.25*exp(-0.05*t))                                   %参考图 13-19（a）
grid on
%调整 x 轴显示范围
set(gca,'XLim',[0 100])                                     %参考图 13-19（b）
%调整 y 轴显示刻度
set(gca,'YTick',[0 0.05 0.075 0.1 0.15 0.2 0.25])           %参考图 13-19（c）
%使用字符串取代刻度值
set(gca,'YTickLabel',{'0','0.05','Cutoff','0.1','0.15',...
    '0.2','0.25'})                                          %参考图 13-19（d）
```

程序运行结果如图 13-19 所示。

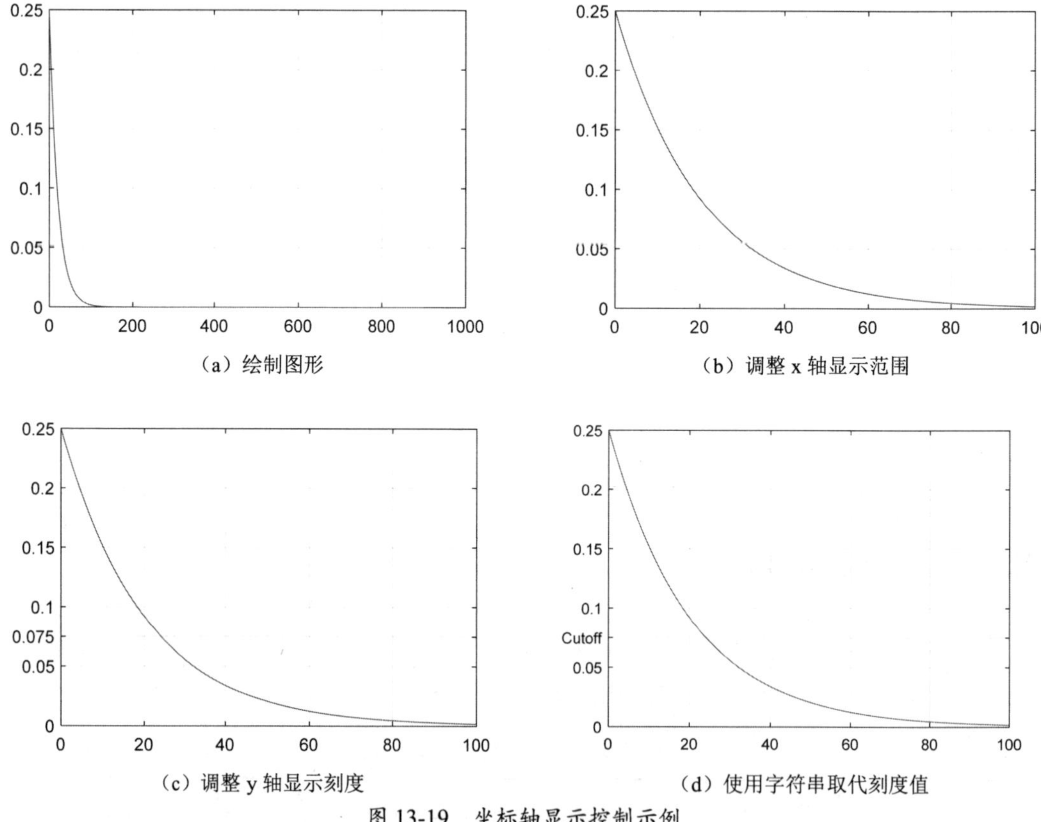

（a）绘制图形　（b）调整 x 轴显示范围

（c）调整 y 轴显示刻度　（d）使用字符串取代刻度值

图 13-19　坐标轴显示控制示例

例 13-17：实现坐标轴增量方向的逆转。

```
clear,clc,clf
Z = peaks;
surf(Z)                                                     %参考图 13-20（a）
set(gca,'XDir','rev','YDir','rev','ZDir','rev')             %参考图 13-20（b）
```

程序运行结果如图 13-20 所示。

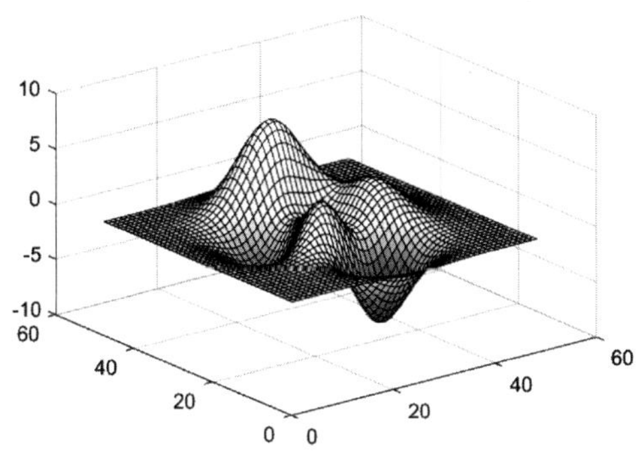

（a）坐标轴增量方向逆转前

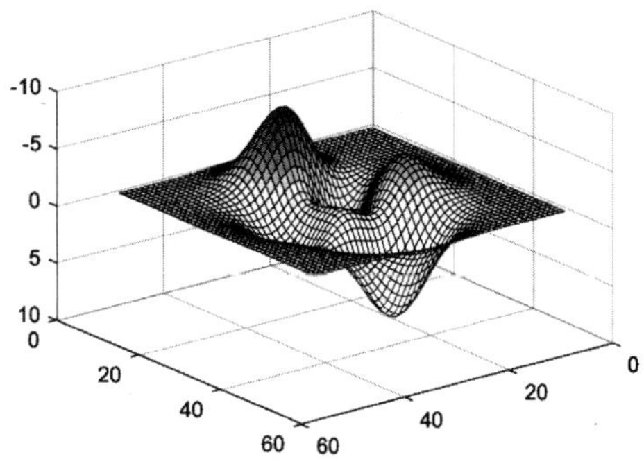

（b）坐标轴增量方向逆转后

图 13-20　坐标轴增量方向逆转控制示例

13.5.5　线条颜色控制

控制线条的显示颜色可以获得更好的绘图效果。在坐标轴对象中，与颜色相关的属性如表 13-6 所示。

表 13-6　与颜色相关的属性

属　性	控 制 特 征	属　性	控 制 特 征
Color	坐标轴对象的背景颜色	CLim	调色板相关控制
XColor, YColor, ZColor	轴线、刻度、栅格项和标识颜色	CLimMode	调色板相关控制模式
Title	标题颜色	ColorOrder	线颜色自动循环顺序
XLabel, YLabel, Zlabel	标签文本颜色	LineStyleOrder	线风格自动循环顺序

例 13-18：下面的命令将背景颜色设置为白色，并将这个图形使用黑白颜色表示。

```
clear,clc,clf
%设置轴对象中的背景颜色为白色、轴线颜色为黑色
set(gca,'Color','w',...
        'XColor','k',...
        'YColor','k',...
        'ZColor','k')
%设置轴对象中的文本颜色为黑色
set(get(gca,'Title'),'Color','k')
set(get(gca,'XLabel'),'Color','k')
set(get(gca,'YLabel'),'Color','k')
set(get(gca,'ZLabel'),'Color','k')
%设置图形对象的背景颜色为白色
set(gcf,'Color','w')
```

13.5.6　绘图操作

MATLAB 提供的 Axes 对象绘图操作命令如表 13-7 所示。

表 13-7　MATLAB 提供的 Axes 对象绘图操作命令

命令函数	操　作	命令函数	操　作
axis	设置轴线分度和外观	grid	绘制栅格网线
box	设置坐标轴对象边界	ishold	测试图形保留状态
cla	清除当前坐标轴对象	makehgtform	创建 4×4 变换矩阵
gca	获取当前坐标轴对象句柄值	—	—

例 13-19：使用 grid 命令添加网格线示例。

```
clear,clc,clf
figure
subplot(2,2,1);plot(rand(1,20))
title('grid off')              %参考图 13-21 (a)
subplot(2,2,2);plot(rand(1,20))
grid on;
title('grid on')               %参考图 13-21 (b)
subplot(2,2,[3 4]);plot(rand(1,20))
grid(gca,'minor')
title('grid minor')            %参考图 13-21 (c)
```

程序运行结果如图 13-21 所示。

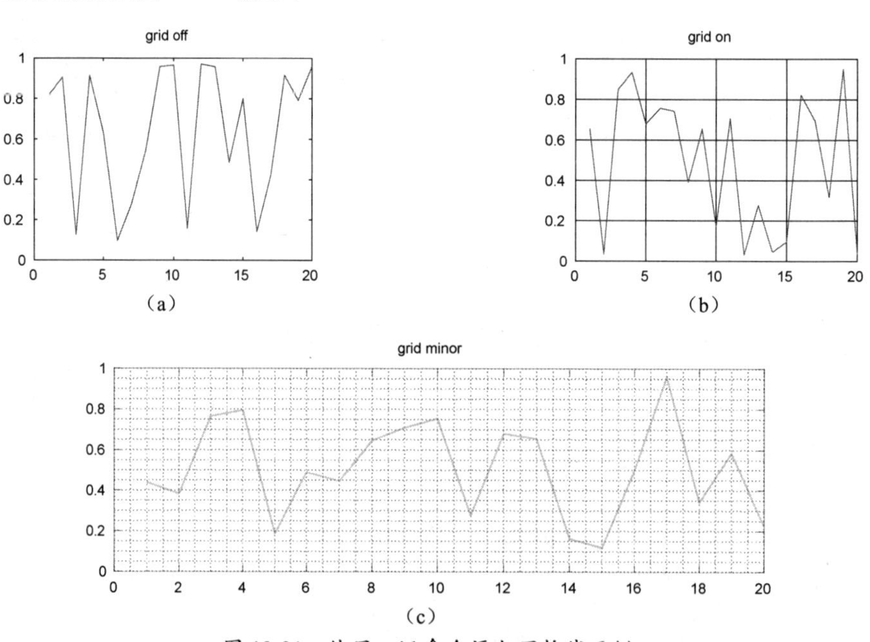

图 13-21　使用 grid 命令添加网格线示例

13.6　Core 对象

13.6.1　Core 对象介绍

Core 对象包括如下基本绘图元素。

- 线、文本、多边形等。
- 特殊对象，如面等。
- 图像。
- 光线对象。

与 Axes 对象不同，Core 对象为绘图元素，而 Axes 对象更侧重于代表数据。Core 对象的绘图命令如表 13-8 所示。

表 13-8　Core 对象的绘图命令

命令函数	操　作	命令函数	操　作
axes	创建轴对象	patch	创建斑对象
image	创建图像对象	rectangle	创建矩形对象及椭圆对象
light	创建光线对象	surface	创建面对象
line	创建线对象	text	创建文本对象

图 13-22 所示为一些典型的 Core 对象。

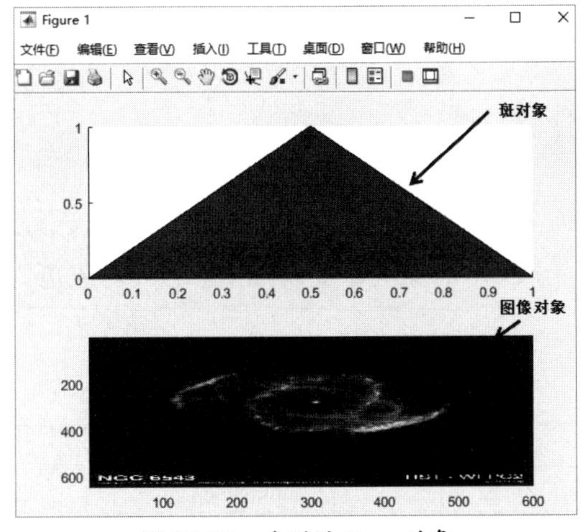

图 13-22　典型的 Core 对象

13.6.2　Core 对象创建示例

例 13-20：首先对一个数学函数求值，再使用 figure、axes 和 surface 函数创建 3 个图形对象并设置其属性。

```
clear,clc,clf
[x,y] = meshgrid([-2:.4:2]);
Z = x.*exp(-x.^2-y.^2);
fh = figure('Position',[350 275 400 300],'Color','w');
ah = axes('Color',[1 1 1],'XTick',[-2 -1 0 1 2],...
        'YTick',[-2 -1 0 1 2]);
sh = surface('XData',x,'YData',y,'ZData',Z,...
          'FaceColor',get(ah,'Color')-.2,...
          'EdgeColor','k','Marker','o',...
          'MarkerFaceColor',[.5 1 .85]); %参考图 13-23 (a)
view(3)                                 %参考图 13-23 (b)
```

程序运行结果如图 13-23 所示。

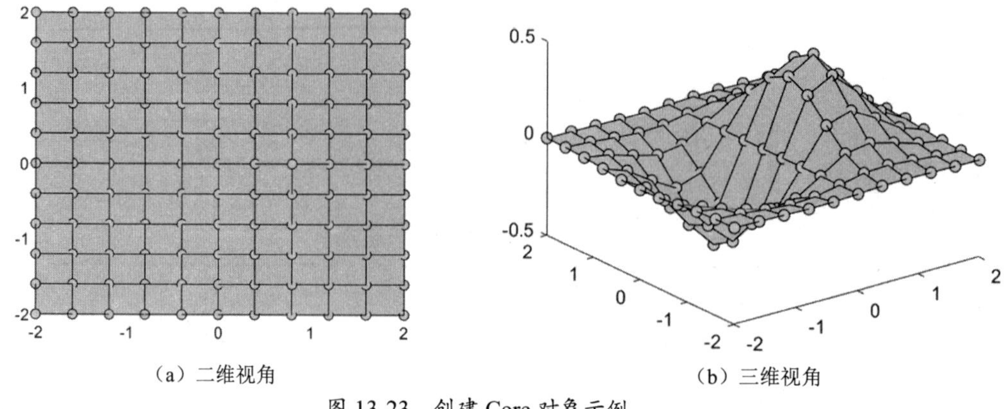

（a）二维视角　　（b）三维视角

图 13-23　创建 Core 对象示例

13.7　Plot 对象

13.7.1　Plot 对象介绍

在 MATLAB 中，有许多高级绘图函数可以创建 Plot 对象，而且使用这些 Plot 对象的属性值可以简单、快速地访问 Core 对象的重要属性值。Plot 对象可以为 Axes 对象或 Group 对象，如表 13-9 所示。

表 13-9　Plot 对象

对　　象	目　　的	对　　象	目　　的
areaseries	创建 area 图形对象	quivergroup	创建 quiver 或 quiver3 图形对象
barseries	创建 bar 图形对象	scattergroup	创建 scatter 或 scatter3 图形对象
contourgroup	创建 contour 图形对象	stairseries	创建 stairs 图形对象
errorbarseries	创建 errorbar 图形对象	stemseries	创建 stem 或 stem3 图形对象
lineseries	创建 line 图形对象	surfaceplot	创建 surf 或 mesh 群图形对象

13.7.2　Plot 对象创建示例

使用表 13-9 中的对象的创建函数可以创建 Plot 对象，操作较为简单，下面举例说明。

例 13-21：创建一个 contour 图形对象和一个 surf 图形对象。

```
clear,clc,clf
[x,y,z] = peaks;
subplot(121)
[c,h] = contour(x,y,z);
set(h,'LineWidth',3,'LineStyle',':')
subplot(122)
surf(x,y,z)
```

程序运行结果如图 13-24 所示。其中，图 13-24（a）所示为 Contour 图形对象，图 13-24（b）所示为 Surf 图形对象。

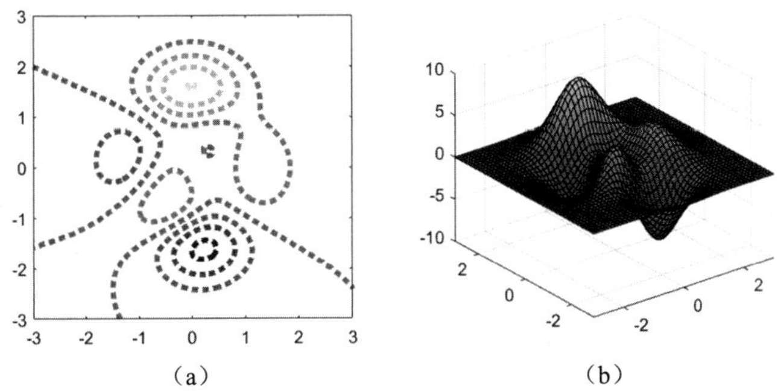

（a）　　（b）

图 13-24　创建 Contour 图形对象和 Surf 图形对象

13.7.3　连接变量

使用 Plot 对象可以连接包含数据的 MATLAB 表达式。例如，Lineseries 对象带有 XData、YData 和 ZData 属性的数据来源属性，也被称为 XDataSource、YDataSource 和 ZDataSource 属性。

正确地使用数据来源属性，需要注意如下几点。

- 设置数据来源属性的属性值为一个数据变量名。
- 计算变量的最新值。
- 调用 refreshdata 函数更新对象数据。

例 13-22：通过连接数据实现所绘图形中数据的自动更新。

```
clear,clc,clf
t = 0:pi/20:2*pi;
y = exp(sin(t));
h = plot(t,y,'YDataSource','y'); %参考图 13-25 (a)
for k = 1:2
 y = exp(sin(t.*k));
 refreshdata(h,'caller')            %重新计算 y
 drawnow; pause(.1)
end                                 %参考图 13-25 (b)
```

程序运行结果如图 13-25 所示。

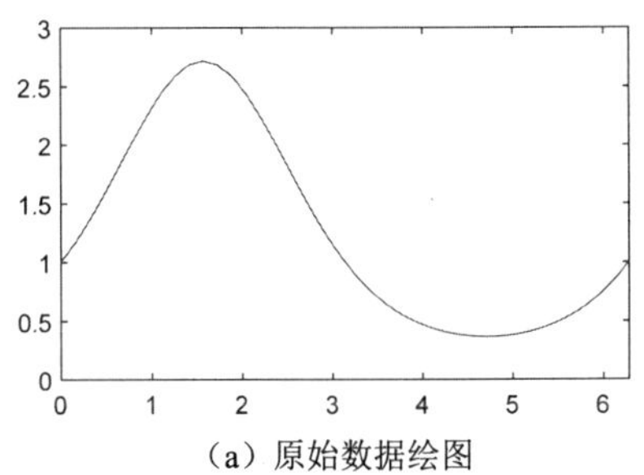

（a）原始数据绘图

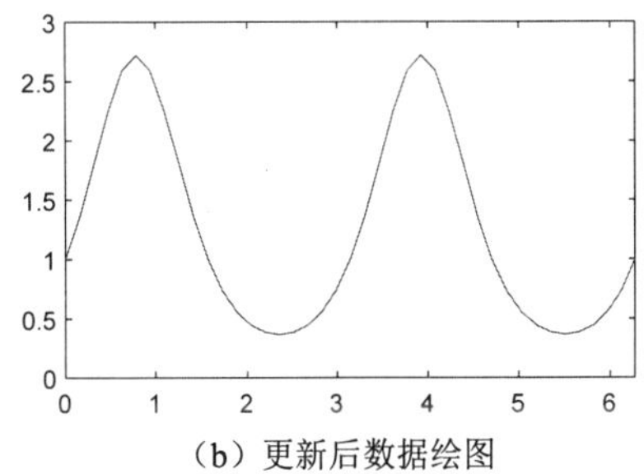

（b）更新后数据绘图

图 13-25　连接数据示例

13.8 Group 对象

13.8.1 Group 对象介绍

Group 对象提供对由 Axes 子对象构成的对象群进行统一操作的快捷方式。例如，可以设置对象群中所有的对象是否可见、设置可以一次选中所有对象等。Group 对象包括的类型如下。

- Hggroup 对象：用于同时创建对象群中的所有对象或控制所有对象的显示等，但在使用前需要用 hggroup 函数先行创建。
- Hgtransform 对象：用于同时转换对象群中的所有对象，如进行旋转、平移和缩放等，但在使用前需要用 hgtransform 函数先行创建。

13.8.2 创建 Group 对象

创建 Group 对象的方法很简单，只要将对象群中的对象设置为对象群的子对象即可，而对象群可以为 Hggroup 对象或 Hgtransform 对象。

例 13-23：创建 Hggroup 对象，对对象群进行消隐操作。

```
clear,clc,clf
hb = bar(rand(5));                    %创建 5 个柱状序列对象，参考图 13-26（a）
hg = hggroup;
set(hb(1:4),'Parent',hg)              %设置柱状序列对象为 Hggroup 对象的子对象
set(hg,'Visible','off')               %消隐对象群中的对象，参考图 13-26（b）
```

程序运行结果如图 13-26 所示。

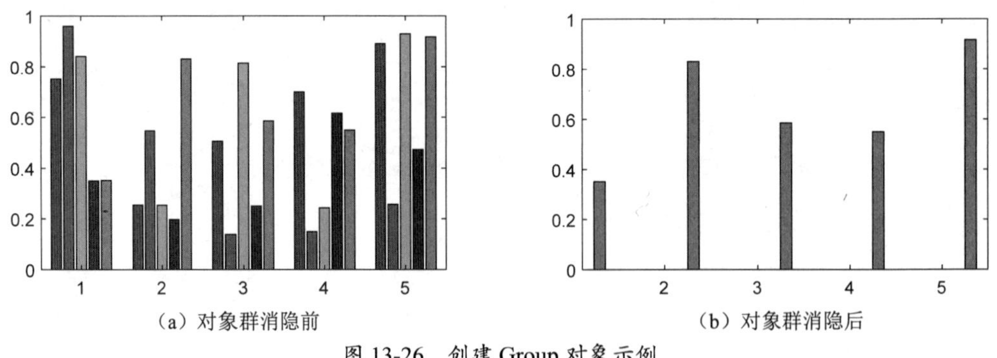

（a）对象群消隐前　　（b）对象群消隐后

图 13-26　创建 Group 对象示例

13.8.3 对象变换

使用 Hgtransform 对象可以方便地进行对象变换操作，变换采用的变换矩阵为 4×4 矩阵，可用的变换包括旋转、平移、缩放、透视、倾斜等。关于这些变换的内容，在计算机图形学

中有详细的叙述和推导，这里不再赘述。

下面通过例子说明使用 Hgtransform 对象进行变换的实现方式。

例 13-24：使用 Hgtransform 对象进行变换示例。

```
clear,clc,clf
h = surf(peaks(40)); view(-20,30)                %参考图 13-27 (a)
t = hgtransform;
set(h,'Parent',t)
ry_angle = -15*pi/180;                           %旋转弧度
Ry = makehgtform('yrotate',ry_angle);            %绕 y 轴旋转矩阵
Tx1 = makehgtform('translate',[-20 0 0]);        %沿 x 轴平移矩阵
Tx2 = makehgtform('translate',[20 0 0]);         %沿 x 轴平移矩阵
set(t,'Matrix',Tx2*Ry*Tx1)                       %参考图 13-27 (b)
```

程序运行结果如图 13-27 所示。其中，图 13-27（a）所示为未进行变换的图形，图 13-27（b）所示为变换后的图形。变换的过程为：先将图形沿 x 轴方向平移-20，再绕 y 轴旋转-15°，最后沿 x 轴方向平移 20。

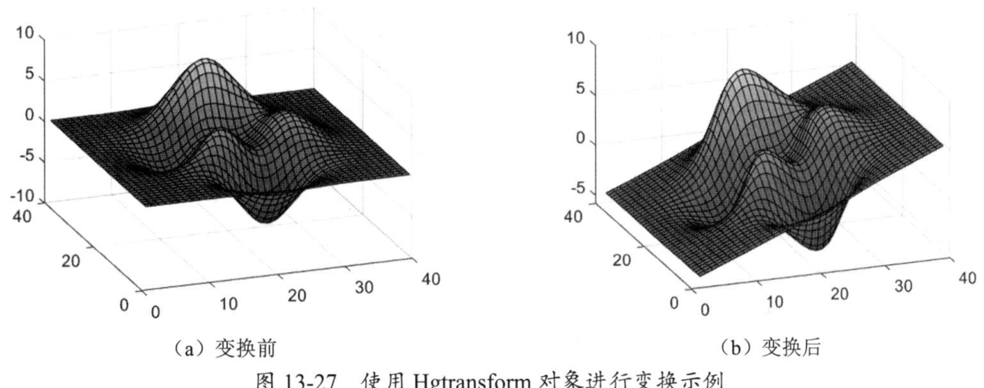

（a）变换前　　（b）变换后

图 13-27　使用 Hgtransform 对象进行变换示例

13.9　Annotation 对象

13.9.1　Annotation 对象介绍

Annotation 对象即图形中的注释对象，在图形中使用 Annotation 对象可以使图形的组织更合理，并且更加容易理解。在图形中创建 Annotation 对象可以通过命令方式，也可以通过 GUI 方式。

使用 GUI 方式创建 Annotation 对象的操作非常简单，但需要大量的交互行为；而使用命令方式创建 Annotation 对象虽然不够直观，但效率更高，可以节省大量的时间。本节着重介绍使用命令创建 Annotation 对象的实现方式。

Annotation 对象也是 Axes 对象中的一种，与一般的 Axes 对象不同的是，该对象隐藏了坐标轴。但在使用时，必须清楚地知道，其 Axes 对象的范围为整个图形窗口。

常见的 Annotation 对象包括箭头、双箭头、椭圆、线、矩形、文本箭头、文本框等。这些对象一般在最高层的 Axes 对象中显示。

13.9.2 Annotation 对象使用示例

Annotation 对象的使用方式同其他对象的使用方式区别不大，下面通过简单的例子进行说明。

例 13-25：创建一个注释矩形框，包括一幅图形中的两个子图。

```
clear,clc,clf
%创建图形
x = -2*pi:pi/12:2*pi;
y = x.^2;
subplot(2,2,1:2);plot(x,y)
y = x.^4;
h1=subplot(223);plot(x,y);
y = x.^5;
h2=subplot(224);plot(x,y)
%计算注释矩形框的位置和大小
p1 = get(h1,'Position');
t1 = get(h1,'TightInset');
p2 = get(h2,'Position');
t2 = get(h2,'TightInset');
x1 = p1(1)-t1(1); y1 = p1(2)-t1(2);
x2 = p2(1)-t2(1); y2 = p2(2)-t2(2);
w = x2-x1+t1(1)+p2(3)+t2(3); h = p2(4)+t2(2)+t2(4);
%创建注释矩形框
annotation('rectangle',[x1,y1,w,h],...
    'FaceAlpha',.2,'FaceColor','red','EdgeColor','red');
```

程序运行结果如图 13-28 所示。

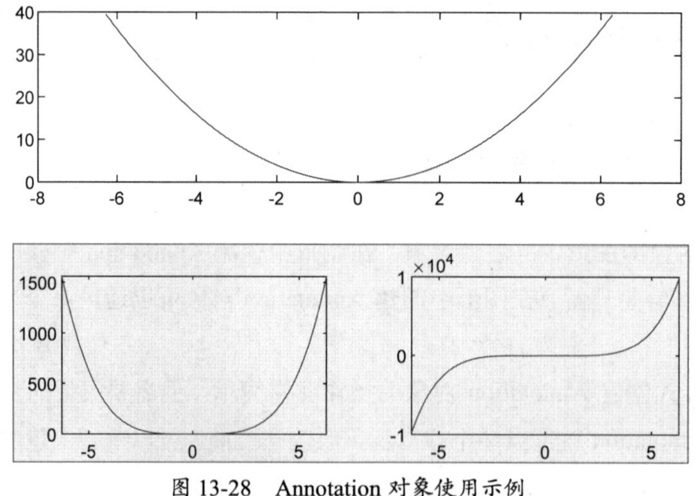

图 13-28　Annotation 对象使用示例

13.10　本章小结

本章介绍了 MATLAB 中句柄图形对象的基本知识，包括句柄图形对象体系、句柄图形对象操作、句柄图形对象属性设置等；对句柄图形对象中的六大类型对象——Figure 对象、Axes 对象、Core 对象、Plot 对象、Group 对象和 Annotation 对象的基本知识进行了说明，并举例说明了对这些对象进行操作的基本方式。如果需要了解更多的知识，请参考 MATLAB 帮助文件或其他资料。

第 14 章
Simulink 仿真基础

知识要点

Simulink 是 MATLAB 的重要组成部分，提供建立系统模型、选择仿真参数和数值算法、启动仿真程序对该系统进行仿真、设置不同的输出方式来观察仿真结果等功能。

Simulink 也是 MATLAB 最重要的组件之一，同时向用户提供一个动态系统建模、仿真和综合分析的集成环境。

在这个环境中，用户无须书写大量的程序，只需通过简单直观的鼠标操作，选取适当的模块，即可构造出复杂的仿真模型。Simulink 的主要优点在于适用面广、结构和流程清晰、仿真更为精细、模型内码更容易向 DPS/FPGA 等硬件移植。

学习要求

知识点	学习目标			
	了解	理解	应用	实践
Simulink 的概念及其应用		√		
Simulink 的工作环境			√	√
Simulink 模型创建		√		√
过零检测和代数环	√			√

14.1　Simulink 概述

Simulink 是 MATLAB 系列工具软件包中最重要的组成部分。它能够对连续系统、离散系统及连续离散的混合系统进行充分的建模与仿真；能够借助其他工具直接从模型中生成可以直接投入运行的执行代码；可以仿真离散事件系统的动态行为；能够在众多专业工具箱的帮助下完成诸如 DSP、电力系统等专业系统的设计与仿真。

14.1.1　基本概念

Simulink 是一个进行动态系统建模、仿真和综合分析的集成软件包。它可以处理的系统包括线性/非线性系统、离散/连续及混合系统、单任务/多任务离散事件系统。

在 Simulink 提供的图形用户界面上，只要简单地进行鼠标的拖曳操作即可构造出复杂的仿真模型。它在外表上以方框图形式呈现，且采用分层结构。从建模角度讲，这既适用于自上而下（Top-down）的设计流程（从概念、功能、系统、子系统直至器件），又适用于自下而上（Bottom-up）的逆程设计。

从分析研究角度讲，这种 Simulink 模型不仅能让用户知道具体环节的动态细节，还能让用户清晰地了解各器件、各子系统、各系统间的信息交换，掌握各部分之间的交互影响。

在 Simulink 环境中，用户将摆脱理论演绎时需要做理想化假设的无奈，观察到现实世界中的摩擦、风阻、齿隙、饱和、死区等非线性因素和各种随机因素对系统行为的影响。在 Simulink 环境中，用户可以在仿真进程中改变感兴趣的参数，实时观察系统行为的变化。

Simulink 的每个模块对用户来说都相当于一个“黑匣子”，用户只需知道模块的输入和输出及功能即可，而不必管模块内部是怎么实现的。

因此，用户使用 Simulink 进行系统建模的任务就是如何选择合适的模块并把它们按照自己的模型结构连接起来，最后进行调试和仿真。如果仿真结果不满足要求，则可以改变模块的相关参数再次运行仿真，直到结果满足要求。至于在仿真时各个模块是如何执行的、各模块间是如何通信的、仿真的时间是如何采样的，以及事件是如何驱动的等细节问题，用户都不用管，因为这些事情 Simulink 都解决了。如何添加和删除模块、如何连接各个模块，以及如何修改模块的参数和属性等问题在本章后面会陆续给予详细的介绍。

1．模块与模块框图

Simulink 模块框图是动态系统的图形显示，由一组称为模块的图标组成，模块之间的连接是连续的。每个模块代表动态系统的某个单元，并且产生输出宏。模块之间的连线表明模块的输入端口与输出端口之间的信号连接。

模块的类型决定了模块输出与输入、状态和时间之间的关系；一个模块框图可以根据需要包含任意类型的模块。

模块代表动态系统功能单元，每个模块都包括输入、状态和输出等几部分，模块的输出是仿真时间、输入或状态的函数。

模块中的状态是一组能够决定模块输出的变量，一般当前状态值取决于以前时刻的状态值或输入，这样，具有状态变化的模块就必须存储以前时刻的状态值或输入。这样的模块称为记忆功能模块。

例如，Simulink 的积分（Integrator）模块就是典型的记忆功能模块。该模块当前的输出是其从仿真开始到当前时刻这一时间段内输入信号的积分。

当前时刻的积分取决于历史输入，因此，积分就是该模块的一组状态变量。另一个典型的例子就是 Simulink 中的单纯记忆（Memory）模块。该模块能够存储当前时刻的输入值，并在将来的某个时刻输出。

Simulink 的增益（Gain）模块是无状态变量的典型例子。增益模块的输出完全由当前的输入值决定，因此不存在状态变量。其他的无状态变量的模块还有求和（Sum）模块和点乘（Product）模块等。

Simulink 模块的基本特点是参数化，许多模块都具有独立的属性对话框，在对话框中可定义模块的各种参数，如增益模块中的增益参数，这种调整甚至可以在仿真过程中实时进行，从而让用户能够找到最合适的参数值。这种能够在仿真过程中实时改变的参数又被称为可调参数，可以由用户在模块参数中任意指定。

Simulink 还允许用户创建自己的模块，这个过程又称为模块的定制。定制模块不同于 Simulink 中的标准模块，它可以由子系统封装得到，也可以采用 M 文件或 C 语言实现自己的功能算法，称为 S 函数。用户可以为定制模块设计属性对话框，并将定制模块合并到 Simulink 库中，使得定制模块的使用与标准模块的使用完全一样。

2. 信号

Simulink 使用“信号”一词来表示模块的输出值。Simulink 允许用户定义信号的数据类型、数值类型（是实数还是复数）和维数（是一维数组还是二维数组）等。

Simulink 允许用户创建 Simulink 数据类型的实例（称为数据对象）来作为模块的参数和信号变量。

3. 求解器

Simulink 模块指定了连续状态变量的时间导数，但其本身没有定义这些导数的具体值，它们必须在仿真过程中通过微分方程的数值求解方法计算得到。Simulink 提供了一套高效、稳定、精确的微分方程数值求解算法，用户可以根据需要和模型特点选择合适的求解算法。

4. 子系统

Simulink 允许用户在子系统的基础上构造更为复杂的模块，其中每个子系统都是相对完整的、可以完成一定功能的模块框图。通过对子系统的封装，用户还可以实现带触发使用功能的特殊子系统。子系统的概念体现了分层建模的思想，是 Simulink 的重要特征之一。

5．零点穿越

在 Simulink 对动态系统进行仿真的过程中，一般在每个仿真中都会检查系统状态变化的连续性。如果 Simulink 检测到了某个变量的不连续性，那么为了保持状态突变处系统仿真的准确性，仿真程序会自动调整仿真步长，以适应这种变化。

动态系统中状态的突变对系统的动态特性具有重要的影响。例如，弹性球在撞击地面时，其速度方向会发生突变，这时，如果收集的时刻不是正好发生在仿真时刻当中（在相邻两步仿真之间），那么 Simulink 的求解算法就不能正确反映系统的特性。

如果采用固定步长的算法，那么求解器就不能对此做相应的处理；相反，如果使用变步长的求解算法，那么 Simulink 会在确定突变时刻之后，在突变前增加额外的仿真计算，以保证突变前后计算的准确性。变步长的求解算法在状态变化缓慢时会增加仿真的步长，而在状态变化剧烈时减小仿真的步长。这样，在系统突变时刻，过小的仿真步长将会导致仿真时间的增加。

Simulink 采用一种被称为零点穿越检测的方法来解决这个问题。采用这种方法，模块首先记录下零点穿越的变量，每个变量都是有可能发生突变的状态变量的函数。在突变发生时，零点穿越函数也从正数或负数穿越零点。通过观察零点穿越变量的符号变化，就可以判断仿真过程中系统状态是否发生了突变。

如果检测到穿越事件发生，那么 Simulink 首先将通过对变量的以前时刻和当前时刻的插值来确定突变发生的具体时刻；然后调整仿真的步长，逐步逼近并跳过状态的不连续点。这样就避免了直接在不连续点上进行仿真。

因为对不连续系统而言，不连续点处的状态值可能是没有定义的，所以采用零点穿越检测技术，Simulink 可以准确地对不连续系统进行仿真。许多模块都支持这种技术，从而大大提高了系统仿真的速度和精度。

14.1.2　工作环境与启动

启动 Simulink 有如下 3 种方式。

（1）在 MATLAB 的命令行窗口中直接输入 simulink 命令。

（2）单击 MATLAB 主界面的“主页”选项卡的“SIMULINK”组中的 （Simulink）按钮。

（3）单击 MATLAB“主页”选项卡的“文件”组的（“新建”）下拉菜单中的 Simulink 模型按钮。

执行启动命令后，打开如图 14-1 所示的“Simulink 起始页”浏览器窗口，单击“空白模型”选项，弹出如图 14-2 所示的模型创建窗口。在仿真过程中，模型窗口的状态条会显示仿真状态、仿真进度和仿真时间等相关信息。

Simulink 界面主要由模型浏览器和模型窗口组成。前者为用户提供了展示 Simulink 标准模块库和专业工具箱的界面，而后者则是用户创建模型方框图的主要地方。因此，读者需要熟练掌握这些功能及操作。

图 14-1 “Simulink 起始页”浏览器窗口

图 14-2 模型创建窗口

MATLAB 环境设置对话框可以让用户集中设置 MATLAB 及其工具软件包的使用环境，包括 Simulink 的环境设置。

在 Simulink 界面中选择“建模”→“评估与管理”→“环境”→“Simulink 预设项”命

令，弹出如图 14-3 所示的“Simulink 预设项”对话框。

图 14-3　“Simulink 预设项”对话框

14.1.3　模型特点

使用 Simulink 建立的模型具有仿真结果可视化、层次性及可封装子系统 3 个特点。根据前面的讲解，可总结 Simulink 的主要优点如下。

- 适应面广。可构造的系统包括线性/非线性系统、离散/连续及混合系统、单任务/多任务离散事件系统。
- 结构和流程清晰。它在外表上以方框图形式呈现，采用分层结构，既适用于自上而下的设计流程，又适用于自下而上的逆程设计。
- 仿真更为精细。它提供的许多模块更接近实际，为用户摆脱理想化假设的无奈开辟了途径。
- 模型内码更容易向 DPS、FPGA 等硬件移植。

例 14-1：通过 Simulink 提供的演示示例介绍模型特点。操作步骤如下。

（1）在 Simulink 模型窗口中，单击右上角工具栏中?按钮右侧的下拉按钮，执行“Simulink 示例”命令，如图 14-4 所示。此时会弹出“帮助”窗口。

图 14-4　执行“Simulink 示例”命令

（2）在“示例”选项卡中选择“应用领域”→“一般应用领域”→“房屋的热模型”选项，即可进入模型介绍界面，单击右上角的“打开模型”按钮，会看到如图 14-5 所示的模型。

直接在 MATLAB 命令行窗口中输入以下命令，也可以打开如图 14-5 所示的模型：

```
>> sldemo_househeat
```

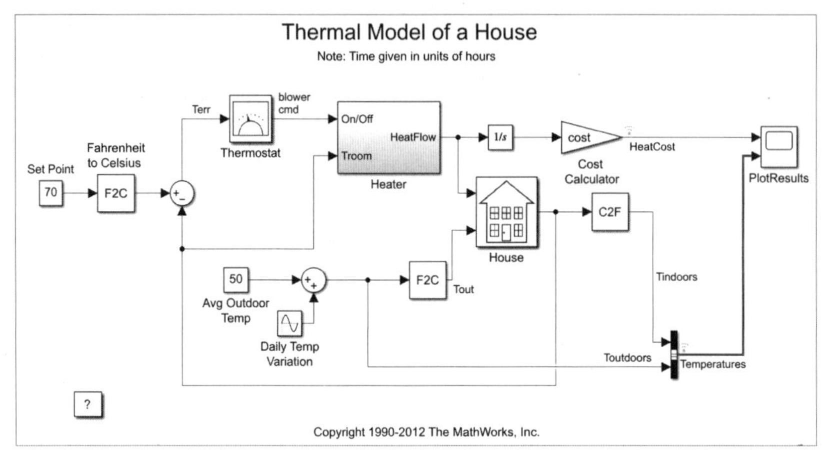

图 14-5　Thermal 演示模型

（3）运行仿真并可视化结果。单击“仿真”选项卡的“仿真”组中的“运行”按钮，开始仿真。

（4）仿真完成后，双击“PlotResults”示波器模块可以显示如图 14-6 所示的仿真结果。供热成本和室内、室外温度曲线将显示在示波器上。可以看到，室外温度呈正弦变化，而室内温度维持在设置点±6℃的范围内。

（5）双击模型图标中的“House”模块，可以看到如图 14-7 所示的 House 子系统图标。

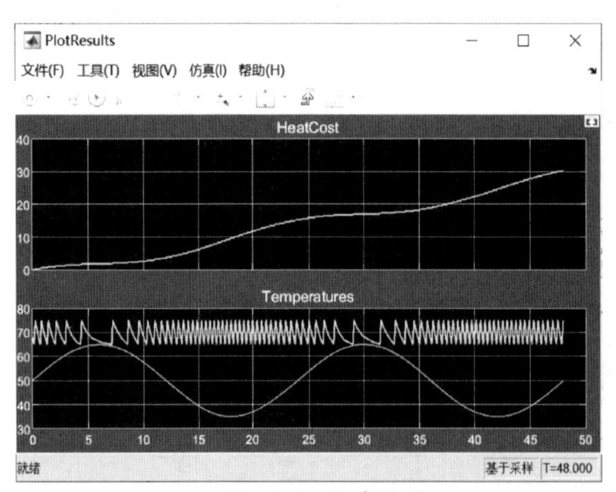

图 14-6　仿真结果

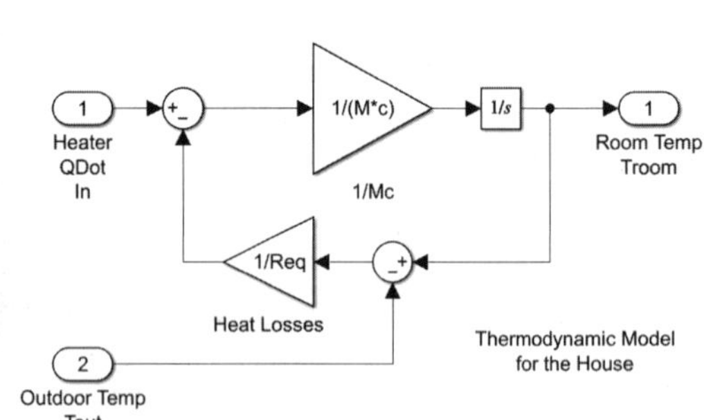

图 14-7　House 子系统图标

14.1.4　模块组成

1. 应用工具

Simulink 软件包的一个重要特点是它完全建立在 MATLAB 的基础上。因此，MATLAB

各种丰富的应用工具箱也可以完全应用到 Simulink 环境中，这大大扩展了 Simulink 的建模和分析能力。

基于MATLAB的所有应用工具箱都是经过全世界各个领域的专家和学者共同研究的最新成果，每个工具箱都经过了“千锤百炼”，其领域涵盖了自动控制、信号处理和系统辨识等十多个学科。并且随着科学技术的发展，MATLAB 的应用工具箱始终处在不断发展完善之中。

另外，MATLAB 应用工具箱具有完全开放性，任何用户都可随意浏览、修改相关的 M 文件，创建满足用户特殊要求的工具箱。由于其中的算法有很多是相当成熟的产品，所以用户可以采用 MATLAB 自带的编译器将其编译成可执行代码，并嵌入硬件当中直接执行。

2. Simulink 编码器

Simulink 软件包中的 Simulink Coder（以前称为 Real-Time Workshop）可以将 Simulink 模型、Stateflow 图和 MATLAB 函数等生成 C 和 C++代码并执行。生成的源代码可用于实时和非实时应用程序，包括仿真加速、快速原型建立和硬件在环测试。利用 Simulink 可以调整和监测生成的代码，或者在 MATLAB 和 Simulink 之外运行代码并与代码交互。

3. 状态流模块

MATLAB 使用的是状态流。Simulink 的模块窗中包含了状态流模块，用户可以在该模块中设计基于状态变化的离散事件系统。将该模块放入 Simulink 模型当中，就可以创建包含离散事件子系统的更为复杂的模型。

4. 扩展的模块集

如同众多的应用工具箱扩展了 MATLAB 的应用范围一样，MathWorks 公司为 Simulink 提供了各种专门的模块集（BlockSet）来扩展 Simulink 的建模和仿真能力。

扩展的模块集涉及电力、非线性控制、DSP 系统等不同领域，满足了 Simulink 对不同系统进行仿真的需要。

14.1.5 数据类型

在计算机编程语言中，数据类型决定了分配给一个数据的存储资源，以及数据表示的精度、动态范围、性能和存储资源。MATLAB 语言也是一种编程语言，因此，Simulink 也允许用户说明 Simulink 模型中信号和模块参数的数据类型。

Simulink 在开始仿真之前及仿真过程中会进行一项额外的检查（系统自动进行，无须手动设置），以确认模型的类型安全性。

所谓模型的类型安全性，就是指保证该模型产生的代码不会出现上溢或下溢现象，不至于产生不精确的运行结果。使用 Simulink 的默认数据类型（double）的模型都是安全的固有类型。

1. Simulink 支持的数据类型

Simulink 支持所有的 MATLAB 内置数据类型。内置数据类型是 MATLAB 自己定义的数据类型。表 14-1 列出了所有的 MATLAB 内置数据类型。

表 14-1 MATLAB 内置数据类型

数据类型	类型说明	数据类型	类型说明
double	双精度浮点数类型	int32	有符号 32 位整数
single	单精度浮点数类型	uint32	无符号 32 位整数
int8	有符号 8 位整数	int64	有符号 64 位整数
uint8	无符号 8 位整数	uint64	无符号 64 位整数
int16	有符号 16 位整数	string	文本
uint16	无符号 16 位整数	—	—

除了内置数据类型，Simulink 还定义了布尔（boolean）类型，取值为 1 和 0，分别表示 true 和 false，它们内部的表示是 uint8（无符号 8 位整数）。所有的 Simulink 模块都默认为 double 数据类型，但有些模块需要布尔类型的输入，而另外一些模块则支持多数据类型输入，还有一些支持复数信号。

关于模块的输入/输出信号支持的数据类型的详细说明，用户可以通过模块参数设置对话框（双击模块图标就会弹出）查看。如果在一个模块的参数设置对话框中没有说明它支持的数据类型的选项，则表示它只支持 double 类型的数据。

在设置模块参数时，指定一个值为某一数据类型的方法为 type(value)。例如，要把常数模块的参数设为 1.0 单精度表示，可以在参数设置对话框中输入 single(1.0)。如果模块不支持所设置的数据类型，就会弹出错误警告。

2. 数据类型的传递

Simulink 在构造模型时，会将各种不同类型的模块连接起来，而这些不同类型的模块所支持的数据类型往往不完全相同。如果用直线连接在一起的两个模块所支持的数据类型（注意：这里指的是输出/输入信号的数据类型，而不是模块参数的数据类型）有冲突，那么当仿真、查看端口数据类型或更新数据类型时就会弹出一个提示框，告诉用户出现冲突的信号和端口，而且有冲突的信号的路径会高亮显示。这时就可以通过在有冲突的模块之间插入一个 Data Type Conversion 模块来解决类型冲突问题。

一个模块的输出一般是模块输入和模块参数的函数。而在实际建模过程中，输入信号的数据类型和模块参数的数据类型往往是不同的，Simulink 在计算这种输出时会把参数类型转换为信号的数据类型。当信号的数据类型无法表示参数值时，Simulink 将中断仿真，并给出错误提示信息。

例 14-2：数据类型的传递示例一。

（1）在 MATLAB 的命令行窗口中直接输入 simulink 命令或单击“主页”选项卡中的按钮，打开如图 14-1 所示的“Simulink 起始页”浏览器窗口，单击“空白模型”选项，弹出如图 14-2 所示的模型创建窗口。

（2）在窗口中单击“仿真”选项卡的“库”组中的（“库浏览器”）按钮，在弹出的“Simulink 库浏览器”窗口左侧的仿真树中选中“Sources”库，如图 14-8 所示，在右侧选中

“Constant”模块并按住鼠标左键不放，将它拖到模型创建窗口中。

（3）同样，将“Continuous”库中的“Integrator”模块、“Sinks”库中的“Scope”模块拖到模型创建窗口中。

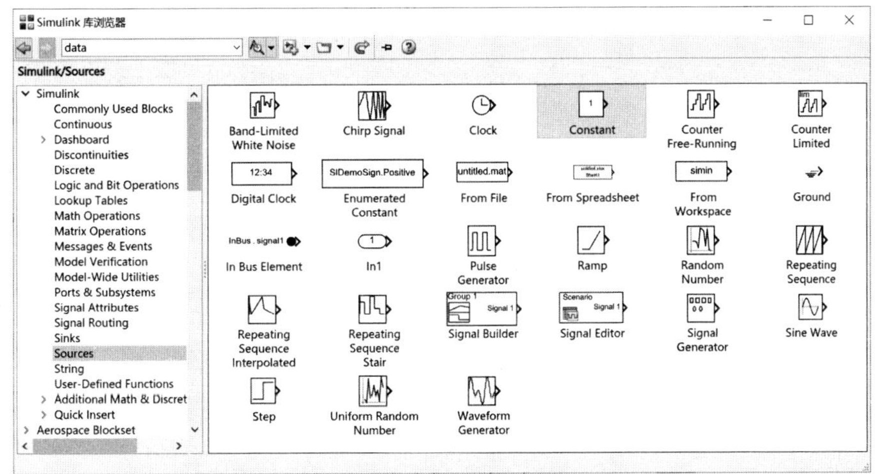

图 14-8　“Simulink 库浏览器”窗口

（4）连接模块，如图 14-9 所示。连接模块的操作方法是将光标指向源模块的输出端口，当光标变成十字形时，按住鼠标左键不放，将其拖动到目标模块输入窗口中。

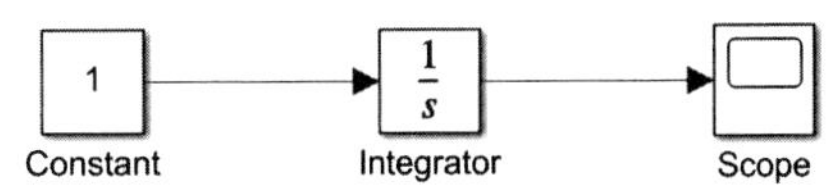

图 14-9　简单示例模型 1

（5）将 Constant（常数）模块的输出信号类型设置为 boolean 类型。双击“Constant”模块，在弹出的“模块参数:Constant”对话框中将“信号属性”选项卡下的“输出数据类型”设置为 boolean，如图 14-10 所示。单击“确定”按钮退出。

（6）在 Simulink 模型窗口中单击“仿真”选项卡的“仿真”组中的 （“运行”）按钮，运行仿真，由于 Integrator（连续信号积分器）只接收 double 类型的信号，所以会在模型窗口下方弹出“诊断查看器”窗口显示错误提示信息，如图 14-11 所示。

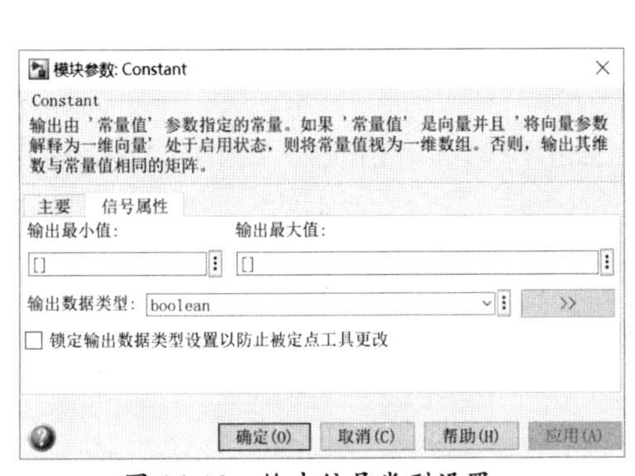

图 14-10　输出信号类型设置

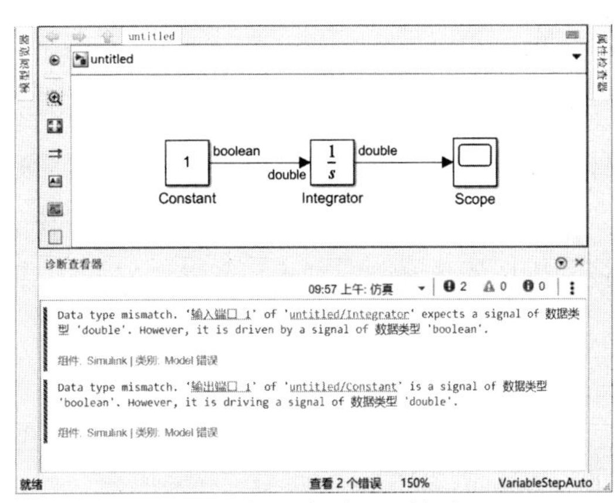

图 14-11　数据类型示例模型

这时，可以在示例模型中插入一个 Data Type Conversion 模块，并将其输出改成 double 数据类型。

（7）同步骤（2），将“Signal Attributes”库中的“Data Type Conversion”模块拖到模型创建窗口中并连接模块，如图 14-12 所示。

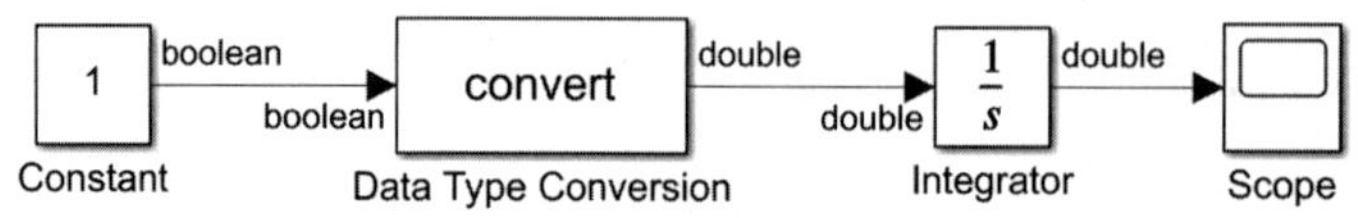

图 14-12　添加 Data Type Conversion 模块

（8）单击“仿真”选项卡的“仿真”组中的 （“运行”）按钮，运行仿真，此时 “诊断查看器”窗口中的错误提示信息消失，如图 14-13 所示。

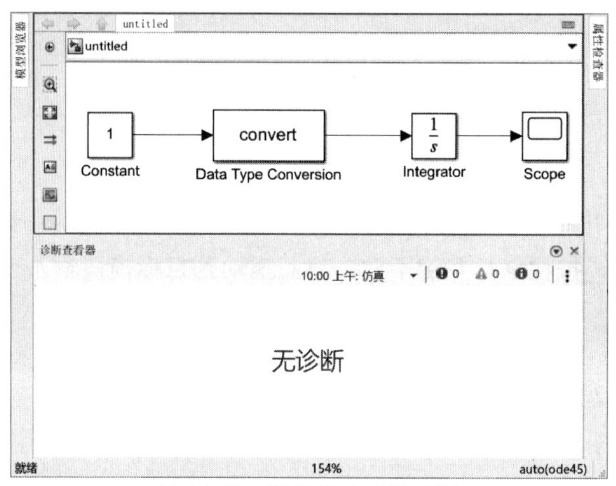

图 14-13　运行修改后的示例

如果信号的数据类型能够表示参数的值仅仅是损失表示的精度，那么 Simulink 会继续仿真，并在 MATLAB 命令行窗口中给出一条警告信息。

例 14-3：数据类型的传递示例二。

（1）在 Simulink 模型窗口中单击“仿真”选项卡的“文件”组中的 （“新建”）按钮，弹出一个空白的模型创建窗口。

（2）在窗口中单击“仿真”选项卡的“库”组中的 （“库浏览器”）按钮，在弹出的“Simulink 库浏览器”窗口左侧的仿真树中选中“Sources”库，在右侧选中“Constant”模块并按住鼠标左键不放，将它拖到模型创建窗口中。

（3）同样，将“Math Operations”库中的“Gain”模块、“Sinks”库中的“Scope”模块拖到模型创建窗口中。

（4）连接模块，如图 14-14 所示。

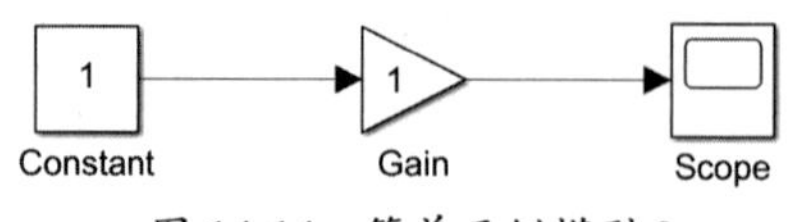

图 14-14　简单示例模型 2

（5）设置 Constant（常数）模块的信号类型。双击“Constant”模块，在弹出的“模块参数:Constant”对话框中，将“主要”选项卡下的“常量值”设置为 uint8(1)，将“信号属性”选项卡下的“输出数据类型”设置为 Inherit：Inherit from ‘Constant value’，如图 14-15 所示。单击“确定”按钮退出。

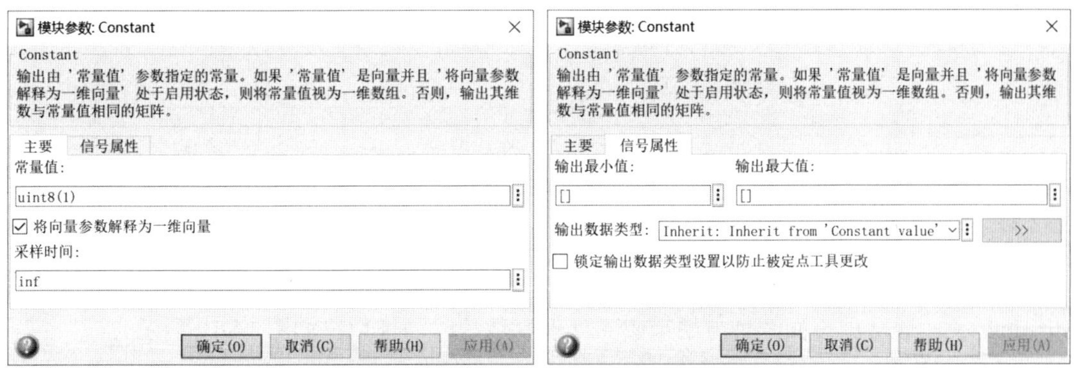

图 14-15　Constant 模块信号类型设置

（6）设置 Gain（增益）模块的信号类型。双击“Gain”模块，在弹出的“模块参数:Gain”对话框中，将“主要”选项卡下的“增益”设置为 double(3.2)，将“信号属性”选项卡下的“输出数据类型”设置为 Inherit：Same as input，将“参数属性”选项卡下的“参数数据类型”设置为 Inherit：Inherit via internal rule，如图 14-16 所示。单击“确定”按钮退出。

图 14-16　Gain 模块信号类型设置

（7）参数设置完成后的模型如图 14-17 所示。在 Simulink 模型窗口中单击“仿真”选项卡的“仿真”组中的 （“运行”）按钮，运行仿真。

（8）双击“Scope”（示波器）模块，结果如图 14-18 所示。由图 14-18 可知，Simulink 会把 3.2 的整数部分截取，并转换成无符号数，因此最后的结果为 3。

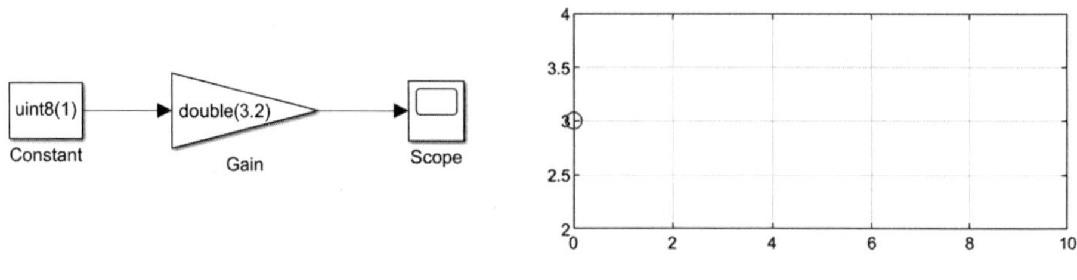

图 14-17　参数设置完成后的模型　　　图 14-18　数据精度损失示例

3. 使用复数信号

Simulink 中默认的信号值都是实数，但在实际问题中，有时需要处理复数信号。在 Simulink 中，通常用下面两种方法来建立处理复数信号的模型，如图 14-19 所示。

首先向模型中加入两个 Constant 模块，将其参数设置为复数，分别生成复数的虚部和实部；再用 Real-Image to Complex 模块把它们联合成一个复数。或者分别生成复数的幅值和幅角，用 Magnitue-Angle to Complex 模块把它们联合成一个复数。

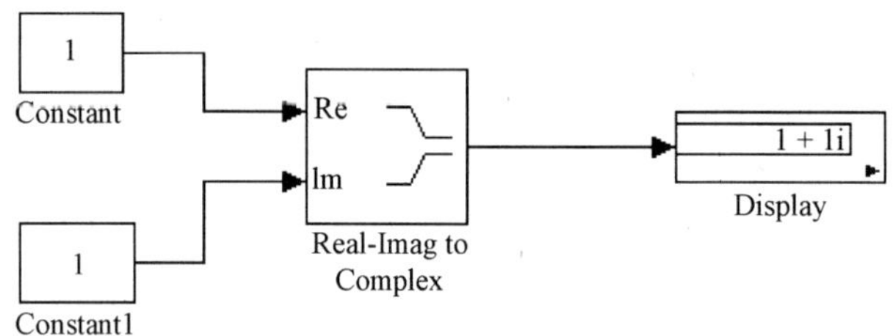

图 14-19　引入复数

同样，可以在 Simulink 中利用相关的模块将一个复数分解成虚部和实部或幅值和幅角两部分，而且 Simulink 中有许多模块都接收复数输入并对复数进行运算，请读者自己查阅帮助文件来了解这些模块。

14.1.6　模块和模块库

用 Simulink 建模的过程可以简单地理解为首先从模块库中选择合适的模块，然后将它们连接在一起，最后进行调试仿真。

模块库的作用就是提供各种基本模块，并将它们按应用领域及功能进行分类管理，以方便用户查找。库浏览器将各种模块库按树状结构进行罗列，以便用户快速地找到所需模块。另外，它还提供了按名称查找的功能。库浏览器中模块的多少取决于用户安装的多少，但至少应该有 Simulink 库，用户可以自定义库。

模块是 Simulink 建模的基本元素，了解各个模块的作用是熟练掌握 Simulink 的基础。模块库中各个模块的功能可以在库浏览器中查到。下面详细介绍 Simulink 库的几个常用子库中的常用模块的功能，如表 14-2～表 14-11 所示。

表 14-2　Commonly Used Blocks 子库

模　块　名	功　　能
Bus Creator	将输入信号合并成向量信号
Bus Selector	将输入向量分解成多个信号，输入只接收 Mux 和 Bus
Creator	输出的信号
Constant	输出常量信号
Data Type Conversion	数据类型的转换
Demux	将输入向量转换成标量或更小的标量
Discrete-Time Integrator	离散积分器模块
Gain	增益模块
In1	输入模块
Integrator	连续积分器模块
Logical Operator	逻辑运算模块
Mux	对输入的向量、标量或矩阵信号进行合成
Out1	输出模块
Product	乘法器，执行标量、向量或矩阵的乘法
Relational Operator	关系运算，输出布尔类型的数据
Saturation	定义输入信号的最大值和最小值
Scope	输出示波器
Subsystem	创建子系统
Sum	加法器
Switch	选择器，根据第二个输入信号选择输出第一个信号还是第三个信号
Terminator	终止输出，用于防止模型最后的输出端没有接收任何模块时报错
Unit Delay	单位时间延迟

表 14-3　Continuous 子库

模　块　名	功　　能
Derivative	数值微分
Integrator	连续积分器模块，与 Commonly Used Blocks 子库中的同名模块一样
State-Space	创建状态空间模型 $\mathrm{d}x/\mathrm{d}t = Ax + Buy = Cx + Du$
Transport Delay	定义传输延迟。如果将延迟设置得比仿真步长大，则可以得到更精确的结果
Transfer Fcn	用矩阵形式描述的传输函数
Variable Transport Delay	定义传输延迟，第一个输入为接收输入，第二个输入为接收延迟时间
Zero-Pole	用矩阵描述系统零点，用向量描述系统极点和增益

表 14-4　Discontinuities 子库

模　块　名	功　　能
Coulomb&Viscous Friction	刻画零点的不连续性，$y = \mathrm{sign}(x) \times (\mathrm{Gain} \times \mathrm{abs}(x) + \mathrm{Offset})$
Dead Zone	产生死区，当输入在某一范围内的值时，输出为 0
Dead Zone Dynamic	产生死区，当输入在某一范围内的值时，输出为 0。与 Dead Zone 不同的是，它的死区范围在仿真过程中是可变的
Hit Crossing	检测输入是上升经过某一值还是下降经过某一值或固定在某一值，用于过零检测
Quantizer	按相同的间隔离散输入

续表

模 块 名	功 能
Rate Limiter	限制输入的上升和下降速率在某一范围内
Rate Limiter Dynamic	限制输入的上升和下降速率在某一范围内。与 Rate Limiter 不同的是，它的范围在仿真过程中是可变的
Relay	判断输入与两阈值的大小关系：当大于开启阈值时，输出为 on；当小于关闭阈值时，输出为 off；当在两者之间时，输出不变
Saturation	限制输入在最大和最小范围之内
Saturation Dynamic	限制输入在最大和最小范围之内。与 Saturation 不同的是，它的范围在仿真过程中是可变的
Wrap To Zero	当输入大于某一值时，输出 0；否则输出等于输入

表 14-5　Discrete 子库

模 块 名	功 能
Difference	离散差分，输出当前值减去前一时刻的值
Discrete Derivative	离散偏微分
Discrete State-Space	创建离散状态空间模型 $x(n+1) = Ax(n) + Bu(n)$和 $y(n) = Cx(n) + Du(n)$
Discrete Filter	离散滤波器
Discrete Transfer Fcn	离散传输函数
Discrete Zero-Pole	离散零极点
Discrete-Time Integrator	离散积分器
First-Order Hold	一阶保持
Integer Delay	整数倍采样周期的延迟
Memory	存储单元，当前输出是前一时刻的输入
Transfer Fcn First Order	一阶传输函数，单位直流增益
Zero-Order Hold	零阶保持

表 14-6　Logic and Bit Operations 子库

模 块 名	功 能
Bit Clear	将向量信号中某一位置设置为 0
Bit Set	将向量信号中某一位置设置为 1
Bitwise Operator	对输入信号进行自定义的逻辑运算
Combinatorial Logic	组合逻辑，实现一个真值表
Compare To Constant	定义如何与常数进行比较
Compare To Zero	定义如何与零进行比较
Detect Change	检测输入的变化，如果输入的当前值与前一时刻的值不等，则输出 TRUE；否则输出 FALSE
Detect Decrease	检测输入是否下降，如果下降，则输出 TRUE；否则输出 FALSE
Detect Fall Negative	若输入当前值为负数，前一时刻值为非负数，则输出 TRUE；否则输出 FALSE
Detect Fall Nonpositive	若输入当前值为非正数，前一时刻值为正数，则输出 TRUE；否则输出 FALSE
Detect Increase	检测输入是否上升，如果上升，则输出 TRUE；否则输出 FALSE
Detect Rise Nonnegative	若输入当前值为非负数，前一时刻值为负数，则输出 TRUE；否则输出 FALSE
Detect Rise Positive	若输入当前值为正数，前一时刻值为非正数，则输出 TRUE；否则输出 FALSE
Extract Bits	从输入中提取某几位输出
Interval Test	检测输入是否在某两个值之间，如果在，则输出 TRUE；否则输出 FALSE
Logical Operator	逻辑运算

续表

模 块 名	功　能
Relational Operator	关系运算
Shift Arithmetic	算术平移

表 14-7　Math Operations 子库

模 块 名	功　能
Abs	求绝对值
Add	加法运算
Algebraic Constraint	将输入约束为零，主要用于代数等式的建模
Assignment	选择输出输入的某些值
Bias	将输入加一个偏移，$Y=U+$ Bias
Complex to Magnitude-Angle	将输入的复数转换成幅值和幅角
Complex to Real-Imag	将输入的复数转换成实部和虚部
Divide	实现除法或乘法
Dot Product	点乘
Gain	增益，实现点乘或普通乘法
Magnitude-Angle to Complex	将输入的幅值和幅角合并成复数
Math Function	实现数学函数运算
Matrix Concatenation	实现矩阵的串联
MinMax	将输入的最小值或最大值输出
Polynomial	多项式求值，多项式的系数以数组的形式定义
MinMax Running Resettable	将输入的最小值或最大值输出，当有重置信号 R 输入时，输出被重置为初始值
Product of Elements	将所有输入实现连乘
Real-Imag to Complex	将输入的两个数当成一个复数的实部和虚部，从而合成一个复数
Reshape	改变输入信号的维数
Rounding Function	将输入的整数部分输出
Sign	判断输入的符号，若为正，则输出 1；若为负，则输出-1；若为零，则输出 0
Sine Wave Function	产生一个正弦函数
Slider Gain	可变增益
Subtract	实现加法或减法
Sum	加法或减法
Sum of Elements	实现输入信号所有元素的和
Trigonometric Function	实现三角函数和双曲线函数
Unary Minus	对输入求反
Weighted Sample Time Math	根据采样时间实现输入的加法、减法、乘法和除法，只适用于离散信号

表 14-8　Ports & Subsystems 子库

模 块 名	功　能
Configurable Subsystem	用于配置用户自建模型库，只有在库文件中才可用
Enable	使能模块，只能用在子系统模块中
Enabled and Triggered Subsystem	包括使能和边沿触发模块的子系统模板
Enabled Subsystem	包括使能模块的子系统模板
For Iterator Subsystem	循环子系统模板

续表

模 块 名	功 能
Function-Call Generator	实现循环运算模板
Function-Call Subsystem	包括输入/输出和函数调用触发模块的子系统模板
If	条件执行子系统模板，只在子系统模块中可用
If Action Subsystem	由 If 模块触发的子系统模板
Model	定义模型名字的模块
Subsystem	只包括输入/输出模块的子系统模板
Subsystem Examples	子系统演示模块，在模型中双击该模块图标，可以看到多个子系统示例
Switch Case	条件选择模块
Switch Case Action Subsystem	由 Switch Case 模块触发的子系统模板
Trigger	触发模块，只在子系统模块中可用
Triggered Subsystem	触发子系统模板
While Iterator Subsystem	条件循环子系统模板

表 14-9 Sinks 子库

模 块 名	功 能
Display	显示输入数值的模块
Floating Scope	浮置示波器，由用户设置要显示的数据
StopSimulation	当输入不为零时，停止仿真
To Workspace	将输入和时间写入 MATLAB 工作区的数组或结构中
To File	将输入和时间写入 MAT 文件中
XY Graph	将输入分别当成 x 轴、y 轴数据绘制成二维图形

表 14-10 Sources 子库

模 块 名	功 能
Band-Limited White Noise	有限带宽的白噪声
Chirp Signal	产生 Chirp 信号
Clock	输出当前仿真时间
Constant	输出常数
Counter Free-Running	自动计数器，发生溢出后又从 0 开始
Counter Limited	有限计数器，当计数到某一值后又从 0 开始
Digital Clock	以数字形式显示当前的仿真时间
From File	从 MAT 文件中读取数据
From Workspace	从 MATLAB 工作区中读取数据
Pulse Generator	产生脉冲信号
Ramp	产生持续上升或下降的数据
Random Number	产生随机数
Repeating Sequence	重复输出某一数据序列
Signal Builder	具有 GUI 的信号生成器，在模型中双击模块图标，可看到 GUI，可以直观地构造各种信号
Signal Generator	信号产生器
Sine Wave	产生正弦信号
Step	产生阶跃信号

续表

模 块 名	功　能
Uniform Random Number	按某一分布在某一范围内生成随机数

表 14-11　User-Defined Functions 子库

模 块 名	功　能
Fcn	简单的 MATLAB 函数表达式模块
Embedded MATLAB Function	内置 MATLAB 函数模块，在模型窗口中双击该模块图标就会弹出 M 文件编辑器
M-file SFunction	用户使用 MATLAB 语言编写的 S 函数模块
MATLAB Fcn	对输入进行简单的 MATLAB 函数运算
SFunction	用户按照 S 函数的规则自定义的模块，可以使用多种语言进行编写
SFunction Builder	具有 GUI 的 S 函数编辑器，在模型中双击该模块图标，可看到 GUI，可以方便地编辑 S 函数模块
SFunction Examples	S 函数演示模块，在模型中双击该模块图标，可以看到多个 S 函数示例

14.1.7　常用工具

1. 仿真加速器

Simulink 加速器能够提高模型仿真的速度，其基本工作原理是利用 Simulink Coder 将模型框图转换成 C 语言代码，并将 C 语言代码编译成可执行代码。

Simulink 既可以工作在普通模式（Norma1）下，又可以工作在加速模式（Accelerator）下，采用加速模式可以极大地提高模型仿真的速度，并且模型越复杂，提高的程度越明显。一般来说，可以将仿真的速度提高 2～6 倍。

为了使 Simulink 工作在加速模式下，在模型窗口中选择“建模”选项卡的“仿真”组的“普通”下拉列表中的“加速”选项。如果要恢复到正常模式，则选择“普通”选项即可。

如果用户改变了模型的结构，如增加或删除了模型中的模块，则 C 语言代码将重新进行编译。下面的操作将会影响模型的结构。

- 改变积分的算法。
- 增减模块或改变模块之间的连接。
- 改变模块输入/输出端口的数目。
- 改变模型当中状态变量的数目。
- 改变 Trigonometric Function 模块中的函数。
- 改变 Sum 模块中所用的符号。

在模型仿真过程中，如果对模型所做的修改影响到模型的结构，则 Simulink 将忽略这种改变，并且出现警告信息。如果想使修改生效，则必须停止仿真过程，待修改完成后，重新开始。简单的修改（如改变 Gain 模块的增益值）不会产生警告信息，这表示仿真加速器认可这种修改。

○ 注意

仿真加速器不会显示仿真过程本身产生的警告信息，如被零除和数据溢出，这一点与前面所讲的情况不同。

2．模型比较工具

Simulink 中的模型比较工具可以让用户迅速找到两个模型之间的不同点，如两个相同模型的不同版本等。

在模型窗口中单击“建模”选项卡的“评估和管理”组中的“比较”按钮，在弹出的“选择要进行比较的文件或文件夹”对话框中选择两个模型文件，并确定比较类型，如图 14-20 所示。

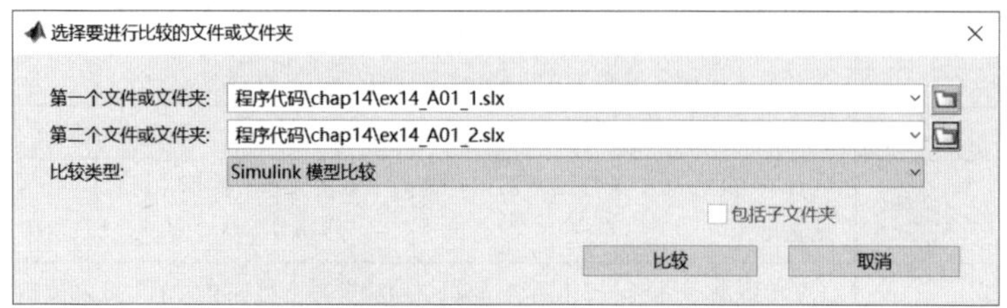

图 14-20 “选择要进行比较的文件或文件夹”对话框

单击“比较”按钮，即可弹出如图 14-21 所示的比较结果界面，同时会弹出两个模型的 Simulink 界面。

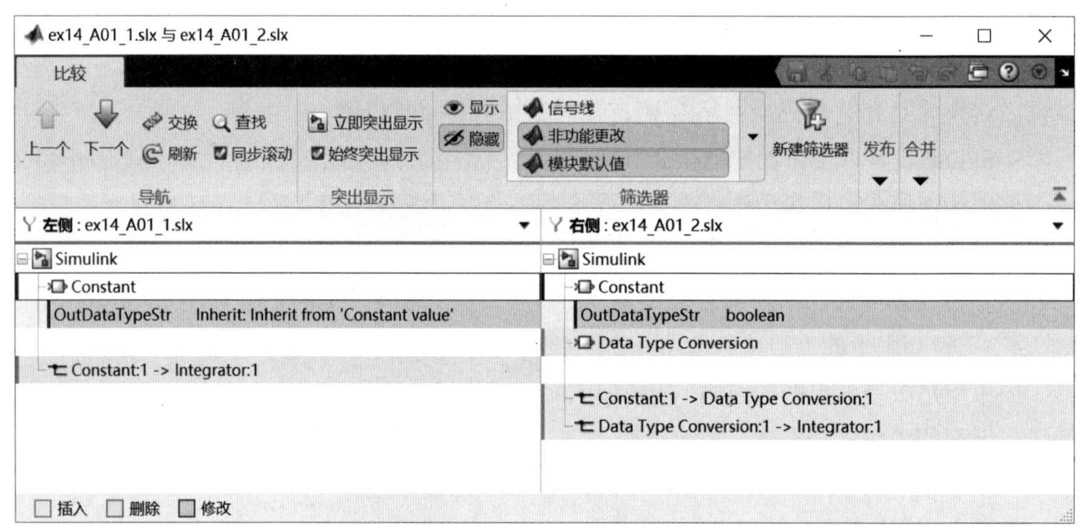

图 14-21 比较结果界面

在比较结果界面中可以查看两个模型的对比情况。此界面分为两个子窗口：左方的子窗口显示的是第一个模型的具体内容，右方的子窗口显示的是第二个模型的具体内容。

3．模型数据编辑器

Simulink 提供的模型数据编辑器可以检查仿真过程中的数据，生成一个被称为仿真统计表的仿真报告。根据该报告，可以让用户确定决定模型仿真速度的主要因素，为进一步优化仿真模型提供帮助。

要想使用该工具，首先需要打开指定的模型，在模型窗口中选择“仿真”选项卡的“设计”组中的“模型数据编辑器”工具，即可启动模型数据编辑器，如图 14-22 所示，默认位于模型窗口的下方。

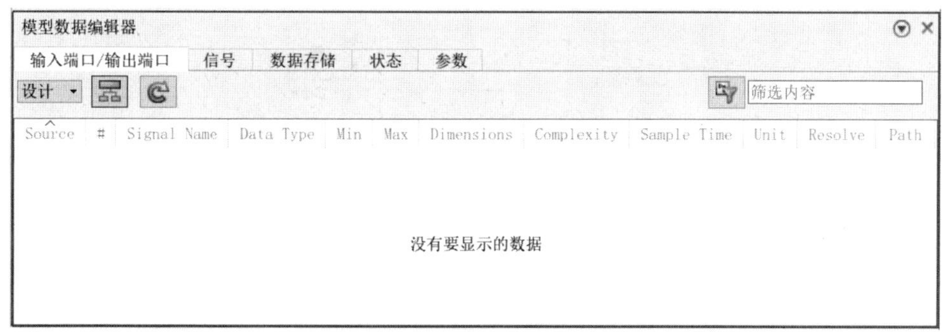

图 14-22　模型数据编辑器

14.1.8　示例演示

下面先向读者介绍一个非常简单的示例，旨在使读者在进行深入学习之前，先对 Simulink 有一个感性的认识。

例 14-4： 已知数学模型 $x=\cos t$，$y=\int_0^t x(t)\mathrm{d}t$，通过 Simulink 对其进行动态画圆，并显示结果波形。

（1）在 MATLAB 的命令行窗口中直接输入 simulink 命令或单击“主页”选项卡中的按钮，打开如图 14-1 所示的“Simulink 起始页”浏览器窗口，单击“空白模型”选项，弹出如图 14-2 所示的模型创建窗口。

（2）在窗口中单击“仿真”选项卡的“库”组中的（“库浏览器”）按钮，在弹出的“Simulink 库浏览器”窗口左侧的仿真树中选中“Sources”库，如图 14-23 所示，在右侧选中“Sine Wave”模块并按住鼠标左键不放，将它拖到模型创建窗口中。

（3）同样，将“Commonly Used Blocks”库中的“Integrator”模块、“Sinks”库中的“XY Graph”模块拖到模型创建窗口中。

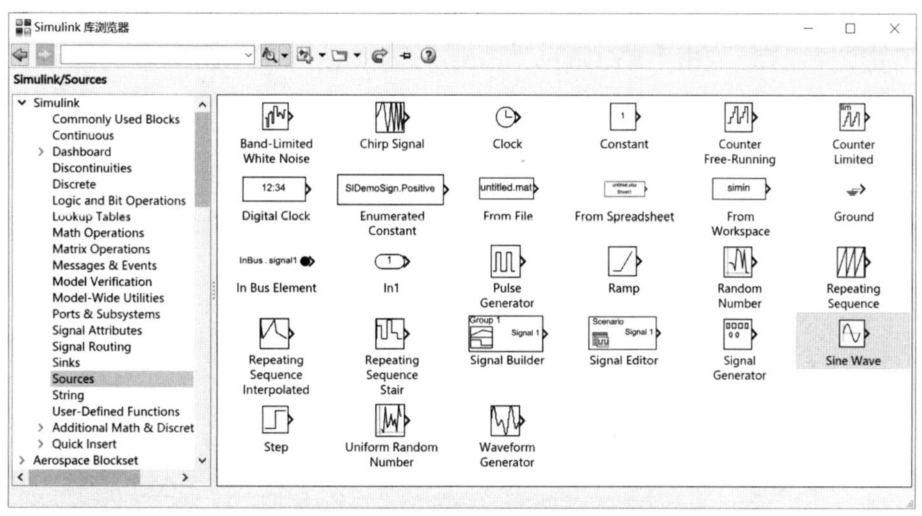

图 14-23　“Simulink 库浏览器”窗口

（4）连接模块，如图 14-24 所示。

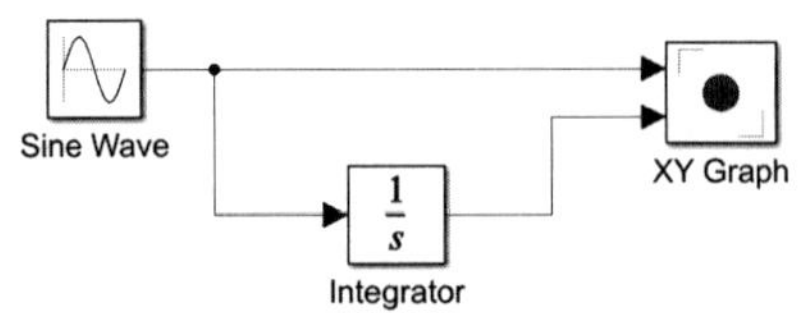

图 14-24　简单示例模型

（5）设置 Sine Wave 模块的参数。双击“Sine Wave”模块，弹出如图 14-25 所示的对话框，设置“相位”为 3.14/2，单击“确定”按钮。

（6）设置 Integrator 模块的参数。双击“Integrator”模块，弹出如图 14-26 所示的对话框，设置“初始条件”为 0，单击“确定”按钮。

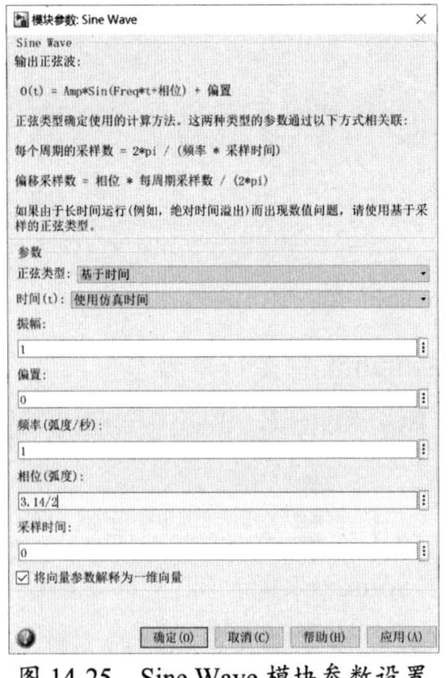

图 14-25　Sine Wave 模块参数设置

图 14-26　Integrator 模块参数设置

（7）在 Simulink 模型窗口中单击“仿真”选项卡的“仿真”组中的 （“运行”）按钮，运行仿真。

（8）仿真完成后，双击“XY Graph”模块，结果如图 14-27 所示。

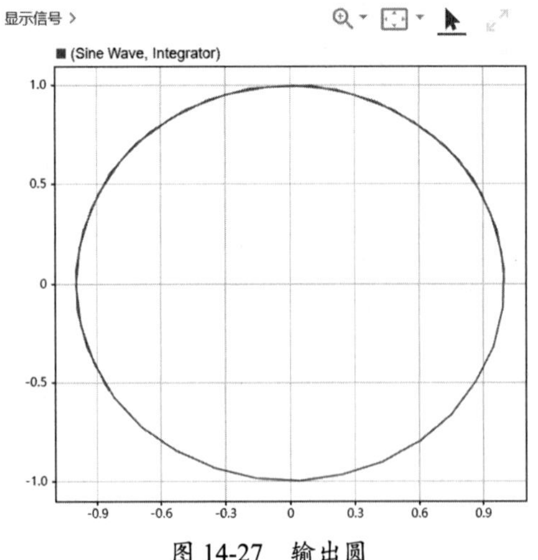

图 14-27　输出圆

14.2　模型创建

模块是建立 Simulink 模型的基本单元。利用 Simulink 进行系统建模就是指用适当的方式把各种模块连接在一起。创建模型方框图是 Simulink 进行动态系统仿真的第一步。Simulink 为用户创建系统仿真模型提供了友好的可视化环境，用户通过鼠标就能完成创建模型的大部分工作。

在 Simulink 环境中，系统模型是由方框图表示的，模块和信号线是方框图的基本组成单位。因此，了解模块与信号线的概念和使用是创建模型的第一步。

本节主要介绍 Simulink 创建模型中的有关概念、相关的工具和操作方法，旨在使读者熟悉 Simulink 环境的使用和模型创建的基本操作，为以后进一步深入学习打下基础。

14.2.1　模块的基本操作

Simulink 的模块库提供了大量模块。单击模块库浏览器中 Simulink 前面的 › 按钮，将展开 Simulink 模块库中包含的子模块库，单击所需的子模块库，在右边将看到相应的基本模块，选择所需的基本模块，用鼠标将其拖到模型编辑窗口中。

同样，在模块库浏览器左侧的“Simulink”栏上单击鼠标右键，在弹出的快捷菜单中选择“打开 Simulink 库”命令，将打开 Simulink 基本模块库窗口。双击其中的子模块库图标，打开子模块库，找到仿真所需的基本模块。

表 14-12 和表 14-13 汇总了 Simulink 中对模块、直线进行各种操作的方法，其中有许多操作并不是唯一的，读者自己实践一下就可以摸索出其他的操作方法。

表 14-12　对模块进行操作

任　务	Microsoft Windows 环境下的操作
选择一个模块	单击要选择的模块，当用户选择了一个新的模块后，之前选择的模块会被放弃
选择多个模块	按住鼠标左键拖动，将要选择的模块包括在光标画出的方框里；或者首先按住 Shift 键，然后逐个选择
不同窗口间复制模块	直接将模块从一个窗口拖动到另一个窗口中
同一模型窗口内复制模块	先选中模块，然后按下 Ctrl+C 组合键，最后按下 Ctrl+V 组合键；还可以在选中模块后，通过快捷菜单实现
移动模块	按下鼠标左键直接拖动模块
删除模块	先选中模块，再按下 Delete 键
连接模块	先选中源模块，然后按住 Ctrl 键并单击目标模块
断开模块间的连接	先按下 Shift 键，然后拖动模块到另一个位置；也可以将光标指向连线的箭头处，当出现一个小圆圈圈住箭头时，按住鼠标左键并移动连线
改变模块大小	先选中模块，然后将光标移到模块方框的一角，当光标变成两端有箭头的线段时，按住鼠标左键，拖动模块图标以改变图标大小
调整模块的方向	先选中模块，然后通过“Format”→“Rotate Block”命令改变模块的方向

续表

任　务	Microsoft Windows 环境下的操作
给模块加阴影	先选中模块，然后通过“Format”→“Show Drop Shadow”命令给模块加阴影
修改模块名	双击模块名进行修改
模块名的显示与否	先选中模块，然后通过“Format”→“ShowName/Hide Name”命令决定是否显示模块名
改变模块名的位置	先选中模块，然后通过“Format”→“Flip Name”命令改变模块名的显示位置
在连线之间插入模块	将模块拖动到连线上，使得模块的输入/输出端口对准连线

表 14-13　对直线进行操作

任　务	Microsoft Windows 环境下的操作
选择多条直线	与选择多个模块的方法一样
选择一条直线	单击要选择的直线，当用户选择一条新的直线时，之前选择的直线会被放弃
连线的分支	在按下 Ctrl 键的同时拖动直线，或者按下鼠标左键并拖动直线
移动直线段	按下鼠标左键直接拖动直线
移动直线顶点	将光标指向连线的箭头处，当出现一个小圆圈圈住箭头时，按住鼠标左键移动连线
将直线调整为斜线段	按下 Shift 键，将光标指向需要移动的直线上的一点并按住鼠标左键直接拖动直线
将直线调整为折线段	按住鼠标左键，直接拖动直线

1．模块参数设置

Simulink 中几乎所有模块的参数都允许用户进行设置，只要双击要设置的模块；或者在模块上单击鼠标右键，在弹出的快捷菜单中选择“模块参数”命令，就会弹出模块参数设置对话框。

双击要进行参数设置的模块，弹出模块参数设置对话框，如图 14-28 所示，显示了 Gain（增益）模块的配置，通过该对话框，可以设置增益的大小、方法等参数。模块参数还可以通过 set_param 命令设置。

2．模块属性设置

Simulink 中的每个模块都有一个内容相同的模块属性设置对话框，在模块上单击鼠标右键，在弹出的快捷菜单中选择“属性”命令，就会弹出模块属性设置对话框，如图 14-29 所示。

模块属性设置对话框主要包括 3 项内容。

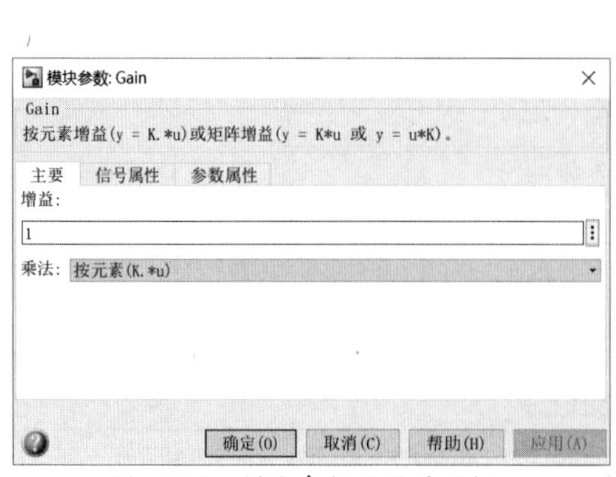

图 14-28　模块参数设置对话框

图 14-29　模块属性设置对话框

1）“常规”选项卡

- 描述：用于对该模块在模型中的用法进行注释。
- 优先级：规定该模块在模型中相对于其他模块执行的优先顺序。优先级的数值必须是整数。如果用户不输入数值，那么系统会自动选取合适的优先级。优先级的数值越小（可以是负整数），优先级越高。一般不需要设置它。
- 标记：用户为模块添加的文本格式的标记。

2）“模块注释”选项卡

“模块注释”选项卡用于指定在模块的图标下显示模块的哪个参数及其值，以及以什么格式显示。属性格式字符串由任意的文本字符串加嵌入式参数名组成。

首先设置“常规”选项卡下的“增益”为 4；然后在“模块注释”选项卡下的“输入用于注释的文本和标记”文本框中输入“增益=%<priority>\n Gain=%<gain>”，如图 14-30 所示；最后单击“应用”按钮，此时，Gain 模块下增加了文本和标记，如图 14-31 所示。

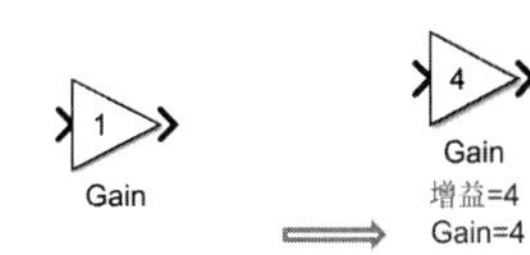

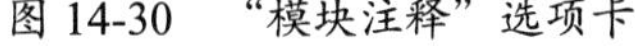
图 14-30 “模块注释”选项卡　　图 14-31 Gain 模块下增加了文本和标记

3）“回调”选项卡

“回调”选项卡用于定义当该模块发生某种特殊行为时所要执行的 MATLAB 表达式，也称回调函数。

对信号进行标注及在模型图表上建立描述模型功能的注释文字是一个好的建模习惯。信号标注和注释示例如图 14-32 所示。表 14-14 和表 14-15 列出了信号标注和注释的具体操作方法。

给一个信号添加标注，只需首先在直线上双击，然后输入文字即可。建立模型注释与之类似，只要首先在模型窗口的空白处双击，然后输入注释文字即可。

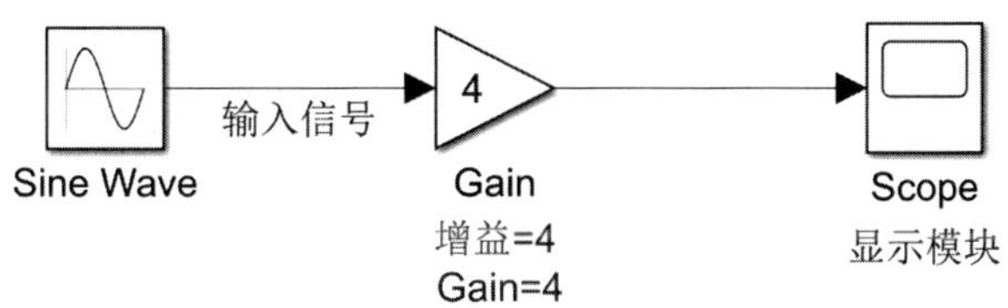

图 14-32 信号标注和注释示例

表 14-14　对标注进行处理

任　务	Windows 环境下的操作
建立信号标注	在直线上直接双击并输入
复制信号标注	先按下 Ctrl 键，然后按住鼠标左键选中标注并拖动
移动信号标注	按住鼠标左键选中标注并拖动
编辑信号标注	先在标注框内双击，然后编辑
删除信号标注	先按下 Shift 键，然后选中标注，最后按 Delete 键
用粗线表示向量	选择 “Foamat” → “Port/SignalDisplays” → “WideNonscalarLines” 命令
显示数据类型	选择 “Foamat” → “Port/SignalDisplays” → “PortDataTypes” 命令

表 14-15　对注释进行处理

任　务	Windows 环境下的操作
建立注释	先在模型图标上双击，然后输入文字
复制注释	先按下 Ctrl 键，然后选中注释文字并拖动
移动注释	选中注释并拖动
编辑注释	先单击注释文字，然后编辑
删除注释	先按下 Shift 键，选中注释文字，再按 Delete 键

14.2.2　模型和模型文件

1. Simulink 模型的概念

Simulink 意义上的模型根据表现形式的不同有着不同的含义：在模型窗口中，表现为可见的方框图；在存储形式上，表现为扩展名为.mdl 的 ASCII 码文件；从其物理意义上讲，Simulink 模型模拟了物理器件构成的实际系统的动态行为。采用 Simulink 软件对一个实际动态系统进行仿真，关键是建立起能够模拟并代表该系统的 Simulink 模型。

从系统组成上来看，一个典型的 Simulink 模型一般包括 3 部分：系统、输入及输出。系统是在 Simulink 当中建立并研究的系统方框图；输入一般用信源（Source）表示，具体形式可以为常数、正弦信号、方波及随机信号等，代表实际系统的输入信号；输出一般用信宿（Sink）表示，具体可以是示波器、图形记录仪等。

无论是输入、输出还是系统，都可以从 Simulink 模块中直接获得，或者由用户根据实际需要用模块组合而成。

当然，对一个实际的 Simulink 模型而言，这 3 部分并不是必需的。有些模型可能不存在输入或输出部分。

2. 模型文件的创建和修改

模型文件是指在 Simulink 环境当中记录模型中的模块类型、模块位置及各个模块相关参数等信息的文件，其文件扩展名为.mdl。换句话说，在 Simulink 中创建的模型是由模型文件记录下来的。在 MATLAB 环境中，可以创建、编辑并保存创建的模型文件。

3. 模型文件格式

前面的示例模型都是通过图形界面来建立的，Simulink 还为用户提供了通过命令行建立模型和设置模型参数的方法。一般情况下，用户不需要使用这种方式来建模，因为它要求用户熟悉大量的命令，而且很不直观。本节只对 Simulink 的模型文件格式进行粗略的介绍，用户若在实际建模时遇到相关的问题，则可以查阅在线帮助文件。

Simulink 将每个模型（包括库）都保存在一个以.mdl 为扩展名的文件里，称为模型文件。一个模型文件就是一个结构化的 ASCII 码文件，包括关键字和各种参数的值。下面以一个示例来介绍如何查看模型文件及其结构。

典型的模型文件如下：

```
Model {
<Model Parameter Name><Model Parameter Value>
...
BlockDefaults {
<Block Parameter Name><Block Parameter Value>
...
}
AnnotationDefaults {
<Annotation Parameter Name><Annotation Parameter Value>
...
}
System {
<System Parameter Name><System Parameter Value>
...
Block {
<Block Parameter Name><Block Parameter Value>
...
}
Line {
<Line Parameter Name><Line Parameter Value>
Branch {
<Branch Parameter Name><Branch Parameter Value>
...
}
}
Annotation {
<Annotation Parameter Name><Annotation Parameter Value>
...
}
}
```

文件分成下面几部分来描述模型。

- Model 部分：用来描述模型参数，包括模型名称、模型版本和仿真参数等。
- BlockDefaults 部分：用来描述模块参数的默认设置。
- AnnotationDefaults 部分：用来描述模型的注释参数的默认值，这些参数值不能用 set_param 命令修改。

- System 部分：用来描述模型中每个系统（包括顶层的系统和各级子系统）的参数。每个 System 部分都包括模块、连线和注释等。

14.2.3 模型创建流程

通过前面的学习，读者可能觉得使用 Simulink 建模实在是太简单了，只不过是用鼠标来选择几个模块，并把它们用几条线连接起来，单击“运行”按钮，观察结果曲线就可以了。

但是当再次遇到实际问题时，读者可能会意识到，在实际工程中要考虑的方面非常复杂，因此，读者需要进一步学习和掌握 Simulink 中更为深层次的内容。不过，只要掌握了前面的内容，读者就可以通过在线帮助来解决更为复杂的问题了。

1．建模的基本步骤

在前面内容的基础上，总结出使用 Simulink 进行系统建模和系统仿真的一般步骤。

（1）画出系统草图。将所要仿真的系统根据功能划分成一个个小的子系统，并用一个个小的模块来搭建每个子系统。这一步也体现了用 Simulink 进行系统建模的层次性特点。当然，所选用的模块最好是 Simulink 库里现有的模块，这样用户就不必进行烦琐的代码编写工作了，这要求用户必须熟悉这些库的内容。

（2）启动 Simulink 库浏览器，新建一个空白模型。

（3）在库中找到所需模块并拖到空白模型窗口中，按系统草图的布局摆放好各模块并连接各模块。

（4）如果系统较复杂、模块太多，则可以将实现同一功能的模块封装成一个子系统，使系统模型看起来更简洁（封装的方法会在后面介绍）。

（5）设置各模块的参数及与仿真有关的各种参数（在后面会有详细介绍）。

（6）保存模型。模型文件的扩展名为.mdl。

（7）运行仿真，观察结果。如果仿真出错，则按弹出的错误提示框查看出错的原因并修改；如果仿真结果与预想的结果不符，则首先要检查模块的连接是否有误、选择的模块是否合适，然后检查模块参数和仿真参数的设置是否合理。

（8）调试模型。如果在上一步中没有检查出任何错误，就有必要进行调试，以查看系统在每个仿真步骤的运行情况，直至找到出现仿真结果与预想的或实际情况不符的地方，修改后再次仿真，直至结果符合要求。当然，最后还要保存模型。

2．建模的方法与技巧

当创建的模型较为复杂时，可以通过将相关的模块组织成子系统来简化模型的显示。使用子系统的优点如下。

- 有助于减少模型窗口中显示的模型数量。
- 允许用户将模型中功能相关的模块组织在一起。
- 使用户可以建立分层的模型框图。其中，子系统模块位于某个层次，而组成子系统的模块则位于另外的层次。

创建子系统的方法大致可分为两种：一种是首先在模型中加入一个子系统（Subsystem）模块，然后打开子系统窗口并编辑；另一种是首先直接选中组成子系统的模块，然后单击相应的菜单完成系统的创建。具体创建方法将在后面进行详细描述。

通过子系统，用户可以创建分层的模型结构，还可以使用模型浏览器浏览模型中的层次关系。

Simulink 会在子系统模块上标明端口。标识的内容一般是子系统的输入或输出模块名称，子系统正是通过这些模块与子系统外的模块进行交互的。用户可以通过下面的操作隐藏某些或所有的端口标识。

- 选择子系统模块，执行“格式”→“端口”→“端口标签”→“无”命令来隐藏所有的端口标识。
- 在子系统中选择某个输入或输出模块，用上述命令隐藏相应的端口标识。
- 在子系统模块参数设置对话框中设置“显示端口标签”，如图 14-33 所示。

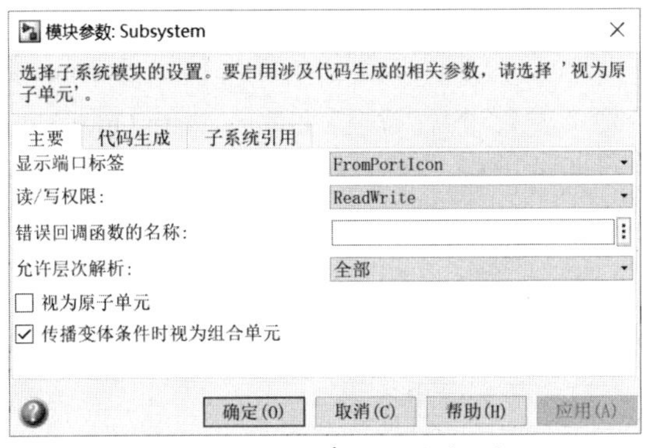

图 14-33　模块参数设置对话框

Simulink 允许用户设置访问子系统的权限，禁止使用者观看或修改子系统的内容，这可以通过在子系统属性对话框的“读/写权限”栏中设置相应的参数值来实现。

用户可以将它设置成 ReadOnly 或 NoReadorWrite。其中，ReadOnly 参数表示允许查看局部复制子系统的内容，但禁止修改原始复制中的内容；NoReadorWrite 参数表示禁止对子系统进行查看、修改或复制。

3. 建模时的考虑

- 内存因素：一般而言，计算机的内存越大，Simulink 运行得越好。
- 使用分层机制：如果系统的模型比较复杂，那么使用子系统的分层机制将会大大简化模型，用户可以将主要精力放在系统信号的主要走向上，而忽略其中各个功能模块的实现细节。方便模型的理解和阅读。
- 使用注释：一般而言，具有详细的注释和帮助信息可以让模型更容易被阅读和理解。因此，在模型创建过程中，应尽可能为信号添加注释。另外，为模型添加说明信息，可以让创建的模型更容易被阅读。
- 建模策略：用户在创建模型时会发现，如果模型中小的模块重复比较多，那么模型的保存也相对容易，此时可以将反复用到的模块全部放在新建的模块库中。这样可以在 MATLAB 窗口中通过模块的名称来访问模块。

一般来说，在创建模型前，可以首先在纸上将系统的方框图设计好，然后将需要用到的模块放在模型窗口当中，最后完成模块的连线。这样可以避免频繁地打开模块库。

4．方程的建模

要知道，仿真的系统一般是采用数学方程来描述的，因此，在模型的创建过程中，经常遇到的是对方程的建模，而初学者往往对此感到疑惑。下面通过示例来说明方程建模的一般步骤。

例 14-5：模拟一次线性方程 $y=\frac{9}{4}x+30$，其中输入信号 x 是幅值为 10 的正弦波。

（1）启动仿真环境。在 MATLAB 的命令行窗口中直接输入 simulink 命令或单击“主页”选项卡中的按钮，打开“Simulink 起始页”浏览器，单击“空白模型”选项，弹出模型创建窗口。

（2）建模所需模块的确定。在进行建模之前，首先要确定建立上述模型所需的模块。

- Constant 模块：用于定义一个常数。该模块位于 Sources 模块库中。
- Sine Wave 模块：用于作为输入信号。该模块位于 Sources 模块库中。
- Gain 模块：用于定义常数增益。该模块位于 Math Operations 模块库中。
- Sum 模块：用于将两项相加。该模块位于 Math Operations 模块库中。
- Scope 模块：用于显示系统输出。该模块位于 Sinks 模块库中。

（3）模块的复制。

- 在窗口中单击“仿真”选项卡的“库”组中的（“库浏览器”）按钮，在弹出的“Simulink 库浏览器”窗口左侧的仿真树中选中“Sources”库，在右侧选中“Constant”模块并将它拖到模型创建窗口中。
- 同样，将其他模块拖到模型创建窗口中，结果如图 14-34 所示。

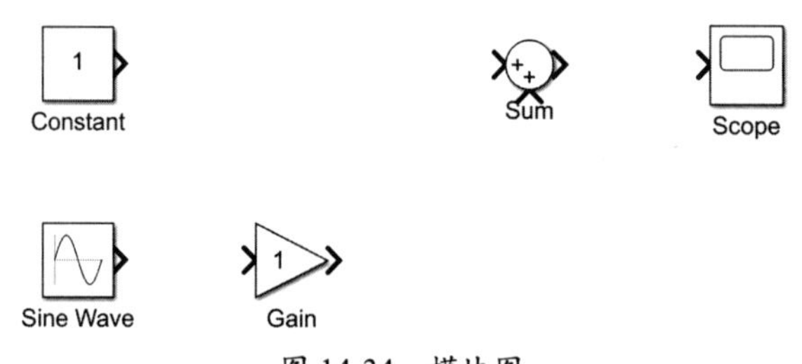

图 14-34　模块图

（4）模块的连接。把各个模块连接起来，得到如图 14-35 所示的连线图。

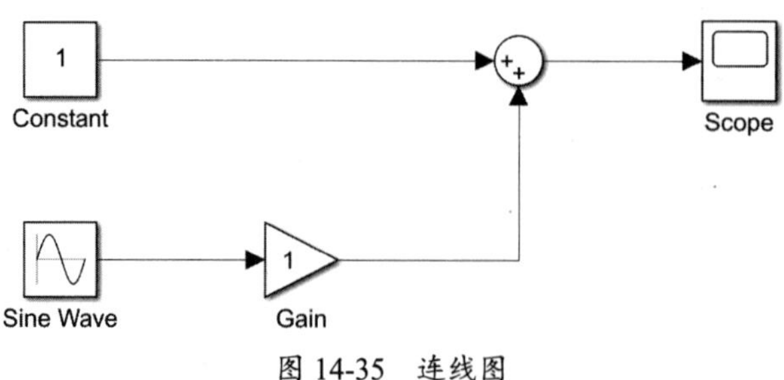

图 14-35　连线图

（5）模块参数设置。Sine Wave 模块代表摄氏温度，Gain 模块的输出为 9/4，这个值与 Sum 模块和 Constant 模块中的常数 30 相加后得到并输出，这个输出就是 y。

- 设置 Constant 模块的参数。双击“Constant”模块，弹出如图 14-36 所示的模块参数设置对话框，设置“常量值”为 30，单击“确定”按钮。
- 设置 Sine Wave 模块的参数。双击“Sine Wave”模块，弹出如图 14-37 所示的模块参数设置对话框，设置“振幅”为 10，单击“确定”按钮。
- 设置 Gain 模块的参数。双击“Gain”模块，弹出如图 14-38 所示的模块参数设置对话框，设置“增益”为 9/4，单击“确定”按钮。
- 参数设置完成后，适当调整模块位置，此时的仿真系统图如图 14-39 所示。

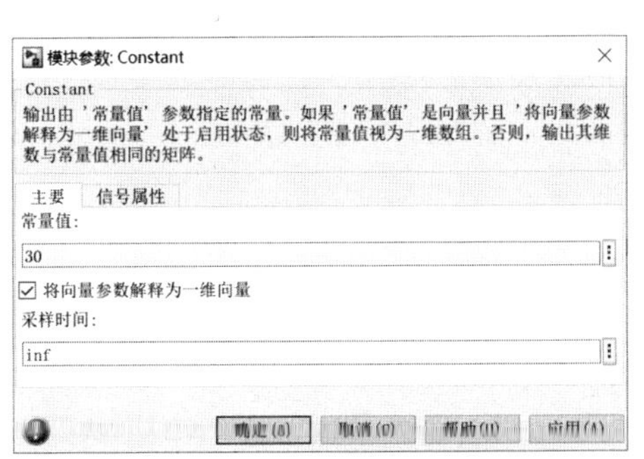

图 14-36　Constant 模块参数设置

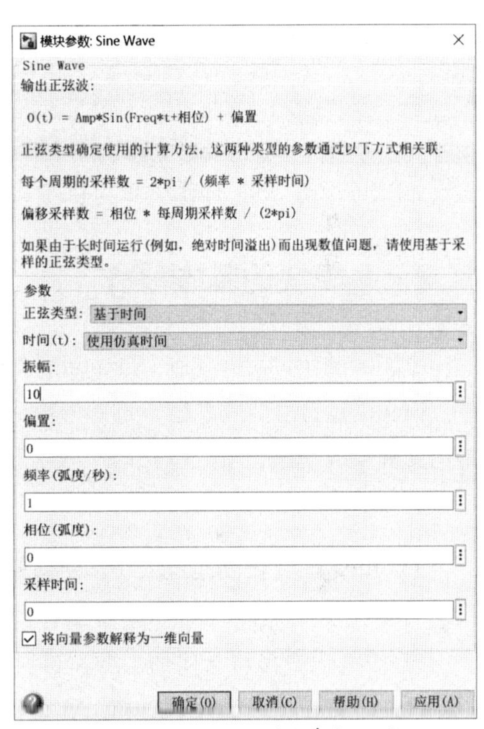

图 14-37　Sine Wave 模块参数设置

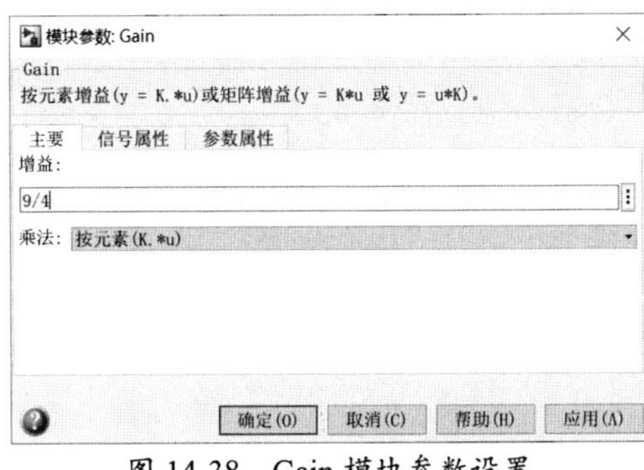

图 14-38　Gain 模块参数设置

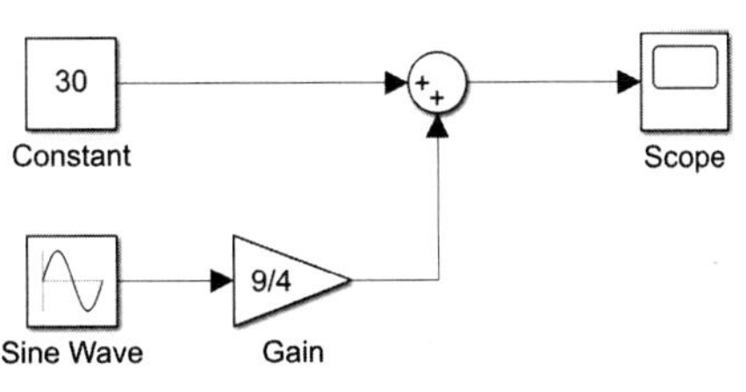

图 14-39　参数设置完成后的仿真系统图

（6）开始仿真。

- 在 Simulink 模型窗口中设置“仿真”选项卡的“仿真”组中的“停止时间”为 10s。单击“仿真”选项卡的“仿真”组中的 （“运行”）按钮，运行仿真。

● 仿真完成后，双击“Scope”模块，可以看到最终的仿真曲线，如图 14-40 所示。

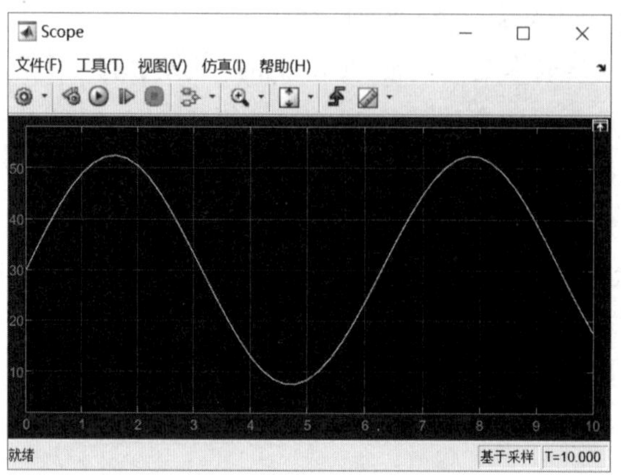

图 14-40 最终的仿真曲线

在“Scope”图形窗口中可以观看这个输出值的变化曲线。把 Scope 模块的 x 轴设为比较短的时间，如 10s；而把 y 轴设置得比幅值略大一些，以便能够得到整条曲线。

14.2.4 模块的基本操作

由前面的示例可知，在 Simulink 建模过程中，就是将模块库中的模块复制到模型窗口中。Simulink 的模型能根据常见的分辨率自动调整其大小，读者可以利用鼠标拖动边界来重新定义模型的大小。

1. 模块复制

Simulink 模型在创建过程中，模块的复制能够为用户提供快捷的操作方式。复制操作步骤如下。

1）不同模型窗口（包括模型库窗口）之间的模块复制

（1）选定模块，直接按住鼠标左键（或右键），将其拖到另一模型窗口中。

（2）在模块上单击鼠标右键，在弹出的快捷菜单中执行“Copy”和“Paste”命令。

2）同一模型窗口内的模块复制

（1）选定模块，按住鼠标右键，拖动模块到合适的地方后释放。

（2）选定模块，在按住 Ctrl 键的同时，按住鼠标左键拖动对象到合适的地方后释放。

（3）在模块上单击鼠标右键，在弹出的快捷菜单中执行“Copy”和“Paste”命令。

模块的复制如图 14-41 所示。

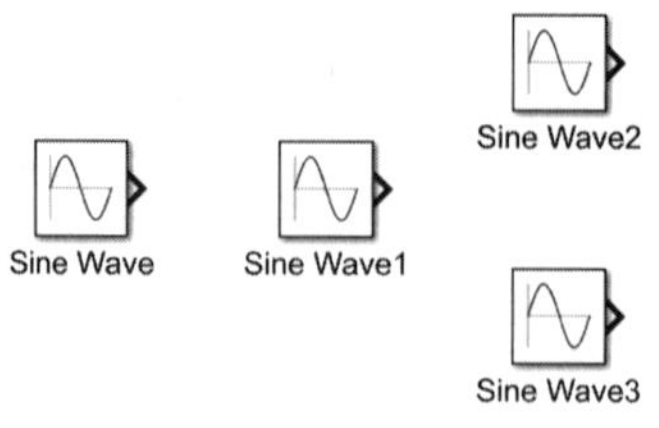

图 14-41 模块的复制

2．模块移动

要进行模块移动，首先选定需要移动的模块，然后用鼠标将模块拖到合适的地方。当模块移动时，与之相连的连线也移动。

3．模块删除

要删除模块，首先要选定待删除的模块，然后直接按键盘上的 Delete 键；或者执行右键快捷菜单中的“Cut”命令。

4．改变模块大小

选定需要改变大小的模块，在出现小黑块编辑框后，用鼠标拖动编辑框，可以实现放大或缩小模块，如图 14-42 所示。

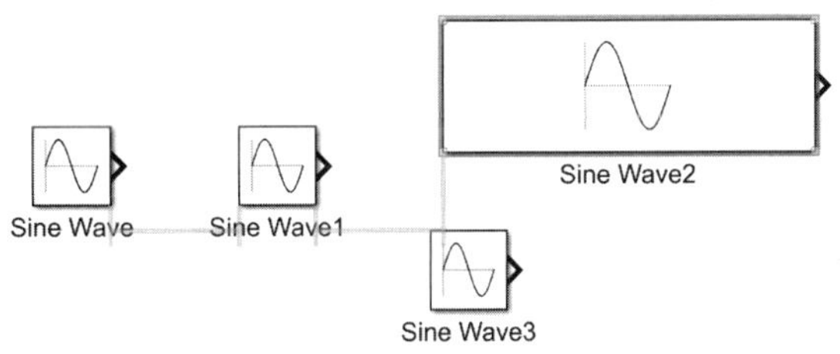

图 14-42　改变模块大小

5．模块翻转

（1）模块翻转 180°。选定模块，执行右键快捷菜单中的“格式”→“翻转模块”命令，可以将模块旋转 180°。

（2）模块翻转 90°。选定模块，执行右键快捷菜单中的“格式”→“顺时针旋转 90°”/“逆时针旋转 90°”命令，可以将模块旋转 90°，如果一次翻转不能达到要求，那么可以多次翻转。也可以使用 Ctrl + R 快捷键实现模块的 90°翻转。模块的翻转如图 14-43 所示。

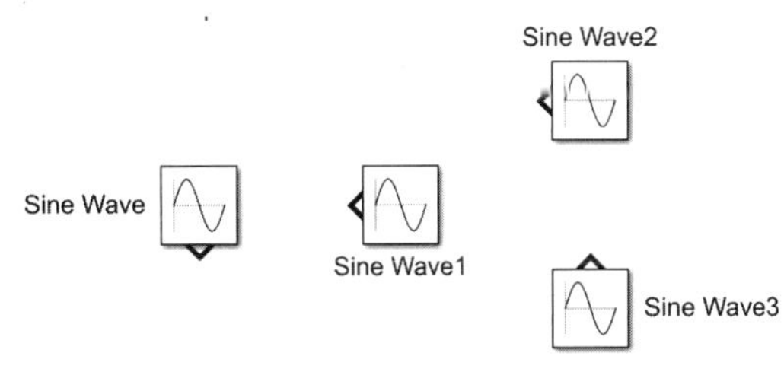

图 14-43　模块的翻转

6．模块名编辑

（1）修改模块名：单击模块下面或旁边的模块名，即可对模块名进行修改。

（2）模块名字体设置：选定模块，在“格式”选项卡的“字体和段落”组下设置字体。

（3）模块名的显示和隐藏：选定模块，执行“模块”→“格式”→“自动名称”→“名称打开”/“名称关闭”命令，可以显示或隐藏模块名。

（4）模块名的翻转：选定模块，执行右键快捷菜单中的“格式”→“旋转模块名称”命令，可以翻转模块名。

14.2.5 模块连接与处理

1. 模块间连线

（1）将光标指向一个模块的输出端，待光标变为十字符后，按住鼠标左键并拖动，直到另一模块的输入端。

（2）按住 Ctrl 键，依次选中两个模块，两模块之间会自动添加连线，在模块很密集的情况下，这样可以解决连线不方便的问题。

Simulink 模块之间的连线效果如图 14-44 所示。

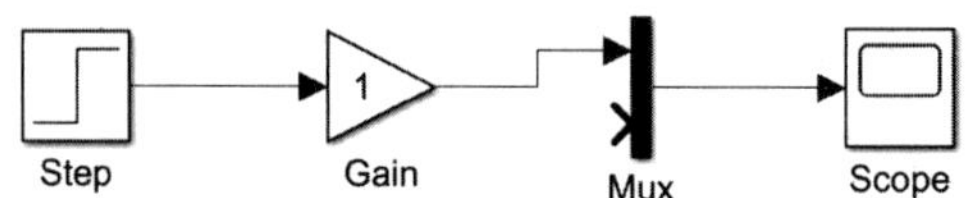

图 14-44 Simulink 模块之间的连线效果

2. 信号线的分支和折线

（1）分支的产生。

将光标指向信号线的分支点，按住鼠标右键，光标变为十字符，拖动直到分支线的终点后释放；或者按住 Ctrl 键，同时按住鼠标左键，拖动光标到分支线的终点，如图 14-45 所示。

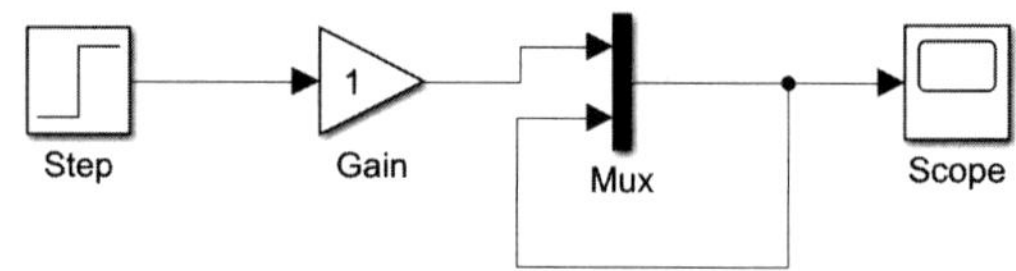

图 14-45 信号线的分支

（2）信号线的折线。

选中已存在的信号线，将光标指向折点处，按住 Shift 键，同时按住鼠标左键，当光标变成小圆圈时，拖动小圆圈，将折点拉至合适处并释放，如图 14-46 所示。

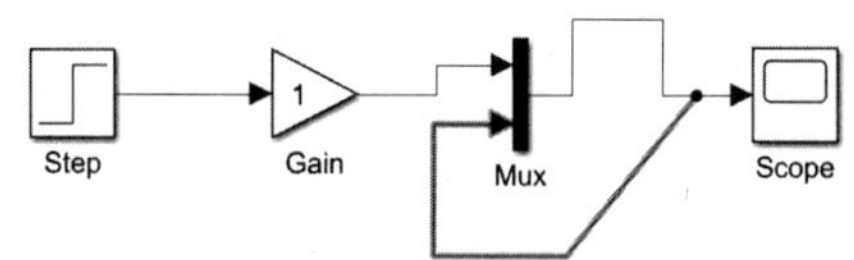

图 14-46 信号线的折线

3. 文本注释

（1）添加文本注释：在空白处双击，在出现的空白文本框中输入文本，可以添加文本注释。在信号线上双击，在出现的空白文本框中输入文本，可以添加信号线注释。

（2）修改文本注释：单击需要修改的文本注释，出现虚线编辑框即可修改文本。

（3）移动文本注释：在文本注释上按住鼠标左键并拖动，就可以移动编辑框。

（4）复制文本注释：在文本注释上按住 Ctrl 键，同时按住鼠标左键并拖动，即可复制文本注释。

文本注释示例如图 14-47 所示。

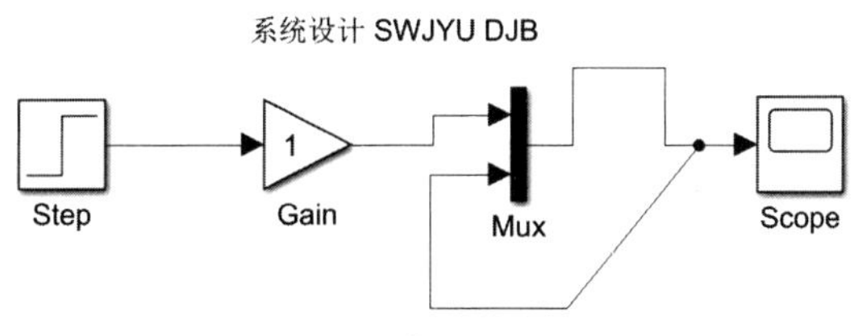

图 14-47　文本注释示例

4. 在信号线中插入模块

如果模块只有一个输入端口和一个输出端口，则该模块可以直接被插入一条信号线中。当在信号线中插入模块时，信号线自动连接，如图 14-48 所示。

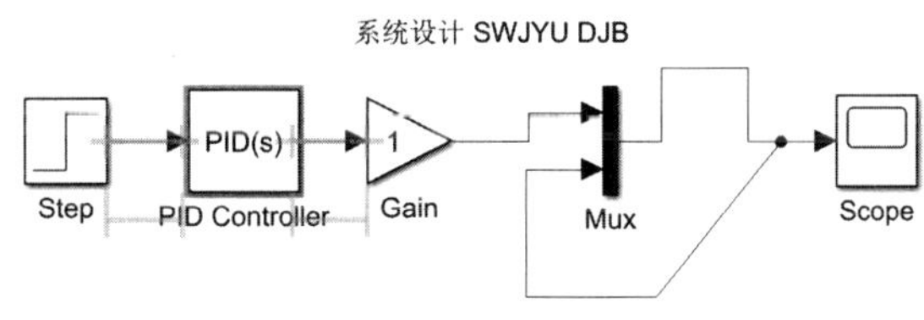

图 14-48　模块连线自动识别

14.3　过零检测和代数环

当仿真一个动态系统时，Simulink 在每个时间步内都使用过零检测技术来检测系统状态变量的间断点。如果 Simulink 在当前的时间步内检测到了不连续的点，那么它将找到发生不连续的精确时间点，并且会在该时间点的前后增加附加的时间步。

有些 Simulink 模块的输入端口是支持直接输入的，这意味着这些模块的输出信号值在不知道输入端口的信号值之前不能被计算出来。当一个支持直接输入的输入端口由同一模块的输出直接或间接地通过由其他模块组成的反馈回路的输出驱动时，就会产生一个代数环。

14.3.1　过零检测

1. 过零检测的原理

使用过零检测技术，一个模块能够通过 Simulink 注册一系列过零变量，每个变量就是一个状态变量（含有不连续点）的函数。当相应的不连续发生时，过零函数从正值或负值传递零值。

在每个仿真步结束时，Simulink 首先通过调用每个注册了过零变量的模块来更新变量，然后检测是否有变量的符号发生改变（相对于上一仿真时间点的结果），如果有改变，就说明当前时间步有不连续发生。

如果检测到过零点，那么 Simulink 会首先在每个发生符号改变的变量的前一时刻值和当前值之间插入新值以评估过零点的个数，然后逐步增加内插点数目并使其值依次越过每个过零点。通过该技术，Simulink 可以精确地定位不连续发生点，避免在不连续发生点处进行仿真（不连续点处的状态变量的值可能没有定义）。

过零检测使得 Simulink 可以精确地仿真不连续点而不必通过减小仿真步长、增加仿真点来实现，因此仿真速度不会受到太大的影响。大多数 Simulink 模块都支持过零检测，表 14-16 列出了 Simulink 中支持过零检测的模块。

如果用户需要显示定义的过零事件，则可以使用 Discontinuities 子库中的 Hit Crossing 模块来实现。

表 14-16　Simulink 中支持过零检测的模块

模　块　名	说　　明
Abs	一个过零检测：检测输入信号沿上升或下降方向通过过零点
Backlash	两个过零检测：一个检测是否超过上限阈值，一个检测是否超过下限阈值
Dead Zone	两个过零检测：一个检测何时进入死区，一个检测何时离开死区
Hit Crossing	一个过零检测：检测输入何时通过阈值
Integrator	若提供了 Reset 端口，就检测何时发生 Reset；若输出有限，则有 3 个过零检测，即检测何时达到上限饱和值、何时达到下限饱和值和何时离开饱和区
MinMax	一个过零检测：对于输出向量的每个元素，检测一个输入何时成为最大值或最小值
Relay	一个过零检测：若 relay 是 off 状态，就检测开启点；若 relay 是 on 状态，就检测关闭点
Relational Operator	一个过零检测：检测输出何时发生改变
Saturation	两个过零检测：一个检测何时达到或离开饱和上限，一个检测何时达到或离开饱和下限
Sign	一个过零检测：检测输入何时通过零点
Step	一个过零检测：检测阶跃发生时间
Switch	一个过零检测：检测开关条件何时满足
Subsystem	用于有条件地运行子系统：一个使能端口，一个触发端口

如果仿真的误差容忍度设置得太大，那么 Simulink 有可能检测不到过零点。例如，如果在一个时间步内存在过零点，但是在该时间步的开始和最终时刻没有检测到符号的改变（见图 14-49），那么求解器将检测不到过零点。

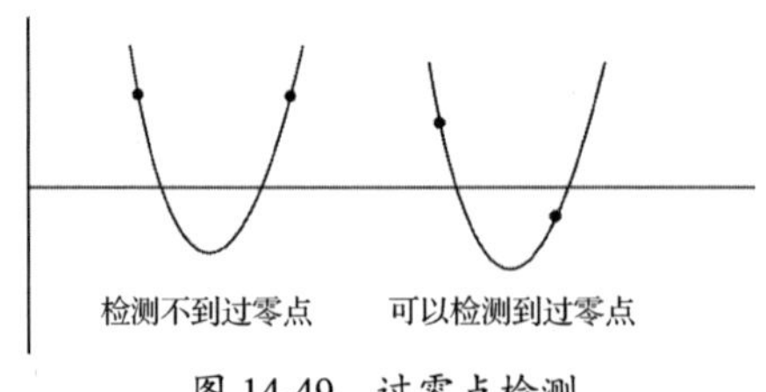

图 14-49　过零点检测

2．过零检测的重要性

在动态系统的运行过程中，状态的不连续处经常会发生重要的事件。例如，当一个小球与地面发生碰撞时，其位置就会产生急剧变化。不连续常常会导致动态系统的显著变化，因此对不连续点进行精确的仿真非常重要，否则会导致仿真得到错误的系统行为。

例如，仿真碰撞中的小球，如果小球与地面碰撞的时间点发生在仿真时间步内，则模型中的小球会在半空中改变方向，这会使研究者得到与物理学上的规律相违背的结论。

为了避免得到错误的结论，使不连续点发生的时刻成为仿真的一个时间点很重要。对于一个纯粹靠求解器来决定仿真时间的仿真器，很难有效地做到上面的要求。

固定步长的求解器在整数倍时间步长的时间点上计算状态变量的值，然而这并不能保证仿真时间点发生在状态不连续的时间点上。当然，用户可以通过减小时间步长来使状态不连续的时间点成为一个仿真时间点，但是这会减慢仿真速度。

可变步长的求解器可以保证有仿真时间点发生在状态不连续的时间点上。它可以动态地改变步长，当状态变量变化慢时，增加步长；当状态变量变化快时，减小步长。在不连续点附近，系统状态发生剧烈变化，因此，理论上这种求解器可以精确地找到不连续发生的时间点，但是这会增加仿真的时间点，从而使仿真速度变慢。

14.3.2　代数环

从代数的角度来看，图 14-50 所示的模块的解是 $z=1$，但是对于大多数的代数环是无法直接看出解的。

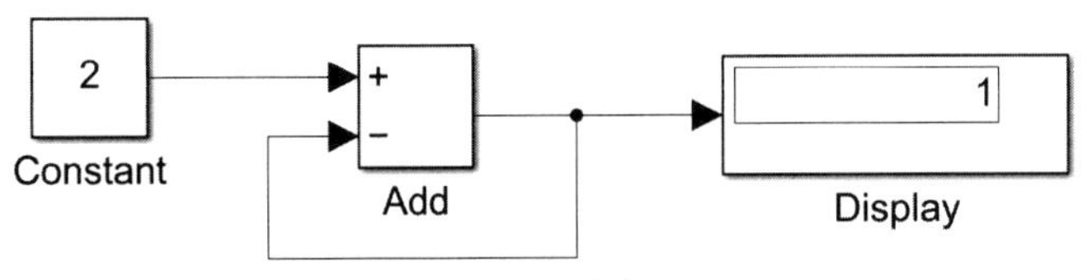

图 14-50　代数环

Simulink 库的 Math Operations 模块库下的 Algebraic Constraint 模块为代数方程等式建模及定义其初始猜想值提供了方便。它约束输入信号 $F(z)$等于零并输出代数状态 z，其输出必须能够通过反馈回路影响输入。用户可以为代数环状态提供一个初始猜想值，以提高求解代数环的效率。

一个标量代数环代表一个标量等式或一个形如 $F(z)=0$ 的约束条件，其中，z 是代数环中一个模块的输出，函数 F 由环路中的另一个反馈回路组成。可将如图 14-50 所示的含有反馈环的模型改写成用 Algebraic Constraint 模块创建的模型，仿真结果不变，如图 14-51 所示。

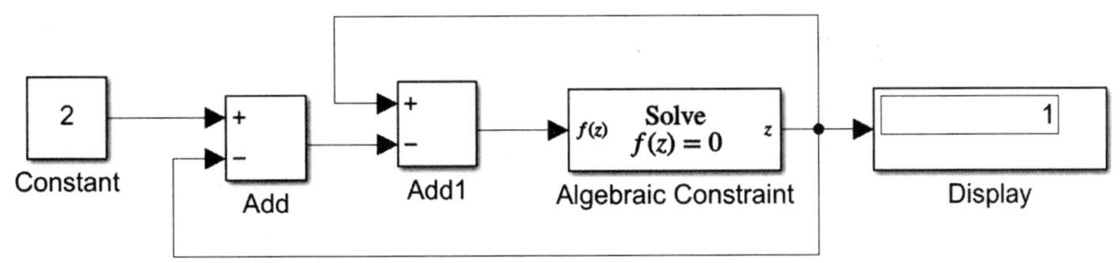

图 14-51　用 Algebraic Constraint 模块创建的代数环模型

创建向量代数环也很容易，在如图 14-52 所示的向量代数环中，可用下面的代数方程描述：

$$Z2 + Z1 - 2 = 0$$

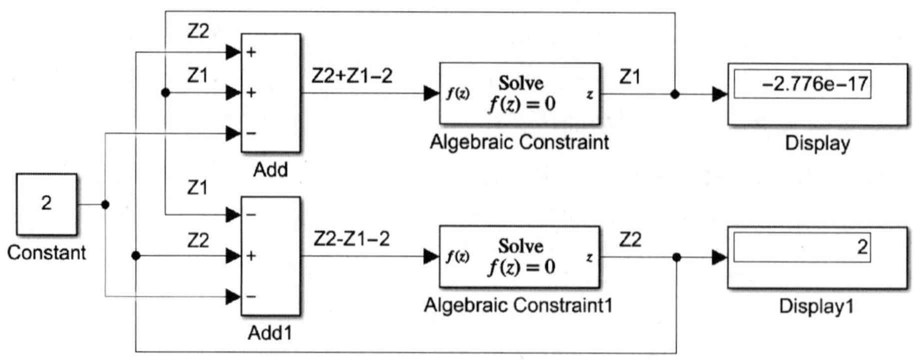

图 14-52　向量代数环

当一个模型包含一个 Algebraic Constraint 模块时，就会产生一个代数环，这种约束可能是系统的物理连接的结果，也可能是用户试图为一个微分-代数系统（DAE）建模的结果。

为了求解 $F(z) = 0$，Simulink 环路求解器会采用弱线性搜索的秩为 1 的牛顿方法更新偏微分 Jacobian 矩阵。尽管这种方法很有效，但是如果代数状态 z 没有一个好的初始猜想值，那么求解器有可能不收敛。

此时，用户可以为代数环中的某个连线（对应一个信号）定义一个初始值，设置的办法有两种：可以通过 Algebraic Constraint 模块的参数设置，还可以通过在连线上放置 IC 模块（初始信号设置模块）来设置。

当一个系统包含代数环时，Simulink 会在每个时间步内进行循环求解。如果有可能，那么环路求解器会采用迭代的办法来求解，因此仿真速度会比较慢。

当一个模型中含有 Atomic Subsystem、Enabled Subsystem 或 Model 模块时，Simulink 可以通过模块的参数设置来消除其中一些代数环。

对于含有 Atomic Subsystem、Enabled Subsystem 模块的模型，可在模块参数设置对话框中勾选“尽量减少出现代数环”复选框；对于含有 Model 模块的模型，可在模块参数设置对话框的“实例参数”选项卡中勾选“尽量减少出现代数环”复选框。

14.4　本章小结

本章主要介绍了使用 Simulink 进行仿真的基础知识，包括 Simulink 仿真相关的基本概念、工作环境、模型创建、过零检测和代数环等内容。这些内容是进行 Simulink 仿真的基础，在第 15 章中将继续介绍 Simulink 仿真的应用。

第 15 章 Simulink 仿真的应用

知识要点

前面介绍了 Simulink 仿真的基础知识，本章介绍使用 Simulink 进行仿真的基础应用。本章涉及子系统的创建和封装、模型分析、运行仿真、模型调试等方面的知识和应用，与第 14 章结合起来，构成 Simulink 仿真的基础知识和应用体系。本书只对 Simulink 做简单的讲解，更深层次的内容请参考 MATLAB 帮助文件。

学习要求

知识点	学习目标			
	了解	理解	应用	实践
Simulink 仿真模型的分析	√			√
Simulink 系统模型及其特点			√	√
Simulink 系统仿真与调试		√		√
Simulink 模型的基本调试方法		√		√

15.1 子系统的创建和封装

Simulink 在创建系统模型的过程中常常采用分层的设计思想。用户在进行动态系统的建模过程中，可以根据需要将模型中比较复杂，或者共同完成某一功能的基本模块（也可能是低一层次的子系统）封装起来，并采用一个简单的图形来替代表示。这样可使整个模型结构清晰、显示简单，让用户将主要精力放在系统的信号分析上。

依照封装后系统的不同特点，Simulink 具有一般子系统、封装子系统和条件子系统 3 种不同类型的子系统，下面分别对各种子系统的基本特点和创建过程给予介绍。

15.1.1 子系统介绍

1. 分层的建模思想

用户在进行动态系统的仿真过程中，常常会遇到比较复杂的系统。无论多么复杂的系统，都是由众多不同的基本模块组成的。在采用 Simulink 创建系统模块时，当然希望将系统所有的模块都在一个模型窗口中显示出来，然而，对于比较庞大的系统，这是不现实的。

另外，较大的系统一般包含大量的基本模块，用户一般并不关心这些基本模块之间的信号交互，只希望了解系统不同组成部分之间的信号流向。因此，有必要根据系统的结构，将同属于一个部分的基本模块封装起来，在模型窗口中，用封装后的模块（极为简单）来替代原来的部分，称为“分层建模”的设计方法，在实际工作中经常用到。

Simulink 本身就体现了“分层建模”的思想。例如，各种基本模块库可看作封装了相关基本模块的子系统。采用这种设计思想的优点如下。

- 体现了面向对象的设计方法。封装后的子系统对用户而言是不透明的，用户可将它看作一个“黑匣子”，只需要关心子系统两端的输入/输出，而不需要知道子系统内部信号的处理过程。
- 提高了效率和可靠性。封装后的子系统可实现“重用性”。
- 对于封装的子系统，其工作区与基本工作区相互独立，简化了模型的设计。
- 符合实际系统分层组成的实际情况。

2. 用户模块库的定制

子系统的封装可以很容易实现 Simulink 模块库的定制，将用户自己创建的模块封装起来，并给予封装后的模块库以适当的外观和参数，就完成了用户自己的模块库的定制。

在使用上，定制的模块库与标准的 Simulink 模块库并无区别。这样，用户就用自己的模块库对 Simulink 进行了扩展，这种广泛的开放性得到了越来越多用户的支持和喜爱。

3. 条件子系统

在 Simulink 模块库中，有两个特殊的模块：使能（Enable）模块和触发（Trigger）模块。如果把这两个模块放在某个子系统中，则该子系统是否发生作用就取决于外界的条件是否满足，这种系统称为条件子系统。这种子系统为创建更加复杂的系统的仿真模型提供了方便。

条件子系统又可分为使能子系统（Enable Subsystem）、触发子系统（Trigger Subsystem）及触发使能子系统（Enable and Trigger Subsystem）。

4．一般子系统

根据前面的介绍可知，在 Simulink 中，如果被研究的系统比较复杂，那么直接用基本模块构成的模型就比较庞大，模型中的主要流向不容易辨认。此时，若把整个模型按照实现功能或对应物理器件划分成几块，则将有利于对整个系统的概念进行抽象。创建一般子系统是其中最为简单的方法。

一般子系统与封装子系统不同，它只在视觉上对整个模型进行分层，子系统内部的模块仍然共享 MATLAB 的基本工作区。由于不需要进行封装对话框的设置，所以一般子系统的创建过程比较简单。用户可以根据需要采用标准的 Simulink 模块进行，也可以在模型上直接框选。

5．采用框选法创建了系统

如果用户已经建立起系统的模型方框图，就可以采用直接框选法制作一般子系统。具体步骤如下。

（1）生成子系统。在模型窗口中，将需要包含进子系统的模块框起来（在图中以蓝色框标识）。直接框选法生成子系统的两种操作方法如下。

① 框选后单击鼠标右键，在弹出的快捷菜单中选择“基于所选内容创建子系统”命令。

② 框选后，执行“多个”→“创建”→“创建子系统”命令。

执行上述操作之一后，便将框选的部分包装在一个名为 Subsystem 的模块中。新生成子系统中的模块和信号线可能会显得比较杂乱，可以通过鼠标操作进行整理。

（2）模块名的修改。双击新生成子系统中的模块名，将模块名改为其他适当的名称。

（3）输入/输出端口的设置。双击新生成子系统的图标，弹出该子系统的结构模型窗口。把该结构模型窗口中的输入端口的默认名改为其他适当的名称，把输出端口的默认名也改为其他适当的名称。

（4）选择 Simulink 界面中的“仿真”→“文件”→“保存”命令，将以上创建的一般子系统保存起来。以后用户在打开该模型文件时，Simulink 将只显示一般子系统，双击子系统图标，可以进一步观察其内部构造。

15.1.2　创建子系统

在 Simulink 中，有以下两种创建子系统的方法。

- 通过子系统模块创建子系统：先向模型中添加 Subsystem 模块，然后打开该模块并向其中添加模块。
- 组合已存在的模块创建子系统（如前面介绍的用直接框选法创建子系统）。

下面通过两个示例来介绍这两种创建子系统的方法。

例 15-1：通过 Subsystem 模块创建子系统。具体步骤如下。

（1）启动 Simulink，从模块库 Simulink 的 Ports & Subsystems 中复制 Subsystem 模块到模型中，同时将 Constant 模块、Display 模块复制到模型中，如图 15-1 所示。

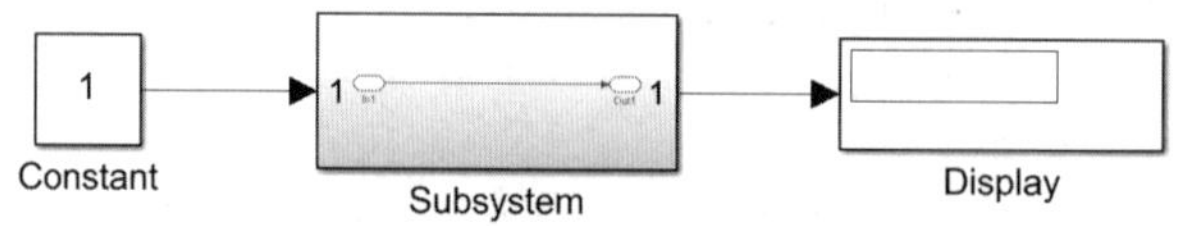

图 15-1　通过 Subsystem 模块创建子系统

建立上述模型需要的模块如下。

- Constant 模块：用于定义一个常数。该模块位于 Sources 模块库中。
- Subsystem 模块：用于封装子系统。该模块位于 Ports & Subsystems 模块库中。
- Display 模块：用于显示系统输出值。该模块位于 Sinks 模块库中。

（2）双击"Subsystem"模块图标，打开 Subsystem 模块编辑窗口。

（3）在新的空白窗口中创建子系统并保存。

（4）运行仿真并保存。

例 15-2：组合已存在的模块创建子系统。具体步骤如下。

（1）新建 Simulink 空白界面，创建如图 15-2 所示的子系统。

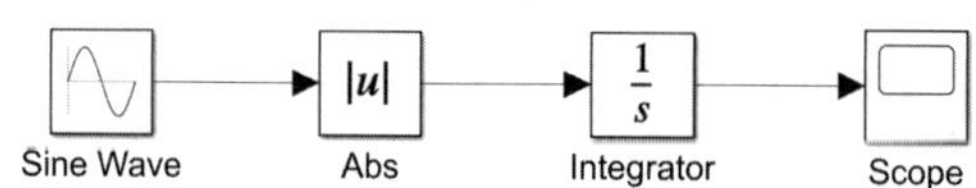

图 15-2　组合已存在的模块创建子系统

建立上述模型需要的模块如下。

- Sine Wave 模块：作为输入信号。该模块位于 Sources 模块库中。
- Abs 模块：用于输出输入信号的绝对值。该模块位于 Math Operations 模块库中。
- Integrator 模块：用于积分。该模块位于 Continuous 模块库中。
- Scope 模块：用于显示系统输出。该模块位于 Sinks 模块库中。

（2）选中要创建成子系统的模块。在按住 Shift 键的同时选择模块。

（3）在模块上单击鼠标右键，在弹出的快捷菜单中选择"基于所选内容创建子系统"命令，执行"多个"→"创建"→"创建子系统"命令，结果如图 15-3 所示。

（4）运行仿真并保存。

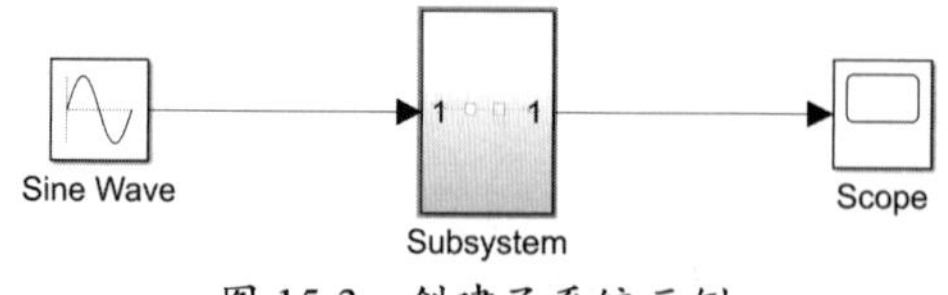

图 15-3　创建子系统示例

15.1.3　封装子系统

一般子系统的操作过程很简单，并且在一定程度上提高了分析问题的抽象能力。然而，一般子系统仍然从 MATLAB 基本工作区中获取变量，因此没有实现完全意义上的封装。

在一般子系统的基础上对子系统进行封装可以解决这个问题。封装子系统在外表上与普通模块完全一样，有自己的参数设置对话框和图标，并且其中的变量有着与基本工作区相独立的工作区，即封装工作区。

封装子系统是在一般子系统的基础上进一步设置而成的，为用户提供了一种扩展 Simulink 模块库的方法。

1. 为何封装

封装子系统可以为用户带来如下好处。

- 在设置子系统中各个模块的参数时，只通过一个参数设置对话框就可以完成所需设置。
- 为子系统创建一个可以反映子系统功能的图标。
- 可以避免用户在无意中修改子系统中模块的参数。

2. 如何封装

封装一个子系统的方法如下。

- 在需要封装的子系统上单击鼠标右键，在弹出的快捷菜单中选择"封装"→"创建封装"命令，这时会弹出如图 15-4 所示的"封装编辑器"窗口。
- 在封装编辑器中对封装子系统进行设置。设置完成后，单击左上角的"保存封装"按钮即可完成子系统的封装操作。

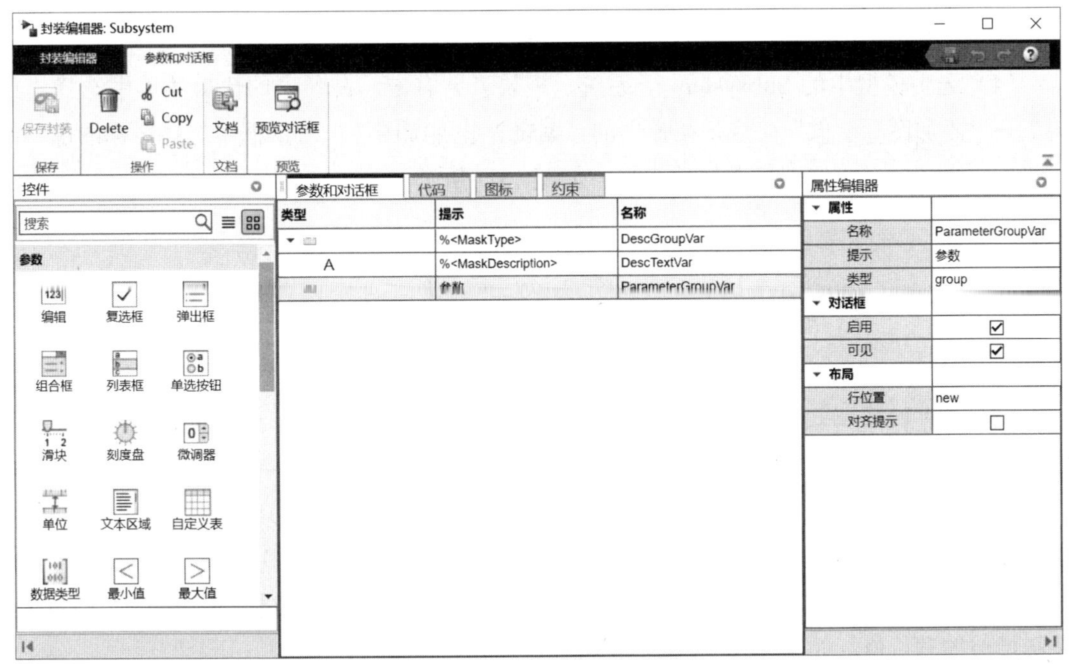

图 15-4 "封装编辑器"窗口

3. 封装示例

封装的操作很简单，也比较容易理解，下面通过一个简单的示例来讲解。本例只介绍封装的过程，限于篇幅，封装编辑器的详细功能请查阅帮助文件。

例 15-3：封装子系统。

（1）创建如图 15-5 所示的子系统。

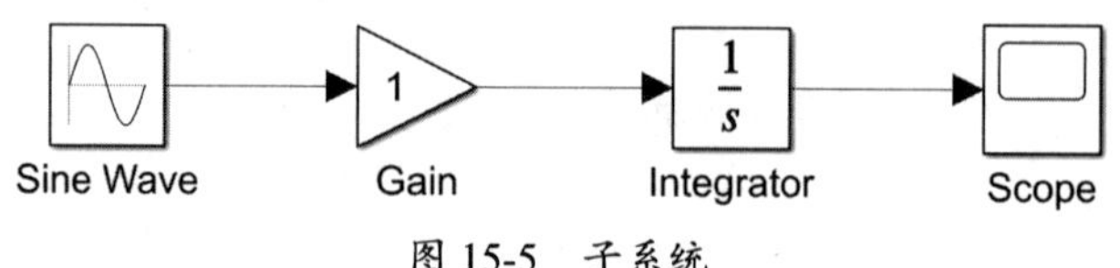

图 15-5　子系统

建立上述模型所需的模块如下。

- Sine Wave 模块：作为输入信号。该模块位于 Sources 模块库中。
- Gain 模块：用于定义常数增益。该模块位于 Math Operations 模块库中。
- Integrator 模块：用于积分。该模块位于 Continuous 模块库中。
- Scope 模块：用于显示系统输出。该模块位于 Sinks 模块库中。

（2）选中要创建成子系统的模块。在按住 Shift 键的同时选择模块。

（3）在模块上单击鼠标右键，在弹出的快捷菜单中选择“基于所选内容创建子系统”命令，也可以执行“多个”→“创建”→“创建子系统”命令，结果如图 15-6 所示。

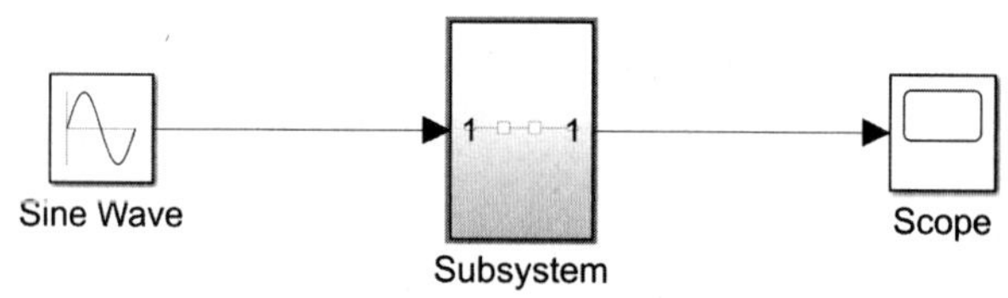

图 15-6　创建子系统示例

（4）选中模型中的 Subsystem 子系统（模块）并右击，在弹出的快捷菜单中选择“封装”→“添加图标图像”命令，在弹出的“编辑封装图标图像”对话框中选择图标图像，单击“确定”按钮，完成图标图像的选择，如图 15-7 所示。

图 15-7　添加图标图像

（5）进行封装设置。选中 Subsystem 模块，单击“子系统模块”→“封装”→“创建封装”按钮，弹出“封装编辑器”窗口。

（6）封装编辑器的左侧为“控件”栏，单击“参数”列表框中的“编辑”控件，即可将该控件添加到中间列表中，在“参数和对话框”选项卡中新添加“#1”，将其提示列设置为“增益(Gain)”，名称为“m”。在右侧“属性编辑器”栏的“值”数值框中输入“2”，作为子系统增益的默认值，如图 15-8 所示。

（7）初始化与回调设置。单击中间区域的“代码”选项卡，在该选项卡下可以进行初始化和回调设置，本例不设置，如图 15-9 所示。

对于初始化和回调设置，允许用户定义封装子系统的初始化命令。初始化命令可以使用任何有效的 MATLAB 表达式、函数、运算符和在“参数和对话框”选项卡中定义的变量，但是初始化命令不能访问 MATLAB 工作区的变量。

在每条命令后用分号结束可以避免模型运行时在 MATLAB 命令行窗口中显示运行结果。一般在此定义附加变量、初始化变量或绘制图标等。

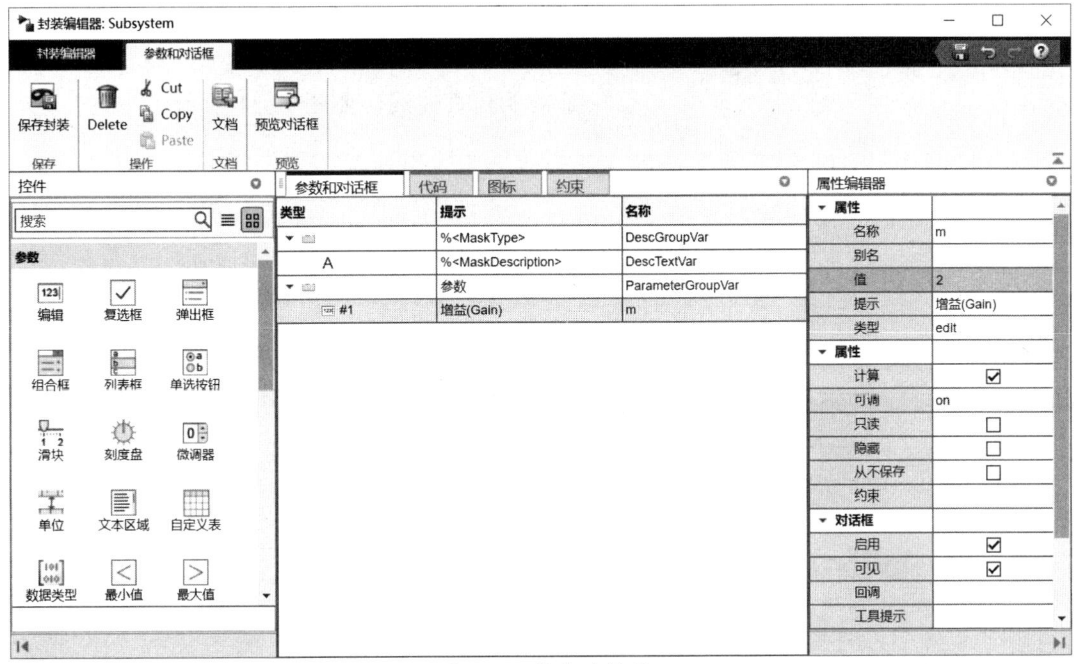

图 15-8　封装编辑器

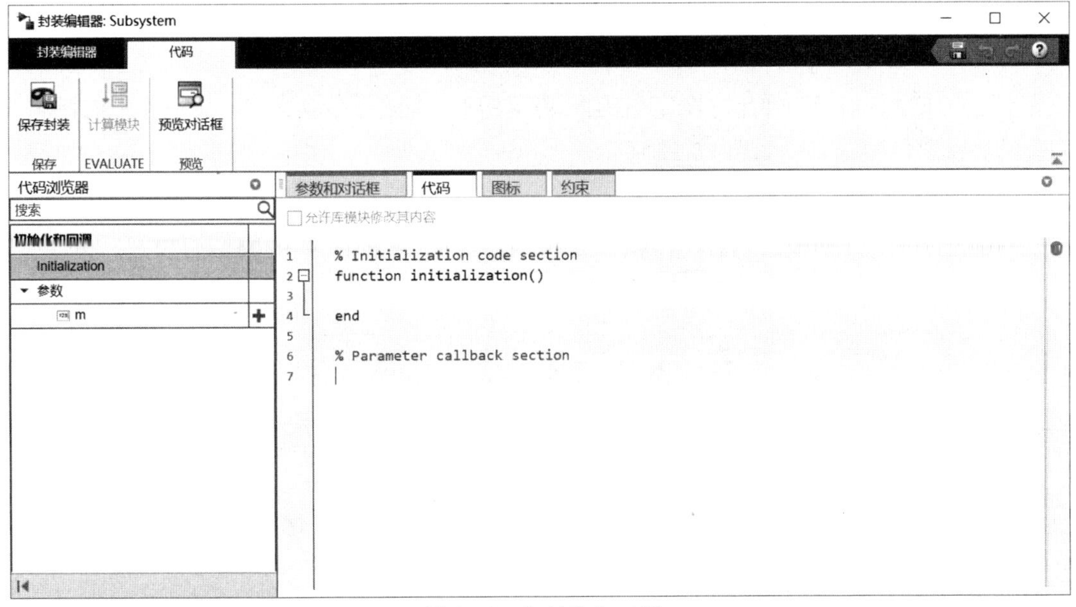

图 15-9　初始化和回调

（8）在“封装编辑器”窗口中单击左上角的“保存封装”按钮，完成封装设置，关闭该窗口，退回 Simulink 模型窗口，双击 Subsystem 模块，此时会弹出如图 15-10 所示的模块参数设置对话框，刚才设置的参数均出现在该对话框中。

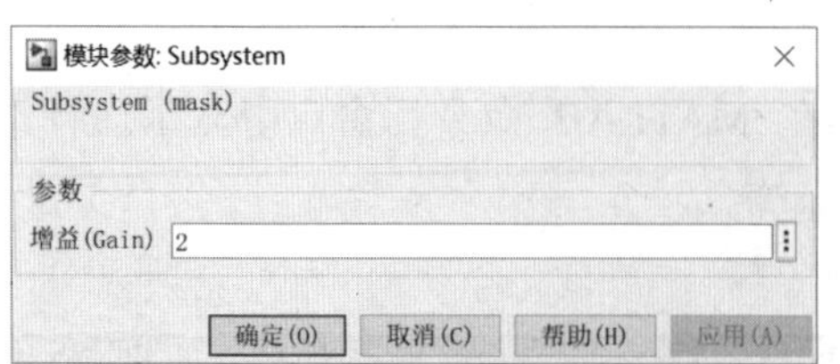

图 15-10 示例模型仿真结果

（9）在 Simulink 模型窗口中设置“仿真”选项卡的“仿真”组中的“停止时间”为 10s。单击“仿真”选项卡的“仿真”组中的 （“运行”）按钮，运行仿真。

（10）仿真完成后双击“Scope”模块可以看到最终的仿真曲线，如图 15-11 所示。

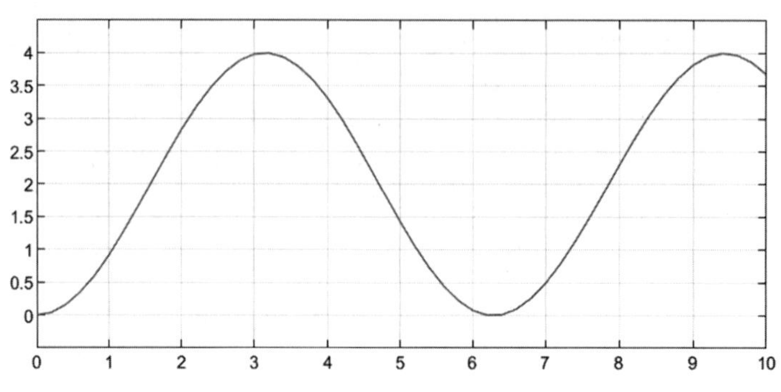

图 15-11 最终的仿真曲线

4. 如何创建自己的模块库

当用户创建了很多封装子系统模块时，有必要分门别类地来存储这些模块。另外，在进行仿真建模时，为了减少到各子库中来回查找所需模块的次数，用户有必要将具有同一类功能的一组常用模块统一放置在同一模块库中。

通过选择 Simulink 模型窗口中的“仿真”→“文件”→“新建”→“库”命令来创建模块库。选中该命令后，会弹出一个空白的模块库窗口，将需要存放在同一模块库中的模块复制到模块库窗口中即可，如图 15-12 所示。

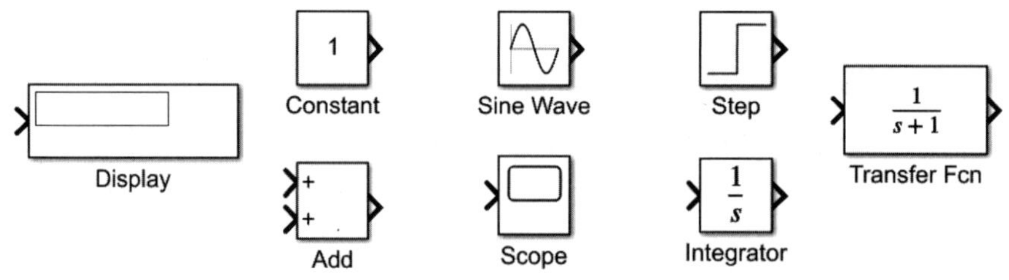

图 15-12 自建模块库

创建好模块库后，用户在创建模型时不需要打开 Simulink 模块库浏览器，而只需在 MATLAB 命令行窗口中输入存放相应模块的模块库的文件名即可。

15.2 仿真模型分析

用户在创建 Simulink 仿真模型之后，在启动仿真过程之前，一般需要对所创建的模型进行分析，目的是以后能够正确设置仿真的参数和配置。

所创建的模型究竟存在多少种状态？是否存在代数环？采用哪种微分方程求解器？积分步长和容许误差究竟取多大合适？这些问题对于提高系统模型的仿真质量（速度和精度）具有相当重要的意义，其中有些问题是初学者常常容易忽视而又会经常遇到的，因此有必要对这些问题进行专门的论述。

15.2.1　模型状态的确定

在进行 Simulink 仿真的过程中，常常需要为仿真模型设置初始状态，然而，对于实际比较复杂的系统模型，一般很难直接看出模型状态的个数及相关变量。尤其当用户在命令行窗口中运行仿真过程时，必须事先知道系统模型中究竟有多少种状态，其中多少是连续量，多少是离散量，模型中的模块对应着哪一个状态分量。

从本质上而言，各种模块就是图形化的微分或差分方程。无论是高阶微分或差分方程，还是传递函数，Simulink 在其内部总采用连续或离散状态方程加以描述。

对于简单的系统，可以直接根据模块的特点分析出模型的状态：积分模块直接对应着一个连续状态变量，单位延迟模块对应着一个离散状态，而传递函数和状态中间模块对应的状态变量数目则由模块本身的阶次决定。

对于不能直接看出状态的系统，可以在命令行窗口中输入相应的指令进行分析。

从模型获得状态信息的指令就是模型名称本身。具体格式如下：

```
[sys,x0,str,ts] = model([],[],[],'sizes');
```

其中，model 为具体模型名称；sizes 为输出参数，是一个 7 元向量，其中各元素的含义如下。

- 元素 1：状态向量中连续分量的数目。
- 元素 2：状态向量中离散分量的数目。
- 元素 3：输出分量的总数。
- 元素 4：输入分量的总数。
- 元素 5：系统中不连续解的数目。
- 元素 6：系统中是否含有直通回路。
- 元素 7：不同采样速率的类别数。

从上面可以看出，数组 sizes 包含该模块的许多基本特征。

x0 返回的是模型状态向量的初始值，可以通过给 x0 赋值来设置状态向量的初始值。

sys 按次序给出了所有状态变量对应模块的所在模型名称、子系统名称及模块名称。

下面通过例子来说明模型特征的获取方法。

例 15-4：以 MATLAB 的演示模型 ssc_house_heating_system.mdl 为对象确定模型状态，如图 15-13 所示。

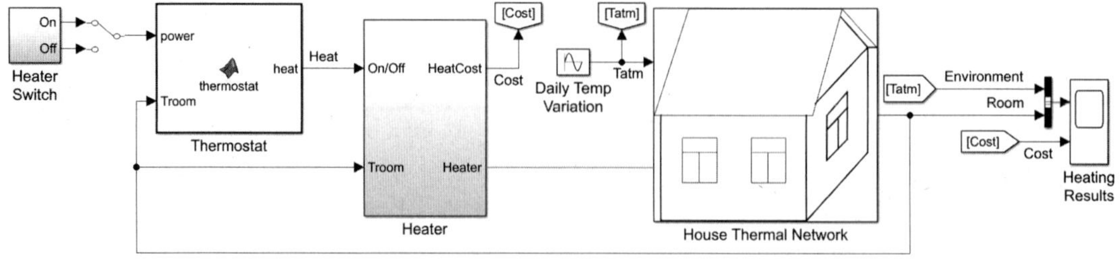

图 15-13　演示模型

在命令行窗口中输入并显示输出结果如下：

```
>> [sys,x0,str,ts] = ssc_house_heating_system ([],[],[],'sizes')
sys =
     6
     4
     0
     0
     0
     0
     2
x0 =
     0
     0
     0
     0
     0
     0
     0
     0
     0
     0
str =
  10×1 cell 数组
    {'ssc_house_heating_system/House Thermal Network/Solver
Configuration/EVAL_KEY/STATE_1'    }
    {'ssc_house_heating_system/House Thermal Network/Solver
Configuration/EVAL_KEY/STATE_1'    }
    {'ssc_house_heating_system/House Thermal Network/Solver
Configuration/EVAL_KEY/STATE_1'    }
    {'ssc_house_heating_system/House Thermal Network/Solver
Configuration/EVAL_KEY/STATE_1'    }
    {'ssc_house_heating_system/Heater/Integrator'              }
    {'ssc_house_heating_system/Heater/Transfer Fcn'            }
    {'ssc_house_heating_system/House Thermal Network/Solver Configuration/
EVAL_KEY/INPUT_1_1_1'}
    {'ssc_house_heating_system/House Thermal Network/Solver Configuration/
EVAL_KEY/INPUT_1_1_1'}
    {'ssc_house_heating_system/House Thermal Network/Solver Configuration/
EVAL_KEY/INPUT_2_1_1'}
    {'ssc_house_heating_system/House Thermal Network/Solver Configuration/
EVAL_KEY/INPUT_2_1_1'}
ts =
     0     0
    50     0
```

结果显示，该模型中连续状态的数量为 6，离散状态的数量为 4。

15.2.2　线性化的数学描述

在非线性仿真的过程中，常常首先需要将非线性系统在工作点附近进行近似线性化，然后利用线性化方法研究非线性系统在工作点附近的一些动态特征。本节介绍如何利用 Simulink 获取非线性系统的近似线性模型。

1．模型的线性化问题

非线性系统可以通过如下状态方程来描述：

$$\begin{cases} \dot{\boldsymbol{x}} = \boldsymbol{f}(x,\boldsymbol{u},t) \\ \boldsymbol{y} = g(x,\boldsymbol{u},t) \end{cases}$$

式中，$\dot{\boldsymbol{x}}$、$\boldsymbol{f}$ 都是 n 阶向量；$\boldsymbol{u}$ 是 m 阶向量；$\boldsymbol{y}$ 是 p 阶向量。在系统工作点附近进行近似线性化，只保留系统的一次项，而将系统的高次项都舍去，可以得到如下方程：

$$\begin{cases} \dot{\boldsymbol{x}} = \boldsymbol{A}x + \boldsymbol{B}\boldsymbol{u} \\ \boldsymbol{y} = \boldsymbol{C}x + \boldsymbol{D}\boldsymbol{u} \end{cases}$$

式中，各参数矩阵的计算如下：

$$\boldsymbol{A} = \frac{\partial}{\partial x}\boldsymbol{f}(x,\boldsymbol{u},t)$$

$$\boldsymbol{B} = \frac{\partial}{\partial \boldsymbol{u}}\boldsymbol{f}(x,\boldsymbol{u},t)$$

$$\boldsymbol{C} = \frac{\partial}{\partial x}g(x,\boldsymbol{u},t)$$

$$\boldsymbol{D} = \frac{\partial}{\partial \boldsymbol{u}}g(x,\boldsymbol{u},t)$$

这里的近似只是对相对比较简单的系统在平衡点附近而言的，对于非线性特性较为复杂的系统，这样的近似可能会引起系统特性的较大变化。

2．为何线性化

一旦数据具有状态空间的形式或被转换成 LTI 对象，用户就可以使用控制系统工具箱里的函数对其做进一步分析。

- 将状态空间转换为 LTI 对象：sys = ss(A,B,C,D)。
- 绘制系统的波特相位幅频图：bode(A,B,C,D)或 bode(sys)。
- 求系统的时间响应：step(A,B,C,D) 或 step(sys)（单位阶跃响应）、impulse(A,B,C,D) 或 impulse(sys)（单位脉冲响应）、lsim(A,B,C,D,u,t) 或 lsim(sys,u,t)（任意输入响应）。

3．如何线性化

用户可以通过下面几个函数对所建模型进行线性化。

- [A,B,C,D] = linmod('sys')。
- [A,B,C,D] = linmod('sys',x,u)。
- [A,B,C,D] = linmod('sys', x, u, para)。

- [A,B,C,D] = linmod('sys', x, u, 'v5', para)。
- [A,B,C,D] = linmod('sys', x, u, 'v5', para, xpert, upert)。
- [A,B,C,D] = dlinmod('sys', x, u)。
- [A,B,C,D] = dlinmod('sys',Ts, x, u, 'v5', para)。
- [A,B,C,D] = dlinmod('sys', x, u, 'v5', para, xpert, upert)。
- argout = linmod2('sys', x, u, para)。

其中，x、u 用来指定工作点处的系统状态和输入信号，默认均为适当的零向量；linmod 用于线性化本身是线性和非线性的模型；dlinmod 用于线性化本身是离散系统或离散和连续的混合系统的模型。对于以上函数的具体使用方法及其各个参数的含义，用户可以查询在线帮助。

15.2.3 平衡点分析

Simulink 通过 trim 命令决定动态系统的稳定状态点（平衡点）。所谓平衡点，就是指满足用户自定义的输入/输出和状态条件的点。下面通过一个简单的示例来介绍如何使用 trim 命令求解平衡点。

例 15-5：建立如图 15-14 所示的模型，保存为 exam.mdl。

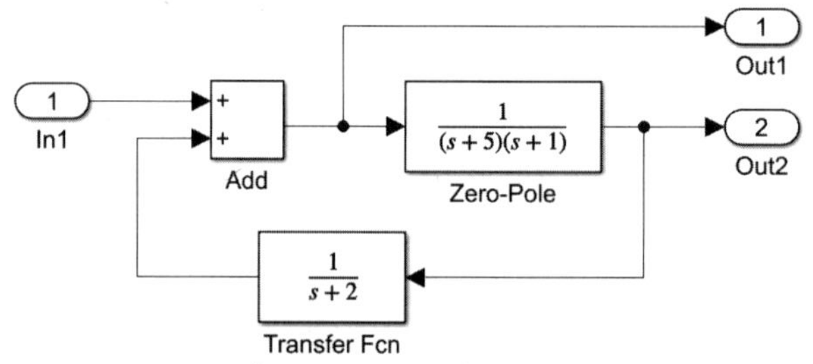

图 15-14 求解系统平衡点

为系统状态和输入定义一个初始猜想值，并把用户预期的输出值赋给 y。代码设置如下：

```
>> x = [0;0;0];
>> u = 0;
>> y = [3;3];
```

使用索引变量规定模型的输入/输出和状态哪些可变、哪些不可变。代码设置如下：

```
>> ix = [];
>> iu = [];
>> iy = [1;2];
```

使用 trim 命令求出平衡点。代码设置如下：

```
>> [x,u,y,dx] = trim('exam',x,u,y,ix,iu,iy)
```

得到结果：

```
x =
    0.5000
    0.0000
```

```
    2.2361
u =
    4.5000
y =
     5
     1
dx =
   1.0e-15 *
    0.1110
   -0.8882
    0.0000
```

15.2.4　微分方程的求解算法

1．微分方程求解

目前，数学上存在多种求解微分方程的算法，有的算法是很经典的。但在众多的求解算法中，一般不存在通用的、最好的求解算法，具体运用哪种算法需要具体情况具体分析。这就需要在选择求解算法之前仔细分析系统的动态性能。

Simulink 提供了多种求解微分方程的算法，如龙格-库塔法、阿达姆斯法、Gear 法、Euler 法、Miline 法、Linesim 法等。Simulink 中还增加了其他包括求解两点边值问题的算法。

简单来讲，龙格-库塔法适用于高度非线性或不连续的系统，不适用于刚性系统（既有快变特性又有慢变特性的系统）；阿达姆斯法适用于非线性不大、时间参数变化小的系统；Gear 法专门用于刚性系统的仿真，对非线性系统的仿真能力较差；Euler 法的效果比较差，一般不采用；Miline 法适用于近似线性的系统，尤其适用于线性刚性系统。

2．各种求解算法的比较

下面针对 Simulink 中经常使用的几种求解算法进行分析。

（1）ode45 和 ode23。

ode45 和 ode23 两种算法都属于龙格-库塔法，都是用有限的 Taylor 级数来近似解函数的。有限项 Taylor 级数近似的主要误差是所谓的阶段误差（由截去的高阶项引起的误差）。

ode45 分别采用 4 阶和 5 阶 Taylor 级数计算每个积分步长最后的状态变量近似值，并把这两个近似值的差作为对阶段误差大小的估计。如果误差估计值比较大，就把该积分步长缩短，并重新计算，直到误差估计值小于指定的精度范围；如果误差估计值远小于指定精度，就把下一个积分步长缩短。

ode23 在每个积分步长中都采用 2 阶和 3 阶 Taylor 级数计算每个积分步长最后的状态变量近似值。上面的论述表明 ode23 和 ode45 都是可变步长的算法。

（2）ode113。

ode113 是变步长的阿达姆斯法，属于多步预估校正法。

在预报阶段，ode113 采用多项式近似，多项式的系数可以通过前面 n-1 个解及其导数值确定，采用外推法计算下一个解；在校正阶段，对于前 n 个解和新得到的解，通过拟合或校正多项式更新计算解，从而对原有解进行校正。预测解和校正解之间的误差可以用来调整积分步长。

15.3 运行仿真

用户在创建系统的仿真方框图并对它进行分析之后，就可以启动仿真了。Simulink 支持两种启动仿真的方法：直接从模型窗口中启动和在命令行窗口中启动。在仿真启动之前，还需要仔细配置仿真的基本设置。如果有的设置不合理，那么仿真过程甚至不可能进行下去。

本节讲述运行仿真之前的一些准备工作，包括仿真具体配置的实现和运行仿真的一般步骤、结果的显示及提高仿真速度和精度所采取的措施等，旨在使读者了解 Simulink 仿真的基本过程，学会仿真的基本操作。

15.3.1 启动仿真

1. 快捷菜单方式

采用快捷菜单方式启动仿真是相当简单和方便的。用户可以在仿真配置参数对话框中完成诸如仿真起止时间、微分方程求解器、最大仿真步长等参数的设置，而不需要记忆相关指令的用法，特别是可以在不停止仿真过程的情况下实时地完成以下操作。

- 修改仿真起止时间、最大仿真步长。
- 改变微分方程的求解方法。
- 同时进行另一个模型的仿真。
- 单击相应的信号线，在出现的浮动窗口中查看信号的相关信息。
- 在一定范围内修改模块的某些参数。

用快捷菜单方式启动仿真一般分为以下几个步骤。

（1）设置仿真参数。针对如图 15-15 所示的仿真系统，在窗口空白处单击鼠标右键，在弹出的快捷菜单中执行“模型配置参数”命令，弹出仿真配置参数对话框。

参数设置完成后，单击“应用”或“确定”按钮，即表示目前的设置生效。关于相关参数的配置，后面还会具体讲述。

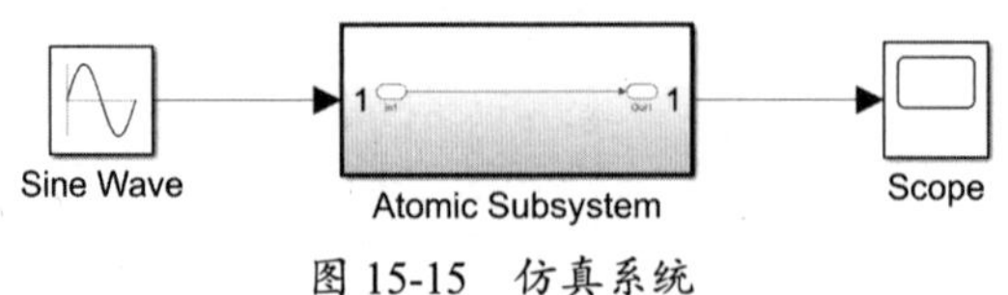

图 15-15　仿真系统

（2）开始仿真。选择“SIMULATE”组中的“Run”命令即可启动仿真，也可以直接按 Ctrl+T 组合键。仿真结束后，计算机将发出声音来提示用户。

由于模型的复杂程度和仿真时间跨度不同，所以每个模型的实际仿真时间不同，同时仿真时间还受到机器本身性能的影响。用户可以在仿真过程中选择“仿真”选项卡的“仿真”组中的“停止”命令，或者按 Ctrl+T 组合键来人为中止模型的仿真。

用户也可以选择“仿真”组中的“步进”“步退”“继续”等命令来控制仿真过程。如果模型中包含向数据文件或工作区输出结果的模块，或者在仿真配置中进行了相关的设置，则仿真过程结束或暂停后会将结果写入数据文件或工作区中。

2. 命令行方式

相比于快捷菜单方式，采用命令行方式启动仿真的优点如下。

- 仿真的对象既可以是 Simulink 方框图，又可以是 M 文件或 C-MEX 文件形式的模型。
- 可以在 M 文件中编写仿真指令，从而可以实时改变模块参数和仿真环境。

MATLAB 允许从命令行运行仿真。通过 MATLAB 命令进行模型的仿真使得用户可以从 M 文件来运行仿真，这样就允许不断地改变模块参数并运行仿真，也就让用户可以随机地改变参数来循环地运行仿真，用户就可以进行蒙特卡罗分析了。

MATLAB 提供了 sim 命令来运行仿真。该命令完整的语法如下：

```
sim('model', 'ParameterName1',Value1,'ParameterName2', Value2...);
```

其中，只有 model 参数是必需的，其他参数都被允许设置为空矩阵（[]）。sim 命令中没有设置的或设置为空矩阵的参数的值等于建立模型时通过模块参数设置对话框设置的值或系统默认的值。sim 命令中设置的参数值会覆盖模型建立时设置的参数值。

如果仿真的模型是连续系统，那么命令中还必须通过 simset 命令设定 solver 参数，默认的 solver 参数是求解离散模型的 VariableStepDiscrete。

simset 命令用于设定仿真参数和求解器的属性值。该命令的语法如下：

```
simset(proj,'setting1',value1,'setting2',value2,...)
```

由于一般情况下用户不会用到该命令，所以在此不做详细介绍，如果遇到了，则可以查阅在线帮助，相关的命令还有 simplot、simget、set_param 等。

例 15.6． 用 sim 命令仿真上面提到的 Simulink 的演示示例 vdp 方程。

在 M 文件编辑器窗口中编写如下代码：

```
simOut = sim('vdp','SimulationMode','rapid','AbsTol','1e-5',...
    'SaveState','on','StateSaveName','xoutNew',...
    'SaveOutput','on','OutputSaveName','youtNew');
paramNameValStruct.SimulationMode = 'rapid';
paramNameValStruct.AbsTol         = '1e-5';
paramNameValStruct.SaveState      = 'on';
paramNameValStruct.StateSaveName  = 'xoutNew';
paramNameValStruct.SaveOutput     = 'on';
paramNameValStruct.OutputSaveName = 'youtNew';
simOut = sim('vdp',paramNameValStruct);
mdl = 'vdp';
load_system(mdl)
simMode = get_param(mdl, 'SimulationMode');
set_param(mdl, 'SimulationMode', 'rapid')
cs = getActiveConfigSet(mdl);
```

```
    mdl_cs = cs.copy;
    set_param(mdl_cs,'AbsTol','1e-5',...
        'SaveState','on','StateSaveName','xoutNew',...
        'SaveOutput','on','OutputSaveName','youtNew')
    simOut = sim(mdl, mdl_cs);
    set_param(mdl, 'SimulationMode', simMode)
```

运行程序后，输出结果如下：

```
### 为模型编译快速加速模式目标: vdp
### 已成功编译模型 vdp 的快速加速目标
编译摘要
编译的顶层模型快速加速目标:
模型    操作          重新编译原因
==============================
vdp  生成和编译的代码   代码生成信息文件不存在。
编译了 1 个模型，共 1 个模型(0 个模型已经是最新的)
编译持续时间: 0h 0m 36.128s
编译摘要
编译了 0 个模型，共 1 个模型(1 个模型已经是最新的)
编译持续时间: 0h 0m 1.908s
编译摘要
编译了 0 个模型，共 1 个模型(1 个模型已经是最新的)
编译持续时间: 0h 0m 1.053s
```

3. 仿真过程的诊断

如果仿真过程中出现错误，那么仿真会自动停止，并在模型窗口下方弹出一个仿真“诊断查看器”窗口来显示错误的相关信息，如图 15-16 所示。

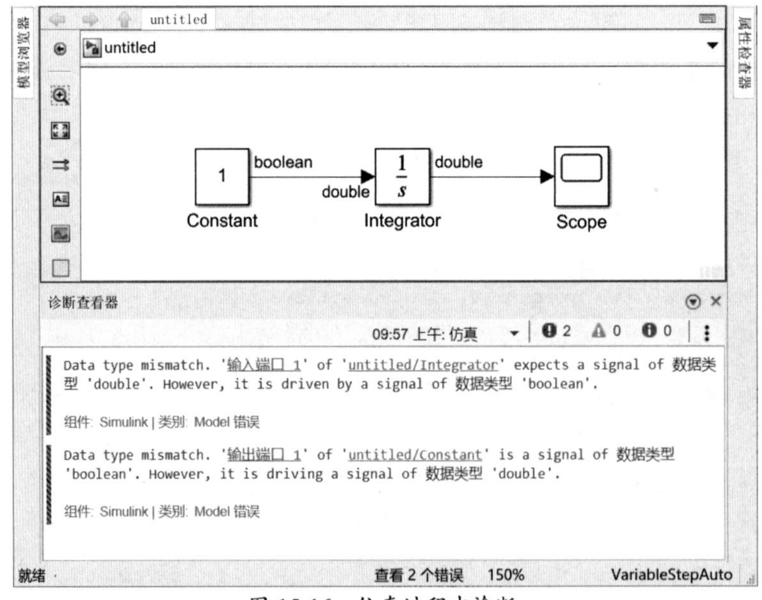

图 15-16　仿真过程中诊断

该窗口中出现的每条错误提示信息均包括两部分，分别为错误的基本情况及错误类别。“诊断查看器”窗口将显示的错误提示信息如下。

- 信息：错误类型，如模块错误或警告等。
- 模块：发生错误的模块名称。
- 路径：导致错误的对象的完整路径。
- 说明：错误的简单说明。
- 报告：报告错误的组件，是 Simulink、Stateflow 还是 Simulink Coder 检测到的错误。

Simulink 除了弹出“诊断查看器”窗口显示错误提示信息，必要时还会弹出模型方框图，并高亮显示引发该项错误的相关模块。用户也可通过在“诊断查看器”窗口中双击相关的错误或单击“Open”按钮来弹出相应的模型方框图。

15.3.2　仿真配置

仿真配置的主要工作就是设置仿真参数和选择求解器。在模型窗口中选择“建模”→“模型设置”命令，可以打开设置仿真参数的对话框，也可以通过上下文菜单的“模型配置参数”命令（右击模型窗口中的空白处即可）打开，如图 15-17 所示。

图 15-17　设置仿真参数的对话框

这里将参数分成不同的类型，下面介绍其中 6 组类型，并且对每组中各个参数的作用和设置方法进行简单的介绍。

1. 求解器

求解器主要用于设置仿真起止时间，选择“求解器”选项，并设置它的相关参数，如图 15-17 所示。

用户可以修改仿真的起止时间，默认仿真从 0.0 秒开始，在 10.0 秒处结束。这里的仿真时间与实际的时钟时间是不同的，后者是仿真计算所花费的实际时间，其长短与许多因素有关，如模型的复杂程度、仿真的最大步长及计算机的时钟频率等。

Simulink 模型的仿真一般需要采用微分方程或微分方程组的数值解法。Simulink 为用户提供了各种不同的求解算法，这些算法的使用范围和计算效率各不相同。为了保持仿真的高效性，用户应该根据仿真模型的特点选择最合适的求解算法。

另外，用户还可以在变步长或定步长之间选择，如图 15-18 所示。变步长（Variable-step）

提供了误差控制的机制，而定步长仿真的误差总采用相同的仿真步骤。下面列举 Simulink 提供的不同求解算法。

（a）变步长求解算法

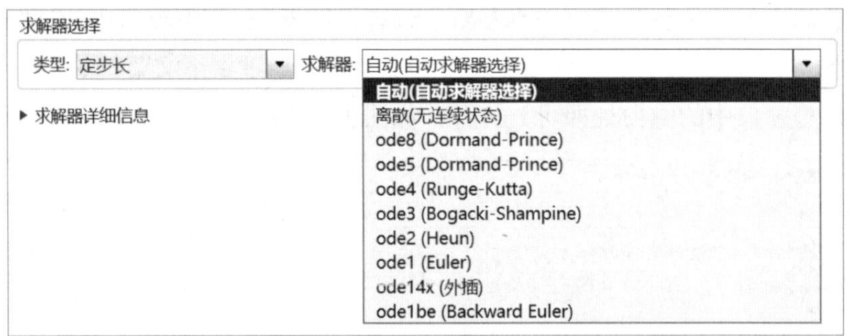

（b）定步长求解算法

图 15-18　仿真求解算法

（1）变步长类。

- 自动(自动求解器选择)：使用自动求解器选择的变步长求解器计算模型的状态。在编译模型时，"自动"将更改为由自动求解器基于模型的动态特性选择的变步长求解器。单击模型右下角的求解器超链接可以接受或更改该选择。
- 离散(无连续状态)：通过加上步长来计算下一个时间步的时间，该步长取决于模型状态的变化速度。该求解器用于无状态或仅具有离散状态的模型，采用变步长。
- ode45(Dormand-Prince)：基于显式四阶或五阶龙格–库塔法，属于一步求解法，即计算当前值 $y(tn)$ 只需要前一步的结果 $y(tn-1)$，是大多数问题的首选求解算法。
- ode23(Bogacki-Shampine)：基于 2 阶或 3 阶龙格–库塔法，属于一步求解法，在较大的容许误差和中度刚性系统模型下，比 ode45 更加有效。
- ode113(Adams)：变阶的 Adams-Bashforth-Moulton PECE 方法，属于多步预测算法，即计算当前值 $y(tn)$ 需要前几步的结果。
- ode15s(stiff/NDF)：基于数值微分公式的变阶算法，属于多步预测算法。如果研究的系统刚度很大，或者 ode45 求解的效率不高，则可以试试这种算法。
- ode23s (stiff/Mod.Rosenbrock)：基于改进的 2 阶公式，属于一步求解法。在较大的容许误差情况下，ode15s 更加有效。因此，如果要求解某些刚性系统，当 ode15s 的计算效果不佳时，则可以改用这种算法。

- ode23t (mod. stiff/Trapezoidal)：采用“自由”插值的梯形法则实现，用来计算模型在下一个时间步的状态，一般用来解决中度刚性系统的求解问题。
- ode23tb(stiff/TR-BDF2)：在较大的容许误差情况下，它可能比 odel5s 算法有效。
- odeN (Nonadaptive)：使用 N^{th} 阶定步长积分公式，采用当前状态值和中间点的逼近状态导数的显函数来计算模型的状态。虽然求解器本身是定步长求解器，但 Simulink 将减小过零点处的步长以确保准确度。
- daessc (DAE solver for Simscape)：通过求解由 Simscape 模型得到的微分代数方程组来计算下一时间步的模型状态。daessc 提供专门用于仿真物理系统建模产生的微分代数方程的稳健算法，仅适用于 Simscape。

（2）定步长类。

- 自动(自动求解器选择)：使用自动求解器选择的定步长求解器计算模型的状态。在编译模型时，“自动”将更改为由自动求解器基于模型的动态特性选择的定步长求解器。
- 离散(无连续状态)：通过将当前时间加上定步长来计算下一个时间步的时间。此求解器用于无状态或仅具有离散状态的模型，采用定步长；根据模型的模块更新离散状态；仿真的精度和时间长短取决于仿真执行的步长，步长越小，结果越准确，但仿真时间越长。
- ode8 (Dormand-Prince)：使用 8 阶 Dormand-Prince 公式，采用当前状态值和中间点的逼近状态导数的显函数来计算下一个时间步的模型状态。
- ode5 (Dormand-Prince)：使用 5 阶 Dormand-Prince 公式，采用当前状态值和中间点的逼近状态导数的显函数来计算下一个时间步的模型状态。
- ode4 (Runge-Kutta)：使用 4 阶 Runge-Kutta（RK4）公式，通过当前状态值和状态导数的显函数来计算下一个时间步的模型状态。
- ode3 (Bogacki-Shampine)：通过使用 Bogacki-Shampine 公式积分方法计算状态导数，采用当前状态值和状态导数的显函数来计算下一个时间步的模型状态。
- ode2(Heun)：使用 Heun 积分方法，通过当前状态值和状态导数的显函数来计算下一个时间步的模型状态。
- ode1 (Euler)：使用 Euler 积分方法，通过当前状态值和状态导数的显函数来计算下一个时间步的模型状态。此求解器需要的计算比更高阶求解器少，但是其准确性相对较低。
- ode14x (外插)：结合使用牛顿方法和基于当前值的外插方法，采用下一个时间步的状态和状态导数的隐函数来计算下一个时间步的模型状态。该求解器每步需要的计算多于显式求解器，但对给定步长来说，更加准确。
- ode1be (Backward Euler)：后向欧拉类型的求解器，使用固定的牛顿迭代次数，计算成本固定。使用该求解器可以作为 ode14x 求解器的低计算成本定步长替代方案。

2．数据导入/导出

数据导入/导出组主要用于向 MATLAB 工作区输出模型仿真结果数据，或者从 MATLAB

工作区读入数据到模型，如图 15-19 所示。

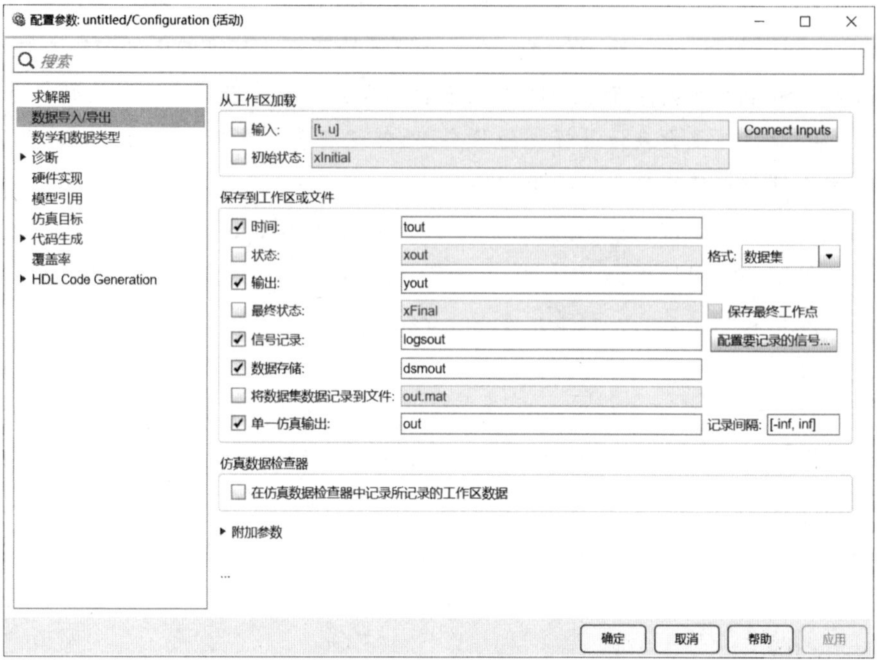

图 15-19　数据导入/导出

- 从工作区加载：从 MATLAB 工作区向模型导入数据，作为输入和系统的初始状态。
- 保存到工作区或文件：向 MATLAB 工作区输出仿真时间、系统状态、系统输出和系统最终状态。
- 附加参数：向 MATLAB 工作区输出数据的数据格式、数据量、存储数据的变量名及生成附加输出信号数据等。

3. 数学和数据类型

数学和数据类型组主要用于设置非规范数的仿真行为，以及数据类型在未指定时默认使用的类型等，如图 15-20 所示。

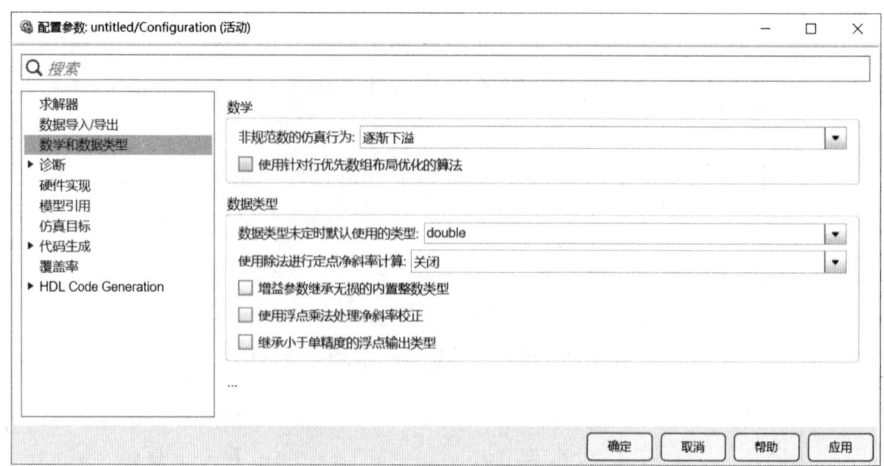

图 15-20　数学和数据类型

4. 诊断

诊断组主要用于设置当模块在编译和仿真遇到突发情况时，Simulink 将采用哪种诊断动作，如图 15-21 所示。该组还将各种突发情况的出现原因分类列出，各类突发情况的诊断方法的设置在此不做详细介绍。

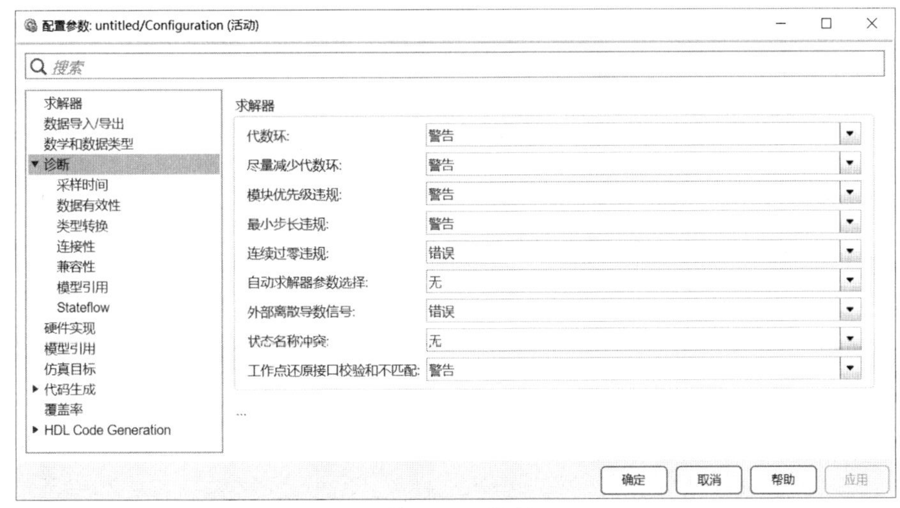

图 15-21　诊断

5. 硬件实现

硬件实现（见图 15-22）组主要用于定义硬件的特性（包括硬件支持的字长等）。这里的硬件是指将来用来运行模型的物理硬件。这些设置可以帮助用户在模型实际运行目标系统（硬件）之前，通过仿真检测到以后在目标系统上运行可能出现的问题，如溢出等。

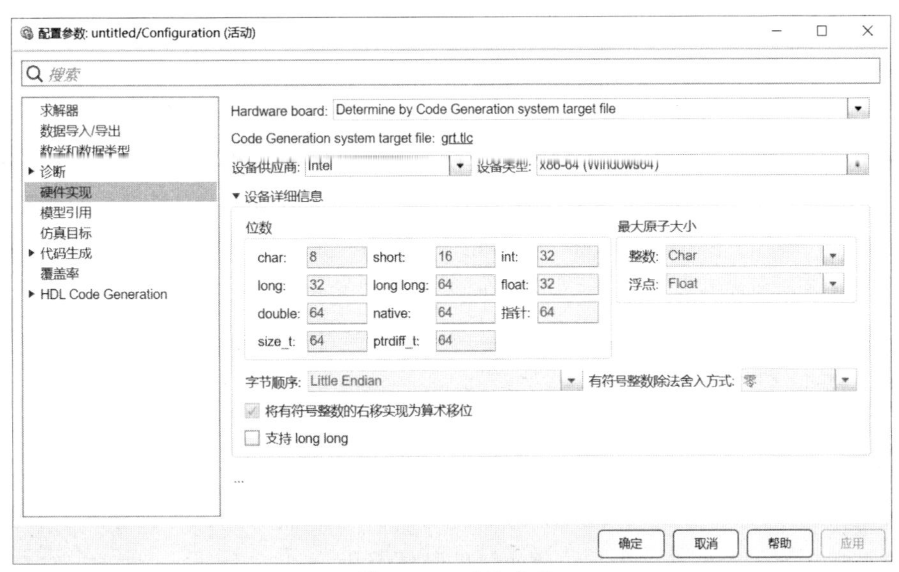

图 15-22　硬件实现

6. 模型引用

模型引用组主要用于生成目标代码、建立仿真，以及定义当此模型中包含其他模型或其他模型引用该模型时的一些选项参数值，如图 15-23 所示。

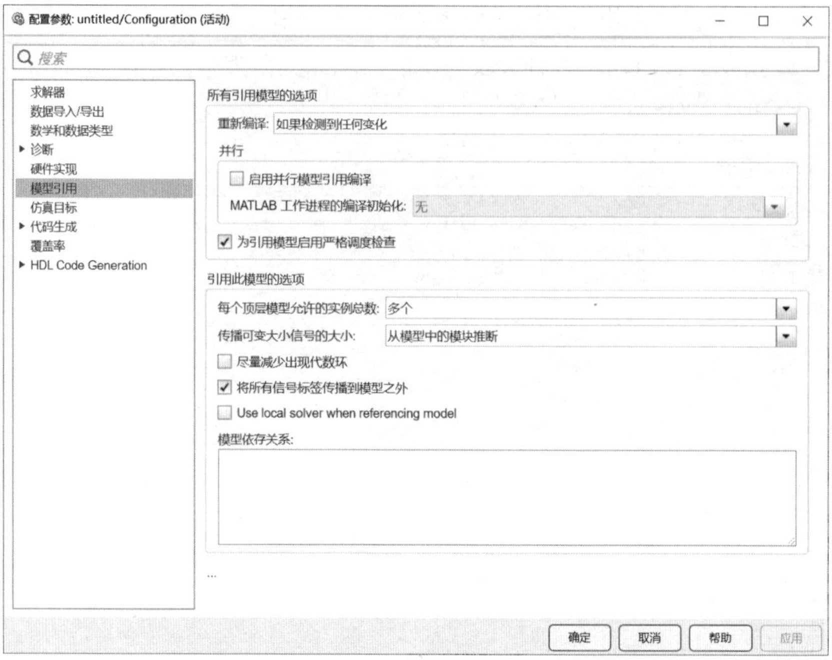

图 15-23　模型引用

（1）当前模型中包含其他模型时的设置。

“重新编译”选项：用于设置是否要在当前模型更新、运行仿真和生成代码之前重建仿真与 Simulink Coder 目标。因为在进行模型更新、运行仿真和生成代码时，有可能其中所包含的其他模型发生了改变，所以需要在这里进行设置。

（2）其他模型中包含当前模型时的设置。

- 每个顶层模型允许的实例总数：用于设置在其他模型中可以引用多少个该模型。
- 尽量减少出现代数环：选中此复选框后，Simulink 将试图消除模型中的一些代数环。
- 模型依存关系：用于定义存放初始化模型参数的命令，以及为模型提供数据的文件名（通常是 MAT 文件或 M 文件）或文件路径。定义的方法是将文件名或文件路径的字符串定义成字符串元胞阵列，如{'E:\Work\parameters.mat', '$MDL\ mdlvars.mat', ...', D:\Work\masks*.m'}。

15.3.3　优化仿真过程

Simulink 仿真质量的好坏受到多方面的影响，但归纳起来，一般仿真模型的好坏与仿真参数设置是否适当有关。对于模型的创建，具体问题可以具体分析，这里无法进行统一描述，只能从仿真参数的角度来描述影响仿真质量的具体因素。

求解器的默认设置能够满足大多数问题的速度和精度要求，但是有时用户调整某些求解器或仿真配置的参数后可能会获得更好的仿真结果，特别是当用户了解系统模型的基本特性，并将这种特性提供给求解器时，有可能在很大程度上改善仿真结果。

1．提高仿真速度

下列情况将影响实际的仿真速度。

- 模型当中包含 MATLAB Fcn 模块，这时，由于 Simulink 在每个仿真步中都将调用 MATLAB 解释器，所以仿真速度会明显降低。解决的方法是尽可能采用内建函数（built-in Fco）模块或由基本数学模块搭建模型。
- 模型中包含 M 文件形式的 S 函数。S 函数的执行同样需要调用 MATLAB 解释器。解决的方法是将 S 函数转换成一个子系统或 C-MEX 文件形式的 S 函数。
- 模型当中包含记忆模块将导致可变步长的求解器采用 1 阶算法来满足仿真时间的要求。
- 最大步长设置得太小导致仿真速度降低。尽量采用自动方式。
- 容许误差设置得太小。对于大多数情况，采用其默认值（0.1%）就足够了，过于追求仿真精度而将仿真的容许误差设置得太小会大大增加仿真时间。
- 仿真时间跨度太大，可改小一些。
- 对于刚性系统采用了非刚性的求解算法的情况，可以试着采用 ode15s 算法。
- 模型中的不同采样周期没有倍乘关系，为了满足所有采样周期的需要，Simulink 可能会采用很少的采样时间，即不同采样周期的最大公约数，从而导致仿真速度下降。
- 模型中存在代数环。
- 模型中将随机信号输入积分模块中。改进的方法是针对连续系统改用受限白噪声块。

2．提高仿真精度

为了检测仿真的准确性，可以将仿真时间设置在一个合理的范围内运行仿真，并将相对容许误差减小到 1e-4（默认值为 1e-3），再次运行仿真，比较前后两次的仿真结果。如果最终的仿真结果没有什么不同，就可以初步确定仿真结果是收敛的。

如果仿真没有反映系统启动时刻的动态特性，则可以减小仿真的初始仿真步长，使得仿真不至于跳过系统的某些关键特性。

如果得到的仿真结果不稳定，则可能有以下情况发生。

- 系统本身是不稳定的。
- 使用了 odel5s 求解算法。

如果仿真结果看起来还没有达到所需的精度，则可以根据情况采取下列措施。

- 对于存在零附近状态的系统，如果绝对容许误差设置得太大，那么仿真过程可能会在零附近的区域反复迭代。解决的方法是减小该值，或者在相应的积分模块中单独进行设置。
- 如果减小绝对容许误差不足以提高仿真精度，则可调小相对容许误差以强制减小仿真步长，从而增加仿真的步数。

3．仿真结果的观察

在仿真进行当中，用户一般需要随时绘制仿真结果曲线，以观察信号的实时变化。在模型当中使用 Scope（示波器）是最为简单和常用的方式。

Scope 模块可以在仿真进行的同时显示输出信号曲线。

在 Scope 模块中进行输出显示还不完善，因为它只显示输出信号曲线，而没有任何标记。其他的 Graph Scope 模块，如 Auto-Scale Graph Scope、Graph Scope、XYGraphScope，除了显示输出信号曲线，还显示两个轴和彩色的线型，不过它们的执行速度要比 Scope 模块低得多。

由于 Scope 模块在仿真中经常用到，所以下面重点介绍该模块的具体使用方法。

Scope 模块可以接收向量信号，在仿真过程中实时显示信号波形，如果是向量信号，那么还可以自动以多种颜色的曲线分别显示向量信号的各个分量。

不论示波器是否已经打开，只要仿真一启动，示波器缓冲区就会接收传递来的信号。该缓冲区数据长度的默认值为 5000 位。如果数据长度超过设定值，则最早的历史数据将被冲掉。

在示波器窗口中，3 个图标分别表示 x-y 双轴调节、x 轴调节和 y 轴调节。图标可以根据数据的实际范围自动设置纵坐标的显示范围和刻度。双击图标，会打开示波器属性对话框。

在示波器的显示窗口的范围内单击鼠标右键，在弹出的快捷菜单中选择“配置属性”命令，弹出“配置属性:Scope”对话框，如图 15-24 所示。在“画面”选项卡的相应的数值框中输入所希望的纵坐标的上限和下限，可以调整示波器实际纵坐标的显示范围。

该对话框各部分的功能如下。

- 常设：常规设置，包括输入端口数目等内容。
- 时间：仿真时间设置。
- 画面：显示窗口内容设置。
- 记录：图形记录内容设置。

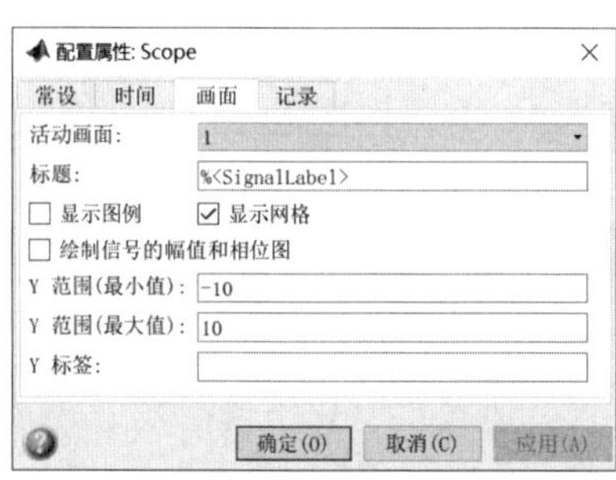

图 15-24　“配置属性:Scope”对话框

15.4　模型调试

用户创建的仿真模型常常存在这样或那样的错误，即所谓的 Bug。其中有的错误是由于用户在创建模型过程中的疏忽造成的，这些错误在仿真启动前很容易被系统检测出来。但是，还有一些错误是由于模型本身不合理或与原系统存在出入而最终导致仿真结果不正确的，甚至会影响仿真过程的正常进行。这时，只有通过对仿真模型进行一步步的调试，才有可能发现错误并进行修正。

Simulink 提供了强大的模型调试功能，并且有图形界面的支持，使得用户对模型的调试和跟踪更加方便。本节主要讲述如何利用 Simulink 自身的调试功能对创建的模型进行调试，包括指令方式和图形界面方式，以帮助读者熟悉 Simulink 的调试环境，并初步掌握模型调试的基本操作和方法。

15.4.1　Simulink 调试器

在模型窗口的“调试”选项卡的“断点”组中，选择“断点列表”→“调试模型”命令，打开如图 15-25 所示的调试器窗口。

图 15-25　调试器窗口

调试器窗口中各项设置的含义如下。

- “断点”选项卡：用于设置断点，即仿真运行到某个模块方法或满足某个条件时就停止。
- “仿真循环”选项卡：包含方法、（断点）和 ID 3 项内容，用于显示当前仿真步正在运行的相关信息。
- “输出”选项卡：用于显示调试结果，包括调试命令提示、当前运行模块的输入/输出和模块的状态。如果采用命令行调试，则这些结果在 MATLAB 命令行窗口中也会显示出来。调试命令提示显示当前仿真时间、仿真名和方法的索引号。
- “排序列表”选项卡：用于显示被调试的模块列表。该列表按模块执行的顺序排列。
- “状态”选项卡：用于显示调试器各种选项设置的值及其他状态信息。

单击 ▶ 按钮开始调试，在“仿真循环”选项卡中将显示当前运行的方法的名称，并且该方法也将显示在模型窗口中。当调试开始后，窗口会进入调试状态。

15.4.2　命令行调试及设置断点

在命令行调试模式下，用户可以在 MATLAB 命令行窗口中通过相应的命令来控制调试器。由于命令行调试方式需要用户记住许多命令函数，所以一般用户可以直接通过调试用户界面的相关菜单和工具栏来操作。这里只向读者简单地介绍对理解命令行调试很关键的几个基本概念。

调试器接收缩写的调试命令，关于这些命令，请查阅 MATLAB 帮助文件。用户还可以通过在 MATLAB 命令行窗口中按 Enter 键来重复执行前一条命令。许多 Simulink 命令和消息都是通过方法 ID 和模块 ID 来引用方法与模块的。其中，方法 ID 是按方法被调用的顺序，从 0 开始分配的一个整数；模块 ID 是在仿真的编译阶段分配的，形式为 sid:bid，sid 是用来表示系统的一个整数，bid 是模块在系统中的位置。用户可以通过 slist 命令查看当前运行模型的每个模块的 ID。用户启动调试器的两个命令如下。

- sim('vdp',[0,10],simset('debug','on'))。
- sldebug 'vdp'。

其中，vdp 是模型名称。

所谓断点，就是指仿真运行到此处会停止的地方。当仿真遇到断点而停止时，用户可以使用 continue 命令跳过当前断点，继续运行，直到下一个断点。

调试器允许用户定义两种断点，即无条件断点和有条件断点。无条件断点是指运行到此处就停止，而有条件断点则是指只有在仿真过程中满足用户定义的条件时才停止仿真。

如果用户知道自己的程序中的某一点或当某一条件满足时就会出错，那么设置断点将很有用。设置无条件断点的 3 种方式如下。

- 通过调试器的工具栏：先在模型窗口中选择要设置断点的模块，然后单击“运行”按钮。在“断点”选项卡中单击“删除所选点”按钮可以删除已设置好的断点。
- 通过调试器的“仿真循环”选项卡：在该选项卡的“断点”列中要设置的断点处选择前面的复选框即可。
- 通过在 MATLAB 命令行窗口中运行相关命令：使用 break 和 bafter 命令，可以分别在一个方法的前面和后面设置断点；使用 clear 命令可以清除断点。

break 命令的语法代码如下：

```
break
break m:mid % mid 为方法 ID
break <sid:bid | gcb> [mth] [tid: TID]% sid:bid 为模块 ID，gcb 为当前选中的模块
                                      % TID 为任务 ID，mth 为方法名，如 Outputs.Major
break <s:sid | gcs> [mth] [tid:TID]   % sid 为系统 ID，gcs 为当前选中的系统
break mdl [mth] [tid:TID]             % mdl 为当前选中的模型
```

○ 注意

如果读者对 Simulink 的调试过程不是很熟悉，则可以通过调试器的在线帮助获得相关的使用介绍。方法是：单击调试器窗口中的“在线帮助”按钮。当然，用户还可以随时按 F1 键来直接获得上下文的帮助信息。

15.5 实例应用

本节重点介绍几个常见的 Simulink 仿真实例。

1. 基于微分方程的 Simulink 建模

例 15-7：已知物块质量 $m=1$kg，阻尼 $b=3$N/(cm/s)，弹簧系数 k=90N/m，且物块的初

始位移 $x(0) = 0.04\ \text{m}$，初始速度 $x'(0)=0.01\ \text{m/s}$。要求创建该系统的 Simulink 模型，并进行仿真运行。

建立理论数学模型。对于无外力作用的“弹簧-质量-阻尼”系统，根据牛顿定律，可写出以下关系式：

$$mx'' + bx' + kx = 0$$

代入数值并整理，可得

$$x'' = -3x' - 90x$$

（1）启动 Simulink，根据理论数学模型建立仿真模型 1，如图 15-26 所示。建立模型所需的模块如下。

- Gain 模块：用于定义常数增益。该模块位于 Math Operations 模块库中。
- Integrator 模块：用于积分。该模块位于 Continuous 模块库中。
- Add 模块：用于合并信号。该模块位于 Math Operations 模块库中。
- Scope 模块：用于显示系统输出。该模块位于 Sinks 模块库中。

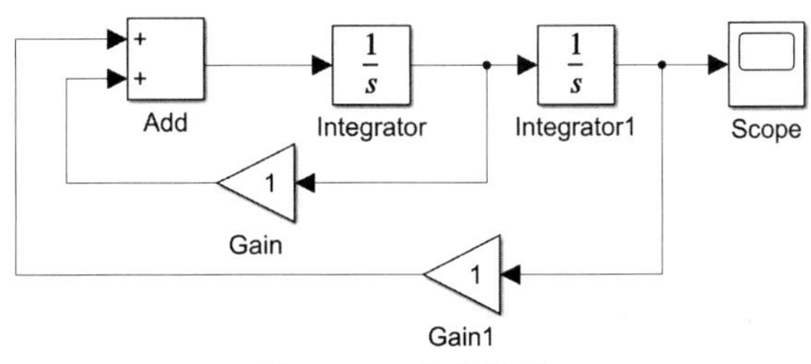

图 15-26　仿真模型 1

（2）设置模块参数。根据数学模型，设置 Gain（增益）模块的参数值，如图 15-27 所示。其中，Gain 模块、Gain1 模块的增益分别设置为 3、90。

（3）设置 Integrator 模块的初始条件参数，如图 15-28 所示。其中，Integrator 模块、Integrator1 模块的初始条件分别设置为 0.01、0.04。

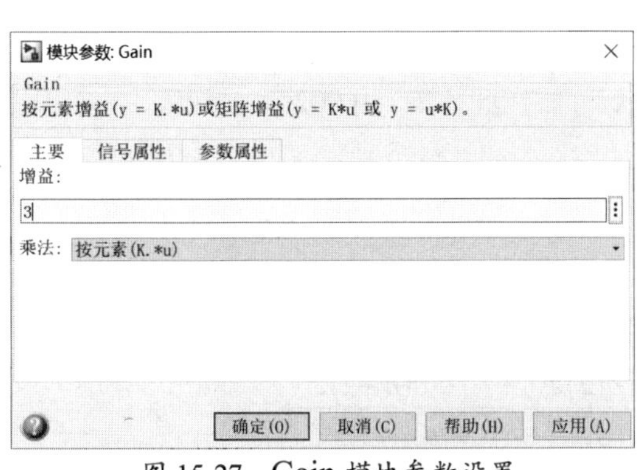

图 15-27　Gain 模块参数设置

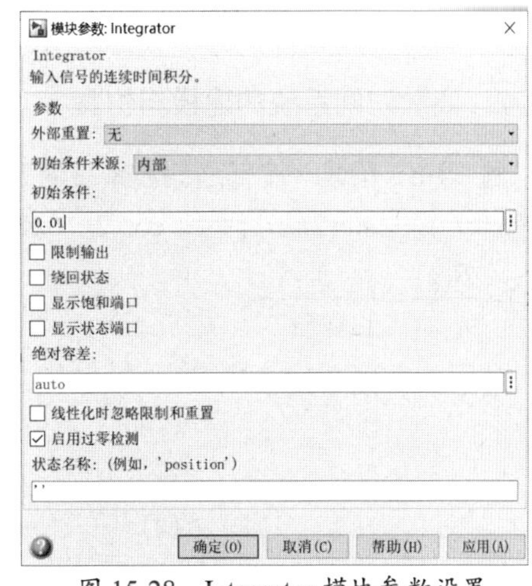

图 15-28　Integrator 模块参数设置

（4）设置 Add 模块的符号列表为“--”，如图 15-29 所示。参数设置完成后的模型框图如图 15-30 所示。

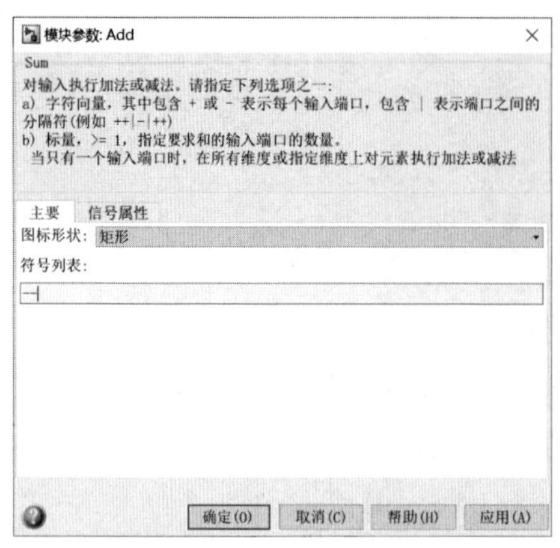

图 15-29　Add 模块参数设置

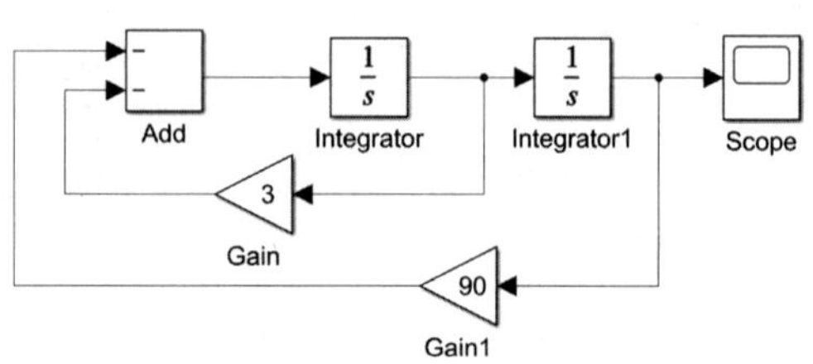

图 15-30　参数设置完成后的模型框图

（5）在 Simulink 模型窗口中单击“仿真”选项卡的“仿真”组中的（“运行”）按钮，运行仿真。

（6）仿真完成后，双击“Scope”模块，显示如图 15-31 所示的图形，调整 y 轴范围，可以显示完整图像。

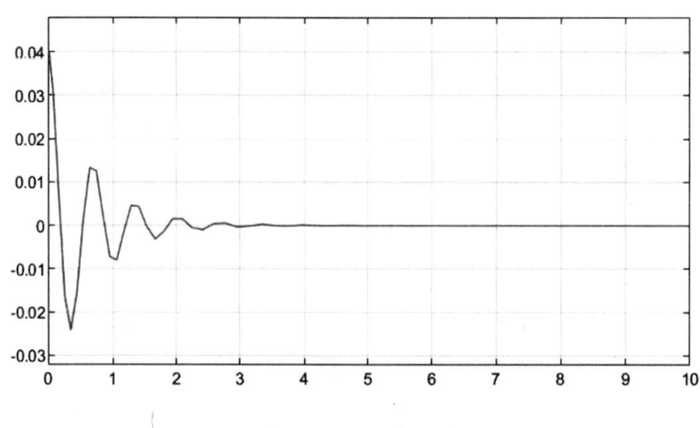

图 15-31　仿真结果

2．离散时间系统的建模与仿真

例 15-8：构建一个低通滤波系统的 Simulink 模型。输入信号是一个受正态噪声干扰的采样信号 $x(kT_s)=2\sin(2\pi kT_s)+2.5\cos(2\pi 10kT_s)+n(kT_s)$，在此，$T_s=0.002\text{s}$，而 $n(kT)\sim N(0,1)$，$F(z)=\dfrac{B(z)}{A(z)}=\dfrac{1}{1+0.5z^{-1}}$。

理论数学模型如下：

$$y(k)=F(z)x(k)$$

$$F(z)=\frac{B(z)}{A(z)}=\frac{b(1)+b(2)z^{-1}+\cdots+b(n+1)z^{-n}}{1+a(2)z^{-1}+\cdots+a(n+1)z^{-n}}$$

$$F(z)=\frac{B(z)}{A(z)}=\frac{1}{1+0.5z^{-1}}$$

（1）启动 Simulink，根据理论数学模型建立仿真模型 2，如图 15-32 所示。建立模型所需的模块如下。

- Sine Wave 模块：用于输入正弦/余弦波信号。该模块位于 Sources 模块库中。
- Random Number 模块：用于输入正态分布随机噪声。该模块位于 Sources 模块库中。
- Add 模块：用于合并信号。该模块位于 Math Operations 模块库中。
- Discrete Filter 模块：用于构建 IIR 滤波器模型。该模块位于 Discrete 模块库中。
- Scope 模块：用于显示系统输出。该模块位于 Sinks 模块库中。

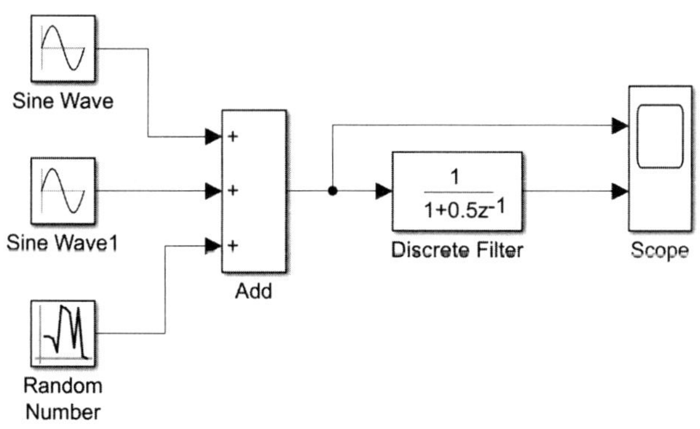

图 15-32　仿真模型 2

（2）设置参数。根据题意，设置信源 Sine Wave 模块、Sine Wave1 模块的振幅参数值分别为 2、2.5，频率分别为 1、10（单位为 rad/s），如图 15-33 所示。

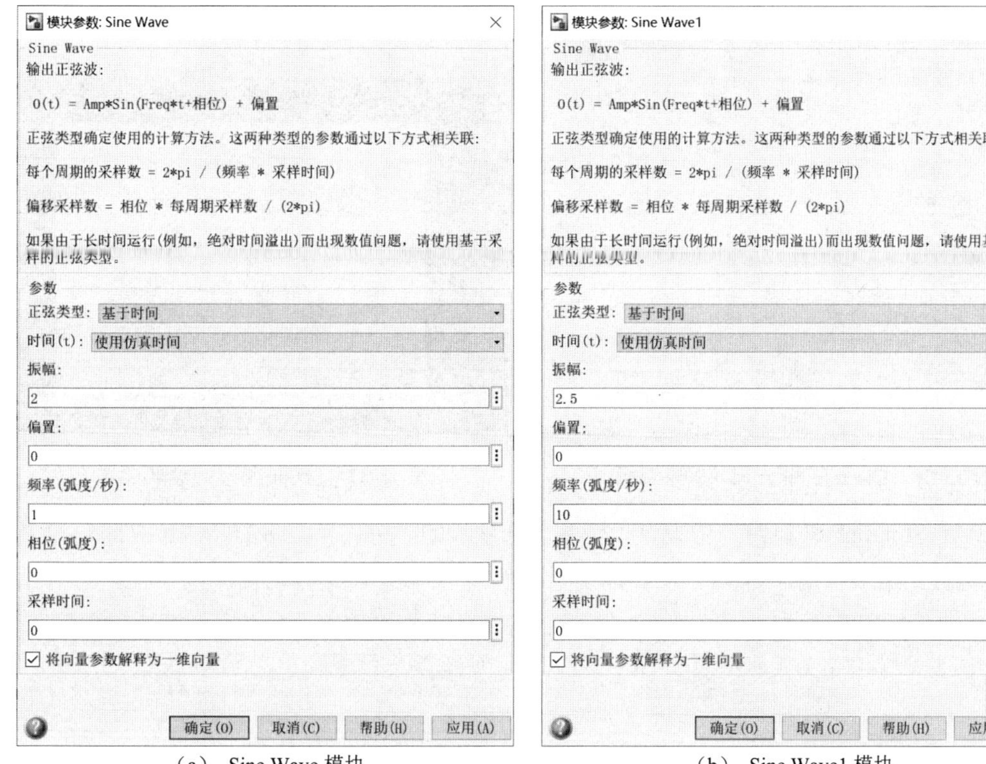

（a）　Sine Wave 模块　　　　（b）　Sine Wave1 模块

图 15-33　信源模块参数设置

（3）设置随机噪声 Random Number 模块的参数值（见图 15-34），并设置 Add 模块的符号列表为“+++”（见图 15-35）。

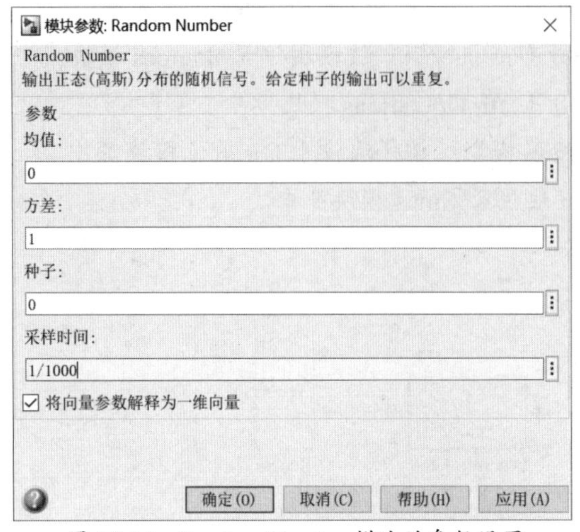

图 15-34　Random Number 模块的参数设置

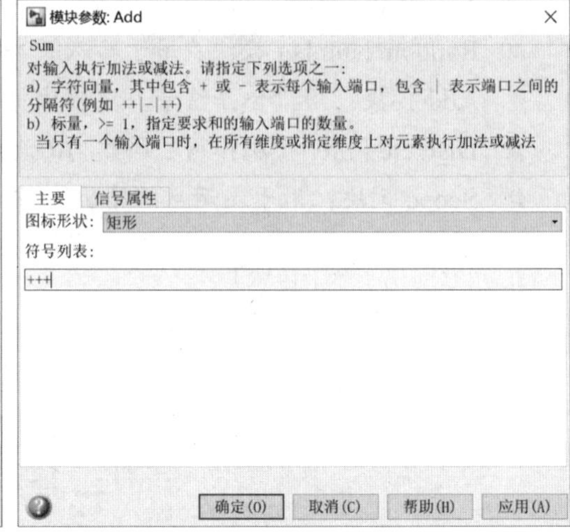

图 15-35　Add 模块的参数设置

（4）设置 Discrete Filter 模块的采样时间参数为 1，如图 15-36 所示。

（5）双击“Scope”模块，在弹出的图形窗口中单击左上角的 ⚙（“配置属性”）按钮，即可弹出“配置属性:Scope”对话框，设置输入端口个数为 2，并将布局调整为上下显示，如图 15-37 所示。

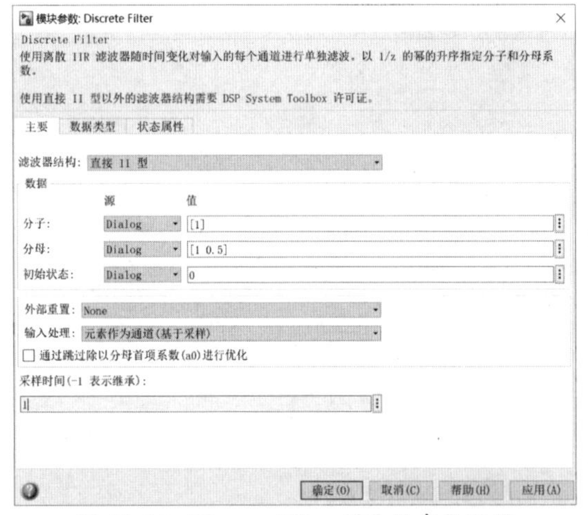

图 15-36　Discrete Filter 模块的参数设置

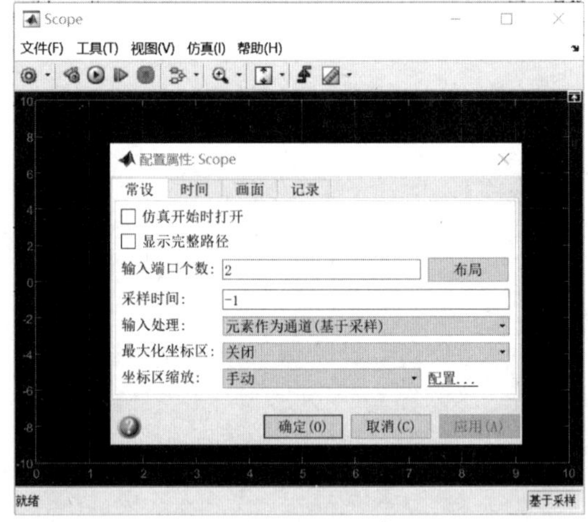

图 15-37　Scope 模块的参数设置

（6）在 Simulink 模型窗口中设置“仿真”选项卡的“仿真”组中的“停止时间”为 10s。单击“仿真”选项卡的“仿真”组中的 ▶（“运行”）按钮，运行仿真。

（7）仿真完成后，双击“Scope”模块，可以看到最终仿真曲线 1，如图 15-38 所示。

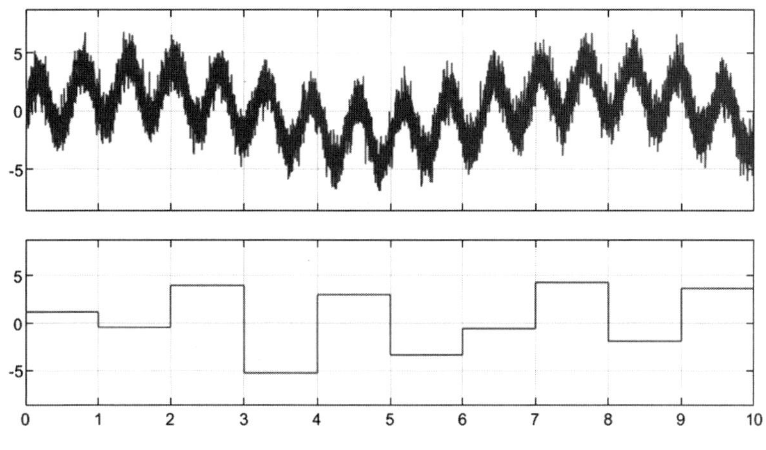

图 15-38 最终仿真曲线 1

3. 调用 MATLAB 工作区中的信号矩阵信源

例 15-9：在 MATLAB 工作区中输入如下函数，并通过 Simulink 显示在示波器中：

$$u(t)=\begin{cases} t & 0\leqslant t<T \\ (4T-t+0.2)^2 & T\leqslant t<2T \\ 1 & 其他 \end{cases}$$

（1）编写一个产生信号矩阵的 M 文件函数，并保存为 source.m。代码如下：

```
function TU=source(T0,N0,K)
t=linspace(0,K*T0,K*N0+1);
N=length(t);
u1=t(1:(N0+1));
u2=(t((N0+2):(2*N0+1))-4*T0+0.2).^2;
u3(1:(N-(2*N0+2)+1))=1;
u=[u1,u2,u3];
TU=[t',u'];
end
```

（2）在命令行窗口中运行以下指令，会在 MATLAB 工作区中产生 TU 信号矩阵：

```
>> TU= source (1,50,2);
```

（3）构造实验模型，如图 15-39 所示，并将 From Workspace 模块的数据设置为 TU。

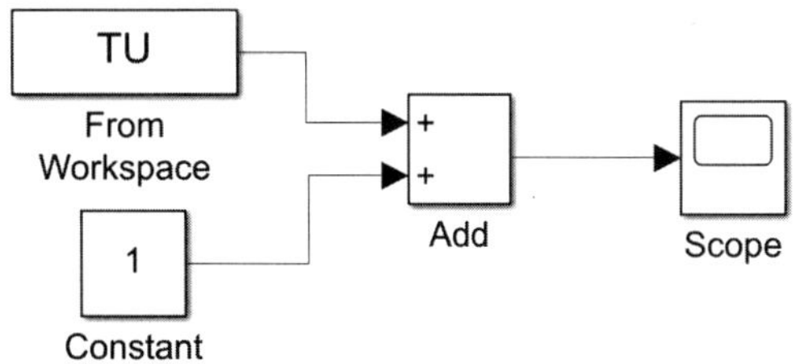

图 15-39 实验模型

（4）在 Simulink 模型窗口中设置“仿真”选项卡的“仿真”组中的“停止时间”为 10s。单击“仿真”选项卡的“仿真”组中的 （“运行”）按钮，运行仿真。

（5）仿真完成后，双击“Scope”模块，可以看到最终仿真曲线 2，如图 15-40 所示。

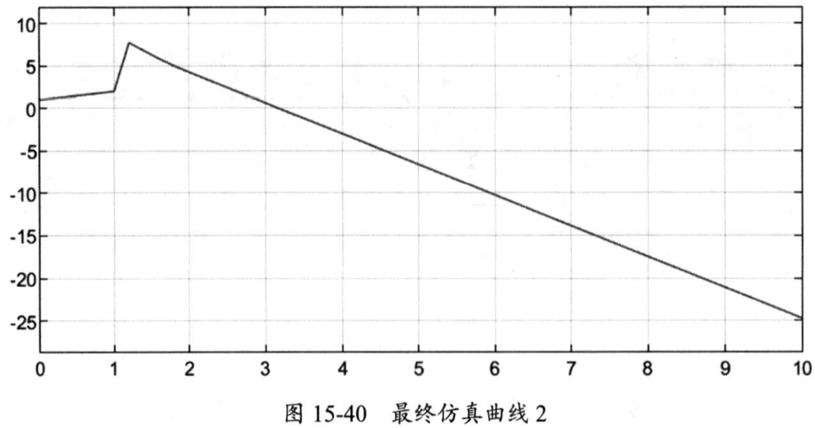

图 15-40　最终仿真曲线 2

15.6　本章小结

Simulink 是 MATLAB 提供的实现动态系统建模和仿真的一个软件包，让用户把精力从编程转向模型的构造。Simulink 一个很大的优点是为用户省去了许多重复的代码编写工作。本章针对不同层次读者的需要，较为详尽地介绍了 Simulink 模型创建的步骤和建模技巧、子系统的创建与封装、模型创建后的调试过程。希望读者在学习完本章内容后，能对系统仿真与模型创建有比较清晰的认识。

第 16 章 Stateflow 应用初步

知识要点

Stateflow 是有限状态机的图形工具，通过开发有限状态机和流程图扩展了 Simulink 的功能。Stateflow 使用自然、可读和易理解的形式，可使复杂的逻辑问题变得清晰与简单，并且还与 MATLAB、Simulink 紧密集成，为包含控制、优先级管理、工作模式逻辑的嵌入式系统设计提供了有效的开发手段，是本书的核心内容之一。

学习要求

知识点	学习目标			
	了解	理解	应用	实践
Stateflow（状态图）编辑器	√			√
Stateflow 流程图			√	√
Stateflow 并行机制		√		√
Stateflow 的对象		√		√

16.1 Stateflow 基础

前面提到，Stateflow 是有限状态机（Finite State Machine，FSM）的图形工具，通过开发有限状态机和流程图扩展了 Simulink 的功能。Stateflow 状态图模型还可利用 Stateflow Coder 代码生成工具直接生成 C 代码。

16.1.1 Stateflow 的定义

Statefolw 的仿真原理是有限状态机理论。为了更快地掌握 Stateflow 的使用方法，用户有必要先了解有限状态机的一些基本知识。

Stateflow 是一种图形化的设计开发工具，是有限状态机的图形实现工具，有人将其称为状态流 Stateflow，包括状态转移图、流程图、状态转移表和真值表，主要用于在 Simulink 中控制和检测逻辑关系。

用户可以在进行 Simulink 仿真时使用这种图形化的工具实现各个状态之间的转换，解决复杂的监控逻辑问题。它和 Simulink 同时使用使得 Simulink 更具有事件驱动控制能力。利用状态流可以做以下事情。

- 基于有限状态机理论对相对复杂的系统进行图形化建模和仿真。
- 设计开发确定的、检测的控制系统。
- 更容易在设计的不同阶段修改设计、评估结果和验证系统的性能。
- 自动直接地从设计中产生整数、浮点和定点代码（需要状态流编码器）。
- 更好地结合利用 MATLAB 和 Simulink 的环境对系统进行建模、仿真和分析。

在状态流图中利用状态机原理、流程图概念和状态转移图，状态流能够对复杂系统的行为进行清晰、简洁的描述。

使用 Stateflow，可以对组合和时序决策逻辑进行建模，使其可作为 Simulink 模型中的模块进行仿真，或者作为 MATLAB 中的对象来执行。能够在执行逻辑时通过图形动画对模型进行分析和调试。在编辑和运行时检查可确保在实现前使模型具有设计一致性和完整性。

16.1.2 状态图编辑器

在“Simulink 库浏览器”窗口中找到 Stateflow 模块库，如图 16-1 所示。

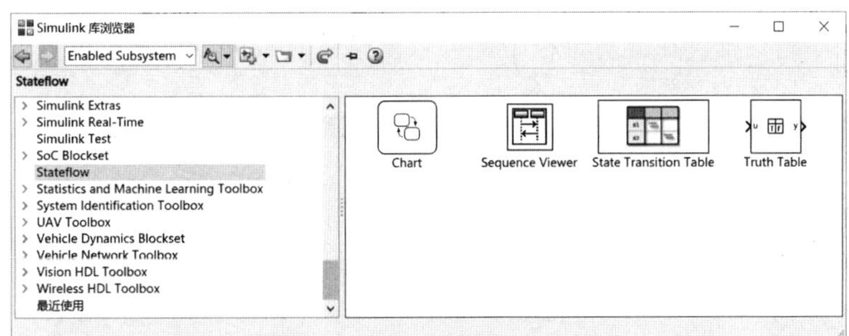

图 16-1 Stateflow 模块库

使用以下命令也可以打开 Stateflow 模块库，如图 16-2 所示。

```
>> sf
```

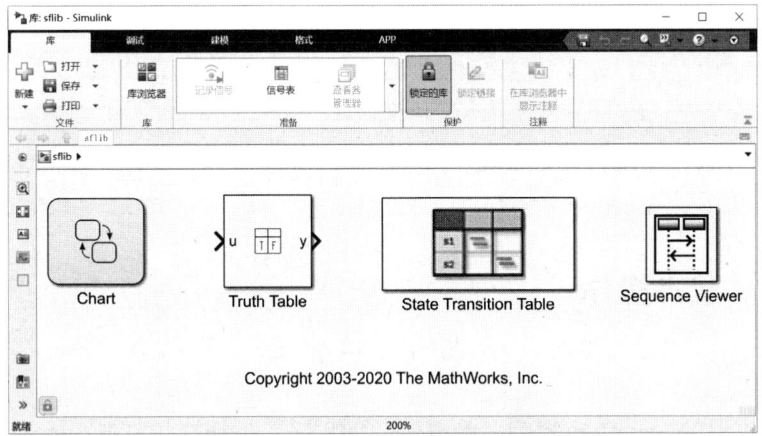

图 16-2 使用命令打开 Stateflow 模块库

使用以下命令可以直接快速建立带有 Stateflow 状态图的 Simulink 模型，如图 16-3 所示：

```
>> sfnew
```

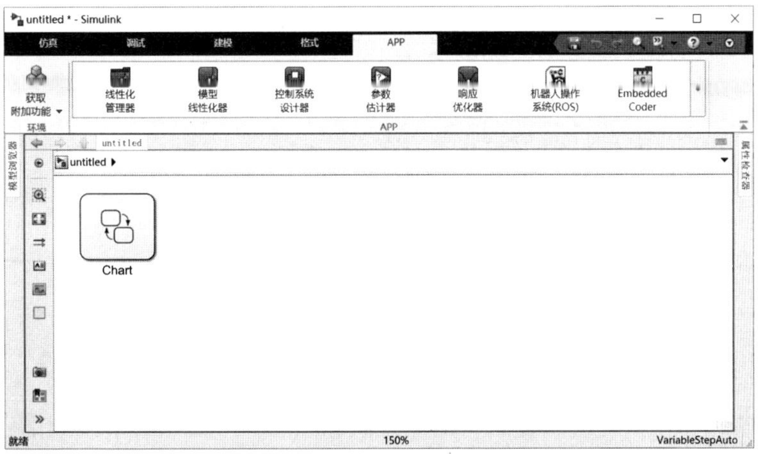

图 16-3 带有 Stateflow 状态图的 Simulink 模型

双击“Chart”模块，即可打开 Stateflow 编辑器窗口，如图 16-4 所示，左侧工具栏列出了 Stateflow 图形对象的按钮。

在窗口中单击鼠标右键，在弹出的快捷菜单中执行“属性”命令，可以打开如图 16-5 所示的“图:Chart”对话框。在此对话框中，可以设置整个 Stateflow 模型的属性。

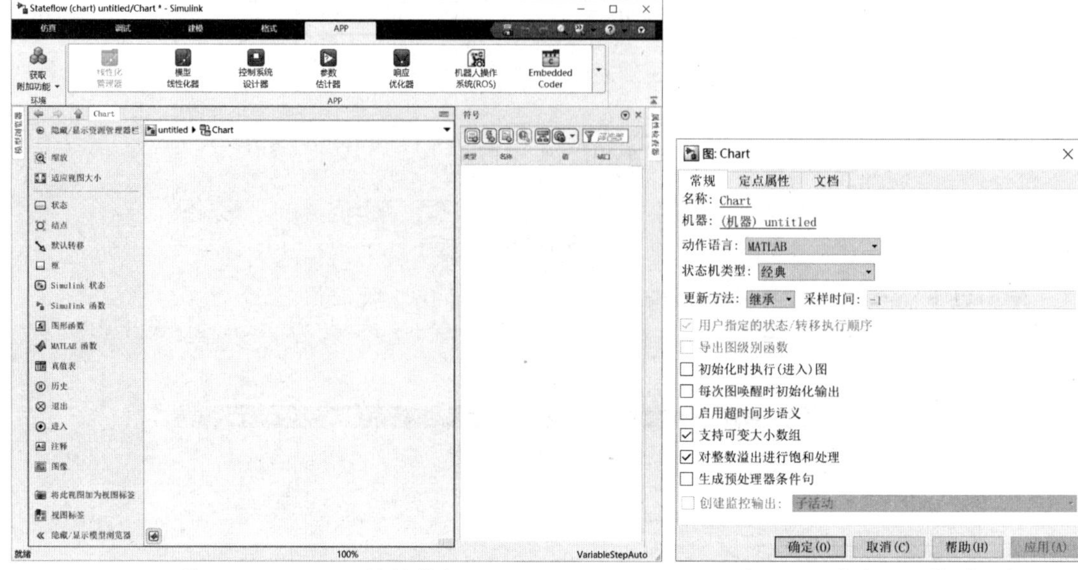

图 16-4　Stateflow 编辑器窗口　　　　图 16-5　“图:Chart”对话框

16.1.3　状态操作

1．添加状态

新建一个空白的 Stateflow 模型，单击▭（“状态”）按钮，并单击 Stateflow 编辑器窗口的适当位置，加入一个状态，如图 16-6 所示。

在添加状态之前，用户可随时按下 BackSpace 键，或者再次单击“状态”按钮，取消添加。

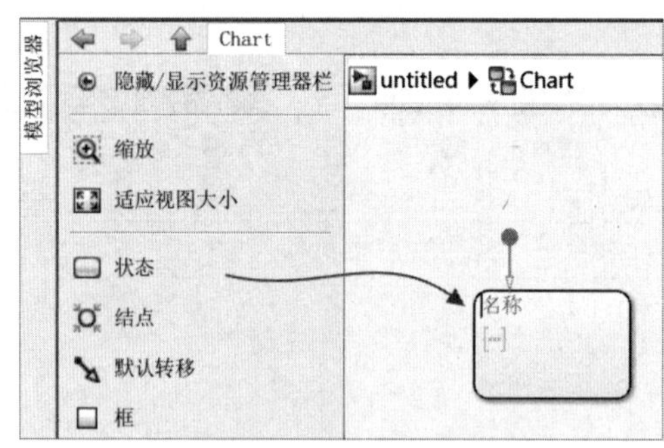

图 16-6　添加状态

2．状态命名

在状态矩形框左上角的编辑提示符后输入状态的名称，如“Stop”，如图 16-7 所示。若需要修改状态名，则可将光标移至名称附近，待光标变成编辑样式时，单击修改即可。

3．添加子状态

将光标移至状态矩形框 4 个角的任意一个上，调整其大小，继续添加状态 Reset、Finished，放置在状态 Stop 的矩形框内，这时 Stop 为父状态，Reset、Finished 为子状态，如图 16-8 所示。

图 16-7　状态命名

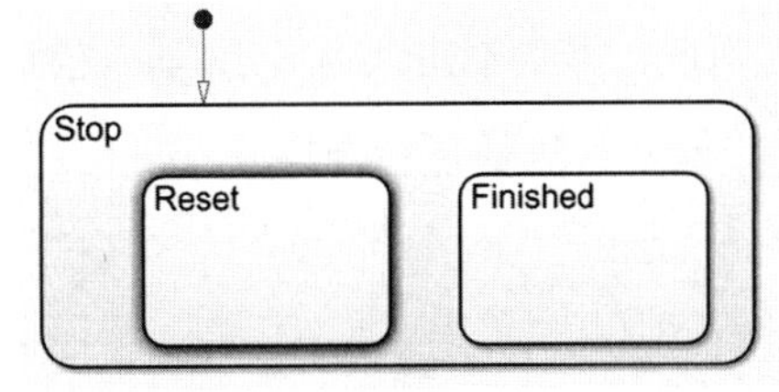

图 16-8　父状态与子状态

16.1.4　转移操作

1. 添加默认转移

单击 （“默认转移”）按钮，将光标移至默认状态矩形框的水平或垂直边缘，再次单击，即可添加一个默认转移，如图 16-9 所示，在子状态 Reset 上添加了一个默认转移。

2. 添加转移

将光标移至源状态矩形框的边缘，当光标变成十字时，按下鼠标左键并拖动至目标状态的边缘释放，即可添加一个转移，如图 16-10 所示，在 Reset 与 Finished 之间添加了一个转移。

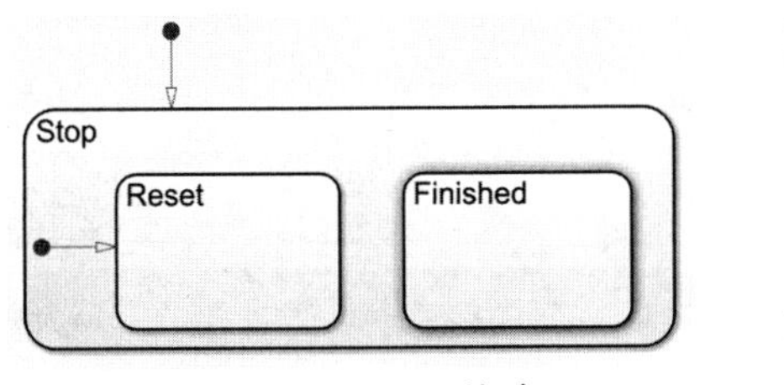

图 16-9　添加默认转移

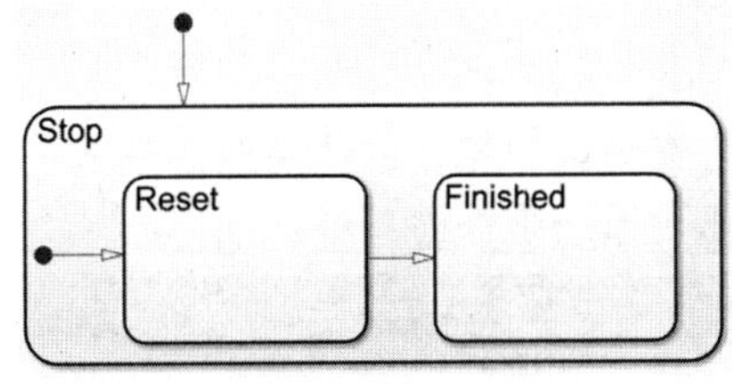

图 16-10　添加转移

3. 转移变更

将光标放置在转移的起点或终点，当光标变成圆圈时，按住鼠标左键，可将该端点移至其用户状态，如图 16-11 所示。

将默认转移的起点移至某一状态，即转换为一般转移；将一般转移的起点悬空，即转化为默认转移；若转移终点悬空，则该转移无效。一般转移与默认转移之间的变更如图 16-12 所示。

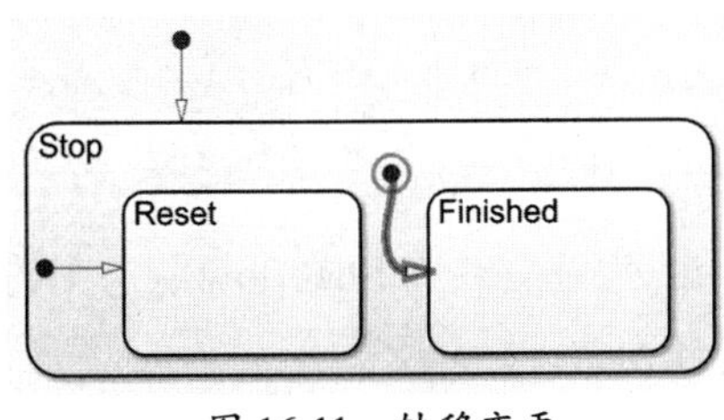

图 16-11　转移变更

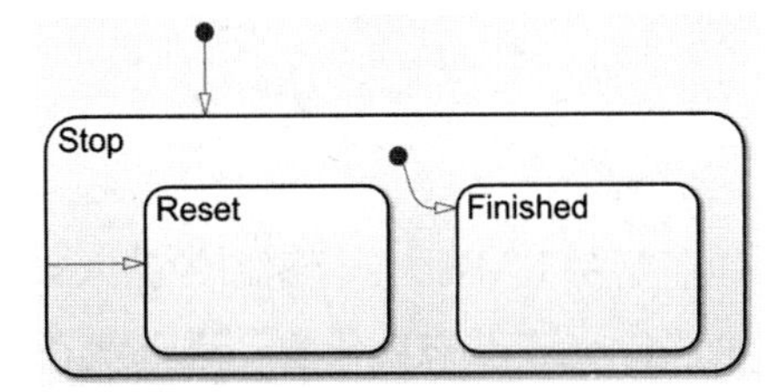

图 16-12　一般转移与默认转移之间的变更

4. 转移标签

新建的转移标签不包含任何文字信息，用户单击转移曲线一次，曲线上方显示“?”，将光标移至“?”附近，再次单击，当显示编辑光标时，可编辑转移标签，如图 16-13 所示。完成编辑后，将光标放在转移标签的任意位置，按住鼠标左键并拖动，可以调整其位置。

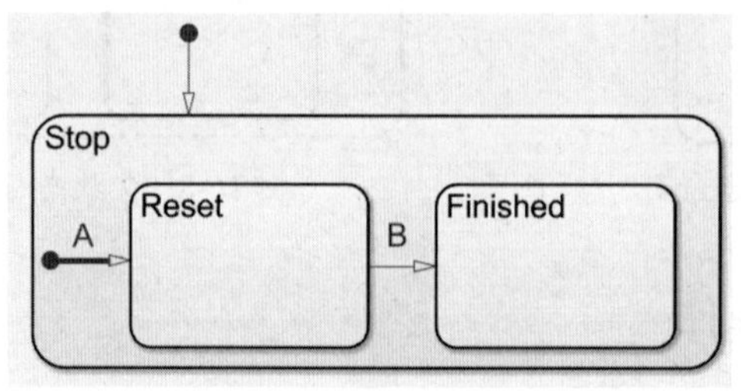

图 16-13 添加转移标签

16.1.5 流程图

状态图的一个特点是，在进入下一个仿真步长前，它会记录下当前的本地数据与各状态的激活情况，供下一个仿真步长使用。而流程图只是一种使用结点与转移来表示条件、循环、多路选择等逻辑的图形，不包含任何状态。

为了使生成的代码更加有效，对于以下情况，用户应首先考虑使用结点。

- if-else 判断结构、自循环结构、for 循环结构。
- 单源状态到多目标状态的转移。
- 多源状态到单目标状态的转移。
- 基于同一事件的转移。

○ 注意

事件无法触发从结点到状态的转移。

如果用户需要建立流程图，那么可以采用以下两种方式。

1. 手动建立

例 16-1：根据以下程序，手动建立对应的流程图。

```
if percent==100
    {percent=0;
    sec=sec+1;}
else if sec==60
        {sec=0;
        min=min+1;}
    end
end
```

解：(1)在 MATLAB 命令行窗口中输入 sfnew 命令，建立带有 Stateflow 状态图的 Simulink 模型，双击“Chart”状态图模块，进入状态图设计窗口。

(2) 建立起始结点。单击左侧的 ↘（“默认转移”）按钮，并在窗口中单击以建立起始结点，如图 16-14 所示。

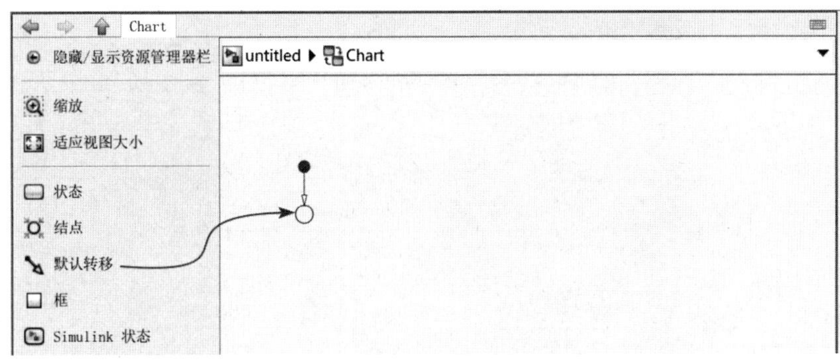

图 16-14　建立起始结点

（3）条件结点与终结点。双击左侧的（“结点”）按钮，根据代码的执行过程，逐一添加条件结点 A1、B1，终结点 A2、B2、C1，以及结点间的转移与转移标签，如图 16-15 所示。

流程图的运行过程如下。

- 系统默认转移进入结点 A1，如果条件[percent==100]为真，则执行{percent=0; sec=sec+1;}，并向终结点 A2 转移。
- 如果条件[percent==100]不为真，则向 B1 结点转移，继续判断，如果条件[sec==60]为真，则执行{sec=0;min=min+1;}，并向终结点 B2 转移。
- 如果不满足任何条件，则向终结点 C1 转移。

（4）结点与箭头大小。

对于某些重要的结点或转移，用户可以调整该结点大小与转移箭头的大小，突出其地位。例如，在终结点 C1 上单击鼠标右键，在弹出的快捷菜单中选择“结点大小”→“24”选项，即可放大结点，如图 16-16 所示。

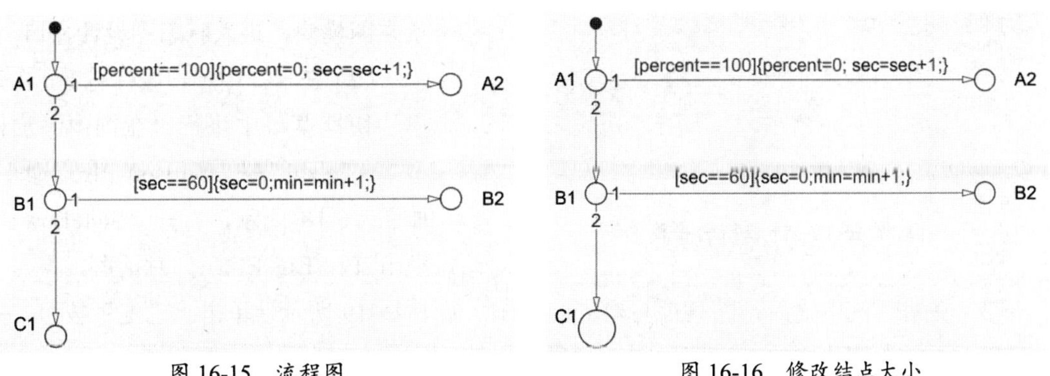

图 16-15　流程图　　　　图 16-16　修改结点大小

（5）优先级。

两个条件结点 A1、B1 均有两条输出转移，分别标记了数字 1、2，这表示转移的优先级。在默认情况下，Stateflow 状态图使用显性优先级模式，用户可以自行修改各个转移的优先级。

例如，在转移曲线上单击鼠标右键，在弹出的快捷菜单中选择“执行顺序”→“1”选项，将优先级由 2 调整为 1。修改某一输出转移的优先级后，系统会自动调整同一结点另一转移的优先级，如图 16-17 所示。

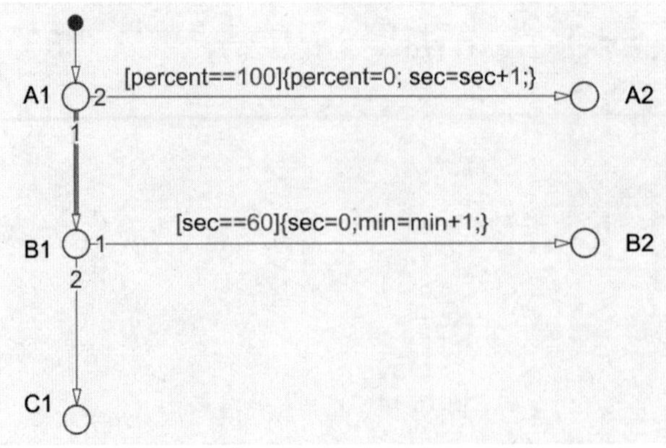

图 16-17　转移优先级

○ 注意

同一个 Stateflow 状态图只能选用一种优先级模式，但对于有多个状态图的 Simulink 模型，则不受此限制。

2．自动建立

对于简单的流程图，手动建立的难度不大，而对于稍复杂的逻辑，用户难免会感到无从下手。Stateflow 提供了快速建立流程图的向导，可以生成 3 类基本逻辑：判断、循环、多条件。

例 16-2：自动建立例 16-1 所述的流程图。

（1）在 MATLAB 命令行窗口中输入 sfnew 命令，建立带有 Stateflow 状态图的 Simulink 模型，双击“Chart”状态图模块，进入状态图设计窗口。

（2）在窗口中单击鼠标右键，在弹出的快捷菜单中执行“在图中添加构型”→“决策”→“If-Elseif-Else”命令，如图 16-18 所示，打开“Stateflow 构型:IF-ELSEIF-ELSE”对话框。

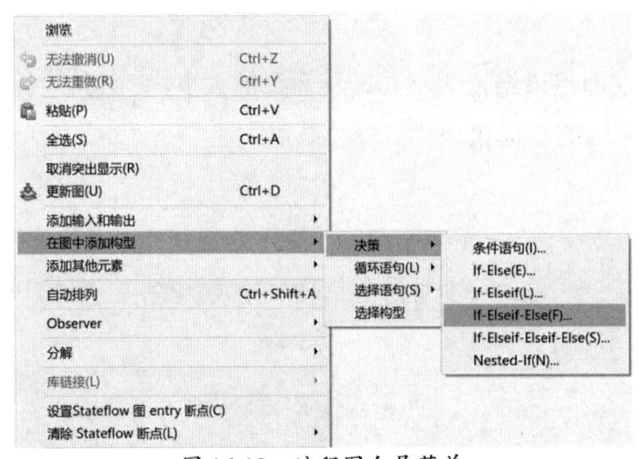

图 16-18　流程图向导菜单

（3）在对话框中输入判断条件与对应的动作，如图 16-19 所示，单击“确定”按钮，完成设置。系统自动生成的流程图如图 16-20 所示。

尽管用户可以手动建立流程图，但使用流程图向导的优势也是显而易见的。

- 任何一种流程图都可归结为判断、循环、多条件，或者它们的组合，因此皆可以使用流程图向导自动生成流程图。
- 使用流程图向导生成的流程图符合 MAAB（MathWorks Automotive Advisory Board）规则，有利于后期的模型检查。
- 各种流程图的外观基本一致。
- 将设计好的流程图另存为模板，便于重复使用。

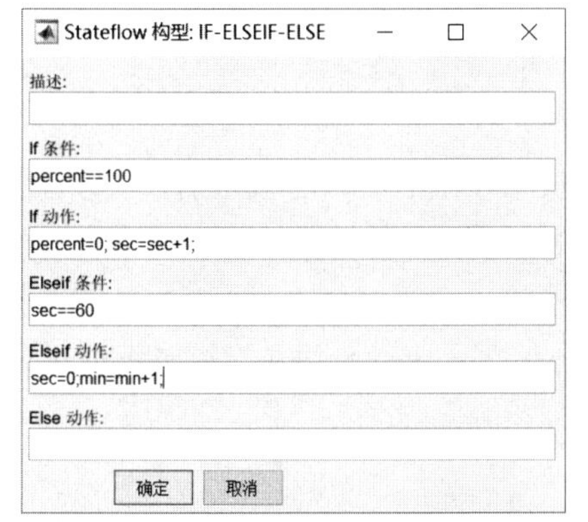

图 16-19　“Stateflow 构型:IF-ELSEIF-ELSE”对话框

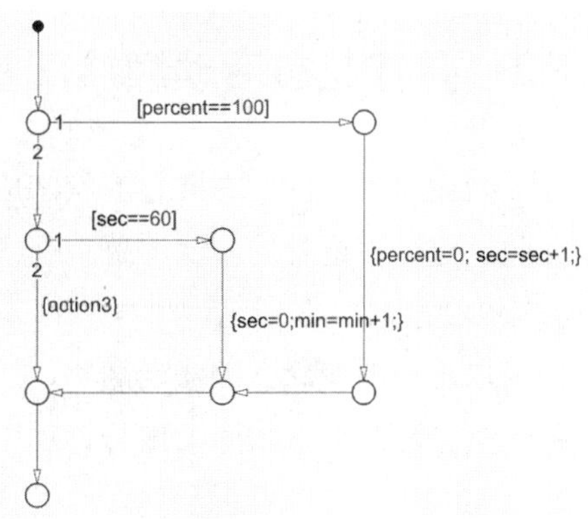

图 16-20　系统自动生成的流程图

16.2　并行机制

状态可分为两大类：互斥（OR）状态和并行（AND）状态。若在同一个层次中含有多个互斥状态，则状态不能同时被激活，不能同时执行，在 Stateflow 中，用实线框表示；相反，若同一层次中含有多个并行状态，则一旦父状态处于激活状态，其并行子状态就会同时处于激活状态。

16.2.1　设置状态关系

首先在状态图编辑窗口中设置两个状态框，然后在空白处单击鼠标右键，在弹出的快捷菜单中选择“分解”→“互斥(OR)”或“并行(AND)”命令，可设置顶级状态关系，如图 16-21 所示。状态 On 与 Off 是并行的。

状态关系的设置仅对本级起作用，尽管状态 On 和 Off 是并行的，但子状态 On1、On2 仍是互斥的，若要修改，则需要在状态 On 矩形框内的空白处单击鼠标右键，并在弹出的快捷菜单中选择相应的选项，如图 16-22 所示。

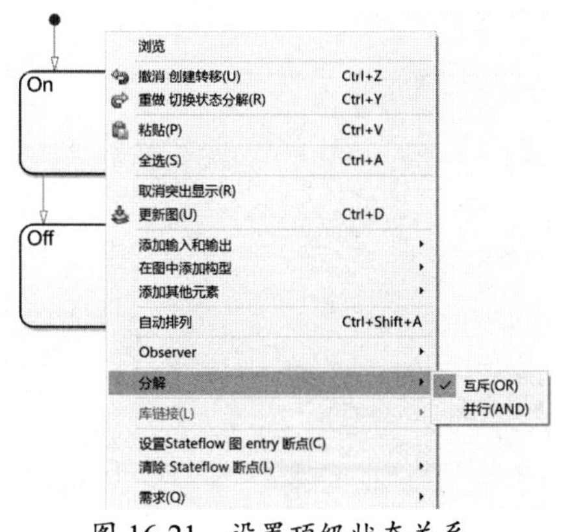

图 16-21　设置顶级状态关系

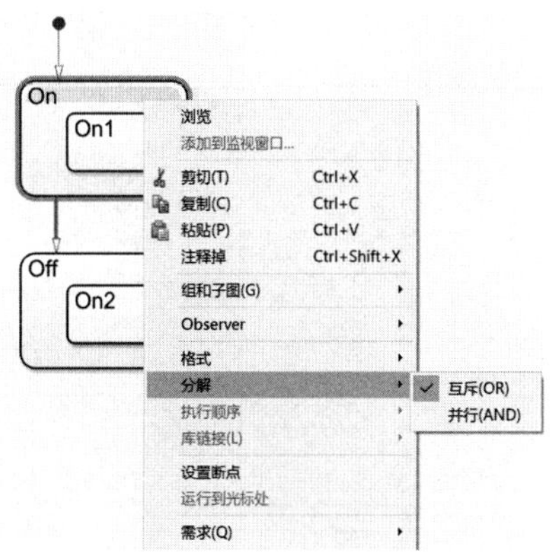

图 16-22　修改状态关系

16.2.2 并行状态活动顺序配置

处于同一层次下的所有并行的状态应该在其父状态被激活的同时被激活，但是它们的激活是按照一定顺序进行的，默认激活顺序为从上到下、从左到右，并在每个状态的右上角用数字标注，如图 16-23 所示。

若用户希望改变状态的激活顺序，则可以在该状态上单击鼠标右键，在弹出的快捷菜单中选择“执行顺序”选项中的序号，如图 16-24 所示。

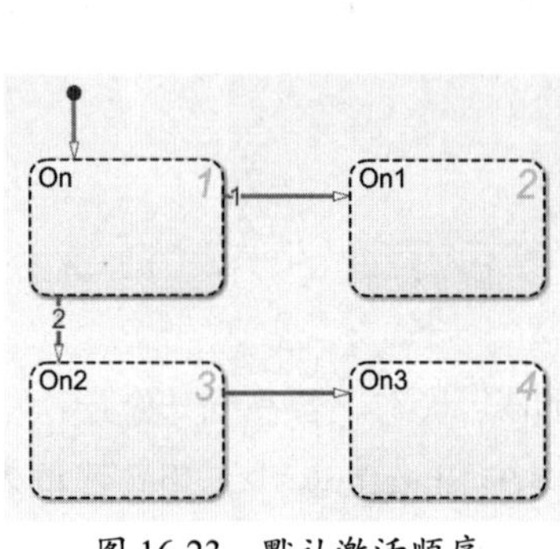

图 16-23　默认激活顺序

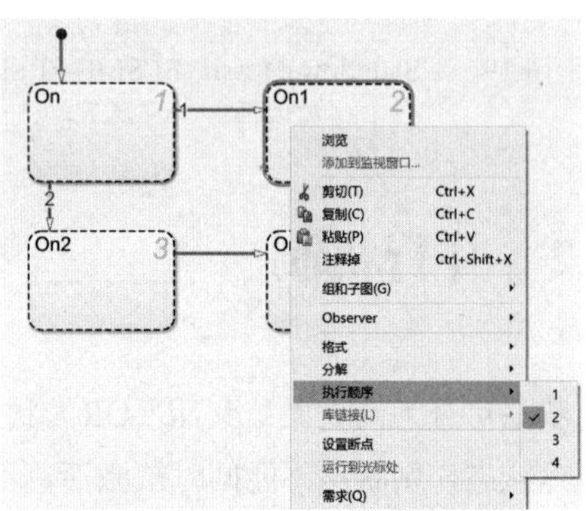

图 16-24　改变激活顺序

16.2.3 本地事件广播

使用事件广播，可以在某个状态内部触发其用户并行状态的执行。这样，就可以在系统的不同状态之间实现交互，让一个状态的改变影响其用户状态。事件广播可以触发状态动作、转移动作和条件动作。在使用广播之前，需要预先定义事件。

如图 16-25 所示，Led 和 Fan 状态为并行关系。

（1）当父状态 PowerOn 被激活时，Led.Off 和 Fan.Off 状态同时被激活，Fan.Off 状态广播事件 ledon，于是 Led.Off 状态向 Led.On 状态转移。

（2）当 Led.On 状态满足转移条件而退出时，广播事件 fanoff，而此时 Fan.Off 状态已向 Fan.On 状态转移，于是响应事件 fanoff，向 Fan.Off 状态转移。

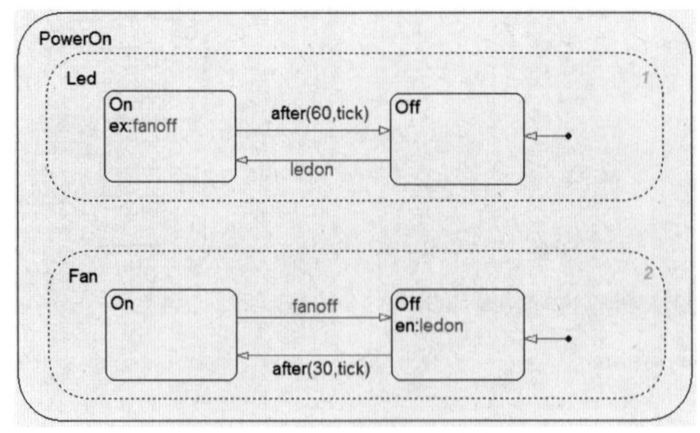

图 16-25　本地事件广播

16.2.4　直接事件广播

使用直接事件广播可以避免在仿真过程中出现不必要的循环或递归并能有效地提高生成代码的效率。可以用 send 函数进行直接事件广播。该函数的完整格式为：

```
send(event_name,state_name)
```

如图 16-26 所示，Stateflow 执行过程如下。

（1）当并行超状态 Led 和 Fan 被激活时，对应的子状态 Led.L1 和 Fan.F1 被激活，子状态 Led.L1 执行状态动作 flag=1。

（2）Led.L1 至 Led.L2 的转移条件[flag==1]为真，于是执行条件动作{send(event_1,Fan)}，向状态 Fan 广播事件 event_1，由于状态 Fan 与子状态 Fan.F1 已被激活，所以 Fan.F1 到 Fan.F2 的转移有效，Fan.F2 被激活。

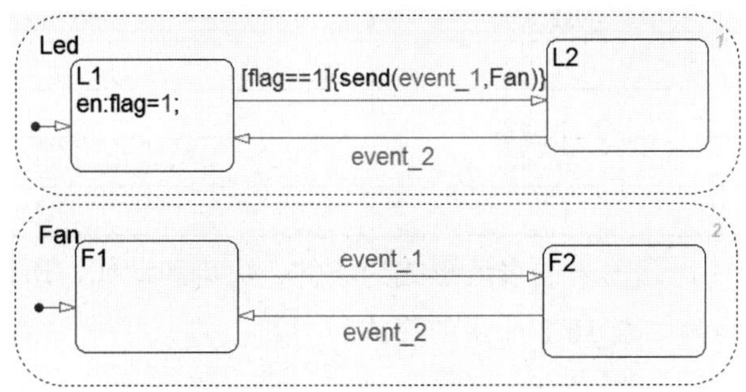

图 16-26　使用 send 函数进行直接事件广播

将图 16-26 稍做修改，即可使用事件名进行直接事件广播，如图 16-27 所示。

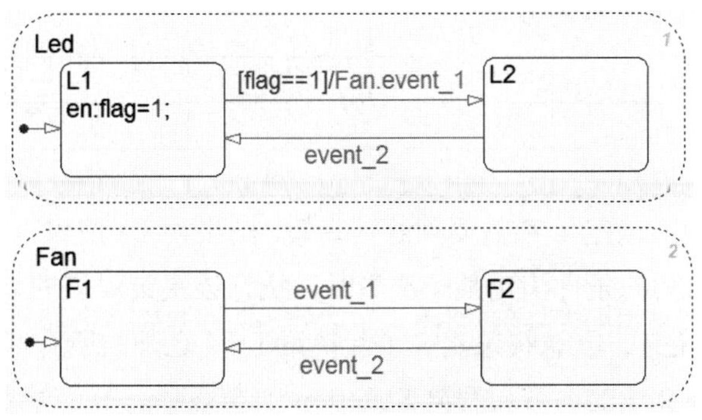

图 16-27　使用事件名直接事件广播

除事件 event_1，另行定义 Fan 状态的本地事件 event_1。

（1）选择“建模”→“设计”→“模型资源管理器”选项，在出现的模型资源管理器窗口左侧的“模型层次结构”区域中选择状态 Fan，并单击菜单栏中的“添加”→“事件”按钮，为 Fan 状态添加本地事件。利用同样的方法，可以定义状态的本地数据。

（2）将条件动作{send(event_1,Fan)}替换为转移动作/Fan.event_1。

本例与使用 send 函数进行直接事件广播的区别在于以下两点。

（1）event_1 属于状态 Fan 的本地事件，作用范围限制在该状态内部，对 Fan 状态可见，对 Led 状态不可见。

（2）转移动作/Fan.event_1 替换了{send(event_1,Fan)}。

16.3 Stateflow 的对象

16.3.1 真值表

熟悉数字电路的读者一定了解表 16-1 所列的异或门真值表。

表 16-1 异或门真值表

输 入		输 出
x1	x2	y
H	H	L
H	L	H
L	H	H
L	L	L

由于在 Stateflow 中，真值表的表达形式为条件、决策和动作，所以为了后面使用方便，可将异或门真值表改写为如表 16-2 所示的形式。

表 16-2 修改后的异或门真值表

条 件	决策 1	决策 2	决策 3	决策 4	决策 5（默认决策）
x1==0&&x2==0	T	-	-	-	-
x1==0&&x2==1	-	T	-	-	-
x1==1&&x2==0	-	-	T	-	-
x1==1&&x2==1	-	-	-	T	-
动作	y=0	y=1	y=1	y=0	y=–1

对于条件列中的每个条件，都需要判断其真假，结果为 T（逻辑真）、F（逻辑假）或-（逻辑真或逻辑假）。当所列的条件满足某一决策时，执行该决策对应的动作，而动作的具体内容则另外在动作表中定义。默认决策定义了除决策 1～4 之外的所有情况。

例 16-3：将表 16-2 中的内容填写到 Stateflow 真值表中，并演示仿真实现。

（1）在 MATLAB 命令行窗口中输入 sfnew 命令，建立带有 Stateflow 状态图的 Simulink 模型，双击“Chart”状态图模块，进入状态图设计窗口。

（2）单击左侧的 （“真值表”）按钮，并单击模型窗口中的适当位置，确定真值表函数的位置。

（3）输入函数的签名标签。

函数的签名标签指定函数的名称及其参数和返回值的形式名称。签名标签采用以下语法：

```
[return_val1,return_val2,...] = function_name(arg1,arg2,...)
```

用户可以指定多个返回值和输入参数。每个返回值和输入参数可以是标量、向量或值的矩阵。对于只有一个返回值的函数，忽略签名标签中的方括号。

参数和返回值可以使用相同的变量名称。例如，使用以下签名标签的函数将变量 y1 和 y2 同时用作输入与输出：

```
[y1,y2,y3] = f(y1,u,y2)
```

如果将此函数导出为 C 代码，那么 y1 和 y2 将通过引用（作为指针）传递，u 通过值传递。通过引用传递输入可减少生成的代码复制中间数据的次数，从而产生更优的代码。

（4）对该函数进行编程，双击真值表函数框进入真值表编辑器。在真值表编辑器中，添加条件、决策和动作。

动作的具体内容在动作表中定义，并给每个动作赋予一个标号，在条件表的动作栏引用动作的标号即可，如图 16-28 所示。

图 16-28　建立真值表

（5）建立 Stateflow 流程图（见图 16-29）和 Simulink 模型（见图 16-30）。运行仿真即可实现异或功能。

在每个仿真步长内，系统首先逐一判断各个条件的输出结果，将输出结果组合起来，并与各个决策逐一比较，当输出结果完全满足某一决策时，即执行对应的动作，同时不再判断后续的决策。

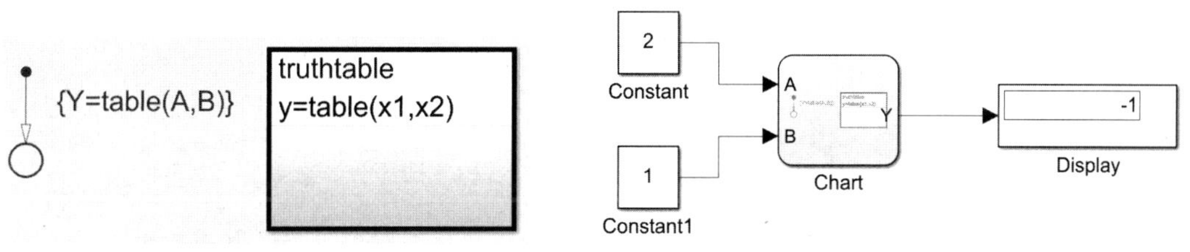

图 16-29　Stateflow 流程图　　　　图 16-30　Simulink 模型

16.3.2 图形函数

图形函数是用包含 Stateflow 动作的流程图定义的函数，是流程图的延伸，使用图形方式定义算法，并在仿真过程中跟踪其运行。

图形函数与 MATLAB 函数、C 函数有一定的相似之处。例如，图形函数同样需要接收参数并返回结果，用户可以在状态/转移动作中调用图形函数。

它们的不同之处在于图形函数是 Stateflow 自身的图形对象，因此可以直接通过 Stateflow 编辑器创建并调用，不必像文本函数一样需要用外部工具创建，在外部定义。

例 16-4：通过图形函数完成异或功能，使读者了解图形函数的用法。

（1）在 MATLAB 命令行窗口中输入 sfnew 命令，建立带有 Stateflow 状态图的 Simulink 模型，双击“Chart”状态图模块，进入状态图设计窗口。

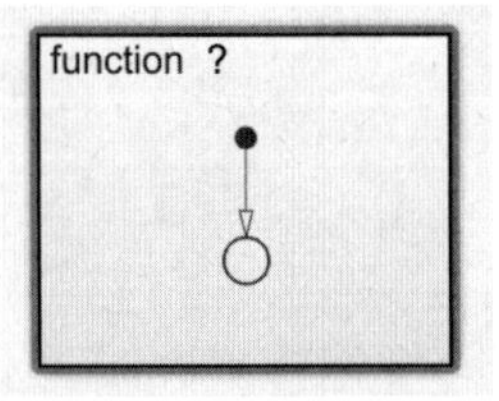

图 16-31　添加图形函数

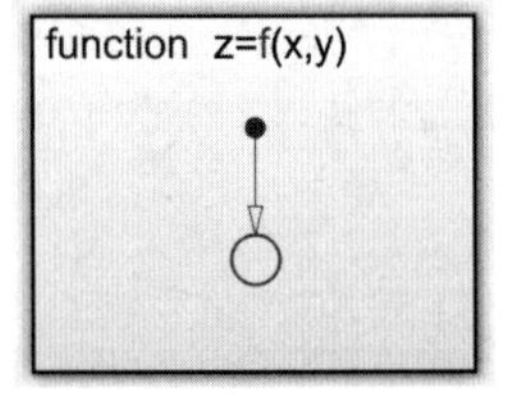

图 16-32　函数的签名标签

（2）单击图表编辑器的图形工具栏中的 （“图形函数”）按钮，并在模型窗口中适当的位置单击，即可在编辑器空白位置添加图形函数，如图 16-31 所示。

（3）函数的签名标签：用来指定函数的名称及其参数和返回值的形式名称，如图 16-32 所示。

（4）在图形函数内部，可以利用图形对象完成所需的函数逻辑。在本例中，用户使用 Stateflow 提供的“if-elseif-else…”命令完成函数，使问题更加简单。

在图形函数上单击鼠标右键，执行“在函数中添加构型”→“决策”→“if-Elseif-Else”命令，弹出“Stateflow 构型:IF-ELSEIF-ELSE”对话框。

（5）根据前面的内容不难得出异或函数的实现逻辑。在“Stateflow 构型:IF-ELSEIF-ELSE”对话框中完成异或逻辑，如图 16-33 所示。

（6）单击“确定”按钮后，自动生成实现该函数的图形函数，如图 16-34 所示。

图 16-33　“Stateflow 构型:IF-ELSEIF-ELSE”对话框

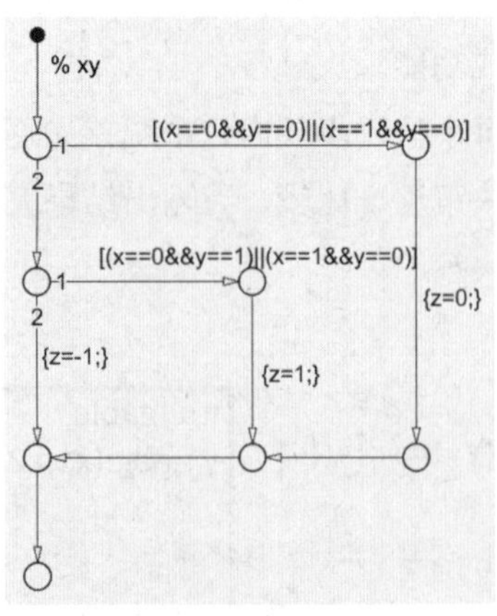

图 16-34　图形函数

（7）由于该图形函数较复杂，所以可以先将图形完全包含在函数框中，然后用右键快捷菜单中的“组和子图”→“子图”命令简化图形函数，如图 16-35 所示。

（8）为图表添加相应的数据、事件后，就可以通过状态动作或转移动作实现图形函数的调用。建立 Stateflow 流程图（见图 16-36）和 Simulink 模型（见图 16-37）。运行仿真即可实现异或功能。

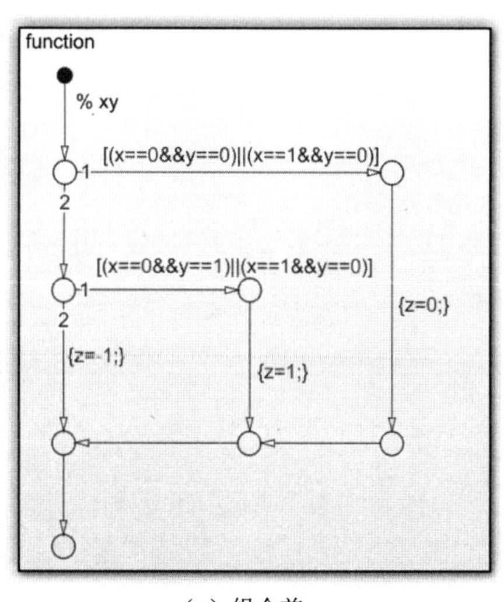

（a）组合前

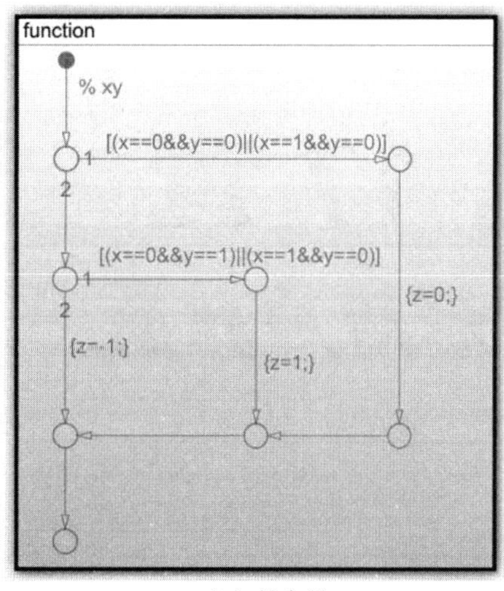

（b）组合后

图 16-35　简化图形函数

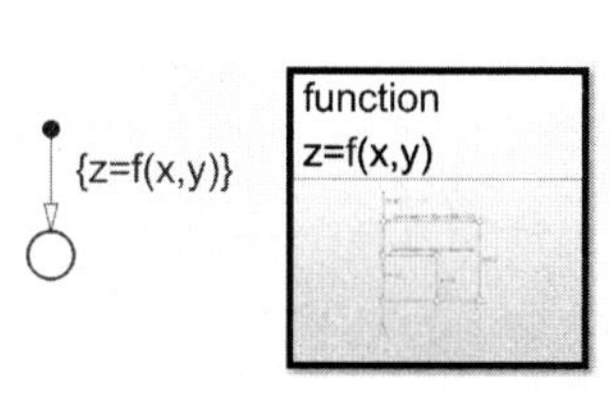

图 16-36　Stateflow 流程图

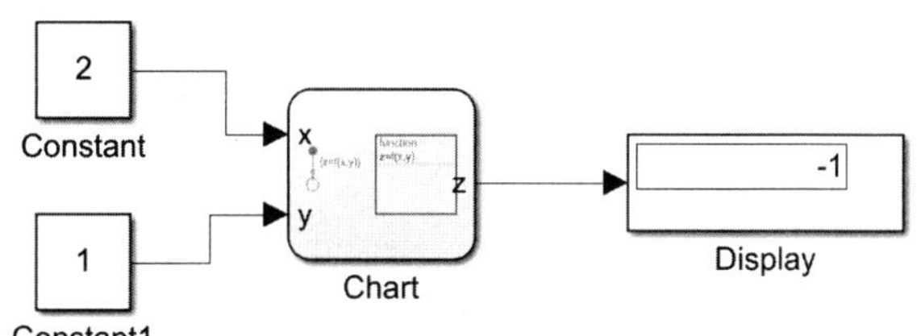

图 16-37　Simulink 模型

16.4　本章小结

本章首先对 Stateflow 的基础知识做了简单介绍，随后对其并行机制和对象做了说明。现对 Stateflow 总结如下：Stateflow 是一种图形化的设计开发工具，是有限状态机的图形实现工具，也称为状态流，主要用于在 Simulink 中控制和检测逻辑关系；使用这种图形化的工具可以实现各个状态之间的转换，解决复杂的监控逻辑问题；与 Simulink 同时使用使得 Simulink 更具有事件驱动控制能力。

第 4 部分

第 17 章

图形用户界面

知识要点

图形用户界面（GUI）的设计是 MATLAB 的核心应用之一。当用户与计算机之间或用户与计算机程序之间进行交互时，方便、高效的用户接口功能会对用户产生极大的吸引力。图形用户界面通过窗口、图标、按钮、菜单、文本等图形对象构成用户界面。本章介绍利用句柄图形用户接口函数实现用户和计算机之间的交互操作过程，如 MATLAB 的预定义对话框、句柄图形 uicontrol 对象、uimenu 对象、uicontextmenu 对象等。

学习要求

知识点	学习目标			
	了解	理解	应用	实践
图形用户界面介绍	√			
图形用户界面控件				√
对话框对象			√	√
界面菜单			√	√
编写 M 文件	√			√
图形用户界面创建工具 GUIDE		√		√

17.1　图形用户界面介绍

在 MATLAB 中，主要通过一系列函数来创建图形用户接口，这些函数主要用来创建用户接口（UI）类型的句柄图形对象。对于这一类函数，在前面章节中已经做过一些介绍。

在 MATLAB 中，图形用户对象包括众多的图形用户界面对象，其中基本的图形用户界面对象分为 3 类：用户界面控件对象（uicontrol 对象）、下拉式菜单对象（uimenu 对象）和内容式菜单对象（uicontextmenu 对象）。

在图形用户对象中，包括多个图形用户界面对象及图形用户接口容器对象，这些图形用户接口容器对象可以成为图形用户对象或其他容器的接口容器。利用上述对象进行周密的组织、设计，就可以设计出一个界面良好、操作方便、功能强大的图形用户界面。

为了便于读者对这些对象有基本的了解，同时对图形用户界面的设计有初步的认识，下面对这些图形用户界面对象的层次结构进行梳理，绘制出它们之间的层次树，如图 17-1 所示。

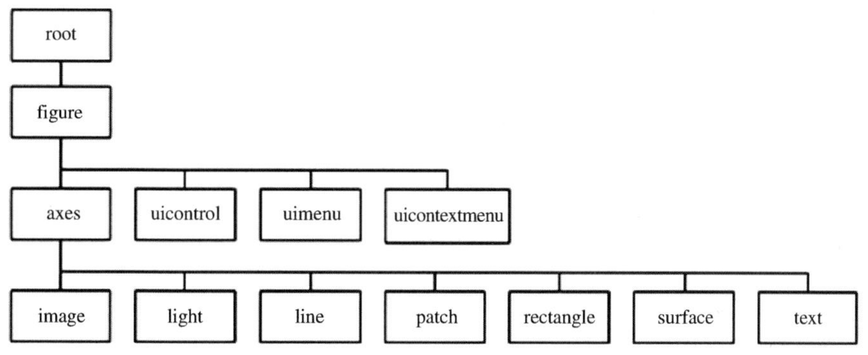

图 17-1　图形用户界面对象之间的层次树

○ 注意

在 MATLAB R2022a 以后的版本中，将会删除 GUIDE，后面使用 App 设计工具创建 App，但在该版本中依然支持该功能，因此本章延续读者的使用习惯，继续讲解 GUIDE 的使用。

17.2　控件

在绝大多数的图形用户界面中都包含控件。控件是图形对象，与菜单一起用于创建图形用户界面。MATLAB 中常用的控件对象如表 17-1 所示。通过使用各种类型的控件，可以建立操作简便、功能强大的图形用户界面。

表 17-1　MATLAB 中常用的控件对象

控件对象类型	说　明
Push Button	按钮：按钮上通常显示文本标签。当用户在按钮上单击时，可以使系统 MATLAB 的回调函数执行某项操作，但不能用于属性或状态的选择。按钮按下后，可以恢复到原来的弹起状态

续表

控件对象类型	说　明
slider	滑动框：与其他编程语言中的滑动条一样，由滑竿、指示器等部分对象组成。滑动框通常用于从一个数据范围中选择一个数据值。滑动框通常和其他的文本对象一起使用，用来表示滑动框的标题、当前值及滑动框的范围等
Radio Button	单选按钮：通常通过一个文本标签和一个圆圈或菱形构成，当选中它时，该圆圈或菱形会处于填充状态；而在取消选中时，圆圈或菱形则会恢复到无填充状态。单选按钮在选择时，通常只能从一组选择对象中选择单个对象
Check Box	复选框：每个复选框对象均由复选项和相应的标签对象构成。当复选项选择激活后，复选框中会出现“×”；取消复选后，会消失
Edit Text	编辑文本框：用户可以动态地修改或替换编辑文本框中的内容。对于编辑文本框对象，用户可以在属性中设置单行或多行文本输入属性。如果设置为单行文本输入模式，那么用户只能输入一行文本，按 Enter 键后表明输入结束；如果设置为多行文本输入模式，那么用户可以输入多行文本，换行时需要按 Ctrl+Enter 组合键
Static Text	静态文本：用于显示文本字符串，通常用于显示标题、标签、用户信息和当前值。此时，用户不能对显示的文本进行修改和编辑
Pop-up Menu	弹出式菜单：用户可以从弹出式菜单的多个选项中选择一个选项。当关闭弹出式菜单时，它将会成为一个包含用户选择项的矩形或按钮，位于一定的矩形区域内。有些菜单项中还有其他子菜单项，利用同样的方式，可以用鼠标完成选择过程
Listbox	列表框：产生的文本条目可以用于选择，但不能进行编辑
Toggle Button	开关按钮：创建切换。与普通按钮不同，开关按钮通常会交替呈现两种不同的状态（弹起或按下）。而普通按钮将会在按下后立即弹起。开关按钮和普通按钮一样，每次单击都会产生相应的操作
Table	表格按钮：创建表格组件。具体使用可参见 uitable 函数
Axes	坐标系：用于在图形用户界面中添加图形或图像
Panel	面板：用于对图形用户界面中的控件进行分组管理和显示。使用面板将相关控件分组显示可以使软件更易于理解。面板可以包含各种控件，如按钮、坐标系及其他面板等。面板包含标题和边框等用户显示面板的属性与边界。面板中的控件与面板之间的位置为相对位置，当移动面板时，这些控件在面板中的位置不改变
Button Group	按钮组：类似于面板，但是按钮组的控件只包括单选按钮或开关按钮。按钮组中的所有控件的控制代码必须写在按钮组的 SelectionChangeFcn 响应函数中，而不是写在用户接口控制响应函数中。按钮组会忽略其中控件的原有属性
ActiveX Control	ActiveX 控件：用于在图形用户界面中显示控件。该功能只在 Windows 操作系统下可用

17.2.1　控件的创建

MATLAB 提供了命令行和图形用户界面设计工具两种方式来创建图形用户界面控件。

1. 命令行方式

在命令行方式下，可以通过函数 uicontrol 创建控件对象。uicontrol 函数有如下两种调用格式。

- Handle=uicontrol(parent)。
- Handle=uicontrol(···, 'PropertyName',PropertyValue,···)。

其中，Handle 是创建的控件对象的句柄值，parent 是控件所在的图形窗口的句柄值，

PropertyName 是控件的某个属性的属性名，PropertyValue 是与属性名相对应的属性值。

第一种调用方式采用 uicontrol 的 Style 属性的默认属性值，在图形窗口的左下角创建一个命令按钮。

第二种调用方式省略控件所在图形窗口的句柄值，表示在当前图形窗口中创建控件对象。如果此时无图形窗口，则 MATLAB 会首先自动创建一个图形窗口，然后在其中创建控件对象。

例 17-1：通过命令行方式创建控件对象示例。

创建一个命令按钮，其位置为[0.5 0.5 0.2 0.1]，单位是 normalized。当单击该命令按钮时，按钮的位置会随机变动。代码如下：

```
h=uicontrol('style','pushbutton','Units','normalized','Position',[.5 .5 .2 .1
],'String','单击此处','Callback','set(h,''Position'',[.8*rand .9*rand .2 .1])');
```

运行结果如图 17-2 和图 17-3 所示。

图 17-2　初始运行

图 17-3　单击后

2．图形用户界面设计工具

在命令行方式下创建控件对象时，需要记住用于创建控件对象的函数，而且要设置控件的属性，必须记住控件的大量属性的属性名，这对于修改控件的属性非常不方便。

在 MATLAB 中，利用图形用户界面设计工具中的对象设计编辑器（Layout Editor），可以很容易地创建 MATLAB 支持的各种控件，而且通过对象属性检查器（Property Inspector）可以方便地修改、设置创建的控件的属性值。

例 17-2：利用对象设计编辑器创建控件界面示例。设计过程如下。

（1）打开 MATLAB 工作界面。

（2）在命令行窗口中输入 guide 命令，弹出如图 17-4 所示的“GUIDE 快速入门”对话框。

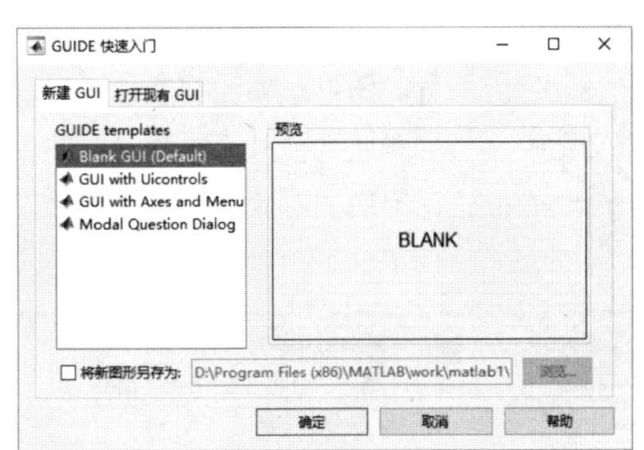

图 17-4　“GUIDE 快速入门”对话框

（3）单击“确定”按钮选择默认设置，此时就会显示对象设计编辑器，如图 17-5 所示。接着便可利用该对象设计编辑器创建所需的控件界面。

（4）在左边选择“面板”控件对象，以拖动方式在对象设计区生成该对象。

（5）同理，创建另外 4 个单选按钮对象，并双击进行各自的检查工作，修改相应属性（如 String 和 ForegroundColor）为所需的值。最后将其保存并命名为 ex17_2.m。

本例的界面设计运行效果如图 17-6 所示。

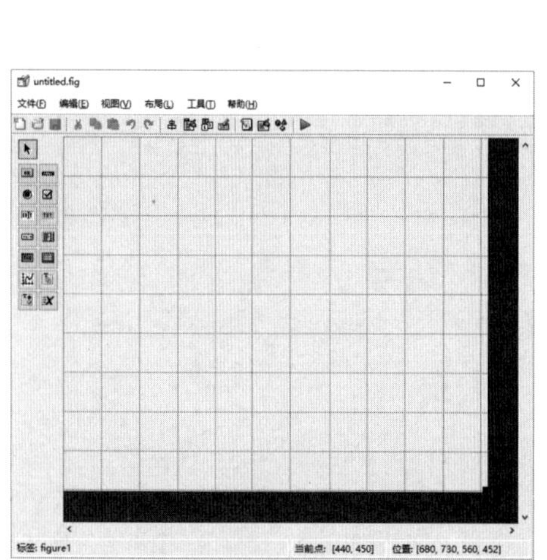

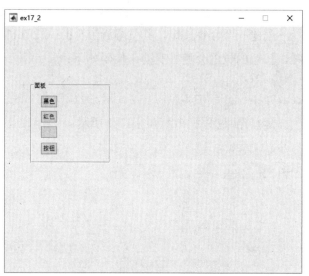

图 17-5　对象设计编辑器

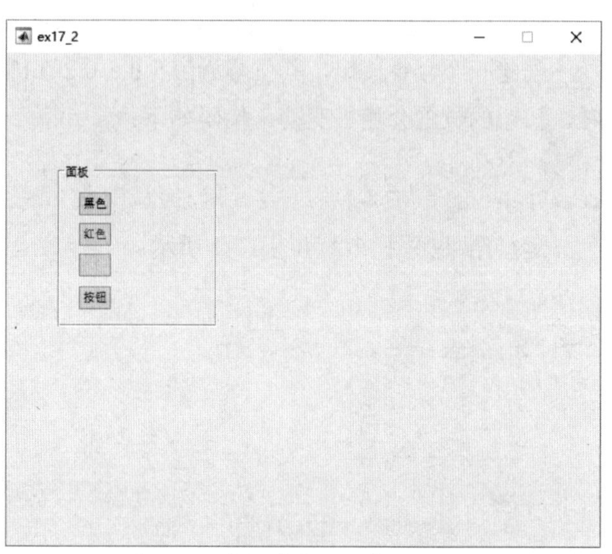

图 17-6　本例的界面设计运行效果

17.2.2　鼠标动作执行

图形用户界面方式下的应用程序最主要的输入设备就是鼠标，利用鼠标做出判断和交互动作。事实上，如今任何图形用户界面应用程序与操作系统都提供了对鼠标操作的支持。MATLAB 也提供了对图形用户界面下应用程序鼠标操作的支持。

在 MATLAB 中，所有的句柄图形对象都拥有一个 ButtonDownFcn 属性，大部分的用户接口对象也都拥有 Callback 属性，对于 uicontrol 对象，还拥有一个 KeyPressFcn 属性。图形对象拥有诸如 WindowButtonDownFcn、WindowButtonUpFcn、WindowButtonMotionFcn、KeyPressFcn、CloseRequestFcn 及 ResizeFcn 属性。

此外，所有的图形对象还拥有 CreateFcn 和 DeleteFcn 属性。这些属性的值都是一个回调字符串，当这些属性被激活时，光标的位置将会决定事件发生时的回调和执行函数。

当光标位于不同的对象上时，所能触发该对象的回调函数及响应结果如表 17-2 所示。

表 17-2　鼠标事件的响应

光标位置及其他条件	响 应 事 件
光标位于 uimenu 菜单项上，且该菜单项的 Enable 属性为 on	改变 uimenu 对象的外观并为鼠标释放事件做好准备

续表

光标位置及其他条件	响 应 事 件
光标位于 uicontrol 对象上，且该对象的 Enable 属性为 on	改变 uicontrol 对象的外观并为鼠标释放事件做好准备
光标位于 uimenu 菜单项上，且该菜单项的 Enable 属性为 off	忽略鼠标按下事件
光标位于 uicontrol 对象上，且该对象的 Enable 属性为 off 或 inactive	首先执行 WindowButtonDownFcn 回调函数，然后执行 uicontrol 对象的 ButtonDownFcn 回调函数
光标位于除 uimenu 和 uicontrol 对象外的其他图形对象上或附近	首先执行图形对象 WindowButtonDownFcn 回调函数，然后执行光标所指对象的 ButtonDownFcn 回调函数
光标位于图形对象内部，但不在其他对象上或附近	首先执行图形对象 WindowButtonDocn 回调函数，然后执行该对象的 ButtonDownFcn 回调函数

在选择执行回调函数时，MATLAB 通常会根据图形中的区域来决定回调函数的执行和选择。

（1）在选择时，通常根据 3 个区域进行。

（2）当光标位于句柄图形对象的 Position 属性确定的范围内时，即可认为光标位于该对象上。

（3）如果光标没有位于对象之上，但位于对象的有效选择区域之内，那么可以认为光标位于该对象附近。

（4）如果光标既不在一个对象上，又不在其附近，那么光标远离该对象。

（5）当对象或选择区域出现重叠时，通常会利用对象的叠放次序来确定哪一个对象被选中。

如果在光标附近的 uimenu、uicontextmenu、uicontrol 对象的 Enable 属性均被设置为 on，那么单击过程将会触发对象的 Callback 属性字符串的执行。

当按下鼠标时，uicontrol 对象将会做好被触发的准备，通常会改变 uicontrol 对象或 uimonu 对象的外观，而释放鼠标则会触发相应的回调函数执行过程。如果光标不在一个 uicontrol 或 uimenu 对象上，那么将会按照鼠标按下和释放过程来执行。

当释放鼠标时，系统将会产生一个鼠标释放事件。当该事件发生时，图形对象的 CurrentPoint 属性首先更新，同时图形对象的 WindowButtonUpFcn 回调函数被触发执行。

如果光标在图形对象的内部移动，则将会产生光标的移动事件。当该事件发生时，图形的 CurrentPoint 属性将会更新，同时图形的 WindowButtonMotionFcn 回调函数将会被触发执行。

17.2.3　事件队列的执行顺序

创建图形用户界面后，用户可以通过任意方式与该图形用户界面进行交互。在进行交互的过程中，每次交互都会产生一个事件，这些事件将会形成一系列的事件队列。同时，图形窗口的输入和输出事件也将会作为图形用户界面对象的事件被列入事件队列中。

被列入事件队列中的事件包括光标的移动和触发回调函数执行的鼠标按键按下或释放操作，以及 waitfor、waitforbuttonpress、drawnow、figure、getframe、pause 等事件。这些事件在需要处理的事件队列中将会按照顺序被执行和操作。

一般情况下，终止回调函数代码的执行过程是不被允许的，但在优先级比较高的命令（如 waitfor、drawnow、waitforbuttonpress、getframe、pause 或 figure 等）执行时，系统将会把执行过程中的回调函数代码挂起，并检测事件队列中未完成的每个事件。

如果将回调函数相应对象的 Interruptible 属性设置为 on，那么在系统处理完所有未完成的事件后，将会恢复被挂起的回调过程，并执行完毕。

如果将该属性设置为 off，那么系统将会只处理没有完成的屏幕刷新事件。

如果对象的 BusyAction 属性被设置为 cancel，那么中断回调函数执行的事件将会被忽略。

如果将该属性设置为 queue，那么中断回调函数执行的事件将会被保存在事件队列中，直到被中断的回调函数执行完毕再响应该事件。

17.2.4 回调函数的编写

在图形用户界面编写的过程中，使用句柄图形和图形用户界面函数，可以充分利用回调函数的代码编写来扩展用户选择的任务执行过程。在执行回调函数的过程中，可以首先将回调函数设置为回调函数字符串，然后将这些回调函数字符串传递给 eval 函数来完成执行过程。

例如，对按钮对象执行 buttonfcn click 命令，可以设置为：

```
H_ uic=uicontrol('Style', 'PushButton', 'Callback', 'buttonfcn click')
```

此时，系统首先将会把该命令解释为一个在命令行中执行的函数，然后进行函数的执行和操作。因此，可以将需要执行回调的函数都编写在一个回调函数 M 文件中。

当图形用户界面对象运行执行回调的函数代码时，将会根据该函数进行函数代码的回调执行过程。如果有多个回调函数需要执行，则可以把这些回调过程编写为 switch 切换结构来完成回调执行过程。

但在通过这种方法编写回调函数代码时，数据的获取和传递将是需要解决的一个重要问题。例如，可以使用 persistent 声明来限定数据。在通过 persistent 函数进行限定时，工作区中存储的被声明的数据将会在函数执行过程中被使用。但如果有多个图形用户界面对象存在，那么多个图形用户界面对象将共享该 persistent 数据。

当然，传递数据也可以通过句柄图形对象的 tag 属性来进行。

由于句柄图形对象的 tag 属性是句柄图形对象的唯一标识字符串，因此，用户可以使用 findobj 函数来寻找指定的 tag 字符串的图形用户界面对象。当找到该对象后，可以通过 getappdata、setappdata、rmappdata 和 isappdata 函数对所得到的对象数据进行处理。

这 4 个函数（图形用户界面对象数据处理函数）的常用格式如表 17-3 所示。

表 17-3　图形用户界面对象数据处理函数的常用格式

数据处理函数	说　明
Value=getappdata(h,name)	获得应用程序中定义的数值
setappdata(h,name,value)	设置应用程序中的数值
rmappdata(h,name)	删除应用程序中的数值
isappdata(h,name)	判断是否为句柄函数值

例 17-3：回调函数编写示例。

（1）在命令行窗口中输入 guide 命令，新建一个 GUI 文件，如图 17-7 所示。

（2）进入 GUI 开发环境以后，添加 3 个编辑文本框、5 个静态文本框和 1 个按钮，如图 17-8 所示。设置好各控件以后，就可以为这些控件编写程序来实现两数相加的功能。

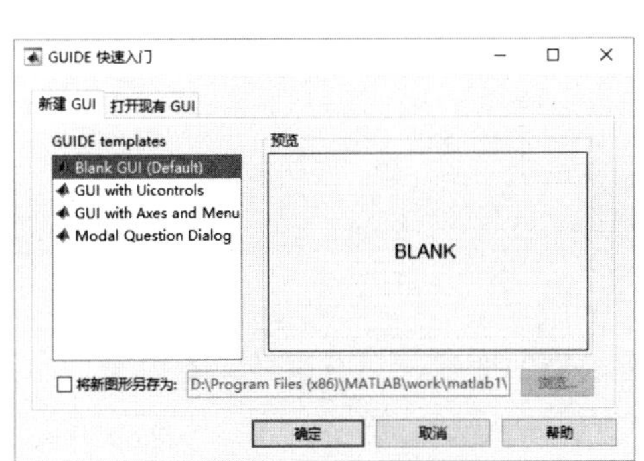

图 17-7　新建一个 GUI 文件

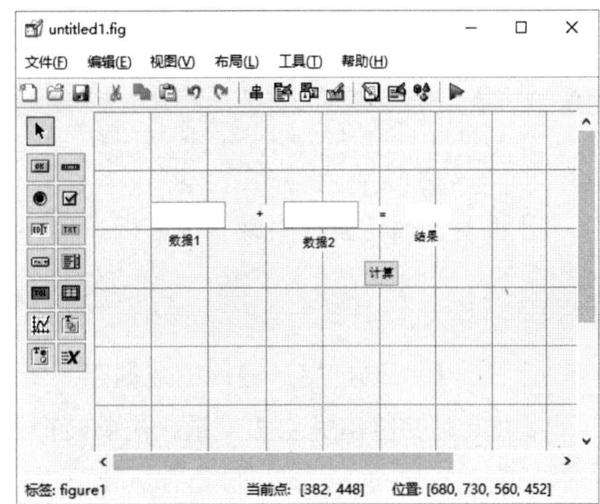

图 17-8　界面设计

（3）先为“数据 1”文本框添加代码。

在“数据 1”文本框中单击鼠标右键，并选择“查看回调”→“Callback”选项，光标便立刻移到下面这段代码的位置：

```
function edit1_Callback(hObject, eventdata, handles)
% hObject:edit1 对象的句柄（参见 gcbo 用法）
% eventdata:为了兼容 MATLAB 将来版本的保留接口
% handles:拥有句柄的全局变量，可以用来传输用户数据（参见 GUIDATA）
% get(hObject,'String')：返回 edit1 对象的内容为文本形式
% str2double(get(hObject,'String'))：将 edit1 对象的内容转化为双精度类型
```

在上面这段代码的下面插入如下代码：

```
%以字符串的形式存储“数据 1”文本框的内容。如果字符串不是数字，则显示空白内容
input = str2num(get(hObject,'String'));
%检查输入是否为空。如果为空，则默认显示为 0
if (isempty(input))
set(hObject,'String','0')
end
guidata(hObject, handles);
```

这段代码使得输入被严格限制，不能试图输入一个非数字。

（4）同理，为 edit2_Callback（“数据 2”文本框）添加同样一段代码。

（5）为“计算”按钮添加代码来达到把数据 1 和数据 2 相加的目的。

在 M 文件中找到 pushbutton1_Callback，代码如下：

```
% --- pushbutton1：在对象上执行单击动作
function pushbutton1_Callback(hObject, eventdata, handles)
% hObject:pushbutton1 对象的句柄（参见 gcbo 用法）
% eventdata:为了兼容 MATLAB 将来版本的保留接口
% handles:拥有句柄的全局变量，可以用来传输用户数据（参见 GUIDATA）
```

在上面这段代码后添加以下代码：

```
a = get(handles.edit1,'String');
b = get(handles.edit2,'String');
% a 和 b 是字符串类型，需要转换为数字类型的变量，只有这样才能相加
total = str2num(a) + str2num(b);
c = num2str(total);
% 需要先将运算结果转换回字符串类型，然后加以显示
set(handles.text8,'String',c);
guidata(hObject, handles);
```

下面对上面这段程序做一下分析。

```
a = get(handles.edit1,'String');
b = get(handles.edit2,'String');
```

上面这行代码把用户输入的数据存入变量 a、b 中。

a 和 b 是字符串类型的变量，需要转换为数字类型的变量，只有这样才能相加：

```
total = str2num(a) + str2num(b);
```

这段代码实现两数相加。

```
c = num2str(total)
set(handles.text8,'String',c);guidata(hObject, handles);
```

这两行代码分别用来更新计算结果文本框和图形对象句柄，一般 Callback 回调函数都以 guidata(hObject, handles)结束已更新数据。

程序运行结果如图 17-9 所示。

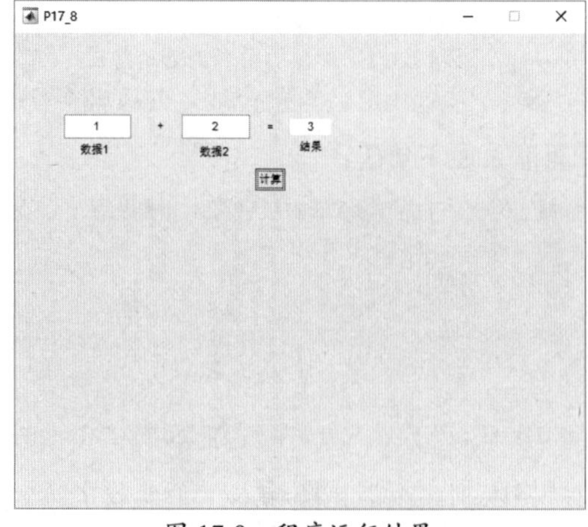

图 17-9　程序运行结果

17.3　对话框对象

在 GUI 程序设计中，对话框是最重要的显示信息和取得用户数据的用户界面对象。对话框一般包含一个或多个按钮以供用户输入或弹出显示的信息，由用户决定要采取的措施。

在绝大部分的程序设计软件中，如 Visual Basic、Delphi、Visual C++，都可以方便地进行对话框设计。MATLAB 也提供了一些进行对话框设计的有用函数。使用对话框，可以使图形用户界面更加友好，易于用户理解。

总体来说，MATLAB 中的对话框分为两大类：第一类是公共对话框，第二类是一般对话框。下面对 MATLAB 中的对话框对象进行介绍。

17.3.1　公共对话框

常用的公共对话框函数如表 17-4 所示。

表 17-4　常用的公共对话框函数

对话框函数	说　明	对话框函数	说　明
uigetfile	文件打开对话框	pagesetupdlg	打印页面设置对话框
uiputfile	文件保存对话框	printpreview	打印预览对话框
uisetfont	字体设置对话框	printdlg	打印对话框
uisetcolor	颜色设置对话框	—	—

下面分别对它们进行介绍。

1. 文件打开对话框

文件打开对话框用于打开某个文件。在 Windows 系统中，几乎所有的应用软件都提供了文件打开对话框。在 MATLAB 中，调用文件打开对话框的函数为 uigetfile。该函数的调用格式如表 17-5 所示。

表 17-5　文件打开对话框函数的调用格式

格　式	说　明
uigetfile	在显示的文件打开对话框中列出当前目录下 MATLAB 能识别的所有文件
uigetfile('FilterSpec')	在显示的文件打开对话框中列出当前目录下由参数 FilterSpec 指定的类型文件。参数 FilterSpec 是一个文件类型过滤字符串，用于指定要显示的文件类型。例如，'*.m' 显示当前目录下 MATLAB 中的所有 M 文件
uigetfile('FilterSpec', 'DialogTitle')	与第二种调用格式基本相同，只是该调用格式设定了文件打开对话框的标题，默认标题为字符串 Select file to open
uigetfile('FilterSpec', 'DialogTitle',x,y)	与第三种调用格式基本相同，只是该调用格式还指定了对话框显示时的位置。显示位置由参数 x 与 y 决定。x、y 是从屏幕左上角算起的水平与垂直距离。距离单位是像素
[fname,pname]=uigetfile(…)	返回打开文件的文件名与路径。其中，输入参数 fname 存放的是打开的文件名，pname 包含文件路径

2. 文件保存对话框

文件保存对话框用于保存某个文件。在 MATLAB 中，调用文件保存对话框的函数为 uiputfile。该函数的调用格式如表 17-6 所示。

表 17-6 文件保存对话框函数的调用格式

格 式	说 明
uiputfile	显示用于保存文件的对话框，列出当前目录下 MATLAB 能识别的所有文件
uiputfile ('InitFile')	在显示的文件保存对话框中列出当前目录下由参数 InitFile 指定的类型文件。参数 InitFile 是一个文件类型过滤字符串，用于指定要保存的文件类型。例如，'*.m'显示当前目录下 MATLAB 中的所有 M 文件
uiputfile ('InitFile', 'DialogTitle')	与第二种调用格式基本相同，只是该调用格式设定了文件保存对话框的标题，默认标题为字符串 Select file to write
uiputfile ('InitFile', 'DialogTitle',x,y)	与第三种调用格式基本相同，只是该调用格式还指定了对话框显示时的位置。显示位置由参数 x 与 y 决定。x、y 是从屏幕左上角算起的水平与垂直距离。距离单位是像素
[fname,pname]=uiputfile(…)	返回保存文件的文件名与路径。其中，输入参数 fname 存放的是保存的文件名，pname 包含文件路径

3. 颜色设置对话框

颜色设置对话框可用于交互式设置某个图形对象的前景色或背景色。在绝大部分的程序设计软件中，都提供了这个公共对话框。在 MATLAB 中，调用颜色设置对话框的函数为 uisetcolor。该函数的调用格式如表 17-7 所示。

表 17-7 颜色设置对话框函数的调用格式

格 式	说 明
c=uisetcolor(h_or_c, 'DialogTitle')	输入参数中的 h_or_c 可以是一个图形对象句柄，也可以是一个三色 RGB 向量。若是图形对象的句柄，那么该图形对象必须有一个颜色属性；若是三色 RGB 向量，那么输入的必须是一个有效的 RGB 向量，此时输入的颜色会初始化颜色设置对话框。当输入的参数是图形对象句柄时，颜色设置对话框被初始化为黑色。输入参数中的 DialogTitle 字符串用于标明颜色设置对话框的标题。输出参数 c 返回用户选择的 RGB 向量值

4. 字体设置对话框

字体设置对话框可用于交互式修改文本字符串、坐标轴或控件对象的字体属性。它可以修改的字体属性包括 FontName、FontUnits、FontSize、FontWeight、FontAngle 等。在 MATLAB 中，调用字体设置对话框的函数为 uisetfont。该函数的调用格式如表 17-8 所示。

表 17-8 字体设置对话框函数的调用格式

格 式	说 明
uisetfont	显示用于进行字体设置的对话框，对话框中列出了字体、字体大小等字段。返回的是选择的字体的属性值
uisetfont('DialogTitle')	与第一种调用格式基本相同，只是该调用格式设定了字体设置对话框的标题，默认标题为字符串 Font

续表

格　式	说　明
uisetfont(h)	输入参数 h 是一个对象句柄。该调用格式用对象句柄中的字体属性值初始化字体设置对话框中的属性值，用户可以利用字体设置对话框重新设置对象句柄的字体属性值并返回
uisetfont(h, 'DialogTitle')	与 uisetfont(h)的调用格式基本相同，只是该调用格式还设定了字体设置对话框的标题，默认标题为字符串 Font
uisetfont(S)	输入参数 S 是一个字体属性结构，是一个或多个下列属性的合法值：FontName、FontUnits、FontSize、FontWeight、FontAngle，否则输入值会被忽略。该调用格式用字体属性结构 S 中的成员值来初始化字体设置对话框中的属性值。用户可以利用字体设置对话框重新设置对象的字体属性值并返回
uisetfont(S,'DialogTitle')	与 uisetfont(S)的调用格式基本相同，只是该调用格式还设定了字体设置对话框的标题，默认标题为字符串 Font
S= uisetfont(…)	返回字体属性（FontName、FontUnits、FontSize、FontWeight、FontAngle）的属性值，被保存在结构 S 中

5．打印页面设置对话框

打印页面设置对话框可用于对打印输出时的页面进行设置。在许多应用软件中，都提供了进行打印页面设置的对话框。在 MATLAB 中，调用打印页面设置对话框的函数为 pagesetupdlg。该函数的调用格式如表 17-9 所示。

表 17-9　打印页面设置对话框函数的调用格式

格　式	说　明
dlg=pagesetupdlg(fig)	用默认的页面设置属性为图形窗口创建一个打印页面设置对话框。输入参数 fig 必须是单个图形窗口的句柄，而不是一个图形窗口向量。若省略参数 fig，那么默认的图形窗口对象是当前图形窗口对象。输出参数返回已设置的打印页面属性值

在 MTALAB 中，pagesetupdlg 函数被打印预览对话框函数 printprview 合并，具体如表 17-10 所示。

6．打印预览对话框

打印预览对话框用于对打印输出的页面进行预览。在许多应用软件中，都提供了进行打印预览的对话框。在 MATLAB 中，调用打印预览对话框的函数为 printpreview。该函数的调用格式如表 17-10 所示。

表 17-10　打印预览对话框函数的调用格式

格　式	说　明
printprview	显示当前图形窗口对象的打印预览对话框
printprview(fig)	显示指定的图形窗口对象 fig 的打印预览对话框

如图 17-10 所示，对当前图形窗口对象内的图形进行预览。

在打印预览对话框的上面有相应的分组按钮控件，用户可以进行相应的编辑控制操作。

7．打印对话框

打印对话框（见图 17-11）是专门进行打印的对话框，这是任何图形用户界面的应用软件都会提供的对话框。在 MATLAB 中，调用打印对话框的函数为 printdlg。该函数的调用格式如表 17-11 所示。

表 17-11　打印对话框函数的调用格式

格　式	说　明
printdlg	显示标准的 Windows 打印对话框（在 Windows 系统中）。它打印当前图形窗口内的图形对象
printdlg(fig)	显示标准的 Windows 打印对话框（在 Windows 系统中），但它打印由输入参数 fig 指定的图形窗口内的对象。输入参数 fig 是将要打印的图形窗口的句柄
printdlg('-crossplatform',fig)	显示标准的 crossplatform 模式的 MATLAB 打印对话框。输入参数 fig 是将要打印的图形窗口的句柄
printdlg('-setup',fig)	显示打印对话框的开始模式

打印对话框如图 17-11 所示。

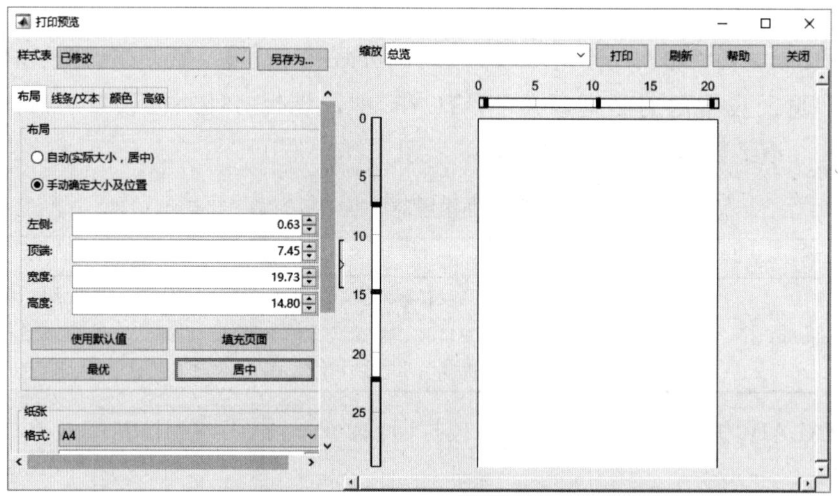

图 17-10　“打印预览”对话框

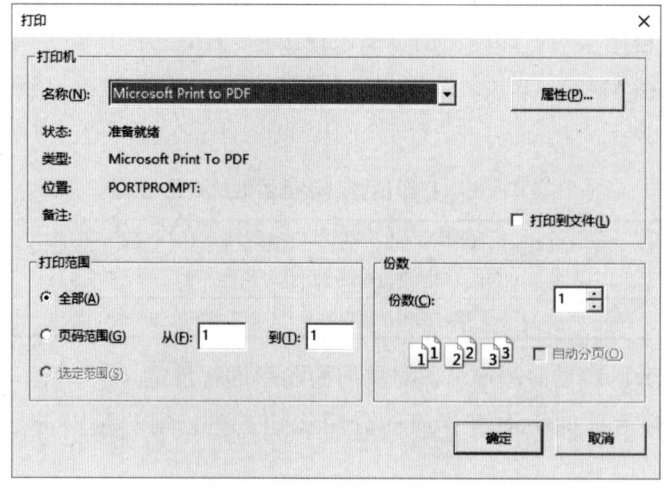

图 17-11　“打印”对话框

17.3.2　一般对话框

除了提供大量标准的公共对话框，MATLAB 还提供了大量的一般对话框函数，如表 17-12 所示。

表 17-12　一般对话框函数

对话框函数	说　明	对话框函数	说　明
helpdlg	帮助对话框	listdlg	列表选择对话框
errordlg	错误消息对话框	axlimdlg	生成坐标轴范围设置对话框
msgbox	信息提示对话框	dialog	创建对话框或图形用户对象类型的图形窗口
questdlg	询问对话框	menu	菜单类型的选择对话框
warndlg	警告消息显示对话框	waitbar	显示等待进度条
inputdlg	变量模式输入对话框	—	—

下面分别对常用的一般对话框进行介绍。

1. 帮助对话框

在操作应用软件时，当用户不知道该如何操作时，帮助信息将会帮助用户进行正确的操作，显示帮助信息的对话框就是帮助对话框。MATLAB 提供的创建帮助对话框的函数是 helpdlg。该函数的调用格式如表 17-13 所示。

表 17-13　帮助对话框函数的调用格式

格　式	说　明
helpdlg	创建一个默认的帮助对话框。默认的对话框名为“Help Dialog”，对话框内包含一个名为“This is the default help string”的字符串
helpdlg('helpstring')	创建一个帮助对话框。该对话框仍然叫作“Help Dialog”，但对话框内显示的帮助信息由输入参数 helpstring 决定
helpdlg('helpstring', 'dlgname')	创建一个帮助对话框。该对话框的名称由输入参数 dlgname 决定，对话框内显示的帮助信息由输入参数 helpstring 决定
h= helpdlg(…)	返回创建的帮助对话框的句柄，句柄存放在输出参数 h 中。输入参数与前面的调用格式的输入参数相同

MATLAB 会自动设置帮助对话框的宽度，使其能够显示出 helpstring 字符串的全部帮助信息。例如：

```
helpdlg('从当前图形中选取 9 个点！','选择取');
```

相应得到的帮助对话框如图 17-12 所示。

图 17-12　帮助对话框

2. 错误消息对话框

在开发的应用软件中，当用户进行了错误的操作后，应该显示错误消息对话框，使用户知道发生错误的原因，以便采取正确的操作。此时，就要用到错误消息对话框。MATLAB 提供的创建错误消息对话框的函数是 errordlg。该函数的调用格式如表 17-14

所示。

表 17-14 错误消息对话框函数的调用格式

格 式	说 明
errordlg	创建一个默认的错误消息对话框。默认的对话框名为"Error Dialog"，对话框内包含一个名为"This is the default error string"的字符串
errordlg ('errorstring')	创建一个错误消息对话框。该对话框仍然叫作"Error Dialog"，但对话框内显示的错误消息由输入参数 errorstring 决定
errordlg('errorstring', 'dlgname')	创建一个错误消息对话框。该对话框的名称由输入参数 dlgname 决定，对话框内显示的错误消息由输入参数 errorstring 决定
errordlg('errorstring', 'dlgname', 'on')	创建一个错误消息对话框。当要创建的对话框已经存在时，输入参数 on 把已经存在的对话框显示在屏幕的最前端，而不再创建同名的新对话框
h=errordlg(…)	返回创建的错误消息对话框的句柄，句柄存放在输出参数 h 中。输入参数与前面的调用格式的输入参数相同

MATLAB 会自动设置错误消息对话框的宽度，使其能够显示出 errorstring 字符串的全部错误消息。显示的错误消息对话框的外观依赖于不同的操作系统。

例如，弹出"未找到文件"错误消息：

```
errordlg('未找到文件','文件错误');
```

相应得到的错误消息对话框如图 17-13 所示。

图 17-13 错误消息对话框

3. 信息提示对话框

在面临多种选择或应该显示某种提示情况时，一般就会显示信息提示，此时就要借助信息提示对话框。MATLAB 提供的创建信息提示对话框的函数是 msgbox。该函数的调用格式如表 17-15 所示。

表 17-15 信息提示对话框函数的调用格式

格 式	说 明
msgbox(message)	创建一个信息提示对话框。创建的对话框会自动设置对话框的宽度，使其能够显示出全部提示信息。输入参数 message 存储的是要显示的提示信息。该参数取值可以是一个字符串向量或字符串矩阵
msgbox(message,title)	创建的信息提示对话框与 msgbox(message)创建的对话框基本相同，只是该对话框有一个标题，标题由输入参数 title 决定。参数 title 是一个字符串
msgbox(message,title, 'icon')	创建的信息提示对话框除了包含提示信息与标题，还有一些图标。图标由参数 icon 决定，icon 可选的值有 none、error、help、warn、custom，默认值为 none
msgbox(message,title, 'custom',iconData,iconCmap)	创建的信息提示对话框中的图标是用户自定义的图标。定义图标的图像数据存放在参数 iconData 中，定义图像的颜色数据存放在参数 iconCmap 中

续表

格　式	说　明
msgbox=(…, 'createMode')	参数 createMode 用于决定创建的信息提示对话框是模式对话框还是无模式对话框。参数 createMode 的可选值有 modal、non-modal 和 replace。其中，replace 指用标题相同的对话框代替另外一个已经打开的对话框
h= msgbox(…)	返回创建的信息提示对话框的句柄，句柄存放在输出参数 h 中。输入参数与前面的调用格式的输入参数相同

例如，创建一个名为“注意”的信息提示对话框，显示的提示信息是字符串“这是第一个信息提示对话框！”；对话框上有一个警告的图标；它是无模式对话框。

相应的命令为：

```
msgbox('这是第一个信息提示对话框!','注意','warn','non-modal');
```

运行结果如图 17-14 所示。

图 17-14　信息提示对话框

4．询问对话框

当对问题的解决可能存在多种选择时，就会显示一个询问对话框，由用户决定应该采取的步骤。例如，当保存文件的文件名与当前目录中存在的某个文件名相同时，就会显示询问对话框。MATLAB 提供的创建询问对话框的函数是 questdlg。该函数的调用格式如表 17-16 所示。

表 17-16　询问对话框函数的调用格式

格　式	说　明
button=questdlg('qstring')	创建一个问题显示的询问对话框。该对话框中有 3 个命令按钮，分别为“Yes”“No”“Cancel”。显示的问题由输入参数 qstring（字符串类型）决定。输出参数 button 返回的是用户按下的命令按钮的名字
button=questdlg('qstring', 'title')	创建的询问对话框的标题由参数 title 决定。该标题显示在对话框的标题栏中
button=questdlg('qstring', 'title', 'default')	对于创建的询问对话框，当用户按下 Enter 键时，返回参数 button 中的值是参数 default 设置的值。default 必须是 Yes、No、Cancel 中的一个
button=questdlg('qstring', 'title', 'str1', 'str2', 'default')	创建的询问对话框有两个命令按钮，按钮上显示的字符由参数 str1 与 str2 决定。default 设置当用户按下 Enter 键时返回的参数值。default 必须是 str1、str2 中的一个
button=questdlg('qstring',title','str1','str2','str3','default')	创建的询问对话框中有 3 个命令按钮，按钮上显示的字符由参数 str1、str2 与 str3 决定。default 设置当用户按下 Enter 键时返回的参数值。default 必须是 str1、str2、str3 中的一个

MATLAB 会自动设置询问对话框的宽度，使其能够显示出 qstring 字符串的全部信息。

例如，在命令行窗口中输入：

```
button=questdlg('想继续吗?!','继续操作','是','否','帮助','否');
```

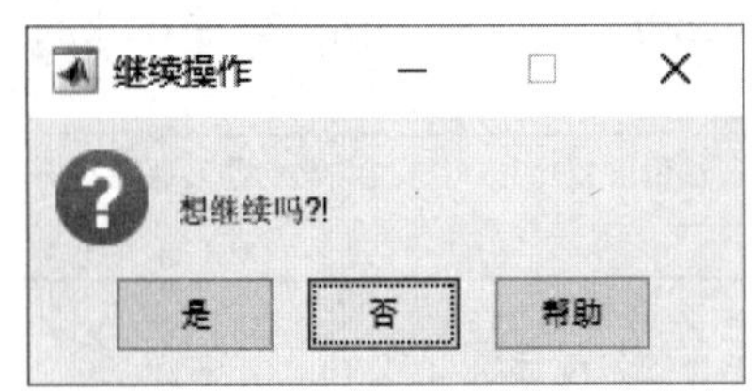

图 17-15　询问对话框

运行结果如图 17-15 所示。

5．警告消息显示对话框

在操作应用软件时，当用户进行了不恰当的操作后，应该显示警告消息显示对话框，使用户知道该操作可能导致错误，以便采取正确的操作。此时，就要用到警告消息显示对话框。MATLAB 提供的创建警告消息显示对话框的函数是 warndlg。该函数的调用格式如表 17-17 所示。

表 17-17　警告消息显示对话框函数的调用格式

格　式	说　明
warndlg	创建一个默认的警告消息显示对话框。默认的对话框名为“Warning Dialog”，对话框内包含一个名为“This is the default warning.”的字符串
warndlg('warnstring')	创建一个警告消息显示对话框。该对话框仍然叫作“Warning Dialog”，警告消息由输入参数 warnstring 决定
warndlg('warnstring', 'dlgname')	创建一个警告消息显示对话框。该对话框的名称由输入参数 dlgname 决定，对话框内显示的警告消息由输入参数 warnstring 决定
warndlg('warnstring', 'dlgname', 'on')	创建一个警告消息显示对话框。当要创建的对话框已经存在时，输入参数 on 把已经存在的对话框显示在屏幕的最前端，而不再创建同名的新对话框
h= warndlg(…)	返回创建的警告消息显示对话框的句柄，句柄存放在输出参数 h 中。输入参数与前面的调用格式的输入参数相同

MATLAB 会自动设置警告消息显示对话框的宽度，使其能够显示出 warnstring 字符串的全部警告消息。显示的警告消息对话框的外观依赖于不同的操作系统。

例如，创建一个名为“!! 警告!!”的警告消息显示对话框，其中显示的警告消息是字符串“单击 OK 按钮将会造成所有文件损坏”。

在命令行窗口中输入：

```
warndlg('单击 OK 按钮将会造成所有文件损坏','!!警告!!')
```

运行结果如图 17-16 所示。

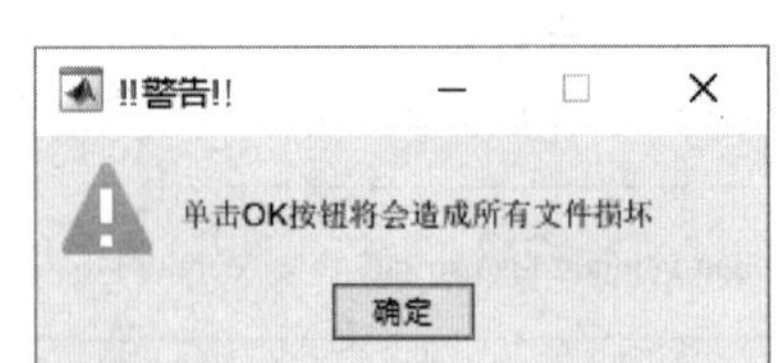

图 17-16　警告消息显示对话框

6．模式变量输入对话框

在许多应用软件中，当需要用户输入变量时，就会显示一个变量模式输入对话框。MATLAB 提供的创建模式变量输入对话框的函数是 inputdlg。该函数的调用格式如表 17-18 所示。

表 17-18　模式变量输入对话框函数的调用格式

格　式	说　明
answer=inputdlg(prompt)	创建一个模式变量输入对话框。输入参数是提示输入信息的字符串。返回值 answer 存储用户输入的变量值

续表

格　式	说　明
answer=inputdlg(prompt,title)	创建的模式变量输入对话框的标题由参数 title 决定。该参数是一个字符串
answer=inputdlg(prompt,title,lineNo)	创建的模式变量输入对话框中用于输入变量的可编辑文本框的行数由 lineNo 决定。该参数可以是标量、列向量或矩阵。lineNo 的默认值为 1。当有多个可编辑文本框时，用户输入的值都存储在参数 answer 中，只是此时要求 answer 是一个向量值
answer=inputdlg(prompt,title,lineNo,defAns)	创建的模式变量输入对话框的每个可编辑文本框中的默认值由参数 defAns 决定。defAns 的值就显示在每个可编辑文本框中。参数 defAns 是一个字符向量，其元素的个数必须与参数 prompt 中元素的个数相等
answer=inputdlg(prompt,title,lineNo,defAns,Resize)	输入参数用于决定创建的模式变量输入对话框的大小能否被调整。若取值是字符串 on，那么创建的对话框的大小可以被调整；若取值是字符串 off，那么创建的对话框的大小不能被调整

例 17-4：创建一个模式变量输入对话框，可以输入一个整数与一个颜色名。其中，第一个可编辑文本框的行数为 2，其默认值为 20；第二个可编辑文本框的行数为 4，其默认值为 HSV。

在 M 文件编辑器窗口中输入：

```
prompt={'输入矩阵大小:','输入色彩模型名:'};
title='峰函数输入';
lines=[2 4]';
def={'20','HSV'};
answer=inputdlg(prompt,title,lines,def);
```

运行结果如图 17-17 所示。

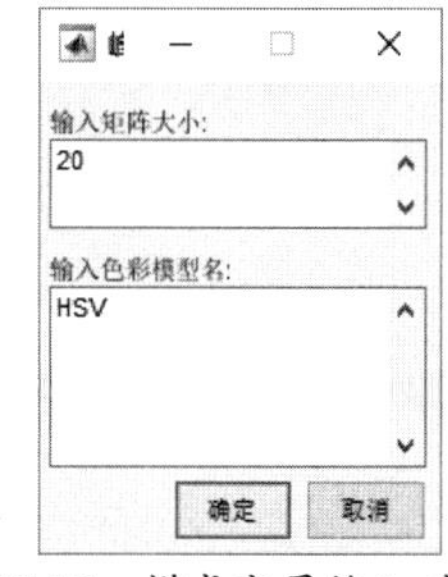

图 17-17　模式变量输入对话框

7. 列表选择对话框

当存在多个选项时，最好提供给用户一个列表框，把所有可能的选项都列出来，使用户能从中选择一个需要的值。在这种情况下，就要用到列表选择对话框。MATLAB 提供的创建列表选择对话框的函数是 listdlg。该函数的调用格式如表 17-19 所示。

表 17-19　列表选择对话框函数的调用格式

格　式	说　明
[Selection,ok]= listdlg('ListString',S, …)	创建一个列表选择模式对话框。从列表框中可以选择一个或多个列表项。输出变量是一个向量，存储的是选择的列表项的索引号。在单模式选择状态下，输出变量的长度是 1。当输出变量 ok 是 0 时，变量 Selection 是空向量[]。若用户单击列表选择对话框中的“OK”按钮，则输出变量 ok 的值是 1；若单击该对话框中的“Cancel”按钮或关闭列表选择对话框，则输出变量 ok 的值是 0。双击选择的列表项或选中列表项，并单击对话框中的“OK”按钮，效果一样。在多模式选择状态下，单击对话框中的“Select all”按钮，可以选择所有的列表项

列表选择对话框中的输入参数可以选取表 17-20 中所列的值。

表 17-20　列表选择对话框中的输入参数

参　数	参数功能简介
'ListString'	该参数用于设置列表框中的列表项，是一个字符向量
'SelectionMode'	该参数用于设置是单模式选择还是多模式选择，默认为多模式选择。参数取值是一个字符串，可以取 single 或 multiple
'LiseSize'	该参数用于设置列表框的大小，是一个两元素向量[width height]，默认值为[160 300]，单位是像素
'InitialValue'	该参数用于说明初始选择的列表项的索引，默认为 1，即第 1 项。参数的取值是一个向量
'Name'	该参数用于设置列表选择对话框的标题。默认为空字符串
'PromptString'	该参数是一个字符矩阵或字符向量，用于标明列表框上面的说明性文本。默认为空
'OKString'	该参数用于设置“OK”按钮上的文本。默认为字符串 OK
'CancelString'	该参数用于设置“Cancel”按钮上的文本。默认为字符串 Cancel
'uh'	该参数用于设置控件按钮的高度。默认为 18，单位是像素
'fus'	该参数用于设置框架与控件对象之间的距离。默认为 8，单位是像素
'ffs'	该参数用于设置框架与图形窗口对象之间的距离。默认为 8，单位是像素

例如，在 M 文件编辑器窗口中输入：

```
d=dir;
str={d.name};
[s,v]=listdlg('Promptstring','选择文件:','selectionmode','single',
    'listsize', [300 400],'liststring',str);
```

运行结果如图 17-18 所示。

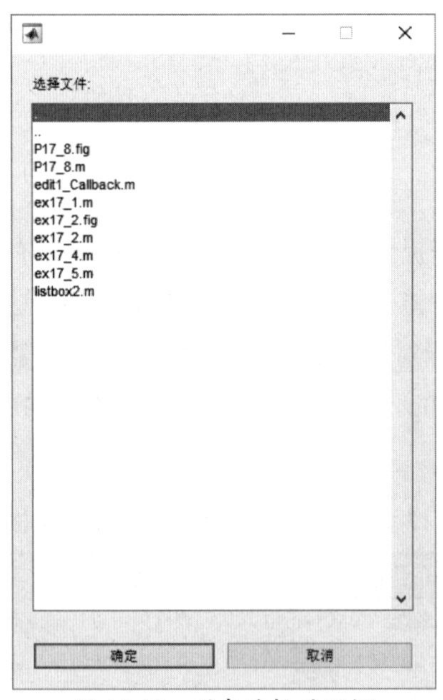

图 17-18　列表选择对话框

除了前面介绍的对话框函数，MATLAB 还提供了一些其他的对话框函数，如用于创建对话框或图形用户对象类型的图形窗口的 dialog 函数、用于创建菜单类型的选择对话框的 menu 函数及用于显示等待进度条的 waitbar 函数等。关于它们的创建方法，可以参考 MATLAB 帮助文件。

17.4　界面菜单

在绝大多数的图形用户界面下，都包含菜单。通过选择各级菜单，可以执行相应的命令，实现相应的功能。一般地，从菜单的标题或名字可以大概了解该菜单的功能。

同样，在使用 MATLAB 创建图形用户界面时，也常常需要产生界面菜单；在编辑其他编辑对象时，需要产生弹出式菜单，即上下文菜单。

这两种菜单在 MATLAB 中可以通过 uimenu 或 uicontextmenu 来产生。下面对 MATLAB 中的菜单进行介绍。

17.4.1　菜单建立

在 MATLAB 中，可以通过命令行和 GUI 设计工具中的菜单编辑器两种方式来建立界面菜单。

1．命令行方式

在命令行方式下，可以通过函数 uimenu 来建立下拉式菜单对象。uimenu 函数常见的命令格式如表 17-21 所示。

表 17-21　uimenu 函数常见的命令格式

格　　式	说　　明
uimenu('PropertyName', PropertyValue,…)	使用指定的属性值在当前图形窗口中产生菜单，可以产生的属性值后面将做介绍
uimenu(parent,'PropertyName', PrpertyValue,…)	在父菜单中产生子菜单，或者在由父窗口指定的上下文菜单中产生菜单项。如果父句柄指向另一个 uimenu 对象或 uicontextmenu 对象的图形，那么将会产生新的菜单栏
handle =uimenu('PropertyName', PropertyValue,…)	可以返回菜单句柄，其余的设置同上
handle =uimenu(parent,'PropertyName',PropertyVaLue,…)	可以返回菜单句柄

在命令行方式下，可以通过函数 uicontextmenu 来创建内容式菜单对象。uicontextmenu 函数常见的命令格式如表 17-22 所示。

表 17-22　uicontextmenu 函数常见的命令格式

格　　式	说　　明
Hm_contextmenu=uicontextmenu ('PropertyName', PropertyValue,…)	Hm_contextmenu 是创建的菜单项的句柄值；PropertyName 是菜单的某个属性的属性名；PropertyValue 是与菜单属性名相对应的属性值

利用 uicontextmenu 函数生成内容式菜单后，通过函数 uimenu 可在以往创建的内容式菜单中添加子菜单。此外，还可以通过 set 把创建的内容式菜单与某个对象相联系，通过设置对象的 uicontextmenu 属性，使内容式菜单依附于该对象。

2．GUI 设计工具中的菜单编辑器

在命令行方式下创建菜单时，需要记住用于创建的函数，而且要记住大量菜单属性的属性名，这对于创建菜单非常不方便。

在 MATLAB 中，利用 GUI 设计工具中的菜单编辑器（Menu Editor）可以很方便地创建下拉式菜单与内容式菜单。

17.4.2 菜单属性

在利用函数 uimenu 或 uicontextmenu 建立菜单时，可以定义菜单属性的属性值。利用函数 set，可以设置、改变属性的属性值；利用函数 get，可以获得菜单属性的属性值。也可以通过 Property Inspector GUI 设计工具来设置、改变菜单的属性值。

1．uimenu 菜单的属性

在菜单中，uimenu 函数的属性名称和属性值的常用设置如表 17-23 所示。

表 17-23 uimenu 函数的属性名称和属性值的常用设置

属性名称（PropertyName）	属性值（PropertyValue）	说　明
	外观及风格控制属性	
Checked	Value：on，off Default：off	菜单项前是否添加核选标记“√”
Label	Value：String	设置菜单的标题
Separator	Value：on，off Default：off	分隔条
Foregroundcolor	Value：ColorSpec Default：[0 0 0]	文本颜色
Visible	Value：on，off Default：on	控制 uimenu 菜单的可见状态
	基本信息属性	
Accelerator	Value：character	键盘加速键
Children	Value：Vectorofhandles	子菜单句柄
Enable	Value：cancel，queue Default：queue	禁止或使用 uimenu
Parent	Value：handle	菜单对象的父对象
Tag	Value：String	用户指定的对象标识符
Type	Value：String(read-only) Default：uimenu	图形对象的类
UserData	Value：matrix	用户指定的数据
	位置信息属性	
Position	Value：scalar Default：[1]	相对的 uimenu 的位置
	回调函数执行控制属性	
BusyAction	Value：cancel，queue Default：queue	回调函数中断

续表

属性名称（PropertyName）	属性值（PropertyValue）	说　明
回调函数执行控制属性		
Callback	Value：string	控制动作
CreateFcn	Value：string	在对象生成过程中执行回调函数
DeleteFcn	Value：string	在对象删除过程中执行回调函数
Interruptible	Value：on，off Default：on	回调函数的中断方式
控制操作属性		
Handle Visibility	Value：on，callback，off Default：on	在命令行或 GUI 中是否可见

2．uicontextmenu 菜单的属性

参见 uimenu 菜单的属性。

在命令行方式或 GUI 设计工具中的菜单编辑器方式下，用户可以方便地对 uimcnu 菜单与 uicontextmenu 菜单的属性进行设置、修改。

17.5　编写 M 文件

通过前面几节的介绍，读者可以通过不断地开发来熟悉和掌握使用 MATLAB 的图形用户界面函数创建界面图形的方法。

然而，如果只在 MATLAB 命令行窗口中输入命令来编写 GUI，那么编程的效率实在是太低了。本节结合示例介绍如何编写 GUI 的 M 文件。

M 文件中所有的代码，包括命令、变量等，都在 MATLAB 命令行窗口中执行。因此，可以随时使用所有在脚本式 M 文件中编写的函数、变量和对象句柄等，并将它们传递给其他函数。

例 17-5：编写一个脚本式 M 文件。在当前图形窗口中创建一个列表框。列表框中有“第一个”“第二个”和“第三个”3 个字符串。当用户选择任何一个列表项后，就调用编写的脚本式 M 文件，并显示相应的信息。

首先在 MATLAB 的命令行窗口中输入命令：

```
str(1)={'第一个'};
    str(2)={'第二个'};
    str(3)={'第三个'};
    Hm_list=uicontrol('style','listbox','position',[200 250 80 100],…
                        'string',str, 'callback','listbox1_callback');
```

运行后可生成如图 17-19 所示的图形窗口。

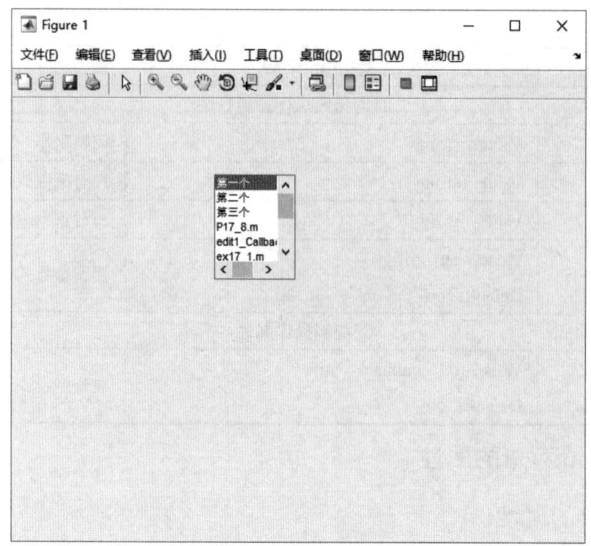

图 17-19 生成的图形窗口

接着编写脚本式 M 文件，该文件的文件名为 listbox1_callback.m，供创建的列表框的 Callback 属性调用：

```
index_selected=get(Hm_list,'Value');
list=get(Hm_list,'String');
listnum=list{index selected}
switch listnum
  case '第一个'
      msgbox('这是第一个对话框！','消息','non-modal');
  case '第二个'
      msgbox('这是第二个对话框！','消息','non-modal');
  case '第三个'
      msgbox('这是第三个对话框！','消息','non-modal');
  otherwise
      msgbox('未选中选项，请选择！','消息','non-modal');
end
```

最终运行结果如图 17-20 所示。

图 17-20 最终运行结果

17.6 GUIDE 工具

在前面的章节中，对图形用户界面的创建命令和方法进行了介绍，只涉及其中的一部分内容。通过这些内容的学习，读者可以很容易掌握使用命令函数方式创建图形用户界面的方法。关于这部分内容，读者可以通过阅读相关的帮助文件获得更为详细的帮助内容。

此外，MATLAB 还提供了功能强大的 GUIDE 模板，用于创建各种用户图形对象。同时，通过该 GUIDE 模板的使用，还可以自动生成相应的 M 文件框架，简化了用户编写图形用户界面程序的工作。如果读者需要更改相关的内容，则可以直接打开 M 文件进行修改或编写自己的代码。

因此可以说，图形用户界面创建工具 GUIDE 大大增强了图形用户界面创建的能力。

17.6.1　利用 GUIDE 进行图形用户界面设计

本节通过实际的操作说明利用 GUIDE 进行图形用户界面设计的步骤和方法。

例 17-6：利用 GUIDE 进行图形用户界面设计示例。创建图形用户界面，用于对不同的数据进行可视化显示。

1．GUIDE 的启动

（1）在 MATLAB 命令行窗口中输入 guide，按 Enter 键启动后弹出如图 17-21 所示的“GUIDE 快速入门”对话框。

该对话框中主要包括两个选项卡。

① 新建 GUI。在该选项卡中，包含 4 种类型的 GUI 模板：默认的空白 GUI 模板（Blank GUI）、带有 Uicontrol 控件的 GUI 模板、带有坐标轴和菜单的 GUI 模板及模态对话框模板。

② 打开现有 GUI。通过单击该选项卡中的“浏览”按钮来浏览选择已经存在的 GUI 对象。

（2）选择使用空白 GUI 模板来创建图形用户界面。选择该对象，单击“确定”按钮，经过一个非常短暂的初始化过程后显示如图 17-22 所示的空白 GUI 编辑界面。

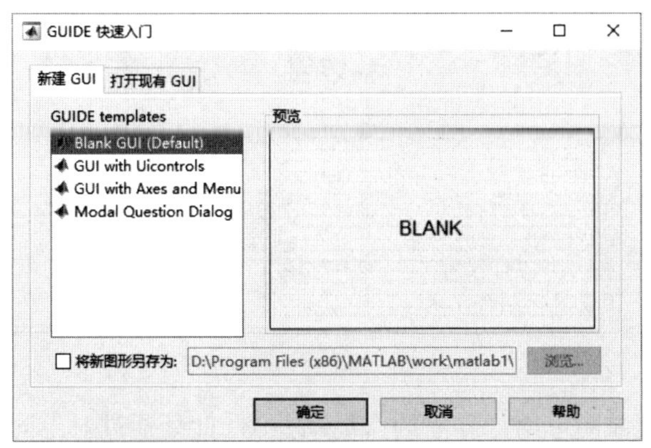

图 17-21　“GUIDE 快速入门”对话框

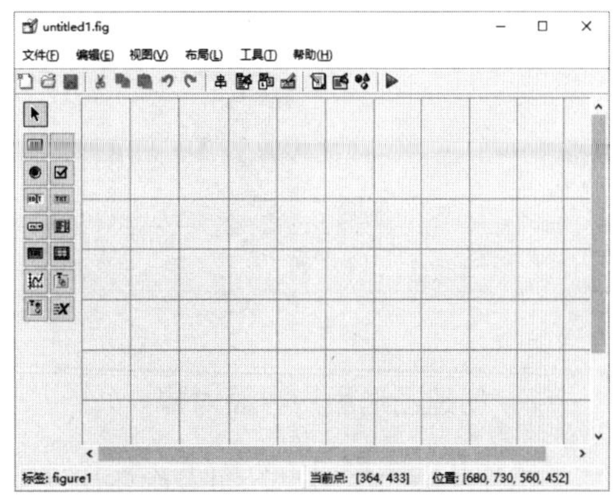

图 17-22　空白 GUI 编辑界面

（3）在编辑界面执行“文件”→“预设”命令，弹出如图 17-23 所示的“预设项”对话框，对该编辑界面的显示属性进行修改或重新设置。

用户可以设置的属性包括在组件选项板中显示名称、在窗口标题中显示文件扩展名、在窗口标题中显示文件路径及为新生成的回调函数添加注释。

（4）选中“在组件选项板中显示名称”复选框，将会在选择的组件栏中显示组件的名称，如图 17-24 所示。

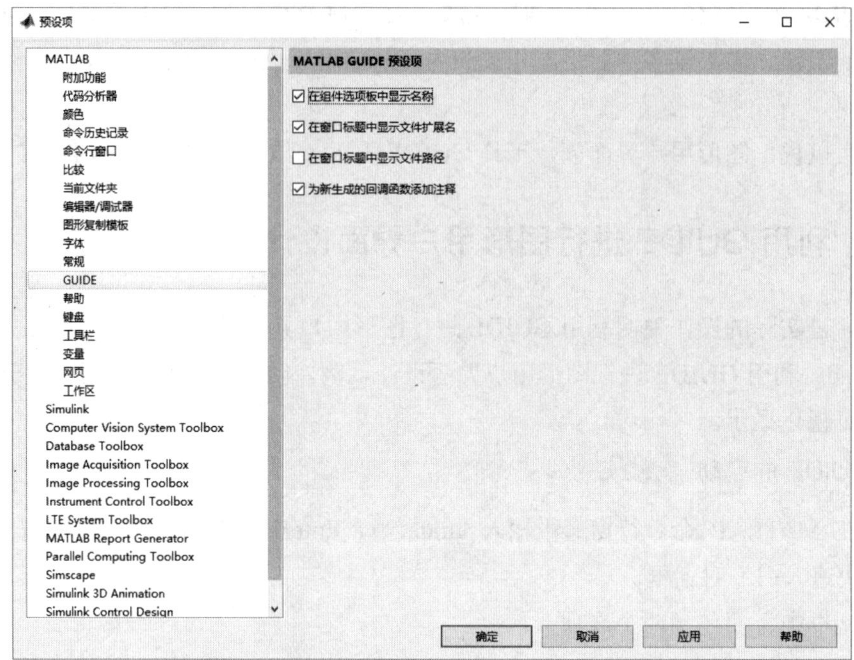

图 17-23 “预设项”窗口

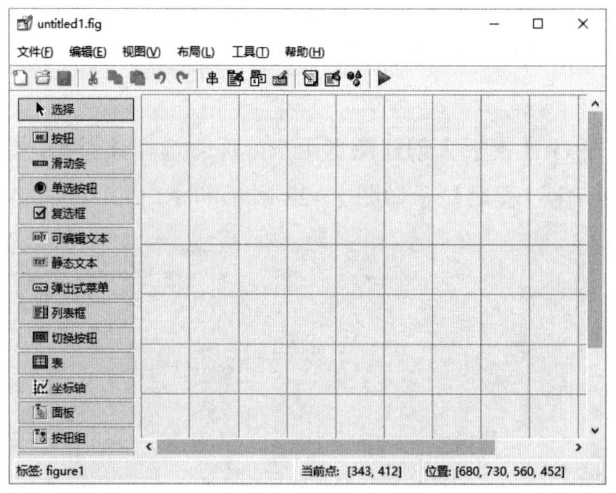

图 17-24 改变预设显示组件名称

2. 创建图形用户界面对象

在打开的图形用户界面上添加控件来完成图形用户界面的布局和控制。此处通过对不同函数的显示和处理方式来说明如何使用 GUIDE 创建新的图形用户界面。

（1）在 GUI 编辑界面中，单击该界面的右下角，拖动以改变界面的大小，如图 17-25 所示。

（2）单击工具栏中的“属性检查器”按钮，将弹出如图 17-26 所示的检查器参数设置对话框。在该对话框中，选择“Units”属性，在弹出的列表框中选择“Characters”选项；在 Position 属性中设置图形用户界面的宽和高。

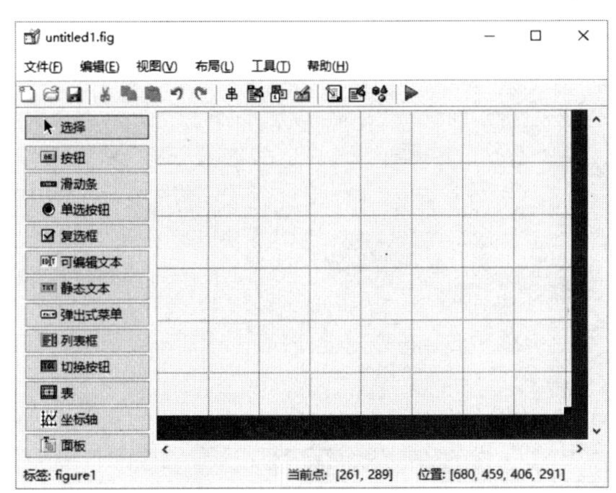

图 17-25 改变界面的大小

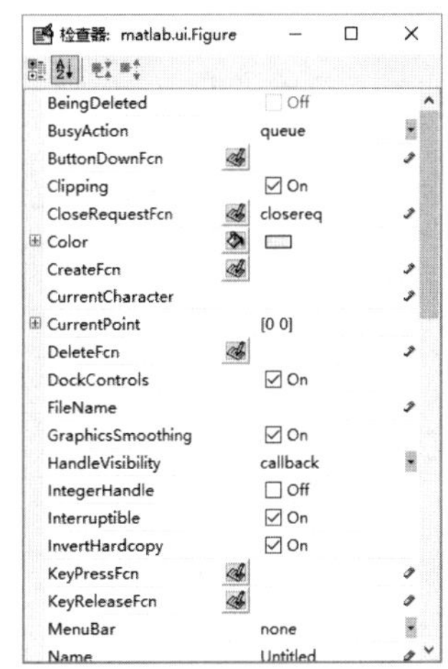

图 17-26 检查器参数设置对话框

（3）在图形用户界面中添加 3 个按钮对象。添加时，在左侧单击组件后，在图形用户界面上单击即可将该对象放在图形用户界面上，如图 17-27 所示。添加其他对象的方式与此相同。

（4）在图形用户界面中添加面板对象，并将前面添加的 3 个按钮对象一起拖到面板中，如图 17-28 所示。

图 17-27 添加按钮对象

图 17-28 将按钮对象添加到面板对象中

（5）在工具栏中单击“对齐”图标，对齐所选择的对象，弹出如图 17-29 所示的“对齐对象”对话框。在该对话框中，可以设置水平方向和垂直方向的对齐方式及对象的分布间隔。根据需要，选择和设置必要的对齐方式及分布间隔。

另外，用户还可以调整对象的位置。例如，在调整 3 个按钮的位置时，可以在选中 3 个按钮后，用方向键微调。

当对上述对象进行调整之后，可以将面板及面板上的 3 个按钮一同移动到图形用户界面的适当位置。

（6）以同样的方式，从组件栏中选择静态文本及弹出式菜单对象来显示所需处理的数据对象。从组件栏中选择轴对象放在图形用户界面中。

（7）将以上几个组件都放置在图形用户界面后，可以调整这些对象的位置及大小。调整完毕的布局如图 17-30 所示。

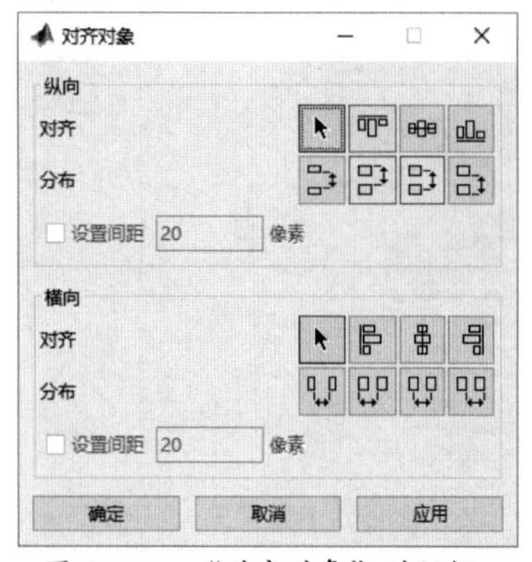

图 17-29 “对齐对象”对话框

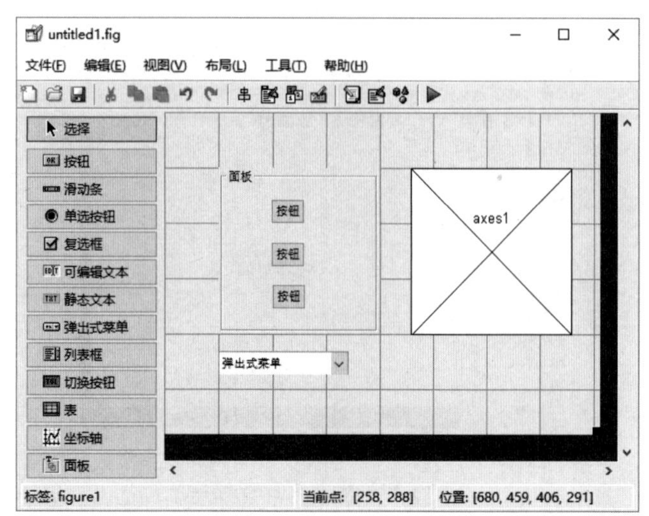

图 17-30 调整完毕的布局

（8）在图形用户界面中单击“运行”按钮，运行编辑过的图形用户界面（GUI）。此时，系统会提示将所创建的界面以.fig 的形式保存并打开保存对话框，输入名称 ex17_6 后保存。系统将会依次显示 M 文件编辑器及所编辑的图形用户界面。其中，图形用户界面的运行效果如图 17-31 所示。

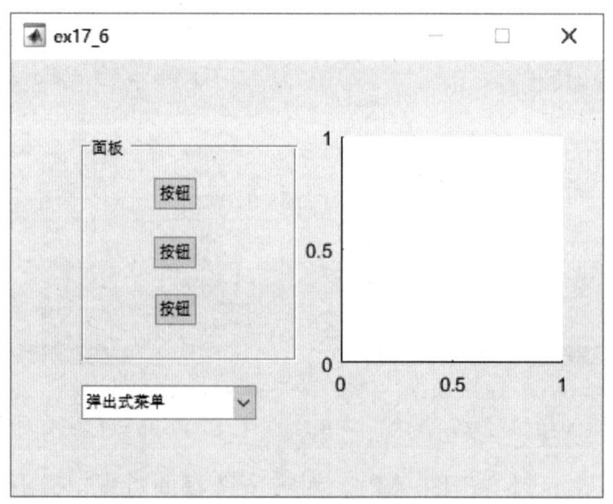

图 17-31 图形用户界面的运行效果

3．设置组件的属性

（1）按照前面的方法从工具栏中选择图标以打开属性检查器。选择第 1 个按钮对象，在属性检查器中改变该按钮的属性。从属性检查器中找到第 1 个按钮的 String 属性，将其修改为 Surf，如图 17-32 所示。

（2）以同样的方式，将第 2 个、第 3 个按钮的 String 属性分别修改为 Mesh 及 Contour。选择面板后，将面板的 Title 属性修改为 Plot types。修改后的图形界面如图 17-33 所示。

（3）对弹出式菜单进行设置。从属性检查器中选择 String 属性，输入可以处理的 3 个数据名称，即 Peaks、Membrane 和 Sinc，作为后面进行数据处理的对象，如图 17-34 所示。单击“确定”按钮，完成对弹出式菜单的设置。

（4）单击“运行”按钮▶，效果如图 17-35 所示。

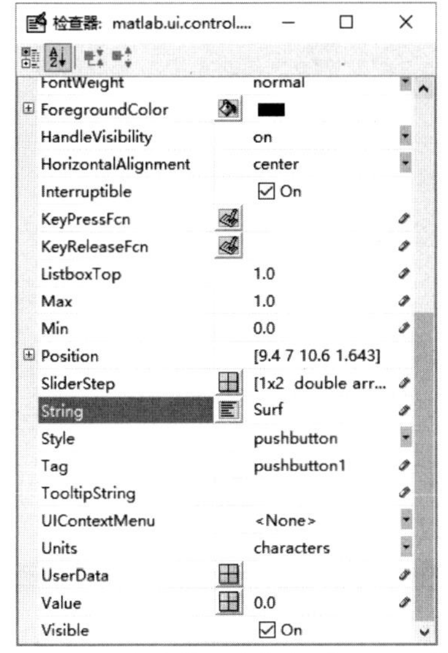

图 17-32　修改第一个按钮的 String 属性

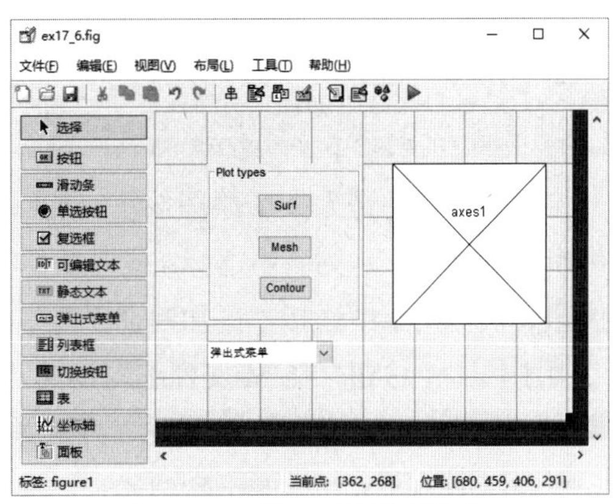

图 17-33　修改后的图形界面

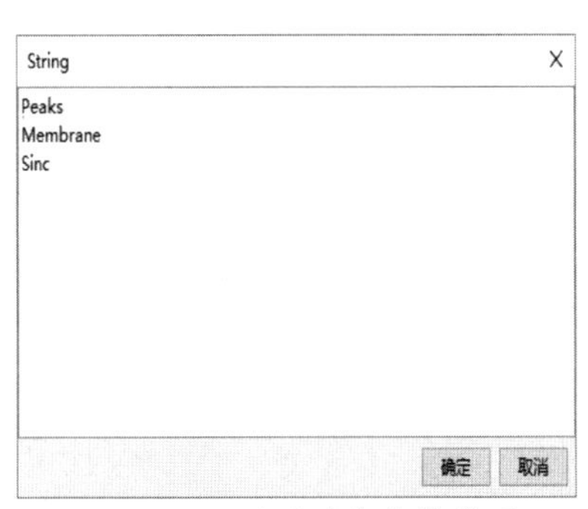

图 17-34　设置弹出式菜单项

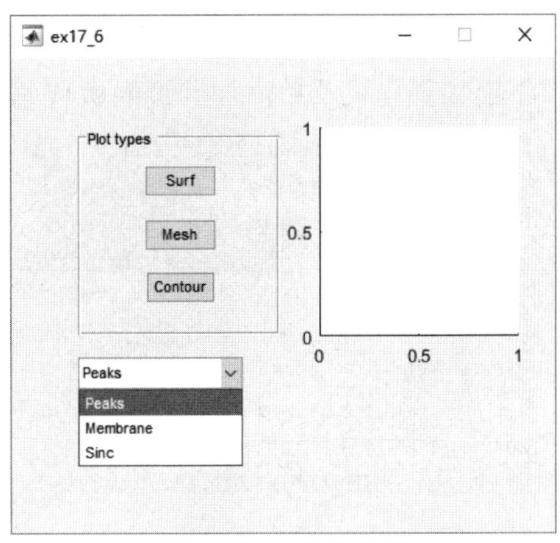

图 17-35　效果总图

4．编写回调函数

在完成上面的图形用户界面的编辑后，需要添加回调函数及一些相应的执行代码，只有这样，所创建的图形用户界面才能完成图形函数的处理过程。此时，需要切换到 M 文件编辑器进行函数文件的编辑。

当切换到该函数体后，可以输入以下语句来进行程序执行前的初始化。修改后的函数内容如下：

```
function ex17_6_OpeningFcn(hObject, eventdata, handles, varargin)
% This function has no output args, see OutputFcn.
% hObject    handle to figure
% eventdata  reserved - to be defined in a future version of MATLAB
% handles    structure with handles and user data (see GUIDATA)
% varargin   command line arguments to ex17_6 (see VARARGIN)
handles.peaks=peaks(35);
handles.membrane=membrane;
```

```
    [x,y]=meshgrid(-8:.5:8);
    r=sqrt(x.^2+y.^2)+eps;
    z=sin(r)./r;
    handles.sinc=z;
    handles.current_data=handles.peaks;
    surf(handles.current_data);
    % Choose default command line output for ex17_6
    handles.output = hObject;

    % Update handles structure
    guidata(hObject, handles);
```

接下来的任务是为 3 个绘图按钮编写回调函数代码。这 3 个回调函数可以直接在 M 文件编辑器的函数显示列表中选择；或者在 GUIDE 编辑器中，在对应的按钮上单击鼠标右键，从弹出的快捷菜单中选择“添加回调函数”命令，切换到相应的 M 文件编辑器位置。

对于第 1 个按钮，在 M 文件编辑器的函数位置处添加以下代码：

```
    surf(handles.current_data);
```

以同样的方式为其他两个按钮添加回调函数代码：

```
    mesh(handles.current_data);
    contour(handles.current_data);
```

下面为弹出式菜单添加回调函数代码。以同样的方式，可以修改回调函数为：

```
    function popupmenu2_Callback(hObject, eventdata, handles)
    % hObject    handle to popupmenu2 (see GCBO)
    % eventdata  reserved - to be defined in a future version of MATLAB
    % handles    structure with handles and user data (see GUIDATA)

    % Hints: contents = cellstr(get(hObject,'String')) returns popupmenu2 contents
as cell array
    %        contents{get(hObject,'Value')} returns selected item from popupmenu2
    Val=get(hObject,'Value')
    strl=get(hObject,'String')
    switch strl{Val};
    case 'Peaks'
      handles.current_data=handles.peaks;
    case 'Membrane'
      handles.current_data=handles.membrane;
    case 'Sinc'
      handles.current_data=handles.sinc;
    end
    guidata(hObject.handles)
```

上面的回调函数在选择弹出式菜单中的不同选项时，将会把不同的数据赋给当前的处理数据句柄。因此，在绘图时，将会按照要求进行处理。

5. 图形用户界面的执行

运行处理程序，得到的结果如图 17-36 所示。本节所修改的部分已经在前面分别列出。对于其他部分的代码，由系统自动生成，在一定程度上降低了程序编写的强度，用户可以把更多的精力放在界面绘制和重要部分代码的编写上。

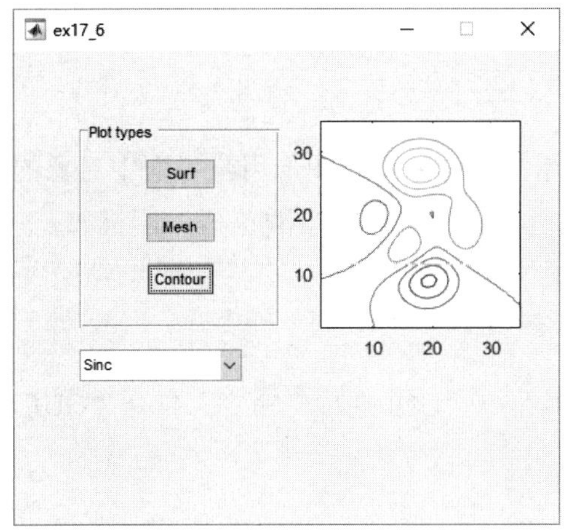

图 17-36　选择其中一个工具进行处理的结果（Mesh）

17.6.2　GUIDE 创建的工具

在使用 GUIDE 创建图形用户界面时，还有一些比较常用的功能，能够更好地帮助用户完成图形用户界面的绘制。此处对这些功能进行简单的介绍，使读者在使用 GUIDE 创建图形用户界面时，可以更方便地完成绘制。

1．位置调整工具

如果在创建过程中已经在 GUIDE 编辑界面中添加了多个组件，那么常常需要排列这些组件对象以完成界面的布局和排布。此时，用户可以从菜单项中选择“工具”→“对齐对象”命令，或者直接单击工具栏中的串图标，系统将会弹出“对齐对象”对话框。

使用该对话框中的排列布局功能可以很快完成排列，如水平和垂直方向的对齐、分布间隔等。在选择排列对象时，可以同时按下 Ctrl 键，选中每个需要进行排列的对象。如果需要进行微调，则可以在选择对象后，通过键盘上的方向键来实现。

2．网格和标尺

选择网格和标尺功能后，用户可以改变网格线的间隔或对显示标尺进行调整。选择“工具”→“网格和标尺”命令，弹出如图 17-37 所示的对话框。

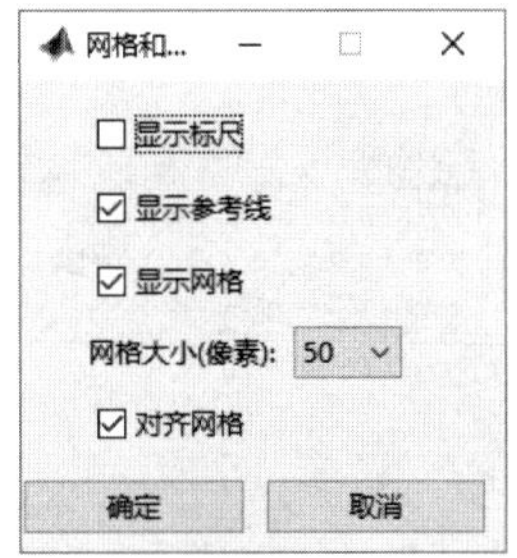

图 17-37　“网格和标尺”对话框

在该对话框中，可以通过选中复选框来控制是否显示标尺、是否显示参考线、是否显示网格及是否对齐网格。如果选择“显示网格”复选框，那么可以设置网格线的间隔，间隔的大小可以从弹出式菜单中选择，间隔大小的单位为像素。

3. 对象浏览器

对象浏览器可以帮助用户查看放置在图形用户界面中对象的名称及相互之间的继承关系等。可以直接单击工具栏中的“选择对象浏览器”图标，打开“对象浏览器”对话框，如图 17-38 所示。

4. GUI 组件选项

从菜单栏中选择“工具”→“GUI 选项”命令，打开“GUI 选项”对话框，如图 17-39 所示。

图 17-38 “对象浏览器”对话框

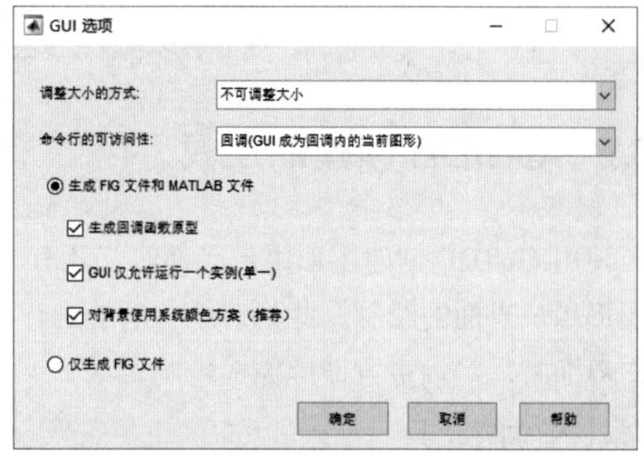

图 17-39 “GUI 选项”对话框

在该对话框中，可以设置图形用户界面的一些属性。

（1）调整大小的方式。

- 不可调整大小：表示不可以调整图形用户界面的大小。
- 比例：表示按比例缩放图形对象的大小。
- 其他：表示根据 ResizeFcn 调整大小。

（2）命令行的可访问性。如图 17-40 所示，在创建图形对象的过程中，选择是否通过命令行方式访问各种对象。

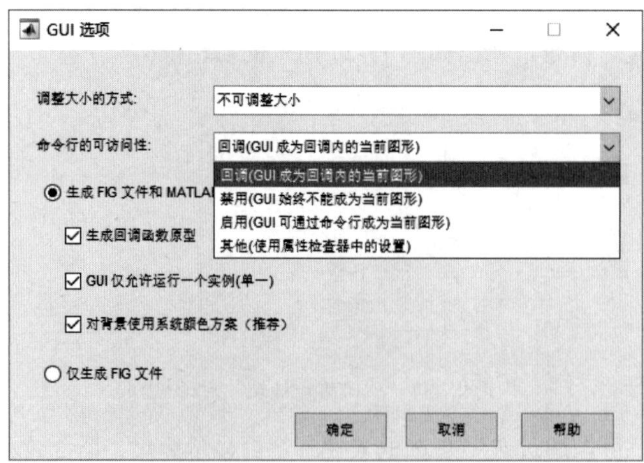

图 17-40 命令行的可访问性

- 禁用：禁止对 GUI 对象的访问，此时对象的句柄是隐藏的，通过对象句柄结构体来保存 GUI 中的所有用户控件对象句柄。
- 启用：可以在命令行方式中对图形对象进行访问。
- 回调：可以通过回调函数来调用。
- 其他：可以使用属性检查器中的设定来访问。

在属性检查器中可以设置的两个属性为 Handle Visibility 及 IntergerHandle，前者决定图形窗口的句柄是否在命令行中可见，如果设置为 Off，那么句柄将从根对象列表中删除，但句柄仍然有效；后者决定运行的图形窗口句柄是整数还是浮点数，如果设置为 Off，那么将会使用浮点数来代替整数。

（3）生成 FIG 文件和 MALTAB 文件。此选项可以设置用户在创建 GUI 对象时是否生成 FIG 文件和 M 文件。可以选择的设置选项主要有以下 3 个。

- 生成回调函数原型。此时将会自动在 M 文件中为每个组件添加一个回调函数原型。
- GUI 仅允许运行一个实例。此选项表明在每次运行时，只允许一个实例运行。如果对象实例已经存在，那么将会带到前台。如果取消选择该复选框，那么每个调用命令都将会产生一个 GUI 对象实例。因此，多次运行将会产生多个运行实例。
- 对背景使用系统颜色方案。此时将会使用系统的颜色方案保持颜色一致。

（4）仅生成 FIG 文件。此时用户仅仅创建 FIG 文件，可以使用 open 或 hgload 来显示该文件。一般在用户希望创建一个与 M 文件完全不同的实例时，可以选择此选项。

17.6.3　创建带有 Uicontrol 控件的图形用户界面

此处介绍使用 GUIDE 的另一个模板方式创建的图形用户界面，即带有 Uicontrol 控件的图形用户界面。以同样的方式打开 GUIDE 界面，选择 GUI with Uicontrols 方式来创建图形用户界面，如图 17-41 所示。此时，在右侧出现模板图形预览。

单击“确定”按钮，打开如图 17-42 所示的图形用户界面，在该界面中可以根据输入的不同单位值数据计算质量。

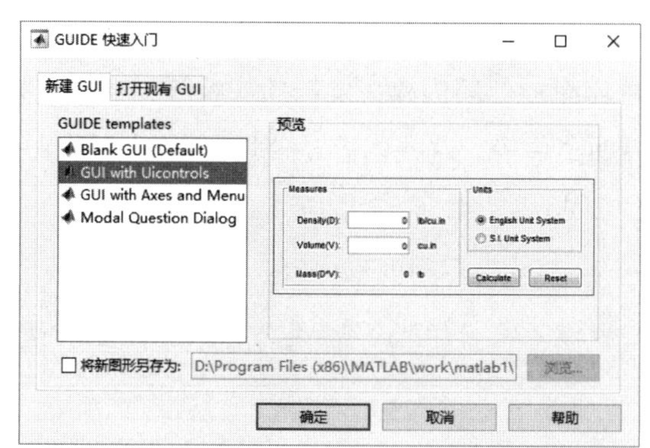

图 17-41　创建带有 Uicontrol 控件的图形用户界面

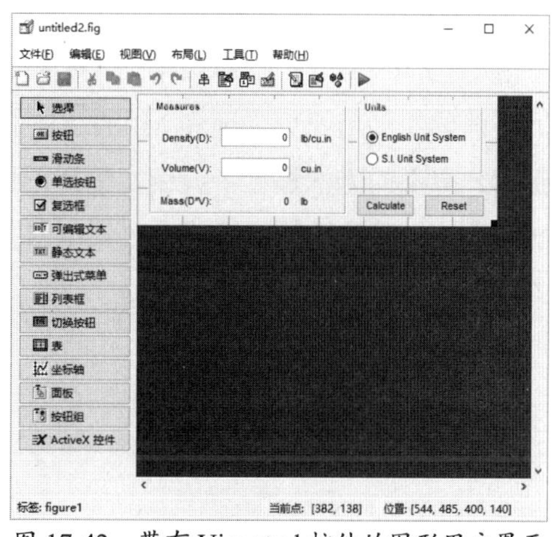

图 17-42　带有 Uicontrol 控件的图形用户界面

单击“对象浏览器”按钮，可以查看该图形用户界面的所有对象及其相互之间的继承关系。从图 17-42 中可以看出，该图形用户界面由两个面板组成，分别为“Measures”（测量）面板和“Units”（单位）面板。在这两个面板中可以输入需要计算的数据及单位制的选择。此外，还包括两个按钮：“Calculate”（计算）和“Reset”（重置）。

图形对象浏览器如图 17-43 所示，将上面的图形用户界面及 M 函数文件同时保存，文件名为 GUIDE_uicontrol_exam。此时，可以切换到 M 函数文件浏览器来查看所有输入的函数文件，单击“显示函数”弹出式菜单即可看到所有的函数。

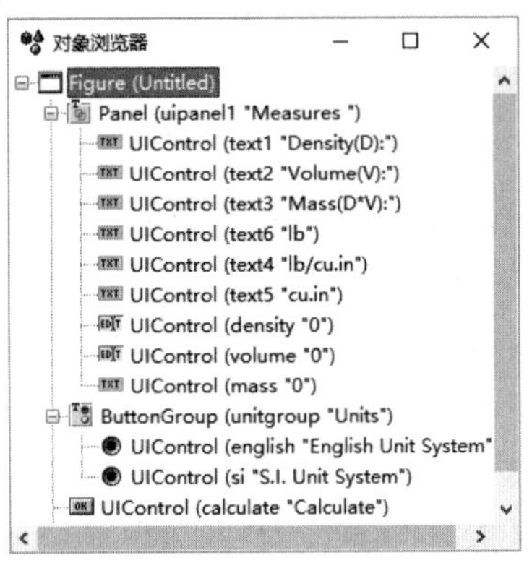

图 17-43　图形对象浏览器

接下来的任务是在图形用户界面编写回调函数代码和相关程序语段及保存运行。回调函数的代码是基于具有 MATLAB 编程基础的读者根据图形用户界面所需功能效果的实现而编写的相应内容。

本节简单介绍了使用 GUIDE 的带有 Uicontrol 控件的 GUI 模板来创建图形用户界面的一些方法。实际上，使用该模板和使用空白 GUI 模板创建图形用户界面的方法相同，只是采用该模板后提供了一些控件，可以更方便地完成处理过程。

17.7　本章小结

MATLAB 提供了大量的图形用户界面处理函数，能够帮助用户创建友好的图形用户界面，还能够帮助用户更好地和 MATLAB 的处理程序交互。在本章中，对使用函数方式创建图形用户界面的方法进行了介绍，包括图形用户界面控件的创建、鼠标动作执行、事件队列的执行顺序、回调函数的编写及对话框对象、界面菜单等。这些内容是使用函数创建图形用户界面的基础。

第 18 章 文件 I/O 操作

知识要点

本章主要介绍 MATLAB 与文件的数据交换操作，即文件 I/O 操作。MATLAB 的文件 I/O 操作经常用到。例如，将 MATLAB 计算的结果保存到文件中，并输出到其他应用程序中做进一步处理。MATLAB 提供了许多有关文件 I/O 操作的函数，用户可以很方便地对二进制文件或 ASCII 码文件进行打开、关闭和存储等操作。

学习要求

知识点	学习目标			
	了解	理解	应用	实践
文件夹的管理	√			
打开和关闭文件				√
MAT 文件	√		√	
二进制文件与文本文件的操作				√

18.1 文件夹的管理

文件夹的管理主要包括获取当前文件夹、文件夹的创建和删除等。MATLAB 提供了很多文件夹操作函数，使用户可以非常方便地创建和删除文件夹、获取当前文件夹下的文件等。

18.1.1 当前文件夹管理

在 MATLAB 中，用户在编写脚本 M 文件或函数 M 文件时，需要将这些文件放到当前文件夹下，或者放到特定的文件夹中。在 MATLAB 主界面中，就能显示和设置当前文件夹，如图 18-1 所示。

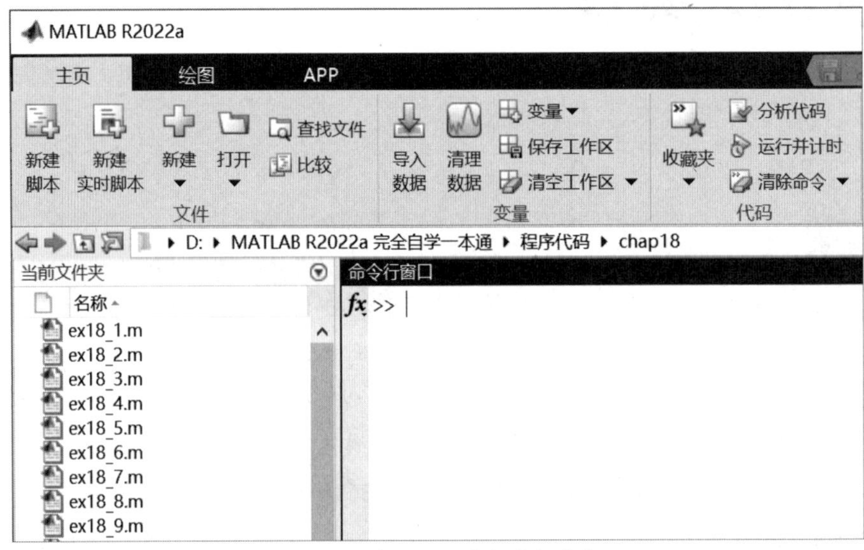

图 18-1 系统默认的当前文件夹

单击路径框右边的三角形按钮 ▾，就会出现最近几次设置的当前文件夹，如图 18-2 所示。通过选择需要的文件夹可以改变当前的文件夹设置。

图 18-2 最近几次设置的当前文件夹

单击“浏览”按钮，会弹出如图 18-3 所示的选择新文件夹对话框，用户可以在计算机中随意地选择某个文件夹作为当前文件夹。

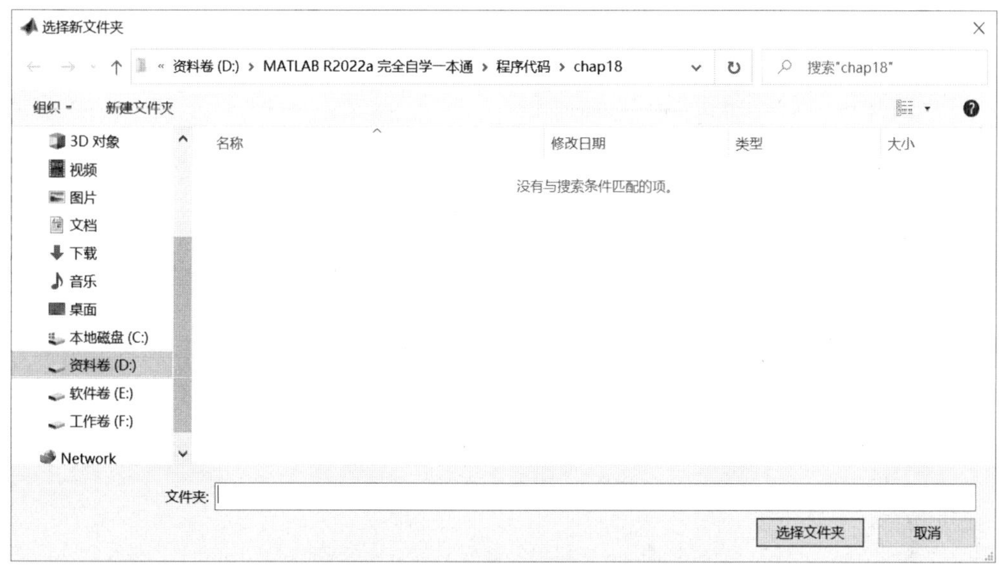

图 18-3　“选择新文件夹”对话框

单击图标，将当前文件夹切换到上一层文件夹，即其父文件夹。

在 MATLAB 中，提供了很多文件夹操作命令，可以在 MATLAB 的命令行窗口中列出当前文件夹、显示文件和文件夹及新建文件夹和删除文件夹等。

常用的文件夹操作命令如表 18-1 所示。

表 18-1　常用的文件夹操作命令

命　令	说　明	命　令	说　明
pwd	返回当前文件夹	mkdir newdir	创建名为 newdir 的文件夹
matlabroot	返回 MATLAB 的安装文件夹	rmdir newdir	删除名为 newdir 的文件夹
dir 或 ls	显示当前文件夹中的文件和子文件夹	isdir(var)	判断变量 var 是否为文件夹
cd yourdir	更改文件夹	copyfile	复制文件或文件夹
cd..	进入上一层文件夹	movefile	移动文件或文件夹
what	显示当前文件夹中的 MATLAB 文件	tempdir	系统的临时文件夹
which filename	返回文件 filename 所在的文件夹	tempname	系统的临时文件的名称

例 18-1：获取和修改当前文件夹。在命令行窗口中输入如下语句：

```
clear, clc
d1=pwd                %获取当前文件夹
d2=matlabroot         %获取 MATLAB 的安装文件夹
cd(d2)                %将安装文件夹设置为当前文件夹
```

输出结果：

```
d1 =
    'D:\MATLAB R2022a 完全自学一本通\程序代码\chap18'
d2 =
    'C:\Program Files\MATLAB\R2022a'        %如图 18-4 所示
```

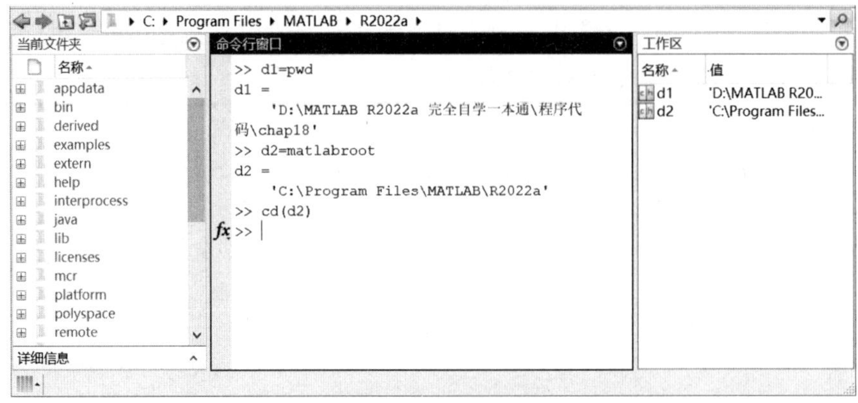

图 18-4　当前目录

例 18-2：显示当前文件夹下的文件。在命令行窗口中输入如下语句：

```
clear all
d1=dir
d2=ls
```

输出结果：

```
d1 =
  包含以下字段的 28×1 struct 数组:
    name
    folder
    date
    bytes
    isdir
    datenum
d2 =
  28×21 char 数组
    '.                    '
    '..                   '
    'VersionInfo.xml      '
    'appdata              '
    'bin                  '
    'derived              '
    'examples             '
    'extern               '
    'help                 '
    'interprocess         '
    'java                 '
    'lib                  '
    'license_agreement.txt'
    'licenses             '
    'mcr                  '
    'patents.txt          '
    'platform             '
    'polyspace            '
    'remote               '
    'resources            '
    'rtw                  '
    'runtime              '
```

```
    'simulink             '
    'sys                  '
    'toolbox              '
    'trademarks.txt       '
    'ui                   '
    'uninstall            '
```

例 18-3：有选择地显示文件夹中的文件。在命令行窗口中输入如下语句：

```
dir *.m              %显示扩展名为.m 的文件
dir my*.txt          %显示文件名为 my*.txt 的文件
dir *_*.*            %显示文件名中包含'_'的文件
```

输出结果：

```
a.m     chap.m  t-2.m   t.m
myfile.txt   myfile2.txt  myfile3.txt
c_table.dat  s_table.dat
```

在某些应用中，需要获取系统的暂存文件夹来存放文件。在程序中，可利用 tcmpdir 命令获取系统的临时文件夹，利用 tempname 命令获取临时文件的名称。

例 18-4：获取系统的临时文件夹和临时文件的名称。在命令行窗口中输入如下语句：

```
clear all
tempdir              %获取系统的临时文件夹
tempname             %获取系统的临时文件的名称
```

输出结果：

```
ans =
    'C:\Users\RSAOE\AppData\Local\Temp\'
ans =
    'C:\Users\RSAOE\AppData\Local\Temp\tp53245c58_4261_40ed_96af_d40460c1d9b8'
```

18.1.2　创建文件夹

可以利用 MATLAB 提供的 mkdir 函数创建文件夹，mkdir 函数的调用格式如下。

- mkdir('folderName')。
- mkdir('parentFolder','folderName')。
- status = mkdir(...)。
- [status,message,messageid] = mkdir(...)。

其中，status 为返回的状态值，如果为 1 则表示创建成功，如果为 0 则表示创建不成功；message 为出错时或文件夹已存在时返回的信息；messageid 为返回信息的 ID。

例 18-5：创建文件夹。在命令行窗口中输入如下语句：

```
%在当前文件夹下创建名为 create 的文件夹，如图 18-5 所示
mkdir('dorname')
mkdir('create')
%在当前文件夹的上级文件夹下创建名为 create1 的文件夹，如图 18-6 所示
mkdir('../','create1')
%在指定的文件夹 dorname 下创建名为 create2 的文件夹，如图 18-7 所示
mkdir('dorname','create2')
```

图 18-5　创建文件夹

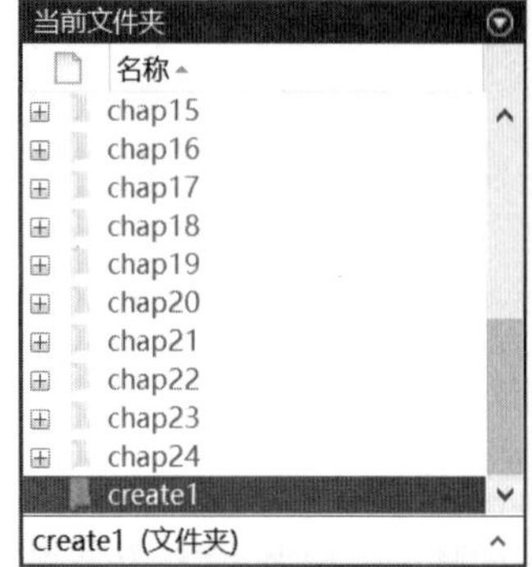

图 18-6　创建 create1 文件夹

图 18-7　创建 create2 文件夹

18.1.3　删除文件夹

可以利用 MATLAB 提供的 rmdir 函数删除文件夹，其调用格式如下。

- rmdir(folderName)。
- rmdir(folderName,'s')。
- [status, message, messageid] = rmdir(folderName,'s')。

其中，status 为返回的状态值，如果为 1 则表示删除成功，如果为 0 则表示删除不成功；message 为出错时或文件夹不存在时返回的信息；messageid 为返回信息的 ID；s 参数是可选的，表示移除指定的文件夹及其中的所有内容。

例 18-6：删除 dorname 下的 c_table.dat 文件［在运行前，建立\chap18\dorname 文件夹，并添加 c_table.dat 文件，如图 18-8（a）所示］。

在命令行窗口中输入如下语句：

```
%删除指定路径下的 c_table.dat 文件
delete('..\chap18\dorname\c_table.dat')
```

删除后如图 18-8（b）所示。

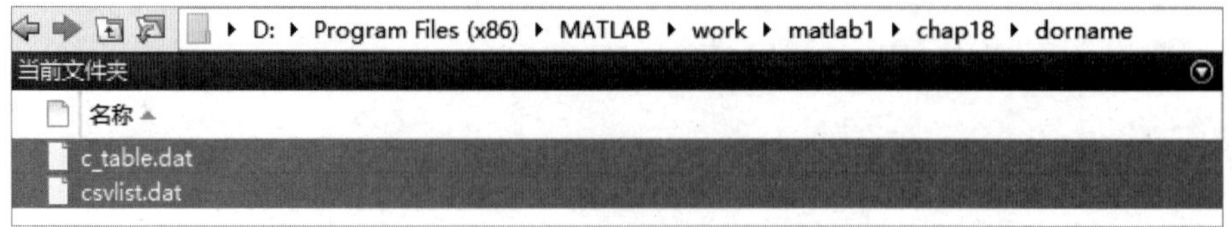

（a）删除前

图 18-8　删除文件前后的效果

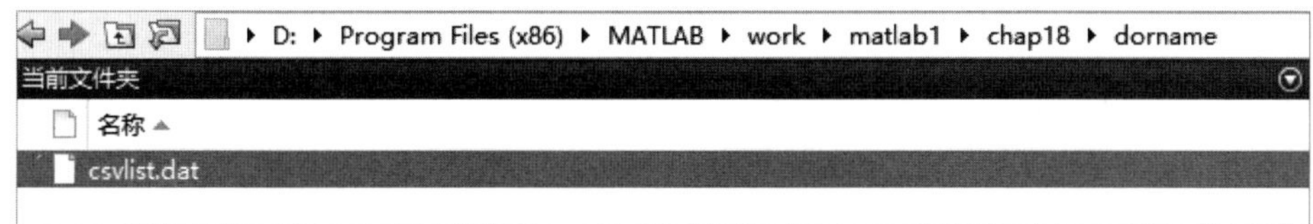

（b）删除后

图 18-8　删除文件前后的效果（续）

例 18-7：删除不存在的文件。在命令行窗口中输入如下语句：

```
[stat, mess, id]=rmdir('myfiles')
```

输出结果：

```
stat =
  logical
   0
mess =
    'D:\MATLAB R2022a 完全自学一本通\程序代码\chap18\myfiles 不是目录。'
id =
    'MATLAB:RMDIR:NotADirectory'
```

18.1.4　复制或移动文件或文件夹

对文件或文件夹进行复制或移动是常用操作。用户可以在资源管理器中用“复制”命令（快捷键为 Ctrl+C）或“剪切”命令（快捷键为 Ctrl+X）来复制或剪切所选的文件或文件夹，并使用“粘贴”命令（快捷键为 Ctrl + V）将文件或文件夹粘贴到指定位置。

但是，如果能在 MATLAB 程序中直接调用 MATLAB 命令来实现相同的功能也不失为一种简捷的方法。

1．复制文件或文件夹

MATLAB 提供了 copyfile 函数，允许用户复制文件或文件夹。

copyfile 函数的常用调用格式如下。

- [status] = copyfile(...)。
- [status, message] = copyfile(...)。
- [status,message,messageid] = copyfile(...)。
- copyfile('source','destination')：复制源文件或源文件夹中的内容到目标文件或目标文件夹中。如果 source 是一个文件夹，则 MATLAB 会复制文件夹中的所有内容到指定的文件夹中，而不是复制文件夹本身。destination 表示的文件名称可以和 source 不相同。如果 destination 表示的文件已存在，则 copyfile 会直接替换文件而不给出警告信息。在 source 参数中，可以使用通配符“*”。
- copyfile('source','destination','f')：把源文件或源文件夹中的内容复制到只读文件或文件夹中。
- [status,message,messageid] = copyfile('source','destination','f')。

例 18-8：在当前文件夹中复制文件并修改文件的名称。

在命令行窗口中输入如下语句：

```
copyfile('t.m','t_1.m')    %复制文件 t.m 到文件 t_1.m 中
```

例 18-9：复制当前文件夹中的文件到另外一个文件夹中，不修改名称。

在命令行窗口中输入如下语句：

```
copyfile('t.m','E:\matlab\chap18\create\t.m')  %复制 t.m
```

例 18-10：复制当前文件夹中的文件到另外一个文件夹中，修改名称，并返回修改信息。

在命令行窗口中输入如下语句：

```
[s,mess,messid]=copyfile('t.m','E:\matlab\chap18\create\t.m')  %复制 t.m
```

结果如下：

```
s =
     1
mess =
    ''
messid =
    ''
```

如果复制文件不存在，则返回如下信息：

```
mess =
    '找不到名为 'D:\MATLAB R2022a 完全自学一本通\程序代码\chap18\t.m' 的匹配文件。'
messid =
    'MATLAB:COPYFILE:FileNotFound'
```

2. 移动文件或文件夹

MATLAB 提供了 movefile 函数，允许用户移动文件或文件夹。

movefile 函数的常用调用格式如下。

- movefile('source')：将名为 source 的文件或文件夹移动到当前文件夹中。
- movefile('source','destination')：将源文件或源文件夹中的内容移动到目标文件或目标文件夹中。
- movefile('source','destination','f')。
- [status,message,messageid]=movefile(...)。

例 18-11：将指定的文件移动到当前文件夹中。

在命令行窗口中输入如下语句：

```
String=fullfile('..\','QQ.jpg')    %获取当前文件夹的上级文件夹中 QQ.jpg 的路径
movefile(String)
```

输出结果：

```
String =
..\QQ.jpg
```

例 18-12：将当前文件夹中的文件 QQ.jpg 移动到 E:\matlab\chap18 路径下的只读文件夹 only 中，并更名为 Q.jpg。

在命令行窗口中输入如下语句：

```
[status,message,messageid]=movefile('QQ.jpg','E:\matlab\chap18\only\Q.jpg','f')
```

输出结果：

```
status =
     1
message =
     ''
messageid =
     ''
```

如果复制文件不存在，则返回如下信息：

```
status =
     0
message =
No matching files were found.
messageid =
MATLAB:MOVEFILE:FileDoesNotExist
```

例 18-13：将当前文件夹中所有以 n 开头的文件移动到 E:\matlab\ chap18 路径下的只读文件夹 only 中。

在命令行窗口中输入如下语句：

```
[status,message,messageid]=movefile('n*',...
'E:\matlab\chap18\only\Q.jpg','f')
```

输出结果：

```
status =
     1
message =
     ''
messageid =
     ''
```

18.2　打开和关闭文件

18.2.1　打开文件

根据操作系统的要求，在程序要使用或创建一个磁盘文件时，必须向操作系统发出打开文件的命令，使用完毕后，还必须通知操作系统关闭这些文件。

在 MATLAB 中，使用函数 fopen 来完成这一功能，其语法如下：

```
fid=fopen('filename','permission')
```

其中，filename 是要打开的文件名称；permission 表示要对文件进行处理的方式，可以是下列任一字符串。

- 'r'：只读文件（reading）。
- 'w'：只写文件，覆盖文件原有内容（如果文件名不存在，则生成新文件，writing）。

- 'a'：增补文件，在文件末尾增加数据（如果文件名不存在，则生成新文件，appending）。
- 'r+'：读/写文件（不生成文件，reading and writing）。
- 'w+'：创建一个新文件或删除已有文件内容，并可进行读/写操作。
- 'a+'：读取和增补文件（如果文件名不存在，则生成新文件）。

文件可以以二进制形式或文本形式打开（默认情况下是前者）。在二进制形式下，字符串不会被特殊对待。如果要求以文本形式打开，则在 permission 字符串后面加 t，如 rt+、wt+等。需要说明的是，在 UNIX 操作系统下，文本形式和二进制形式没有区别。

fid 是一个非负整数，称为文件标识，对文件进行的任何操作，都是通过这个标识值来传递的。MATLAB 通过这个值来标识已打开的文件，实现对文件的读/写和关闭等操作。正常情况下，应该返回一个非负整数，这个值是由操作系统设定的。如果返回的文件标识为-1，则表示 fopen 无法打开该文件，原因可能是该文件不存在，也可能是用户无权限打开此文件。在程序设计中，每次打开文件，都要进行打开操作是否正确的测定。如果要知道 fopen 操作失败的原因，则可以使用下述方式。

例 18-14：以只读方式打开 tan、sin、cos 函数和不存在的 sintan 函数对应的文件。

在命令行窗口中输入如下语句：

```
[fid1,messange1]=fopen('tan.m','r')
[fid2,messange2]=fopen('sin.m','r')
[fid3,messange3]=fopen('cos.m','r')
[fid4,messange4]=fopen('sintan.m','r')
```

输出结果：

```
fid1 =
     4
messange1 =
     ''
fid2 =
     5
messange2 =
     ''
fid3 =
     6
messange3 =
     ''
fid4 =
    -1
messange4 =
No such file or directory
```

为了后续操作的顺利进行，在程序设计中每次打开文件时，都要进行该操作是否正确的判断。

例 18-15：判断文件操作是否正确。在命令行窗口中输入如下语句：

```
[fid,message]=fopen('filename','r');
 if fid==-1
    disp(message);
end
```

例 18-16：用函数 fopen 按只读的方式打开文件，但打开的文件不存在。

在命令行窗口中输入如下语句：

```
[fid,message]=fopen('tan.m','r')
 if fid==-1
disp(message)
end
```

输出结果：

```
fid =
   -1
message =
   No such file or directory
```

18.2.2　关闭文件

在进行完读/写操作后，必须关闭文件，以免打开文件过多，造成系统资源浪费。命令为：

```
status=fclose(fid)
```

例 18-17：打开与关闭文件。在命令行窗口中输入如下语句：

```
fid=fopen('cos.m','r')  %打开文件
status=fclose(fid)       %关闭文件
```

输出结果：

```
fid =
   13
status =
    0
```

上述命令关闭了文件标识为 fid 的文件。如果要一次性关闭所有已打开的文件，则需要执行下面的代码：

```
status=fclose('all')
```

用户可以通过检查 status 的值来确认文件是否关闭。

在某些情况下，可能需要用到临时文件夹及临时文件。要取用系统的临时文件夹，可用 tempdir 命令：

```
 directory=tempdir
directory =
C:\DOCUME~1\ADMINI~1\LOCALS~1\Temp\
```

要打开一个临时文件，可用 tempname 命令：

```
filename=tempname
filename =
C:\DOCUME~1\ADMINI~1\LOCALS~1\Temp\tp145834
 fid=fopen(filename, 'w');
```

18.3 工作区数据文件

MAT 文件是 MATLAB 使用的一种特有的二进制数据文件。MATLAB 通常采用 MAT 文件把工作区的变量存储在磁盘里。MAT 文件可以包含一个或多个 MATLAB 变量数据本身，而且同时保存变量名及数据类型等。

在 MATLAB 中载入某个 MAT 文件后，可以在当前 MATLAB 工作区中完全再现当初保存该 MAT 文件时的那些变量，这是其他文件格式所不能实现的。同样，用户也可以使用 MAT 文件从 MATLAB 中导出数据。MAT 文件提供了一种更简便的机制，用于在不同操作平台之间移动 MATLAB 数据。

在 MATLAB 中，通常使用 load 和 save 函数进行 MAT 文件的读和写。在默认情况下，这两个函数以 MAT 文件的格式处理文件，但是也可以用-ascii 参数选项来强制用文件方式处理文件。

本节主要介绍如何读/写 MAT 文件。

18.3.1 输出数据到 MAT 文件中

save 函数可以把工作区中的变量输出到二进制文件或 ASCII 码文件中，其调用格式如下。

- save filename：保存工作变量中的全部数据。
- save filename var1 var2…varN：选择需要保存的变量。

例 18-18：将以 n 开头的变量保存到文件中。在命令行窗口中输入如下语句：

```
n1=ones(10);
n1=ones(12);
n2=zeros(25);
n3=rand;
save nmat n*
```

18.3.2 读取 MAT 文件——load 函数

load 函数可以从 MAT 文件中读取数据。该函数的调用格式如下。

- S = load(FILENAME)。
- S = load(FILENAME, VARIABLES)。
- S = load(FILENAME, '-mat', VARIABLES)。
- S = load(FILENAME, '-ascii')。

其中，FILENAME 为要读取的文件的名称，VARIABLES 用于指定只读取文件中的某些变量，-mat 和-ascii 分别用于强制以 MAT 文件格式处理文件或强制以文件方式处理文件。

例 18-19：载入刚才创建的 nmat.mat 文件。在命令行窗口中输入如下语句：

```
load nmat
```

工作区中的输出结果如图 18-9 所示。

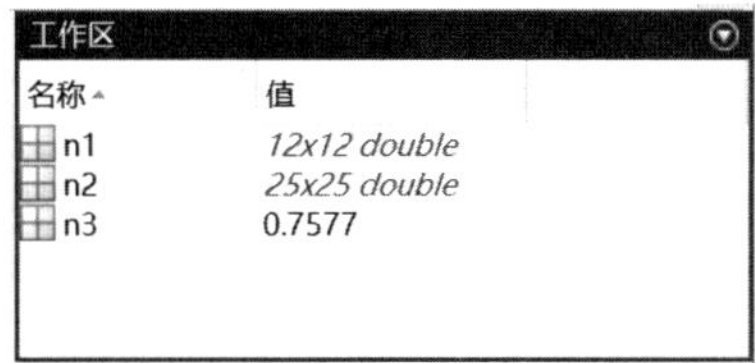

图 18-9　工作区中的输出结果

在命令行窗口中输入如下语句：

```
whos
```

输出结果：

```
Name       Size          Bytes  Class     Attributes
  n1        12x12          1152  double
  n2        25x25          5000  double
  n3         1x1              8  double
```

18.3.3　查看 MAT 文件的变量

MAT 文件中的变量能通过 load 函数导入后查看其内容，也可以直接通过 whos 函数查看。

whos 函数可以查看 MAT 文件中的变量名、大小和变量类型等变量型信息。该函数的调用格式如下：

```
whos -file filename
```

例 18-20：查看 MAT 文件的变量示例。在命令行窗口中输入如下语句：

```
whos -file nmat
```

输出结果：

```
Name       Size          Bytes  Class     Attributes
  n1        12x12          1152  double
  n2        25x25          5000  double
  n3         1x1              8  double
```

如果使用时考虑版本的差异，则可使用-v6 选项。例如：

```
save nmat n* -v6
```

18.4　读/写二进制文件

18.4.1　写二进制文件

对 MATLAB 而言，二进制文件相对容易写出来。与文本文件或 XML 文件相比，二进制文件容易与 MATLAB 进行交互。

fwrite 函数的作用是将一个矩阵的元素按指定的二进制格式写入某个打开的文件中，并返回成功写入的数据个数。格式如下：

```
count=fwrite(fid,a,precision)
```

其中，fid 是从 fopen 得到的文件标识；a 是待写入的矩阵；precision 设定了结果的精度，可用的精度类型见 fread 中的叙述。

例 18-21：写二进制文件示例。在命令行窗口中输入如下语句：

```
fid=fopen('tob.bin','w');
count=fwrite(fid,magic(6),'int32');
status=fclose(fid)
```

上述语句的执行结果是生成一个文件名为 tob.bin 的二进制文件，长度为 144 字节，包含 6×6 个数据，即 6 阶方阵的数据，每个数据占用 4 字节的存储单位，数据类型为整型，输出变量 count 的值为 36。由于是二进制文件，所以无法用 type 命令来显示文件内容。如果要查看，则可用以下命令：

```
fid=fopen('tob.bin','r')
data=(fread(fid,36,'int32'))
```

输出结果：

```
fid =
     4
data =
    35
     3
    31
     8
    30
     4
     1
    32
     9
    28
     5
    36
     6
     7
     2
    33
    34
    29
    26
    21
    22
    17
    12
    13
    19
    23
    27
    10
```

```
    14
    18
    24
    25
    20
    15
    16
    11
```

例 18-22：实现读取二进制文件内容，并写入一个 6×6 的矩阵中。在命令行窗口中输入如下语句：

```
fid=fopen('tob.bin','w');
count=fwrite(fid,magic(6),'int32');
fid=fopen('tob.bin','r');
data=(fread(fid,[6,6],'int32'))
```

输出结果：

```
data =
    35     1     6    26    19    24
     3    32     7    21    23    25
    31     9     2    22    27    20
     8    28    33    17    10    15
    30     5    34    12    14    16
     4    36    29    13    18    11
```

例 18-23：将矩阵写入文件 a.txt 中。在命令行窗口中输入如下语句：

```
A=[1 3;4 5];
fid=fopen('a.txt','w')
count=fwrite(fid,A,'int32')
closestatus=fclose(fid)
 fid=fopen('a.txt','r');       %再次打开文件
data=(fread(fid,[2,2],'int32'))
```

输出结果：

```
fid =
    21
count =
     4
closestatus =
     0
data =
     1     3
     4     5
```

18.4.2　读二进制文件

MATLAB 中的函数 fread 可以从文件中读取二进制数据，将每个字节看作一个整数，将结果写入一个矩阵中并返回。fread 最基本的调用格式如下：

```
a=fread(fid)
```

其中，fid 是从 fopen 中得来的文件标识。MATLAB 读取整个文件并将文件指针放在文

件末尾（在后面的 feof 命令中有详细解释）。

例如，文件 t.m 的内容如下：

```
a=[35,20,25,15,35];
b=[1554.88,1555.24,1555.76,1556.20,1556.68];
figure(1)
plot(a,b)
```

例 18-24：读二进制文件 t.m。在命令行窗口中输入如下语句：

```
fid=fopen('t.m','r')        %打开文件
data=fread(fid);            %读文件
disp(char(data'))           %显示内容
```

输出结果：

```
fid =
    29
a=[35,20,25,15,35];
b=[1554.88,1555.24,1555.76,1556.20,1556.68];
figure(1)
plot(a,b)
```

例 18-25：使用 fread 函数读二进制文件 t.m 并输出。在命令行窗口中输入如下语句：

```
fid=fopen('t.m','r')        %打开文件
data=fread(fid);            %读文件
disp((data'))               %显示内容
```

输出结果：

```
fid =
    6
  列 1 至 24
    97    61    91    51    53    44    50    48    44    50    53    44    49    53
    44    51    53    93    59    13    10    98    61    91
  列 25 至 48
    49    53    53    52    46    56    56    44    49    53    53    53    46    50
    52    44    49    53    53    53    46    55    54    44
  列 49 至 72
    49    53    53    54    46    50    48    44    49    53    53    54    46    54
    56    93    59    13    10   102   105   103   117   114
  列 73 至 89
   101    40    49    41    13    10   112   108   111   116    40    97    44    98
    41    13    10
```

函数 fread 返回的矩阵的大小和形式是可控的，通过 fread 的第二个输入变量来实现：

```
a=fread(fid,size)
```

size 的有效输入大体可分为以下 3 种。

- n：读取前 n 个整数，并写入一个列向量中。
- inf：读至文件末尾。
- [m,n]：读取数据到 m×n 的矩阵中，按列排序。n 可以是 inf，但 m 不可以。

例 18-26：对 t.m 文件进行操作。在命令行窗口中输入如下语句：

```
clear all
fid=fopen('t.m','r');       %打开文件
data=fread(fid,4)           %读文件
data=fread(fid,[3,2])
```

输出结果：

```
fid =
    34
data =
    97
    61
    91
    51
data =
    53    48
    44    44
    50    50
```

函数 fread 根据 precision 描述的格式和大小解释文件中的值：

```
a=fread(fid,size,precision)
```

precision 包括两部分：一是数据类型定义，如 int、float 等；二是一次读取的位数。数据类型在默认情况下为 uchar（无符号 8 位字符型），常用的精度在表 18-2 中有简单介绍，并且与 C 和 FORTRAN 中相应的形式进行了对比。

表 18-2　精度类型

MATLAB	C 或 FORTRAN	描　述
uchar	unsigned char	无符号字符型
schar	signed char	带符号字符型（8 位）
int8	integer*1	整型（8 位）
int16	integer*2	整型（16 位）
int32	integer*4	整型（32 位）
int64	integer*8	整型（64 位）
uint8	integer*1	无符号整型（8 位）
uint16	integer*2	无符号整型（16 位）
uint32	integer*4	无符号整型（32 位）
uint64	integer*8	无符号整型（64 位）
single	real*4	浮点数（32 位）
float32	real*4	浮点数（32 位）
double	real*8	浮点数（64 位）
float64	real*8	浮点数（64 位）

还有一些精度类型是与平台有关的，不同的平台可能位数不同，如表 18-3 所示。

表 18-3　与平台有关的精度类型

MATLAB	C 或 FORTRAN	描　述
char	char*1	字符型（8 位，有符号或无符号）
short	short	整型（16 位）

续表

MATLAB	C 或 FORTRAN	描　述
int	int	整型（32 位）
long	long	整型（32 位或 64 位）
ushort	unsigned short	无符号整型（16 位）
uint	unsigned int	无符号整型（32 位）
ulong	unsigned long	无符号整型（32 位或 64 位）
float	float	浮点数（32 位）

18.5　读/写文本文件

18.5.1　写文本文件

MATLAB 中的函数 fprintf 的作用是将数据转换成指定格式的字符串，并写入文本文件中，其调用格式如下：

```
count=fprintf(fid,format,y)
```

其中，fid 是要写入的文件标识，由 fopen 产生；format 是格式指定字符串，用以指定数据写至文件的格式；y 是 MATLAB 的数据变量；count 是返回的成功写入的字节数。

fid 值也可以是代表标准输出的 1 和代表标准出错的 2；如果 fid 字段省略，则默认值为 1，输出到屏幕上。常用的格式类型说明符如下。

- .e：科学记数形式，即将数值表示成 $a\times10^b$ 的形式。
- .f：固定小数点位置的数据形式。
- .g：在上述两种格式中自动选取较短的格式。

可以用一些特殊格式，如用“\n”“\r”“\t”“\b”“\f”等来产生换行、Enter、Tab、退格、走纸等字符，用“\\”产生反斜杠符号“\”，用“%%”产生百分号。此外，还可以包括数据占用的最小宽度和数据精度的说明。

例 18-27：将一个方根表写入 c_table.dat 中。在命令行窗口中输入如下语句：

```
a=1:10;
b=[a;nthroot(a,3)];%求一个方根表
fid=fopen('c_table.dat','w');
fprintf(fid,'table ofcube root :\n');
fprintf(fid,'%2.0f %6.4f\n',b);
fclose(fid);
type c_table.dat
```

输出结果：

```
table ofcube root :
 1 1.0000
 2 1.2599
 3 1.4422
```

```
 4 1.5874
 5 1.7100
 6 1.8171
 7 1.9129
 8 2.0000
 9 2.0801
10 2.1544
```

在本例中，第一条 fprintf 语句输出一行标题，随后换行；第二条 fprintf 语句输出函数值表，每组自变量和函数占一行，都是固定小数点位置的数据形式。自变量值占 2 个字符位，不带小数；函数值占 6 个字符位；小数点后的精度占 4 个字符位；自变量和函数值之间空两格。

矩阵元素按列的顺序转换成格式化的输出，函数反复使用格式说明，直至将矩阵的数据转换完毕。

○ 注意

sprintf 函数的功能与 fprintf 函数的功能类似，但是 sprintf 函数将数据以字符串形式返回，而不直接写入文件中。

18.5.2　读文本文件

在 MATLAB 中，可以使用 fgetl 和 fgets 函数读取文本文件。两个函数的调用格式如下。

- tline=fgetl(fid)。
- tline=fgets(fid)。

例 18-28：读文本文件。在命令行窗口中输入如下语句：

```
fid=fopen('fgetl.m');
while 1
    tline = fgetl(fid);
    if  ~ ischar(tline)
        break;
    end
    disp(tline)
end
fclose(fid);
```

输出结果：

```
function tline = fgetl(fid)
%FGETL Read line from file, discard newline character.
%   TLINE = FGETL(FID) returns the next line of a file associated with file
%   identifier FID as a MATLAB string. The line terminator is NOT
%   included. Use FGETS to get the next line with the line terminator
%   INCLUDED. If just an end-of-file is encountered, -1 is returned.
%
%   If an error occurs while reading from the file, FGETL returns an empty
%   string. Use FERROR to determine the nature of the error.
%
%   MATLAB reads characters using the encoding scheme associated with the
%   file. See FOPEN for more information.
%
```

```
%   FGETL is intended for use with files that contain newline characters.
%   Given a file with no newline characters, FGETL may take a long time to
%   execute.
%
%   Example
%       fid=fopen('fgetl.m');
%       while 1
%           tline = fgetl(fid);
%           if ~ischar(tline), break, end
%           disp(tline)
%       end
%       fclose(fid);
%
%   See also FGETS, FOPEN, FERROR.
%   Copyright 1984-2011 The MathWorks, Inc.
narginchk(1,1)
[tline,lt] = fgets(fid);
tline = tline(1:end-length(lt));
if isempty(tline)
    tline = '';
end
end
```

若已知 ASCII 码文件的格式，要进行更精确的读取，则可用 fscanf 函数从文件中读取格式化的数据，其使用语法如下：

```
[a,count]=fscanf(fid,format,size)
```

此命令从文件标识为 fid 的文件中读取数据，并转换成指定的 format 格式字符串（返回到矩阵 a 中）。count 是可选输出项，表示成功读取的数据个数。size 是可选输入项，对可以从文件中读取的数据数目做了限制，如果没有指定，则默认为整个文件；否则可以指定为 3 种类，即：n、inf、[m,n]。

- n：读取前 n 个整数，并写入一个列向量中。
- inf：读至文件末尾。
- [m,n]：读取数据到 m×n 矩阵中，按列排序。n 可以是 inf，但 m 不可以。

format 用于指定读入数据的类型，常用的格式如下。

- %s：按字符串进行输入转换。
- %d：按十进制数据进行转换。
- %f：按浮点数进行转换。

在格式说明中，除了单个的空格字符可以匹配任意个数的空格字符，通常的字符在输入转换时将与输入的字符一一匹配。函数 fscanf 将输入的文件看作一个输入流，MATLAB 根据格式匹配输入流，并将在流中匹配的数据读入 MATLAB 系统中。

例 18-29：fscanf 的使用。

（1）用 type 命令读取 table.txt 文件的内容。

在命令行窗口中输入如下语句：

```
type table.txt
```

输出结果：

```
1 2 3 4 5 6 7 8 9
```

（2）按字符串形式进行输入，读取结果。

在命令行窗口中输入如下语句：

```
fid=fopen('table.txt','r');
title=fscanf(fid,'%s');
status=fclose(fid);
title
```

输出结果：

```
title =
    '123456789'
```

（3）以双精度格式读取文本。

在命令行窗口中输入如下语句：

```
fid=fopen('table.txt','r')
data=fscanf(fid,'%f')
```

输出结果：

```
fid =
     5
data =
     1
     2
     3
     4
     5
     6
     7
     8
     9
```

例 18-30：使用 fprintf 和 fscanf 函数写入并读取字符串。

在命令行窗口中输入如下语句：

```
clear all;
a='LadyGaga ,BAD Romance.'
[fid,message]=fopen('chap.txt','wt');
if fid==-1
    disp(message);
else
    fprintf(fid,'%s',a);
    fclose(fid);
end
[fid,message]=fopen('chap.txt','r');
if fid==-1
    disp(message);
else
    a1=fscanf(fid,'%c',4)
    frewind(fid);
    a2=fscanf(fid,'%c',[3,4])
    frewind(fid)
```

```
    a3=fscanf(fid,'%c')
    frewind(fid)
    a4=fscanf(fid,'%s',4)
    frewind(fid)
    a5=fscanf(fid,'%s')
    fclose(fid);
end
```

输出结果：

```
a =
    'LadyGaga ,BAD Romance.'
a1 =
    'Lady'
a2 =
  3×4 char 数组
    'Lyg,'
    'aGaB'
    'da A'
a3 =
    'LadyGaga ,BAD Romance.'
a4 =
    'LadyGaga,BADRomance.'
a5 =
    'LadyGaga,BADRomance.'
```

18.5.3 其他读/写文本文件的函数

为处理文本文件，MATLAB 还提供了多种处理函数，使用不同的格式读取不同数据类型的文本文件。常见的函数包括 csvread、dlmread 和 textread 等。这些函数在实际使用中有各自的特点和适用范围。

1. csvread 函数

csvread 函数的调用格式如下。

- M = csvread('filename')：将文件 filename 中的数据读入，并且保存为 M。filename 中只能包含数字，并且数字之间以逗号分隔。M 是一个数组，其行数与 filename 的行数相同，列数为 filename 列的最大值；对于元素不足的行，以 0 补充。
- M = csvread('filename', row, col)：读取文件 filename 中的数据，起始行为 row，起始列为 col。需要注意的是，此时的行、列均从 0 开始。
- M = csvread('filename', row, col, range)：读取文件 filename 中的数据，起始行为 row，起始列为 col。读取的数据由数组 range 指定，range 的格式为[R1 C1 R2 C2]。其中，R1、C1 为读取区域左上角的行和列，R2、C2 为读取区域右下角的行和列。

例 18-31：csvread 函数的使用。在命令行窗口中输入如下语句：

```
clear all
clc
M1=csvread('txtlist.dat')
M2=csvread('txtlist.dat',2,0)
```

```
M3=csvread('txtlist.dat',2,0,[2,0,3,3])
```

输出结果：

```
M1=
     1     6    11    16    21    26
     2     7    12    17    22    27
     3     8    13    18    23    28
     4     9    14    19    24    29
     5    10    15    20    25    30
M2=
     3     8    13    18    23    28
     4     9    14    19    24    29
     5    10    15    20    25    30
M3 =
     3     8    13    18
     4     9    14    19
```

2．csvwrite 函数

csvwrite 函数在写入数据时，每一行以换行符结束。另外，该函数不返回任何值。csvwrite 函数的调用格式如下。

- csvwrite('filename',M)：将数组 M 中的数据保存为文件 filename，数据间以逗号分隔。
- csvwrite('filename',M,row,col)：将数组 M 中的指定数据保存在文件中，数据由参数 row 和 col 指定，保存 row 和 col 右下角的数据。

例 18-32：将数组 m 写入 csvlist.dat 文件中。在命令行窗口中输入如下语句：

```
clear all
clc
m=[1,2,3,4,5,6;7,8,9,10,11,12;13,14,15,16,17,18];
csvwrite('csvlist.dat',m)
type csvlist.dat
```

输出结果：

```
1,2,3,4,5,6
7,8,9,10,11,12
13,14,15,16,17,18
```

例 18-33：将数组 m 写入 csvlist.dat 文件中，并在数据链前添加两个数据列。在命令行窗口中输入如下语句：

```
clear all
clc
m=[1,2,3,4,5,6;7,8,9,10,11,12;13,14,15,16,17,18];
csvwrite('csvlist.dat',m,0,2)
type csvlist.dat
```

输出结果：

```
,,1,2,3,4,5,6
,,7,8,9,10,11,12
,,13,14,15,16,17,18
```

例 18-34：将数组 m 写入 csvlist.dat 文件中，并在数据链前添加 3 个数据列，在数据列上方添加两个数据行。在命令行窗口中输入如下语句：

```
clear all
m=[1,2,3,4,5,6;7,8,9,10,11,12;13,14,15,16,17,18];
csvwrite('csvlist.dat',m,2,3)
type csvlist.dat
```

输出结果：

```
,,,,,,,,
,,,,,,,,
,,,1,2,3,4,5,6
,,,7,8,9,10,11,12
,,,13,14,15,16,17,18
```

3．dlmwrite 函数

dlmwrite 函数用于向文档中写入数据，其功能强于 csvwrite 函数。dlmwrite 函数的调用格式如下。

- dlmwrite('filename', M)：将矩阵 M 的数据写入文件 filename 中，以逗号分隔。
- dlmwrite(filename, M, 'D')：将矩阵 M 的数据写入文件 filename 中，采用指定的分隔符分隔数据。如果需要 Tab 键，则可以用“\t”指定。
- dlmwrite('filename', M, 'D', R, C)：指定写入数据的起始位置。
- dlmwrite(filename, M, 'attrib1', value1, 'attrib2', value2, ...)：指定任意数目的参数。可以指定的参数如表 18-4 所示。
- dlmwrite('filename', M,'-append')：如果 filename 指定的文件存在，则在文件后面写入数据；如果不指定，则覆盖源文件。
- dlmwrite('filename', M,'-append', attribute-value list)：续写文件，并指定参数。

表 18-4　dlmwrite 函数可以指定的参数

参数名	功　能
delimiter	用于指定分隔符
newline	用于指定换行符，可以选择“PC”或“UNIX”
roffset	行偏差，指定文件第一行的位置，roffset 的基数为 0
coffset	列偏差，指定文件第一列的位置，coffset 的基数为 0
precision	指定精确度，可以指定精确维数，或者采用 C 语言的格式，如“%17.5f”

例 18-35：dlmwrite 函数的应用示例。在命令行窗口中输入如下语句：

```
clear all
m=rand(4);
dlmwrite('myfile2.txt',m,'delimiter','\t','precision',5)         %指定精确度
type myfile2.txt
dlmwrite('myfile4.txt',m,'delimiter','\t','precision',3)         %指定精确度
type myfile4.txt
```

输出结果：

```
0.24352 0.25108 0.83083 0.28584
0.92926 0.61604 0.58526 0.7572
0.34998 0.47329 0.54972 0.75373
```

```
0.1966   0.35166 0.91719 0.38045

0.244    0.251    0.831    0.286
0.929    0.616    0.585    0.757
0.35     0.473    0.55     0.754
0.197    0.352    0.917    0.38
```

例 18-36：向文件中写入多行数据。在命令行窗口中输入如下语句：

```
clear all
M = magic(3);
dlmwrite('myfile5.txt', [M*5 M/5], ' ')
type myfile5.txt                %输出 myfile5.txt 进行第一次观察
dlmwrite('myfile5.txt', rand(3), '-append', 'roffset', 1, 'delimiter', ' ')
type myfile5.txt                %输出 myfile5.txt 进行第二次观察
```

输出结果：

```
%输出 myfile5.txt 进行第一次观察的结果
40 5 30 1.6 0.2 1.2
15 25 35 0.6 1 1.4
20 45 10 0.8 1.8 0.4
%输出 myfile5.txt 进行第二次观察的结果
40 5 30 1.6 0.2 1.2
15 25 35 0.6 1 1.4
20 45 10 0.8 1.8 0.4

0.56782 0.5308 0.12991
0.075854 0.77917 0.56882
0.05395 0.93401 0.46939
```

4．dlmread 函数

dlmread 函数用于从文档中读取数据，其调用格式如下。

- M = dlmread(filename)。
- M = dlmread(filename, delimiter)。
- M = dlmread(filename, delimiter, R, C)。
- M = dlmread(filename, delimiter, range)。

其中，参数 delimiter 用于指定文件中的分隔符；其他参数的意义与 csvread 函数中参数的意义相同，这里不再赘述。dlmread 函数与 csvread 函数的差别在于，dlmread 函数在读取数据时可以指定分隔符，如果不指定，则默认分隔符为逗号。

例 18-37：dlmread 函数的应用示例。在命令行窗口中输入如下语句：

```
clear all
M = gallery('integerdata', 100, [5 8], 0);
dlmwrite('myfile.txt', M, 'delimiter', '\t')
m1=dlmread('myfile.txt')
m2=dlmread('myfile.txt', '\t', 2, 3)
m3=dlmread('myfile.txt', '\t', 'C1..G4')
```

输出结果：

```
m1 =
    96    77    62    41     6    21     2    42
```

```
    24    46    80    94    36    20    75    85
    61     2    93    92    82    61    45    53
    49    83    74    42     1    28    94    21
    90    45    18    90    14    20    47    68
m2 =
    92    82    61    45    53
    42     1    28    94    21
    90    14    20    47    68
m3 =
    62    41     6    21     2
    80    94    36    20    75
    93    92    82    61    45
    74    42     1    28    94
```

5. textread 函数

当文件的格式已知时，可以利用 textread 函数进行读取，其调用格式如下。

- [A,B,C,...] = textread(filename,format)。
- [A,B,C,...] = textread(filename,format,N)。

其中，format 可以是%d、%f、%s 等。

例 18-38：读取 textread.txt 的内容，其内容为 gagaa level1 37.50 50 no。在命令行窗口中输入如下语句：

```
clear all
[names, types, x, y, answer] = textread('textread.txt','%s %s %f %d %s', 1)
```

输出结果：

```
names =
    'gagaa'
types =
    'level1'
x =
   37.5000
y =
    50
answer =
    'no'
```

例 18-39：读取 textread.txt 的内容，但以浮点数显示。在命令行窗口中输入如下语句：

```
clear all
[names,types, y, answer] = textread('textread.txt','%9s %6s %*f %2d %3s', 1)
```

输出结果：

```
names =
    'gagaa'
types =
    'level1'
y =
    50
answer =
    'no'
```

例 18-40：读取 textread.txt 的内容，但 level 仅显示数字。在命令行窗口中输入如下语句：

```
clear all
[names,levelnum,x,y,answer] = textread('textread.txt','%9s level%s %f %2d %3s',1)
```

输出结果：

```
names =
    'gagaa'
levelnum =
    '1'
x =
   37.5000
y =
    50
answer =
    'no'
```

18.6　文件内的位置控制

根据操作系统的规定，在读/写数据时，默认的方式总是从磁盘文件开始顺序向后在磁盘空间上读/写数据。操作系统通过一个文件指针来指示当前的文件位置。

C 或 FORTRAN 语言都有专门的函数来控制和移动文件指针，以达到随机访问磁盘文件的目的。MATLAB 中也有类似的函数，如表 18-5 所示。

表 18-5　控制文件内位置指针的函数

函　　数	函 数 功 能
feof	测试指针是否在文件结束位置
fseek	设定文件指针位置
ftell	获取文件指针位置
frewind	重设指针至文件起始位置

1．feof 函数

feof 函数用于测试指针是否在文件结束位置，其调用格式为 feof(fid)，如果标识为 fid 的文件的末尾指示值被置位，则此命令返回 1，说明指针在文件末尾；否则返回 0。

2．fseek 函数

fseek 函数用于设定指针位置，其调用格式为 status=fseek(fid,offset,origin)。其中，fid 是文件标识；offset 是偏移量，以字节为单位，可以是整数（表示向文件末尾方向移动指针）、0（不移动指针）或负数（表示向文件起始方向移动指针）；origin 是基准点，可以是 bof（文件的起始位置）、cof（指针的目前位置）、eof（文件的末尾），也可以用-1、0 或 1 来表示。

如果返回值 status 为 0，则表示操作成功；如果为-1，则表示操作失败。如果要了解更多信息，则可以调用 ferror 函数。

3．ftell 函数

ftell 函数用于返回现在的指针位置，其调用格式为 position=ftell(fid)，返回值 position 是距离文件起始位置的字节数，如果返回-1，则说明操作失败。

4. frewind 函数

frewind 函数用于将指针返回文件起始位置，其调用格式如下：

```
frewind(fid)
```

例 18-41：feof 和 fseek 函数应用示例。在命令行窗口中输入如下语句：

```
clear all
a=[1:10];                    %创建数组
fid=fopen('six.bin','w');
fwrite(fid,a,'short');       %写入文件
status=fclose(fid);          %关闭文件
fid=fopen('six.bin','r');
six=fread(fid,'short');      %读取文件
eof=feof(fid);               %判断测试指针是否在文件结束位置
frewind(fid);                %将指针返回文件起始位置
status=fseek(fid,3,0);       %设定指针位置
position=ftell(fid);         %返回现在的指针位置
six'
eof
status
position
```

输出结果：

```
ans =
     1     2     3     4     5     6     7     8     9    10
eof =
     1
status =
     0
position =
     3
```

例 18-42：文件内位置控制综合示例。

在命令行窗口中输入如下语句：

```
clear all
A=magic(4)
fid=fopen('dota.txt','w');
fprintf(fid,'%d\n','int8',A)
fclose(fid);
fid=fopen('dota.txt','r');
frewind(fid);                       %将指针放在文件起始位置
if feof(fid)==0                     %如果没有到达文件末尾，则读取数据
[b,count1]=fscanf(fid,'%d\n')       %把数据写入 b 中
position=ftell(fid)                 %获取当前指针位置
end
if feof(fid)==1                     %如果到达文件末尾，则重新设置指针
status=fseek(fid,-4,'cof')          %把指针从当前位置向文件起始位置移动 4 个位置
[c,count2]=fscanf(fid,'%d\n')
end
```

```
fclose(fid);
```

输出结果：

```
A =
    16     2     3    13
     5    11    10     8
     9     7     6    12
     4    14    15     1
ans =
    54
b =
   105
   110
   116
    56
    16
     5
     9
     4
     2
    11
     7
    14
     3
    10
     6
    15
    13
     8
    12
     1
count1 =
    20
position =
    54
status =
     0
c =
     2
     1
count2 =
     2
```

18.7　导入数据

在 MATLAB 中，可使用向导将外部的数据文件导入 MATLAB 工作区中，进行分析和处理。

如果 MATLAB 的工作区没有显示，则可通过选择“主页”→“环境”→“布局”→“工作区”命令打开工作区窗口。

（1）在 MATLAB 中，可通过单击“主页”→“变量”→“导入数据”按钮，打开“导入数据”对话框来导入数据。

（2）选择“myfile5.txt”文件，系统弹出如图 18-10 所示的数据预览窗口，可选择其中的部分数据或全部数据进行导入。

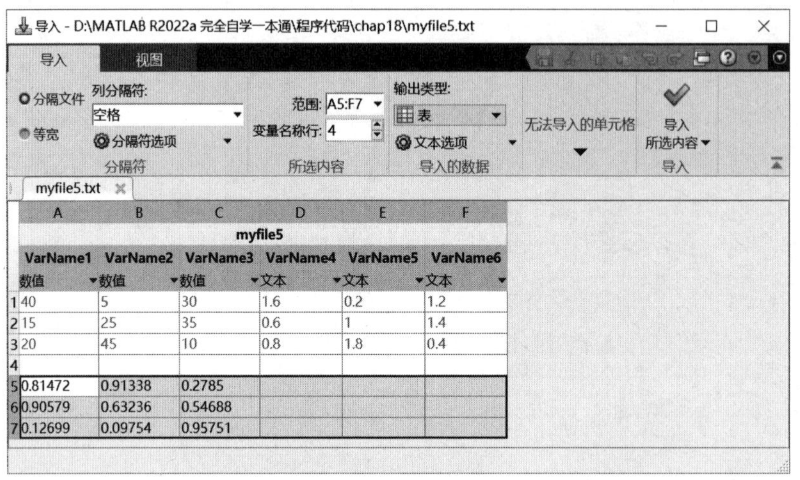

图 18-10　数据预览窗口

（3）“输出类型”选择“表”，选择前 3 行数据并选择“导入所选内容”下拉菜单内的“导入数据”命令，结果如图 18-11 所示。

（4）双击工作区中的数据表，即可打开如图 18-12 所示的变量窗口，可以对数据进行进一步的分析和处理。

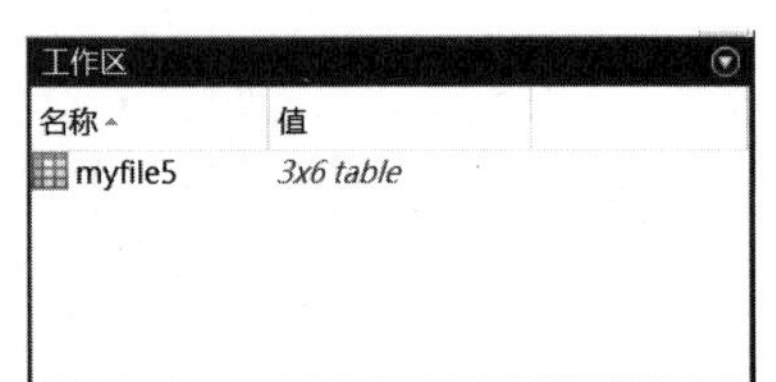

图 18-11　导入到工作区的数据表

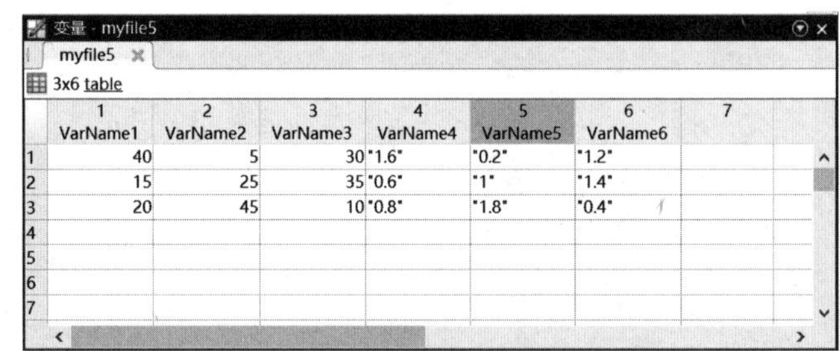

图 18-12　变量窗口

18.8　本章小结

本章详细介绍了 MATLAB 中文件夹的管理，二进制文件、文本文件等的 I/O 操作，向读者展示了 MATLAB 灵活和丰富的文件 I/O 操作。因为文件 I/O 操作是其他操作的前提，所以读者要多加练习和思考。

第 19 章 编译器

知识要点

MathWorks 推出的 MATLAB Compiler（编译器）可以将 MATLAB 程序自动转换为独立的应用程序和软件组件，并将其与最终用户共享。使用编译器创建的应用程序和组件无须 MATLAB 即可运行。本章主要介绍编译器的组成、安装、工作原理等，并介绍使用 MATLAB Compiler 将 MATLAB 程序生成独立可执行的应用程序和动态库函数。

学习要求

知识点	学习目标			
	了解	理解	应用	实践
MATLAB 编译器的配置	√			
编译过程		√		√
生成独立可执行的应用程序			√	√

19.1 编译器概述

MATLAB 编译器（Compiler，视上下文使用）是在第三方 C/C++编译器的支持下，将 MATLAB 的函数 M 文件转换为可独立执行的应用程序、库函数或组件的应用程序发布工具。这样就可以扩展 MATLAB 的功能，使 MATLAB 能够同其他编程语言（如 C/C++语言）混合应用，取长补短，以提高程序的运行效率，丰富程序开发的手段。

在进行独立的可执行应用程序的发布时，考虑到终端用户的计算机可能没有 MATLAB，因此，用户需要将编译生成的目标文件连同相应的 CTF 文件和 MCR 安装文件一起打包发布给终端用户。

终端用户只需安装 MCR，而不必安装 MATLAB，即可正常运行发布的应用程序。另外，在进行动态共享库的发布时，除了 CTF 文件和 MCR 安装文件，还需要发布给终端用户动态库文件（DLL）、相应的头文件（.h）及库文件（.lib）。

MATLAB Compiler 是 MATLAB 的一部分，可从 MathWorks 网站下载 MATLAB Compiler Runtime（MCR），简化编译后的程序和组件的分发。

19.2 编译器的安装和配置

用户在使用 MATLAB Compiler 之前，需要安装 MATLAB、MATLAB Compiler 及一个 MATLAB Compiler 支持的第三方 C/C++编译器，而且需要对 MATLAB Compiler 进行合理的配置。本节介绍编译器的安装和配置。

19.2.1 编译器的安装

MATLAB Compiler 的安装一般包含在安装 MATLAB 的过程中。当选择默认安装模式时，MATLAB Compiler 会被自动选为 MATLAB 的安装组件；当用户选择自定义安装模式时，在默认情况下，MATLAB Compiler 选项是被选中的。

19.2.2 编译器的配置

当用户完成编译器的安装后，需要对编译器进行合理的配置。编译器的设置在第一次使用 MATLAB Compiler 或更改编译器的安装路径后进行。此外，在选择其他的第三方 C/C++编译器时，也需要重新配置编译器。

MATLAB 提供了 mbuild 函数的 setup 选项来设置第三方编译器：

```
mbuild -setup
```

输入上述指令后，MATLAB 的命令行显示（各机器的配置不同，会有不同的显示）：

```
MBUILD 配置为使用 'Microsoft Visual C++ 2010 Professional (C)' 以进行 C 语言编译。

要选择不同的语言，请从以下选项中选择一种命令：
   mex -setup C++ -client MBUILD
   mex -setup FORTRAN -client MBUILD
```

19.3　编译过程

当使用 MATLAB Compiler 进行应用程序的编译时，在独立文件或软件组件生成前，用户需要提供一系列用来构建应用程序的函数 M 文件，编译器将进行下述操作。

（1）依赖性分析（Dependency Analysis）：分析判断输入的函数 M 文件、MEX 文件及 P 码文件所依赖的函数之间的关系，并生成一个包含上述文件信息的文件列表。

（2）创建接口 C 代码：生成所有用来生成目标组件的代码。这些代码包括：①与从命令行中获得的 M 函数相关的 C 或 C++接口代码；②对于共享库和组件，这些代码还包括所有的接口函数；③组件数据文件，其中包括运行时执行 M 代码的相关信息，这些信息中有路径信息及用来载入 CTF 存档中 M 代码的密钥。

（3）创建 CTF 压缩包：根据依赖性分析得到的文件列表创建 CTF 文件，包含在运行时需要调用的 MATLAB 文件及相应的路径信息。

（4）编译：根据用户指定的编译选项，利用用户指定的第三方 C/C++编译器编译生成 C/C++文件。

（5）链接：将生成的目标文件及相关的 MATLAB 共享库链接起来，生成最终的组件。

19.4　编译命令 mcc

编译命令 mcc 是 MATLAB Compiler 提供给用户进行应用程序发布的一组命令行工具。在 MATLAB 命令行窗口中输入命令：

```
mcc -?
```

得到 mcc 的基本调用格式：

```
mcc [-options] fun [fun2 ...]
```

其中，options 为开关选项，fun 及 fun2 等为函数 M 文件。

mcc 常用的使用方法有如下几种。

- mcc -m myfun：由 myfun.m 文件生成独立可执行的应用程序，myfun.m 必须在当前搜索路径下。
- mcc -m myfun1 myfun2：由 myfun1.m 和 myfun2.m 文件生成独立可执行的应用程序。
- mcc -m -I /files/source -d /files/target myfun：由 myfun.m 文件生成独立可执行的应用程序，其中，myfun.m 位于/files/source/目录下，生成的文件保存在/files/target/目录下。

- mcc -W lib:liba -T link:lib myfun1 myfu2：由 myfun1.m 和 myfun2.m 文件生成 C 共享函数库。
- mcc -W cpplib:liba -T link:lib myfun1 myfu2：由 myfun1.m 和 myfun2.m 文件生成 C++ 共享函数库。

用户在使用 mcc 编译时，主要通过设置各种命令开关选项来控制生成不同类型的目标文件。常用的开关选项如下。

- a<filename>：将名为<filename>的文件添加到 CTF 压缩文件中，如说明文件 readme 等。
- B<filename>[:<arg>]：指定<filename>作为 MATLAB Compiler 的选项文件，该文件中包含了命令行开关选项。此外，通过 arg 增加新的命令行开关选项，新的开关选项将代替选项文件中相应的开关选项。MATLAB 提供了包括 ccom、cexcel、cjava、cpplib、csharedlib 及 dotnet 几个选项文件。
- g：调试，将调试信息嵌入编译生成的文件中。
- I<path>：将指定的路径<path>添加到搜索路径中，MATLAB 将从指定的路径中搜索需要的 MATLAB 函数。
- m：生成 C 语言独立可执行的应用程序。
- o<outputfilename>：指定编译生成的目标文件名称。
- T<option>：定义不同的编译目标特性。可用的选项包括：①codegen，仅生成相应的 C/C++源代码文件；②compile:exe，生成相应的 C/C++源代码文件并将其编译生成 OBJ 文件，这些 OBJ 文件可以链接生成可执行的应用程序；③compile:lib，生成相应的 C/C++源代码文件并将其编译生成 OBJ 文件，这些 OBJ 文件可以链接生成动态库文件；④link:exe，与 compile:exe 类似，生成 OBJ 文件后，将其编译成最终的可执行的应用程序；⑤link:lib，与 compile:lib 类似，生成 OBJ 文件后，将其编译成最终的动态库文件。
- v：显示编译的详细过程。
- w<option>[:<msg>]：设置 MATLAB Compiler 的警告信息显示。

mcc 的命令行开关选项对大小写敏感，因此，用户在使用时要注意各字母的大小写代表的不同含义，避免用错。

19.5 编译生成独立可执行的应用程序

为了说明编译的具体过程，下面举两个例子，分别说明不同类型的编译过程。

19.5.1 编译 M 文件

MATLAB Compiler 采用 MATLAB Component Runtime（MCR）技术，完全支持 MATLAB 语言。利用 MATLAB Compiler 将 M 文件生成可执行文件或链接库的过程完全是自动的。只

要源文件是 M 文件，就可以采用 mcc 编译命令进行编译。

例 19-1：利用 mcc 编译命令对程序 ex19_1.m 进行编译。代码如下：

```
clear all;
A=rand(4,4)
B=inv(A)
pause
```

在程序中，利用 rand 函数生成一个随机矩阵，通过函数 inv 求该矩阵的逆矩阵。在命令行窗口中输入如下语句：

```
mcc -m ex19_1.m
```

经过 1 分钟左右，将在“当前文件夹”窗格中生成可执行文件 ex19_1.exe，同时产生工程文件和 C 语言的程序文件，如图 19-1 所示。

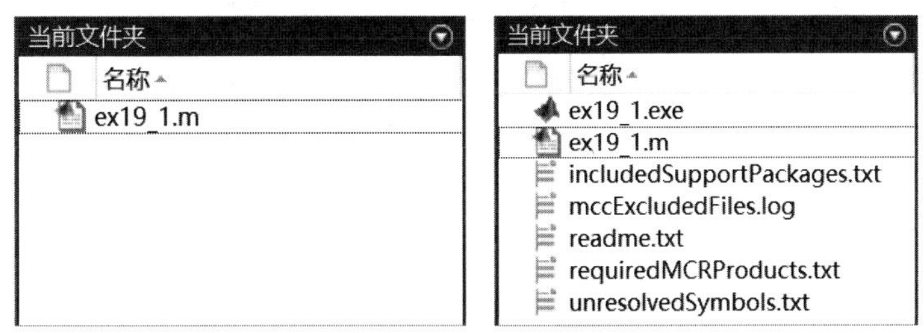

图 19-1 生成的可执行文件 1

此外，还可以在 MATLAB 上运行生成的可执行文件 ex19_1.exe，但需要注意在可执行文件前加叹号（!）。

输出结果：

```
>> !ex19_1.exe
A =
     0.8147    0.6324    0.9575    0.9572
    0.9058    0.0975    0.9649    0.4854
    0.1270    0.2785    0.1576    0.8003
    0.9134    0.5469    0.9706    0.1419
B =
  -19.2997    3.0761   18.7235    9.6445
   -0.2088   -1.8442    1.0366    1.8711
   18.5694   -1.9337  -18.6497   -9.0413
   -0.3690    0.5345    1.4378   -0.4008
Paused: Press any key and return
```

例 19-2：对两个 M（ex19_2.m 和 myfuntion）文件进行编译。代码如下：

```
clear all;
clc;
A=[-2,0,4;1,2,3;-3,2,0]
[m,n,p]=myfuntion(A);%调用 myfuntion 函数计算矩阵 A 中大于 2、小于 2 和等于 2 的个数

function [m,n,p]=myfuntion(A)
%计算矩阵 A 中大于 2、小于 2 和等于 2 的个数，并分别写入 m、n、p 中
m=sum(sum(A>2));
n=sum(sum(A<2));
```

```
p=sum(sum(A==2));
disp('大于 2 的个数')
disp(m)
disp('小于 2 的个数')
disp(n)
disp('等于 2 的个数')
disp(p)
end
```

在命令行窗口中输入如下语句：

```
mcc -m ex19_2.m myfuntion.m
```

经过 1 分钟左右，将在“当前文件夹”窗格中生成可执行文件 ex19_2.exe，同时生成工程文件和 C 语言的程序文件，如图 19-2 所示。

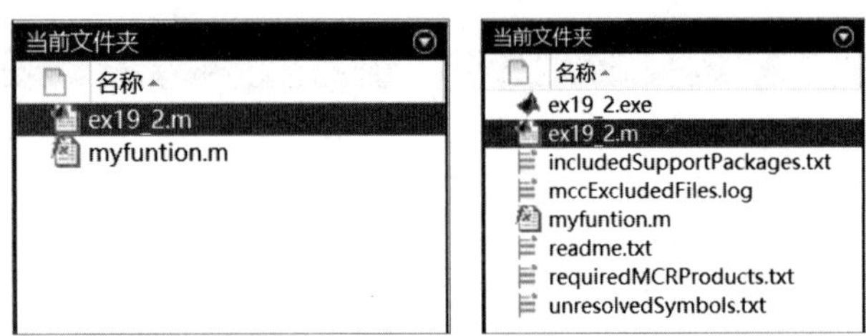

图 19-2　生成的可执行文件 2

同样，可以在 MATLAB 中运行生成的可执行文件 ex19_2.exe，但需要注意在可执行文件前加叹号（!）。

输出结果：

```
>> !ex19_2.exe
A =
    -2     0     4
     1     2     3
    -3     2     0

大于 2 的个数
     2
小于 2 的个数
     5
等于 2 的个数
     2
```

19.5.2　编译图形绘制 M 文件

由于安装了 MCR，因此，在编译的过程中可以加入 MATLAB 图形库。

例 19-3：对包含绘图的程序文件进行编译。代码如下：

```
t = 0:pi/10:2*pi;
[X,Y,Z] = cylinder(4*cos(t));
subplot(2,2,1); mesh(X)
subplot(2,2,2); mesh(Y)
subplot(2,2,3); mesh(Z)
```

```
subplot(2,2,4); mesh(X,Y,Z)                    %绘制曲线
pause                                           %暂停
```

在命令行窗口中输入如下语句：

```
mcc -m ex19_3.m
```

生成工程文件和 C 语言的程序文件，如图 19-3 所示。

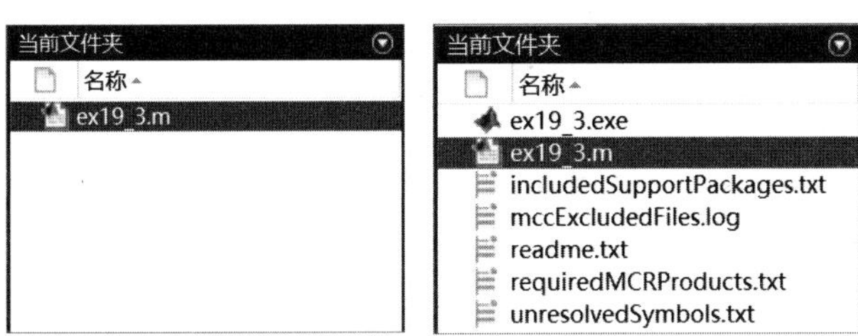

图 19-3　生成的可执行文件 3

双击以执行得到的文件 ex19_3.exe，得到的结果如图 19-4 所示。

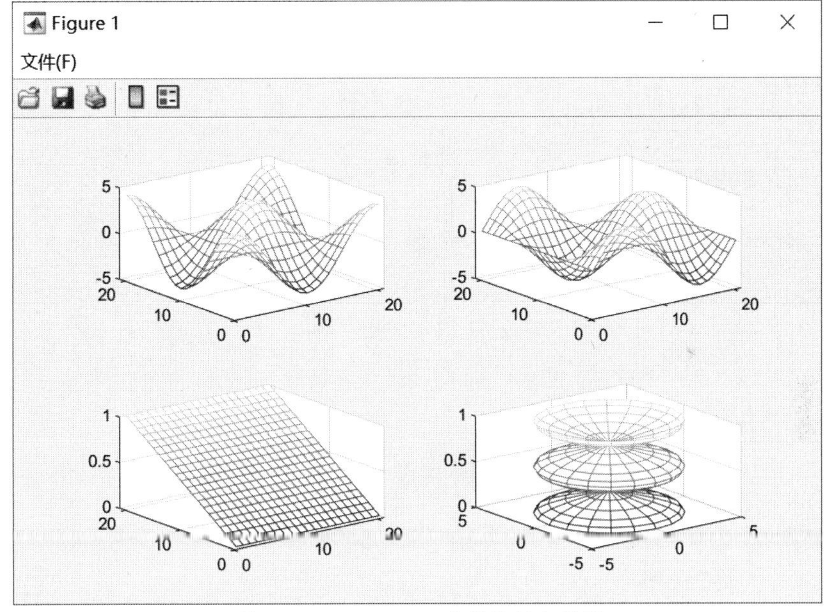

图 19-4　ex19_3.exe 文件的运行结果

19.5.3　由含 feval 指令的 M 文件生成 EXE 文件

feval 指令的特殊之处在于其第一个输入参量是函数名字符串。这里要讨论的是当 M 源文件包含该指令时，将如何由这个源文件获得 EXE 文件。在 MATLAB 中，给出了编译注记（Pragmas），用于处理 feval 对函数的调用，其调用格式如下：

```
#function <function_name-list>
```

编译注记提示 MATLAB 编译器在编译的过程中需要将函数列表（function_name-list）中的函数均包含进去，而不管编译器在依赖性分析过程中是否定位到函数列表中的函数。当然，用户也不可将编译注记指向不存在的函数。

例 19-4：要求生成一个可以计算方阵各种特征量的独立外部应用程序，该例子由 4 个函数组成 my_det.m、mat_feat.m、mainrank.m 和 maindet.m。其中 maindet.m 和 mainrank.m 用来调用 mat_feat.m 文件。

mat_feat.m 的代码如下：

```
function mat_feat(f_name)                                   %<1>
disp('被分析矩阵')                                           %<2>
A=magic(4)
N=8;
n=size(f_name,2);
ff_name=[f_name blanks(N-n)];
if ff_name==['my_det' blanks(2)]
   disp('矩阵 A 的行列式值 = ')
elseif ff_name==['rank' blanks(4)]
   disp('矩阵 A 的秩 = ')
elseif ff_name==['norm' blanks(4)]
   disp('矩阵 A 的 2-范数 = ')
elseif ff_name==['cond' blanks(4)]
   disp('矩阵 A 的条件数 = ')
elseif ff_name==['eig' blanks(5)]
   disp('矩阵 A 的特征值 = ')
elseif ff_name==['svd' blanks(5)]
   disp('矩阵 A 的奇异值 = ')
else
disp('您输入的指令，或者不是本函数文件所能解决的，或者是错误的！')
end
d=feval(f_name,A);
disp(d)
end
```

my_det.m 的代码如下：

```
function d=my_det(A)
d=det(A);
end
```

mainrank.m 的代码如下：

```
function mainrank
mat_feat('rank')
end
```

maindet.m 的代码如下：

```
function maindet
mat_feat('my_det')
end
```

在命令行窗口中输入如下语句：

```
mcc -m mainrank
mcc -m maindet my_det
```

或者输入：

```
mcc -m mainrank mat_feat
```

```
mcc -m maindet mat_feat my_det
```

得到编译链接后的文件 mainrank.exe 和 maindet.exe。双击执行，得到的结果如图 19-5 和图 19-6 所示。

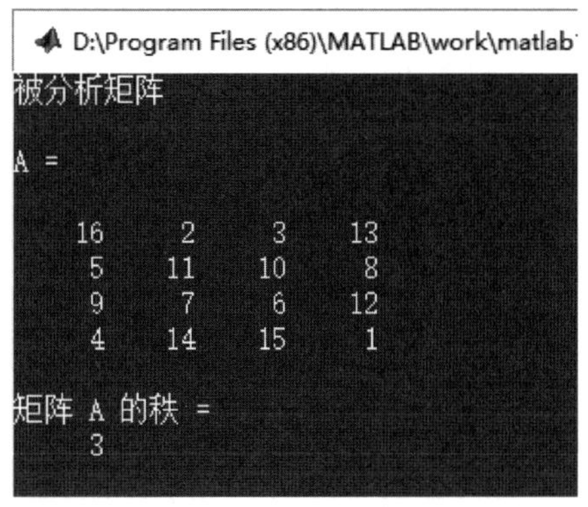

图 19-5　mainrank.exe 文件的运行结果

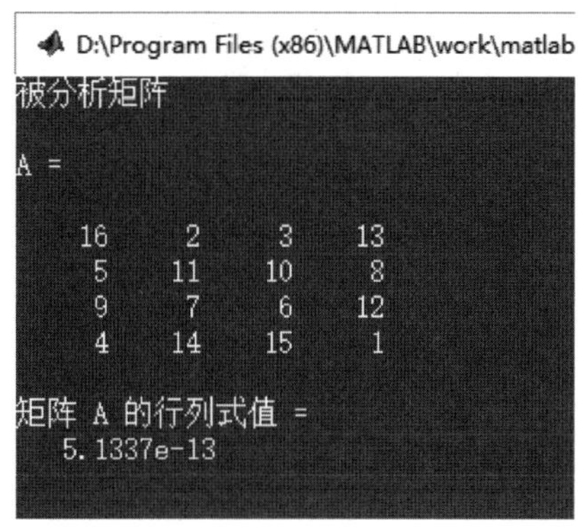

图 19-6　maindet.exe 文件的运行结果

19.5.4　编译 GUI 文件

例 19-5：对 GUI 文件进行编译。程序代码如下：

```
% Allow a line to have its own 'ButtonDownFcn' callback.创建可来回观察的控件直线
figure; plot(magic(10));
hCM = uicontextmenu;
hMenu = uimenu('Parent',hCM,'Label','Switch to zoom',...
       'Callback','zoom(gcbf,''on'')');
hPan = pan(gcf);
set(hPan,'UIContextMenu',hCM);
pan('on')
```

在命令行窗口中输入如下语句：

```
mcc -m ex19_5.m
```

得到编译链接后的文件 ex19_5.exe，双击执行，得到的结果如图 19-7 所示。

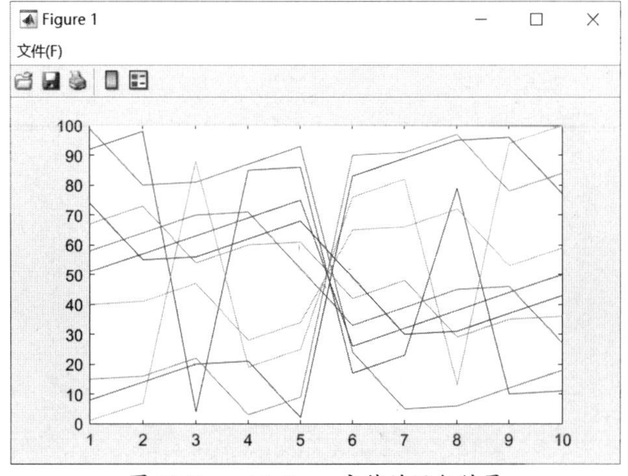

图 19-7　ex19_5.exe 文件的运行结果

19.6 本章小结

本章对 MATLAB 编译器的安装、配置进行了讲解，并详细介绍了如何将 M 文件编译成脱离 MATLAB 环境的可执行文件，包括编译图形绘制 M 文件、编译 GUI 文件等。此外，还介绍了 MCR 的安装内容。这里介绍的仅为 MATLAB 编译器的入门知识。如果需要更详细地了解 MATLAB 编译器，可以参考 MATLAB 帮助文件。

第 20 章
外部接口

知识要点

MATLAB 使用独立完整的数据运算与编程集成软件，在没有任何其他软件辅助的情况下就可以完成许多复杂的任务。但在很多时候，MATLAB 的计算效率偏低，尤其当程序中出现循环时，需要调用其他高效语言编写的程序。

而在使用其他语言时，实现某些特殊功能非常复杂，如绘图，这时如果调用 MATLAB 的绘图功能将大幅降低编程难度。从这两方面考虑，MATLAB 与外部数据程序进行交互，即外部接口相关知识的学习显得非常必要。

学习要求

知识点	学习目标			
	了解	理解	应用	实践
接口的基础知识		√		
MEX 文件应用		√		√
MAT 文件应用			√	√
MATLAB 计算引擎应用		√		√
Java 语言的调用	√			√

20.1 接口概述

本节主要介绍与MATLAB接口有关的基础知识，主要包括MEX文件、MAT文件、计算引擎和编译器，这些内容对象在MATLAB接口应用中的情况如下。

- 在MATLAB中调用其他语言编写的程序，可以通过MEX文件实现。
- 使用MATLAB与其他编程语言进行数据交互，可以通过MAT文件实现。
- 在其他语言中使用MATLAB提供的计算功能，可以通过调用MATLAB计算引擎实现。
- 将MATLAB的M文件编译成由其他语言写出的代码，可以通过编译器实现。

20.1.1 MEX文件介绍

MEX文件是一种按照一定语言格式编写的文件，如C语言或FORTRAN语言的格式，在使用时，由MATLAB自动调用并执行动态链接函数文件。

在MATLAB中，MEX文件使用非常方便，使用MATLAB的命令即可简单、方便地调用，其一般的命令格式如下：

```
mex filename.ext
```

调用MEX文件的过程与调用MATLAB内建函数的过程基本相同。

20.1.2 MAT文件介绍

MAT文件是MATLAB与其他编程软件进行交互的文件工具，为MATLAB软件保存数据文件的基本文件格式。MAT文件的扩展名为.mat，一般的文件名为filename.mat。

在MAT文件中，文件的内容主要由文件头、变量名和变量数据3部分组成。各部分分别提供MATLAB系统相关信息、变量信息和数据信息，以使程序能够合理地处理MAT文件中存储的数据。

使用save和load命令，可以轻松实现MAT文件的存储与加载。

使用MAT文件具有如下优势。

（1）通过MAT文件可以完成应用程序和MATLAB之间的数据交互，MATLAB提供的相应文件标准为文件的操作提供方便。

（2）在不同的操作系统之间，也可以通过标准化的独立于操作系统的MAT文件来完成数据交互操作。

20.1.3 MATLAB计算引擎介绍

MATLAB计算引擎通过MATLAB引擎函数库提供，由用户在其他语言环境下对

MATLAB 进行调用，将 MATLAB 作为一个具有计算功能的子函数使用，并使其在后台运行，完成计算任务。

使用 MATLAB 计算引擎可以轻松完成以下任务。

- 将 MATLAB 作为一个功能强大的可编程的数学函数库，因此，可以调用 MATLAB 完成大量的、复杂的数学计算任务。例如，在 C 语言环境下，直接编程进行快速傅里叶变换非常复杂，而使用 MATLAB 计算引擎则只需几行命令就可以完成。
- 可以为特定任务构建完整的系统。例如，可使用 C 语言建立用户图形界面，而计算任务则完全交给 MATLAB 来完成。

20.2　MEX 文件应用

本节介绍在 MATLAB 中创建 C/C++语言的 MEX 文件的方法。在此之前，首先介绍 MEX 文件的结构。

20.2.1　MEX 文件的结构

一般，MEX 文件使用 C 或 FORTRAN 语言进行开发，编译后，生成的目标文件能够被 MATLAB 的 M 语言解释器调用执行。被调用的文件在 Microsoft Windows 下使用的扩展名为.dll。

MEX 文件主要应用于以下 3 方面。

- 对于已经存在的大规模的 C 或 FORTRAN 语言程序的场合，可以比较容易地在 MATLAB 中调用。
- 当 MATLAB 中运行效率不足而存在计算瓶颈时，调用 MEX 文件可以大幅提高运行效率。
- 如果存在直接面向硬件编写的 C 和 FORTRAN 语言程序，那么这些程序可以通过 MEX 文件被 MATLAB 调用。

尽管 MEX 文件存在诸多优点，但可以不使用 MEX 文件时，不推荐甚至推荐不使用 MEX 文件。MEX 文件包括以下几种文件，如表 20-1 所示。

表 20-1　MEX 文件

类　型	定　义
MEX 源文件	C、C++、FORTRAN 语言等源代码文件
MEX 二进制文件	MATLAB 调用的动态链接子程序
MEX 函数库	在 MATLAB 中，执行命令所需的 C/C++ 、FORTRAN 语言等的 API 参考库
MEX build script	从源文件中创建二进制文件的 MATLAB 函数

本节所说的 MEX 文件一般是 MEX 源文件，更具体地为 C/C++语言编制的源代码文件，其语法格式满足 C/C++语言的语法格式要求。然而，尽管在语法格式上没有过多要求，但

MEX 文件在结构上独具特点。

基于 C/C++语言的一般 MEX 文件的内容如下：

```
#include "mex.h"
/*
 * 注释部分
 * This is a MEX-file for MATLAB.
*/
/* The gateway function  入口函数*/
void mexFunction( int nlhs, mxArray *plhs[],
                int nrhs, const mxArray *prhs[])
{
/* variable declarations here 变量声明*/
/* code here */
}
```

从上面的程序中可以很明显地看到，这个文件是一个典型的 C 语言文件，其程序的语法完全满足标准 C 语言的语法要求。然而，其在结构上却有独特之处。

- 头文件的包含语句。所有的源文件中必须包含 mex.h，该头文件完成了所有 C 语言 MEX 函数的原型声明，还包含了 matrix.h 文件，即对 mx 函数和数据类型的声明与定义。
- C 语言 MEX 源文件的入口函数部分 void mexFunction(int nlhs, mxArray *plhs[],int nrhs, const mxArray *prhs[])。这是 MEX 文件的必需部分，并且书写形式固定：括号里的 4 个变量分别表示输出参数的个数、输出参数、输入参数的个数和输入参数。

输入/输出参数的类型均为 mxArray，或者可以用中文称为“阵列”。阵列是 MATLAB 唯一能处理的对象；在 C 语言程序变形的 MEX 文件中，MATLAB 阵列用结构体 mxArray 定义。

下面通过 MEX 文件示例进一步认识 MEX 源文件的结构。

20.2.2 创建 C/C++语言 MEX 文件

例如，使用 C 语言编写一个标量 x 与向量 y 相乘并将得到的结果存储在向量 z 中的程序，典型的形式如下：

```
void arrayProduct(double x, double *y, double *z, int n)
{
  int i;
  for (i=0; i<n; i++) {
    z[i] = x * y[i];
  }
}
```

在其他程序中的调用格式为 arrayProduct(x,y,z,n)，进行的计算为 z=x*y。

上面是使用 C/C++语言编程实现的方法，下面介绍使用 MEX 文件实现上述功能的方法。使用 MATLAB，通过调用 MEX 文件实现上述功能的步骤如下。

（1）定义宏。

（2）创建 MEX 源文件计算程序。

（3）创建入口函数程序。

（4）检查输入参数和输出参数。

（5）读取输入数据。

（6）准备输出数据。

（7）进行计算。

（8）编译链接生成 MEX 二进制文件。

（9）测试 MEX 文件。

具体命令及其实现步骤如下：

```
/*1. Use Marco 使用宏包括头文件*/
#include "mex.h"
/* 2. The computational routine 计算程序 */
void arrayProduct(double x, double *y, double *z, mwSize n)
{
   mwSize i;
   /* multiply each element y by x */
   for (i=0; i<n; i++) {
      z[i] = x * y[i];
   }
}
/* 3. The gateway function  入口程序*/
void mexFunction( int nlhs, mxArray *plhs[], int nrhs, const mxArray *prhs[])
{
   double multiplier;             /* input scalar  输入标量*/
   double *inMatrix;              /* 1xN input matrix 输入向量 */
   size_t ncols;                  /* size of matrix  向量大小*/
   double *outMatrix;             /* output matrix  输出向量*/
    /* check for proper number of arguments  检查参数*/
   if(nrhs!=2) {
   mexErrMsgIdAndTxt("MyToolbox:arrayProduct:nrhs","Two inputs required.");
   }
   if(nlhs!=1) {
      mexErrMsgIdAndTxt("MyToolbox:arrayProduct:nlhs",
                     "One output required.");
   }
   /*4. make sure the first input argument is scalar  确定第一个参数为标量*/
   if( !mxIsDouble(prhs[0]) || mxIsComplex(prhs[0]) ||
       mxGetNumberOfElements(prhs[0])!=1 ) {
      mexErrMsgIdAndTxt("MyToolbox:arrayProduct:notScalar",
                     "Input multiplier must be a scalar.");
   }
   /* check that number of rows in second input argument is 1  确定第二个参数的规模*/
   if(mxGetM(prhs[1])!=1) {
      mexErrMsgIdAndTxt("MyToolbox:arrayProduct:notRowVector",
                     "Input must be a row vector.");
   }
/* 5. get the value of the scalar input  获取参数*/
   multiplier = mxGetScalar(prhs[0]);
```

```
/* create a pointer to the real data in the input matrix  */
    inMatrix = mxGetPr(prhs[1]);
    /* get dimensions of the input matrix */
    ncols = mxGetN(prhs[1]);
    /* create the output matrix */
    plhs[0] = mxCreateDoubleMatrix(1,(mwSize)ncols,mxREAL);
    /* get a pointer to the real data in the output matrix */
    outMatrix = mxGetPr(plhs[0]);
    /* 6. call the computational routine */
    arrayProduct(multiplier,inMatrix,outMatrix,(mwSize)ncols);
}
```

使用 edit 或其他方式将上面的程序复制到空白的文件中，并保存到当前文件夹中，文件名可以为任何满足要求的文件名，这里将其取名为 arrayProduct.c。

保存好文件之后，需要进行步骤 8，即建立 MEX 二进制文件。具体的实现方法为在 MATLAB 命令行窗口中输入：

```
mex arrayProduct.c
```

由于使用的为 Windows 7 32 位机，所以在命令执行完成后得到一个名为 arrayProduct.mexw32 的文件。该文件为所需的可执行的 MEX 二进制文件。

下面使用数据进行测试。例如，在命令行窗口中输入：

```
s = 5;
A = [1.5, 2, 9];
B = arrayProduct(s,A)
```

程序运行后得到的结果为：

```
B =
    7.5000   10.0000   45.0000
```

这是程序正常使用的情况，下面对程序不正常使用的情况进行测试。例如，在命令行窗口中输入：

```
s = [5, 1];
A = [1.5, 2, 9];
B = arrayProduct(s,A)
```

MATLAB 将弹出错误提示信息：

```
 = [5, 1];
 |
错误：等号左侧的表达式不是用于赋值的有效目标。
```

上面这个简单的例子说明了创建 MEX 文件的简单方法，能代表创建 MEX 文件的一般方法。下面的例子使用 C++语言进行编程，实现对对象中的变量进行赋值。程序如下：

```
#include <iostream>
#include <math.h>
#include "mex.h"
using namespace std;
extern void _main();
class MyData {
public:
```

```
    void display();
    void set_data(double v1, double v2);
    MyData(double v1 = 0, double v2 = 0);
    ~MyData() { }
  private:
    double val1, val2;
  };
  MyData::MyData(double v1, double v2)
  {
    val1 = v1;
    val2 = v2;
  }
  void MyData::display()
  {
  #ifdef _WIN32
      mexPrintf("Value1 = %g\n", val1);
      mexPrintf("Value2 = %g\n\n", val2);
  #else
    cout << "Value1 = " << val1 << "\n";
    cout << "Value2 = " << val2 << "\n\n";
  #endif
  }
  void MyData::set_data(double v1, double v2) { val1 = v1; val2 = v2; }
  static
  void mexcpp(
          double num1,
          double num2
          )
  {
  #ifdef _WIN32
      mexPrintf("\nThe initialized data in object:\n");
  #else
    cout << "\nThe initialized data in object:\n";
  #endif
    MyData *d = new MyData;
    d->display();
    d->set_data(num1,num2);
  #ifdef _WIN32
    mexPrintf("After setting the object's data to your input:\n");
  #else
    cout << "After setting the object's data to your input:\n";
  #endif
    d->display();
    delete(d);
    flush(cout);
    return;
  }
  void mexFunction( int nlhs, mxArray *[], int nrhs, const mxArray *prhs[] )
  {
    double      *vin1, *vin2;
    if (nrhs != 2) {
      mexErrMsgIdAndTxt("MATLAB:mexcpp:nargin",
```

```
            "MEXCPP requires two input arguments.");
  } else if (nlhs >= 1) {
    mexErrMsgIdAndTxt("MATLAB:mexcpp:nargout",
            "MEXCPP requires no output argument.");
  }
  vin1 = (double *) mxGetPr(prhs[0]);
  vin2 = (double *) mxGetPr(prhs[1]);
  mexcpp(*vin1, *vin2);
  return;
}
```

使用 edit 或其他方式将上面的程序复制到空白的文件中，并保存到当前文件夹中，文件名可以为任何满足要求的文件名，这里将其取名为 mexcpp.cpp。

保存好文件之后，需要建立 MEX 二进制文件。具体的实现方法为在 MATLAB 命令行窗口中输入：

```
mex mexcpp.cpp
```

由于使用的是 Windows 7 32 位机，所以在命令执行完成后得到一个名为 mexcpp.mexw32 的文件。该文件为所需的可执行的 MEX 二进制文件。

下面使用数据进行测试。例如，在命令行窗口中输入：

```
mexcpp(1,2)
```

程序运行后得到的结果如下：

```
The initialized data in object:
Value1 = 0
Value2 = 0
After setting the object's data to your input:
Value1 = 1
Value2 = 2
```

如果在命令行窗口中输入：

```
mexcpp(1,2,3)
```

则在窗口中弹出如下错误提示信息：

```
错误使用 mexcpp
MEXCPP requires two input arguments.
```

从上面的过程可以看到，使用 C++语言创建 MEX 文件的过程与使用 C 语言基本一致。在 MATLAB 中，还可以使用 FORTRAN 语言创建 MEX 文件，这里不再继续对其创建过程进行说明。读者如果有需要，请参考 MATLAB 帮助文件。

20.2.3 调试 C/C++语言 MEX 程序文件

在实际编写程序的过程中，经常会遇到错误，因此要对程序进行调试。MEX 文件也需要调试，下面通过示例说明在 Windows 系统下使用 Microsoft Visual C++调试程序的方法，包括以下步骤。

（1）选择 Microsoft Visual C++ 2010 Professional 编译器，其实现方法为在 MATLAB 命

令行窗口中输入：

```
mex -setup
```

命令行窗口将弹出如下内容：

```
MEX 配置为使用 'Microsoft Visual C++ 2010 Professional (C)' 以进行 C 语言编译。
Warning: The MATLAB C and Fortran API has changed to support MATLAB
     variables with more than 2^32-1 elements. In the near future
     you will be required to update your code to utilize the
     new API. You can find more information about this at:
http://www.mathworks.com/help/matlab/matlab_external/upgrading-mex-files-to-use-64-bit-api.html.
```

要选择不同的 C 编译器，请从以下选项中选择一种命令：

```
lcc-win64  mex -setup:'E:\Program Files\MATLAB\R2022a\bin\win64\mexopts\lcc -win64.xml' C
Microsoft Visual C++ 2010 Professional (C)  mex -setup:'C:\Documents and Settings \Application Data\MathWorks\MATLAB\R2014a\mex_C_win32.xml' C
```

要选择不同的语言，请从以下选项中选择一种命令：

```
mex -setup C++
mex -setup FORTRAN
```

（2）使用下列命令对 MEX 源文件进行调试（以上一个例子为例）：

```
mex -g mexcpp.cpp
```

此时将在工作目录下创建一个名为 mexcpp.mexw32 的文件。

（3）在不退出 MATLAB 的情况下，打开 Microsoft Visual Studio 2010。

（4）将 Microsoft Visual Studio 的进程关联到 MATLAB 的进程中，具体的实现过程为：选择“工具”→“附加到进程”命令，在弹出的对话框的“可用进程项”中选择“MATLAB”选项，单击“OK”按钮确认。

（5）在 Microsoft Visual Studio 中打开 MEX 源文件。

（6）在源文件中设置断点，通过这些断点的设定，可以看到程序运行到特定位置处的变量值、内存位置等情况。

（7）在 MATLAB 中启动 MEX 文件，输入命令：

```
mexcpp(1,2)
```

（8）在运行的过程中，通过选择 Microsoft Visual Studio 中的调试选项继续控制程序的运行，直到程序运行结束。

20.3　MAT 文件应用

MAT 文件是 MATLAB 数据存储的默认文件格式，由文件头和数据组成，文件扩展名是.mat。在 MATLAB 中，可以使用 save 和 load 函数实现对 MAT 文件的写入与读取操作。

MATLAB 支持使用其他软件写成的 MAT 文件，这意味着只需在其他编程软件，如 C/C++或 FORTRAN 语言中，将源数据与 MAT 文件格式进行转换就可以将数据轻松传递给 MATLAB，反之亦然。

20.3.1 使用 C/C++语言创建 MAT 文件的过程

使用 C/C++语言创建 MAT 文件的基本步骤如下。

（1）包含头文件。

（2）使用宏。

（3）创建主函数。

（4）向 MAT 文件中写入数据，并检测数据（可省略）。

（5）释放内存，退出程序。

（6）编译。

（7）测试。

20.3.2 使用 C/C++语言创建 MAT 文件示例

具体程序（包括前 5 个步骤）如下：

```
/* 1&2 include head files and use marco*/
#include <stdio.h>
#include <string.h> /* For strcmp() */
#include <stdlib.h> /* For EXIT_FAILURE, EXIT_SUCCESS */
#include "mat.h"
#define BUFSIZE 256
/*3. create main function*/
int main() {
  MATFile *pmat;
  mxArray *pa1, *pa2, *pa3;
  double data[9] = { 1.0, 4.0, 7.0, 2.0, 5.0, 8.0, 3.0, 6.0, 9.0 };
  const char *file = "mattest.mat";
  char str[BUFSIZE];
  int status;
  printf("Creating file %s...\n\n", file);
  pmat = matOpen(file, "w");
  pa1 = mxCreateDoubleMatrix(3,3,mxREAL);
  pa2 = mxCreateDoubleMatrix(3,3,mxREAL);
   /*4. copy data */
  memcpy((void *)(mxGetPr(pa2)), (void *)data, sizeof(data));
  pa3 = mxCreateString("MATLAB: the language of technical computing");
  status = matPutVariable(pmat, "LocalDouble", pa1);
  status = matPutVariableAsGlobal(pmat, "GlobalDouble", pa2);
  status = matPutVariable(pmat, "LocalString", pa3);
  memcpy((void *)(mxGetPr(pa1)), (void *)data, sizeof(data));
  status = matPutVariable(pmat, "LocalDouble", pa1);
   /* 5. clean up */
```

```
    mxDestroyArray(pa1);
    mxDestroyArray(pa2);
    mxDestroyArray(pa3);
    printf("Done\n");
    return(EXIT_SUCCESS);
}
```

完成上面的程序后，进入程序编译环节。在编译时，需要用到选项文件。在 Windows 中，需要使用的编译选项文件如表 20-2 所示。

表 20-2　编译选项文件

操 作 系 统	默认选项文件
32 位 Windows	matlabroot\bin\win32\mexopts*engmatopts.bat
64 位 Windows	matlabroot\bin\win64\mexopts*engmatopts.bat

在表 20-2 中，matlabroot 为 MATLAB 程序安装位置；*代表编译器的类型，如本书中调试使用的编译器为 Microsoft Visual C++ 2010；*engmatopts.bat 代表 msvc100engmatopts.bat。编译使用的命令为 mex，但是需要使用-f 选项。

本例中，编译的命令为：

```
mex('-v', '-f', ' E:\Program Files\MATLAB\R2022a\bin\win64\mexopts\
msvc100engmatopts.bat','matcreat.c');
```

编译后得到可执行文件 matcreat.exe，位于当前工作目录中。使用下面的命令可执行该程序文件：

```
!matcreat
```

执行后在当前工作目录中创建 mattest.mat 文件。在命令行窗口中使用下面的命令加载该文件：

```
load mattest.mat
```

在工作区中将得到 3 个变量。使用下面的程序查看其结构属性：

```
whos
```

程序运行结果如下：

```
Name              Size          Bytes   Class      Attributes
  GlobalDouble      3x3           72     double     global
  LocalDouble       3x3           72     double
  LocalString       1x43          86     char
```

上述结果说明数据被写入了 MAT 文件中。在将数据写入 MAT 文件中时，频繁地使用了 MAT 文件函数库和 MX 矩阵函数库。后者涉及的函数请参考 MATLAB 帮助文件中的 MX Matrix Library。下面简单介绍 MAT 文件函数库，其中的函数如表 20-3 所示。

表 20-3　MAT 文件函数库中的函数

函　　数	目　　的
matOpen	打开 MAT 文件
matClose	关闭 MAT 文件

续表

函　数	目　的
matGetDir	获取 MAT 文件中的数组列表
matGetVariable	读取 MAT 文件中的一个数组
matPutVariable	写入 MAT 文件中的一个数组
matGetNextVariable	读取 MAT 文件中的下一个数组
matDeleteVariable	删除 MAT 文件中的一个数组
matPutVariableAsGlobal	以全局变量方式向 MAT 文件中写入一个数组
matGetVariableInfo	读取 MAT 文件头
matGetNextVariableInfo	读取下一个 MAT 文件头

使用 C++语言创建 MAT 文件的方式与使用 C 语言创建 MAT 文件的方式基本相同，本节不再赘述。若需要使用 FORTRAN 语言创建 MAT 文件，请参考 MATLAB 帮助文件。

20.3.3 使用 C/C++语言读取 MAT 文件示例

下面是一个读取 MAT 文件的 C/C++程序：

```
#include <stdio.h>
#include <stdlib.h>
#include "mat.h"
int diagnose(const char *file) {
  MATFile *pmat;
  const char **dir;
  const char *name;
  int     ndir;
  int     i;
  mxArray *pa;
  printf("Reading file %s...\n\n", file);
  /* Open file to get directory */
  pmat = matOpen(file, "r");
  if (pmat == NULL) {
    printf("Error opening file %s\n", file);
    return(1);
  }
   /* get directory of MAT-file */
  dir = (const char **)matGetDir(pmat, &ndir);
  if (dir == NULL) {
    printf("Error reading directory of file %s\n", file);
    return(1);
  } else {
    printf("Directory of %s:\n", file);
    for (i=0; i < ndir; i++)
      printf("%s\n",dir[i]);
  }
  mxFree(dir);
  /* In order to use matGetNextXXX correctly, reopen file to read in headers. */
  if (matClose(pmat) != 0) {
    printf("Error closing file %s\n",file);
```

```
    return(1);
  }
  pmat = matOpen(file, "r");
  if (pmat == NULL) {
    printf("Error reopening file %s\n", file);
    return(1);
  }
  /* Get headers of all variables */
  printf("\nExamining the header for each variable:\n");
  for (i=0; i < ndir; i++) {
    pa = matGetNextVariableInfo(pmat, &name);
    if (pa == NULL) {
    printf("Error reading in file %s\n", file);
    return(1);
    }
    /* Diagnose header pa */
    printf("According to its header, array %s has %d dimensions\n",
       name, mxGetNumberOfDimensions(pa));
    if (mxIsFromGlobalWS(pa))
      printf("  and was a global variable when saved\n");
    else
      printf("  and was a local variable when saved\n");
    mxDestroyArray(pa);
  }
  /* Reopen file to read in actual arrays. */
  if (matClose(pmat) != 0) {
    printf("Error closing file %s\n",file);
    return(1);
  }
  pmat = matOpen(file, "r");
  if (pmat == NULL) {
    printf("Error reopening file %s\n", file);
    return(1);
  }
  /* Read in each array. */
  printf("\nReading in the actual array contents:\n");
  for (i=0; i<ndir; i++) {
      pa = matGetNextVariable(pmat, &name);
      if (pa == NULL) {
      printf("Error reading in file %s\n", file);
      return(1);
      }
      /* Diagnose array pa */
      printf("According to its contents, array %s has %d dimensions\n",
         name, mxGetNumberOfDimensions(pa));
      if (mxIsFromGlobalWS(pa))
    printf("  and was a global variable when saved\n");
      else
    printf("  and was a local variable when saved\n");
      mxDestroyArray(pa);
  }
  if (matClose(pmat) != 0) {
```

```
      printf("Error closing file %s\n",file);
      return(1);
    }
    printf("Done\n");
    return(0);
  }
  int main(int argc, char **argv)
  {
    int result;
    if (argc > 1)
      result = diagnose(argv[1]);
    else{
      result = 0;
      printf("Usage: matdgns <matfile>");
      printf(" where <matfile> is the name of the MAT-file");
      printf(" to be diagnosed\n");
    }
    return (result==0)?EXIT_SUCCESS:EXIT_FAILURE;
  }
```

上面的程序使用 MAT 文件库函数完成 MAT 文件的读取，并将一些矩阵信息打印出来。得到源程序后，使用下面的命令进行编译（在上面提到的系统中）：

```
    mex('-v', '-f', 'E:\Program Files\MATLAB\R2022a\bin\win64\mexopts\
msvc100engmatopts.bat', 'matdgns.c');
```

得到可执行文件 matdgns.exe。输入下面的命令读取上例中创建的 mattest.mat 文件：

```
    !matdgns mattest.mat
```

程序运行结果如下：

```
    Reading file mattest.mat...
    Directory of mattest.mat:
    GlobalDouble
    LocalString
    LocalDouble
    Examining the header for each variable:
    According to its header, array GlobalDouble has 2 dimensions
      and was a global variable when saved
    According to its header, array LocalString has 2 dimensions
      and was a local variable when saved
    According to its header, array LocalDouble has 2 dimensions
      and was a local variable when saved
    Reading in the actual array contents:
    According to its contents, array GlobalDouble has 2 dimensions
      and was a global variable when saved
    According to its contents, array LocalString has 2 dimensions
      and was a local variable when saved
    According to its contents, array LocalDouble has 2 dimensions
      and was a local variable when saved
    Done
```

20.4　计算引擎应用

MATLAB 计算引擎是在 C/C++或 FORTRAN 语言环境中调用 MATLAB 函数的方法。引擎函数本身用 C 或 FORTRAN 语言编写，通过调用 MATLAB 引擎函数使 MATLAB 在后台工作。MATLAB 计算引擎可以完成以下功能。

- 调用 MATLAB 数学函数或子程序来处理数据。
- 利用 MATLAB 的高效计算、绘图简便和处理矩阵功能强大等特点，与其他语言开发集成系统。
- MATLAB 计算引擎在后台工作，这样的工作方式具有很多优点，其中最突出的优点是计算效率高。

本节主要介绍如何调用 MATLAB 引擎函数、如何用 C 语言编写调用 MATLAB 引擎函数的源程序。而至于如何用 FORTRAN 语言编写调用计算引擎的源程序，可参阅 MATLAB 帮助文件，本节不再赘述。

计算引擎的调用是通过在程序中调用 MATLAB 计算引擎库函数来实现的。MATLAB 提供的计算引擎库函数如表 20-4 所示。

表 20-4　MATLAB 提供的计算引擎库函数

函　数	目　的
engClose	关闭 MATLAB 计算引擎会话
engEvalString	评估字符串中的表达式
engGetVariable	从 MATLAB 计算引擎会话的工作区中复制变量
engGetVisible	设置 MATLAB 计算引擎会话的可见性
Engine	MATLAB 计算引擎会话的类型
engOpen	打开 MATLAB 计算引擎会话
engOpenSingleUse	在独立非共享使用中打开 MATLAB 计算引擎会话
engOutputBuffer	设置 MATLAB 输出缓冲区
engPutVariable	复制变量到 MATLAB 计算引擎会话的工作区
engSetVisible	显示或隐藏 MATLAB 计算引擎会话

以上所有的函数均包含在 engine.h 文件中，在使用时（基于 C/C++语言的使用），必须在代码的开始部分输入：

```
#include "engine.h"
```

只有这样，才能对计算引擎库函数进行调用。

20.5　调用 Java 语言

Java 语言是一种面向对象的高级编程语言，能够完成各种类型的应用程序开发。MATLAB 从 5.3 版本开始，都包含了 Java 虚拟机。在 MATLAB 中，可以直接调用 Java 的应用程序。

Java 可以填补 MATLAB 一些功能上的空白，而且由于 Java 语言的优势，MATLAB 可以通过 Java 语言获取大量的来自互联网或数据库的数据。而 MATLAB 自身的优势是进行数据分析、科学计算。两者有机结合，充分发挥各自的优势，将极大地提高工作效率，节约开发时间和成本。

关于 Java 语言编程的基础知识，本书并不涉及，本节仅探讨在 MATLAB 中使用 Java 语言的方法。调用前，需要知道 Java 虚拟机的版本信息。在命令行窗口中输入以下指令：

```
version -java
```

在我的机器上得到的结果为：

```
ans =
Java 1.7.0_11-b21 with Oracle Corporation Java HotSpot(TM) Client VM mixed mode
```

可根据此版本选择相应的 JDK（Java 开发包）版本，避免出现不兼容的现象。

20.5.1 Java 接口使用

Java 语言中的类和对象是最基本的概念，对象是类的具体实现。因此，如果要创建对象，就必须首先创建相应的类。

Java 语言除基本的关键字以外，还提供了大量的预先编制好的类，应用 Java 语言就是通过其类完成各种功能。这些类被可以调入 MATLAB 工作区直接使用，可以分为 3 类。

- 内建类：由 Java 语言本身提供的用来完成通用功能的类和类包。
- 第三方定义类：应用于专门领域的类和类包。
- 用户自定义类：从已有的类派生出来或直接开发的新类。

其中，类包为不同的类组合在一起构成的集合。在 MATLAB 中，与 Java 类相关的文件一般存放在 Java class path 中，可以在命令行窗口中输入下列命令进行查看：

```
javaclasspath
```

运行结果如下：

```
STATIC JAVA PATH
    G:\matlab2014\java\patch
    G:\matlab2014\java\jarext\AnimatedTransitions.jar
    G:\matlab2014\java\jarext\ant.jar
    G:\matlab2014\java\jarext\ant-launcher.jar
…
DYNAMIC JAVA PATH
        <empty>
```

在上面的结果中，STATIC JAVA PATH 为静态路径，DYNAMIC JAVA PATH 为动态路径。因为暂时还未建立动态路径，故其值为空。

在 MATALB 中，上面的系统路径下存在一个文本文件 classpath.txt，定义了 MATLAB 环境可以直接引入的 MATLAB 包。一般该文件的完整路径与名称为：

```
[matlabroot '\toolbox\local\classpath.txt']
```

关于路径的更多操作和知识，可以参考 MATLAB 帮助文件。

下面介绍一些在 MATLAB 中对 Java 对象进行的操作。

- 创建 Java 对象。
- 连接 Java 对象。
- 保存和加载 Java 对象。
- 搜索 Java 对象公有数据。
- 访问 Java 对象公有和私有数据。
- 确定对象类型。

下面具体介绍这些操作。

1. 创建 Java 对象

直接使用 Java 的对象创建方法即可创建 Java 对象。例如，创建一个时间对象可以使用如下命令：

```
myDate = java.util.Date
```

命令行窗口将返回：

```
myDate =
Fri Jun 27 09:45:16 CST 2014
```

使用下面的命令查看其属性：

```
whos myDate
```

命令行窗口将返回：

```
Name        Size            Bytes  Class             Attributes
myDate      1x1                    java.util.Date
```

也可以使用 Java 对象编辑函数创建 Java 对象，其一般的命令形式为：

```
J = javaObjectEDT('class_name',x1,...,xn)
```

例如，在命令行窗口中输入下面的命令以创建一个字符串对象：

```
strObj = javaObjectEDT('java.lang.String','hello');
```

得到一个 hello 字符串，存储在 strObj 对象中。

除直接使用参数数据创建外，还可以使用变量的方式创建。例如，下面的命令与上条命令等价：

```
class  = 'java.lang.String';
text = 'hello';
strObj = javaObjectEDT(class, text);
```

还可以直接使用对象创建函数创建 Java 对象。例如，下面的命令与前面的命令等价：

```
strObj = java.lang.String('hello');
```

更多的创建方法请参考 Java 有关资料和 MATLAB 帮助文件中的相关内容。需要注意的是，Java 对象在 MATLAB 中只是引用，在复制时，仅仅复制引用地址而不会对对象进行彻底的复制。

例如，下面的命令将 myDate 对象复制到 newDate 中，以期获得一个新的对象：

```
myDate = java.util.Date;
setHours(myDate, 10)
newDate = myDate;
```

但是，对新对象的测试表明，结果并非如此。相关命令如下：

```
setHours(newDate, 8)
myDate.getHours
```

命令行窗口中得到的结果为：

```
ans =  8
```

如果进行了彻底的复制，那么得到的结果应该为 10。这样的结果表明 Java 对象在 MATLAB 中只是引用。

2. 连接 Java 对象

MATLAB 可以连接不同的 MATLAB 数据，还可以连接 Java 对象。一般通过 cat 函数或[]操作符实现。下面介绍两种不同的连接。

- 相同类别的对象连接。
- 不同类别的对象连接。

如果对象所属的类为相同的类，则其类别相同，其连接操作非常简单，如例 20-1 所示。

例 20-1：连接两个存放整数的类。命令如下：

```
value1 = java.lang.Integer(88);
value2 = java.lang.Integer(45);
cat(1, value1, value2)
```

程序运行结果为：

```
ans =
java.lang.Integer[]:
    [88]
    [45]
```

相应地，只要对象的类型不同，其连接即不同类别对象的连接。对于普通的低级对象的连接，如例 20-2 所示。

例 20-2：连接 java.lang.Byte、java.lang.Integer 和 java.lang.Double 对象，生成一个 java.lang.Number 对象。命令如下：

```
byte = java.lang.Byte(127);
integer = java.lang.Integer(52);
double = java.lang.Double(7.8);
[byte; integer; double]
```

程序运行结果为：

```
ans =
java.lang.Number[]:
    [   127]
```

```
    [    52]
    [7.8000]
```

如果被连接的对象不是低级对象，那么得到的数据类型可能为 java.lang.Object，这是所有对象的根对象。

例 20-3：对不同的对象进行连接得到 java.lang.Object 对象。命令如下：

```
byte = java.lang.Byte(127);
point = java.awt.Point(24,127);
[byte; point]
```

程序运行结果为：

```
ans =
java.lang.Object[]:
    [         127]
    [java.awt.Point]
```

3．保存和加载 Java 对象

保存和加载 Java 对象的方法同保存和加载其他 MATLAB 数据的方法，即使用 save 和 load 函数分别保存 Java 对象到 MAT 文件和从 MAT 文件中加载 Java 对象。

4．搜索 Java 对象公有数据

使用 fieldnames 函数可以搜索 Java 对象公有数据，一般采用的格式如下。

- names = fieldnames(obj)。
- names = fieldnames(obj,'-full')。

例 20-4：对整数对象的公有数据进行搜索并显示。命令如下：

```
value = java.lang.Integer(0);
fieldnames(value, '-full')
```

程序运行结果为：

```
ans =
  5×1 cell 数组
    {'static final int MIN_VALUE'          }
    {'static final int MAX_VALUE'          }
    {'static final java.lang.Class TYPE'}
    {'static final int SIZE'               }
    {'static final int BYTES'              }
```

5．访问 Java 对象公有和私有数据

使用 Java 对象提供的私有变量访问函数可以访问私有数据，公有数据的访问方法如前所述。

6．确定对象类型

可以使用 class 函数获取对象的类别，并可以使用 isjava 函数判断对象的类型。

例 20-5：创建一个对象，并使用两个函数确定其类型。命令如下：

```
value = java.lang.Integer(0);
x = isjava(value)
```

得到的结果为：

```
x=1
```

判断其类别：

```
myClass = class(value)
```

得到的结果为：

```
myClass =java.lang.Integer
```

关于 Java 接口的使用方法，不仅仅为本书中介绍的这几种，更多的内容请参考 MATLAB 帮助文件。

20.5.2 Java 接口编程应用示例

例 20-6：创建一个 URL 对象，存储一个链接，并将链接打开，使用一个输入流读取对象，读取一定的内容并显示。相关的命令如下：

```
url = java.net.URL('http://www.mathworks.com/support/tech-notes/1100/1109.html')
is = openStream(url);
isr = java.io.InputStreamReader(is);
br = java.io.BufferedReader(isr);
for k = 1:288
   s = readLine(br);
end
for k = 1:4             % 读取前 4 行
   s = readLine(br);
   disp(s)
end
```

得到的结果为：

```
url =
http://www.mathworks.com/support/tech-notes/1100/1109.html
```

该示例使用了 Java 类接口提供的函数，完成了 URL 内容的读取。

20.6 本章小结

本章介绍了 MATLAB 外部接口应用方面的基本知识，包括 MEX 文件应用、MAT 文件应用、MATLAB 计算引擎应用和 MATLAB 中 Java 语言的调用，并主要基于 C/C++语言对 MEX 文件、MAT 文件和 MATLAB 计算引擎的应用进行了讲解，说明了使用 MATLAB 外部接口的一般方法。

本章仅对 MATLAB 外部接口应用的知识做了基本的介绍，并没有对其进行深入探讨。对于需要进行二次开发的高级用户，请参考 MATLAB 帮助文件和有关资料。

反侵权盗版声明

举报电话：（010）88254396；（010）88258888

传　　真：（010）88254397

E-mail：dbqq@phei.com.cn

通信地址：北京市万寿路 173 信箱

电子工业出版社总编办公室

邮　　编：100036